国外电子与通信教材系列

现 代 通 信 系 统

（MATLAB 版）

（第三版）

Modern Communication Systems Using MATLAB
Third Edition

John G. Proakis
[美] Masoud Salehi 著
Gerhard Bauch

刘树棠 任品毅 译

U0259308

電子工業出版社·

Publishing House of Electronics Industry

北京·BEIJING

内 容 简 介

本书提供了利用 MATLAB 在计算机上解决"现代通信系统"课程中涉及的各方面问题的分析思路、方法、MATLAB 脚本（或程序）文件和处理结果示例，以及可供学生自主学习和研讨的习题和作业。全书内容共分 13 章，分别讨论了信号与线性系统、随机过程、模拟调制、模数转换、基带数字传输、带限信道的数字传输、载波调制的数字传输、多载波调制和 OFDM、无线信道传输、信道容量和编码、多天线系统、扩频通信系统以及数字调制方法的 Simulink 仿真指南（需通过网站下载）等。

本书适合已具备 MATLAB 基本知识的通信工程、电子工程、电气工程、计算机工程和计算机科学等专业方向的高年级本科生和研究生作为相关课程的参考书和补充教材，也可供相关专业的教师和工程技术人员参考使用。

Modern Communication Systems Using MATLAB, Third Edition
John G. Proakis, Masoud Salehi, Gerhard Bauch
刘树棠，任品毅
Copyright © 2013 by Cengage Learning.
Original edition published by Cengage Learning. All rights reserved. 本书原版由圣智学习出版公司出版。版权所有，盗印必究。
Publishing House of Electronics Industry is authorized by Cengage Learning to publish and distribute exclusively this simplified Chinese edition. This edition is authorized for sale in the People's Republic of China only(excluding Hong Kong, Macao SAR and Taiwan). Unauthorized export of this edition is a violation of the Copyright Act. No part of this publication may be reproduced or distributed by any means, or stored in a database or retrieval system, without the prior or written permission of the publisher.
本书中文简体字翻译版由圣智学习出版公司授权电子工业出版社独家出版发行。此版本仅限在中华人民共和国境内（不包括中国香港、澳门特别行政区及中国台湾）销售。未经授权的本书出口将被视为违反版权法的行为。未经出版者预先书面许可，不得以任何方式复制或发行本书的任何部分。
9787121312830
Cengage Learning Asia Pte Ltd.
151 Lorong Chuan, #02-08 New Tech Park, Singapore 556741
本书封面贴有 Cengage Learning 防伪标签，无标签者不得销售。
版权贸易合同登记号 图字：01-2012-4457

图书在版编目（CIP）数据

现代通信系统：MATLAB 版：第三版／（美）约翰·G. 普罗克斯（John G. Proakis）等著；刘树棠，任品毅译.
北京：电子工业出版社，2017.11
书名原文：Modern Communication Systems Using MATLAB, Third Edition
国外电子与通信教材系列
ISBN 978-7-121-31283-0

Ⅰ.①现… Ⅱ.①约…②刘…③任… Ⅲ.①通信系统－高等学校－教材 Ⅳ.①TN914
中国版本图书馆 CIP 数据核字（2017）第 071451 号

责任编辑：马 岚
印 刷：北京京师印务有限公司
装 订：北京京师印务有限公司
出版发行：电子工业出版社
北京市海淀区万寿路 173 信箱 邮编：100036
开 本：787×1092 1/16 印张：27.5 字数：704 千字
版 次：2005 年 4 月第 1 版（原著第 2 版）
2017 年 11 月第 2 版（原著第 3 版）
印 次：2021 年 1 月第 2 次印刷
定 价：89.00 元

凡所购买电子工业出版社图书有缺损问题，请向购买书店调换。若书店售缺，请与本社发行部联系，联系及邮购电话：(010)88254888，88258888。
质量投诉请发邮件至 zlts@ phei. com. cn，盗版侵权举报请发邮件至 dbqq@ phei. com. cn。
本书咨询联系方式：classic-series-info@ phei. com. cn。

前　言

当今许多教材都讨论了模拟和数字通信系统中的基本议题,包括编码和译码算法,以及调制和解调技术。这些教材绝大部分重点关注了构成一个通信系统基本要素的各组成模块(例如编码器、译码器、调制器以及解调器)的设计及其性能分析的基础理论,只有很少一部分教材,特别是针对本科生而编写的教材,包含了一些启发学生的应用。

本书读者范围

本书旨在与任何全面介绍通信系统的教材配合使用,或作为其补充教材。本书提供了一大类可在装有通行学生版 MATLAB 的计算机(一般来说,一台个人计算机就足够了)上求解的练习。我们希望本书主要为电子工程、计算机工程和计算机科学专业的本科三年级学生以及研究生所使用。这本书对于希望学习面向通信系统的特定 MATLAB 应用的执业工程师也将是有用的。我们假定读者已经熟悉了 MATLAB 基础,书中并不涵盖这些内容,因为已有多本MATLAB 教程和手册可用。

经过精心的设计,通信理论议题的讨论较简短。书中给出了每个议题的动机和简短介绍,建立起必要的符号表示,然后通过例子说明基本观点。主要教材和教师则应能为每个议题提供必需的深度。例如,我们介绍了匹配滤波器和相关器,并声明这些器件可以实现被高斯白噪声污染的信号的最优解调,但并不提供这一声明的证明。大部分通信系统核心教材中通常都会给出这样的证明。

新版特色

- 增加了三章全新的内容:OFDM、多天线系统以及衰落信道中的数字传输。
- 收录了真实生活中更现实的工程问题新例子,以帮助学生在进入工业界时能够更好地胜任工作。这也会帮助使用本书的执业工程师更好地了解通信系统。
- 增加了一些新的小节,分别讨论了 DPCM、ADPCM 和 DM,turbo 码和译码,以及 LDPC 码和译码。
- 第三版已更新为兼容新版 MATLAB。
- 修订更新过的 Simulink 仿真指南及教程现在可在线获取。

本书组织结构

本书共包含 13 章。前两章关注信号与线性系统以及随机过程,提供在通信系统的学习中通常所需的基本背景。其中第 3 章关注模拟通信技术,第 4 章讨论模数转换,第 5 章至第 12 章则关注数字通信。在配套网站上给出了第 13 章,即数字调制方法的 Simulink 仿真指南。

第 1 章：信号与线性系统

本章回顾线性系统分析中的基本工具和技术，包括时域和频域特性。我们重点强调频域分析技术，因为这些技术在讨论通信系统时最常用到。

第 2 章：随机过程

本章描述产生随机变量和随机过程采样的方法。议题包括指定概率分布函数的随机变量的产生，高斯及高斯-马尔可夫过程采样的产生，以及平稳随机过程在时域及频域的表征。本章还讨论了通过 Monte Carlo 仿真来估计概率。

第 3 章：模拟调制

本章探讨在噪声存在和不存在情况下的模拟调制和解调技术的性能。所研究的系统包括幅度调制（AM）方案，如双边带幅度调制、单边带幅度调制和常规幅度调制，以及角调制方案，如频率调制和相位调制。

第 4 章：模数转换

本章探讨将模拟信号源高效转换为数字序列的各种方法。这个转换过程允许我们数字化地传输或存储信号。本章讨论了有损数据压缩方案，例如脉冲编码调制（PCM）、差分 PCM 和 delta 调制，以及无损数据压缩，例如哈夫曼编码。本章也对矢量量化和 K-means 算法进行了描述和仿真。

第 5 章：基带数字传输

本章介绍高斯信道中传输数字信息所使用的基带数字调制和解调技术。我们考虑了二进制和非二进制调制技术，描述了这些信号的最优解调并评估最优解调器的性能。

第 6 章：带限信道的数字传输

本章讨论带限信道的表征和针对这类信道的信号波形设计问题。我们展示了信道色散会导致符号间干扰（ISI），从而引起信号解调错误。随后，我们探讨了补偿信道色散的信道均衡器设计。

第 7 章：载波调制的数字传输

本章讨论四类适用于带通信道传输的载波调制信号：幅度调制信号、正交幅度调制信号、相移键控和频移键控。

第 8 章：多载波调制和 OFDM

本章探讨在通信信道中使用频分复用的数字信息传输。信道的带宽被分为很多子带，并通过在每个子带上调制子载波来传输信号。通过采用在时间上同步的子载波调制，子载波信号相互正交，从而形成一个正交频分复用信号（OFDM）。本章中讨论的议题包括 OFDM 信号的产生和解调、OFDM 信号的频谱特性、抑制信道色散的循环前缀的使用，以及限制 OFDM 信号峰均比的方法。

第 9 章：无线信道中的数字传输

本章关注由随机时变和时域色散的脉冲响应表征的无线通信信道中的数字信号传输。讨论的议题包括频率选择和非频率选择瑞利衰落信道模型的特征、多普勒功率谱建模、分集传输和接收技术、RAKE 解调器、频率选择信道中的 OFDM 传输和瑞利衰落信道中的数字传输的差错率性能。

第 10 章：信道容量和编码

本章讨论适合于通信信道的数学模型并介绍了一个基本的量化指标：信道容量，其给出了通过该信道可传输的信息量的极限。我们特别考察了两种信道模型：二元对称信道（BSC）和加性高斯白噪声（AWGN）信道，以上模型用于讨论在这些信道中为了获得可靠通信的分组码和卷积码。本章最后讨论了 turbo 码和低密度奇偶校验码（LDPC）的迭代译码。

第 11 章：多天线系统

本章讨论了多根发射和接收天线（多输入多输出，即 MIMO 系统）的使用，使用多天线可以利用空域来增加数据速率和提升无线通信系统性能。所讨论的议题包括用于多天线（MIMO）系统的信道模型，多天线（MIMO）系统的信号调制与解调，MIMO 信道的容量和用于 MIMO 系统的空时分组及格型码。

第 12 章：扩频通信系统

本章研究了扩频数字通信系统的基本要素，特别讨论了使用相移键控（PSK）的直接序列（DS）扩频和使用跳频（FH）的扩频系统，也讨论了在扩频系统中使用的伪噪声（PN）序列的产生。

第 13 章：数字调制方法的 Simulink 仿真指南

本章致力于介绍 Simulink 及其在数字调制系统中的应用。本章首先概述 Simulink，其中涵盖了系统仿真基础。后续几节提供了各种数字通信方案的许多仿真示例。第 13 章可通过本书的配套网站下载。

本书配套网站[①]

通过本书的配套网站可免费下载第 13 章的 PDF 文件。该网站还包括了教材中使用的所有 MATLAB 和 Simulink 文件。这些文件分别放在对应不同章节的目录中。一些 MATLAB 文件可能在多个目录中出现，因为它在多章中用到。大部分文件加入许多注释，使其更易于理解。然而，在开发这些文件的过程中，主要目标是代码清晰而非执行效率。由于高效的代码可能难于理解，所以使用了效率较低但可读性更强的代码。将文件复制到个人计算机中并在MABLAB 搜索路径中添加相应的路径，即可使用这些文件。所有文件已使用 MATLAB R2011a进行了测试。

---

① 登录华信教育资源网（www. hxedu. com. cn）可注册下载本书相关资料。
采用本书作为教材的教师，可联系 Te_service@ phei. com. cn 获取教学用相关资料。——编者注

打开 Cengage Learning Asia 网站(www. cengageasia. com),单击"Search Product",输入本书英文版书号"9781111990176"并开始搜索。然后,点击本书英文书名链接,在打开的页面里即可看到 Student Companion Site 链接。点击这个链接后,读者可分别下载本书第 13 章 PDF 文件、全书 MATLAB 代码及其他资源。

致谢

Simulink 教程是慕尼黑通信工程学院开发的一个实验课程的修正和扩展版。我们感谢 Joachim Hagenauer 教授支持本书写作并给予该软件的使用权。我们还感谢做了大部分编程工作的 Christian Buchner 和 Christoph Renner。另外,我们要感谢 MathWorks 公司提供了未包含在标准学生版 MATLAB 中的 Simulink 模块许可权。我们特别要感谢 MathWorks 公司的 Stuart McGarrity,Mike McLernon 和 Alan Hwang 为我们提出有益的建议。我们同时感谢 Mehmet Aydinlik 和 Osso Vahabzadeh 在开发本书解说题的 MATLAB 代码方面的帮助。

我们感谢本书第三版的评阅人,加州大学北岭分校的 Nagwa Bekir,亚利桑那州立大学的 Tolga Duman,卫奇塔州立大学的 Hyuck M. Kwon 和弗吉尼亚理工大学的 Ting-Chung Poon 所提供的有益评论。

John G. Proakis

Masoud Salehi

Gerhard Bauch

目　　录

第 1 章　信号与线性系统

1.1　概述

本章回顾了在通信系统分析中用到的一些线性系统分析的基本方法和技术。在通信系统研究中,有两个基本问题是一定要搞清楚的,其中一个问题是线性系统及其在时域和频域的特性,另一个问题是随机信号的概率与分析。大多数通信信道以及发射和接收装置中的很多部分,都可以用线性时不变(LTI)系统来建模,所以来自线性系统分析中的一些著名方法和技术都能在通信系统分析中使用。我们的讨论重点放在频域分析方法上,因为在通信系统分析中这是最常用的技术。本章的讨论从傅里叶级数和傅里叶变换开始,然后再包括功率和能量的概念、采样定理以及带通信号的低通表示等。

1.2　傅里叶级数

线性时不变系统的输入/输出关系由如下的卷积积分所定义:

$$y(t) = x(t) * h(t) = \int_{-\infty}^{\infty} h(\tau) x(t-\tau) \mathrm{d}\tau \tag{1.2.1}$$

其中,$h(t)$ 记为系统的冲激响应,$x(t)$ 为输入信号,$y(t)$ 则为输出信号。如果 $x(t)$ 是一个由

$$x(t) = A e^{\mathrm{j}2\pi f_0 t} \tag{1.2.2}$$

给出的复指数信号,那么输出为

$$\begin{aligned} y(t) &= \int_{-\infty}^{\infty} A e^{\mathrm{j}2\pi f_0(t-\tau)} h(\tau) \mathrm{d}\tau \\ &= A \left[\int_{-\infty}^{\infty} h(\tau) e^{-\mathrm{j}2\pi f_0 \tau} \mathrm{d}\tau \right] e^{\mathrm{j}2\pi f_0 t} \end{aligned} \tag{1.2.3}$$

换句话说,该输出是一个与输入信号具有相同频率的复指数。但是,输出的(复)振幅是输入(复)振幅乘以

$$\int_{-\infty}^{\infty} h(\tau) e^{-\mathrm{j}2\pi f_0 \tau} \mathrm{d}\tau$$

应该注意到,上式这个量是该 LTI 系统冲激响应 $h(t)$ 以及输入信号频率 f_0 的函数。因此,计算 LTI 系统对指数输入的响应特别容易。这样,在线性系统分析中应该寻找一些将信号展开成复指数之和的方法。**傅里叶级数和傅里叶变换就是利用复指数来展开信号的技术。**

当采用信号集合 $\{e^{\mathrm{j}2\pi n t/T_0}\}_{n=-\infty}^{\infty}$ 作为展开式的基时,傅里叶级数就是周期为 T_0 的周期信号的正交展开。利用这个基,任何周期为 T_0 的周期信号 $x(t)$[①] 都可以表示为

$$x(t) = \sum_{n=-\infty}^{\infty} x_n e^{\mathrm{j}2\pi n t/T_0} \tag{1.2.4}$$

其中,x_n 称为信号 $x(t)$ 的**傅里叶级数系数**,并由下式给出:

[①]　傅里叶级数存在的充分条件就是 $x(t)$ 满足狄利赫利(Dirichlet)条件。详见参考文献 Alamouti(1998)。

$$x_n = \frac{1}{T_0} \int_\alpha^{\alpha+T_0} x(t) e^{-j2\pi nt/T_0} dt \tag{1.2.5}$$

其中,α 是任意常数,其大小按使得该积分式计算简便来选取。频率 $f_0 = 1/T_0$ 称为该周期信号的**基波频率**,而 $f_n = nf_0$ 称为**第 n 次谐波**。在大多数情况下,$\alpha = 0$ 或 $\alpha = -T_0/2$ 都是一种好的方案。

这种形式的傅里叶级数称为**指数形式的傅里叶级数**,它既能用于实值,也能用于复值信号 $x(t)$,只要它们是周期信号即可。一般来说,傅里叶级数的系数 $\{x_n\}$ 是复数,即使当 $x(t)$ 是一个实值信号时也是如此。

当 $x(t)$ 是一个**实值**周期信号时,有

$$\begin{aligned} x_{-n} &= \frac{1}{T_0} \int_\alpha^{\alpha+T_0} x(t) e^{j2\pi nt/T_0} dt \\ &= \frac{1}{T_0} \left[\int_\alpha^{\alpha+T_0} x(t) e^{-j2\pi nt/T_0} dt \right]^* \\ &= x_n^* \end{aligned} \tag{1.2.6}$$

由此显然有

$$\begin{cases} |x_n| = |x_{-n}| \\ \angle x_n = -\angle x_{-n} \end{cases} \tag{1.2.7}$$

因此,实值信号的傅里叶级数系数具有**埃尔米特对称性**,即它们的幅值是偶函数,相位是奇函数(或者说,它们的实部是偶函数,虚部是奇函数)。

傅里叶级数的另一种形式称为**三角函数形式的傅里叶级数**,它仅适用于实值周期信号。定义

$$x_n = \frac{a_n - jb_n}{2} \tag{1.2.8}$$

$$x_{-n} = \frac{a_n + jb_n}{2} \tag{1.2.9}$$

再利用欧拉公式

$$e^{-j2\pi nt/T_0} = \cos\left(2\pi t \frac{n}{T_0}\right) - j\sin\left(2\pi t \frac{n}{T_0}\right) \tag{1.2.10}$$

可以得到

$$\begin{aligned} a_n &= \frac{2}{T_0} \int_\alpha^{\alpha+T_0} x(t) \cos\left(2\pi t \frac{n}{T_0}\right) dt \\ b_n &= \frac{2}{T_0} \int_\alpha^{\alpha+T_0} x(t) \sin\left(2\pi t \frac{n}{T_0}\right) dt \end{aligned} \tag{1.2.11}$$

因此,

$$x(t) = \frac{a_0}{2} + \sum_{n=1}^{\infty} a_n \cos\left(2\pi t \frac{n}{T_0}\right) + b_n \sin\left(2\pi t \frac{n}{T_0}\right) \tag{1.2.12}$$

注意,对于 $n=0$,总有 $b_0 = 0$,所以 $a_0 = 2x_0$。

再定义

$$\begin{cases} c_n = \sqrt{a_n^2 + b_n^2} \\ \theta_n = -\arctan \frac{b_n}{a_n} \end{cases} \tag{1.2.13}$$

并利用下列关系：

$$a\cos\phi + b\sin\phi = \sqrt{a^2 + b^2}\cos\left(\phi - \arctan\frac{b}{a}\right) \qquad (1.2.14)$$

就可以将式(1.2.12)写成

$$x(t) = \frac{a_0}{2} + \sum_{n=1}^{\infty} c_n\cos\left(2\pi t\,\frac{n}{T_0} + \theta_n\right) \qquad (1.2.15)$$

这就是对实值周期信号进行傅里叶级数展开的第三种形式。实值周期信号的傅里叶级数
$\{x_n\}$ 与 a_n, b_n, c_n 和 θ_n 的关系一般是通过

$$\begin{cases} a_n = 2\mathrm{Re}[x_n] \\ b_n = -2\mathrm{Im}[x_n] \\ c_n = 2\,|x_n| \\ \theta_n = \angle x_n \end{cases} \qquad (1.2.16)$$

联系起来的。将 $|x_n|$ 和 $\angle x_n$ 对 n 或 nf_0 作图，该图称为 $x(t)$ 的**离散频谱**。$|x_n|$ 的图通常称
为**幅度谱**，而 $\angle x_n$ 的图则称为**相位谱**。

如果 $x(t)$ 是实值且为偶函数，即 $x(-t) = x(t)$，那么取 $\alpha = -T_0/2$，则有

$$b_n = \frac{2}{T_0}\int_{-T_0/2}^{T_0/2} x(t)\sin\left(2\pi t\,\frac{n}{T_0}\right)\mathrm{d}t \qquad (1.2.17)$$

因为被积函数是 t 的奇函数，所以该积分的值为零。因此，对于实值的偶信号 $x(t)$ 来说，所有
x_n 都是实数。这时三角函数型的傅里叶级数全部由余弦函数构成。同理，若 $x(t)$ 是实值的奇
函数，即 $x(-t) = -x(t)$，则有

$$a_n = \frac{2}{T_0}\int_{\alpha}^{\alpha+T_0} x(t)\cos\left(2\pi t\,\frac{n}{T_0}\right)\mathrm{d}t \qquad (1.2.18)$$

为零，并且所有 x_n 均为虚数，这时三角函数型傅里叶级数全部由正弦函数构成。

解说题

解说题 1.1　[矩形信号串的傅里叶级数]

令周期为 T_0 的周期信号 $x(t)$ 定义为

$$x(t) = A\Pi\left(\frac{t}{2t_0}\right) = \begin{cases} A, & |t| < t_0 \\ \dfrac{A}{2}, & t = \pm t_0 \\ 0, & \text{其余 } t \end{cases} \qquad (1.2.19)$$

其中，当 $|t| \leqslant T_0/2$ 时，$t_0 < T_0/2$。短形信号 $\Pi(t)$ 按惯例定义为

$$\Pi(t) = \begin{cases} 1, & |t| < \dfrac{1}{2} \\ \dfrac{1}{2}, & t = \pm\dfrac{1}{2} \\ 0, & \text{其余 } t \end{cases} \qquad (1.2.20)$$

图 1.1 所示的就是 $x(t)$。

假定 $A = 1, T_0 = 4$ 和 $t_0 = 1$，

1. 求分别用指数和三角函数展开的 $x(t)$ 的傅里叶级数系数。

2. 画出 $x(t)$ 的离散谱。

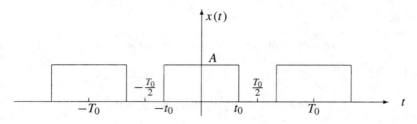

图 1.1　解说题 1.1 中的信号 $x(t)$

题　解

1. 导出 $x(t)$ 展开式的傅里叶级数系数,有

$$x_n = \frac{1}{4}\int_{-1}^{1} e^{-j2\pi nt/4}dt$$

$$= \frac{1}{-2j\pi n}\big[e^{-j2\pi n/4} - e^{j2\pi n/4}\big] \qquad (1.2.21)$$

$$= \frac{1}{2}\mathrm{sinc}\Big(\frac{n}{2}\Big) \qquad (1.2.22)$$

其中,$\mathrm{sinc}(x)$ 定义为

$$\mathrm{sinc}(x) = \frac{\sin(\pi x)}{\pi x} \qquad (1.2.23)$$

图 1.2 给出了 sinc 函数。显然,所有 x_n 都是实数,因为 $x(t)$ 是实值的偶函数,所以

$$\begin{cases} a_n = \mathrm{sinc}\Big(\dfrac{n}{2}\Big) \\ b_n = 0 \\ c_n = \Big|\mathrm{sinc}\Big(\dfrac{n}{2}\Big)\Big| \\ \theta_n = 0,\pi \end{cases} \qquad (1.2.24)$$

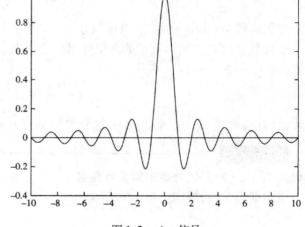

图 1.2　sinc 信号

注意,当 n 为偶数时,$x_n = 0$ $\Big(n = 0$ 例

外,这时 $a_0 = c_0 = 1$,并且 $x_0 = \dfrac{1}{2}\Big)$。利用这些系数,我们得到

$$x(t) = \sum_{n=-\infty}^{\infty} \frac{1}{2}\mathrm{sinc}\Big(\frac{n}{2}\Big)e^{j2\pi nt/4}$$

$$= \frac{1}{2} + \sum_{n=1}^{\infty} \mathrm{sinc}\Big(\frac{n}{2}\Big)\cos\Big(2\pi t\frac{n}{4}\Big) \qquad (1.2.25)$$

图 1.3 给出的是 $n = 0,1,3,5,7$ 和 9 时傅里叶级数在一个周期内对该信号的近似。可以注意到,随着 n 的增加,近似信号变得越来越逼近原始信号 $x(t)$。

2. 注意,x_n 总是实数。因此,取决于它的符号,其相位不是 0 就是 π。x_n 的幅度是 $\dfrac{1}{2}\Big|\mathrm{sinc}\Big(\dfrac{n}{2}\Big)\Big|$,其离散谱如图 1.4 所示。

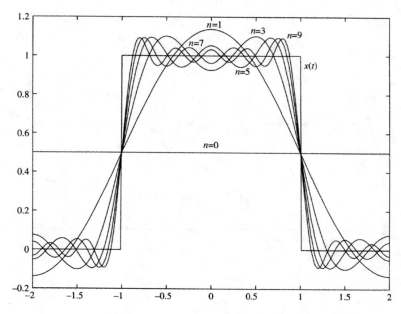

图 1.3　在解说题 1.1 中,对矩形脉冲的各种傅里叶级数的近似

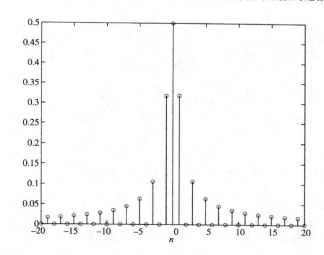

图 1.4　解说题 1.1 中的信号的离散谱

下面是画出信号离散谱的 MATLAB 脚本。

m 文件

```
% MATLAB script for Illustrative Problem 1.1.
n=[-20:1:20];
x_actual=abs(sinc(n/2));
figure
stem(n,x_actual);
```

信号 $x(t)$ 在 a 和 b 之间的一个周期如图 1.5 所示,并且 $[a,b]$ 区间内的信号由一个 m 文件给出,其傅里叶级数的系数可用下面的 m 文件 fseries.m 求得。

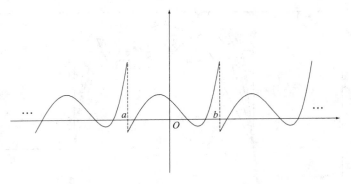

图 1.5　一种周期信号

---

m 文件

```
function  xx=fseries(funfcn,a,b,n,tol,p1,p2,p3)
%FSERIES     Returns the Fourier series coefficients.
%      XX=FSERIES(FUNFCN,A,B,N,TOL,P1,P2,P3)
%      funfcn=the given function, in an m-file.
%      It can depend on up to three parameters
%      p1,p2, and p3. The function is given
%      over one period extending from 'a' to 'b'
%      xx=vector of length n+1 of Fourier Series
%      Coefficients, xx0,xx1,...,xxn.
%      p1,p2,p3=parameters of funfcn.
%      tol=the error level.

j=sqrt(-1);
args0=[];
for nn=1:nargin-5
  args0=[args0,',p',int2str(nn)];
end
args=[args0,')'];
t=b-a;
xx(1)=eval(['1/(',num2str(t),').*quad(funfcn,a,b,tol,[ ]',args])

for i=1:n
  new_fun = 'exp_fnct' ;
  args=[',', num2str(i), ',', num2str(t), args0, ')' ] ;
  xx(i+1)=eval(['1/(',num2str(t),').*quad(new_fun,a,b,tol,[ ],funfcn',args]);
end
```

解说题

解说题 1.2　[幅度谱和相位谱]

　　求解并画出周期为 8 且 $|t|\leqslant 4$ 时 $x(t)=\Lambda(t)$ 的周期信号的离散幅度谱和相位谱。

解　题

　　因为信号已由 m 文件 lambda.m 给出,可以通过选定区间 $[a,b]=[-4,4]$ 来求出各系数。应该注意,由 m 文件 fseries.m 求得的傅里叶级数的系数对应于非负的 n 值,但由于现在 $x(t)$ 是实值的,从而有 $x_{-n}=x_n^*$。图 1.6 给出了 $n=24$ 时该信号的幅度谱和相位谱。

　　求解并画出幅度谱和相位谱的 MATLAB 脚本如下所示。

m 文件

```
% MATLAB script for Illustrative Problem 1.2.
echo on
fnct='lambda';
a=−4;
b=4;
n=24;
tol=1e−6;
xx=fseries(fnct,a,b,n,tol);
xx1=xx(n+1:−1:2);
xx1=[conj(xx1),xx];
absxx1=abs(xx1);
pause % Press any key to see a plot of the magnitude spectrum.
n1=[−n:n];
stem(n1,absxx1)
title('The Discrete Magnitude Spectrum')
phasexx1=angle(xx1);
pause % Press any key to see a plot of the phase.
stem(n1,phasexx1)
title('The Discrete Phase Spectrum')
```

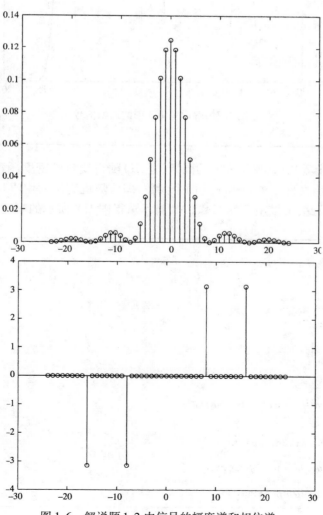

图 1.6　解说题 1.2 中信号的幅度谱和相位谱

解说题

解说题 1.3　[幅度谱和相位谱]

求解并画出周期为 12,并且在区间 $[-6,6]$ 内满足

$$x(t) = \frac{1}{\sqrt{2\pi}} e^{-t^2/2}$$

的周期信号 $x(t)$ 的幅度谱和相位谱。$x(t)$ 如图 1.7 所示。

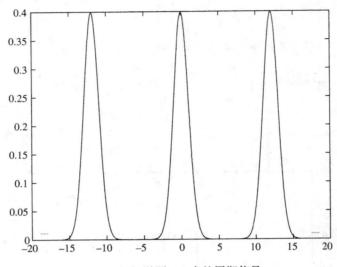

图 1.7　解说题 1.3 中的周期信号

题　解

该信号就是一个零均值、单位方差的高斯(正态)随机变量的密度函数,这个函数由 m 文件 normal.m 给出。该文件要求 m 和 s 这两个参数,即该随机变量的均值和标准偏差。在本题中分别为 0 和 1。因此,可以用下列 MATLAB 脚本求得图 1.8 所示的幅度谱和相位谱。

m 文件

```
% MATLAB script for Illustrative Problem 1.3.
echo on
fnct='normal';
a=-6;
b=6;
n=24;
tol=1e-6;
xx=fseries(fnct,a,b,n,tol,0,1);
xx1=xx(n+1:-1:2);
xx1=[conj(xx1),xx];
absxx1=abs(xx1);
pause % Press any key to see a plot of the magnitude.
n1=[-n:n];
stem(n1,absxx1)
title('The Discrete Magnitude Spectrum')
phasexx1=angle(xx1);
pause % Press any key to see a plot of the phase.
stem(n1,phasexx1)
title('The Discrete Phase Spectrum')
```

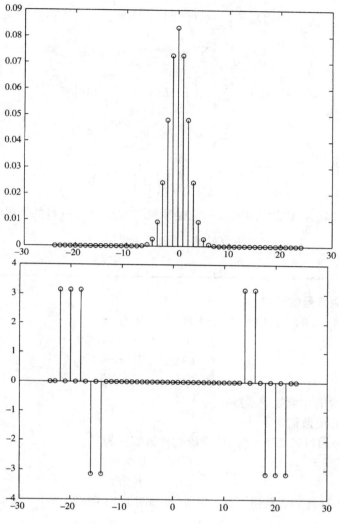

图 1.8 解说题 1.3 中信号的幅度谱和相位谱

1.2.1 周期信号和 LTI 系统

当一个周期信号 $x(t)$ 通过某一 LTI 系统时,如图 1.9 所示,其输出信号 $y(t)$ 也是周期的,并且通常与输入信号具有相同的周期[1](为什么?),因此也有一个傅里叶级数展开式。

如果 $x(t)$ 和 $y(t)$ 展开为

$$x(t) = \sum_{n=-\infty}^{\infty} x_n e^{j2\pi nt/T_0} \tag{1.2.26}$$

$$y(t) = \sum_{n=-\infty}^{\infty} y_n e^{j2\pi nt/T_0} \tag{1.2.27}$$

就能用卷积积分求得 $x(t)$ 和 $y(t)$ 的傅里叶级数系数之间的关系为

$$x(t) \longrightarrow \boxed{\text{LTI 系统}} \longrightarrow y(t)$$

图 1.9 周期信号通过 LTI 系统

---

① 这里说的是"通常"与输入信号具有相同的周期。你能举出一个输出的周期与输入的周期不同的例子吗?

$$
\begin{aligned}
y(t) &= \int_{-\infty}^{\infty} x(t-\tau)h(\tau)\,\mathrm{d}\tau \\
&= \int_{-\infty}^{\infty} \sum_{n=-\infty}^{\infty} x_n e^{j2\pi n(t-\tau)/T_0} h(\tau)\,\mathrm{d}\tau \\
&= \sum_{n=-\infty}^{\infty} x_n \left(\int_{-\infty}^{\infty} h(\tau) e^{-j2\pi n\tau/T_0}\,\mathrm{d}\tau \right) e^{j2\pi nt/T_0} \\
&= \sum_{n=-\infty}^{\infty} y_n e^{j2\pi nt/T_0} \quad\quad\quad\quad (1.2.28)
\end{aligned}
$$

由上述关系,我们得到

$$
y_n = x_n H\!\left(\frac{n}{T_0}\right) \quad\quad\quad\quad (1.2.29)
$$

其中,$H(f)$ 表示该 LTI 系统的传递函数[①],它是系统的冲激响应 $h(t)$ 的傅里叶变换:

$$
H(f) = \int_{-\infty}^{\infty} h(t) e^{-j2\pi ft}\,\mathrm{d}t \quad\quad\quad\quad (1.2.30)
$$

解说题

解说题 1.4　[周期信号的过滤]

有一个周期 $T_0 = 2$ 的三角脉冲串信号 $x(t)$,定义为

$$
\Lambda(t) = \begin{cases} t+1, & -1 \leqslant t \leqslant 0 \\ -t+1, & 0 < t \leqslant 1 \\ 0, & 其余\ t \end{cases} \quad\quad\quad\quad (1.2.31)
$$

1. 求 $x(t)$ 的傅里叶级数的系数。
2. 画出 $x(t)$ 的离散谱。
3. 假定该信号通过某 LTI 系统,该系统的冲激响应为

$$
h(t) = \begin{cases} t, & 0 \leqslant t < 1 \\ 0, & 其余\ t \end{cases} \quad\quad\quad\quad (1.2.32)
$$

画出输出信号 $y(t)$ 的离散谱。$x(t)$ 和 $h(t)$ 如图 1.10 所示。

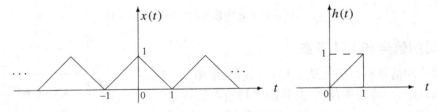

图 1.10　输入信号和系统的冲激响应

题　解

1. 根据已给出的 $x(t)$,有

$$
x_n = \frac{1}{T_0} \int_{-T_0/2}^{T_0/2} x(t) e^{-j2\pi nt/T_0}\,\mathrm{d}t \quad\quad\quad\quad (1.2.33)
$$

$$
= \frac{1}{2} \int_{-1}^{1} \Lambda(t) e^{-j\pi nt}\,\mathrm{d}t \quad\quad\quad\quad (1.2.34)
$$

---

① 又称为系统的频率响应。

$$= \frac{1}{2} \int_{-\infty}^{\infty} \Lambda(t) \, \mathrm{e}^{-\mathrm{j}\pi n t} \mathrm{d}t \tag{1.2.35}$$

$$= \frac{1}{2} \mathscr{F} \left[\Lambda(t) \right]_{f=n/2} \tag{1.2.36}$$

$$= \frac{1}{2} \mathrm{sinc}^2 \left(\frac{n}{2} \right) \tag{1.2.37}$$

其中,我们利用了 $\Lambda(t)$ 在 $[-1,1]$ 区间以外为零以及 $\Lambda(t)$ 的傅里叶变换是 $\mathrm{sinc}^2(f)$。利用 $\Lambda(t)$ 的表示式进行分部积分,也能得到这一结果。显然,除了 $n=0$ 以外的所有偶数 $n,x_n=0$。

2. $x(t)$ 的离散谱如图 1.11 所示。

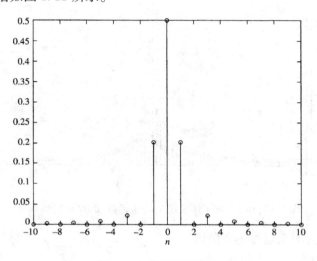

图 1.11　信号的离散谱

3. 首先必须求得系统的传递函数 $H(f)$。虽然这可以用解析方法来完成,但我们还是愿意采用数值方法。所得到的传递函数的幅度以及 $H(n/T_0)=H(n/2)$ 的幅度如图 1.12 所示。为了得到输出信号的离散谱,我们利用如下的关系:

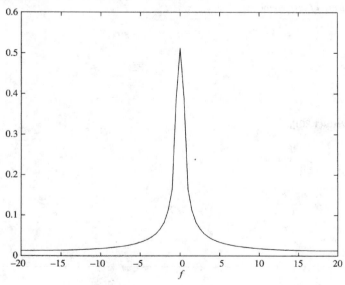

图 1.12　该 LTI 系统的传递函数和 $H(n/2)$ 的幅度

$$y_n = x_n H\left(\frac{n}{T_0}\right) \tag{1.2.38}$$

$$= \frac{1}{2}\text{sinc}^2\left(\frac{n}{2}\right)H\left(\frac{n}{2}\right) \tag{1.2.39}$$

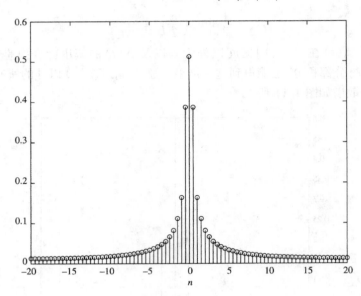

图 1.12(续)　该 LTI 系统的传递函数和 $H(n/2)$ 的幅度

图 1.13 所示即为输出信号的离散谱。

本题的 MATLAB 脚本如下所示。

　　■ m 文件

```
% MATLAB script for Illustrative Problem 1.4.
echo on
n=[−20:1:20];
% Fourier series coefficients of x(t) vector
x=.5*(sinc(n/2)).^2;
% sampling interval
ts=1/40;
% time vector
t=[−.5:ts:1.5];
% impulse response
fs=1/ts;
h=[zeros(1,20),t(21:61),zeros(1,20)];
% transfer function
H=fft(h)/fs;
% frequency resolution
df=fs/80;
f=[0:df:fs]−fs/2;
% rearrange H
H1=fftshift(H);
y=x.*H1(21:61);
% Plotting commands follow.
```

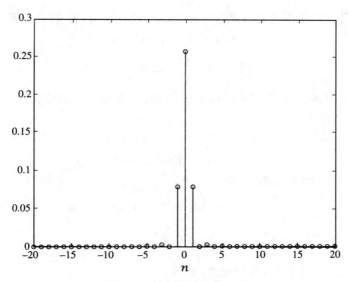

图 1.13　输出信号的离散谱

1.3　傅里叶变换

傅里叶变换是傅里叶级数对非周期信号的推广。一个满足狄利赫利条件的信号 $x(t)$，其傅里叶变换记为 $X(f)$，或 $\mathcal{F}[x(t)]$，定义为

$$\mathcal{F}[x(t)] = X(f) = \int_{-\infty}^{\infty} x(t)\,\mathrm{e}^{-\mathrm{j}2\pi ft}\mathrm{d}t \tag{1.3.1}$$

$X(f)$ 的傅里叶逆变换是 $x(t)$，为

$$\mathcal{F}^{-1}[X(f)] = x(t) = \int_{-\infty}^{\infty} X(f)\,\mathrm{e}^{\mathrm{j}2\pi ft}\mathrm{d}f \tag{1.3.2}$$

如果 $x(t)$ 为实信号，那么 $X(f)$ 就满足埃尔米特对称，即

$$X(-f) = X^*(f) \tag{1.3.3}$$

傅里叶变换满足若干性质，其中最重要的性质总结如下。

1. **线性**。两个或两个以上信号的线性组合的傅里叶变换就是相应每个傅里叶变换的线性组合，即
$$\mathcal{F}[\alpha x_1(t) + \beta x_2(t)] = \alpha\mathcal{F}[x_1(t)] + \beta\mathcal{F}[x_2(t)] \tag{1.3.4}$$

2. **对偶性**。若 $X(f) = \mathcal{F}[x(t)]$，则
$$\mathcal{F}[X(t)] = x(-f) \tag{1.3.5}$$

3. **时移**。信号在时域中的位移会导致频域中的相移。若 $X(f) = \mathcal{F}[x(t)]$，则
$$\mathcal{F}[x(t-t_0)] = \mathrm{e}^{-\mathrm{j}2\pi ft_0}X(f) \tag{1.3.6}$$

4. **尺度变换**。信号在时域中的扩展会导致频域中的压缩，反之亦然。若 $X(f) = \mathcal{F}[x(t)]$，则
$$\mathcal{F}[x(at)] = \frac{1}{|a|}X\left(\frac{f}{a}\right), \qquad a \neq 0 \tag{1.3.7}$$

5. **调制**。信号在时域中乘以指数对应于在频域中的频移。若 $X(f) = \mathcal{F}[x(t)]$，则
$$\begin{cases} \mathcal{F}[\mathrm{e}^{\mathrm{j}2\pi f_0 t}x(t)] = X(f-f_0) \\ \mathcal{F}[x(t)\cos(2\pi f_0 t)] = \frac{1}{2}[X(f-f_0) + X(f+f_0)] \end{cases} \tag{1.3.8}$$

6. **微分**。信号在时域中的微分对应于在频域中乘以 $j2\pi f$,若 $X(f) = \mathcal{F}[x(t)]$,则

$$\mathcal{F}[x'(t)] = j2\pi f X(f) \tag{1.3.9}$$

$$\mathcal{F}\left[\frac{d^n}{dt^n}x(t)\right] = (j2\pi f)^n X(f) \tag{1.3.10}$$

7. **卷积**。时域中的卷积等效于频域中的相乘,反之亦然。若 $X(f) = \mathcal{F}[x(t)]$ 和 $Y(f) = \mathcal{F}[y(t)]$,则

$$\mathcal{F}[x(t) * y(t)] = X(f)Y(f) \tag{1.3.11}$$

$$\mathcal{F}[x(t)y(t)] = X(f) * Y(f) \tag{1.3.12}$$

8. **帕斯瓦尔(Parseval)定理**。若 $X(f) = \mathcal{F}[x(t)]$ 且 $Y(f) = \mathcal{F}[y(t)]$,则

$$\int_{-\infty}^{\infty} x(t)y^*(t)dt = \int_{-\infty}^{\infty} X(f)Y^*(f)df \tag{1.3.13}$$

$$\int_{-\infty}^{\infty} |x(t)|^2 dt = \int_{-\infty}^{\infty} |X(f)|^2 df \tag{1.3.14}$$

第二个关系又称为瑞利(Rayleigh)定理。

表 1.1 给出了若干最有用的傅里叶变换对。表中 $u_{-1}(t)$ 表示单位阶跃函数,$\delta(t)$ 表示单位冲激信号,$\mathrm{sgn}(t)$ 是**符号函数**,定义为

$$\mathrm{sgn}(t) = \begin{cases} 1, & t > 0 \\ 0, & t = 0 \\ -1, & t < 0 \end{cases} \tag{1.3.15}$$

而 $\delta^{(n)}(t)$ 代表单位冲激信号的 n 阶导数。

表 1.1 傅里叶变换对表

$x(t)$	$X(f)$
$\delta(t)$	1
1	$\delta(f)$
$\delta(t-t_0)$	$e^{-j2\pi f t_0}$
$e^{j2\pi f_0 t}$	$\delta(f-f_0)$
$\cos(2\pi f_0 t)$	$\frac{1}{2}\delta(f-f_0) + \frac{1}{2}\delta(f+f_0)$
$\sin(2\pi f_0 t)$	$\frac{1}{2j}\delta(f-f_0) - \frac{1}{2j}\delta(f+f_0)$
$\Pi(t)$	$\mathrm{sinc}(f)$
$\mathrm{sinc}(t)$	$\Pi(f)$
$\Lambda(t)$	$\mathrm{sinc}^2(f)$
$\mathrm{sinc}^2(t)$	$\Lambda(f)$
$e^{-\alpha t}u_{-1}(t), \alpha>0$	$\frac{1}{\alpha + j2\pi f}$
$te^{-\alpha t}u_{-1}(t), \alpha>0$	$\frac{1}{(\alpha + j2\pi f)^2}$
$e^{-\alpha|t|}, \alpha>0$	$\frac{2\alpha}{\alpha^2 + (2\pi f)^2}$
$e^{-\pi t^2}$	$e^{-\pi f^2}$
$\mathrm{sgn}(t)$	$\frac{1}{j\pi f}$
$u_{-1}(t)$	$\frac{1}{2}\delta(f) + \frac{1}{j2\pi f}$

（续表）

$\delta'(t)$	$j2\pi f$
$\delta^{(n)}(t)$	$(j2\pi f)^n$
$\displaystyle\sum_{n=-\infty}^{\infty}\delta(t-nT_0)$	$\displaystyle\frac{1}{T_0}\sum_{n=-\infty}^{\infty}\delta\left(f-\frac{n}{T_0}\right)$

对于一个周期为 T_0 的周期信号 $x(t)$，其傅里叶级数的系数由 x_n 给出，即

$$x(t)=\sum_{n=-\infty}^{\infty}x_n e^{j2\pi nt/T_0}$$

$x(t)$ 的傅里叶变换为

$$
\begin{aligned}
X(f)&=\mathcal{F}[x(t)]\\
&=\mathcal{F}\Big[\sum_{n=-\infty}^{\infty}x_n e^{j2\pi nt/T_0}\Big]\\
&=\sum_{n=-\infty}^{\infty}x_n\mathcal{F}[e^{j2\pi nt/T_0}]\\
&=\sum_{n=-\infty}^{\infty}x_n\delta\Big(f-\frac{n}{T_0}\Big)
\end{aligned}
\tag{1.3.16}
$$

换句话说，一个周期信号的傅里叶变换由发生在原信号基波频率的整数倍频率（谐波）处的冲激组成。

利用**截断信号**的傅里叶变换也能表示傅里叶级数，该系数为

$$x_n=\frac{1}{T_0}X_{T_0}\Big(\frac{n}{T_0}\Big)\tag{1.3.17}$$

其中，X_{T_0} 定义为 $x_{T_0}(t)$ 的傅里叶变换，截断信号定义为

$$x_{T_0}(t)=\begin{cases}x(t),&-\dfrac{T_0}{2}<t\leqslant\dfrac{T_0}{2}\\[2mm]0,&\text{其余 }t\end{cases}\tag{1.3.18}$$

信号的傅里叶变换称为信号的**频谱**。信号的频谱一般是复函数 $X(f)$，因此为了画出信号的频谱，通常要用两个图：幅度谱 $|X(f)|$ 和相位谱 $\angle X(f)$。

── 解说题 ──

解说题 1.5　[傅里叶变换]

画出图 1.14 中信号 $x_1(t)$ 和 $x_2(t)$ 的幅度谱和相位谱。

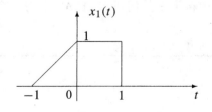 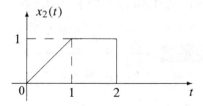

图 1.14　信号 $x_1(t)$ 和 $x_2(t)$

── 题　解 ──

因为除了时移以外，这两个信号是相同的，所以我们可以预见它们会有相同的幅度谱。画在同一个坐标轴上的相同的幅度谱和两个相位谱分别如图 1.15 和图 1.16 所示。

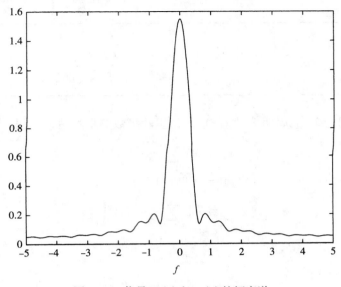

图 1.15   信号 $x_1(t)$ 和 $x_2(t)$ 的幅度谱

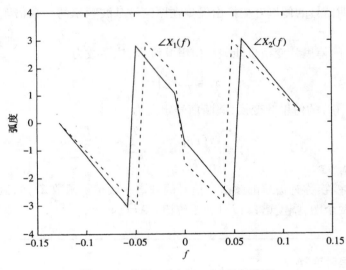

图 1.16   信号 $x_1(t)$ 和 $x_2(t)$ 的相位谱

本题的 MATLAB 脚本如下所示。在 1.3.1 节中将说明如何用 MATLAB 求得一个信号的傅里叶变换。

m 文件

```
% MATLAB script for Illustrative Problem 1.5.
df=0.01;
fs=10;
ts=1/fs;
t=[-5:ts:5];
% Creating Signals
x1=zeros(size(t));
x1(41:51)=t(41:51)+1;
x1(52:61)=ones(size(x1(52:61)));
x2=zeros(size(t));
```

```
x2(51:71)=x1(41:61);

% Demonstrate how a time shift reflects in the phase of FFT
[X1,x11,df1]=fftseq(x1,ts,df);
[X2,x21,df2]=fftseq(x2,ts,df);
X11=X1/fs;
X21=X2/fs;
f=[0:df1:df1*(length(x11)−1)]−fs/2;
plot(f,fftshift(abs(X11)))
figure
plot(f(500:525),fftshift(angle(X11(500:525))),f(500:525),fftshift(angle(X21(500:525))),′−−′)
```

1.3.1 采样定理

在信号与系统分析中,采样定理是最重要的结果之一,它构成了连续时间信号和离散时间信号之间的关系的基础。采样定理指的是,一个带限信号,即信号的傅里叶变换,对某个 W 有 $|f| > W$ 为零,可以完全用其间隔为 T_s 的样本值来表示,只要 $T_s \leq 1/(2W)$。如果采样是以间隔为 $T_s = 1/(2W)$(称为**奈奎斯特间隔**或**奈奎斯特率**)完成的,那么 $x(t)$ 就能由样本值 $\{x[n] = x(nT_s)\}_{n=-\infty}^{\infty}$ 按照

$$x(t) = \sum_{n=-\infty}^{\infty} x(nT_s)\mathrm{sinc}(2W(t - nT_s)) \qquad (1.3.19)$$

这样一种方式重建。这一结果是基于已采样波形 $x_\delta(t)$ 的,定义为

$$x_\delta(t) = \sum_{n=-\infty}^{\infty} x(nT_s)\delta(t - nT_s) \qquad (1.3.20)$$

其傅里叶变换为

$$X_\delta(f) = \begin{cases} \dfrac{1}{T_s} \sum_{n=-\infty}^{\infty} X\left(f - \dfrac{n}{T_s}\right), & \text{对全部} f \\ \dfrac{1}{T_s} X(f), & |f| < W \end{cases} \qquad (1.3.21)$$

所以将它通过一个带宽为 W,通带内增益为 T_s 的低通滤波器就可以将原信号恢复。

图 1.17 所示为式(1.3.19)在 $T_s = 1$ 和 $\{x[n]\}_{n=-3}^{3} = \{1,1,-1,2,-2,1,2\}$ 时的结果,即

$$x(t) = \mathrm{sinc}(t+3) + \mathrm{sinc}(t+2) - \mathrm{sinc}(t+1) + 2\mathrm{sinc}(t)$$
$$- 2\mathrm{sinc}(t-1) + \mathrm{sinc}(t-2) + 2\mathrm{sinc}(t-3)$$

离散时间序列 $x[n]$ 的**离散傅里叶变换(DFT)** 表示为

$$X_d(f) = \sum_{n=-\infty}^{\infty} x[n]\mathrm{e}^{-j2\pi fnT_s} \qquad (1.3.22)$$

将上式与式(1.3.21)进行比较后可得

$$X(f) = T_s X_d(f), \qquad |f| < W \qquad (1.3.23)$$

它给出了模拟信号的傅里叶变换及其对应的已采样信号的离散傅里叶变换之间的关系。

经由著名的**快速傅里叶变换(FFT)** 算法,可以对离散傅里叶变换完成数值计算。在这个算法中,用在间隔为 T_s 的点上所取得的 $x(t)$ 的 N 个样本序列来表示该信号。其结果是 $X_d(f)$ 在频率间隔 $[0, f_s]$ 上的 N 个样本序列,其中 $f_s = 1/T_s = 2W$ 是奈奎斯特频率。当这些样本以 $\Delta f = f_s/N$ 为间隔时,Δf 值就给出了所得傅里叶变换的频率分辨率。如果输入序列的长度 N 是 2 的幂,则 FFT 算法在计算上是高效的。在很多情况下,如果序列的长度不是 2 的幂,则可以通过补零等技术使其成为 2 的幂。值得注意的是,因为 FFT 算法实质上只给出了已采样信号的

DFT,为了得到模拟信号的傅里叶变换,还必须使用式(1.3.23)。这意味着在计算出 FFT 之后还必须将其乘以 T_s,或者等效为除以 f_s,以得出原模拟信号的傅里叶变换。

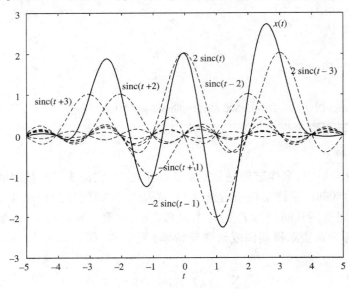

图 1.17　采样定理的表示

下面给出的 MATLAB 函数 fftseq.m 将时间序列 m、采样间隔 t_s 和所需的频率分辨率 df 作为输入,就得到了长度为 2 的幂的序列、这个序列 M 的 FFT 以及所要的频率分辨率。

▌m 文件

```
function [M,m,df]=fftseq(m,ts,df)
%        [M,m,df]=fftseq(m,ts,df)
%        [M,m,df]=fftseq(m,ts)
%FFTSEQ      generates M, the FFT of the sequence m.
%        The sequence is zero padded to meet the required frequency resolution df.
%        ts is the sampling interval. The output df is the final frequency resolution.
%        Output m is the zero padded version of input m. M is the FFT.
fs=1/ts;
if nargin == 2
  n1=0;
else
  n1=fs/df;
end
n2=length(m);
n=2^(max(nextpow2(n1),nextpow2(n2)));
M=fft(m,n);
m=[m,zeros(1,n−n2)];
df=fs/n;
```

▌解说题

解说题 1.6　[傅里叶变换的解析求解和数值求解]

信号 $x(t)$ 为

$$x(t) = \begin{cases} t+2, & -2 \leqslant t \leqslant -1 \\ 1, & -1 < t \leqslant 1 \\ -t+2, & 1 < t \leqslant 2 \\ 0, & \text{其余 } t \end{cases} \tag{1.3.24}$$

如图 1.18 所示。

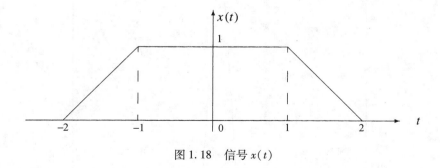

图 1.18　信号 $x(t)$

1. 用解析法求 $x(t)$ 的傅里叶变换，并画出 $x(t)$ 的频谱。
2. 用 MATLAB 求出该傅里叶变换的数值解，并画出结果。

题　解

1. 信号 $x(t)$ 可以写成

$$x(t) = 2\Lambda\left(\frac{t}{2}\right) - \Lambda(t) \tag{1.3.25}$$

因此有

$$X(f) = 4\,\text{sinc}^2(2f) - \text{sinc}^2(f) \tag{1.3.26}$$

其中，已经用了线性性质、尺度变换性质以及 $\Lambda(t)$ 的傅里叶变换是 $\text{sinc}^2(f)$ 这些条件。显然，该傅里叶变换是实函数。幅度谱如图 1.19 所示。

2. 为了用 MATLAB 求傅里叶变换，首先要给出该信号带宽的大致估计。因为这个信号相对比较平滑，其带宽正比于信号持续时间的倒数，该信号的持续时间是 4。为了安全可靠起见，带宽取为信号持续时间的倒数的 10 倍，即

$$\text{BW} = 10 \times \frac{1}{4} = 2.5 \tag{1.3.27}$$

奈奎斯特频率是带宽的 2 倍，等于 5。

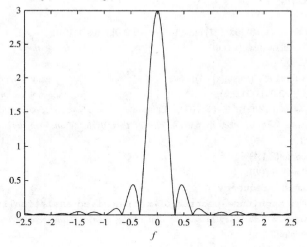

图 1.19　用解析法求得的 $x(t)$ 的幅度谱

因此采样间隔 $T_s = 1/f_s = 0.2$。现考虑在 $[-4,4]$ 区间内以 T_s 对信号采样。有了这些选取之后，就可以使用 fftseq.m 函数的简单 MATLAB 脚本求得 FFT 的数值解。已经选定的频率分辨率是 0.01 Hz。而用 fftseq.m 得到的频率分辨率是 0.0098 Hz，它满足本题的要求。长度为 41 的信号向量 x 通过补零到 256 长度，以满足频率分辨率的要求，同时为进行高效计算而使长度成为 2 的幂。傅里叶变换的幅度谱如图 1.20 所示。

本题的 MATLAB 脚本如下所示。

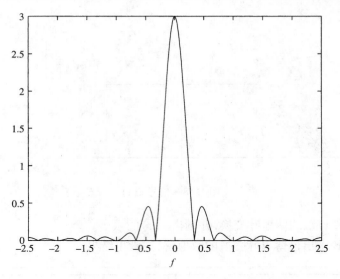

图 1.20　用数值法求得的 $x(t)$ 的幅度谱

---

m 文件

```
% MATLAB script for Illustrative Problem 1.6.
echo on
ts=0.2;                                  % set parameters
fs=1/ts;
df=0.01;
x=[zeros(1,10),[0:0.2:1],ones(1,9),[1:-0.2:0],zeros(1,10)];
[X,x,df1]=fftseq(x,ts,df);               % derive the FFT
X1=X/fs;                                 % scaling
f=[0:df1:df1*(length(x)-1)]-fs/2;        % frequency vector for FFT
f1=[-2.5:0.001:2.5];                     % frequency vector for analytic approach
y=4*(sinc(2*f1)).^2-(sinc(f1)).^2;       % exact Fourier transform
pause % Press akey to see the plot of the Fourier Transform derived analytically.
clf
subplot(2,1,1)
plot(f1,abs(y));
xlabel('Frequency')
title('Magnitude-pectrum of x(t) derived analytically')
pause % Press akey to see the plot of the Fourier Transform derived numerically.
subplot(2,1,2)
plot(f,fftshift(abs(X1)));
xlabel('Frequency')
title('Magnitude-spectrum of x(t) derived numerically')
```

1.3.2　LTI 系统的频域分析

当输入信号为 $x(t)$ 时,冲激响应为 $h(t)$ 的 LTI 系统的输出由卷积积分

$$y(t) = x(t) * h(t) \tag{1.3.28}$$

给出。应用卷积定理,可以得到

$$Y(f) = X(f)H(f) \tag{1.3.29}$$

其中，

$$H(f) = \mathcal{F}[h(t)] = \int_{-\infty}^{\infty} h(t) \mathrm{e}^{-\mathrm{j}2\pi ft} \mathrm{d}t \qquad (1.3.30)$$

是该系统的传递函数。式(1.3.29)可写成如下形式：

$$\begin{cases} |Y(f)| = |X(f)||H(f)| \\ \angle Y(f) = \angle X(f) + \angle H(f) \end{cases} \qquad (1.3.31)$$

该式给出了输入和输出的幅度谱及相位谱之间的关系。

解说题

解说题 1.7　[LTI 系统在频域内的分析]

信号 $x(t)$ 如图 1.21 所示，它由若干直线段和一个正弦的一部分组成。

1. 求信号的 FFT，并画出它。

2. 若该信号通过带宽为 1.5 Hz 的理想低通滤波器，求该滤波器的输出，并画出它。

3. 若该信号通过一个冲激响应为

$$h(t) = \begin{cases} t, & 0 \leqslant t < 1 \\ 1, & 1 \leqslant t \leqslant 2 \\ 0, & \text{其余 } t \end{cases} \qquad (1.3.32)$$

的滤波器，画出该滤波器的输出。

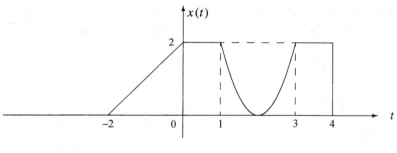

图 1.21　信号 $x(t)$

题　解

首先要求得信号正弦部分的表达式。这个正弦信号的周期的一半是 2，所以其频率为 $f_0 = \dfrac{1}{4} = 0.25$ Hz。信号的幅度为 2，而且被向上提升了 2，所以它的一般表达式为 $2\cos(2\pi \times 0.25t + \theta) + 2 = 2\cos(0.5\pi t + \theta) + 2$。相位 θ 值可用如下边界条件来确定：

$$2 + 2\cos(0.5\pi t + \theta)|_{t=2} = 0 \qquad (1.3.33)$$

即 $\theta = 0$。因此，这个信号可写成：

$$x(t) = \begin{cases} t + 2 & -2 \leqslant t \leqslant 0 \\ 2, & 0 < t \leqslant 1 \\ 2 + 2\cos(0.5\pi t), & 1 < t \leqslant 3 \\ 1, & 3 < t \leqslant 4 \\ 0, & \text{其余 } t \end{cases} \qquad (1.3.34)$$

有了这个信号的完整表达式，就能继续做下去。

1. 信号带宽已经选为 5 Hz，要求的频率分辨率是 0.01 Hz。信号的幅度谱如图 1.22 所示。

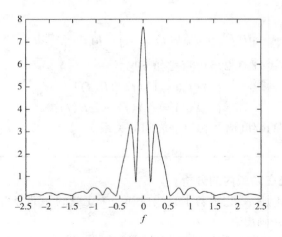

图 1.22　信号的幅度谱

2. 现在 $f_s = 5\,\text{Hz}$。因为低通滤波器的带宽是 1.5 Hz,其传递函数为

$$H(f) = \begin{cases} 1, & 0 \leqslant f \leqslant 1.5 \\ 0, & 1.5 < f \leqslant 3.5 \\ 1, & 3.5 < f \leqslant 5 \end{cases} \qquad (1.3.35)$$

将它乘以 $X(f)$ 就得到了 $Y(f)$,即输出的傅里叶变换。用该传递函数得到的输出如图 1.23 所示。

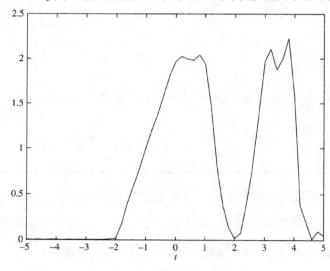

图 1.23　低通滤波器的输出

3. 现在,我们通过简单的卷积得到滤波器的输出。其结果如图 1.24 所示。
本题的 MATLAB 脚本如下所示。

m 文件

```
% MATLAB script for Illustrative Problem 1.7.
echo on
df=0.01;                              % freq. resolution
fs=5;                                 % sampling frequency
ts=1/fs;                              % sampling interval
t=[−5:ts:5];                          % time vector
x=zeros(1,length(t));                 % input signal initiation
```

```
x(16:26)=t(16:26)+2;
x(27:31)=2*ones(1,5);
x(32:41)=2+2*cos(0.5*pi*t(32:41));
x(42:46)=2*ones(1,5);

% Part 1
[X,x1,df1]=fftseq(x,ts,df);          % spectrum of the input
f=[0:df1:df1*(length(x1)-1)]-fs/2;   % frequency vector
X1=X/fs;                             % scaling

% Part 2   Filter transfer function
H=[ones(1,ceil(1.5/df1)),zeros(1,length(X)-2*ceil(1.5/df1)),ones(1,ceil(1.5/df1))];
Y=X.*H;                              % output spectrum
y1=ifft(Y);                          % output of the filter

% Part 3   LTI system impulse response
h=[zeros(1,ceil(5/ts)),t(ceil(5/ts)+1:ceil(6/ts)),ones(1,ceil(7/ts)-ceil(6/ts)),zeros(1,51-ceil(7/ts))];
y2=conv(h,x);                        % output of the LTI system

pause     % Press a key to see spectrum of the input
plot(f,fftshift(abs(X1)))
pause     % Press a key to see the output of the lowpass filter.
plot(t,abs(y1(1:length(t))));
pause     % Press a key to see the output of the LTI system.
plot([-10:ts:10],y2);
```

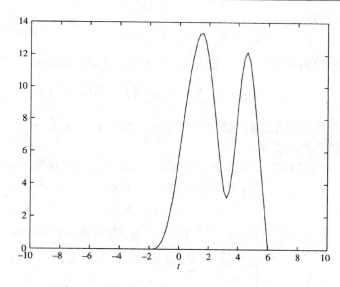

图 1.24　解说题 1.7 中第三部分的输出信号

1.4　功率和能量

一个实信号 $x(t)$ 的能量和功率分别记为 E_X 和 P_X，定义为

$$\begin{cases} E_X = \displaystyle\int_{-\infty}^{\infty} x^2(t)\,\mathrm{d}t \\[2mm] P_X = \displaystyle\lim_{T\to\infty} \frac{1}{T} \int_{-T/2}^{T/2} x^2(t)\,\mathrm{d}t \end{cases} \qquad (1.4.1)$$

具有有限能量的信号称为**能量信号**,而具有正的和有限功率的信号称为**功率信号**[①]。例如,$x(t) = \Pi(t)$ 就是能量信号的一个例子,$x(t) = \cos(t)$ 则是功率信号的一个例子。所有周期信号都是功率信号[②]。一个能量信号的**能谱密度**给出了该信号在各个频率上的能量分布,它由

$$\mathcal{G}_X(f) = |X(f)|^2 \tag{1.4.2}$$

给出。因此有

$$E_X = \int_{-\infty}^{\infty} \mathcal{G}_X(f)\,\mathrm{d}f \tag{1.4.3}$$

利用卷积定理,有

$$\mathcal{G}_X(f) = \mathcal{F}[R_X(\tau)] \tag{1.4.4}$$

其中,$R_X(\tau)$ 是 $x(t)$ 的**自相关函数**,对于实值信号定义为

$$\begin{aligned} R_X(\tau) &= \int_{-\infty}^{\infty} x(t)x(t+\tau)\,\mathrm{d}t \\ &= x(\tau) * x(-\tau) \end{aligned} \tag{1.4.5}$$

对于功率信号,定义**时间平均自相关函数**为

$$R_X(\tau) = \lim_{T \to \infty} \frac{1}{T} \int_{-T/2}^{T/2} x(t)x(t+\tau)\,\mathrm{d}t \tag{1.4.6}$$

定义**功率谱密度**为

$$S_X(f) = \mathcal{F}[R_X(\tau)] \tag{1.4.7}$$

总功率是功率谱密度的积分,由

$$P_X = \int_{-\infty}^{\infty} S_X(f)\,\mathrm{d}f \tag{1.4.8}$$

给出。对于傅里叶级数的系数为 x_n,周期为 T_0 的周期信号 $x(t)$ 的特例,其功率谱密度为

$$S_X(f) = \sum_{n=-\infty}^{\infty} |x_n|^2 \delta\left(f - \frac{n}{T_0}\right) \tag{1.4.9}$$

这意味着全部功率都集中在基波频率的各次谐波上,在第 n 次谐波(n/T_0)上的功率是 $|x_n|^2$,即相应傅里叶级数的系数的模平方。

当信号 $x(t)$ 通过传递函数为 $H(f)$ 的滤波器时,其输出的能量谱密度或功率谱密度由

$$\begin{cases} \mathcal{G}_Y(f) = |H(f)|^2 \mathcal{G}_X(f) \\ S_Y(f) = |H(f)|^2 S_X(f) \end{cases} \tag{1.4.10}$$

求得。若使用离散时间(已采样)信号,其与式(1.4.1)对应的能量和功率关系变成

$$\begin{cases} E_X = T_s \sum_{n=-\infty}^{\infty} x^2[n] \\ P_X = \lim_{N \to \infty} \frac{1}{2N+1} \sum_{n=-N}^{N} x^2[n] \end{cases} \tag{1.4.11}$$

如果使用 FFT,即序列的长度是有限长的并且是重复的,则有

$$\begin{cases} E_X = T_s \sum_{n=0}^{N-1} x^2[n] \\ P_X = \frac{1}{N} \sum_{n=0}^{N-1} x^2[n] \end{cases} \tag{1.4.12}$$

---

① 有些信号既非能量信号又非功率信号,如 $x(t) = e^t u_{-1}(t)$。

② 唯一的例外是处处为零的信号。

以下的 MATLAB 函数 power.m 给出了信号向量的功率。

---
m 文件

```
function  p=spower(x)
%          p=spower(x)
%SPOWER      returns the power in signal x
p=(norm(x)^2)/length(x);
```

如果 $X_d(f)$ 是序列 $x[n]$ 的 DFT,那么等效的模拟信号 $x(t)$ 的能量谱密度可以用式(1.3.23)求得,由

$$\mathcal{G}_X(f) = T_s^2 \, | X_d(f) |^2 \tag{1.4.13}$$

给出,其中 T_s 是采样间隔。序列 $x[n]$ 的功率谱密度最容易用 MATLAB 函数 spectrum.m 求得。

解说题

解说题 1.8 [功率和功率谱]

有一个持续期为 10,并且为两个单位振幅的正弦信号之和的信号 $x(t)$,两个信号中的一个频率为47 Hz,另一个为 219 Hz:

$$x(t) = \begin{cases} \cos(2\pi \times 47t) + \cos(2\pi \times 219t), & 0 \leqslant t \leqslant 10 \\ 0, & \text{其余 } t \end{cases}$$

该信号以 1000 个样本/秒的采样率进行采样。用 MATLAB 求该信号的功率和功率谱密度。

题   解

用 MATLAB 函数 spower.m 求得该信号的功率为 1.0003 W。用 spectrum.m 和 specplot.m 可以画出该信号的功率谱密度,如图 1.25 所示。功率谱的双峰对应于信号中存在的两个频率。

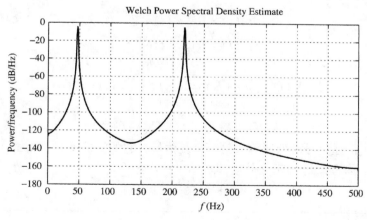

图 1.25 由频率为 $f_1 = 47$ Hz 和 $f_2 = 219$ Hz 的两个正弦信号组成的信号的功率谱密度

本题的 MATLAB 脚本如下所示。

---
m 文件

% MATLAB script for Illustrartive Problem 1.8.

```
ts=0.001;
fs=1/ts;
t=[0:ts:10];
x=cos(2*pi*47*t)+cos(2*pi*219*t);
p=spower(x);
Hs = spectrum.welch('hann',1024,0);
psd(Hs,x,'Fs',fs,'NFFT',1024);
p
```

1.5　带通信号的低通等效

　　带通信号就是其全部频率分量都位于某个**中心频率** f_0(自然也在 $-f_0$)附近的信号。换句话说,对于带通信号,当 $|f \pm f_0| > W$ 时有 $x(f) \equiv 0$,其中 $W \ll f_0$。一个低通信号就是其频率分量均位于零频率附近的信号,即对于 $|f| > W$,有 $X(f) \equiv 0$。

　　对应于一个带通信号 $x(t)$,可以定义**解析信号** $z(t)$,它的傅里叶变换由下式给出:

$$Z(f) = 2u_{-1}(f)X(f) \tag{1.5.1}$$

其中, $u_{-1}(f)$ 是单位阶跃函数。这一关系在时域中可以写为

$$z(t) = x(t) + j\hat{x}(t) \tag{1.5.2}$$

其中, $\hat{x}(t)$ 记为 $x(t)$ 的**希尔伯特变换**,定义为 $\hat{x}(t) = x(t \otimes (1/\pi t))$,在频域中则可以写为

$$\hat{X}(f) = -j\mathrm{sgn}(f)X(f) \tag{1.5.3}$$

在 MATLAB 中,希尔伯特变换函数记为 hilbert.m,它产生复序列 $z(t)$。 $z(t)$ 的实部是原序列,而它的虚部则是原序列的希尔伯特变换。

　　信号 $x(t)$ 的低通等效记为 $x_l(t)$,用 $z(t)$ 表示为

$$x_l(t) = z(t)\mathrm{e}^{-j2\pi f_0 t} \tag{1.5.4}$$

根据这个关系,我们得到

$$\begin{cases} x(t) = \mathrm{Re}[x_l(t)\mathrm{e}^{j2\pi f_0 t}] \\ \hat{x}(t) = \mathrm{Im}[x_l(t)\mathrm{e}^{j2\pi f_0 t}] \end{cases} \tag{1.5.5}$$

在频域中则为

$$X_l(f) = Z(f+f_0) = 2u_{-1}(f+f_0)X(f+f_0) \tag{1.5.6}$$

和

$$X_l(f) = X(f-f_0) + X^*(-f-f_0) \tag{1.5.7}$$

一般来说,一个实带通信号的低通等效是一个复信号。它的实部 $x_c(t)$ 称为 $x(t)$ 的同相分量,而它的虚部 $x_s(t)$ 称为 $x(t)$ 的正交分量,即

$$x_l(t) = x_c(t) + jx_s(t) \tag{1.5.8}$$

利用同相和正交分量,有

$$\begin{cases} x(t) = x_c(t)\cos(2\pi f_0 t) - x_s(t)\sin(2\pi f_0 t) \\ \hat{x}(t) = x_s(t)\cos(2\pi f_0 t) + x_c(t)\sin(2\pi f_0 t) \end{cases} \tag{1.5.9}$$

如果将 $x_l(t)$ 用极坐标表示,则有

$$x_l(t) = V(t)\mathrm{e}^{j\Theta(t)} \tag{1.5.10}$$

其中, $V(t)$ 和 $\Theta(t)$ 称为信号 $x(t)$ 的**包络**和**相位**。利用这两个量,有

$$x(t) = V(t)\cos(2\pi f_0 t + \Theta(t)) \tag{1.5.11}$$

包络和相位可以表示为

$$\begin{cases} V(t) = \sqrt{x_c^2(t)\,x_s^2(t)} \\ \Theta(t) = \arctan \dfrac{x_s(t)}{x_c(t)} \end{cases} \tag{1.5.12}$$

或者等效为

$$\begin{cases} V(t) = \sqrt{x^2(t) + \hat{x}^2(t)} \\ \Theta(t) = \arctan \dfrac{\hat{x}(t)}{x(t)} - 2\pi f_0 t \end{cases} \tag{1.5.13}$$

由上面的关系显然可以知道,包络与 f_0 的选取无关,而相位则与这个选取有关。

　　我们已经写了一些简单的 MATLAB 文件,用于产生解析信号,产生一个信号的低通表示,产生同相和正交分量以及包络和相位。这些 MATLAB 函数分别是 analytic.m,loweq.m,quadcomp.m 以及 env_phas.m。这些函数如下所示。

m 文件

```
function  z=analytic(x)
%          z=analytic(x)
%ANALYTIC     returns the analytic signal corresponding to signal x
%
z=hilbert(x);
```

m 文件

```
function  xl=loweq(x,ts,f0)
%          xl=loweq(x,ts,f0)
%LOWEQ       returns the lowpass equivalent of the signal x
%         f0 is the center frequency.
%         ts is the sampling interval.
%
t=[0:ts:ts*(length(x)-1)];
z=hilbert(x);
xl=z.*exp(-j*2*pi*f0*t);
```

m 文件

```
function  [xc,xs]=quadcomp(x,ts,f0)
%          [xc,xs]=quadcomp(x,ts,f0)
%QUADCOMP    Returns the in-phase and quadrature components of
%            the signal x. f0 is the center frequency. ts is the
%            sampling interval.
%
z=loweq(x,ts,f0);
xc=real(z);
xs=imag(z);
```

m 文件

```
function  [v,phi]=env_phas(x,ts,f0)
%          [v,phi]=env_phas(x,ts,f0)
%                  v=env_phas(x,ts,f0)
```

```
%ENV_PHAS      Returns the envelope and the phase of the bandpass signal x.
%              f0 is the center frequency.
%              ts is the sampling interval.
%
if nargout == 2
  z=loweq(x,ts,f0);
  phi=angle(z);
end
v=abs(hilbert(x));
```

解说题

解说题 1.9 [带通到低通变换]

信号 $x(t)$ 为

$$x(t) = \mathrm{sinc}(100t)\cos(2\pi \times 200t) \tag{1.5.14}$$

1. 画出该信号及其幅度谱。

2. 令 $f_0 = 200\,\mathrm{Hz}$ 求 $x(t)$ 的低通等效,并画出它的幅度谱。画出该信号的同相分量、正交分量及包络。

3. 假设 $f_0 = 100\,\mathrm{Hz}$,求 $x(t)$ 的低通等效,并画出它的幅度谱。画出该信号的同相分量、正交分量及包络。

题　解

选取采样间隔 $t_s = 0.001\,\mathrm{s}$,采样频率则为 $f_s = 1/t_s = 1000\,\mathrm{Hz}$。选取目标频率分辨率 $\mathrm{d}f = 0.5\,\mathrm{Hz}$,我们得到如下结果。

1. 信号及其幅度谱如图 1.26 所示。这两幅图都是用 MATLAB 产生的。

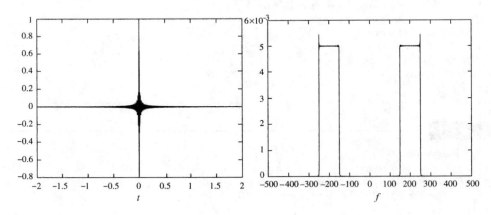

图 1.26　信号 $x(t)$ 及其幅度谱

2. 选取 $f_0 = 200\,\mathrm{Hz}$,利用 loweq.m 函数可求得 $x(t)$ 的低通等效。然后用 fftseq.m 得到它的频谱,图 1.27 给出了它的幅度谱。由该图可见,幅度谱在这种情况下是偶函数,因为有

$$x(t) = \mathrm{Re}\left[\mathrm{sinc}(100t)\,\mathrm{e}^{\mathrm{j}2\pi \times 200t}\right] \tag{1.5.15}$$

将它与下式比较:

$$x(t) = \mathrm{Re}\left[x_l(t)\,\mathrm{e}^{\mathrm{j}2\pi \times f_0 t}\right] \tag{1.5.16}$$

可得

$$x_l(t) = \text{sinc}(100t) \tag{1.5.17}$$

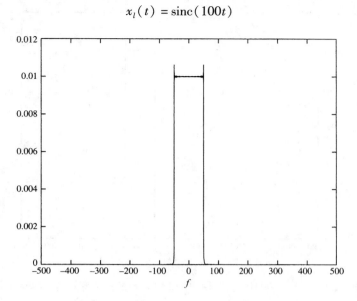

图 1.27   当 $f_0 = 200\,\text{Hz}$ 时,解说题 1.9 中 $x(t)$ 的低通等效信号的幅度谱

这意味着在这种情况下,低通等效信号是一个实信号;这样就有 $x_c(t) = x_l(t)$ 和 $x_s(t) = 0$,同时也可以得到

$$\begin{cases} V(t) = |x_c(t)| \\ \Theta(t) = \begin{cases} 0, & x_c(t) \geqslant 0 \\ \pi, & x_c(t) < 0 \end{cases} \end{cases} \tag{1.5.18}$$

图 1.28 给出了 $x_c(t)$ 和 $V(t)$。值得注意的是,选定频率 f_0 是为了在这些图中相对于 f_0 而言 $X(f)$ 具有对称的结果。

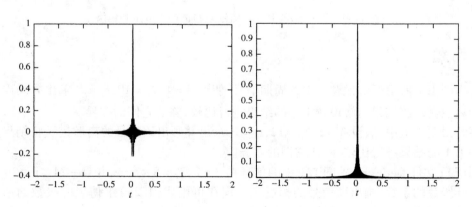

图 1.28 $x(t)$ 的同相分量和包络

3. 如果 $f_0 = 100\,\text{Hz}$,那么在一般情况下,上述结果不正确,并且 $x_l(t)$ 会是一个复信号。这时低通等效信号的幅度谱如图 1.29 所示。从该图可见,幅度谱并没有在实信号傅里叶变换中呈现的对称性。图 1.30 所示为 $x(t)$ 的同相分量及其包络。

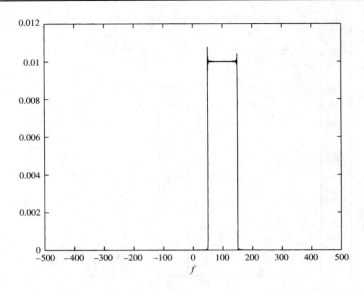

图 1.29　当 $f_0 = 100\,\text{Hz}$ 时,解说题 1.9 中 $x(t)$ 的低通等效信号的幅度谱

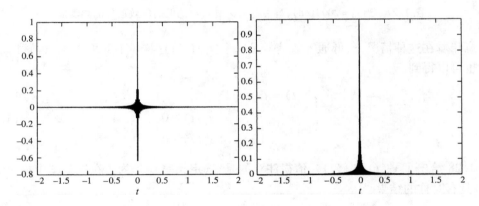

图 1.30　当 $f_0 = 100\,\text{Hz}$ 时,信号 $x(t)$ 的同相分量和包络

1.6　习题

1.1　考虑图 1.1 所示的解说题 1.1 的周期信号,假设 $A = 1$, $T_0 = 10$, $t_0 = 2$,求出并画出该信号的离散谱。将结果与解说题 1.1 的结果进行比较,陈述它们的差异。

1.2　在解说题 1.1 中,假设 $A = 2$, $T_0 = 12$, $t_0 = 1$,求出并画出该信号的离散谱。将结果与解说题 1.1 的结果进行比较,陈述它们的差异。

1.3　利用 m 文件 fseries.m,求图 1.1 中的信号在 $A = 2$, $T_0 = 8$, $t_0 = 1$,并且 $-24 \leqslant n \leqslant 24$ 时的傅里叶级数的系数,画出该信号的幅度谱。现在再用式(1.25)求傅里叶级数的系数并画出其幅度谱。为什么这些结果不完全相同?

1.4　a. 用傅里叶变换,求得如下信号的傅里叶变换:
$$x(t) = \begin{cases} \cos(\pi t), & 0 \leqslant t \leqslant 6 \\ 0, & 其余 \ t \end{cases}$$

b. 用 MATLAB 求得并画出该信号的幅度谱。你画出的图是对称的吗?为什么?

c. 令 $x_1(t)$ 和 $x_2(t)$ 具有如下定义:

$$x_1(t) = \begin{cases} \cos(2\pi f_0 t), & 0 \le t \le 6 \\ 0, & \text{其余 } t \end{cases} \qquad x_2(t) = \begin{cases} \cos(\pi t), & 0 \le t \le T \\ 0, & \text{其余 } t \end{cases}$$

注意,在信号 $x_1(t)$ 中,脉冲的宽度保持恒定为 6,但是频率 f_0 在改变。在信号 $x_2(t)$ 中,脉冲的宽度在改变,但是频率保持恒定为 $\frac{1}{2}$。对 $f_0 = 1, 3, 6$,画出 $|X_1(f)|$;并且对脉冲持续时间 $T = 12, 24$,画出 $|X_2(f)|$;解释改变 f_0 和 T 是如何改变信号的幅度谱的。

1.5　用 $T_0 = 9$ 重做习题 1.3,并将结果与用式(1.25)所得的结果进行比较。在这两个结果之间能够观察到同样的差异吗? 为什么?

1.6　信号 $x(t)$ 在 $[-3.2, 3.2]$ 区间内满足 $x(t) = \Lambda(t)$,其周期 $T_0 = 6.4$,利用 MATLAB 脚本 dis_spct.m 求得并画出该周期信号的幅度谱和相位谱。画出在 $-24 \le n \le 24$ 范围内的频谱。现在用解析法求该信号的傅里叶级数的系数,并证明所有系数都是非负实数。原先画出的相位谱与这个结果相符吗? 如果不相符,请解释为什么?

1.7　将习题 1.6 中的 $x(t) = \Lambda(t)$ 的定义区间改为 $[-2.2, 4.2]$,周期仍为 $T_0 = 6.4$。利用 MATLAB 脚本 dis_spct.m 求出并画出信号的幅度谱和相位谱。注意,这时的信号与习题 1.6 中的信号是相同的。请比较这两个习题中的幅度谱和相位谱。幅度谱和相位谱中的哪个表现出了更显著的差异? 为什么?

1.8　假设 $[a, b] = [-4, 4]$ 和 $x(t) = \sin(\pi t/8)$, $|t| \le 4$,重做解说题 1.2。

1.9　假设 $[a, b] = [-4, 4]$ 和 $x(t) = \cos(\pi t/8)$, $|t| \le 4$,重做解说题 1.2,并将结果与习题 1.8 的结果进行比较。

1.10　$x(t)$ 的周期为 10^{-6} 并由下式定义:

$$x(t) = \begin{cases} -10^6 t + 0.5, & 0 \le t \le 4 \times 10^{-7} \\ 0, & \text{其余 } t \end{cases}$$

用数值法求得并画出该信号在 $|t| \le 4 \times 10^{-7}$ 区间内的幅度谱和相位谱。

1.11　周期信号 $x(t)$ 的周期为 $T_0 = 4$,对于 $|t| \le 2$ 有 $x(t) = \Pi(t/3)$。该信号通过一个冲激响应为

$$h(t) = \begin{cases} e^{-t/2}, & 0 \le t \le 4 \\ 0, & \text{其余 } t \end{cases}$$

的 LTI 系统,用数值法求得并画出输出信号的离散谱。

1.12　用 $x(t) = e^{-3t}$, $|t| \le 2$ 和

$$h(t) = \begin{cases} 1, & 0 \le t \le 3 \\ 0, & \text{其余 } t \end{cases}$$

重做习题 1.11。

1.13　对于信号 $x(t) = \Pi(t)$ 和 $y(t) = \Lambda(t)$,利用数值法通过直接求卷积以及通过两信号的傅里叶变换求卷积,验证傅里叶变换的卷积定理。

1.14　画出信号 $x(t)$

$$x(t) = \begin{cases} 1, & -3 \le t \le -1 \\ |t|, & |t| < 1 \\ 1, & 1 \le t < 3 \\ 0, & \text{其余 } t \end{cases}$$

的幅度谱和相位谱。

1.15 偶信号 $x(t)$ 对正的 t 值定义为

$$x(t) = \begin{cases} t+2, & 0 \leq t \leq 2 \\ 4, & 2 \leq t \leq 4 \\ -t+8, & 4 \leq t \leq 8 \\ 0, & \text{其余 } t \end{cases}$$

分别用解析法和数值法求得并画出该信号的幅度谱,并比较它们的结果。

1.16 习题 1.15 中的信号通过一个冲激响应为

$$h(t) = \begin{cases} 1, & 0 \leq t \leq 4 \\ -1, & 4 < t \leq 6 \\ 0, & \text{其余 } t \end{cases}$$

的 LTI 系统,求输出信号的幅度谱和相位谱。

1.17 现考虑信号

$$x(t) = \begin{cases} \cos(2\pi \times 47t) + \cos(2\pi \times 219t), & 0 \leq t \leq 10 \\ 0, & \text{其余 } t \end{cases}$$

和解说题 1.8 中一样,假设这个信号按 1000 个样本/秒的采样率进行采样。利用 m 文件 butter.m 设计一个截止频率为 120 Hz 的 8 阶巴特沃斯低通滤波器,并将信号 $x(t)$ 通过该滤波器,求得并概略画出输出的功率谱,将结果与图 1.25 进行比较。再设计一个具有相同截止频率的 4 阶巴特沃斯低通滤波器,求该滤波器的输出,并画出它的功率谱。试比较这两种情况下的结果。

1.18 重做习题 1.17,但这次设计的是具有相同阶和截止频率的巴特沃斯高通滤波器。画出结果并进行比较。

1.19 考虑信号

$$x(t) = \begin{cases} \cos(2\pi \times 47t) + \cos(2\pi \times 219t), & 0 \leq t \leq 10 \\ 0, & \text{其余 } t \end{cases}$$

a. 求对应于该信号的解析信号。
b. 求得并画出该信号的希尔伯特变换。
c. 求得并画出该信号的包络。
d. 分别假设 $f_0 = 219$ Hz 和 $f_0 = 47$ Hz,求该信号的低通等效以及同相和正交分量。

第2章 随机过程

2.1 概述

这一章介绍了产生随机变量和随机过程样本的方法。首先从描述产生给定概率分布函数的随机变量的方法入手。然后考虑高斯（Gauss）和高斯–马尔可夫（Gauss-Markov）过程，并说明产生这些过程的方法。我们讨论的第三个问题是在时域中用自相关函数和在频域中用功率谱描述的平稳随机过程的特性。由于线性滤波器在通信系统中起着非常重要的作用，所以还要讨论经由线性滤波器过滤后的随机过程的自相关函数和功率谱。本章最后一节讲述处理低通和带通型随机过程的特性。

2.2 随机变量的产生

在实际情况下，常常用随机数生成器来仿真类似于噪声信号的效果，以及物理世界中的其他随机现象。在电子器件和系统中存在着这类噪声，而且这些噪声通常限制了远距离通信和检测相对微弱的信号的能力。利用在计算机上产生的这类噪声，就有可能通过对通信系统的仿真来研究噪声的影响，并估计噪声存在时的系统的性能。

大多数计算机的软件库中都包含一个均匀随机数生成器，它以等概率产生 0 和 1 之间的一个数。我们称这样的随机数生成器的输出为**随机变量**。如果将这个随机变量记为 A，它的大小范围则为 $0 \leqslant A \leqslant 1$。

我们知道，一台数字计算机的数值输出具有有限精度，这样就不可能在区间 $0 \leqslant A \leqslant 1$ 内表示数的连续值。然而，可以假定计算机用了一个很大的比特数来表示每个输出，既可以采用定点制，也可以采用浮点制。结果，从实际的角度来说，可以认为在范围 $0 \leqslant A \leqslant 1$ 内输出的数位是足够大的，以至于在这个范围内的任何值都可能从生成器输出。

随机变量 A 的均匀概率密度函数 $f(A)$ 如图 2.1(a) 所示，注意 A 的平均值（或均值）$m_A = 1/2$。概率密度函数的积分代表 $f(A)$ 下的面积，称为随机变量 A 的**概率分布函数**，定义为

$$F(A) = \int_{-\infty}^{A} f(x) \, \mathrm{d}x \qquad (2.2.1)$$

对任何随机变量而言，这个面积一定总是 1，它是由分布函数能实现的最大值。所以，对于均匀分布的随机变量 A，则有

$$F(1) = \int_{-\infty}^{1} f(x) \, \mathrm{d}x = 1 \qquad (2.2.2)$$

$F(A)$ 的范围就是当 $0 \leqslant A \leqslant 1$ 时有 $0 \leqslant F(A) \leqslant 1$。概率分布函数如图 2.1(b) 所示。

如果想产生一个在 $(b, b+1)$ 内的均匀分布噪声，只需要对随机数生成器的输出 A 偏移 b 即可简单实现。据此，新随机变量 B 就能定义为

$$B = A + b \qquad (2.2.3)$$

而现在的均值 $m_B = b + \dfrac{1}{2}$。例如，若 $b = -\dfrac{1}{2}$，则这个随机变量 B 就在 $\left(-\dfrac{1}{2}, \dfrac{1}{2} \right)$ 内均匀分布，

如图 2.2(a)所示。它的概率分布函数 $F(B)$ 如图 2.2(b)所示。

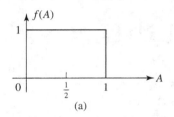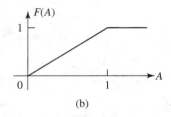

图 2.1　均匀分布随机变量 A 的概率密度函数 $f(A)$ 和概率分布函数 $F(A)$

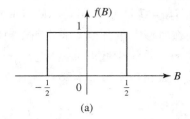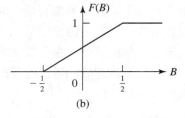

图 2.2　一个零均值均匀分布随机变量的概率密度函数和概率分布函数

在(0,1)内均匀分布的随机变量可用来产生具有其他概率分布函数的随机变量。例如,设想要产生一个随机变量 C,其概率分布函数 $F(C)$ 如图 2.3 所示。

因为 $F(C)$ 的范围在(0,1)内,可以先产生一个在(0,1)内的均匀分布随机变量 A。若我们令

$$F(C) = A \qquad (2.2.4)$$

则有

$$C = F^{-1}(A) \qquad (2.2.5)$$

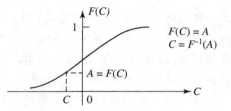

图 2.3　从均匀分布随机变量 A 到新随机变量 C 的逆映射

由此,我们用式(2.2.4)解出 C,并且式(2.2.5)的解给出了满足 $F(C) = A$ 的 C 值。按照这一方法,就求得了具有概率分布函数 $F(C)$ 的新随机变量 C。这种从 A 到 C 的逆映射如图 2.3 所示。

解说题

解说题 2.1

产生一个随机变量 C,它具有图 2.4(a)所示的线性概率密度函数,即

$$f(C) = \begin{cases} \dfrac{1}{2}C, & 0 \leqslant C \leqslant 2 \\ 0, & 其余 C \end{cases}$$

图 2.4　线性概率密度函数和对应的概率分布函数

该随机变量的概率分布函数为

$$F(C) = \begin{cases} 0, & C < 0 \\ \dfrac{1}{4}C^2, & 0 \leqslant C \leqslant 2 \\ 1, & C > 2 \end{cases}$$

如图 2.4(b)所示。现在,产生一个均匀分布的随机变量 A,并且令 $F(C) = A$。因此

$$F(C) = \frac{1}{4}C^2 = A \qquad (2.2.6)$$

解出 C,得到

$$C = 2\sqrt{A} \qquad (2.2.7)$$

由此,产生的具有概率分布函数 $F(C)$ 的随机变量 C 如图 2.4(b)所示。

在解说题 2.1 中,逆映射 $C = F^{-1}(A)$ 很简单。在有些情况下并非如此。试图产生一个具有正态分布函数的随机数就属于这种情况。

在物理系统中遇到的噪声往往是由正态或高斯概率分布来表征的,这个分布如图 2.5 所示。这个概率密度函数由下式给出:

$$f(C) = \frac{1}{\sqrt{2\pi}\sigma} e^{-C^2/(2\sigma^2)}, \qquad -\infty < C < \infty \qquad (2.2.8)$$

其中,σ^2 是 C 的方差,它是对概率密度函数 $f(C)$ 的分散程度的一种度量。概率分布函数 $F(C)$ 是 $f(C)$ 在区间 $(-\infty, C)$ 内所包围的面积,即

$$F(C) = \int_{-\infty}^{C} f(x)\,\mathrm{d}x \qquad (2.2.9)$$

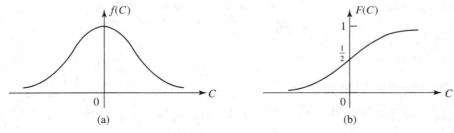

图 2.5 高斯概率密度函数和对应的概率分布函数

遗憾的是,式(2.2.9)的积分无法用简单的函数来表示。于是,其逆映射难以求得。已经找到一种方法来解决这个难题。由概率论知道,具有概率分布函数

$$F(R) = \begin{cases} 0, & R < 0 \\ 1 - e^{-R^2/(2\sigma^2)}, & R \geqslant 0 \end{cases} \qquad (2.2.10)$$

的瑞利分布随机变量 R 与一对高斯随机变量 C 和 D 是通过如下变换:

$$C = R\cos\Theta \qquad (2.2.11)$$

$$D = R\sin\Theta \qquad (2.2.12)$$

所关联的。其中,Θ 是在 $(0, 2\pi)$ 之间服从均匀分布的随机变量,参数 σ^2 是 C 和 D 的方差。于是式(2.2.10)很容易求得逆函数,所以我们得到

$$F(R) = 1 - e^{-R^2/(2\sigma^2)} = A \qquad (2.2.13)$$

并且

$$R = \sqrt{2\sigma^2 \ln\left(\frac{1}{1-A}\right)} \tag{2.2.14}$$

其中,A 是在$(0,1)$之间服从均匀分布的随机变量。现在,如果我们产生了第二个均匀分布的随机变量 B,并且定义

$$\Theta = 2\pi B \tag{2.2.15}$$

于是,从式$(2.2.11)$和式$(2.2.12)$可求得两个统计独立的高斯分布随机变量 C 和 D。

上述方法在实际中常用于产生高斯分布的随机变量。正如在图 2.5 中所看到的,这些随机变量具有一个零均值和方差 σ^2。如果想要一个非零均值的高斯随机变量,那么用加一个均值的办法将变量 C 和 D 进行转换即可。

实现前述产生高斯分布随机变量方法的 MATLAB 脚本如下所示。

m 文件

```
function [gsrv1,gsrv2]=gngauss(m,sgma)
%        [gsrv1,gsrv2]=gngauss(m,sgma)
%        [gsrv1,gsrv2]=gngauss(sgma)
%        [gsrv1,gsrv2]=gngauss
%                GNGAUSS    generates two independent Gaussian random variables with mean
%                m and standard deviation sgma. If one of the input arguments is missing,
%                it takes the mean as 0.
%                If neither the mean nor the variance is given, it generates two standard
%                Gaussian random variables.
if nargin == 0,
    m=0; sgma=1;
elseif nargin == 1,
    sgma=m; m=0;
end;
u=rand;                              % a uniform random variable in (0,1)
z=sgma*(sqrt(2*log(1/(1−u))));       % a Rayleigh distributed random variable
u=rand;                              % another uniform random variable in (0,1)
gsrv1=m+z*cos(2*pi*u);
gsrv2=m+z*sin(2*pi*u);
```

2.2.1　随机变量的均值的估计

假定我们得到了随机变量 X 的 N 个统计独立样本 $x_1, x_2, \cdots, x_N$。我们希望利用这 N 个样本估计 X 的均值。估计的均值为

$$\hat{m} = \frac{1}{N} \sum_{k=1}^{N} x_k \tag{2.2.16}$$

因为 $\hat{m}$ 是对随机变量的一种求和,所以它也是一个随机变量。注意,估计值 $\hat{m}$ 的期望是

$$E[\hat{m}] = \frac{1}{N} \sum_{k=1}^{N} E[x_k] = \frac{1}{N} \cdot mN = m \tag{2.2.17}$$

其中,m 是 X 真正的均值。于是,对 $\hat{m}$ 的估计被称为是无偏的。

估计值 $\hat{m}$ 的方差是对 $\hat{m}$ 相对于其均值的扩展或发散度的一种度量。$\hat{m}$ 的方差定义为

$$E[(\hat{m}-m)^2] = E[\hat{m}^2] - 2E[\hat{m}]m + m^2$$
$$= E[\hat{m}^2] - m^2$$

但是 $E[\hat{m}^2]$ 为

$$E[\hat{m}^2] = \frac{1}{N^2} \sum_{k=1}^{N} \sum_{n=1}^{N} E[x_k x_n]$$

$$= \frac{\sigma^2}{N} + m^2$$

其中,σ^2是 X 真正的方差。因此,$\hat{m}$ 的方差为

$$E[(\hat{m} - m)^2] = \frac{\sigma^2}{N} \tag{2.2.18}$$

注意,随着 N 趋于无穷,估计的方差趋于零。

解说题

解说题2.2 [随机变量均值的估计]

生成在$[0,2]$之间服从均匀分布的随机变量 X 的 10 个样本。计算均值的估计值 $\hat{m}$ 及其方差,并且将该结果与 X 的真正均值进行比较。重复该实验 10 次并且计算和画出估计值 $\hat{m}_1$,$\hat{m}_2,\cdots,\hat{m}_{10}$。还请计算这些估计值的平均值,即

$$\hat{m} = \frac{1}{10} \sum_{n=1}^{10} \hat{m}_n$$

并且将该结果与 X 的真正均值进行比较。

题 解

图 2.6 中给出了 X 的均值的 100 个点的估计。注意,估计值簇围绕着真实值 $E(X)=1$。图 2.6 还给出了由 100 个点估计的 $\hat{m}$ 的均值。若我们对 X 的 100 个样本简单地进行平均,就能得到该值。

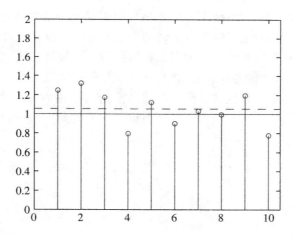

图 2.6 解说题 2.2 中的估计均值用小圆圈表示。水平的虚线表示 $\hat{m}$ 的值,而水平的实线则表示均匀分布随机变量的期望值

本题的 MATLAB 脚本如下所示。

m 文件

```
% Matlab script for illustrative problem 2.2

% lower and upper bounds of the Uniform random variable X:
a = 0;
b = 2;
% True values of the mean and variance of X:
m = (b-a) / 2;
```

```
v = (b−a)^2 / 12;
N = 10;              % Number of observations
m_h = zeros(1,N);    % Preallocation for speed
% Estimation of the mean and variance:
for i = 1 : 10
    X = b * rand(N,1);
    m_h(i) = sum (X) / N;
end
v_h = v / N;
% Mean value of the estimates:
m_h_mean = sum (m_h,2) / N;
% Demonstrate the results:
disp(['Mean value of the estimates is: ',num2str(m_h_mean)])
disp(['True mean value of X is: ',num2str(m)])
stem(m_h)
hold
M = m*ones(1,length(m_h)+2);
plot(0:11,M)
M_h = m_h_mean*ones(1,length(m_h)+2);
plot(0:11,M_h,'−−')
axis([0 10.5 0 2])
```

2.3　高斯和高斯–马尔可夫过程

在通信系统中,高斯过程起着非常重要的作用,其最根本的原因是电子器件中的热噪声能够用一个高斯过程准确地建模,该噪声是由于热骚动引起电子的随机运动而产生的。对于热噪声具有高斯行为的解释是:电路中由电子运动引起的电流可以看成大量的小电流,即单个电子的相加。可以假设,至少这些源中的大多数在特性行为上是独立的。因此,总电流就是这些大量的独立同分布的随机变量之和。根据中心极限定理,总电流就有一个高斯分布。

除了热噪声以外,高斯过程也对其他一些信息源给出了相当好的模型。下面要给出的有关高斯过程的一些性质,使得这些过程在教学上也很容易处理。现在给出一个高斯过程的正式定义。

定义　若对全部 n 和全部 $(t_1, t_2, \cdots, t_n)$,随机变量 $\{X(t_i)\}_{i=1}^{n}$ 具有联合高斯密度函数,可以表示成

$$f(\boldsymbol{x}) = \frac{1}{(2\pi)^{n/2} [\det(\boldsymbol{C})]^{1/2}} \exp\left[-\frac{1}{2}(\boldsymbol{x} - \boldsymbol{m})^{\mathrm{T}} \boldsymbol{C}^{-1} (\boldsymbol{x} - \boldsymbol{m}) \right] \qquad (2.3.1)$$

这个随机过程 $X(t)$ 就是高斯过程。其中,向量 $\boldsymbol{x} = (x_1, x_2, \cdots, x_n)^{\mathrm{T}}$ 记为 n 个随机变量 $x_i \equiv X(t_i)$,$\boldsymbol{m}$ 是均值向量,即 $\boldsymbol{m} = E(\boldsymbol{X})$,$\boldsymbol{C}$ 是随机变量 $(x_1, x_2, \cdots, x_n)$ 的 $n \times n$ 协方差矩阵,该矩阵的元素是

$$c_{ij} = E[(x_i - m_i)(x_j - m_j)] \qquad (2.3.2)$$

上标 T 表示向量或矩阵的转置,而 $\boldsymbol{C}^{-1}$ 是协方差矩阵 $\boldsymbol{C}$ 的逆矩阵。

从这个定义尤其可见,在任意时刻 t_0,随机变量 $X(t_0)$ 是高斯型的,并且在任意两个时刻 t_1 和 t_2,随机变量 $X(t_1)$ 和 $X(t_2)$ 是按照二维高斯随机变量分布的。此外,因为对 $\{X(t_i)\}_{i=1}^{n}$ 的完整统计描述仅决定于均值向量 $\boldsymbol{m}$ 和协方差矩阵 $\boldsymbol{C}$,所以有下面的两个性质。

性质 1　对于高斯过程,均值 $\boldsymbol{m}$ 和协方差矩阵 $\boldsymbol{C}$ 给出了对该过程的完整统计描述。

高斯过程的另一个很重要的性质是,当它通过一个线性时不变(LTI)系统时所具有的特性,这个性质可陈述如下。

性质 2 如果高斯过程 $X(t)$ 通过一个线性时不变(LTI)系统,其输出也是一个高斯过程。系统对 $X(t)$ 的作用只是对 $X(t)$ 的均值和协方差的改变。

―― 解说题 ――

解说题 2.3 [多变量高斯过程样本的产生]

产生具有给定均值 $\boldsymbol{m}_x$ 和协方差矩阵 $\boldsymbol{C}_x$ 的多变量高斯过程 $X(t)$ 的样本。

―― 题 解 ――

首先,用 2.2 节给出的方法产生一个统计独立的零均值、单位方差的高斯随机变量的序列 n。用向量 $\boldsymbol{Y} = (y_1, y_2, \cdots, y_n)^{\mathrm{T}}$ 表示这 n 个样本的序列。其次,将这个 $n \times n$ 协方差矩阵 $\boldsymbol{C}_x$ 分解为

$$\boldsymbol{C}_x = \boldsymbol{C}_x^{1/2} (\boldsymbol{C}_x^{1/2})^{\mathrm{T}} \tag{2.3.3}$$

然后定义 $n \times 1$ 维性变换向量 $\boldsymbol{X}$ 为

$$\boldsymbol{X} = \boldsymbol{C}_x^{1/2} \boldsymbol{Y} + \boldsymbol{m}_x \tag{2.3.4}$$

由此,$\boldsymbol{X}$ 的协方差是

$$
\begin{aligned}
\boldsymbol{C}_x &= E[(\boldsymbol{X} - \boldsymbol{m}_x)(\boldsymbol{X} - \boldsymbol{m}_x)^{\mathrm{T}}] \\
&= E[\boldsymbol{C}_x^{1/2} \boldsymbol{Y} \boldsymbol{Y}^{\mathrm{T}} (\boldsymbol{C}_x^{1/2})^{\mathrm{T}}] \\
&= \boldsymbol{C}_x^{1/2} E(\boldsymbol{Y} \boldsymbol{Y}^{\mathrm{T}}) (\boldsymbol{C}_x^{1/2})^{\mathrm{T}} \\
&= \boldsymbol{C}_x^{1/2} (\boldsymbol{C}_x^{1/2})^{\mathrm{T}}
\end{aligned}
\tag{2.3.5}
$$

在这个过程中,最困难的一步就是协方差矩阵 $\boldsymbol{C}_x$ 的分解。现在用一个采用双变量高斯分布的例子来阐明这个过程。设想开始时有一对统计独立的高斯随机变量 y_1 和 y_2,它们都具有零均值和单位方差。我们要将这一对随机变量转变为具有均值 $\boldsymbol{m} = 0$ 并且协方差矩阵为

$$
\boldsymbol{C} = \begin{bmatrix} \sigma_1^2 & \rho\sigma_1\sigma_2 \\ \rho\sigma_1\sigma_2 & \sigma_2^2 \end{bmatrix} = \begin{bmatrix} 1 & \dfrac{1}{2} \\ \dfrac{1}{2} & 1 \end{bmatrix}
\tag{2.3.6}
$$

的一对高斯随机变量 x_1 和 x_2。其中,σ_1^2 和 σ_2^2 分别是 x_1 和 x_2 的方差,而 ρ 是归一化协方差,定义为

$$\rho = \frac{E[(X_1 - m_1)(X_2 - m_2)]}{\sigma_1\sigma_2} = \frac{c_{12}}{\sigma_1\sigma_2} \tag{2.3.7}$$

这个协方差矩阵 $\boldsymbol{C}$ 可以分解为

$$\boldsymbol{C} = \boldsymbol{C}^{1/2} (\boldsymbol{C}^{1/2})^{\mathrm{T}}$$

其中,

$$\boldsymbol{C}^{1/2} = \frac{1}{2\sqrt{2}} \begin{bmatrix} \sqrt{3}+1 & \sqrt{3}-1 \\ \sqrt{3}-1 & \sqrt{3}+1 \end{bmatrix} \tag{2.3.8}$$

因此,

$$\boldsymbol{X} = \begin{bmatrix} x_1 \\ x_2 \end{bmatrix} = \boldsymbol{C}^{1/2} \begin{bmatrix} y_1 \\ y_2 \end{bmatrix}$$

$$= \frac{1}{2\sqrt{2}} \begin{bmatrix} \sqrt{3}+1 & \sqrt{3}-1 \\ \sqrt{3}-1 & \sqrt{3}+1 \end{bmatrix} \begin{bmatrix} y_1 \\ y_2 \end{bmatrix}$$

$$= \frac{1}{2\sqrt{2}} \begin{bmatrix} (\sqrt{3}+1)y_1 + (\sqrt{3}-1)y_2 \\ (\sqrt{3}-1)y_1 + (\sqrt{3}+1)y_2 \end{bmatrix} \qquad (2.3.9)$$

实现这个计算的 MATLAB 脚本如下所示。

▆ m 文件

```
% MATLAB script for Illustrative Problem 2.3.
echo on
mx=[0 0]';
Cx=[1 1/2;1/2 1];
x=multi_gp(mx,Cx);
% Computation of the pdf of (x1,x2) follows.
delta=0.3;
x1=-3:delta:3;
x2=-3:delta:3;
for i=1:length(x1),
  for j=1:length(x2),
    f(i,j)=(1/((2*pi)*det(Cx)^1/2))*exp((-1/2)*(([x1(i) x2(j)]-mx')*inv(Cx)*([x1(i);x2(j)]-mx)));
    echo off ;
    end;
end;
echo on ;
% Plotting command for pdf follows.
mesh(x1,x2,f);
```

▆ m 文件

```
function [x] = multi_gp(m,C)
%   [x]=multi_gp(m,C)
%           MULTI_GP  generates a multivariate Gaussian random
%           process with mean vector m (column vector) and covariance matrix C.
N=length(m);
for i=1:N,
  y(i)=gngauss;
end;
y=y.';
x=sqrtm(C)*y+m;
```

图 2.7 画出了由式(2.3.6)给出的协方差矩阵 C 的联合概率密度函数 $f(x_1, x_2)$。

正如前面指出的，在计算中最困难的一步就是求 $C^{1/2}$。给定目标协方差矩阵，就可以求出其特征值 $\{\lambda_k, 1 \leqslant k \leqslant n\}$ 和相应的特征向量 $\{v_k, 1 \leqslant k \leqslant n\}$。然后，协方差矩阵 C 可以表示为

$$C = \sum_{k=1}^{n} \lambda_k v_k v_k^{\mathrm{T}} \qquad (2.3.10)$$

又因为 $C = C^{1/2}(C^{1/2})^{\mathrm{T}}$，于是有

$$C^{1/2} = \sum_{k=1}^{n} \lambda_k^{1/2} v_k v_k^{\mathrm{T}} \qquad (2.3.11)$$

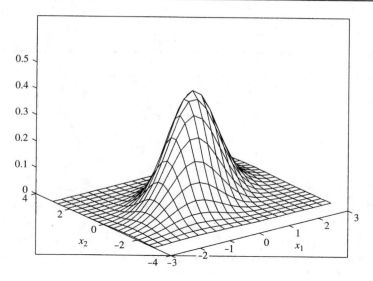

图 2.7 x_1 和 x_2 的联合概率密度函数

定义 马尔可夫过程 $X(t)$ 是这样一种随机过程,若该过程的当前状况是给定的,那么过程的过去对将来没有任何影响;也就是说,若 $t_n > t_{n-1}$,则

$$P[X(t_n) \leqslant x_n \mid X(t), t \leqslant t_{n-1}] = P[X(t_n) \leqslant x_n \mid X(t_{n-1})] \qquad (2.3.12)$$

根据这个定义,应该得到:若 $t_1 < t_2 < \cdots < t_n$,则

$$P[X(t_n) \leqslant x_n \mid X(t_{n-1}), X(t_{n-2}), \cdots, X(t_1)] = P[X(t_n) \leqslant x_n \mid X(t_{n-1})] \qquad (2.3.13)$$

定义 高斯–马尔可夫过程 $X(t)$ 是一个概率密度函数为高斯型的马尔可夫过程。

产生马尔可夫过程的最简单方法是利用简单的递推公式:

$$X_n = \rho X_{n-1} + w_n \qquad (2.3.14)$$

w_n 是一个零均值、独立同分布(白色)随机变量,ρ 是确定 X_n 和 X_{n-1} 之间相关程度的一个参数,即

$$E(X_n X_{n-1}) = \rho E(X_{n-1}^2) = \rho \sigma_{n-1}^2 \qquad (2.3.15)$$

如果序列 $\{w_n\}$ 是高斯型的,那么所得到的过程 $X(t)$ 就是一个高斯–马尔可夫过程。

━━ 解说题 ━━

解说题 2.4 ［高斯–马尔可夫过程］

用递推关系

$$X_n = 0.95 X_{n-1} + w_n, \qquad n = 1, 2, \cdots, 1000 \qquad (2.3.16)$$

产生一个包含 1000 个样本(等间隔)的高斯–马尔可夫过程序列,其中 $X_0 = 0$,而 $\{w_n\}$ 是零均值、单位方差的独立同分布高斯随机变量。画出作为时间变量 n 的函数的该序列 $\{X_n, 1 \leqslant n \leqslant 1000\}$ 及其自相关函数

$$\hat{R}_x(m) = \frac{1}{N-m} \sum_{n=1}^{N-m} X_n X_{n+m}, \quad m = 0, 1, \cdots, 50 \qquad (2.3.17)$$

其中,$N = 1000$。

━━ 题 解 ━━

关于上述计算的 MATLAB 脚本如下所示。图 2.8 和图 2.9 分别为序列 (X_n) 及其自相关

函数的估计$\hat{R}(m)$。

m 文件

```
% MATLAB script for Illustrative Problem 2.4.
rho=0.95;
X0=0;
N=1000;
X=gaus_mar(X0,rho,N);
M=50;
Rx=Rx_est(X,M);
% Plotting commands follow.
```

m 文件

```
function [X]=gaus_mar(X0,rho,N)
%  [X]=gaus_mar(X0,rho,N)
%        GAUS_MAR   generates a Gauss-Markov process of length N.
%        The noise process is taken to be white Gaussian
%        noise with zero mean and unit variance.
for  i=1:2:N,
  [Ws(i) Ws(i+1)]=gngauss;          % Generate the noise process.
end;
X(1)=rho*X0+Ws(1);                  % first element in the Gauss-Markov process
for  i=2:N,
  X(i)=rho*X(i−1)+Ws(i);            % the remaining elements
end;
```

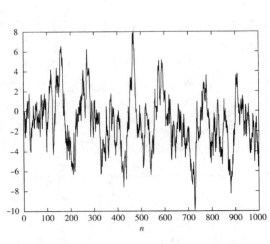

图 2.8　高斯 – 马尔可夫序列

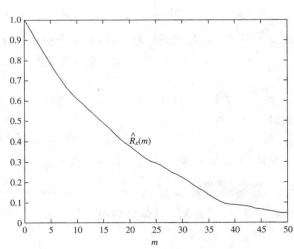

图 2.9　高斯 – 马尔可夫过程的自相关函数

2.4　随机过程的功率谱和白色过程

一个平稳随机过程 $X(t)$ 在频域中是用它的功率谱$S_x(f)$来表征的,功率谱是随机过程自相关函数 $R_x(\tau)$ 的傅里叶变换,即

$$S_x(f) = \int_{-\infty}^{\infty} R_x(\tau)\,e^{-j2\pi f\tau}\,d\tau \tag{2.4.1}$$

反过来,一个平稳随机过程 $X(t)$ 的自相关函数 $R_x(\tau)$ 可以由其功率谱$S_x(f)$的傅里叶逆变

换得到,即

$$R_x(\tau) = \int_{-\infty}^{\infty} \mathcal{S}_x(f)\, \mathrm{e}^{\mathrm{j}2\pi f\tau}\,\mathrm{d}f \qquad (2.4.2)$$

对实现通信系统时使用的电子器件所产生的热噪声进行建模的时候,往往假设这样的噪声是一个**白色随机过程**。这个过程定义如下。

定义 若一个随机过程 $x(t)$ 具有平坦的功率谱,即若 $\mathcal{S}_x(f)$ 对所有 f 都是一个常数,则称该随机过程为**白色过程**。

正如上面已指出的,白色过程的重要性正是来自于热噪声能在很宽的频率范围内准确地建模成一个常数谱。另外,用于描述各种信息源的许多过程都能建模为在白色过程驱动下的 LTI 系统的输出。

然而我们可以看到,若对所有的 f,$\mathcal{S}_x(f) = C$,那么

$$\int_{-\infty}^{\infty} \mathcal{S}_x(f)\,\mathrm{d}f = \int_{-\infty}^{\infty} C\,\mathrm{d}f = \infty \qquad (2.4.3)$$

这样,总功率无限大。很显然,没有一个真实的物理过程能有无限大的功率,因此白色过程不可能是一个有意义的物理过程。然而,热噪声的量子力学分析证明,它的功率谱密度为

$$\mathcal{S}_n(f) = \frac{hf}{2(\mathrm{e}^{hf/(kT)} - 1)} \qquad (2.4.4)$$

其中,h 为普朗克常数(等于 6.6×10^{-34} J·s),k 是玻尔兹曼常数(等于 1.38×10^{-23} J/K),T 是以开尔文为单位的热力学温度。这个功率谱如图 2.10 所示。

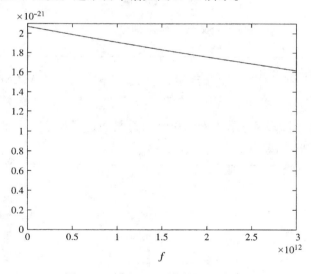

图 2.10 式(2.4.4)中的 $\mathcal{S}_n(f)$ 的图

这个谱在 $f = 0$ 时达到最大值,该最大值为 $kT/2$。随着 f 趋于无限大,该谱趋于零;但是,收敛到零的速度非常慢。例如,在室温下($T = 300$ K),大约在 $f \approx 2 \times 10^{12}$ Hz 时,$\mathcal{S}_n(f)$ 才降到它的最大值的 90%,而这个频率已大大超过在常用通信系统中所使用的频率。从这里可以得出,虽然热噪声并不是真正为白色的,但是从实际的角度来看,还是可以把热噪声当成功率谱等于 $kT/2$ 的白色过程来建模,kT 值通常记为 N_0。因此,热噪声的功率谱密度一般就由 $\mathcal{S}_n(f) = N_0/2$ 给出,有时将它称为**双边功率谱密度**,以强调这个谱既伸展到正频率,又伸展到负频率。在本书中不使用这个术语,只使用**功率谱**或**功率谱密度**。

对于白色随机过程 $X(t)$,其功率谱$S_x(f) = N_0/2$,自相关函数 $R_x(\tau)$ 就是

$$R_x(\tau) = \int_{-\infty}^{\infty} S_x(f) e^{j2\pi f\tau} df = \frac{N_0}{2} \int_{-\infty}^{\infty} e^{j2\pi f\tau} df = \frac{N_0}{2}\delta(\tau) \tag{2.4.5}$$

其中,$\delta(\tau)$ 为单位冲激函数。这样,对于 $\tau \neq 0$,有 $R_x(\tau) = 0$。这就是说,如果对一个白色过程在两个时间 t_1 和 $t_2(t_1 \neq t_2)$ 上进行采样,那么得到的随机变量一定不相关。如果除了是白色的以外,随机过程还是高斯分布的,那么已采样的随机变量一定是统计独立的高斯随机变量。

解说题

解说题2.5　[自相关与功率谱]

产生一个独立同分布的 $N = 1000$,在 $\left(-\frac{1}{2}, \frac{1}{2}\right)$ 内均匀分布的离散时间随机数序列,计算该序列 $\{X_n\}$ 的自相关的估计值,

$$\hat{R}_x(m) = \begin{cases} \dfrac{1}{N-m}\sum_{n=1}^{N-m} X_n X_{n+m}, & m = 0, 1, \cdots, M \\[3mm] \dfrac{1}{N-|m|}\sum_{n=|m|}^{N} X_n X_{n+m}, & m = -1, -2, \cdots, -M \end{cases} \tag{2.4.6}$$

同时,用计算 $\hat{R}_x(m)$ 的离散傅里叶变换(DFT)的方法求序列 $\{X_n\}$ 的功率谱。DFT 定义为

$$S_x(f) = \sum_{m=-M}^{M} \hat{R}_x(m) e^{-j2\pi f m/(2(M+1))} \tag{2.4.7}$$

可以用快速傅里叶变换(FFT)算法高效地计算得到。

题　解

下面给出了产生序列 $\{X_n\}$ 并计算自相关和功率谱$S_x(f)$ 的 MATLAB 脚本。值得注意的是,自相关函数估值和功率谱都呈现出显著的波动,因此有必要在几次实现上对样本的自相关求平均。如图 2.11 和图 2.12 所示的 $\hat{R}_x(m)$ 和 $\hat{S}_x(f)$ 是通过运行这个程序,并在随机过程的 10 次实现上对自相关求平均得到的。

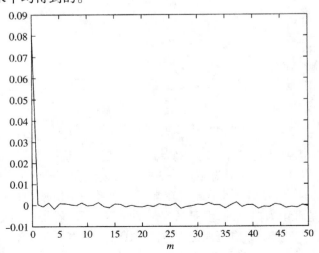

图 2.11　解说题 2.5 中的自相关函数

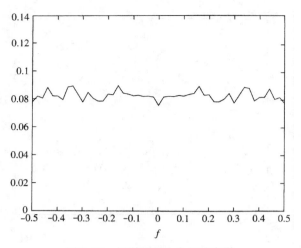

图 2.12　解说题 2.5 中的功率谱

```
% MATLAB script for Illustrative Problem 2.5.
echo on
N=1000;
M=50;
Rx_av=zeros(1,M+1);
Sx_av=zeros(1,M+1);
for j=1:10,                        % Take the ensemble average over ten realizations
    X=rand(1,N)-1/2;               % N i.i.d. uniformly distributed random variables
    % between -1/2 and 1/2.
    Rx=Rx_est(X,M);                % autocorrelation of the realization
    Sx=fftshift(abs(fft(Rx)));     % power spectrum of the realization
    Rx_av=Rx_av+Rx;                % sum of the autocorrelations
    Sx_av=Sx_av+Sx;                % sum of the spectrums
    echo off ;
end;
echo on ;
Rx_av=Rx_av/10;                    % ensemble average autocorrelation
Sx_av=Sx_av/10;                    % ensemble average spectrum
```

一个带限随机过程 $X(t)$ 的功率谱为

$$S_x(f) = \begin{cases} \dfrac{N_0}{2}, & |f| \leqslant B \\ 0, & |f| > B \end{cases} \tag{2.4.8}$$

现在来求它的自相关函数。由式(2.4.1)可以得到

$$R_x(\tau) = \int_{-B}^{B} \frac{N_0}{2} e^{j2\pi f\tau} df$$

$$= N_0 B \left(\frac{\sin(2\pi B\tau)}{2\pi B\tau} \right) \tag{2.4.9}$$

图 2.13 所示即为 $R_x(\tau)$，图中 $R_x(0)$ 已归一化到 1。

　　MATLAB 可以用于从 $S_x(f)$ 计算出 $R_x(\tau)$，反之亦然。快速傅里叶变换(FFT)算法可用于此类计算。

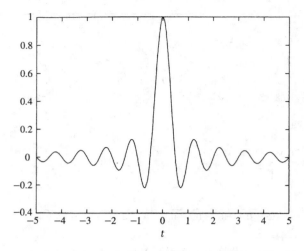

图 2.13　当 $B = N_0 = 1$ 时,由式(2.4.9)给出的自相关函数 $R_x(\tau)$ 的图

解说题

解说题 2.6　[自相关与功率谱]

　　计算具有式(2.4.8)给出的功率谱的随机过程的自相关函数 $R_x(\tau)$。

题　解

　　为了进行计算,我们用在频率范围 $|f| \leqslant B$ 内的 N 个样本代表 $\mathcal{S}_x(f)$,并且每个样本归一化到 1。图 2.14 给出了 $N = 32$ 时,逆 FFT 的计算结果。要注意的是,由于对 $\mathcal{S}_x(f)$ 的采样仅在 $|f| \leqslant B$ 内进行,所以得到的仅是自相关函数 $R_x(\tau)$ 的粗略表示。在这个例子中,频率间隔是 $\Delta f = 2B/N$。如果将 Δf 保持固定而增加样本数,以包括 $|f| > B$ 的样本,就可以得到 $R_x(\tau)$ 的中间值。图 2.15 给出了 $N_1 = 256$ 个样本时,计算逆 FFT 的结果,图中的这些中间值在 $N = 32$ 时都为零[①]。

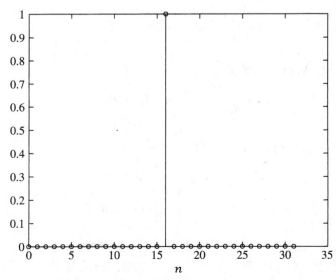

图 2.14　解说题 2.6 中的带限随机过程的 32 个样本的功率谱的逆 FFT

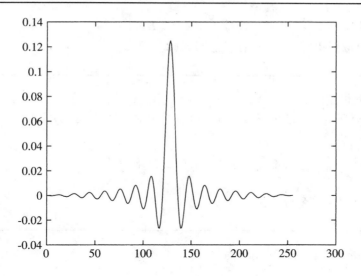

图 2.15 解说题 2.6 中的带限随机过程的 256 个样本的功率谱的逆 FFT

2.5 随机过程的线性滤波

假设一个平稳随机过程 $X(t)$ 通过某个线性时不变滤波器,该滤波器在时域中用它的冲激响应 $h(t)$ 来表征,而在频域中则用它的频率响应

$$H(f) = \int_{-\infty}^{\infty} h(t)\mathrm{e}^{-\mathrm{j}2\pi ft}\mathrm{d}t \qquad (2.5.1)$$

来表征。于是,线性滤波器的输出是一个随机过程

$$Y(t) = \int_{-\infty}^{\infty} X(t)h(t-\tau)\mathrm{d}\tau \qquad (2.5.2)$$

$Y(t)$ 的均值是

$$\begin{aligned} m_y &\equiv E[Y(t)] \\ &= \int_{-\infty}^{\infty} E[X(\tau)h(t-\tau)]\mathrm{d}\tau \\ &= m_x \int_{-\infty}^{\infty} h(t-\tau)\mathrm{d}\tau \\ &= m_x \int_{-\infty}^{\infty} h(\tau)\mathrm{d}\tau \\ &= m_x H(0) \end{aligned} \qquad (2.5.3)$$

其中,$H(0)$ 是该滤波器的频率响应 $H(f)$ 在 $f=0$ 处的值。

$Y(t)$ 的自相关函数是

$$\begin{aligned} R_y(\tau) &= E[Y(t)Y(t+\tau)] \\ &= \int_{-\infty}^{\infty}\int_{-\infty}^{\infty} E[X(\beta)X(\alpha)]h(t-\beta)h(t+\tau-\alpha)\mathrm{d}\beta\mathrm{d}\alpha \\ &= \int_{-\infty}^{\infty}\int_{-\infty}^{\infty} R_x(\beta-\alpha)h(t-\beta)h(t+\tau-\alpha)\mathrm{d}\beta\mathrm{d}\alpha \end{aligned} \qquad (2.5.4)$$

在频域中,输出过程 $Y(t)$ 的功率谱与输入过程 $X(t)$ 的功率谱以及该线性滤波器的频率响应的关系由下式所关联:

$$\mathcal{S}_y(f) = \mathcal{S}_x(f) \mid H(f) \mid^2 \tag{2.5.5}$$

通过对式(2.5.4)取傅里叶变换,很容易证明式(2.5.5)。

解说题

解说题 2.7 [过滤后的噪声]

假设用一个对所有 f 其功率谱为 $\mathcal{S}_x(f) = 1$ 的白色随机过程 $X(t)$ 来激励某个线性滤波器,该滤波器的冲激响应是

$$h(t) = \begin{cases} \mathrm{e}^{-t}, & t \geqslant 0 \\ 0, & t < 0 \end{cases} \tag{2.5.6}$$

求该滤波器输出的功率谱 $\mathcal{S}_y(f)$。

题　解

很容易求出该滤波器的频率响应为

$$H(f) = \frac{1}{1 + \mathrm{j}2\pi f} \tag{2.5.7}$$

因此

$$\mathcal{S}_y(f) = \mid H(f) \mid^2 = \frac{1}{1 + (2\pi f)^2} \tag{2.5.8}$$

$\mathcal{S}_y(f)$ 如图 2.16 所示。已知 $\mathcal{S}_y(f)$ 和 $H(f)$,计算 $\mathcal{S}_y(f)$ 的 MATLAB 脚本如下所示。

m 文件

```
% MATLAB script for Illustrative Problem 2.7.
echo on
delta=0.01;
F_min=-2;
F_max=2;
f=F_min:delta:F_max;
Sx=ones(1,length(f));
H=1./(1+(2*pi*f).^2);
Sy=Sx.*H.^2;
```

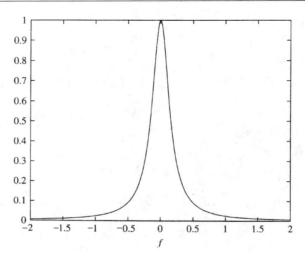

图 2.16　由式(2.5.8)给出的 $\mathcal{S}_y(f)$

─────── 解说题 ───────

解说题 2.8　[自相关与功率谱]

已知$S_x(f) = 1$,对应于解说题 2.7 中的$S_y(f)$,计算自相关函数$R_y(\tau)$。

─────── 题　解 ───────

在这种情况下,可以对式(2.5.8)给出的$S_y(f)$样本采用逆 FFT。图 2.17 给出的是在 $N = 256$ 个频率样本和频率间隔 $\Delta f = 0.1$ 时的计算结果。这个计算的 MATLAB 脚本如下所示。

─────── m 文件 ───────

```
% MATLAB script for Illustrative Problem 2.8.
echo on
N=256;                          % number of samples
deltaf=0.1;                     % frequency separation
f=[0:deltaf:(N/2)*deltaf, -(N/2-1)*deltaf:deltaf:-deltaf];
% Swap the first half.
Sy=1./(1+(2*pi*f).^2);          % sampled spectrum
Ry=ifft(Sy);                    % autocorrelation of Y
% Plotting command follows.
plot(fftshift(real(Ry)));
```

现在考虑等效的离散时间问题。假设一个平稳随机过程 $X(t)$ 被采样,其样本通过某一离散时间线性滤波器,该滤波器的脉冲响应为 $h(n)$。该线性滤波器的输出由卷积和给出:

$$Y(n) = \sum_{k=0}^{\infty} h(k)X(n-k)$$

$$(2.5.9)$$

其中,$X(n) \equiv X(t_n)$ 是输入随机过程的离散时间值,而 $Y(n)$ 是离散时间滤波器的输出。输出过程的均值是

$$
\begin{aligned}
m_y &= E[Y(n)] \\
&= \sum_{k=0}^{\infty} h(k)E[X(n-k)] \\
&= m_x \sum_{k=0}^{\infty} h(k) \\
&= m_x H(0)
\end{aligned}
$$

$$(2.5.10)$$

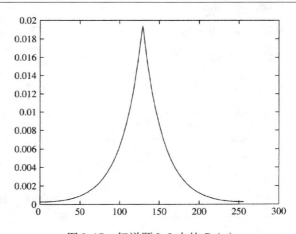

图 2.17　解说题 2.8 中的 $R_y(\tau)$

其中,$H(0)$ 是滤波器的频率响应 $H(f)$ 在 $f = 0$ 处的值,并且

$$H(f) = \sum_{k=0}^{\infty} h(n)e^{-j2\pi fn}$$

$$(2.5.11)$$

输出过程的自相关函数是

$$
\begin{aligned}
R_y(m) &= E[Y(n)Y(n+m)] \\
&= \sum_{k=0}^{\infty}\sum_{l=0}^{\infty} h(k)h(l)E[X(n-k)X(n+m-l)]
\end{aligned}
$$

$$= \sum_{k=0}^{\infty} \sum_{l=0}^{\infty} h(k) h(l) R_x(m - l + k) \tag{2.5.12}$$

在频域的相应表达式是

$$S_y(f) = S_x(f) \mid H(f) \mid^2 \tag{2.5.13}$$

其中,功率谱定义为

$$S_x(f) = \sum_{m=-\infty}^{\infty} R_x(m) \mathrm{e}^{-\mathrm{j}2\pi fm} \tag{2.5.14}$$

和

$$S_y(f) = \sum_{m=-\infty}^{\infty} R_y(m) \mathrm{e}^{-\mathrm{j}2\pi fm} \tag{2.5.15}$$

―― 解说题 ――

解说题 2.9 [过滤后的白噪声]

假设一个样本为 $\{X(n)\}$ 的白色随机过程通过一个线性滤波器,该滤波器的脉冲响应是

$$h(n) = \begin{cases} (0.95)^n, & n \geqslant 0 \\ 0, & n < 0 \end{cases}$$

求输出过程 $\{Y(n)\}$ 的功率谱。

―― 题 解 ――

我们很容易看出

$$\begin{aligned} H(f) &= \sum_{n=0}^{\infty} h(n) \mathrm{e}^{-\mathrm{j}2\pi fn} \\ &= \sum_{n=0}^{\infty} (0.95 \mathrm{e}^{-\mathrm{j}2\pi f})^n \\ &= \frac{1}{1 - 0.95 \mathrm{e}^{-\mathrm{j}2\pi f}} \end{aligned} \tag{2.5.16}$$

和

$$\begin{aligned} \mid H(f) \mid^2 &= \frac{1}{\mid 1 - 0.95 \mathrm{e}^{-\mathrm{j}2\pi f}) \mid^2} \\ &= \frac{1}{1.9025 - 1.9\cos(2\pi f)} \end{aligned} \tag{2.5.17}$$

因此,输出过程的功率谱是

$$\begin{aligned} S_y(f) &= \mid H(f) \mid^2 S_x(f) \tag{2.5.18} \\ &= \frac{1}{1.9025 - 1.9\cos(2\pi f)} \tag{2.5.19} \end{aligned}$$

其中,我们假定 $S_x(f)$ 归一化到 1。$S_y(f)$ 如图 2.18 所示。注意,$S_y(f)$ 是周期的,周期为 2π。这个计算的 MATLAB 脚本如下所示。

―― m 文件 ――

```
% MATLAB script for Illustrative Problem 2.9.
delta_w=2*pi/100;
w=-pi:delta_w:pi;            % one period of Sy
Sy=1./(1.9025-1.9*cos(w));
% Plotting command follows.
plot(w,Sy);
```

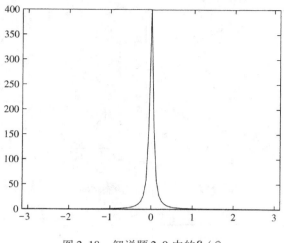

图 2.18 解说题 2.9 中的 $S_y(f)$

输出过程 $\{Y(n)\}$ 的自相关函数可通过对 $S_y(f)$ 取逆 FFT 求得。读者将会发现,将这个自相关函数与解说题 2.4 所得出的结果进行比较,会很有意思。

2.6 低通和带通过程

和确知信号一样,随机信号也能由低通和带通随机过程来表征。

定义 一个随机过程,若其功率谱在 $f = 0$ 附近相对很大,而在高频处相对很小(接近零),则称该随机过程为**低通的**。换句话说,一个低通随机过程的功率大部分集中在低频。

定义 若随机过程的功率谱 $S_x(f) = 0$,$|f| > B$,则称这个低通随机过程 $X(t)$ 是**带限的**。参数 B 称为该随机过程的带宽。

───| 解说题 |───

解说题 2.10 ［低通过程］

考虑用一个白噪声序列 $\{X_n\}$ 通过一个低通滤波器产生一个低通随机过程的样本。输入序列是在 $\left(-\dfrac{1}{2}, \dfrac{1}{2}\right)$ 内均匀分布的随机变量的一个独立同分布序列。低通滤波器的脉冲响应是

$$h(n) = \begin{cases} (0.9)^n, & n \geq 0 \\ 0, & n < 0 \end{cases}$$

而且该滤波器由下面的输入/输出递推(差分)方程表征:

$$y_n = 0.9 y_{n-1} + x_n, \quad n \geq 1, \quad y_{-1} = 0$$

计算输出序列 $\{y_n\}$,并按式(2.4.6)求出自相关函数 $\hat{R}_x(m)$ 和 $\hat{R}_y(m)$ 的估计值。通过计算 $\hat{R}_x(m)$ 和 $\hat{R}_y(m)$ 的 DFT 求功率谱 $\hat{S}_x(f)$ 和 $\hat{S}_y(f)$ 的估计值。

───| 题 解 |───

用于计算的 MATLAB 脚本如下所示。自相关函数和功率谱分别如图 2.19 和图 2.20 所示。要注意,画出的自相关函数和功率谱都是对该随机过程的 10 次实现取的平均值。

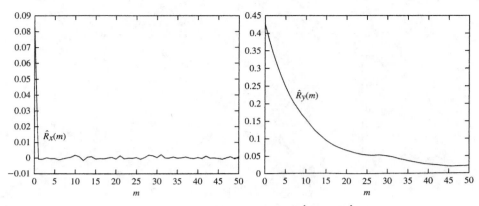

图 2.19　解说题 2.10 中的自相关函数 $\hat{R}_x(m)$ 和 $\hat{R}_y(m)$

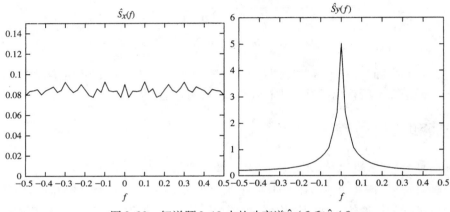

图 2.20　解说题 2.10 中的功率谱 $\hat{S}_x(f)$ 和 $\hat{S}_y(f)$

m 文件

```
% MATLAB script for Illustrative Problem 2.10.
N=1000;                          % The maximum value of n
M=50;
Rxav=zeros(1,M+1);
Ryav=zeros(1,M+1);
Sxav=zeros(1,M+1);
Syav=zeros(1,M+1);
for i=1:10,                      % Take the ensemble average over ten realizations.
    X=rand(1,N)-(1/2);           % Generate a uniform number sequence on (-1/2,1/2).
    Y(1)=0;
    for n=2:N
        Y(n)=0.9*Y(n-1)+X(n);
    end;                         % Note that Y(n) means Y(n-1).
    Rx=Rx_est(X,M);              % autocorrelation of {Xn}
    Ry=Rx_est(Y,M);              % autocorrelation of {Yn}
    Sx=fftshift(abs(fft(Rx)));   % power spectrum of {Xn}
    Sy=fftshift(abs(fft(Ry)));   % power spectrum of {Yn}
    Rxav=Rxav+Rx;
    Ryav=Ryav+Ry;
    Sxav=Sxav+Sx;
    Syav=Syav+Sy;
    echo off;
end;
echo on;
```

```
Rxav=Rxav/10;
Ryav=Ryav/10;
Sxav=Sxav/10;
Syav=Syav/10;
```

m 文件

```
function [Rx]=Rx_est(X,M)
% [Rx]=Rx_est(X,M)
%          RX_EST  estimates the autocorrelation of the sequence of random
%          variables given in X. Only Rx(0), Rx(1), ... , Rx(M) are computed.
%          Note that Rx(m) actually means Rx(m-1).
N=length(X);
Rx=zeros(1,M+1);
for m=1:M+1,
  for n=1:N-m+1,
    Rx(m)=Rx(m)+X(n)*X(n+m-1);
  end;
  Rx(m)=Rx(m)/(N-m+1);
end;
```

定义 若某随机过程的功率谱在某中心频率 $\pm f_0$ 邻近的一个频带内相对很大,而在该频带以外相对很小,则称该随机过程是一个**带通**过程。若其带宽 $B \ll f_0$,则称该随机过程是一个**窄带**过程。

用带通过程来表示调制信号是很适合的。在通信系统中,携带信息的信号通常都是一个低通随机过程,用它来调制某个载波,在一个带通窄带通信信道上传输。因此,已调制信号是一个带通随机过程。

与确知信号一样,带通随机过程 $X(t)$ 也可以表示成

$$X(t) = X_c(t)\cos(2\pi f_0 t) - X_s(t)\sin(2\pi f_0 t) \qquad (2.6.1)$$

其中,$X_c(t)$ 和 $X_s(t)$ 称为 $X(t)$ 的同相和正交分量。随机过程 $X_c(t)$ 和 $X_s(t)$ 都是低通过程。下面的定理(未给出证明)给出了 $X(t)$,$X_c(t)$ 和 $X_s(t)$ 之间的重要关系。

定理 若 $X(t)$ 是一个零均值的平稳随机过程,那么过程 $X_c(t)$ 和 $X_s(t)$ 也是零均值的联合平稳过程。

事实上,很容易证明[见参考文献 Proakis and Salehi(2002)],$X_c(t)$ 和 $X_s(t)$ 的自相关函数是相同的,并且可以表示为

$$R_c(\tau) = R_s(\tau) = R_x(\tau)\cos(2\pi f_0\tau) + \hat{R}_x(\tau)\sin(2\pi f_0\tau) \qquad (2.6.2)$$

其中,$R_x(\tau)$ 是带通过程 $X(t)$ 的自相关函数,而 $\hat{R}_x(\tau)$ 是 $R_x(\tau)$ 的希尔伯特变换,定义为

$$\hat{R}_x(\tau) = \frac{1}{\pi}\int_{-\infty}^{\infty}\frac{R(t)}{\tau - t}dt \qquad (2.6.3)$$

另外,$X_c(t)$ 和 $X_s(t)$ 的互相关函数表示为

$$R_{cs}(\tau) = R_x(\tau)\sin(2\pi f_0\tau) - \hat{R}_x(\tau)\cos(2\pi f_0\tau) \qquad (2.6.4)$$

最后,用自相关函数 $R_c(\tau)$ 和互相关函数 $R_{cs}(\tau)$,可以将该带通过程 $X(t)$ 的自相关函数表示成

$$R_x(\tau) = R_c(\tau)\cos(2\pi f_0\tau) - R_{cs}(\tau)\sin(2\pi f_0\tau) \qquad (2.6.5)$$

▌解说题▐

解说题 2. 11　[带通随机过程样本的产生]

按如下方法产生一个高斯带通随机过程的样本:首先产生两个统计独立的高斯随机过程 $X_c(t)$ 和 $X_s(t)$,然后分别用它们来调制两个互为正交的载波 $\cos(2\pi f_0 t)$ 和 $\sin(2\pi f_0 t)$,如图 2. 21 所示。

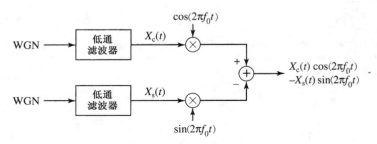

图 2. 21　带通随机过程的产生

▌题　解▐

在一台计算机上,将两个独立的高斯白噪声过程经由两个完全一样的低通滤波器过滤,产生低通过程 $X_c(t)$ 和 $X_s(t)$ 的样本。由此,可以得到对应于 $X_c(t)$ 和 $X_s(t)$ 的采样值的样本 $X_c(n)$ 和 $X_s(n)$。然后,用 $X_c(n)$ 调制已采样的载波 $\cos(2\pi f_0 nT)$,用 $X_s(n)$ 调制正交载波 $\sin(2\pi f_0 nT)$,其中 T 是合适的采样间隔。

这些计算的 MATLAB 脚本如下所示。为了说明起见,选取低通滤波器的传递函数为

$$H(z) = \frac{1}{1 - 0.9z^{-1}}$$

并且,取 $T=1$ 和 $f_0 = 1000/\pi$。所得到的该带通过程的功率谱如图 2. 22 所示。

▌m 文件▐

```
% MATLAB script for Illustrative Problem 2.11.
N=1000;                          % number of samples
for i=1:2:N,
    [X1(i) X1(i+1)]=gngauss;
    [X2(i) X2(i+1)]=gngauss;
    echo off ;
end;                             % standard Gaussian input noise processes
echo on ;
A=[1 −0.9];                      % lowpass filter parameters
B=1;
Xc=filter(B,A,X1);
Xs=filter(B,A,X2);
fc=1000/pi;                      % carrier frequency
for i=1:N,
    band_pass_process(i)=Xc(i)*cos(2*pi*fc*i)−Xs(i)*sin(2*pi*fc*i);
    echo off ;
end;                             % T=1 is assumed.
echo on;
% Determine the autocorrelation and the spectrum of the bandpass process.
M=50;
bpp_autocorr=Rx_est(band_pass_process,M);
bpp_spectrum=fftshift(abs(fft(bpp_autocorr)));
% Plotting commands follow.
```

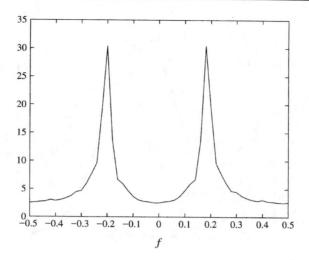

图 2.22 解说题 2.11 中的带通过程的功率谱

2.7 数字通信系统的 Monte Carlo 仿真

在实际中,Monte Carlo 计算机仿真通常用于对一个有噪声和干扰情况下的数字通信系统的性能做出估计。对于数字通信系统的性能,最常用的测度是差错概率。

为了说明估计随机变量的某种概率的这一过程,现考虑随机变量

$$Y = m + G \tag{2.7.1}$$

其中,m 是某个常数,G 是一个零均值且方差 σ^2 为 1 的高斯随机变量。显然,Y 是一个均值为 m 且方差 σ^2 为 1 的高斯随机变量。

假定对某个给定的 m 值,我们想要估计出 $Y < 0$ 的概率,即

$$P(m) = P(Y < 0 \mid m) \tag{2.7.2}$$

利用计算机进行一系列试验(Monte Carlo 仿真)来完成这个过程。具体地说,$P(m)$ 估计可以这样得到。正如 2.2 节所述,利用一台计算机产生一个独立同分布的、零均值、单位方差的高斯随机变量 $G_i, i = 1, 2, \cdots, N$。然后,将一个常数值 m 加到每个 G_i 上,得到随机变量序列

$$Y_i = m + G_i, \quad i = 1, 2, \cdots, N \tag{2.7.3}$$

假定 m 是一个正数,那么 Y_i 的概率密度函数如图 2.23 所示。

从这些由计算机产生的随机变量中,我们希望估计出均值为 $m(m > 0)$ 的单位方差的一个高斯随机变量小于零的概率。很显然,该估计值就等于在图 2.23 中的概率密度函数尾部下面的面积。因此,可以测试每个 Y_i,看是否有 $Y_i < 0$,定义一个新的随机变量 X_i 如下:

$$X_i = \begin{cases} 0, & \text{若 } Y_i \geqslant 0 \\ 1, & \text{若 } Y_i < 0 \end{cases} \tag{2.7.4}$$

于是,对尾部概率 $P(Y < 0 \mid m)$ 的估计为

$$\hat{P}(m) = \frac{1}{N} \sum_{i=1}^{N} X_i \tag{2.7.5}$$

换句话说,对 $P(m)$ 的估计就是简单地将随机变量 $Y_i, i = 1, 2, \cdots, N$ 小于零的个数除以总的随机变量数 N。

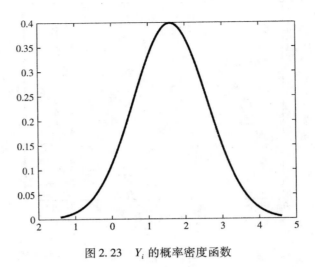

图 2.23　Y_i 的概率密度函数

由于估计值 $\hat{P}(m)$ 是随机变量 $X_i, i = 1, 2, \cdots, N$ 的函数,所以它也是一个随机变量。为了确定这个估计逼近真正的 $P(m)$ 有多好,可以计算出这个估计的均值和方差。首先,$\hat{P}(m)$ 的均值是

$$E[\hat{P}(m)] = \frac{1}{N} \sum_{i=1}^{N} E(X_i)$$

但是

$$E(X_i) = 0 \cdot P(Y_i \geq 0) + 1 \cdot P(Y_i < 0)$$

因此有

$$E[\hat{P}(m)] = \frac{1}{N} \sum_{i=1}^{N} P(Y_i < 0)$$

$$= \frac{1}{N} \sum_{i=1}^{N} P(m) = P(m) \tag{2.7.6}$$

这说明估计值 $\hat{P}(m)$ 的均值等于 $P(m)$ 的真实值。满足这个性质的估计称为**无偏估计**。

下面计算估计值 $\hat{P}(m)$ 的方差。$\hat{P}(m)$ 的方差定义为

$$\sigma_{P(m)}^2 = E\left[\hat{P}(m) - E[\hat{P}(m)]\right]^2 \tag{2.7.7}$$

$$= E[\hat{P}^2(m)] - P^2(m) \tag{2.7.8}$$

但是,

$$E[\hat{P}^2(m)] = E\left[\frac{1}{N^2} \sum_{i=1}^{N} \sum_{j=1}^{N} X_i X_j\right]$$

$$= \frac{1}{N^2} \sum_{i=1}^{N} E[X_i^2] + \frac{1}{N^2} \sum_{\substack{i=1 \\ i \neq j}}^{N} \sum_{\substack{j=1}}^{N} E(X_i X_j) \tag{2.7.9}$$

于是有

$$E[X_i^2] = 0 \cdot P(Y_i \geq 0) + 1 \cdot P(Y_i < 0)$$

$$= P(m) \tag{2.7.10}$$

和

$$E(X_i X_j) = E(X_i)E(X_j) = P^2(m) \tag{2.7.11}$$

将式(2.7.10)和式(2.7.11)代入式(2.7.9),得到的结果为

$$E[\hat{P}^2(m)] = \frac{1}{N}P(m) + \frac{N(N-1)}{N^2}P^2(m)$$

$$= \frac{1}{N}P(m)[1 - P(m)] + P^2(m) \tag{2.7.12}$$

最后将式(2.7.12)的结果代入式(2.7.8),求得该估计值的方差为

$$\sigma_{P(m)}^2 = \frac{1}{N}P(m)[1 - P(m)] \tag{2.7.13}$$

一般来说,当基于 Monte Carlo 方法对 $P(m)$ 求估计时,我们希望预测出估计的标准偏差 $\sigma_{P(m)}$ 与 $P(m)$ 相比更小。例如,假定对某个较小的概率,如 $P(m) = 10^{-3}$ 进行估计。需要取多大的样本数才能保证标准偏差 $\sigma_{P(m)}$ 与 $P(m)$ 相比更小? 也就是说,

$$\sigma_{P(m)} = \left[\frac{1}{N}P(m)[1 - P(m)]\right]^{1/2} \ll P(m)$$

或者,等效为 $\sigma_{P(m)}^2 \ll P^2(m)$。因为 $P(m) \ll 1$,可以得到

$$\frac{1}{N}P(m) \ll P^2(m)$$

于是

$$N \gg \frac{1}{P(m)} \tag{2.7.14}$$

例如,若 $P(m) = 10^{-3}$,那么 $N \gg 1000$。如果选取样本数 $N = 10\,000$,那么 $Y_i, i = 1, 2, \cdots,$ 10 000平均会有 10 个值是小于零的。我们认为这个样本数是得到 $P(m)$ 的可靠估计的最小值。所以,作为经验公式,当 $P(m) \ll 1$ 时,样本数应满足条件:

$$N > \frac{10}{P(m)} \tag{2.7.15}$$

在加性噪声和其他加性干扰存在的情况下,对数字通信系统的差错概率进行估计时,这个条件通常就足够了。

─── 解说题 ───

解说题 2.12　[在 Monte Carlo 仿真中样本的大小]

在数字通信系统中,电压电平为 $m(m > 0)$ 的接收信号受到零均值、单位方差的加性高斯噪声的污染。当 $Y_i = m + G_i$, $m = 3$ 和 $m = 5$ 时,基于式(2.7.15)给出的经验公式,求为了确定概率 $P(Y < 0 | m)$ 所需的最小样本数 N。

─── 题　解 ───

要通过 Monte Carlo 仿真进行估计的概率的真实值如下:

$$m = 3: \quad P(3) = P(Y < 0 | m = 3) = 1.35 \times 10^{-3}$$

$$m = 5: \quad P(5) = P(Y < 0 | m = 5) = 2.87 \times 10^{-7}$$

根据式(2.7.15)给出的经验公式,估计 $P(3)$ 和 $P(5)$ 所需的最小样本数为

$$m = 3: \quad N = \frac{10}{P(3)} = 7047$$

$$m = 5: \quad N = \frac{10}{P(5)} = 3.48 \times 10^7$$

2.8 习题

2.1 利用 MATLAB 函数 rand(1,N) 生成一个包含 1000 个在 [0,2] 区间内均匀分布的随机数的集合。画出这个序列的直方图和概率分布函数。直方图可以这样得到：用覆盖 [0,2] 范围的 10 个等宽子区间来对该区间进行量化，并在每个子区间内计数。

2.2 利用 MATLAB 函数 rand(1,N) 生成一个包含 1000 个在 [−1,1] 区间内均匀分布的随机数的集合。画出这个序列的直方图和概率分布函数。

2.3 利用 MATLAB 函数 rand(1,N) 生成一个包含 1000 个在 $\left[-\dfrac{1}{2},\dfrac{1}{2}\right]$ 区间内均匀分布的随机数的集合。画出这个序列的直方图和概率分布函数。

2.4 生成具有线性概率密度函数

$$f(x) = \begin{cases} \dfrac{x}{4}, & 0 \leqslant x \leqslant 2 \\ 0, & \text{其余 } x \end{cases}$$

的 1000 个随机数，画出直方图和概率分布函数。

2.5 利用 2.2 节叙述的方法，生成一个包含 1000 个零均值、单位方差的高斯随机数的集合。画出这个序列的直方图和概率分布函数。在画直方图时，随机数的范围可以划分成宽度为 $\sigma^2/4$ 的子区间，开始的第一个区间覆盖了 $-\sigma^2/8 < x < \sigma^2/8$，其中 σ^2 是方差。

2.6 利用 MATLAB 函数 rand(1,N) 生成一个包含 1000 个零均值、单位方差的高斯随机数的集合。画出这个序列的直方图和概率分布函数。将这个结果与习题 2.5 中的结果进行比较。

2.7 中心极限定理讲的是，若随机变量 $X_i, 1 \leqslant i \leqslant n$ 是独立同分布的，具有有限均值和方差，并且 n 很大，那么它们的平均（即 $Y = \dfrac{1}{n}\sum_{i=1}^{n}X_i$）就大致上服从高斯分布。这个定理说明了为什么在电路中产生的热噪声具有高斯分布。本题要用 MATLAB 来验证这个定理。

    a. 利用 MALTAB 产生一个长度为 1 000 000 的向量 $\boldsymbol{x}$，其分量都是在 0 和 1 之间均匀分布的随机变量。在中心极限定理中，这个向量的分量是 X_i（利用 MATLAB 命令 rand 生成这个序列）。

    b. 求每 100 个连续的 $\boldsymbol{x}$ 的分量的平均，并产生长度为 10 000 的序列 $\boldsymbol{y}$。这样，Y_1 是 X_1 到 X_{100} 的平均；Y_2 是 X_{101} 到 X_{200} 的平均，依次类推。

    c. 利用 hist 命令画出序列 $\boldsymbol{y}$ 的直方图。用 50 个柱条来生成此图。结果要包括程序清单和此图。注意，这个直方图是非常接近于高斯分布的。

2.8 生成 1000 对高斯随机数 (x_1, x_2)，其均值向量为

$$\boldsymbol{m} = E[x_1 \quad x_2] = \begin{bmatrix} \dfrac{1}{2} & \dfrac{1}{2} \end{bmatrix}$$

协方差矩阵为

$$\boldsymbol{C} = \begin{bmatrix} 1 & \dfrac{1}{2} \\ \dfrac{1}{2} & 1 \end{bmatrix}$$

    a. 求样本 $(x_{1i}, x_{2i}), i = 1, 2, \cdots, 1000$ 的均值，均值定义为

$$\hat{m}_1 = \frac{1}{1000} \sum_{i=1}^{1000} x_{1i}$$

$$\hat{m}_2 = \frac{1}{1000} \sum_{i=1}^{1000} x_{2i}$$

并且,求它们的方差

$$\hat{\sigma}_1^2 = \frac{1}{1000} \sum_{i=1}^{1000} (x_{1i} - \hat{m}_1)^2$$

$$\hat{\sigma}_2^2 = \frac{1}{1000} \sum_{i=1}^{1000} (x_{2i} - \hat{m}_2)^2$$

和协方差

$$\hat{c}_{ij} = \frac{1}{1000} \sum_{i=1}^{1000} (x_{1i} - \hat{m}_1)(x_{2i} - \hat{m}_2)$$

b. 将从样本求得的这些值与理论值进行比较。

2.9 重做解说题 2.2,样本采用均值 $m = 4$ 和方差 $\sigma^2 = 6$ 的高斯随机变量 X。

2.10 产生一个包含 1000 个高斯 – 马尔可夫过程样本的序列,该过程由如下递推关系所描述:

$$X_n = \rho X_{n-1} + W_n, \quad n = 1,2,\cdots,1000$$

其中 $X_0 = 0, \rho = 0.78$,而 $\{W_n\}$ 是一个零均值、单位方差、独立同分布的高斯随机变量序列。

2.11 用一个独立同分布的零均值、单元方差的高斯随机变量序列重做解说题 2.5。

2.12 对功率谱如下的带限随机过程

$$S_x(f) = \begin{cases} 1 - \dfrac{|f|}{B}, & |f| \leqslant B \\ 0, & 其余 f \end{cases}$$

重做解说题 2.6。

2.13 当线性滤波器的冲激响应如下所示时:

$$h(t) = \begin{cases} e^{-3t}, & t \geqslant 0 \\ 0, & t < 0 \end{cases}$$

重做解说题 2.7。

2.14 用数值法求习题 2.13 中的线性滤波器输出的随机过程的自相关函数。

2.15 当 $h(n)$ 如下所示时:

$$h(n) = \begin{cases} (0.7)^n, & n \geqslant 0 \\ 0, & n < 0 \end{cases}$$

重做解说题 2.9。

2.16 产生一个 $N = 1000$,在 $\left[-\dfrac{1}{2}, \dfrac{1}{2}\right]$ 内均匀分布的独立同分布随机数序列 $\{x_n\}$。这个序列通过一个脉冲响应为

$$h(n) = \begin{cases} (0.85)^n, & n \geqslant 0 \\ 0, & n < 0 \end{cases}$$

的线性滤波器。描述这个滤波器作为其输入函数的输出的递推公式为

$$y_n = 0.85 y_{n-1} + x_n, \quad n \geqslant 0, \quad y_{-1} = 0$$

利用式(2.4.6)和式(2.4.7)给出的关系,计算这个序列$\{x_n\}$和$\{y_n\}$的自相关函数$\hat{R}_x(m)$和$\hat{R}_y(m)$,及其相应的功率谱$\hat{s}_x(f)$和$\hat{s}_y(f)$。将$\hat{s}_y(f)$的结果与解说题2.9中得到的结果进行比较。

2.17　产生两个$N=1000$,在$\left[-\dfrac{1}{2},\dfrac{1}{2}\right]$内均匀分布的独立同分布随机数序列$\{w_{cn}\}$和$\{w_{sn}\}$。每个序列都通过一个脉冲响应为

$$h(n)=\begin{cases}\left(\dfrac{1}{2}\right)^n,&n\geq 0\\0,&n<0\end{cases}$$

的线性滤波器,该滤波器的输入–输出特性由下面的递推关系给出:

$$x_n=\frac{1}{2}x_{n-1}+w_n,\quad n\geq 1,\quad x_0=0$$

由此得到两个序列$\{x_{cn}\}$和$\{x_{sn}\}$,输出序列$\{x_{cn}\}$调制载波$\cos(\pi/2)n$,输出序列$\{x_{sn}\}$调制正交载波$\sin(\pi/2)n$。按式(2.6.1)将这两个已调分量组合起来就构成了带通信号。分别对序列$\{x_{cn}\}$和$\{x_{sn}\}$计算并画出自相关函数分量$\hat{R}_c(m)$和$\hat{R}_s(m)$,$|m|\leq 10$。对$|m|\leq 10$,计算带通信号的自相关函数$\hat{R}_x(m)$。用 DFT(或 FFT 算法)计算功率谱$\hat{s}_c(f),\hat{s}_s(f)$和$\hat{s}_x(f)$。画出这些功率谱,并对这些结果进行讨论。

2.18　当$Y=m+G,m=5$,并且G是一个零均值、单位方差的高斯随机变量时,使用 Monte Carlo 仿真估计$P(m)=p(Y<0|m)$。将这个仿真试验重复 5 次,并在 5 次试验中采用不同的高斯随机数的集合观察$P(m)$的估计。讨论在 5 次估计中所观察到的变化,以及估计值与$P(5)$的真实值是如何很好地匹配的。

第 3 章　模 拟 调 制

3.1　概述

本章将讨论各种模拟调制−解调方案的性能,包括有加性噪声和无加性噪声存在时的情况。要讨论的系统包括幅度调制(AM)方案,例如 DSB-AM,SSB-AM 和常规 AM,以及角调制方案,例如频率调制与相位调制。

每种模拟调制系统都用下面五个方面的基本性质来表征:

1. 已调信号的时域表示;
2. 已调信号的频域表示;
3. 已调信号的带宽;
4. 已调信号的功率含量;
5. 解调后的信噪比(SNR)。

很显然,这些性质互相之间并不是独立的。通过傅里叶变换关系,可以反映出信号的时域和频域表示之间存在着很紧密的关系;另外,信号的带宽也是用它的频域特性来定义的。

由于幅度调制和角调制方案存在着本质差异,所以在不同的小节里讨论了这两种方法。我们首先从最简单的调制方法——幅度调制开始讨论。

3.2　幅度调制

幅度调制(Amplitude Modulation,AM)往往为**线性调制**,它是调制方法中的一类,其中正弦载波的幅度作为调制信号的函数而改变。这一类调制方法由 DSB-AM(双边带幅度调制)、常规幅度调制、SSB-AM(单边带幅度调制)和 VSB-AM(残留边带幅度调制)等组成。调制信号和已调载波幅度之间的依赖关系既可以很简单,如 DSB-AM,也可以很复杂,如 SSB-AM 或 VSB-AM。与角调制方法相比,幅度调制的通常特点是带宽要求相对较低,并且功率效率不高。AM 系统的带宽要求在 W 和 $2W$ 之间变化,这里的 W 是消息信号的带宽。对于 SSB-AM,带宽是 W;对于 DSB-AM 和常规 AM,带宽都是 $2W$;对于 VSB-AM,带宽则位于 W 和 $2W$ 之间。这些系统广泛用于广播(AM 无线电广播和 TV 视频广播)、点对点通信(SSB)和多路复用(如很多电话信道在微波链路上传输)等系统中。

3.2.1　DSB-AM

在 DSB-AM 中,已调信号的幅度正比于消息信号。这意味着,已调信号的时域表示由下式给出:

$$u(t) = A_c m(t)\cos(2\pi f_c t) \qquad (3.2.1)$$

其中,

$$c(t) = A_c \cos(2\pi f_c t) \qquad (3.2.2)$$

是载波,而 $m(t)$ 是消息信号。对 $u(t)$ 进行傅里叶变换,可以得到 DSB-AM 信号的频域表示为

$$U(f) = \frac{A_c}{2}M(f-f_c) + \frac{A_c}{2}M(f+f_c) \tag{3.2.3}$$

其中,$M(f)$ 是 $m(t)$ 的傅里叶变换。很明显,这种调制形式将消息信号的频谱做了 $\pm f_c$ 的频移,并在幅度上乘以 $A_c/2$。传输带宽 B_T 是消息信号带宽的两倍,即

$$B_T = 2W \tag{3.2.4}$$

图 3.1 给出的是一个典型的消息信号频谱及其相应的 DSB-AM 已调信号的频谱。

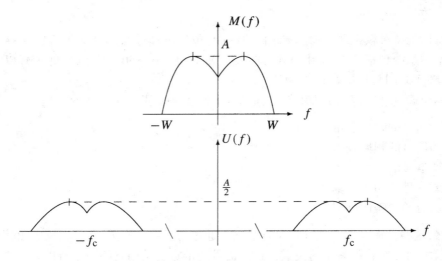

图 3.1　消息信号和 DSB-AM 已调信号的频谱

已调信号的功率为

$$
\begin{aligned}
P_u &= \lim_{T \to \infty} \frac{1}{T} \int_{-T/2}^{T/2} u^2(t)\,dt \\
&= \lim_{T \to \infty} \frac{1}{T} \int_{-T/2}^{T/2} A_c^2 m^2(t) \cos^2(2\pi f_c t)\,dt \\
&= \lim_{T \to \infty} \frac{1}{T} \int_{-T/2}^{T/2} A_c^2 m^2(t) \frac{1 + \cos(4\pi f_c t)}{2}\,dt \\
&= A_c^2 \left\{ \lim_{T \to \infty} \frac{1}{T} \int_{-T/2}^{T/2} \frac{m^2(t)}{2}\,dt + \lim_{T \to \infty} \frac{1}{T} \int_{-T/2}^{T/2} m^2(t) \frac{\cos(4\pi f_c t)}{2}\,dt \right\} \\
&= A_c^2 \lim_{T \to \infty} \frac{1}{T} \int_{-T/2}^{T/2} \frac{m^2(t)}{2}\,dt \tag{3.2.5} \\
&= \frac{A_c^2}{2} P_m \tag{3.2.6}
\end{aligned}
$$

其中,P_m 是消息信号的功率。式(3.2.5)是根据这一点直接得出的:$m(t)$ 是一个低通信号,其频率分量远远小于 $2f_c$,即 $\cos(4\pi f_c t)$ 的频率分量,因此积分

$$\int_{-T/2}^{T/2} m^2(t) \frac{\cos(4\pi f_c t)}{2}\,dt \tag{3.2.7}$$

随 T 趋于无穷而趋于零。最后,DSB-AM 系统的 SNR 等于基带的 SNR,即

$$\left(\frac{S}{N}\right)_o = \frac{P_R}{N_0 W} \tag{3.2.8}$$

其中，P_R 是接收到的功率（在接收端已调信号的功率），$N_0/2$ 是噪声功率谱密度（假定为白噪声），W 是消息信号的带宽。

解说题

解说题 3.1 ［DSB-AM 调制］

消息信号 $m(t)$ 定义为

$$m(t) = \begin{cases} 1, & 0 \leqslant t \leqslant \dfrac{t_0}{3} \\ -2, & \dfrac{t_0}{3} < t \leqslant \dfrac{2t_0}{3} \\ 0, & \text{其余 } t \end{cases}$$

该消息以 DSB-AM 方式调制载波 $c(t) = \cos(2\pi f_c t)$，所得已调信号记为 $u(t)$。假设 $t_0 = 0.15\,\text{s}$，$f_c = 250\,\text{Hz}$。

1. 求 $u(t)$ 的表达式。
2. 导出 $m(t)$ 和 $u(t)$ 的频谱。
3. 假定消息信号是周期 $T_0 = t_0$ 的周期信号，求已调信号中的功率。
4. 在本题第 3 步，若噪声加到已调信号上，所得 SNR 是 10 dB，求噪声功率。

题 解

1. $m(t)$ 可以写成：

$$m(t) = \Pi\left(\frac{t - t_0/6}{t_0/3}\right) - 2\Pi\left(\frac{t - t_0/2}{t_0/3}\right)$$

因此有

$$u(t) = \left[\Pi\left(\frac{t - 0.025}{0.05}\right) - 2\Pi\left(\frac{t - 0.075}{0.05}\right)\right]\cos(500\pi t) \tag{3.2.9}$$

2. 利用标准傅里叶变换关系 $\mathcal{F}[\Pi(t)] = \text{sinc}(t)$，再结合傅里叶变换的时移和尺度变换定理，可得

$$\mathcal{F}[m(t)] = \frac{t_0}{3}e^{-j\pi f t_0/3}\text{sinc}\left(\frac{t_0 f}{3}\right) - 2\frac{t_0}{3}e^{-j\pi f t_0}\text{sinc}\left(\frac{t_0 f}{3}\right)$$

$$= \frac{t_0}{3}e^{-j\pi f t_0/3}\text{sinc}\left(\frac{t_0 f}{3}\right)(1 - 2e^{-j2\pi t_0 f/3}) \tag{3.2.10}$$

将 $t_0 = 0.15\,\text{s}$ 代入后，得到

$$\mathcal{F}[m(t)] = 0.05e^{-0.05j\pi f}\text{sinc}(0.05f)(1 - 2e^{-0.1j\pi f}) \tag{3.2.11}$$

对于已调信号 $u(t)$，则有

$$U(f) = 0.025e^{-0.05j\pi(f-f_c)}\text{sinc}[0.05(f - f_c)](1 - 2e^{-0.1j\pi(f-f_c)})$$
$$+ 0.025e^{-0.05j\pi(f+f_c)}\text{sinc}[0.05(f + f_c)](1 - 2e^{-0.1j\pi(f+f_c)})$$

消息信号和已调信号的幅度谱如图 3.2 所示。

3. 在已调信号中的功率为

$$P_u = \frac{A_c^2}{2}P_m = \frac{1}{2}P_m$$

其中，P_m 是消息信号的功率，

$$P_{\mathrm{m}} = \frac{1}{t_0} \int_0^{2t_0/3} m^2(t)\,\mathrm{d}t = \frac{1}{t_0}\left(\frac{t_0}{3} + \frac{4t_0}{3}\right) = \frac{5}{3} = 1.666$$

并且有

$$P_{\mathrm{u}} = \frac{1.666}{2} = 0.833$$

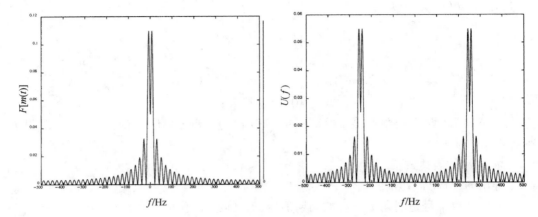

图 3.2　解说题 3.1 中的消息和已调信号的幅度谱

4. 这里

$$10\log_{10}\left(\frac{P_{\mathrm{R}}}{P_{\mathrm{n}}}\right) = 10$$

或者 $P_{\mathrm{R}} = P_{\mathrm{u}} = 10P_{\mathrm{n}}$,即可得到 $P_{\mathrm{n}} = P_{\mathrm{u}}/10 = 0.0833$。

本题的 MATLAB 脚本如下所示。

m 文件

```
% MATLAB script for Illustrative Problem 3.1.
% Demonstration script for DSB-AM. The message signal is
% +1 for 0 < t < t0/3, -2 for t0/3 < t < 2t0/3, and zero otherwise.
echo on
t0=.15;                          % signal duration
ts=0.001;                        % sampling interval
fc=250;                          % carrier frequency
snr=20;                          % SNR in dB (logarithmic)
fs=1/ts;                         % sampling frequency
df=0.3;                          % desired freq. resolution
t=[0:ts:t0];                     % time vector
snr_lin=10^(snr/10);             % linear SNR
% message signal
m=[ones(1,t0/(3*ts)),-2*ones(1,t0/(3*ts)),zeros(1,t0/(3*ts)+1)];
c=cos(2*pi*fc.*t);               % carrier signal
u=m.*c;                          % modulated signal
[M,m,df1]=fftseq(m,ts,df);       % Fourier transform
M=M/fs;                          % scaling
[U,u,df1]=fftseq(u,ts,df);       % Fourier transform
U=U/fs;                          % scaling
[C,c,df1]=fftseq(c,ts,df);       % Fourier transform
f=[0:df1:df1*(length(m)-1)]-fs/2; % freq. vector
signal_power=spower(u(1:length(t))); % power in modulated signal
noise_power=signal_power/snr_lin;    % Compute noise power.
noise_std=sqrt(noise_power);         % Compute noise standard deviation.
```

```
noise=noise_std*randn(1,length(u));        % Generate noise.
r=u+noise;                      % Add noise to the modulated signal.
[R,r,df1]=fftseq(r,ts,df);        % spectrum of the signal+noise
R=R/fs;                              % scaling
pause   % Press a key to show the modulated signal power.
signal_power
pause   % Press any key to see a plot of the message.
clf
subplot(2,2,1)
plot(t,m(1:length(t)))
xlabel('Time')
title('The message signal')
pause   % Press any key to see a plot of the carrier.
subplot(2,2,2)
plot(t,c(1:length(t)))
xlabel('Time')
title('The carrier')
pause   % Press any key to see a plot of the modulated signal.
subplot(2,2,3)
plot(t,u(1:length(t)))
xlabel('Time')
title('The modulated signal')
pause    % Press any key to see plots of the magnitude of the message and the
% modulated signal in the frequency domain.
subplot(2,1,1)
plot(f,abs(fftshift(M)))
xlabel('Frequency')
title('Spectrum of the message signal')
subplot(2,1,2)
plot(f,abs(fftshift(U)))
title('Spectrum of the modulated signal')
xlabel('Frequency')
pause   % Press a key to see a noise sample.
subplot(2,1,1)
plot(t,noise(1:length(t)))
title('Noise sample')
xlabel('Time')
pause   % Press a key to see the modulated signal and noise.
subplot(2,1,2)
plot(t,r(1:length(t)))
title('Signal and noise')
xlabel('Time')
pause   % Press a key to see the modulated signal and noise in freq. domain.
subplot(2,1,1)
plot(f,abs(fftshift(U)))
title('Signal spectrum')
xlabel('Frequency')
subplot(2,1,2)
plot(f,abs(fftshift(R)))
title('Signal and noise spectrum')
xlabel('Frequency')
```

解说题

解说题 3.2　[对近似带限信号的 DSB 调制]

消息信号 $m(t)$ 为

$$m(t) = \begin{cases} \mathrm{sinc}(100t), & |t| \leqslant t_0 \\ 0, & \text{其余 } t \end{cases}$$

其中,$t_0 = 0.1\ \text{s}$。用这个消息来调制载波 $c(t) = \cos(2\pi f_c t)$,$f_c = 250\ \text{Hz}$。

  1. 求 $u(t)$ 的表达式。

  2. 求 $m(t)$ 和 $u(t)$ 的频谱。

  3. 假定消息信号是周期 $T_0 = 0.2\ \text{s}$ 的周期信号,求已调信号中的功率。

  4. 若高斯噪声叠加到已调信号上,所得 SNR 为 10 dB,求噪声功率。

题　解

  1. 我们得到

$$u(t) = m(t)c(t)$$

$$= \begin{cases} \text{sinc}(100t)\cos(500t), & |t| \leqslant 0.1 \\ 0, & \text{其余 } t \end{cases} \tag{3.2.12}$$

$$= \text{sinc}(100t)\Pi(5t)\cos(500t) \tag{3.2.13}$$

  2. $m(t)$ 和 $u(t)$ 的频谱如图 3.3 所示。由图 3.3 可见,该消息信号几乎是一个带限信号,带宽为 50 Hz。

  3. 已调信号的功率是消息信号功率的一半,消息信号的功率为

$$P_m = \frac{1}{0.2}\int_{-0.1}^{0.1} \text{sinc}^2(100t)\,dt$$

这个积分可用 MATLAB 的 m 文件 quad8.m 计算,得出 $P_m = 0.0495$,所以 $P_u = 0.0247$。

  4. 现在有

$$10\log_{10}\left(\frac{P_R}{P_n}\right) = 10 \Rightarrow P_n = 0.1P_R = 0.1P_u = 0.00247$$

本题的 MATLAB 脚本如下所示。

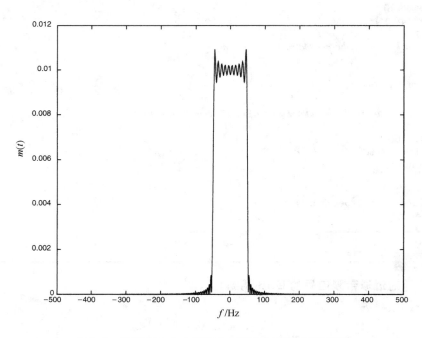

图 3.3　解说题 3.2 中的消息信号和已调信号的频谱

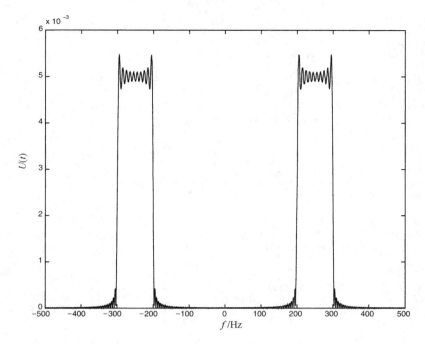

图 3.3（续） 解说题 3.2 中的消息信号和已调信号的频谱

---

m 文件

```
% MATLAB script for Illustrative Problem 3.2.
% Matlab demonstration script for DSB-AM modulation. The message signal
% is m(t)=sinc(100t).
echo on
t0=.2;                                    % signal duration
ts=0.001;                                 % sampling interval
fc=250;                                   % carrier frequency
snr=20;                                   % SNR in dB (logarithmic)
fs=1/ts;                                  % sampling frequency
df=0.3;                                   % required freq. resolution
t=[-t0/2:ts:t0/2];                        % time vector
snr_lin=10^(snr/10);                      % linear SNR
m=sinc(100*t);                            % the message signal
c=cos(2*pi*fc.*t);                        % the carrier signal
u=m.*c;                                   % the DSB-AM modulated signal
[M,m,df1]=fftseq(m,ts,df);                % Fourier transform
M=M/fs;                                   % scaling
[U,u,df1]=fftseq(u,ts,df);               % Fourier transform
U=U/fs;                                   % scaling
f=[0:df1:df1*(length(m)-1)]-fs/2;         % frequency vector
signal_power=spower(u(1:length(t)));      % Compute modulated signal power.
noise_power=signal_power/snr_lin;         % Compute noise power.
noise_std=sqrt(noise_power);              % Compute noise standard deviation.
noise=noise_std*randn(1,length(u));       % Generate noise sequence.
r=u+noise;                                % add noise to the modulated signal
[R,r,df1]=fftseq(r,ts,df);               % Fourier transform
R=R/fs;                                   % scaling
pause  % Press a key to show the modulated signal power.
signal_power
pause  %Press any key to see a plot of the message.
clf
subplot(2,2,1)
```

```
plot(t,m(1:length(t)))
xlabel('Time')
title('The message signal')
pause % Press any key to see a plot of the carrier.
subplot(2,2,2)
plot(t,c(1:length(t)))
xlabel('Time')
title('The carrier')
pause  % Press any key to see a plot of the modulated signal.
subplot(2,2,3)
plot(t,u(1:length(t)))
xlabel('Time')
title('The modulated signal')
pause    % Press any key to see a plot  of the magnitude of the message and the
% modulated signal in the frequency domain.
subplot(2,1,1)
plot(f,abs(fftshift(M)))
xlabel('Frequency')
title('Spectrum of the message signal')
subplot(2,1,2)
plot(f,abs(fftshift(U)))
title('Spectrum of the modulated signal')
xlabel('Frequency')
pause   % Press a key to see a noise sample.
subplot(2,1,1)
plot(t,noise(1:length(t)))
title('Noise sample')
xlabel('Time')
pause   % Press a key to see the modulated signal and noise.
subplot(2,1,2)
plot(t,r(1:length(t)))
title('Signal and noise')
xlabel('Time')
pause   % Press a key to see the modulated signal and noise in freq. domain.
subplot(2,1,1)
plot(f,abs(fftshift(U)))
title('Signal spectrum')
xlabel('Frequency')
subplot(2,1,2)
plot(f,abs(fftshift(R)))
title('Signal and noise spectrum')
xlabel('Frequency')
```

思考题

如果改变消息信号的持续期 t_0，会产生什么结果？特别是在大的 t_0 和小的 t_0 时会有什么结果？在带宽和信号功率上有什么影响？

下面给出的 m 文件 dsb_mod.m 是以向量 **m** 给出的消息信号对频率为 f_c 的载波进行调制的通用 DSB 调制器。

m 文件

```
function u=dsb_mod(m,ts,fc)
%              u=dsb_mod(m,ts,fc)
%DSB_MOD     takes signal m sampled at ts and carrier
%            freq. fc as input and returns the DSB modulated
%            signal. ts << 1/2fc. The modulated signal
%            is normalized to have half the message power.
```

%   *The message signal starts at 0.*

```
t=[0:length(m)−1]*ts;
u=m.*cos(2*pi*t);
```

3.2.2 常规 AM

在很多方面,常规 AM 和 DSB-AM 是类似的,唯一的差别是在常规 AM 中 $m(t)$ 被 $[1+am_n(t)]$ 所代替,其中 $m_n(t)$ 是经归一化后的消息信号(也就是说,$|m_n(t)|\leqslant 1$),a 是**调制指数**,而且是位于 0 和 1 之间的一个正常数。于是,我们得到

$$u(t)=A_c[1+am_n(t)]\cos(2\pi f_c t) \tag{3.2.14}$$

和

$$U(f)=\frac{A_c}{2}[\delta(f-f_c)+aM_n(f-f_c)+\delta(f+f_c)+aM_n(f+f_c)] \tag{3.2.15}$$

将消息信号幅度加权并对其加一个常数的净效果是,使 $[1+am_n(t)]$ 这一项总是正的。这就使得这些信号的解调变得十分容易,使用包络检波器就能完成。注意在 $U(f)$ 中有频率为 f_c 的正弦分量的存在。这意味着发射功率中有(通常有)相当一部分是在信号载波上,而信号载波其实并没有用于信息的传输。这一点表明,与 DSB-AM 相比,常规 AM 在功率利用率上是一种不够经济的调制方法。当然,带宽等于 DSB-AM 的带宽,为

$$B_T=2W \tag{3.2.16}$$

图 3.4 给出了消息信号和相应的常规 AM 信号的典型频域图。

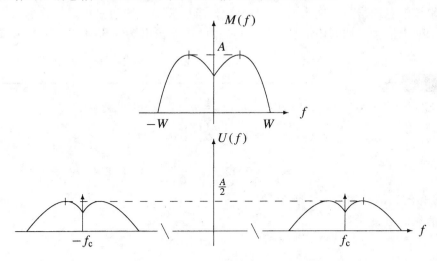

图 3.4 消息信号和常规 AM 信号的典型频域

假设消息信号是零均值信号,那么已调信号的功率为

$$P_u=\frac{A_c^2}{2}[1+a^2 P_{m_n}] \tag{3.2.17}$$

它由两部分构成:$A_c^2/2$ 是载波的功率,而 $(A_c^2/2)a^2 P_{m_n}$ 是已调信号中携带消息部分的功率,而这个功率才被真正用于传送消息。用于传送消息的功率与已调信号总功率之比称为**调制效率**,定义为

$$\eta = \frac{a^2 P_{m_n}}{1 + a^2 P_{m_n}} \tag{3.2.18}$$

因为 $|m_n(t)| \leqslant 1$ 和 $a \leqslant 1$,所以总有 $\eta \leqslant 0.5$。然而,实际上 η 的值大约在 0.1 左右。信噪比为

$$\left(\frac{S}{N}\right)_o = \eta \frac{P_R}{N_0 W} \tag{3.2.19}$$

其中,η 是调制效率。可以看到,与 DSB-AM 相比,SNR 减小了,它乘了一个因子 η。总功率中相当大的一部分是在载波上(频谱图中的冲激),而它又不携带任何信息,在接收端最终要被滤去,这就是造成性能下降的直接原因。

解说题

解说题 3.3　[常规 AM]

消息信号 $m(t)$ 定义为

$$m(t) = \begin{cases} 1, & 0 \leqslant t < \dfrac{t_0}{3} \\[2mm] -2, & \dfrac{t_0}{3} \leqslant t < \dfrac{2t_0}{3} \\[2mm] 0, & \text{其余 } t \end{cases}$$

用常规 AM 方法调制载波 $c(t) = \cos(2\pi f_c t)$。假设 $f_c = 250\ \text{Hz}$,$t_0 = 0.15\ \text{s}$,调制指数 $a = 0.85$。

1. 求出已调信号的表达式。
2. 求消息信号和已调信号的频谱。
3. 如果该消息信号是周期为 t_0 的周期信号,求已调信号的功率和调制效率。
4. 如果噪声信号叠加到该消息信号上,使得解调器输出端的 SNR 是 10 dB,求该噪声信号的功率。

题　解

1. 首先要注意,$\max |m(t)| = 2$,因此 $m_n(t) = m(t)/2$。由此有

$$u(t) = \left[1 + 0.85\,\frac{m(t)}{2}\right]\cos(2\pi f_c t)$$

$$= \left[1 + 0.425 \Pi\left(\frac{t - 0.025}{0.05}\right) - 0.85 \Pi\left(\frac{t - 0.075}{0.05}\right)\right]\cos(500\pi t)$$

该消息信号和已调信号如图 3.5 所示。

2. 对消息信号有

$$\mathcal{F}[m(t)] = 0.05 \mathrm{e}^{-0.05\mathrm{j}\pi f}\mathrm{sinc}(0.05f)(1 - 2\mathrm{e}^{-0.1\mathrm{j}\pi f}) \tag{3.2.20}$$

对已调信号有

$$U(f) = 0.010\,625 \mathrm{e}^{-0.05\mathrm{j}\pi(f-250)}\mathrm{sinc}[0.05(f - 250)](1 - 2\mathrm{e}^{-0.1\mathrm{j}\pi(f-250)})$$

$$+ 0.010\,625 \mathrm{e}^{-0.05\mathrm{j}\pi(f+250)}\mathrm{sinc}[0.05(f + 250)](1 - 2\mathrm{e}^{-0.1\mathrm{j}\pi(f+250)})$$

消息信号和已调信号的频谱如图 3.6 所示。

注意:这两个频谱图上的标尺不同。在已调信号的频谱上明显有两个冲激函数存在。

3. 可求得消息信号的功率为

$$P_m = \frac{1}{0.15}\left[\int_0^{0.05} \mathrm{d}t + 4\int_{0.05}^{0.1} \mathrm{d}t\right] = 1.667$$

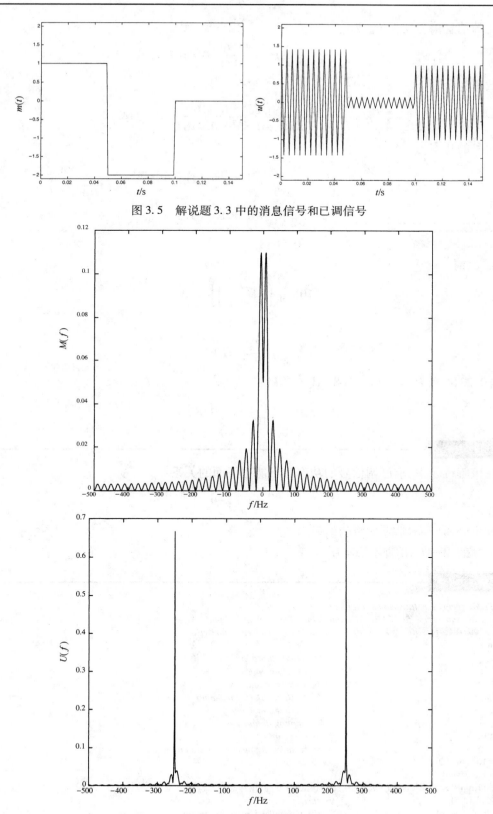

图 3.5 解说题 3.3 中的消息信号和已调信号

图 3.6 解说题 3.3 中的消息信号和已调信号的频谱

归一化的消息信号功率 P_{m_n} 为

$$P_{m_n} = \frac{1}{4} P_m = \frac{1.66}{4} = 0.4167$$

调制效率为

$$\eta = \frac{a^2 P_{m_n}}{1 + a^2 P_{m_n}} = \frac{0.85^2 \times 0.4167}{1 + 0.85^2 \times 0.4167} = 0.2314$$

已调信号的功率为

$$\begin{aligned}
P_u &= \frac{A_c^2}{2} \int_0^{2t0/3} [1 + am_n(t)]^2 dt \\
&= \frac{1}{2} \left(1 + 0.3010 - 1.7 \times \frac{0.025}{0.15}\right) \\
&= 0.5088
\end{aligned}$$

4. 这时

$$10\log_{10}\left[\eta\left(\frac{P_R}{N_0 W}\right)\right] = 10$$

或者

$$\eta\left(\frac{P_R}{P_n}\right) = 10$$

将 $\eta = 0.2314$ 和 $P_R = P_u = 0.5088$ 代入,得到

$$P_n = \frac{\eta P_u}{10} = 0.0118$$

注　释

在该解说题中,求已调信号的功率时不能用下面的关系:

$$P_u = \frac{A_c^2}{2}[1 + a^2 P_{m_n}]$$

因为这里的 $m(t)$ 不是零均值的信号。

本题的 MATLAB 脚本如下所示。

m 文件

```
% MATLAB script for Illustrative Problem 3.3.
% Demonstration script for DSB-AM modulation. The message signal
% is +1 for 0 < t < t0/3, -2 for t0/3 < t < 2t0/3, and zero otherwise.
echo on
t0=.15;                          % signal duration
ts=0.001;                        % sampling interval
fc=250;                          % carrier frequency
snr=10;                          % SNR in dB (logarithmic)
a=0.85;                          % modulation index
fs=1/ts;                         % sampling frequency
t=[0:ts:t0];                     % time vector
df=0.2;                          % required frequency resolution
snr_lin=10^(snr/10);             % SNR
% message signal
m=[ones(1,t0/(3*ts)),-2*ones(1,t0/(3*ts)),zeros(1,t0/(3*ts)+1)];
c=cos(2*pi*fc.*t);               % carrier signal
m_n=m/max(abs(m));               % normalized message signal
```

```
[M,m,df1]=fftseq(m,ts,df);          % Fourier transform
M=M/fs;                             % scaling
f=[0:df1:df1*(length(m)−1)]−fs/2;   % frequency vector
u=(1+a*m_n).*c;                     % modulated signal
[U,u,df1]=fftseq(u,ts,df);          % Fourier transform
U=U/fs;                             % scaling
signal_power=spower(u(1:length(t)));  % power in modulated signal
% power in normalized message
pmn=spower(m(1:length(t)))/(max(abs(m)))^2;
eta=(a^2*pmn)/(1+a^2*pmn);          % modulation efficiency
noise_power=eta*signal_power/snr_lin;  % noise power
noise_std=sqrt(noise_power);        % noise standard deviation
noise=noise_std*randn(1,length(u)); % Generate noise.
r=u+noise;                          % Add noise to the modulated signal
[R,r,df1]=fftseq(r,ts,df);          % Fourier transform.
R=R/fs;                             % scaling
pause   % Press a key to show the modulated signal power.
signal_power
pause   % Press a key to show the modulation efficiency.
eta
pause   % Press any key to see a plot of the message.
subplot(2,2,1)
plot(t,m(1:length(t)))
axis([0 0.15 −2.1 2.1])
xlabel('Time')
title('The message signal')

pause   % Press any key to see a plot of the carrier.
subplot(2,2,2)
plot(t,c(1:length(t)))
axis([0 0.15 −2.1 2.1])
xlabel('Time')
title('The carrier')
pause   % Press any key to see a plot of the modulated signal.
subplot(2,2,3)
plot(t,u(1:length(t)))
axis([0 0.15 −2.1 2.1])
xlabel('Time')
title('The modulated signal')
pause    % Press any key to see plots of the magnitude of the message and the
% modulated signal in the frequency domain.
subplot(2,1,1)
plot(f,abs(fftshift(M)))
xlabel('Frequency')
title('Spectrum of the message signal')
subplot(2,1,2)
plot(f,abs(fftshift(U)))
title('Spectrum of the modulated signal')
xlabel('Frequency')
pause   % Press a key to see a noise sample.
subplot(2,1,1)
plot(t,noise(1:length(t)))
title('Noise sample')
xlabel('Time')
pause   % Press a key to see the modulated signal and noise.
subplot(2,1,2)
plot(t,r(1:length(t)))
title('Signal and noise')
xlabel('Time')
pause   % Press a key to see the modulated signal and noise in freq. domain.
subplot(2,1,1)
plot(f,abs(fftshift(U)))
title('Signal spectrum')
```

```
xlabel('Frequency')
subplot(2,1,2)
plot(f,abs(fftshift(R)))
title('Signal and noise spectrum')
xlabel('Frequency')
```

下面给出的 MATLAB m 文件 am_mode.m 是一种通用的常规 AM 调制器。

m 文件

```
function  u=am_mod(a,m,ts,fc)
%         u=am_mod(a,m,ts,fc)
%AM_MOD      takes signal m sampled at ts and carrier
%      freq. fc as input and returns the AM modulated
%      signal. "a" is the modulation index
%      and ts << 1/2fc.

t=[0:length(m)−1]*ts;
c=cos(2*pi*fc.*t);
m_n=m/max(abs(m));
u=(1+a*m_n).*c;
```

3.2.3　SSB-AM

去掉 DSB-AM 的一个边带就可以得到 SSB-AM,因此 SSB-AM 占有 DSB-AM 一半的带宽。依据所保留的边带是上边带还是下边带,就有两种类型的 SSB-AM,即 USSB-AM 和 LSSB-AM。这些信号的时域表示为

$$u(t) = \frac{A_c}{2}m(t)\cos(2\pi f_c t) \mp \frac{A_c}{2}\hat{m}(t)\sin(2\pi f_c t) \qquad (3.2.21)$$

其中,减号对应于 USSB-AM,加号对应于 LSSB-AM。$\hat{m}(t)$ 是 $m(t)$ 的希尔伯特变换,定义为 $\hat{m}(t) = m(t) \otimes (1/(\pi t))$,在频域中则为 $\hat{M}(f) = -j\,\mathrm{sgn}(f)M(f)$。换句话说,一个信号的希尔伯特变换代表在全部信号分量上进行 $\pi/2$ 的相移。这样,在频域中有

$$U_{\text{USSB}}(f) = \begin{cases} [M(f-f_c) + M(f+f_c)], & f_c \leqslant |f| \\ 0, & \text{其余} f \end{cases} \qquad (3.2.22)$$

和

$$U_{\text{LSSB}}(f) = \begin{cases} [M(f-f_c) + M(f+f_c)], & |f| \leqslant f_c \\ 0, & \text{其余} f \end{cases} \qquad (3.2.23)$$

图 3.7 给出的是某个消息信号及其对应的 USSB-AM 已调信号的典型频谱图。

SSB 信号的带宽是 DSB 和常规 AM 带宽的一半,所以等于消息信号的带宽,即

$$B_T = W \qquad (3.2.24)$$

SSB 信号的功率为

$$P_u = \frac{A_c^2}{4}P_m \qquad (3.2.25)$$

注意,由于已经除去了一个边带,所以 SSB 的功率是对应的 DSB-AM 的一半。另一方面,因为这个已调信号只有对应的 DSB-AM 信号带宽的一半,所以在接收机前端点上的噪声功率也是其相应的 DSB-AM 情况下的一半,因此两种系统的 SNR 是相同的,即

$$\left(\frac{S}{N}\right)_o = \frac{P_R}{N_0 W} \qquad (3.2.26)$$

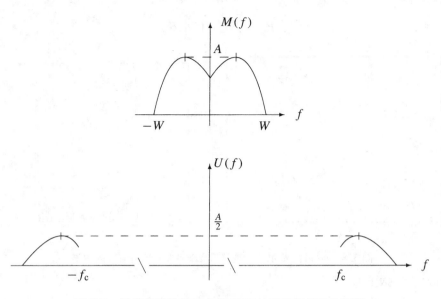

图 3.7 消息信号及其对应的 USSB-AM 已调信号的频谱

解说题

解说题 3.4 [单边带举例]

消息信号

$$m(t) = \begin{cases} 1, & 0 \le t < \dfrac{t_0}{3} \\ -2, & \dfrac{t_0}{3} \le t < \dfrac{2t_0}{3} \\ 0, & \text{其余 } t \end{cases}$$

用 LSSB-AM 方法调制载波 $c(t) = \cos(2\pi f_c t)$。假定 $t_0 = 0.15\,\text{s}$，$f_c = 250\,\text{Hz}$。

1. 画出消息信号的希尔伯特变换和已调信号 $u(t)$，同时也画出已调信号的频谱。
2. 假设消息信号是周期为 t_0 的周期信号，求已调信号的功率。
3. 若将噪声叠加到已调信号上，使解调后的 SNR 是 10 dB，求噪声功率。

题 解

1. 消息信号的希尔伯特变换可用 MATLAB 的希尔伯特变换 m 文件 hilbert.m 计算得出。然而，值得注意的是，这个函数得到的是一个复数序列，其实部是原序列，而虚部才是要求的希尔伯特变换。因此，序列 m 的希尔伯特变换用指令 image(hilbert(m)) 得到。现在，利用下面的关系：

$$u(t) = m(t)\cos(2\pi f_c t) + \hat{m}(t)\sin(2\pi f_c t) \tag{3.2.27}$$

就能求得已调信号。图 3.8 给出的是 $\hat{m}(t)$ 的图和 LSSB-AM 已调信号 $u(t)$ 的频谱图。

2. 消息信号的功率是

$$P_{\text{m}} = \frac{1}{0.15} \int_0^{0.15} m^2(t)\,\mathrm{d}t = 1.667$$

因此有

$$P_u = \frac{A_c^2}{4}P_m = 0.416$$

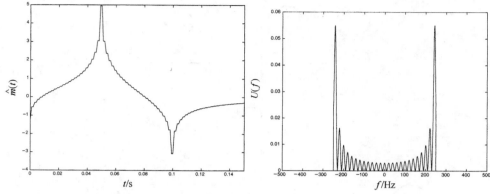

图 3.8　$m(t)$ 的希尔伯特变换和 LSSB-AM 已调信号的频谱

3. 解调后的 SNR 为

$$10\log_{10}\left(\frac{P_R}{P_n}\right)_o = 10$$

所以

$$P_n = 0.1P_R = 0.1P_u = 0.0416$$

本题的 MATLAB 脚本如下所示。

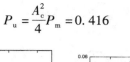

```
% MATLAB script for Illustrative Problem 3.4.
% Demonstration script for LSSB-AM modulation. The message signal
% is +1 for 0 < t < t0/3, -2 for t0/3 < t < 2t0/3, and zero otherwise.
echo on
t0=.15;                          % signal duration
ts=0.001;                        % sampling interval
fc=250;                          % carrier frequency
snr=10;                          % SNR in dB (logarithmic)
fs=1/ts;                         % sampling frequency
df=0.25;                         % desired freq. resolution
t=[0:ts:t0];                     % time vector
snr_lin=10^(snr/10);             % SNR
% the message vector
m=[ones(1,t0/(3*ts)),-2*ones(1,t0/(3*ts)),zeros(1,t0/(3*ts)+1)];
c=cos(2*pi*fc.*t);               % carrier vector
udsb=m.*c;                       % DSB modulated signal
[UDSB,udssb,df1]=fftseq(udsb,ts,df);   % Fourier transform
UDSB=UDSB/fs;                    % scaling
f=[0:df1:df1*(length(udssb)-1)]-fs/2;  % frequency vector
n2=ceil(fc/df1);                 % location of carrier in freq. vector
% Remove the upper sideband from DSB.
UDSB(n2:length(UDSB)-n2)=zeros(size(UDSB(n2:length(UDSB)-n2)));
ULSSB=UDSB;                      % Generate LSSB-AM spectrum.
[M,m,df1]=fftseq(m,ts,df);       % Fourier transform
M=M/fs;                          % scaling
u=real(ifft(ULSSB))*fs;          % Generate LSSB signal from spectrum.
signal_power=spower(udsb(1:length(t)))/2;
%                                % Compute signal power.
noise_power=signal_power/snr_lin;      % Compute noise power.
noise_std=sqrt(noise_power);     % Compute noise standard deviation.
```

```
noise=noise_std*randn(1,length(u));      % Generate noise vector.
r=u+noise;                               % Add the signal to noise.
[R,r,df1]=fftseq(r,ts,df);               % Fourier transform
R=R/fs;                                  % scaling
pause    % Press a key to show the modulated signal power.
signal_power
pause    % Press any key to see a plot of the message signal.
clf
subplot(2,1,1)
plot(t,m(1:length(t)))
axis([0,0.15,−2.1,2.1])
xlabel('Time')
title('The message signal')
pause    % Press any key to see a plot of the carrier.
subplot(2,1,2)
plot(t,c(1:length(t)))
xlabel('Time')
title('The carrier')
pause    % Press any key to see a plot of the modulated signal and its spectrum.
clf
subplot(2,1,1)
plot([0:ts:ts*(length(u)−1)/8],u(1:length(u)/8))
xlabel('Time')
title('The LSSB-AM modulated signal')
subplot(2,1,2)
plot(f,abs(fftshift(ULSSB)))
xlabel('Frequency')
title('Spectrum of the LSSB-AM modulated signal')
pause     % Press any key to see the spectra of the message and the modulated signals.
clf
subplot(2,1,1)
plot(f,abs(fftshift(M)))
xlabel('Frequency')
title('Spectrum of the message signal')
subplot(2,1,2)
plot(f,abs(fftshift(ULSSB)))
xlabel('Frequency')
title('Spectrum of the LSSB-AM modulated signal')
pause    % Press any key to see a noise sample.
subplot(2,1,1)
plot(t,noise(1:length(t)))
title('Noise sample')
xlabel('Time')
pause    % Press a key to see the modulated signal and noise.
subplot(2,1,2)
plot(t,r(1:length(t)))
title('Modulated signal and noise')
xlabel('Time')
subplot(2,1,1)
pause % Press any key to see the spectrum of the modulated signal.
plot(f,abs(fftshift(ULSSB)))
title('Modulated signal spectrum')
xlabel('Frequency')
subplot(2,1,2)
pause   % Press a key to see the modulated signal noise in freq. domain.
plot(f,abs(fftshift(R)))
title('Modulated signal noise spectrum')
xlabel('Frequency')
```

　　下面给出的 m 文件 ussb_mod.m 和 lssb_mod.m 对以向量 $\boldsymbol{m}$ 给出的消息信号使用 USSB 和
LSSB 调制方法进行调制。

■ m 文件

```
function u=ussb_mod(m,ts,fc)
%                  u=ussb_mod(m,ts,fc)
%USSB_MOD     takes signal m sampled at ts and carrier
%                  freq. fc as input and returns the USSB modulated
%                  signal. ts << 1/2fc.
t=[0:length(m)−1]*ts;
u=m.*cos(2*pi*t)−imag(hilbert(m)).*sin(2*pi*t);
```

■ m 文件

```
function u=lssb_mod(m,ts,fc)
%                  u=lssb_mod(m,ts,fc)
%LSSB_MOD     takes signal m sampled at ts and carrier
%                  freq. fc as input and returns the LSSB modulated
%                  signal. ts << 1/2fc.
t=[0:length(m)−1]*ts;
u=m.*cos(2*pi*t)+imag(hilbert(m)).*sin(2*pi*t);
```

3.3　AM 信号的解调

　　解调是从已调信号中提取消息信号的过程。解调过程取决于所使用的调制方式。对于 DSB-AM 和 SSB-AM 来说,解调的方法是相干解调,它要求在接收端有一个与载波同频、同相位的信号存在。对于常规 AM,用包络检波器解调。这时对载波频率和相位的精确了解在接收端已不太重要了,所以解调变得十分容易。对于 DSB-AM 和 SSB-AM 的相干解调,由如下步骤完成:用一个与载波同频和同相位的正弦信号乘以已调信号(即混频),然后将乘积通过一个低通滤波器来完成。在接收端产生的所需正弦信号的振荡器称为**本地振荡器**。

3.3.1　DSB-AM 解调

　　在 DSB 中,已调信号由 $A_c m(t)\cos(2\pi f_c t)$ 给出,当将它乘以 $\cos(2\pi f_c t)$ 或者说与 $\cos(2\pi f_c t)$ 混频以后,就得到了

$$y(t) = A_c m(t)\cos(2\pi f_c t)\cos(2\pi f_c t) = \frac{A_c}{2}m(t) + \frac{A_c}{2}m(t)\cos(4\pi f_c t) \tag{3.3.1}$$

其中,$y(t)$ 为混频器输出,而它的傅里叶变换为

$$Y(f) = \frac{A_c}{2}M(f) + \frac{A_c}{4}M(f-2f_c) + \frac{A_c}{4}M(f+2f_c) \tag{3.3.2}$$

由上可知,混频器输出中有一个低频分量 $(A_c/2)M(f)$ 和在 $\pm 2f_c$ 附近的高频分量。当 $y(t)$ 通过带宽为 W 的低通滤波器时,高频分量被滤除了,而正比于消息信号的低频分量 $\left(\left(\frac{A_c}{2}\right)m(t)\right)$ 将被解调制出来。这个过程如图 3.9 所示。

图 3.9　DSB-AM 信号的解调

解说题 3.5　[DSB-AM 解调]

消息信号 $m(t)$ 定义为

$$m(t) = \begin{cases} 1, & 0 \leqslant t < \dfrac{t_0}{3} \\ -2, & \dfrac{t_0}{3} \leqslant t < \dfrac{2t_0}{3} \\ 0, & \text{其余 } t \end{cases}$$

用该消息信号以 DSB-AM 方式调制载波 $c(t) = \cos(2\pi f_c t)$，所得已调信号为 $u(t)$。假设 $t_0 = 0.15\,\text{s}$，$f_c = 250\,\text{Hz}$。

1. 求 $u(t)$ 的表达式。
2. 求 $m(t)$ 和 $u(t)$ 的频谱。
3. 将已调信号 $u(t)$ 解调，并恢复 $m(t)$。画出在时域和频域中的结果。

1. 和 2. 本题的前两部分与解说题 3.1 的前两部分是相同的，这里只需要重复这些结果：

$$u(t) = \left[\Pi\left(\frac{t-0.025}{0.05}\right) - 2\Pi\left(\frac{t-0.075}{0.05}\right)\right]\cos(500\pi t)$$

$$\begin{aligned}\mathcal{F}[m(t)] &= \frac{t_0}{3}e^{-j\pi f t_0/3}\text{sinc}\left(\frac{t_0 f}{3}\right) - \frac{2t_0}{3}e^{-j\pi f t_0}\text{sinc}\left(\frac{t_0 f}{3}\right) \\ &= \frac{t_0}{3}e^{-j\pi f t_0/3}\text{sinc}\left(\frac{t_0 f}{3}\right)(1-2e^{-j2\pi t_0 f/3}) \\ &= 0.05e^{-0.05j\pi f}\text{sinc}(0.05f)(1-2e^{-0.01j\pi f})\end{aligned}$$

因此

$$\begin{aligned}U(f) &= 0.025e^{-0.05j\pi(f-250)}\text{sinc}[0.05(f-250)](1-2e^{-0.1j\pi(f-250)}) \\ &\quad + 0.025e^{-0.05j\pi(f+250)}\text{sinc}[0.05(f+250)](1-2e^{-0.1j\pi(f+250)})\end{aligned}$$

3. 为了解调，要将 $u(t)$ 乘以 $\cos(2\pi f_c t)$，得到混频器输出 $y(t)$：

$$\begin{aligned}y(t) &= u(t)\cos(2\pi f_c t) \\ &= \left[\Pi\left(\frac{t-0.025}{0.05}\right) - 2\Pi\left(\frac{t-0.075}{0.05}\right)\right]\cos^2(500\pi t) \\ &= \frac{1}{2}\left[\Pi\left(\frac{t-0.025}{0.05}\right) - 2\Pi\left(\frac{t-0.075}{0.05}\right)\right] \\ &\quad + \frac{1}{2}\left[\Pi\left(\frac{t-0.025}{0.05}\right) - 2\Pi\left(\frac{t-0.075}{0.05}\right)\right]\cos(1000\pi t)\end{aligned}$$

它的傅里叶变换是

$$\begin{aligned}Y(f) &= 0.025e^{-0.05j\pi f}\text{sinc}(0.05f)(1-2e^{-0.01j\pi f}) \\ &\quad + 0.0125e^{-0.05j\pi(f-500)}\text{sinc}[0.05(f-500)](1-2e^{-0.1j\pi(f-500)}) \\ &\quad + 0.0125e^{-0.05j\pi(f+500)}\text{sinc}[0.05(f+500)](1-2e^{-0.1j\pi(f+500)})\end{aligned}$$

其中，第一项对应于消息信号，后两项对应于两倍载波频率的高频分量。可见将第一项滤出就得到了原消息信号（有一个比例常数）。$U(f)$ 和 $Y(f)$ 的幅度如图 3.10 所示。

如上所示，混频器输出的频谱中有一个低频分量，它是非常类似于消息信号的频谱（除了

因子 $\frac{1}{2}$ 以外),以及一个位于 $\pm 2f_c$(这时是 500 Hz)的带通分量。利用一个低通滤波器,就能简单地将低频分量与带通分量分隔开。为了恢复消息信号 $m(t)$,现将 $y(t)$ 通过带宽为 150 Hz 的低通滤波器。由于现在的消息信号不是严格带限的,所以这里滤波器带宽的选取多少有些任意性。对严格带限的消息信号来说,低通滤波器带宽的合适选择应是 W,即消息信号的带宽。因此,此处所用的理想低通滤波器的特性为

$$H(f) = \begin{cases} 1, & |f| \leqslant 150 \\ 0, & 其余 f \end{cases}$$

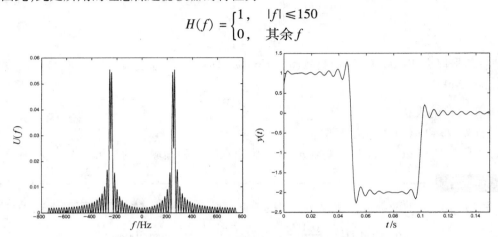

图 3.10　解说题 3.5 中的已调信号和混频器输出的频谱

对 $m(t)$ 和解调器输出的频谱的比较如图 3.11 所示,两者在时域中的比较如图 3.12 所示。

图 3.11　解说题 3.5 中的消息信号和已解调信号的频谱

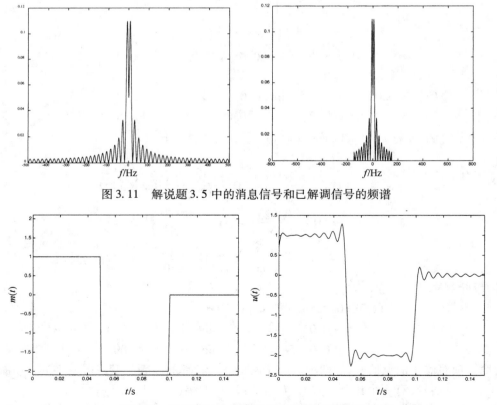

图 3.12　解说题 3.5 中的消息信号和解调器输出

本题的 MATLAB 脚本如下所示。

m 文件

```
% MATLAB script for Illustrative Problem 3.5.
% Demonstration script for DSB-AM demodulation. The message signal
% is +1 for 0 < t < t0/3, -2 for t0/3 < t < 2t0/3, and zero otherwise.
echo on
t0=.15;                              % signal duration
ts=1/1500;                           % sampling interval
fc=250;                              % carrier frequency
fs=1/ts;                             % sampling frequency
t=[0:ts:t0];                         % time vector
df=0.3;                              % desired frequency resolution
% message signal
m=[ones(1,t0/(3*ts)),−2*ones(1,t0/(3*ts)),zeros(1,t0/(3*ts)+1)];
c=cos(2*pi*fc.*t);                   % carrier signal
u=m.*c;                              % modulated signal
y=u.*c;                              % mixing
[M,m,df1]=fftseq(m,ts,df);           % Fourier transform
M=M/fs;                              % scaling
[U,u,df1]=fftseq(u,ts,df);           % Fourier transform
U=U/fs;                              % scaling
[Y,y,df1]=fftseq(y,ts,df);           % Fourier transform
Y=Y/fs;                              % scaling
f_cutoff=150;                        % cutoff freq. of the filter
n_cutoff=floor(150/df1);             % Design the filter.
f=[0:df1:df1*(length(y)−1)]−fs/2;
H=zeros(size(f));
H(1:n_cutoff)=2*ones(1,n_cutoff);
H(length(f)−n_cutoff+1:length(f))=2*ones(1,n_cutoff);
DEM=H.*Y;                            % spectrum of the filter output
dem=real(ifft(DEM))*fs;              % filter output
pause % Press a key to see the effect of mixing.
clf
subplot(3,1,1)
plot(f,fftshift(abs(M)))
title('Spectrum of the Message Signal')
xlabel('Frequency')
subplot(3,1,2)
plot(f,fftshift(abs(U)))
title('Spectrum of the Modulated Signal')
xlabel('Frequency')
subplot(3,1,3)
plot(f,fftshift(abs(Y)))
title('Spectrum of the Mixer Output')
xlabel('Frequency')
pause % Press a key to see the effect of filtering on the mixer output.
clf
subplot(3,1,1)
plot(f,fftshift(abs(Y)))
title('Spectrum of the Mixer Output')
xlabel('Frequency')
subplot(3,1,2)
plot(f,fftshift(abs(H)))
title('Lowpass Filter Characteristics')
xlabel('Frequency')
subplot(3,1,3)
plot(f,fftshift(abs(DEM)))
title('Spectrum of the Demodulator output')
xlabel('Frequency')
pause % Press a key to compare the spectra of the message and the received signal.
```

```
clf
subplot(2,1,1)
plot(f,fftshift(abs(M)))
title('Spectrum of the Message Signal')
xlabel('Frequency')
subplot(2,1,2)
plot(f,fftshift(abs(DEM)))
title('Spectrum of the Demodulator Output')
xlabel('Frequency')
pause % Press a key to see the message and the demodulator output signals.
subplot(2,1,1)
plot(t,m(1:length(t)))
title('The Message Signal')
xlabel('Time')
subplot(2,1,2)
plot(t,dem(1:length(t)))
title('The Demodulator Output')
xlabel('Time')
```

解说题

解说题 3.6　[DSB-AM 解调中相位误差的后果]

在 DSB-AM 信号解调中,已经假设本地振荡器的相位等于载波的相位。如果情况不是这样,而是本地振荡器和载波之间存在某一个相移 ϕ,解调过程会如何改变?

题　解

这时有 $u(t) = A_c m(t)\cos(2\pi f_c t)$,本地振荡器产生的正弦信号为 $\cos(2\pi f_c t + \phi)$,这两个信号混频以后为

$$y(t) = A_c m(t)\cos(2\pi f_c t) \times \cos(2\pi f_c t + \phi) \tag{3.3.3}$$

$$= \frac{A_c}{2}m(t)\cos\phi + \frac{A_c}{2}m(t)\cos(4\pi f_c t + \phi) \tag{3.3.4}$$

和前面相同,在混频器输出中有两项。带通项可以用低通滤波器滤掉。然而低频项 $(A_c/2)m(t)\cos\phi$ 与 ϕ 有关。低频项的功率为

$$P_{\text{dem}} = \frac{A_c^2}{4}P_m\cos^2\phi \tag{3.3.5}$$

其中,P_m 是消息信号功率。因此可见,在这种情况下恢复出的消息信号基本上没有失真,但是在功率上由于 $\cos^2\phi$ 而有损失。若 $\phi = \pi/4$,则功率损失是 3 dB;若 $\phi = \pi/2$,则在解调过程中什么也恢复不出来。

3.3.2　SSB-AM 解调

SSB-AM 信号的解调过程基本上与 DSB-AM 信号的解调过程是相同的,也就是说混频之后紧接着低通滤波。这时

$$u(t) = \frac{A_c}{2}m(t)\cos(2\pi f_c t) \mp \frac{A_c}{2}\hat{m}(t)\sin(2\pi f_c t) \tag{3.3.6}$$

其中,减号对应于 USSB,加号对应于 LSSB。$u(t)$ 与本地振荡器输出进行混频之后得到

$$y(t) = \frac{A_c}{2}m(t)\cos^2(2\pi f_c t) \mp \frac{A_c}{2}\hat{m}(t)\sin(2\pi f_c t)\cos(2\pi f_c t)$$

$$= \frac{A_c}{4}m(t) + \frac{A_c}{4}m(t)\cos(4\pi f_c t) \mp \frac{A_c}{4}\hat{m}(t)\sin(4\pi f_c t) \tag{3.3.7}$$

其中,含有在 $\pm 2f_c$ 的带通分量和正比于消息信号的低频分量。低频分量用低通滤波器滤出,以恢复消息信号。图 3.13 给出的是对 USSB-AM 的解调过程。

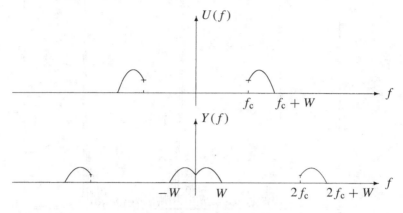

图 3.13 USSB-AM 的解调

解说题

解说题 3.7 [LSSB-AM 的例子]

在 LSSB-AM 解调系统中,若消息信号为

$$m(t) = \begin{cases} 1, & 0 \leq t < \dfrac{t_0}{3} \\ -2, & \dfrac{t_0}{3} \leq t < \dfrac{2t_0}{3} \\ 0, & \text{其余 } t \end{cases}$$

其中,$t_0 = 0.15\,\text{s}$,载波频率 $f_c = 250\,\text{Hz}$,求 $U(f)$ 和 $Y(f)$,并将解调信号与消息信号进行比较。

题 解

已调信号及其频谱在解说题 3.4 中已给出,$U(f)$ 的表达式是

$$U(f) = \begin{cases} 0.025\mathrm{e}^{-0.05\mathrm{j}\pi(f-250)}\operatorname{sinc}(0.05(f-250))(1-2\mathrm{e}^{-0.1\mathrm{j}\pi(f-250)}) \\ \quad + 0.025\mathrm{e}^{-0.05\mathrm{j}\pi(f+250)}\operatorname{sinc}(0.05(f+250))(1-2\mathrm{e}^{-0.1\mathrm{j}\pi(f+250)}), & |f| \leq f_c \\ 0, & \text{其余 } f \end{cases}$$

并且 $Y(f) = \dfrac{1}{2}U(f-f_c) + \dfrac{1}{2}U(f+f_c) \approx$

$$\begin{cases} 0.0125\mathrm{e}^{-0.05\mathrm{j}\pi f}\operatorname{sinc}(0.05f)(1-2\mathrm{e}^{-0.01\mathrm{j}\pi f}), & |f| \leq f_c \\ 0.0125\mathrm{e}^{-0.05\mathrm{j}\pi(f-500)}\operatorname{sinc}(0.05(f-500))(1-2\mathrm{e}^{-0.01\mathrm{j}\pi(f-500)}), & f_c \leq f \leq 2f_c \\ 0.0125\mathrm{e}^{-0.05\mathrm{j}\pi(f+500)}\operatorname{sinc}(0.05(f+500))(1-2\mathrm{e}^{-0.01\mathrm{j}\pi(f+500)}), & -2f_c \leq f \leq -f_c \\ 0, & \text{其余 } f \end{cases}$$

图 3.14 给出的是 $Y(f)$ 的图。信号 $y(t)$ 用截止频率为 150 Hz 的低通滤波器滤波,其输出的频谱如图 3.15 所示。图 3.16 将原消息信号与解调后的信号进行了比较。

本题的 MATLAB 脚本如下所示。

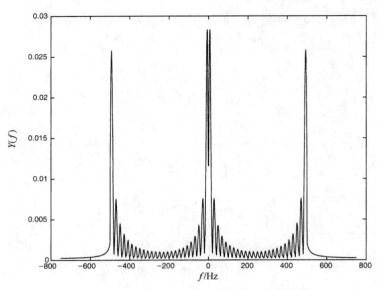

图 3.14　解说题 3.7 中的混频器输出的幅度谱

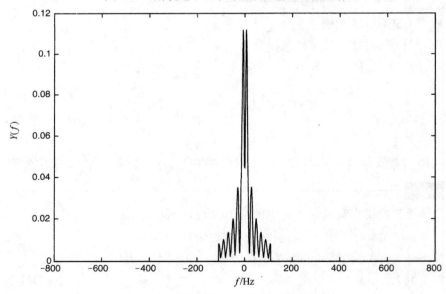

图 3.15　解说题 3.7 中的解调器的输出

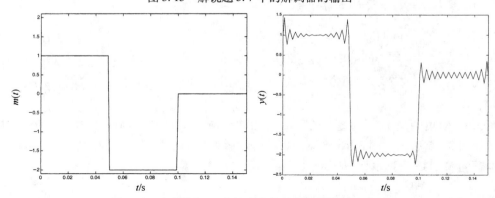

图 3.16　解说题 3.7 中的消息信号与解调器输出信号

```
                  m 文件
```

```
% MATLAB script for Illustrative Problem 3.7.
% Demonstration script for LSSB-AM demodulation. The message signal
% is +1 for 0 < t < t0/3, -2 for t0/3 < t < 2t0/3, and zero otherwise.
echo on
t0=.15;                              % signal duration
ts=1/1500;                           % sampling interval
fc=250;                              % carrier frequency
fs=1/ts;                             % sampling frequency
df=0.25;                             % desired freq.resolution
t=[0:ts:t0];                         % time vector
% the message vector
m=[ones(1,t0/(3*ts)),-2*ones(1,t0/(3*ts)),zeros(1,t0/(3*ts)+1)];
c=cos(2*pi*fc.*t);                   % carrier vector
udsb=m.*c;                           % DSB modulated signal
[UDSB,udsb,df1]=fftseq(udsb,ts,df);  % Fourier transform
UDSB=UDSB/fs;                        % scaling
n2=ceil(fc/df1);                     % location of carrier in freq. vector
% Remove the upper sideband from DSB.
UDSB(n2:length(UDSB)-n2)=zeros(size(UDSB(n2:length(UDSB)-n2)));
ULSSB=UDSB;                          % Generate LSSB-AM spectrum.
[M,m,df1]=fftseq(m,ts,df);           % spectrum of the message signal
M=M/fs;                              % scaling
f=[0:df1:df1*(length(M)-1)]-fs/2;    % frequency vector
u=real(ifft(ULSSB))*fs;              % Generate LSSB signal from spectrum.
% mixing
y=u.*cos(2*pi*fc*[0:ts:ts*(length(u)-1)]);
[Y,y,df1]=fftseq(y,ts,df);           % spectrum of the output of the mixer
Y=Y/fs;                              % scaling
f_cutoff=150;                        % Choose the cutoff freq. of the filter.
n_cutoff=floor(150/df);              % Design the filter.
H=zeros(size(f));
H(1:n_cutoff)=4*ones(1,n_cutoff);
% spectrum of the filter output
H(length(f)-n_cutoff+1:length(f))=4*ones(1,n_cutoff);
DEM=H.*Y;                            % spectrum of the filter output
dem=real(ifft(DEM))*fs;              % filter output
pause % Press a key to see the effect of mixing.
clf
subplot(3,1,1)
plot(f,fftshift(abs(M)))
title('Spectrum of the Message Signal')
xlabel('Frequency')
subplot(3,1,2)
plot(f,fftshift(abs(ULSSB)))
title('Spectrum of the Modulated Signal')
xlabel('Frequency')
subplot(3,1,3)
plot(f,fftshift(abs(Y)))
title('Spectrum of the Mixer Output')
xlabel('Frequency')
pause % Press a key to see the effect of filtering on the mixer output.
clf
subplot(3,1,1)
plot(f,fftshift(abs(Y)))
title('Spectrum of the Mixer Output')
xlabel('Frequency')
subplot(3,1,2)
plot(f,fftshift(abs(H)))
title('Lowpass Filter Characteristics')
xlabel('Frequency')
```

```
subplot(3,1,3)
plot(f,fftshift(abs(DEM)))
title('Spectrum of the Demodulator output')
xlabel('Frequency')
pause % Press a key to see the message and the demodulator output signals.
subplot(2,1,1)
plot(t,m(1:length(t)))
title('The Message Signal')
xlabel('Time')
subplot(2,1,2)
plot(t,dem(1:length(t)))
title('The Demodulator Output')
xlabel('Time')
```

解说题

解说题 3.8　[SSB-AM 解调中相位误差的影响]

在 SSB-AM 解调中,相位误差的影响是什么?

题　解

假定本地振荡器产生的正弦信号与载波有相位偏差 ϕ,则有

$$
\begin{aligned}
y(t) &= u(t)\cos(2\pi f_c t + \phi) \\
&= \left[\frac{A_c}{2}m(t)\cos(2\pi f_c t) \mp \frac{A_c}{2}\hat{m}(t)\sin(2\pi f_c t)\right]\cos(2\pi f_c t + \phi) \\
&= \frac{A_c}{4}m(t)\cos\phi \pm \frac{A_c}{4}\hat{m}(t)\sin\phi + 高频项
\end{aligned}
\tag{3.3.8}
$$

可见,与 DSB-AM 不同,相位偏差在此不仅使得解调信号衰减,而且解调信号在衰减了一个 $\cos\phi$ 因子的同时还附加了一个 $\pm(A_c/4)\hat{m}(t)\sin\phi$ 的失真项。在 $\phi = \pi/2$ 的特殊情况下,解调出的是信号的希尔伯特变换,而不是信号本身。

3.3.3　常规 AM 解调

我们已经看到,当考虑功率和 SNR 时,常规 AM 比 DSB-AM 和 SSB-AM 要差一些。其原因是已调信号的大部分功率在不携带信息的载波分量上。载波分量的作用是采用包络检波器而使常规 AM 的解调更容易些;与此相反,对 DSB-AM 和 SSB-AM 则要求相干解调。因此,AM 信号的解调比 DSB-AM 和 SSB-AM 信号的解调明显简单得多。所以,这种调制方法广泛用于广播系统中,在那里只有一台发射机,而有众多的接收机,接收机的价格应保持低廉。在包络检波中,经由二极管、电阻和电容器所组成的简单电路如图 3.17 所示,检测出已调信号的包络。

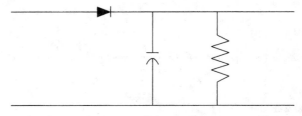

图 3.17　一个简单的包络检波器

从数学上讲,包络检波器产生常规 AM 信号的包络为

$$
V(t) = |1 + am_n(t)|
\tag{3.3.9}
$$

由于 $1 + m_n(t) \geqslant 0$，可以得到

$$V(t) = 1 + am_n(t) \tag{3.3.10}$$

其中，$m_n(t)$ 正比于消息信号 $m(t)$，而 1 相应于载波分量，这个分量可用一个隔直流电路分隔开。正如前面所讨论的，它不需要知道载波相位 ϕ 的任何知识。这就是把这种解调方法称为**非相干解调**或非同步解调的缘故。回顾第 1 章，一个带通信号的包络可以表示成它的低通等效信号的幅度的形式。因此，如果 $u(t)$ 是一个带通信号，其载波为 f_c，$u(t)$ 的低通等效信号记为 $u_l(t)$，那么 $u(t)$ 的包络 $V(t)$ 可以表示为

$$V(t) = \sqrt{u_{lr}^2(t) + u_{li}^2(t)} = \sqrt{u_c^2(t) + u_s^2(t)} \tag{3.3.11}$$

其中，$u_c(t)$ 和 $u_s(t)$ 表示带通信号 $u(t)$ 的同相和正交分量。因此，为了得到这个包络，只要求得该带通信号的低通等效信号就足够了，这个包络就是带通信号的低通等效的幅度。

■ 解说题 ■

解说题 3.9 ［包络检波］

消息信号

$$m(t) = \begin{cases} 1, & 0 \leqslant t < \dfrac{t_0}{3} \\[2mm] -2, & \dfrac{t_0}{3} \leqslant t < \dfrac{2t_0}{3} \\[2mm] 0, & \text{其余 } t \end{cases}$$

以常规 AM 方式调制载波 $c(t) = \cos(2\pi f_c t)$，假设 $f_c = 250\,\text{Hz}$，$t_0 = 0.15\,\text{s}$，调制指数 $a = 0.85$。

1. 用包络检波器解调消息信号。

2. 若消息信号是周期为 t_0 的周期信号，并且加性高斯白噪声叠加到已调信号上，此时噪声功率是已调信号功率的 1%，采用包络解调器对接收信号进行解调。将此时的结果与没有噪声时的结果进行比较。

■ 题 解 ■

1. 如解说题 3.3 所示，我们有

$$u(t) = \left[1 + 0.85\,\frac{m(t)}{2}\right]\cos(2\pi f_c t)$$

$$= \left[1 + 0.425\Pi\left(\frac{t - 0.025}{0.05}\right) - 0.85\Pi\left(\frac{t - 0.075}{0.05}\right)\right]\cos(500\pi t)$$

若采用包络检波器对该信号进行解调，而载波分量又用隔直流电路阻隔掉，那么原消息 $m(t)$ 就被恢复了。注意，恢复 $m(t)$ 的关键就是，在所有 t 值中 $1 + am_n(t)$ 都是正值，因此信号 $[1 + am_n(t)]\cos(2\pi f_c t)$ 的包络 $V(t) = |1 + am_n(t)|$ 就等于 $1 + am_n(t)$，从中很容易恢复出 $m(t)$。该常规 AM 已调信号及其由包络检波器检测出的包络由图 3.18 给出。

在包络检波器分开已调信号的包络之后，信号的直流分量被去掉，并将信号幅度进行放大就得到了解调器输出。图 3.19 给出的是原消息信号和解调器输出。

2. 当有噪声时，由于噪声的存在，信号会有一点失真。图 3.20 是接收到的信号及其包络，图 3.21 则对这种情况的消息信号和已解调信号进行了比较。

本题的 MATLAB 脚本如下所示。

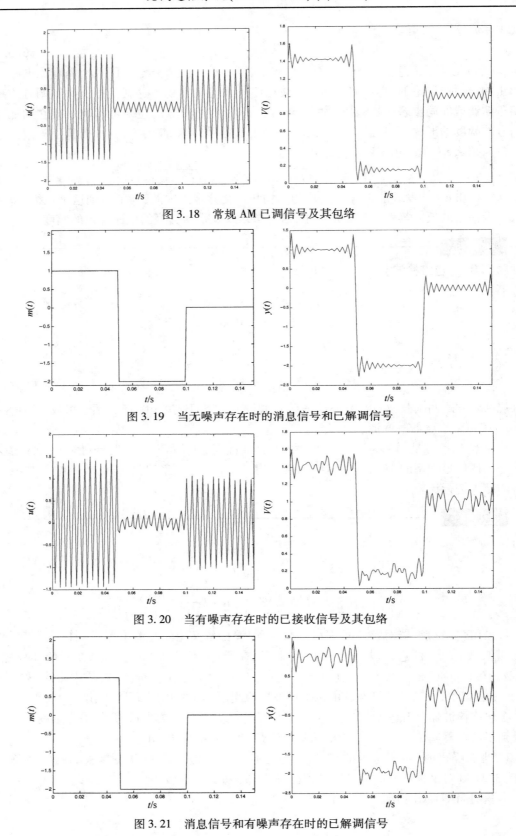

图 3.18　常规 AM 已调信号及其包络

图 3.19　当无噪声存在时的消息信号和已解调信号

图 3.20　当有噪声存在时的已接收信号及其包络

图 3.21　消息信号和有噪声存在时的已解调信号

```
% MATLAB script for Illustrative Problem 3.9.
% Demonstration script for envelope detection. The message signal
% is +1 for 0 < t < t0/3, -2 for t0/3 < t < 2t0/3, and zero otherwise.
echo on
t0=.15;                          % signal duration
ts=0.001;                        % sampling interval
fc=250;                          % carrier frequency
a=0.85;                          % modulation index
fs=1/ts;                         % sampling frequency
t=[0:ts:t0];                     % time vector
df=0.25;                         % required frequency resolution
% message signal
m=[ones(1,t0/(3*ts)),−2*ones(1,t0/(3*ts)),zeros(1,t0/(3*ts)+1)];
c=cos(2*pi*fc.*t);               % carrier signal
m_n=m/max(abs(m));               % normalized message signal

[M,m,df1]=fftseq(m,ts,df);       % Fourier transform
f=[0:df1:df1*(length(m)−1)]−fs/2; % frequency vector
u=(1+a*m_n).*c;                  % modulated signal
[U,u,df1]=fftseq(u,ts,df);       % Fourier transform
env=env_phas(u);                 % Find the envelope.
dem1=2*(env−1)/a;                % Remove dc and rescale.
signal_power=spower(u(1:length(t))); % power in modulated signal
noise_power=signal_power/100;    % noise power
noise_std=sqrt(noise_power);     % noise standard deviation
noise=noise_std*randn(1,length(u)); % Generate noise.
r=u+noise;                       % Add noise to the modulated signal.
[R,r,df1]=fftseq(r,ts,df);       % Fourier transform
env_r=env_phas(r);               % envelope, when noise is present
dem2=2*(env_r−1)/a;              % Demodulate in the presence of noise.
pause   % Press any key to see a plot of the message.
subplot(2,1,1)
plot(t,m(1:length(t)))
axis([0 0.15 −2.1 2.1])
xlabel('Time')
title('The message signal')
pause  % Press any key to see a plot of the modulated signal.
subplot(2,1,2)
plot(t,u(1:length(t)))
axis([0 0.15 −2.1 2.1])
xlabel('Time')
title('The modulated signal')
pause   % Press a key to see the envelope of the modulated signal.
clf
subplot(2,1,1)
plot(t,u(1:length(t)))
axis([0 0.15 −2.1 2.1])
xlabel('Time')
title('The modulated signal')
subplot(2,1,2)
plot(t,env(1:length(t)))
xlabel('Time')
title('Envelope of the modulated signal')
pause   % Press a key to compare the message and the demodulated signal.
clf
subplot(2,1,1)
plot(t,m(1:length(t)))
axis([0 0.15 −2.1 2.1])
xlabel('Time')
title('The message signal')
subplot(2,1,2)
```

```
plot(t,dem1(1:length(t)))
xlabel('Time')
title('The demodulated signal')
pause    % Press a key to compare in the presence of noise.
clf
subplot(2,1,1)
plot(t,m(1:length(t)))
axis([0 0.15 -2.1 2.1])
xlabel('Time')
title('The message signal')
subplot(2,1,2)
plot(t,dem2(1:length(t)))
xlabel('Time')
title('The demodulated signal in the presence of noise')
```

注　释

　　在以上的解调过程中,已经忽略了抑制噪声的滤波器的影响。这个滤波器是一个带通滤波器,它位于任何接收机的第一级。实际上,已接收的信号 $r(t)$ 先通过这个抑制噪声的滤波器,然后再供给包络检波器。在前面的例子中,由于消息信号的带宽不是有限的,所以 $r(t)$ 通过任何带通滤波器都会引起已解调消息的失真,但是也会降低在解调器输出的噪声功率。图 3.22 中画出了当使用不同带宽的抑制噪声的滤波器时解调器的输出,其中无限大带宽的情况就等效于图 3.21 的结果。

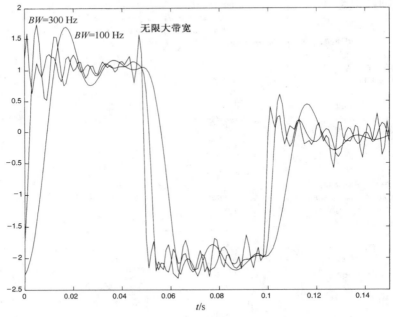

图 3.22　抑制噪声的滤波器的带宽对包络检波器输出的影响

3.4　角调制

　　角调制属于一类非线性调制方法,其中包括频率调制(FM)和相位调制(PM)。这类调制方法具有较高的带宽要求和在噪声存在情况下较好的性能的特征。这些方法可以看成以带宽来交换功率的调制技术,因此应用在带宽不是一个主要问题而希望有高的信噪比(SNR)的场合。频率调制广泛用于高保真度的调频广播、电视音频广播、微波载波调制和点对点通信系统中。

在讨论角调制方法时,还是重点关注 5 个基本特性,包括时域表示、频域表示、带宽、功率和 SNR。因为 PM 和 FM 之间存在很密切的关系,所以将并行地讨论它们,但重点放在 FM 上。

当载波是 $c(t) = A_c\cos(2\pi f_c t)$,并且消息信号是 $m(t)$ 时,角调制信号的时域表示为

$$u(t) = \begin{cases} A_c\cos(2\pi f_c t + k_p m(t)), & \text{PM} \\ A_c\cos\left(2\pi f_c t + 2\pi k_f \int_{-\infty}^{t} m(\tau)\,\mathrm{d}\tau\right), & \text{FM} \end{cases} \quad (3.4.1)$$

其中,k_f 和 k_p 分别表示 FM 和 PM 的**偏离常数**(deviation constant)。由于这些调制方法的非线性,一般来说角调制的频域表示很复杂,现仅讨论消息信号 $m(t)$ 是正弦信号的情况。假设对 PM 来说 $m(t) = a\cos(2\pi f_m t)$,对 FM 来说 $m(t) = -a\sin(2\pi f_m t)$。那么已调信号就具有如下表示:

$$u(t) = \begin{cases} A_c\cos(2\pi f_c t + \beta_p\cos(2\pi f_m t)), & \text{PM} \\ A_c\cos(2\pi f_c t + \beta_f\cos(2\pi f_m t)), & \text{FM} \end{cases} \quad (3.4.2)$$

其中,

$$\begin{cases} \beta_p = k_p a \\ \beta_f = \dfrac{k_f a}{f_m} \end{cases} \quad (3.4.3)$$

β_p 和 β_f 分别是 PM 和 FM 的**调制指数**。一般情况下,对于一个非正弦的 $m(t)$,调制指数定义为

$$\begin{cases} \beta_p = k_p\max|m(t)| \\ \beta_f = \dfrac{k_f\max|m(t)|}{W} \end{cases} \quad (3.4.4)$$

其中,W 是消息信号 $m(t)$ 的带宽。当消息信号为正弦信号时,已调信号可以表示为

$$u(t) = \sum_{n=-\infty}^{\infty} A_c J_n(\beta)\cos(2\pi(f_c + nf_m)t) \quad (3.4.5)$$

其中,$J_n(\beta)$ 是 n 阶的第 I 类贝塞尔函数,而 β 是 β_p 或 β_f 之一,这取决于处理的是 PM 还是 FM。在频域有

$$U(f) = \sum_{n=-\infty}^{\infty}\left[\frac{A_c J_n(\beta)}{2}\delta(f-(f_c+nf_m)) + \frac{A_c J_n(\beta)}{2}\delta(f+(f_c+nf_m))\right] \quad (3.4.6)$$

显然,这个已调信号的带宽不是有限的。然而,可以把包含已调信号功率的 98% ~ 99% 的带宽定义为信号的**有效带宽**。**卡尔松法则**给出该带宽为

$$B_T = 2(\beta+1)W \quad (3.4.7)$$

其中,β 是调制指数,W 是消息信号的带宽,而 B_T 是已调信号的带宽。

角调制信号功率的表达式很简单。因为角调制信号是正弦的,具有变化的瞬时频率和恒定的幅度,它的功率是常数,与消息信号无关。无论是 FM 还是 PM,其功率均为

$$P_u = \frac{A_c^2}{2} \quad (3.4.8)$$

当不采用任何预加重和去加重过滤时,角调制信号的 SNR 为

$$\left(\frac{S}{N}\right)_o = \begin{cases} \dfrac{P_M\beta_p^2}{(\max|m(t)|)^2 N_0 W} P_R, & \text{PM} \\ 3\dfrac{P_M\beta_f^2}{(\max|m(t)|)^2 N_0 W} P_R, & \text{FM} \end{cases} \quad (3.4.9)$$

因为消息信号的最大幅度记为 $\max|m(t)|$,所以可将 $P_M/(\max|m(t)|)^2$ 理解为**归一化消息信号**的功率,并记为 P_{M_n}。当使用了 3 dB 的截止频率为 f_0 的预加重和去加重滤波器时,FM 的 SNR 为

$$\left(\frac{S}{N}\right)_{oPD} = \frac{(W/f_0)^3}{3[W/f_0 - \arctan(W/f_0)]}\left(\frac{S}{N}\right)_o \tag{3.4.10}$$

其中,$(S/N)_o$ 是由式(3.4.9)给出的无预加重和去加重过滤时的 SNR。

解说题

解说题 3.10 ［频率调制］

用消息信号

$$m(t) = \begin{cases} 1, & 0 \leqslant t < \dfrac{t_0}{3} \\[2mm] -2, & \dfrac{t_0}{3} \leqslant t < \dfrac{2t_0}{3} \\[2mm] 0, & \text{其余 } t \end{cases}$$

采用频率调制方法调制载波 $c(t) = \cos(2\pi f_c t)$,假设 $f_c = 200\text{ Hz}$,$t_0 = 0.15\text{ s}$,偏离常数 $k_f = 50$。

1. 画出已调信号。
2. 求消息信号和已调信号的频谱。

题　解

1. 现有

$$u(t) = A_c\cos\left(2\pi f_c t + 2\pi k_f \int_{-\infty}^{t} m(\tau)\mathrm{d}\tau\right)$$

我们必须求 $\int_{-\infty}^{t} m(\tau)\mathrm{d}\tau$。这可以用数值法或解析法来完成,其结果如图 3.23 所示。利用 $u(t)$ 和 $m(t)$ 积分值如上所示的关系,就可以求得 $u(t)$ 的表达式。$m(t)$ 和 $u(t)$ 如图 3.24 所示。

2. 利用 MATLAB 的傅里叶变换子程序,可得 $u(t)$ 的频谱,如图 3.25 所示。很容易看出,与 AM 不同,在 FM 情况下,消息信号的频谱和已调信号的频谱之间不存在明显的相似性。在现在这个特例中,消息信号的带宽不是有限的。因此,为了定义调制指数,应该在表达式

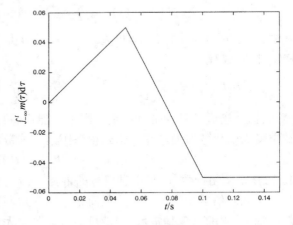

图 3.23　消息信号的积分

$$\beta = \frac{k_f\max|m(t)|}{W} \tag{3.4.11}$$

中采用一个消息信号的近似带宽。例如,可以用消息信号 $m(t)$ 频谱的主瓣宽度作为带宽,这样可以得到

$$W = 20\text{ Hz}$$

所以

$$\beta = \frac{50 \times 2}{20} = 5$$

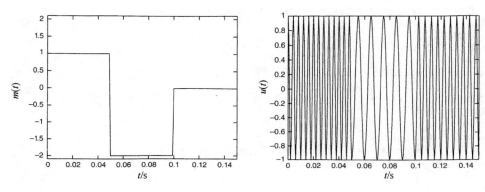

图 3.24 消息信号和已调信号

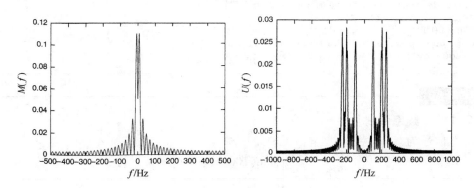

图 3.25 消息信号和已调信号的幅度谱

本题的 MATLAB 脚本如下所示。

──── m 文件 ────

```
% MATLAB script for Illustrative Problem 3.10.
% Demonstration script for frequency modulation. The message signal
% is +1 for 0 < t < t0/3, -2 for t0/3 < t < 2t0/3, and zero otherwise.
echo on
t0=.15;                              % signal duration
ts=0.0005;                           % sampling interval
fc=200;                              % carrier frequency
kf=50;                               % modulation index
fs=1/ts;                             % sampling frequency
t=[0:ts:t0];                         % time vector
df=0.25;                             % required frequency resolution
% message signal
m=[ones(1,t0/(3*ts)),-2*ones(1,t0/(3*ts)),zeros(1,t0/(3*ts)+1)];
int_m(1)=0;
for i=1:length(t)-1                  % integral of m
    int_m(i+1)=int_m(i)+m(i)*ts;
    echo off ;
end
echo on ;
[M,m,df1]=fftseq(m,ts,df);           % Fourier transform
M=M/fs;                              % scaling
f=[0:df1:df1*(length(m)-1)]-fs/2;    % frequency vector
```

```
u=cos(2*pi*fc*t+2*pi*kf*int_m);        % modulated signal
[U,u,df1]=fftseq(u,ts,df);             % Fourier transform
U=U/fs;                                % scaling
pause  % Press any key to see a plot of the message and the modulated signal.
subplot(2,1,1)
plot(t,m(1:length(t)))
axis([0 0.15 −2.1 2.1])
xlabel('Time')
title('The message signal')
subplot(2,1,2)
plot(t,u(1:length(t)))
axis([0 0.15 −2.1 2.1])
xlabel('Time')
title('The modulated signal')
pause    % Press any key to see plots of the magnitude of the message and the
% modulated signal in the frequency domain.
subplot(2,1,1)
plot(f,abs(fftshift(M)))
xlabel('Frequency')
title('Magnitude spectrum of the message signal')
subplot(2,1,2)
plot(f,abs(fftshift(U)))
title('Magnitude spectrum of the modulated signal')
xlabel('Frequency')
```

解说题

解说题 3.11　[频率调制]

设消息信号为

$$m(t) = \begin{cases} \text{sinc}(100t), & |t| \leqslant t_0 \\ 0, & \text{其余 } t \end{cases}$$

其中 $t_0 = 0.1$。用这个消息信号调制载波 $c(t) = \cos(2\pi f_c t)$，$f_c = 250\,\text{Hz}$，偏离常数 $k_f = 100$。

1. 在时域和频域中画出已调信号。
2. 将解调器输出与原消息信号进行比较。

题　解

1. 首先对消息信号积分，然后用下面的关系

$$u(t) = A_c \cos\left(2\pi f_c t + 2\pi k_f \int_{-\infty}^{t} m(\tau)\mathrm{d}\tau\right)$$

求出 $u(t)$。$u(t)$ 和消息信号如图 3.26 所示。该消息信号的积分如图 3.27 所示。已调信号在频域中的频谱如图 3.28 所示。

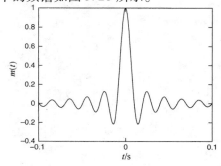 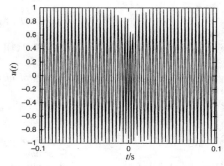

图 3.26　消息信号和已调信号

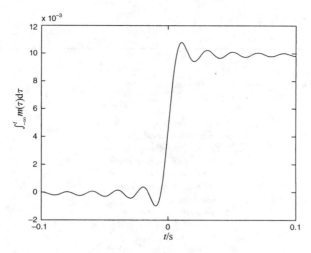

图 3.27 消息信号的积分

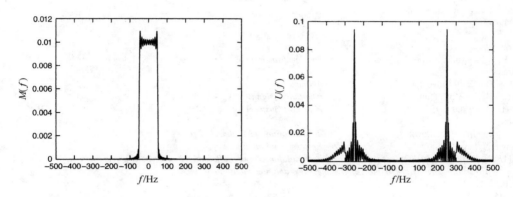

图 3.28 消息信号和已调信号的幅度谱

2. 为了对 FM 信号解调，首先要求出已调信号 $u(t)$ 的相位。这个相位是 $2\pi k_{\mathrm{f}} \int_{-\infty}^{t} m(\tau)\mathrm{d}\tau$，求微分并除以 $2\pi k_{\mathrm{f}}$ 就得到了 $m(t)$。注意，为了恢复这个相位，并将 2π 的相位卷绕解开，使用了 MATLAB 的 unwrap.m 函数。图 3.29 画出了该消息信号和已解调信号。正如读者所看到的，这个已解调信号非常类似于消息信号。

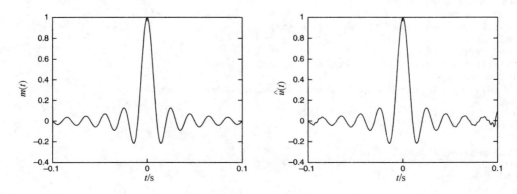

图 3.29 消息信号和已解调信号

本题的 MATLAB 脚本如下所示。

m 文件

```
% MATLAB script for Illustrative Problem 3.11.
% Demonstration script for frequency modulation. The message signal
% is m(t)=sinc(100t).
echo on
t0=.2;                                    % signal duration
ts=0.001;                                 % sampling interval
fc=250;                                   % carrier frequency
snr=20;                                   % SNR in dB (logarithmic)
fs=1/ts;                                  % sampling frequency
df=0.3;                                   % required freq. resolution
t=[-t0/2:ts:t0/2];                        % time vector
kf=100;                                   % deviation constant
df=0.25;                                  % required frequency resolution
m=sinc(100*t);                            % the message signal
int_m(1)=0;
for i=1:length(t)-1                       % integral of m
    int_m(i+1)=int_m(i)+m(i)*ts;
    echo off ;
end
echo on ;
[M,m,df1]=fftseq(m,ts,df);               % Fourier transform
M=M/fs;                                   % scaling
f=[0:df1:df1*(length(m)-1)]-fs/2;         % frequency vector
u=cos(2*pi*fc*t+2*pi*kf*int_m);           % modulated signal
[U,u,df1]=fftseq(u,ts,df);                % Fourier transform
U=U/fs;                                   % scaling
[v,phase]=env_phas(u,ts,250);             % demodulation, find phase of u
phi=unwrap(phase);                        % Restore original phase.
dem=(1/(2*pi*kf))*(diff(phi)/ts);         % demodulator output, differentiate and scale phase
pause   % Press any key to see a plot of the message and the modulated signal.
subplot(2,1,1)
plot(t,m(1:length(t)))
xlabel('Time')
title('The message signal')
subplot(2,1,2)
plot(t,u(1:length(t)))
xlabel('Time')
title('The modulated signal')
pause   % Press any key to see plots of the magnitude of the message and the
% modulated signal in the frequency domain.
subplot(2,1,1)
plot(f,abs(fftshift(M)))
xlabel('Frequency')
title('Magnitude spectrum of the message signal')
subplot(2,1,2)
plot(f,abs(fftshift(U)))
title('Magnitude-spectrum of the modulated signal')
xlabel('Frequency')
pause   % Press any key to see plots of the message and the demodulator output with no
% noise.
subplot(2,1,1)
plot(t,m(1:length(t)))
xlabel('Time')
title('The message signal')
subplot(2,1,2)
plot(t,dem(1:length(t)))
xlabel('Time')
title('The demodulated signal')
```

思考题

一个频率调制信号有恒定的幅度,然而在图 3.26 中,信号 $u(t)$ 的幅度明显不是恒定的。能解释为什么会这样吗?

3.5 习题

3.1 信号 $m(t)$ 在 $[0,4]$ 的区间内为

$$m(t) = \begin{cases} t, & 0.2 \leqslant t < 2 \\ -t + 4, & 2 \leqslant t < 3.9 \\ 0.2, & 3.9 \leqslant t \leqslant 4 \\ 0.1, & \text{其余 } t \end{cases}$$

使用该信号以 DSB 方式调制一个载波频率为 25 Hz,幅度为 2 的载波,产生已调信号 $u(t)$。写一个 MATLAB m 文件,并用该文件做下面的习题:

a. 画出已调信号;

b. 求已调信号的功率;

c. 求已调信号的频谱;

d. 求已调信号的功率谱密度并与消息信号的功率谱密度进行比较。

3.2 信号 $m(t)$ 在 $[0,4]$ 的区间内为

$$m(t) = \begin{cases} t, & 0 \leqslant t < 2 \\ -t + 4, & 2 \leqslant t \leqslant 4 \end{cases}$$

用该信号重做习题 3.1。本题和习题 3.1 的结果之间的差别是什么?

3.3 信号 $m(t)$ 为

$$m(t) = \begin{cases} \text{sinc}^2(10t), & |t| \leqslant 4 \\ 0, & \text{其余 } t \end{cases}$$

用该信号和频率为 100 Hz 的载波重做习题 3.1。

3.4 假设习题 3.1 中不采用 DSB 方式,而是采用常规 AM 方式,调制指数 $a = 0.25$。

a. 求出并画出已调信号的频谱;

b. 将调制指数从 0.2 改变到 0.8,解释这样会如何影响由上面 a 部分导得的频谱;

c. 作为调制指数的函数,画出边带功率与载波功率之比。

3.5 假设习题 3.1 中采用的调制方式是 USSB 而不是 DSB。首先用 DSB 方式,然后再除去下边带。

a. 求出并画出已调信号;

b. 求出并画出已调信号的频谱;

c. 将已调信号的频谱与未调制信号的频谱进行比较。

3.6 重做习题 3.5,但不是采用对 DSB 滤波来产生 USSB 信号,而是用下面的关系:

$$u(t) = \frac{A_c}{2} m(t) \cos(2\pi f_c t) - \frac{A_c}{2} \hat{m}(t) \sin(2\pi f_c t)$$

能看出与习题 3.5 得到的结果有什么差别吗?

3.7 改用消息信号

$$m(t) = \begin{cases} \text{sinc}^2(10t), & |t| \leqslant 4 \\ 0, & \text{其余 } t \end{cases}$$

并且用频率为 200 Hz 的载波产生 LSSB 信号,重做习题 3.5 和习题 3.6。

3.8　用信号

$$m(t) = \begin{cases} t, & 0.1 \leqslant t < 1 \\ -t+2, & 1 \leqslant t < 1.9 \\ 0, & \text{其余 } t \end{cases}$$

以 DSB 调制方式调制频率为 50 Hz 的载波。

a. 求出并画出已调信号;

b. 假设在解调器端的本地振荡器与载波有相位为 θ 的滞后,$0 \leqslant \theta \leqslant \pi/2$,利用 MATLAB 画出已调信号的功率与 θ 的依赖关系图(假定无噪声传输)。

3.9　在习题 3.8 中,假设调制方式是 USSB,画出在 $\theta = 0°, 30°, 45°, 60°$ 和 90°时的已解调信号。

3.10　假设调制方式是调制指数为 0.3 的常规 AM,重做习题 3.8。并用包络检波器解调该信号,当无噪声存在时,画出已解调信号和它的频谱。

3.11　周期为 4 s 的消息信号 $m(t)$ 在 $[0,4]$ 的区间内定义为

$$m(t) = \begin{cases} t, & 0.2 \leqslant t < 2 \\ -t+4, & 2 \leqslant t < 3.9 \\ 0, & \text{其余 } t \end{cases}$$

用该信号以 DSB 方式调制频率为 75 Hz 的载波。画出这个 DSB 解调器的输出,并将它与在下述噪声情况下的消息信号进行比较:叠加到已调信号上的高斯白噪声的功率是已调信号功率的 0.001, 0.01, 0.05, 0.1 和 0.3 倍。

3.12　当采用 LSSB 方式时,重做习题 3.11。将结果与习题 3.11 的结果进行比较。

3.13　当采用常规 AM 和包络解调时,重做习题 3.11。

3.14　用信号

$$m(t) = \begin{cases} t, & 0 \leqslant t < 2 \\ -t+4, & 2 \leqslant t \leqslant 4 \\ 0.2, & \text{其余 } t \end{cases}$$

对频率为 1000 Hz 的载波进行频率调制。偏离常数 $k_f = 23$。

a. 求已调信号的瞬时频率范围;

b. 求已调信号的带宽;

c. 画出消息信号和已调信号的频谱;

d. 求调制指数。

3.15　利用 MATLAB 的频率解调文件对习题 3.14 的已调信号进行解调,并将已解调信号与消息信号进行比较。

3.16　令消息信号是周期为 4 的周期信号,在 $[0,4]$ 的区间内定义为

$$m(t) = \begin{cases} t, & 0 \leqslant t < 2 \\ -t+4, & 2 \leqslant t < 3.9 \\ 0.2, & \text{其余 } t \end{cases}$$

并且调制方式与习题 3.14 的相同。在解调以前,将加性高斯白噪声加到已调信号上。当噪声功率与已调信号功率之比是 0.003, 0.03, 0.06, 0.1 和 0.2 时,解调并画出已解调信号。

3.17　在习题 3.16 中,假设 $m(t) = 0$,按题中所述将噪声过程加到已调信号上,并解调出所得的信号,画出在每种情况下解调器输出的功率谱密度。

第4章 模数转换

4.1 概述

大多数信息源原本都是模拟的,模拟(信息)源包括语音、图像以及许多遥测源。本章要讨论用有效的方式将模拟源转换成数字序列的各种方法和技术。在后续各章中将会看到,由于数字信息更容易处理、通信和存储,将模拟源转换成数字序列是很有必要的。**数据压缩**的一般论题(其中,模数转换是它的一种特例)可以分为如下两个主要分支。

1. 量化(或称有损数据压缩),其中模拟源被量化到某个有限电平数。在这个过程中,产生失真是不可避免的,所以会丢掉某些信号,而且这个丢失了的信息不可能恢复。一般的模拟–数字转换(简称模数转换)技术,例如脉冲编码调制(PCM)、差分脉冲编码调制(DPCM)、Δ 调制(ΔM)、均匀量化、非均匀量化和矢量量化等都属于这一类。这类数据压缩方法在性能上的基本限制是由**率失真界**(rate-distortion bound)给出的。

2. 无噪声编码(或称无损数据压缩),其中数字数据(通常是上面讨论的量化的结果)被压缩,以达到用尽可能少的比特数来表示它们,这样使得原数据序列能够完全从已压缩的序列中恢复出来。信源编码技术,如 Huffman 编码,Lempel-Ziv 编码以及算术编码等都属于这一类数据压缩方法。在这类编码方法中,没有任何信息丢失。这类压缩方法所实现的压缩的基本限制由信源的**熵**给出。

4.2 信息的度量

信源的输出(数据、语音、视频影像等)能够用一个随机过程来建模。对一个离散无记忆和平稳的随机过程,可以认为它是一个随机变量 X 的独立抽取,信息含量(或熵)定义为

$$H(X) = -\sum_{x \in \mathfrak{X}} p(x)\log_2 p(x) \tag{4.2.1}$$

其中,$\mathfrak{X}$ 表示信源字符集,$p(x)$ 是字符 x 的概率。对数的基通常取为 2,这样得出的熵以比特表示。对于概率为 p 和 $1-p$ 的二元字符来说,熵用 $H_b(p)$ 表示并定义为

$$H_b(p) = -p\log_2 p - (1-p)\log_2(1-p) \tag{4.2.2}$$

图 4.1 给出的是二进制熵函数的图。

信源的熵给出了完整恢复该信源所需的比特数的基本界限。换句话说,为了进行无误差的恢复,信源编码所要求的每个信源输出的平均比特数可以实现到尽量接近 $H(X)$,但决不能小于 $H(X)$。

4.2.1 无噪声编码

无噪声编码是所有这类方法的一般称呼,这类方法在达到完全恢复的前提下,降低了某个信源输出的表示所要求的比特数。无噪声编码理论[归功于 Shannon(1948)]指出,有可能使用一种码,它的码率可以尽量接近这个信源的熵,以完全恢复这个信源,但小于信源熵的码率

的码不可能完全恢复这个信源。换句话说,不考虑编码器和解码器的复杂性如何,对任意 $\varepsilon >$ 0,可以有一种码,其码率小于 $H(X) + \varepsilon$,而不能有一种码率小于 $H(X)$。现在有各种无噪声信源编码算法,Huffman 编码和 Lempel-Ziv 编码就是其中的两个例子。现在我们来讨论 Huffman 编码算法。

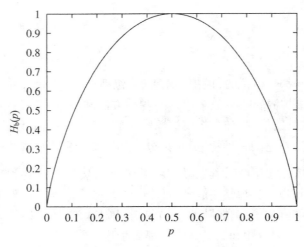

图 4.1   二进制熵函数的图

Huffman 编码

在 Huffman 编码中,将较长的码字分配给较小可能的信源输出,而将较短的码字分配给较大可能的信源输出。为了实现这一点,先将两个最低概率的信源输出合并,产生一个新的合并后的输出,它的概率是两个相应概率的和。将这一过程重复下去,直到仅有一个合并了的输出为止。采用这样的方式,就生成了一个树状的图。然后,从树的根部开始,将 0 和 1 放到合并成同一节点的任意两条支路上,这样就产生了这组码。可以证明,用这种方式产生的码在**异前缀码**(prefix-free code)①中具有最小平均长度。下面的例子说明了如何设计一个 Huffman 码。

———— 解说题 ————

解说题 4.1   [Huffman 码]

为某个信源设计一个 Huffman 码,该信源的字符集为 $\mathcal{X} = \{x_1, x_2, \cdots, x_9\}$,相应的概率向量为

$$\boldsymbol{p} = (0.2,\quad 0.15,\quad 0.13,\quad 0.12,\quad 0.1,\quad 0.09,\quad 0.08,\quad 0.07,\quad 0.06)$$

求所得码的平均码长,并与该信源的熵进行比较。

———— 题   解 ————

依据上述算法所得到的树如图 4.2 所示。这个码的平均码字长度是

$\overline{L} = 2 \times 0.2 + 3 \times (0.15 + 0.13 + 0.12 + 0.1) + 4 \times (0.09 + 0.08 + 0.07 + 0.06)$

$\quad = 3.1\quad$ 比特/信源输出

---

① 异前缀码是这样一类码,其中没有一个码字是另一个码字的前缀。

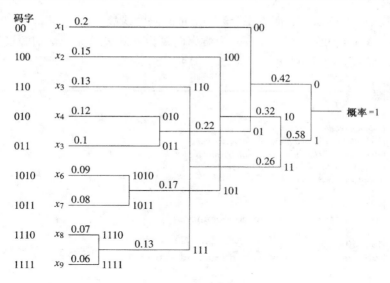

图 4.2 Huffman 码树

信源的熵为

$$H(X) = -\sum_{i=1}^{9} p_i \log_2 p_i = 3.0371 \quad \text{比特／信源输出}$$

可见,正如所预期的,$\bar{L} > H(X)$。

下面给出的 MATAB 函数 entropy.m 可计算出概率向量 $\boldsymbol{p}$ 的熵。

m 文件

```
function h=entropy(p)
%              H=ENTROPY(P) returns the entropy function of
%              the probability vector p.
if length(find(p<0))~=0,
  error('Not a prob. vector, negative component(s)')
end
if abs(sum(p)-1)>10e-10,
  error('Not a prob. vector, components do not add up to 1')
end
h=sum(-p.*log2(p));
```

下面这个量:

$$\eta = \frac{H(X)}{\bar{L}} \tag{4.2.3}$$

称为 **Huffman 码的效率**。显然,总是有 $\eta \leq 1$。一般来说,可以证明任何 Huffman 码的平均码字长度都满足不等式

$$H(x) \leq \bar{L} < H(X) + 1 \tag{4.2.4}$$

如果是对分组长度为 K 而不是对单个字符设计一个 Huffman 码,就有

$$H(X) \leq \bar{L} < H(X) + \frac{1}{K} \tag{4.2.5}$$

因此,增大 K 就能按我们的需求逼近 $H(X)$。毫无疑问,增大 K 会大大增加复杂性。值得注意的是,Huffman 码算法不会得出唯一的码,这是由于在不同的树支路处可任意置 0 和 1。这就

是我们总说"某个"Huffman 码,而不说"该"Huffman 码的缘故。

下面给出的 MATLAB 函数 huffman.m 为概率向量为 p 的离散无记忆信源设计某个 Huffman 码,并能得到码字和平均码字长度。

━━━ m 文件 ━━━

```
function [h,l]=huffman(p);
%HUFFMAN        Huffman code generator
%               [h,l]=huffman(p), Huffman code generator
%               returns h the Huffman code matrix, and l the
%               average codeword length for a source with
%               probability vector p.

if length(find(p<0))~=0,
  error('Not a prob. vector, negative component(s)')
end
if abs(sum(p)-1)>10e-10,
  error('Not a prob. vector, components do not add up to 1')
end
n=length(p);
q=p;
m=zeros(n-1,n);
for i=1:n-1
  [q,l]=sort(q);
  m(i,:)=[l(1:n-i+1),zeros(1,i-1)];
  q=[q(1)+q(2),q(3:n),1];
end
for i=1:n-1
  c(i,:)=blanks(n*n);
end
c(n-1,n)='0';
c(n-1,2*n)='1';
for i=2:n-1
  c(n-i,1:n-1)=c(n-i+1,n*(find(m(n-i+1,:)==1))...
  -(n-2):n*(find(m(n-i+1,:)==1)));
  c(n-i,n)='0';
  c(n-i,n+1:2*n-1)=c(n-i,1:n-1);
  c(n-i,2*n)='1';
  for j=1:i-1
    c(n-i,(j+1)*n+1:(j+2)*n)=c(n-i+1,...
    n*(find(m(n-i+1,:)==j+1)-1)+1:n*find(m(n-i+1,:)==j+1));
  end
end
for i=1:n
  h(i,1:n)=c(1,n*(find(m(1,:)==i)-1)+1:find(m(1,:)==i)*n);
  l1(i)=length(find(abs(h(i,:))~=32));
end
l=sum(p.*l1);
```

━━━ 解说题 ━━━

解说题 4. 2 ［Huffman 编码］

有一个离散无记忆信息源,其字符集为

$$\mathcal{X} = \{x_1, x_2, \cdots, x_6\}$$

对应的概率为

$$p = \{0.1, \quad 0.3, \quad 0.05, \quad 0.09, \quad 0.21, \quad 0.25\}$$

对该信源用 Huffman 编码。

1. 求信源的熵。

2. 求该信源的 Huffman 码，并求 Huffman 码的效率。

3. 现在对长度为 2 的信源序列设计一个 Huffman 码，比较这个码的效率和第 2 步中得出的码的效率。

题　解

1. 经由函数 entropy.m 计算得到该信源的熵是 2.3549 比特/信源符号。

2. 利用 huffman.m 函数就能对该信源设计一个 Huffman 码，求得的码字是 010,11,0110,0111,00 和 10。平均码字长度是 2.38 比特/信源输出，因此该码的效率是

$$\eta_1 = \frac{2.3549}{2.38} = 0.9895$$

3. 新信源的输出是原信源字符对，有 36 个输出字符，形式为 $\{(x_i, x_j)\}_{i,j=1}^{6}$。因为这个信源是无记忆的，所以每字符对的概率就是单个字符概率的乘积。因此，为了得到这个新信源的概率向量，必须产生有 36 个元素的向量，其中每个元素是原概率向量 **p** 中两个概率的乘积，这可以使用 MATLAB 函数 kron.m 以 kron(p,p) 的形式来完成。这个 Huffman 码字为

1110000,01110,10110111,1011001,111001,00101,01111,000,011010,00111,1001,1100,11101110, 011011, 111011110, 111011111, 1110001, 001000, 1011010, 01100, 10110110, 1011000,101110,111110,111010,1010,1110110,101111,11110,0100,00110,1101,001001,111111,0101,1000

这个新信源的平均码字长度是 4.7420，而它的熵是 4.7097，所以这个 Huffman 码的效率是

$$\eta_2 = \frac{4.7097}{4.7420} = 0.9932$$

与本题第 2 步设计出的 Huffman 码效率相比是有改善的。

解说题

解说题 4.3　[最大效率的 Huffman 码]

设计某个信源的 Huffman 码，其概率向量为

$$p = \left(\frac{1}{2}, \ \frac{1}{4}, \ \frac{1}{8}, \ \frac{1}{16}, \ \frac{1}{32}, \ \frac{1}{64}, \ \frac{1}{128}, \ \frac{1}{256}, \ \frac{1}{256}\right)$$

题　解

用 Huffman.m 函数求一个 Huffman 码和对应的平均码字长度。所得码字是 1,01,001,0001,00001,000001,0000001,00000000 和 00000001，平均码字长度是 1.9922 比特/信源输出。如果用 entropy.m 函数求这个信源的熵，也可得 1.9922 比特/信源输出，所以这个码的效率是 1。

思考题

在什么条件下，一个 Huffman 码的效率等于 1？

4.3　量化

前一节讨论了两种无噪声编码方法,也就是说,将信源输出序列压缩,并使得从已压缩的数据中可以全部恢复出原信源。在这些方法中,已压缩的数据是信源输出的一个确定性函数,而信源输出也是已压缩数据的一个确定性函数。这种已压缩数据和信源输出之间的一对一的对应关系,意味着它们的熵是相等的,在编码和译码过程中没有信息丢失。

在很多应用中,例如模拟信号的数字处理,信源的字符集不是离散的,为表示每个信源输出所需的比特数就不是有限的了。为了用数字方式处理信源,不得不把信源**量化**到某个有限的数值上。这个过程虽然将比特数减少到某个有限的数上,但同时却引入了一些失真。在量化过程中丢失的信息是永远不可能再恢复的。

一般来说,量化方法可分为**标量量化**和**矢量量化**。在标量量化中,每个信源输出单独量化;在矢量量化中,则是对信源输出分组进行量化。

可以将标量量化器进一步分为**均匀量化器**和**非均匀量化器**。在均匀量化中,将量化的区域选为相等长度;在非均匀量化中,允许有各种不同长度的区域。很显然,一般情况下非均匀量化器要优于均匀量化器。

4.3.1　标量量化

在标量量化中,随机变量 X 的范围被分成 N 个互不重叠的区域 $\mathcal{R}_i$, $1 \leqslant i \leqslant N$,称为**量化间隔**,并且在每个区域内选取的某个单一的点称为**量化电平**。然后,随机变量落入区域 $\mathcal{R}_i$ 内的所有值都被量化到第 i 个量化电平上,用 $\hat{x}_i$ 表示,这就意味着

$$x \in \mathcal{R}_i \Leftrightarrow Q(x) = \hat{x}_i \tag{4.3.1}$$

其中,

$$\hat{x}_i \in \mathcal{R}_i \tag{4.3.2}$$

显然,这种形式的量化就引入了均方差 $(x - \hat{x}_i)^2$。因此这个均方量化误差为

$$D = \sum_{i=1}^{N} \int_{\mathcal{R}_i} (x - \hat{x}_i)^2 f_X(x) \, \mathrm{d}x \tag{4.3.3}$$

其中, $f_X(x)$ 表示信源随机变量的概率密度函数。**信号量化噪声比(SQNR)**定义为

$$\mathrm{SQNR} \mid_{\mathrm{dB}} = 10 \log_{10} \frac{E[X^2]}{D}$$

均匀量化

在均匀量化中,除去第一个和最后一个区域(即 $\mathcal{R}_1$ 和 $\mathcal{R}_N$)以外,全部量化区域都具有相等的长度,并记为 Δ,因此有

$$\mathcal{R}_1 = (-\infty, a]$$
$$\mathcal{R}_2 = (a, a + \Delta]$$
$$\mathcal{R}_3 = (a + \Delta, a + 2\Delta]$$
$$\vdots$$
$$\mathcal{R}_N = (a + (N-2)\Delta, \infty)$$

在每个量化间隔内,可以证明最优的量化电平是这个间隔的**质心**(centroid),即

$$\hat{x}_i = E[X \mid X \in \mathcal{R}_i] = \frac{\int_{\mathcal{R}_i} x f_X(x) \, \mathrm{d}x}{\int_{\mathcal{R}_i} f_X(x) \, \mathrm{d}x}, \qquad 1 \leqslant i \leqslant N \tag{4.3.4}$$

因此,均匀量化器的设计就等效于确定 a 和 Δ。在确定出 a 和 Δ 之后,$\hat{x}_i$ 的值和产生的失真很容易用式(4.3.3)和式(4.3.4)确定。在某些情况下,为了方便,就选量化区域的中点作为量化电平,也就是距离量化区域边界 $\Delta/2$ 处。

图 4.3 和图 4.4 分别给出了 N 为偶数值和奇数值时,对某个具有对称概率密度函数的 X 进行量化的量化函数 $Q(x)$ 的图。

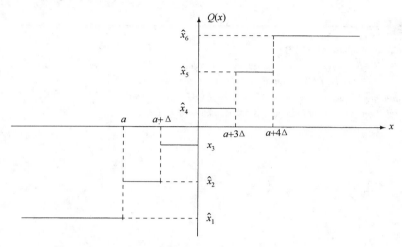

图 4.3 $N=6$ 的均匀量化器(注意这里 $a+2\Delta=0$)

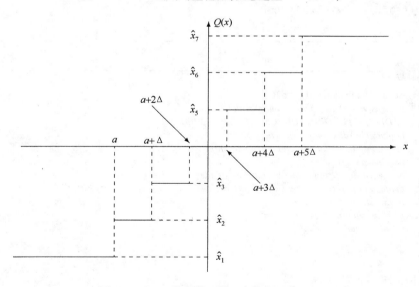

图 4.4 $N=7$ 的量化函数(注意这里 $\hat{x}_4=0$)

对于对称概率密度函数,问题甚至变得更为简单。在这种情况下,

$$\mathscr{R}_i = \begin{cases} (a_{i-1}-a_i], & 1 \leqslant i \leqslant N-1 \\ (a_{i-1}, a_N), & i=N \end{cases} \quad (4.3.5)$$

其中,

$$\begin{cases} a_0 = -\infty \\ a_i = (i-N/2)\Delta, & 1 \leqslant i \leqslant N-1 \\ a_N = \infty \end{cases} \quad (4.3.6)$$

这时,为了实现最小失真,仅有一个参数 Δ 需要选取。centroid.m,mse_dist.m 和 uq_dist.m 这三个 m 文件分别求一个区域的质心,已知分布和已知量化区域边界时的均方量化误差,以及当采用一个均匀量化器对给定信源进行量化时的失真(假设量化电平设在量化区域的质心)。为了使用这三个 m 文件中的每一个,信源的分布(依赖于至多三个参数)必须在某个 m 文件中给出。这些 m 文件如下所示。

▌ m 文件

```
function y=centroid(funfcn,a,b,tol,p1,p2,p3)
% CENTROID    Finds the centroid of a function over a region.
%             Y=CENTROID('F',A,B,TOL,P1,P2,P3) finds the centroid of the
%             function F defined in an m-file on the [A,B] region. The
%             function can contain up to three parameters, P1, P2, P3.
%             tol=the relative error.

args=[];
for n=1:nargin-4
  args=[args,',p',int2str(n)];
end
args=[args,')'];
funfcn1='x_fnct';
y1=eval(['quad(funfcn1,a,b,tol,[],funfcn',args]);
y2=eval(['quad(funfcn,a,b,tol,[]',args]);
y=y1/y2;
```

▌ m 文件

```
function [y,dist]=mse_dist(funfcn,a,tol,p1,p2,p3)
%MSE_DIST    Returns the mean-squared quantization error.
%            [Y,DIST]=MSE_DIST(FUNFCN,A,TOL,P1,P2,P3)
%            funfcn=The distribution function given
%            in an m-file. It can depend on up to three
%            parameters, p1,p2,p3.
%            a=the vector defining the boundaries of the
%            quantization regions. (Note: [a(1),a(length(a))]
%            is the support of funfcn.)
%            p1,p2,p3=parameters of funfcn.
%            tol=the relative error.

args=[];
for n=1:nargin-3
  args=[args,',p',int2str(n)];
end
args=[args,')'];
for i=1:length(a)-1
  y(i)=eval(['centroid(funfcn,a(i),a(i+1),tol',args]);
end
dist=0;
for i=1:length(a)-1
  newfun = 'x_a2_fnct';
  dist=dist+eval(['quad(newfun,a(i),a(i+1),tol,[],funfcn,', num2str(y(i)), args]);
end
```

```
function [y,dist]=uq_dist(funfcn,b,c,n,delta,s,tol,p1,p2,p3)
%UQ_DIST        returns the distortion of a uniform quantizer
%               with quantization points set to the centroids
%               [Y,DIST]=UQ_DIST(FUNFCN,B,C,N,DELTA,S,TOL,P1,P2,P3)
%               funfcn=source density function given in an m-file
%               with at most three parameters, p1,p2,p3.
%               [b,c]=The support of the source density function.
%               n=number of levels.
%               delta=level size.
%               s=the leftmost quantization region boundary.
%               p1,p2,p3=parameters of the input function.
%               y=quantization levels.
%               dist=distortion.
%               tol=the relative error.

if (c−b<delta*(n−2))
  error('Too many levels for this range.'); return
end
if (s<b)
  error('The leftmost boundary too small.'); return
end
if (s+(n−2)*delta>c)
  error('The leftmost boundary too large.'); return
end
args=[ ];
for j=1:nargin−7
  args=[args,',p',int2str(j)];
end
args=[args,')'];
a(1)=b;
for i=2:n
  a(i)=s+(i−2)*delta;
end
a(n+1)=c;
[y,dist]=eval(['mse_dist(funfcn,a,tol',args]);
```

解说题

解说题 4.4 [质心的确定]

对一个零均值、单位方差的高斯分布的量化区域求质心,其量化区域的边界为 $(-5, -4, -2, 0, 1, 3, 5)$。

题 解

高斯分布由 m 文件 normal.m 给出。这个分布是两个参数的函数。这两个参数是均值和方差,分别用 m 和 s(或 σ)表示。高斯分布的支持区间是 $(-\infty, \infty)$,但是当使用数值计算时,选用的范围是该分布标准差的许多倍也就足够了。例如,可以使用 $(m-10\sqrt{s}, m+10\sqrt{s})$。下面的 m 文件用于求质心(最优量化电平)。

```
% MATLAB script for Illustrative Problem 4.4.
echo on ;
a=[−10,−5,−4,−2,0,1,3,5,10];
for i=1:length(a)−1
```

```
    y_actual(i)=centroid('normal',a(i),a(i+1),1e-6,0,1);
    echo off ;
end
```

这个结果为如下量化电平:

$(-5.1865, -4.2168, -2.3706, 0.7228, -0.4599, 1.5101, 3.2827, 5.1865)$

解说题

解说题 4.5　[均方误差]

求解解说题 4.4 中的均方误差。

题　解

令 $a = (-10, -5, -4, -2, 0, 1, 3, 5, 10)$,用 mse_dist.m 求得均方误差为 0.177。

解说题

解说题 4.6　[均匀量化器失真]

一个方差为 4 的零均值高斯源,用具有 12 个量化电平,每个长度为 1 的均匀量化器量化,求其均方误差。假设量化区域对于分布的均值是对称的。

题　解

根据对称的假设,量化区域的边界是 $0, \pm 1, \pm 2, \pm 3, \pm 4$ 和 ± 5,而量化区域是$(-\infty, -5](-5, -4], (-4, -3], (-3, -2], (-2, -1], (-1, -0], (0,1], (1,2], (2,3], (3, 4], (4,5]$ 和 $(5, +\infty)$。这意味着在 uq_dist.m 函数中,能用 $b = -20, c = 20, \Delta = 1, n = 12, s = -5, \text{tol} = 0.001, p_1 = 0$ 和 $p_2 = 2$ 代入。在 up_dist 中代入这些值后,求出平方误差失真为 0.0851,各量化值为 $\pm 0.4897, \pm 1.4691, \pm 2.4487, \pm 3.4286, \pm 4.4089$ 和 ± 5.6455。

m 文件 uq_mdpnt.m 用于当量化电平选为量化间隔的中点时,对一个对称密度函数求平方误差失真。这时,对应于第一个和最后一个量化区域的量化电平就选为距离最外面两个量化边界的 $\Delta/2$ 点处。这就是说,如果量化电平数是偶数,那么量化边界就是 $0, \pm \Delta, \pm 2\Delta, \cdots, \pm (N/2 - 1)\Delta$,而量化电平就由 $\pm \Delta/2, \pm 3\Delta/2, \cdots, (N-1)\Delta/2$ 给出。如果量化电平数是奇数,那么量化边界就是 $\pm \Delta/2, \pm 3\Delta/2, \cdots, \pm (N/2 - 1)\Delta$,而量化电平由 $0, \pm \Delta, \pm 2\Delta, \cdots, (N-1)\Delta/2$ 给出。这个 m 文件 uq_mdpnt.m 如下所示。

m 文件

```
function  dist=uq_mdpnt(funfcn,b,n,delta,tol,p1,p2,p3)
%UQ_MDPNT      returns the distortion of a uniform quantizer
%              with quantization points set to the midpoints
%              DIST=UQ_MDPNT(FUNFCN,B,N,DELTA,TOL,P1,P2,P3).
%              funfcn=source density function given in an m-file
%              with at most three parameters, p1,p2,p3. The density
%              function is assumed to be an even function.
%              [-b,b]=the support of the source density function.
%              n=number of levels.
%              delta=level size.
%              p1,p2,p3=parameters of the input function.
%              dist=distortion.
%              tol=the relative error.

if (2*b<delta*(n-1))
  error('Too many levels for this range.'); return
```

```
end
args=[];
for j=1:nargin-5
  args=[args,',p',int2str(j)];
end
args=[args,')'];
a(1)=-b;
a(n+1)=b;
a(2)=-(n/2-1)*delta;
y(1)=a(2)-delta/2;
for i=3:n
  a(i)=a(i-1)+delta;
  y(i-1)=a(i)-delta/2;
end
y(n)=a(n)+delta;
dist=0;
for i=1:n
  newfun = 'x_a2_fnct';
  dist=dist+eval(['quad(newfun,a(i),a(i+1),tol,[],funfcn,', num2str(yi)),args]);
end
```

解说题

解说题 4.7　[量化电平设置在中点的均匀量化器]

求用均匀量化器对一个零均值、单位方差的高斯随机变量量化时的失真。量化电平数是 11,每个量化区域的长度是 1。

题　解

在 uq_mdpnt.m 中,代入该密度函数的名'normal'①。代入密度函数的参数 $p_1=0$ 和 $p_2=1$,代入量化电平数 $n=11$,量化电平长度 $\Delta=1$,参数 b(选择该密度函数的支撑区间)用 $b=10p_2=10$,并选容差为 0.001,得到的失真是 0.0833。

非均匀量化

在非均匀量化中,除了第一个和最后一个量化区域以外,放宽对每个量化区域要求等长这一条件,而且可以具有任意长度。在这种情况下,因为量化是在更宽松的条件下完成的,所以结果会明显优于均匀量化。这时称为 **Lloyd-Max 条件**的最优化条件可以表示为

$$\begin{cases} \hat{x}_i = \dfrac{\displaystyle\int_{a_{i-1}}^{a_i} x f_X(x)\,\mathrm{d}x}{\displaystyle\int_{a_{i-1}}^{a_i} f_X(x)\,\mathrm{d}x} \\[4mm] a_i = \dfrac{(\hat{x}_{i-1}+\hat{x}_i)}{2} \end{cases} \qquad (4.3.7)$$

从这些式子中可以得出,最优量化电平是量化区域的质心,量化区域之间的最优边界是量化电平之间的中间值。为了求得这个 Lloyd-Max 方程的解,我们由一组量化电平 $\hat{x}_i$ 开始。由这一组值就能简单求得一组量化区域的边界 a_i,再由这组 a_i 又可以得到一组新的量化电平。这个过程一直继续到从一次迭代到另一次迭代时失真再也没有明显改善为止。这个算法保证收敛到某个局部最小值,但一般不保证可实现全局最小值。

---

① 函数的名应该用'normal'代入(包括单引号)。

下面的 m 文件 lloydmax.m 给出了设计一个最优量化器的程序。

──── m 文件 ────

```
function [a,y,dist]=lloydmax(funfcn,b,n,tol,p1,p2,p3)
%LLOYDMAX     returns the the Lloyd-Max quantizer and the mean-squared
%             quantization error for a symmetric distribution
%             [A,Y,DIST]=LLOYDMAX(FUNFCN,B,N,TOL,P1,P2,P3).
%             funfcn=The density function given
%             in an m-file. It can depend on up to three
%             parameters, p1,p2,p3.
%             a=the vector giving the boundaries of the
%             quantization regions.
%             [-b,b] approximates support of the density function.
%             n=the number of quantization regions.
%             y=the quantization levels.
%             p1,p2,p3=parameters of funfcn.
%             tol=the relative error.

args=[];
for j=1:nargin-4
  args=[args,',p',int2str(j)];
end
args=[args,')'];
v=eval(['variance(funfcn,-b,b,tol',args]);
a(1)=-b;
d=2*b/n;
for i=2:n
  a(i)=a(i-1)+d;
end
a(n+1)=b;
dist=v;
[y,newdist]=eval(['mse_dist(funfcn,a,tol',args]);
while(newdist<0.99*dist),
  for i=2:n
    a(i)=(y(i-1)+y(i))/2;
  end
  dist=newdist;
  [y,newdist]=eval(['mse_dist(funfcn,a,tol',args]);
end
```

──── 解说题 ────

解说题 4.8　［Lloyd-Max 量化器设计］

为一个零均值、单位方差的高斯源设计一个 10 电平的 Lloyd-Max 量化器。

──── 题　解 ────

在 lloydmax.m 中采用 $b=10,n=10,\text{tol}=0.01,p_1=0$ 和 $p_2=1$，得出量化边界和量化电平向量 $\boldsymbol{a}$ 和 $\boldsymbol{y}$ 分别为

$$\boldsymbol{a}=(\pm10,\pm2.16,\pm1.51,\pm0.98,\pm0.48,0)$$

$$\boldsymbol{y}=(\pm2.52,\pm1.78,\pm1.22,\pm0.72,\pm0.24)$$

所得失真是 0.02。这些都是 Max(1960)的表中给出的最优值的好的近似。

4.3.2　矢量量化

在标量量化中,离散时间信息源的每个输出被量化,然后进行编码。例如,如果用一个

4 电平的标量量化器,并将每个电平编码到 2 比特,那么每个信源输出就要用 2 比特。这种量化方法如图 4.5 所示。

现在,如果每次考虑信息源的两个样本,并将这两个样本看成某个平面上的一个点,那么这个标量量化器就将整个平面划分成 16 个量化区域,如图 4.6 所示。

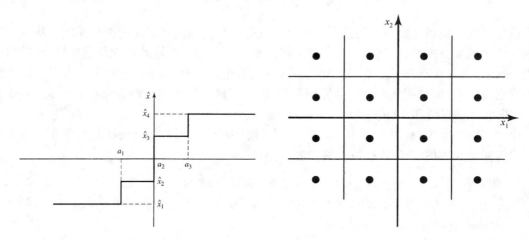

图 4.5　4 电平的标量量化器　　　　图 4.6　用于两个样本的 4 电平标量量化

可以看到,在二维空间内这些量化区域都是矩形。如果在二维空间内允许任意形状的 16 个区域,还能够获得更好的结果。这就意味着,一次用 16 个量化区域对两个信源输出进行量化,等效于每两个信源输出为 4 比特,或每个信源输出的比特数等于在标量量化中获得的每个信源输出的比特数。由于放宽了具有矩形量化区域的要求,性能还可以进一步得到改善。现在,如果一次取 3 个样本,并将整个三维空间量化为 64 个区域,那么用与每个信源输出相同的比特数就能获得更小的失真。矢量量化的概念是取长度为 n 的信息源组,并在 n 维的欧氏空间内设计量化器,而不是在一维空间内根据单个样本进行量化。

假设在 n 维空间的量化区域记为 $\mathcal{R}_i$,$1 \le i \le K$,这 K 个区域将 n 维空间进行分割。长为 n 的每个信源输出组记为 $\mathbf{x} \in \mathbb{R}^n$,并且若 $\mathbf{x} \in \mathcal{R}_i$,它就被量化到 $\mathcal{Q}(\mathbf{x}) = \hat{\mathbf{x}}_i$。图 4.7 给出的是 $n=2$ 时的这种量化方法。现在,因为总共有 K 个量化值,用 $\log_2 K$ 比特就足以表示这些值。这就是说,每 n 个信源输出需要 $\log_2 K$ 比特,或者信源码率是

$$R = \frac{\log_2 K}{n} \quad \text{比特／信源输出} \quad (4.3.8)$$

n 维并且电平数为 K 的最优矢量量化器是这样一种量化器,它选取量化区域 $\mathcal{R}_i$ 和量化值 $\hat{\mathbf{x}}_i$,以使产生的失真最小。利用在标量量化中采用的相同步骤,可以得出最优矢量量化器设计的以下准则:

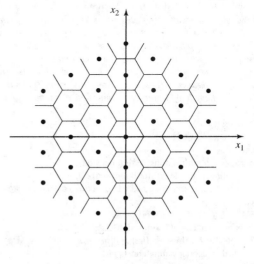

图 4.7　二维矢量量化

1. 在 n 维空间内,区域 $\mathcal{R}_i$ 是所有这样的点的集合:对于全部 $j \ne i$,这些点比任何其他 $\hat{\mathbf{x}}_j$

都更接近于 $\hat{\mathbf{x}}_i$，即

$$\mathcal{R}_i = \{\mathbf{x} \in \mathbb{R}^n: \quad \| \mathbf{x} - \hat{\mathbf{x}}_i \| < \| \hat{\mathbf{x}} - \hat{\mathbf{x}}_j \|, \quad \forall j \neq i\}$$

2. $\hat{\mathbf{x}}_i$ 是区域 $\mathcal{R}_i$ 的质心：

$$\hat{\mathbf{x}}_i = \frac{1}{p(\mathbf{X} \in \mathcal{R}_i)} \int \int \cdots \int_{\mathcal{R}_i} \mathbf{x} f_{\mathbf{X}}(\mathbf{x}) \, \mathrm{d}\mathbf{x}$$

设计最优矢量量化器的可行途径与设计最优标量量化器时所采用的途径相同。从某一给定的量化区域集合入手，利用上述的准则 2 导出对于这些量化区域的最优量化矢量，然后利用准则1重新分割量化空间，如此反复多次，直到在失真上的变化可以忽略为止。当不是用信源的概率密度函数，而是用某个大的训练序列时，设计矢量量化器的类似方法称为广义 Lloyd 算法，K-Means 算法或 LBG(Linde-Buzo-Gray)算法。

令该训练集合为 $\{\mathbf{x}_i\}_{i=1}^N$，其中 $\mathbf{x}_i \in \mathbb{R}^n$。用于设计一个具有 K 量化矢量和码率 $R = \log_2 K/n$ 的 n 维矢量量化器的 LBG 算法可归纳如下。

1. 选取 K 个任意量化矢量 $\{\hat{\mathbf{x}}_k\}_{k=1}^K$，其中每个都是 n 维矢量。
2. 将训练集合中的矢量分割为子集 $\{\mathcal{R}_k\}_{k=1}^K$，其中每个子集是那些最接近于 $\hat{\mathbf{x}}_k$ 的训练矢量的集合，即

$$\mathcal{R}_k = \{\mathbf{x}_i: \quad \| \mathbf{x}_i - \hat{\mathbf{x}}_k \| < \| \mathbf{x}_i - \hat{\mathbf{x}}_{K'} \|, \quad k' \neq k\}$$

3. 通过 $\mathcal{R}_k$ 的质心更新量化矢量，将在 $\mathcal{R}_k$ 中的训练矢量的个数记为 $|\mathcal{R}_k|$，求得更新后的量化矢量为

$$\hat{\mathbf{x}}_k = \frac{1}{|\mathcal{R}_k|} \sum_{\mathbf{x} \in \mathcal{R}_k} \mathbf{x}$$

4. 计算失真。在最后一步，失真如果没有显著变化则终止，否则再回到第 2 步。

m 文件 vq.m 设计了一个采用 LBG 算法的矢量量化器，如下所示。

m 文件

```
function [codebook,distortion]=VQ(training_seq,dimension,codebook_size,tolerance)
%VQ.m    vector quantizer design using K-means algorithm
%        [codebook,distortion]=VQ(training_seq,dimension,codebook_size,tolerance).
%        training_seq = training sequence.
%        dimension = dimension of the quantizer.
%        codebook_size = size of the codebook (rate=log2(codebook_size)/dimension).
%        tolerance = desired relative distortion (default=0.001).
%        Length of training_seq must be a multiple of the dimension of quantizer.

if (nargin==3)
  tolerance=0.001;
end
m=round(length(training_seq)/dimension);
if (m*dimension-length(training_seq)<0)
  error('length of training_seq is not a multiple of dimension')
end
%       Initialize the codebook.
initial=training_seq(1:dimension*codebook_size);
initialcodebook=(reshape(initial,dimension,codebook_size))';
updated_codebook=initialcodebook;
%       first update
newdistortion=0;
distortion=0;
for i=1:m;
```

```
training_seq_block=training_seq((i−1)*dimension+1:i*dimension);
training_matrix(i,:)=training_seq_block;
distortion_block=[ ];
for j=1:codebook_size;
    distort=sum((training_seq_block−updated_codebook(j,:)).^2);
    distortion_block=[distortion_block distort];
end
[distortion_min,ind]=min(distortion_block);
newdistortion=newdistortion+distortion_min;
index(i)=ind;
end
for l=1:codebook_size;
partition=(index==l);
if sum(partition)>0
    updated_codebook(l,:)=partition*training_matrix/sum(partition);
end
end
newdistortion=newdistortion/m;
%        furthur updated until the desired tolerance is met
while(abs(distortion−newdistortion)/newdistortion>tolerance)
    distortion=newdistortion;
    newdistortion=0;
    for i=1:m;
        training_seq_block=training_seq((i−1)*dimension+1:i*dimension);
        training_matrix(i,:)=training_seq_block;
        distortion_block=[ ];
        for j=1:codebook_size;
            distort=sum((training_seq_block−updated_codebook(j,:)).^2);
            distortion_block=[distortion_block distort];
        end
        [distortion_min,ind]=min(distortion_block);
        newdistortion=newdistortion+distortion_min;
        index(i)=ind;
    end
    for l=1:codebook_size;
        partition=(index==l);
        if sum(partition)>0
            updated_codebook(l,:)=partition*training_matrix/sum(partition);
        end
    end
    newdistortion=newdistortion/m;
end
codebook=updated_codebook;
distortion=newdistortion/dimension;
```

解说题

解说题 4.9 [一个高斯信息源的 VQ]

利用 LBG 算法对一个零均值、方差为 1 的高斯信息源设计码率为 $0.5, 1, 1.5, 2, 2.5$ 和 3 的二维矢量量化器。画出产生的信源输出矢量和量化点，并确定失真。

题 解

利用下面一组命令对 $R = 1$ 产生 36 000 个高斯型输出，这对应于 18 000 个输出矢量。

```
>> r=1;
>> k=2;
>> n=2^(r*k);
>> [C1,D1]=vq(x,k,n,0.001);
>> plot(x(:,1:2:36000),x(:,2:2:36000),'.y',C1(:,1),C1(:,2),'*k')
```

对于其余的 R 值也能产生类似的图。图4.8 给出了若干样本图。

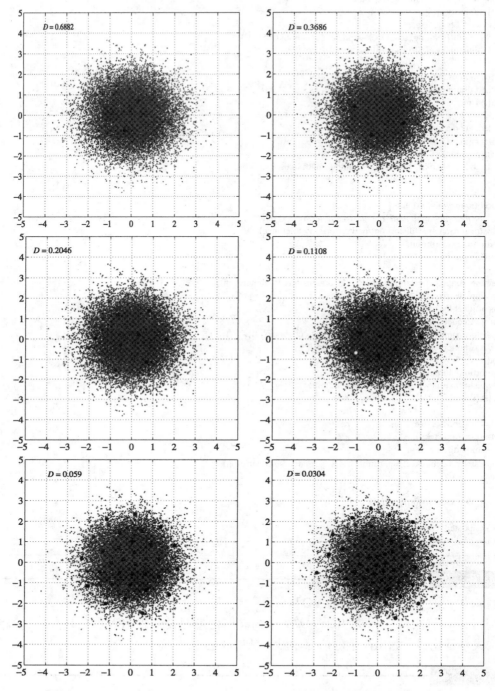

图 4.8　$k=2$, 码率为 $R=0.5, 1, 1.5, 2, 2.5$ 和 3 的高斯信息源的矢量量化仿真

解说题

解说题 4. 10　[一个高斯–马尔可夫信息源的 VQ]

对一个 $\rho=0.9$ 的高斯–马尔可夫信息源, 码率 $R=0.5, 1, 1.5, 2$ 和 2.5 时重做解说

题 4.9。对高斯信息源利用关系式 $y_i = \rho y_{i-1} + x_{i-1}$（式中 x_i 是高斯序列）就可以得到高斯–马尔可夫序列。

题　解

再次用 $R = 1$，有

```
>> x=randn(1,36000);
>> y(1)=0;
>> for i=1:36000
   y(i+1)=0.9*y(i)+x(i);
   end
>> y=y(2:36001);
>> r=1;
>> k=2;
>> n=2^(r*k);
>> [C1,D1]=vq(y,k,n,0.001);
```

图 4.9 给出了所对应的图。

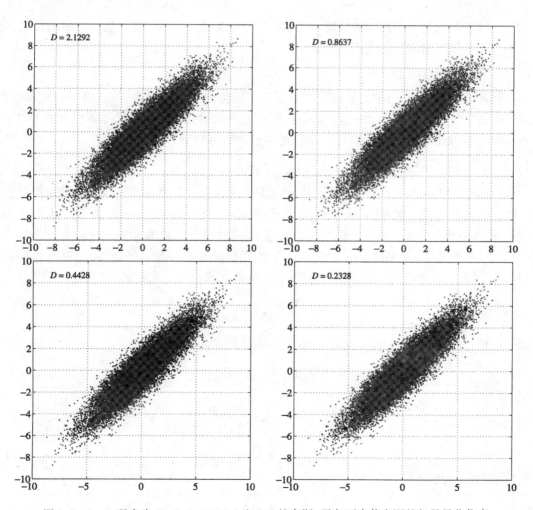

图 4.9　$k = 2$，码率为 $R = 0.5, 1, 1.5, 2$ 和 2.5 的高斯–马尔可夫信息源的矢量量化仿真

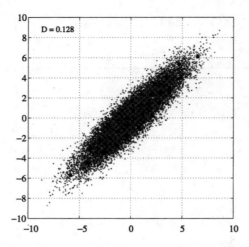

图 4.9(续)　　$k=2$,码率为 $R=0.5,1,1.5,2$ 和 2.5 的高斯–马尔可夫信息源的矢量量化仿真

在语音和图像编码中,矢量量化已经获得广泛应用,为了降低它的计算复杂度业已提出很多算法。对于平稳和各态遍历的信源来说,可以证明,随着 n 的增大,矢量量化器的性能接近于由率失真函数给出的最优性能。

4.3.3　脉冲编码调制

在脉冲编码调制中,模拟信号首先以高于奈奎斯特率的速率采样,然后将所得样本量化。假设模拟信号分布在以 $[-x_{\max},x_{\max}]$ 表示的区间内,并且量化电平数很大。量化电平可以是相等的或不相等的;前者属于均匀 PCM,而后者属于非均匀 PCM。

4.3.4　均匀 PCM

在均匀 PCM 中,长度为 $2x_{\max}$ 的区间 $[-x_{\max},x_{\max}]$ 被划分为 N 个相等的子区间,每个区间的长度为 $\Delta=2x_{\max}/N$。如果 N 足够大,在每个子区间内输入的密度函数就可以认为是均匀的,产生的失真为 $D=\Delta^2/12$。如果 N 是 2 的幂次方,即 $N=2^v$,就要求用 v 比特来表示每个量化电平。这就意味着,如果模拟信号的带宽是 W,采样又是在奈奎斯特速率下完成的,那么传输 PCM 信号所要求的带宽至少是 vW(实际上 $1.5vW$ 比较接近于实际情况)。这时的失真为

$$D=\frac{\Delta^2}{12}=\frac{x_{\max}^2}{3N^2}=\frac{x_{\max}^2}{3\times4^v} \tag{4.3.9}$$

如果模拟信号的功率用 $\overline{X^2}$ 表示,则信号/量化噪声比(SQNR)为

$$\begin{aligned}
\text{SQNR} &=3N^2\frac{\overline{X^2}}{x_{\max}^2}\\
&=3\times4^v\frac{\overline{X^2}}{x_{\max}^2}\\
&=3\times4^v\overline{\check{X}^2}
\end{aligned} \tag{4.3.10}$$

其中,$\check{x}$ 表示归一化输入,定义为

$$\check{X}=\frac{X}{x_{\max}}$$

以分贝(dB)计的 SQNR 为

$$SQNR \mid_{dB} \approx 4.8 + 6v + \overline{X^2} \mid_{dB} \qquad (4.3.11)$$

量化以后,这些已量化的电平用 v 比特对每个已量化电平进行**编码**。编码方法通常使用**自然二进制码**(NBC),即最低电平映射为全 0 序列,最高电平映射为全 1 序列,其余的全部电平按已量化值的递增次序映射。

下面给出的 m 文件 u_pcm.m 用采样值序列和要求的量化电平数作为输入,求得已量化序列、编码序列和产生的 SQNR(以 dB 计)。

m 文件

```
function [sqnr,a_quan,code]=u_pcm(a,n)
%U_PCM          uniform PCM encoding of a sequence
%               [SQNR,A_QUAN,CODE]=U_PCM(A,N)
%               a=input sequence.
%               n=number of quantization levels (even).
%               sqnr=output SQNR (in dB).
%               a_quan=quantized output before encoding.
%               code=the encoded output.

amax=max(abs(a));
a_quan=a/amax;
b_quan=a_quan;
d=2/n;
q=d.*[0:n-1];
q=q-((n-1)/2)*d;
for i=1:n
  a_quan(find((q(i)-d/2 <= a_quan) & (a_quan <= q(i)+d/2)))=...
  q(i).*ones(1,length(find((q(i)-d/2 <= a_quan) & (a_quan <= q(i)+d/2))));
  b_quan(find( a_quan==q(i) ))=(i-1).*ones(1,length(find( a_quan==q(i) )));
end
a_quan=a_quan*amax;
nu=ceil(log2(n));
code=zeros(length(a),nu);
for i=1:length(a)
  for j=nu:-1:0
    if ( fix(b_quan(i)/(2^j)) == 1)
        code(i,(nu-j)) = 1;
        b_quan(i) = b_quan(i) - 2^j;
    end
  end
end
sqnr=20*log10(norm(a)/norm(a-a_quan));
```

解说题

解说题 4.11　[均匀 PCM]

产生一个幅度为 1 和 $\omega = 1$ 的正弦信号。用均匀 PCM 方法进行 8 电平和 16 电平量化,在同一个坐标轴上画出原信号和已量化信号,比较这两种情况下的 SQNR。

题 解

任意选取信号持续期为 10 s,然后用 m 文件 u_pcm.m 产生 8 量化电平和 16 量化电平两种情况下的已量化信号。对 8 电平 PCM 所得的 SQNR 是 18.90 dB,对 16 电平均匀 PCM 所得的 SQNR 是 25.13 dB。图 4.10 给出了对应的图。

本题的 MATLAB 脚本如下所示。

___m 文件___

```
% MATLAB script for Illustrative Problem 4.11.
echo on
t=[0:0.01:10];
a=sin(t);
[sqnr8,aquan8,code8]=u_pcm(a,8);
[sqnr16,aquan16,code16]=u_pcm(a,16);
pause     % Press a key to see the SQNR for N = 8.
sqnr8
pause     % Press a key to see the SQNR for N = 16.
sqnr16
pause     % Press a key to see the plot of the signal and its quantized versions.
plot(t,a,'-',t,aquan8,'-.',t,aquan16,'-',t,zeros(1,length(t)))
```

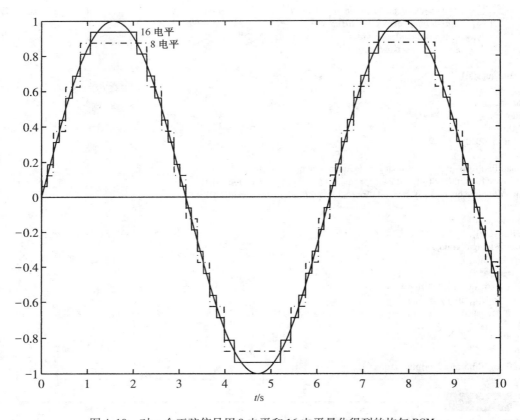

图 4.10   对一个正弦信号用 8 电平和 16 电平量化得到的均匀 PCM

___解说题___

解说题 4.12   [均匀 PCM]

产生长度为 500 的零均值、单位方差的高斯随机变量序列,利用 u_pcm.m 求当量化电平数为 64 时所得的 SQNR。求出该序列的前 5 个值、相应的量化值和相应的码字。

___题 解___

下面的 m 文件给出了本题的解。

───── **m 文件** ─────

```
% MATLAB script for Illustrative Problem 4.12.
echo on
a=randn(1,500);
n=64;
[sqnr,a_quan,code]=u_pcm(a,64);
pause      % Press a key to see the SQNR.
sqnr
pause      % Press a key to see the first five input values.
a(1:5)
pause      % Press a key to see the first five quantized values.
a_quan(1:5)
pause      % Press a key to see the first five codewords.
code(1:5,:)
```

在这个 m 文件的一次典型的运行中,可以观察到下面这些值:

$$SQNR = 31.66 \text{ dB}$$

$$输入 = (0.1775, -0.4540, 1.0683, -2.2541, 0.5376)$$

$$量化值 = (0.1569, -0.4708, 1.0985, -2.2494, 0.5754)$$

$$码字 = \begin{cases} 1 & 0 & 0 & 0 & 0 & 1 \\ 0 & 1 & 1 & 0 & 1 & 1 \\ 1 & 0 & 1 & 0 & 1 & 0 \\ 0 & 0 & 1 & 0 & 1 & 0 \\ 1 & 0 & 0 & 1 & 0 & 1 \end{cases}$$

要注意,这个程序在各次运行中会产生不同的输入值、量化值和码字,但所得的 SQNR 是十分接近的。

───── **解说题** ─────

解说题 4.13 [量化误差]

在解说题 4.12 中,画出定义为输入值和量化值之差的量化误差,同时也画出将量化值作为输入值的函数的图。

───── **题 解** ─────

图 4.11 给出了所要求的两个图。

───── **解说题** ─────

解说题 4.14 [量化误差]

分别用量化电平数 16 和 128 重做解说题 4.13,并比较结果。

───── **题 解** ─────

16 量化电平的结果如图 4.12 所示,128 量化电平的结果如图 4.13 所示。

比较图 4.11、图 4.12 和图 4.13,显然量化电平数越大,则量化误差越小,这与我们的期望是一致的。另外还要注意,对于大的量化电平数,输入和量化值之间的关系趋近于通过原点的斜率为 1 的一条直线,这表明输入和量化值几乎是相等的。而对于小的量化电平数(如 16),其关系离相等甚远,如图 4.12 所示。

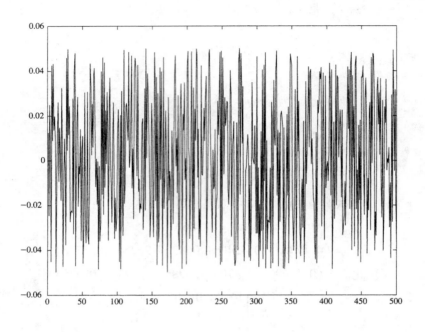

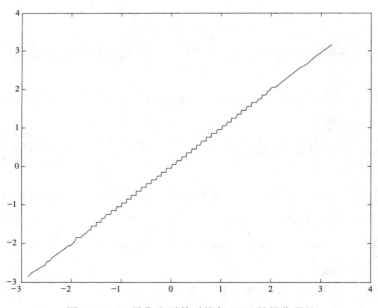

图 4.11　64 量化电平数时均匀 PCM 的量化误差

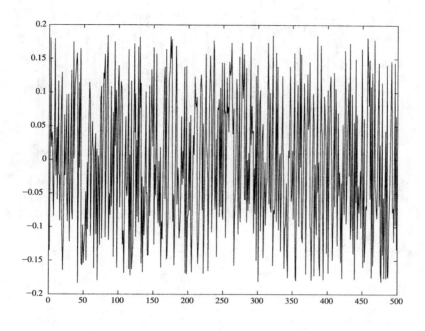

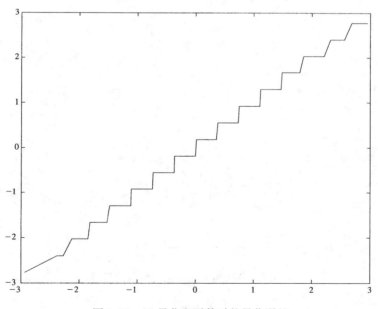

图 4.12 16 量化电平数时的量化误差

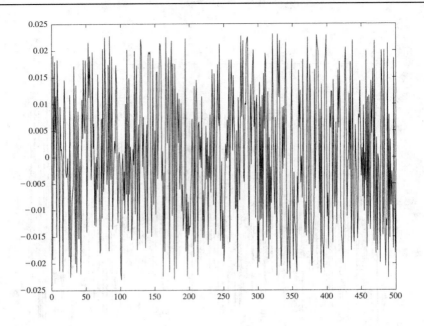

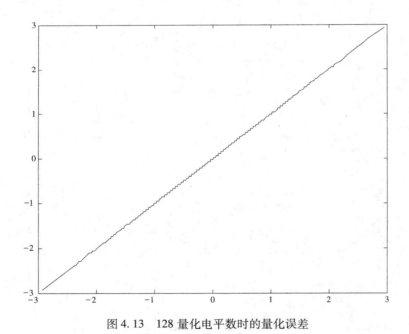

图 4.13　128 量化电平数时的量化误差

非均匀 PCM

　　许多实际信号,例如语音信号,都具有小信号幅度远比大信号幅度出现频繁的特征。然而,均匀量化器在信号的整个动态范围内,在连续的电平之间选用的是相同的间隔。一种更好的方案就是采用非均匀量化器,它对较小的信号幅度采用较小的间隔,而对较大的信号幅度采用较大的间隔。

　　在非均匀量化器中,输入信号首先通过一个非线性设备,以压缩信号的幅度,再将输出加到某个均匀 PCM 系统上。在通信系统的接收端,输出再通过另一个非线性设备,以扩展信号的幅度,该环节具有发送端所用的非线性设备的逆特性。于是,在发射端的信号压缩器和在接收端的信号扩展器合称为压扩器。总的效果就等效于一个在量化电平之间具有非均匀间隔的 PCM 系统。

例如,美国和加拿大电信系统对语音传输采用称为 μ 律压扩器的对数压扩器,其输入-输出幅度特性具有如下形式:

$$y = g(x) = \frac{\ln(1 + \mu \mid x \mid)}{\ln(1 + \mu)} \mathrm{sgn}(x) \tag{4.3.12}$$

其中,x 是归一化输入($\mid x \mid \leqslant 1$),μ 是一个参数,在标准 μ 律的非线性中它等于 255。图 4.14 给出了不同 μ 律的非线性的图。

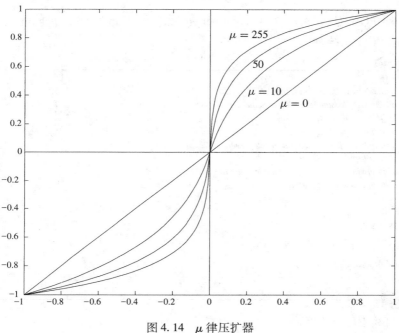

图 4.14　μ 律压扩器

μ 律非线性的逆为

$$x = \frac{(1 + \mu)^{\mid y \mid} - 1}{\mu} \mathrm{sgn}(y) \tag{4.3.13}$$

对数 $\mu = 255$ 广泛用于数字传输的语音波形编码。一种典型的 PCM 比特率就是 64 000 bps(8 比特/样本)。

第二种广泛使用的对数压扩器就是 A 律压扩器。A 律压扩器的特性为

$$g(x) = \frac{1 + \log A \mid x \mid}{1 + \log A} \mathrm{sgn}(x) \tag{4.3.14}$$

其中,A 选取为 87.56。该压扩器的性能与 μ 律压扩器的性能大致相当。

以下给出的两个 m 文件 mulaw.m 和 invmulaw.m 用于实现 μ 律非线性编码及其逆运算。

m 文件

```
function [y,a]=mulaw(x,mu)
%MULAW mu-law nonlinearity for nonuniform
```

```
% Y=MULAW(X,MU).
% X=input vector.
a=max(abs(x));
y=(log(1+mu*abs(x/a))./log(1+mu)).*sign(x);
```

m 文件

```
function  x=invmulaw(y,mu)
%INVMULAW the inverse of mu-law nonlinearity
%X=INVMULAW(Y,MU) Y=normalized output of the mu-law nonlinearity.
x=(((1+mu).^(abs(y))−1)./mu).*sign(y);
```

当使用 μ 律 PCM 方法时，m 文件 mula_pcm.m 就等效于 m 文件 u_pcm.m。这个文件如下所示，用于 μ 律 PCM 系统。

m 文件

```
function  [sqnr,a_quan,code]=mula_pcm(a,n,mu)
%MULA_PCM    mu-law PCM encoding of a sequence
%           [SQNR,A_QUAN,CODE]=MULA_PCM(A,N,MU).
%           a=input sequence.
%           n=number of quantization levels (even).
%           sqnr=output SQNR (in dB).
%           a_quan=quantized output before encoding.
%           code=the encoded output.

[y,maximum]=mulaw(a,mu);
[sqnr,y_q,code]=u_pcm(y,n);
a_quan=invmulaw(y_q,mu);
a_quan=maximum*a_quan;
sqnr=20*log10(norm(a)/norm(a−a_quan));
```

解说题

解说题 4.15　[非均匀 PCM]

产生一个长度为 500，按 $\mathcal{N}(0,1)$ 分布的随机变量序列。用 16、64 和 128 量化电平数和 $\mu=255$ 的 μ 律非线性，画出每种情况下量化器的误差和输入–输出关系，并求每种情况下的 SQNR。

题　解

令向量 $\boldsymbol{a}$ 是按 $\mathcal{N}(0,1)$ 分布产生的长度为 500 的向量，即

$$\boldsymbol{a}=\mathrm{randn}(1,500)$$

然后，利用

$$[\mathrm{dist},\mathrm{a\_quan},\mathrm{code}]=\mathrm{mula\_pcm}(\boldsymbol{a},16,255)$$

即可得到 16 量化电平数的已量化序列及其 SQNR。这时的 SQNR 是 13.76 dB。对于 64 量化电平数的情况，SQNR=25.89 dB。而对于 128 量化电平数的情况，SQNR=31.76 dB。将这些结果与均匀 PCM 相比，可见在所有情况下，其性能都比均匀 PCM 的结果差。图 4.15、图 4.16 和图 4.17 分别给出了量化器的输入–输出关系和量化误差。

将图 4.12 和图 4.15 所示的均匀和非均匀 PCM 的输入–输出关系进行比较，就清楚地说明了为什么前者称为均匀 PCM，后者称为非均匀 PCM。

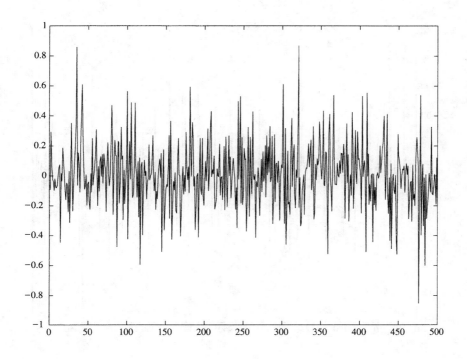

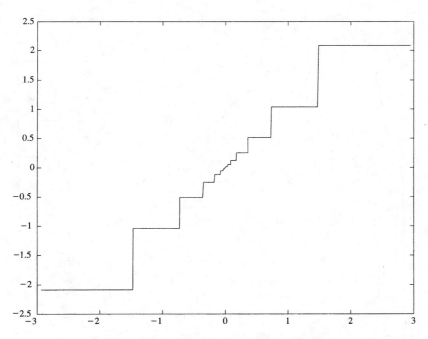

图 4.15　16 量化电平数 μ 律 PCM 的量化误差和量化器输入-输出关系

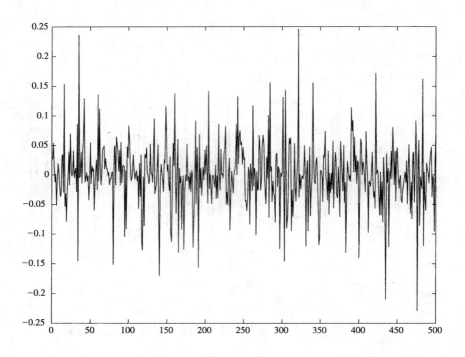

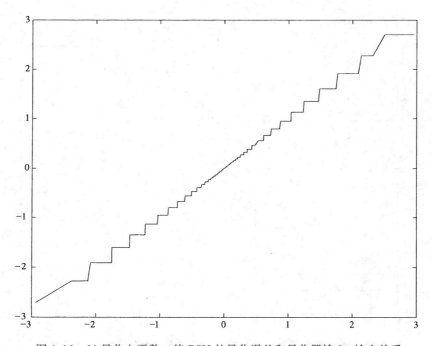

图 4.16　64 量化电平数 μ 律 PCM 的量化误差和量化器输入-输出关系

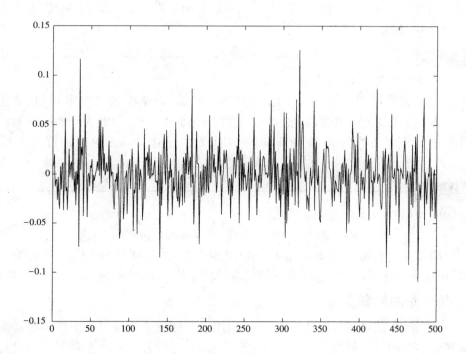

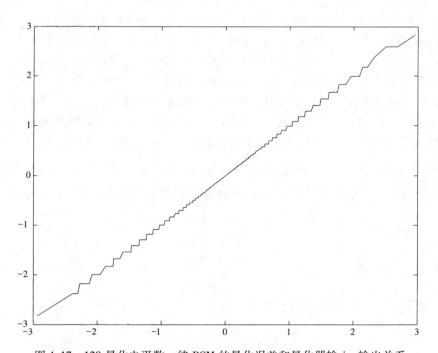

图 4.17　128 量化电平数 μ 律 PCM 的量化误差和量化器输入-输出关系

根据前面这个例子可以看到,在这种情况下非均匀 PCM 的性能不如均匀 PCM 的好。其原因是,在这个例子中输入信号的动态范围不太大。下面这个例子说明了非均匀 PCM 的性能优于均匀 PCM 的性能。

解说题

解说题 4.16 [非均匀 PCM]

长度为 500 的非平稳序列 *a* 由两部分组成:前 20 个样本是按照零均值、方差为 400 ($\sigma = 20$)的高斯随机变量产生的;其余 480 个样本是根据零均值、方差为 1 的高斯随机变量产生的。这个序列分别用均匀 PCM 和非均匀 PCM 方法量化。试比较两种情况下所得到的 SQNR。

题 解

用下面的 MATLAB 指令产生所要求的序列

$$a = [20 * \text{randn}(1,20) \qquad \text{randn}(1,480)]$$

现在就可以用文件 u_pcm.m 和 mula_pcm.m 求出 SQNR。所得到的 SQNR 分别是 20.49 dB 和 24.95 dB。在这种情况下,非均匀 PCM 的性能肯定优于均匀 PCM 的性能。

4.3.5 差分脉冲编码调制

在 PCM 系统中,在对消息信号采样以后,使用一个标量量化器对每个样本独立地进行量化。这意味着前面的样本值对新样本的量化没有影响。然而,当对一个带限的随机过程以奈奎斯特率或更高的速率进行采样时,样本值通常是相关的随机变量。一个例外就是过程的频谱在其频带内是平坦的。这意味着前面的样本将给出后面样本的一些信息;因此,这些信息可用于提高 PCM 系统的性能。例如,若前面的样本值非常小,那么随后的样本值也同样很小的概率就很高,于是,没有必要对很大范围内的值进行量化以取得较好的性能。

在最简单的差分脉冲编码调制(DPCM)的形式中,相邻两个样本之差被量化。因为相邻的两个样本高度地相关;因此,为了获得某种程度的性能,只需要较少的电平数(进而只需要较少的比特数)对其进行量化。这意味着 DPCM 以较少的比特数达到了与 PCM 相同的性能水平。

图 4.18 给出了该简单 DPCM 系统方案的方框图。如图中所示,量化器的输入并非简单地是 $X_n - X_{n-1}$,而是 $X_n - \hat{Y}'_{n-1}$。我们将看到 $\hat{Y}'_{n-1}$ 与 X_{n-1} 的关系非常密切,并且这样做具有避免量化噪声累积的好处。量化器的输入 Y_n 被标量量化器(均匀或者非均匀)量化以产生 $\hat{Y}_n$。利用关系式

$$Y_n = X_n - \hat{Y}'_{n-1} \qquad (4.3.15)$$

以及

$$\hat{Y}'_n = \hat{Y}_n + \hat{Y}'_{n-1} \qquad (4.3.16)$$

可以得到量化器的输入和输出之间的量化误差为

$$\begin{aligned}\hat{Y}_n - Y_n &= \hat{Y}_n - (X_n - \hat{Y}'_{n-1}) \\ &= \hat{Y}_n - X_n + \hat{Y}'_{n-1} \qquad (4.3.17) \\ &= \hat{Y}'_n - X_n\end{aligned}$$

在接收机端,有

$$\hat{X}_n = \hat{Y}_n + \hat{X}_{n-1} \tag{4.3.18}$$

比较式(4.3.16)和式(4.3.18),可以看到$\hat{Y}_n$和$\hat{X}_n$满足具有相同激励($\hat{Y}_n$)的同一个差分方程。因此,若$\hat{Y}_n$和$\hat{X}_n$选取相同的初始条件,那么它们将相等。例如,若令$\hat{Y}_{-1} = \hat{X}_{-1} = 0$,那么对于所有的$n$,则有$\hat{Y}_n = \hat{X}_n$。将其代入式(4.3.17),可得

$$\hat{Y}_n - Y_n = \hat{X}_n - X_n \tag{4.3.19}$$

这表明X_n及其再现$\hat{X}_n$之间的量化误差与量化器的输入和输出之间的量化误差是相同的。然而Y_n的变化范围通常比X_n的变化范围小得多;因此,可以用较少的比特数对Y_n进行量化。例如,当采用4比特/样本且采样速率为8000样本/秒的DPCM对语音信号的波形编码时,可以获得与8比特/样本的PCM($\mu = 255$)相同的信号保真度。于是,采用DPCM的语音数字传输系统的比特率减小为32 000 bps。

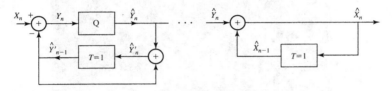

图 4.18　一个简单的 DPCM 编码器和译码器

解说题

解说题 4.17 [DPCM]

speech_sample.wav文件给出了一个语音信号波形。该序列用DPCM,μ律PCM和均匀PCM进行量化,所有的这些方案都采用8比特/样本。对三种方案的每一种画出其量化误差并确定相应的SQNR。

题　解

图4.19至图4.21给出了三种PCM编码方法的量化误差。可以看到DPCM的误差明显要小一些。DPCM,μ律PCM和均匀PCM的SQNR分别是52.8 dB,37.8 dB和34.4 dB。

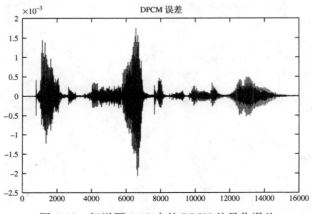

图 4.19　解说题 4.17 中的 DPCM 的量化误差

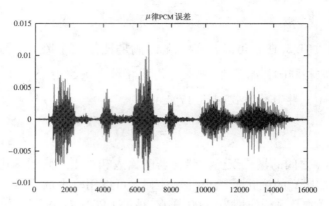

图 4.20　解说题 4.17 中的 μ 律 PCM 的量化误差

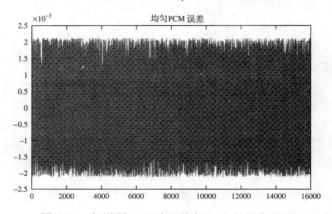

图 4.21　解说题 4.17 中的均匀 PCM 的量化误差

本题的 MATLAB 脚本如下所示。

m 文件

```
% MATLAB script for Illustrative Problem 4.17
echo on;
X=wavread('speech_sample')';
mu=255; n=256;
% Differential PCM of Sequence X:
[sqnr_dpcm,X_quan_dpcm,code_dpcm]=d_pcm(X,n);
pause   % Press any key to see a plot of error in differential PCM.
plot(X−X_quan_dpcm)
title('DPCM Error');
% Mu-Law PCM PCM of sequence X:
[sqnr_mula_pcm,X_quan_mula_pcm,code_mula_pcm]=mula_pcm(X,n,mu);
pause % Press any key to see a plot of error in mu-law PCM.
figure
plot(X−X_quan_mula_pcm)
title('Mu-PCM Error');
% Uniform of Sequence X:
[sqnr_upcm,X_quan_upcm,code_upcm]=u_pcm(X,n);
pause % Press any key to see a plot of error in uniform PCM.
figure
plot(X−X_quan_upcm)
title('Uniform PCM Error');
pause % Press any key to see SQNR for Uniform PCM
sqnr_upcm
```

pause *% Press any key to see SQNR for Mu-law PCM*
sqnr_mula_pcm
pause *% Press any key to see SQNR for DPCM*
sqnr_dpcm

4.3.6　delta 调制(DM)

　　delta 调制是图4.18 所示的 DPCM 的简化版。在 delta 调制中,量化器是一个1 比特(两电平)的量化器,其幅度为 $\pm\Delta$。DM 系统的方框图如图4.22 所示。对简单的 DPCM 的分析在此应用同样有效。

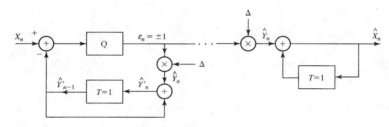

图 4.22　delta 调制

　　在 delta 调制中,仅需要1 比特/样本,于是除非 Y_n 非常小,否则量化噪声将会很大。这就意味着 X_n 和 X_{n-1} 将具有很大的相关性系数。为了得到具有高相关性的 X_n 和 X_{n-1},我们必须以远高于奈奎斯特率的采样速率采样。因此,在 DM 中,其采样率通常比奈奎斯特率高得多,但是因为每样本的比特数仅为1,用于传输波形所需的每秒的比特数将比 PCM 系统要少。

　　delta 调制系统是一种结构非常简单的系统。在接收机端,可以利用如下关系来恢复 $\hat{X}_n$:

$$\hat{X}_n - \hat{X}_{n-1} = \hat{Y}_n \qquad (4.3.20)$$

对 $\hat{X}_n$ 求解该公式,并且假定零初始条件,可以得到

$$\hat{X}_n = \sum_{i=0}^{n} \hat{Y}_i \qquad (4.3.21)$$

这意味着,为了得到 $\hat{X}_n$ 仅需对 Y_n 的值进行累加。若采样后的值由脉冲来表示,那么累加器将是一个简单的积分器。这简化了 DM 系统的方框图,如图4.23 所示。

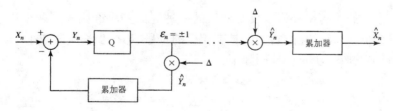

图 4.23　采用积分器的 delta 调制系统

　　在设计 delta 调制系统时,步长 Δ 是一个很重要的参数。大的 Δ 值使调制器能跟踪上输入信号的快速变化,但同时,当输入变化缓慢时,它们产生了过多的噪声。这种情形如图4.24 所示。

　　对于大的 Δ 值,当输入变化缓慢时,就产生了大的量化噪声,称为**颗粒噪声**。图4.25 中给出

了过于小的 Δ 值的情形。在这种情况下,我们遇到了输入信号快速变化的问题。当输入快速变化时(高的输入斜率),输出将需要很长的时间才能跟踪上输入,并且在这一阶段将产生过多的量化噪声。这类由于输入波形的斜率很高造成的失真称为**斜率过载失真**。

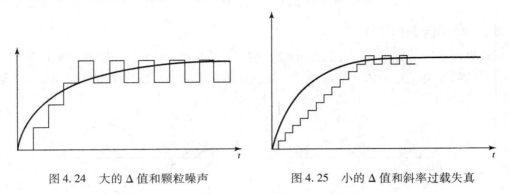

图 4.24　大的 Δ 值和颗粒噪声　　　　　　图 4.25　小的 Δ 值和斜率过载失真

自适应 delta 调制

　　我们看到,步长过大将产生颗粒噪声,而步长过小将导致斜率过载失真。这意味着"适中的值"将是 Δ 值的较好选择;但是在一些情况下,最佳中间值的性能(也就是说,使得均方失真最小的值)并不令人满意。这种情况下的一种有效方法是根据输入的变化来改变步长。若输入变化快速,那么步长必须很大,以使输出能够很快地跟踪上输入的变化,并且没有斜率过载失真的出现。若输入几乎是平坦(慢变)的,那么步长将变为一个很小的值,以防止产生颗粒噪声。步长的这种改变如图 4.26 所示。

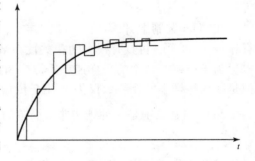

图 4.26　自适应 delta 调制的性能

　　为自适应地改变步长,我们必须设计一种机制来识别大和小的斜率。若输入的斜率较小,那么量化器的输出 $\hat{Y}$ 在 Δ 和 −Δ 之间改变,如图 4.26 所示。这是颗粒噪声为噪声的主要来源的情形,并且我们必须减小步长。然而,在斜率过载的情况下,输出将不能快速地跟踪上输入,并且量化器的输出将是一串连续的 Δ 和 −Δ。

我们看到,两个连续的 $\hat{Y}_n$ 的符号将是改变步长的一种好的判决准则。若两个连续的输出具有相同的符号,那么步长应该增加;若它们具有相反的符号,那么步长应该减小。

　　一个特别简单的改变步长的规则如下:

$$\Delta_n = \Delta_{n-1} K^{\epsilon_n \times \epsilon_{n-1}} \tag{4.3.22}$$

其中,ϵ_n 是在乘以步长之前的量化器的输出,而 K 是大于 1 的某一常数。已经得以验证,当应用于语音信源时,在 20～60 kbps 的范围内,选取 $K = 1.5$,自适应 delta 调制的性能将比 delta 调制的性能要好 5～10 dB。

解说题

解说题 4.18　[DM 中的量化噪声]

　　加载解说题 4.17 中的已采样的语音信号。通过线性内插将序列的长度扩张为 64 000,采用在原 16 000 点序列的两个连续的样本点之间插入三个附加的样本的方式。对内插后的序列应用 $\Delta = 0.034$ 的 DM,计算 SQNR 并且画出量化误差。将本题所得的 SQNR 与对原 16 000 点序列使用 4 比特/样本的 DPCM 得到的 SQNR 进行比较。

题　解

图 4.27 给出了 $\Delta = 0.034$ 时 DM 系统的量化误差,相应的 SQNR 为 6.94 dB。对内插之前的波形采用 16 电平的 DPCM 时,其 SQNR 为 28.52 dB。

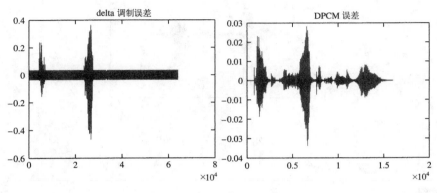

图 4.27　解说题 4.18 的图

本题的 MATLAB 脚本如下所示。

---

m 文件

```
% MATLAB script for Illustrative Problem 4.18
echo on
X = wavread('speech_sample')';
XXX = lin_intplt3p(X);
delta=0.034;
[XXX_quan_dm, sqnr_dm] = delta_mod(XXX,delta);
QE_dm = XXX-XXX_quan_dm;
levels = 16;
[sqnr_dpcm,X_quan_dpcm,code_dpcm] = d_pcm(X,levels);
QE_dpcm = X-X_quan_dpcm;
pause % Press any key to see a plot of error in DM.
figure
plot(QE_dm,'-k')
title('Error in delta modulator')
pause % Press any key to see a plot of error in DPCM.
figure
plot(QE_dpcm,'-k')
title('Error in DPCM')
pause % Press any key to see values of SQNR for DM.
sqnr_dm
pause % Press any key to see values of SQNR for DPCM.
sqnr_dpcm
```

解说题

解说题 4.19　[自适应 delta 调制]

对解说题 4.18 中的 64 000 点序列应用式(4.3.22)中给出的自适应步长,其中 $K = 1.5$,$\Delta = 0.1$。画出得到的量化误差并且计算 SQNR。将这些结果与解说题 4.18 中使用 DM 得到的量化误差和 SQNR 进行比较,其中使用的 $\Delta = 0.034$。

题 解

图 4.28 中给出了自适应 DM 系统的量化误差。相应的 SQNR 为 13.2 dB,它比 DM 系统的 SQNR 要高 6.22 dB。

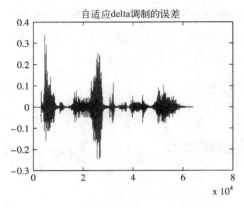

自适应delta调制的误差

图 4.28　解说题 4.19 的图

本题的 MATLAB 脚本如下所示。

m 文件

```
% MATLAB scriptfor Illustrative Problem 4.19.
X = wavread('speech_sample')';
XXX = lin_intplt3p(X);
delta_in=0.01;
K=1.5;
[X_quan_adm, sqnr_adm] = adpt_delta_mod(XXX,K,delta_in);
QE_adm=XXX-X_quan_adm;
pause % Press any key to see a plot of error in ADM.
figure
plot(QE_adm,'-k')
title('Error in adaptive delta modulator')
pause % Press any key to see values of SQNR for ADM.
sqnr_adm
```

4.4　习题

4.1　为概率满足

$$p = \{0.12, \quad 0.06, \quad 0.08, \quad 0.03, \quad 0.3, \quad 0.3, \quad 0.2\}$$

的信息源设计一个 Huffman 码。通过计算平均码字长度和信源的熵,求这个码的效率。

4.2　某离散无记忆信息源由概率向量 $p = \{0.5, \quad 0.25, \quad 0.125, \quad 0.125]$ 所描述。

a.　编写一个 MATLAB 文件,计算对于给定的 K,该信源第 K 次扩展的概率。

b.　为这个信源及其 K 次扩展($K=1,2,3,4,5$)设计 Huffman 码。

c.　画出平均码字长度(每信源输出)作为 K 的函数的图。

4.3　表 4.1 给出了印刷体英文字母的出现概率。

a.　求印刷体英文的熵。

b.　为印刷体英文设计一个 Huffman 码。

c.　求平均码字长度和该 Huffman 码的效率。

4.4　对概率向量 $p = \{0.2, \quad 0.3, \quad 0.1, \quad 0.4\}$ 的离散无记忆信源重做习题 4.2。试解释为

什么这时的结果不同于习题 4.2 中所得的结果。

4.5 某二元信源有两个输出 a_1 和 a_2，其概率分别为 0.8 和 0.2。

    a. 为该信源及其 n 次扩展(即每次取 n 个字符，$n = 2,3,4,5,6,7$)，设计 Huffman 码，并对每种情况求**单个信源输出**的平均码字长度。

    b. 作为 n 的函数，画出在 a 步骤中求得的每单个信源输出的平均码字长度。在同一幅图上画出信源的熵。

    c. 对概率分别为 0.6 和 0.4 的二元信源重做 a 和 b 步骤，并注意与第一个信源的差别。

4.6 有一个具有零均值、单位方差的高斯分布连续息源。用均匀对称量化器对其量化，量化区域的长度是 1，量化电平数是 N。对 $N = 2,3,4,5,6,7$ 和 8，求已量化信源输出的熵，并画出它作为 N 的函数的图。在同一个图上，画出 $\log_2 N \sim N$ 的图，并解释为什么这两条曲线不同。

4.7 用一个均匀量化器对零均值、单位方差的高斯信源进行量化，这个量化器在区间 $[-9,9]$ 内均匀量化。假定量化电平设在各量化区域的中间点，求出并画出当 $N = 3,4,5,6,7,8$ 和 9 时，作为量化电平数 N 的函数的均方失真。

4.8 考虑两个随机变量 X_1 和 X_2，其中 X_1 是零均值、方差为 2 的高斯随机变量，而 X_2 则是概率密度函数

$$f(x_2) = \frac{1}{2} e^{-|x_2|}$$

的拉普拉斯随机变量。

    a. 证明这两个随机变量有相等的方差。

    b. 利用 lloydmax.m 文件对这两个信息源设计量化电平为 $2,3,\cdots,10$ 的量化器，求出对应的失真，并以列表形式给出。

    c. 定义每个随机变量 X_i 的 SQNR 为 $\text{SQNR}_i = \dfrac{E(X_i^2)}{D_i}$，$i = 1,2$，并对不同的 $N(2 \sim 10)$ 值在同一个图上画出作为 N 的函数的 SQNR_1 和 SQNR_2。

4.9 在习题 4.7 所画的同一个图上，画出当量化电平取在各量化区域的质心时的均方失真的图。当 N 为何值时这两个图很接近？为什么？

4.10 为某零均值、单位方差的高斯信源设计最优非均匀量化器，其量化电平数为 $N = 2,3,4,5,6,7$ 和 8，对每种情况求已量化信源的熵 $H(\hat{X})$，为该信源设计的 Huffman 码的平均码字长度为 R。在同一个图上画出作为 N 的函数的 $H(\hat{X})$，R 和 $\log_2 N$。

4.11 拉普拉斯随机变量的概率密度函数

$$f(x) = \frac{\lambda}{2} e^{-\lambda |x|}$$

所定义，其中 $\lambda > 0$ 是一个给定常数。

    a. 证明拉普拉斯随机变量的方差等于 $2/\lambda^2$。

表 4.1　印刷体英文字母的出现概率

字母	概率
A	0.0642
B	0.0127
C	0.0218
D	0.0317
E	0.1031
F	0.0208
G	0.0152
H	0.0467
I	0.0575
J	0.0008
K	0.0049
L	0.0321
M	0.0198
N	0.0574
O	0.0632
P	0.0152
Q	0.0008
R	0.0484
S	0.0514
T	0.0796
U	0.0228
V	0.0083
W	0.0175
X	0.0013
Y	0.0164
Z	0.0005
字间空格	0.1859

    b. 假设 $\lambda = 2$,为这个信源设计量化电平数 $N = 2,3,4,5,6$ 和 7 的均匀量化器。按惯例取有用区间 $[-10\sigma, 10\sigma]$,其中 σ 是该信源的标准方差。

    c. 在同一个图上,画出作为 N 的函数的已量化源的熵和 $\log_2 N$。

4.12　用最优非均匀量化器代替均匀量化器重做习题 4.11。

4.13　为拉普拉斯源设计一个最优的 16 电平量化器,画出作为 λ 的函数的均方失真,λ 在区间 $[0.1, 5]$ 内变化。

4.14　对习题 4.11 中的拉普拉斯源,取 $\lambda = \sqrt{2}$(注意,选取这一 λ 会得到一个零均值、单位方差的拉普拉斯源),设计 $N = 2,3,4,5,6,7$ 和 8 时的最优非均匀量化器。对该信源画出作为 N 的函数的均方误差。将这些结果与量化一个零均值、单位方差的高斯信源所得的结果进行比较。

4.15　用 $\rho = 0.2, 0.4, 0.8, 0.99$ 做解说题 4.10,对结果进行比较并讨论 ρ 对失真的影响。

4.16　利用标量量化器解习题 4.15,将结果与习题 4.15 的结果进行比较,并讨论记忆是如何影响一个矢量量化器的性能的。

4.17　周期信号 $x(t)$ 的周期为 1,在区间 $[0,3]$ 内定义为

$$x(t) = \begin{cases} t, & 0 \le t < 1.5 \\ -t + 3, & 1.5 \le t < 3 \end{cases}$$

    a. 对这个信号设计一个 8 电平的均匀 PCM 量化器,画出这个系统已量化的输出。

    b. 画出该系统的量化误差。

    c. 通过计算误差信号的功率,求该系统以 dB 计的 SQNR。

    d. 用 16 电平均匀 PCM 系统重做 a,b 和 c。

4.18　生成一个长度为 1000 的零均值、方差为 1 的高斯序列。为这个序列设计 4,8,16,32 和 64 电平的均匀 PCM,画出作为分配给每个信源输出的比特数的函数的 SQNR(以 dB 计)。

4.19　生成一个长度为 1000 的零均值、单位方差的高斯序列,用 6 比特/符号的均匀 PCM 方法量化它。得到的 6000 比特经由一个噪声信道发送到接收端,信道的差错概率是 p,当 $p = 10^{-3}, 3 \times 10^{-3}, 10^{-2}, 3 \times 10^{-2}, 0.1$ 和 0.3 时,画出作为 p 的函数的总 SQNR(以 dB 计)。为了仿真噪声的效果,可以产生具有这些概率的二进制随机序列,再将它们加(按模 2)到这个已编码的序列上。

4.20　用 $\mu = 255$ 的非均匀 μ 律 PCM 重做习题 4.17。

4.21　用 $\mu = 255$ 的非均匀 μ 律 PCM 重做习题 4.18。

4.22　用 $\mu = 255$ 的非均匀 μ 律 PCM 重做习题 4.19。

4.23　画出 $A = 87.56$ 时,式(4.3.14)给出的 A 律压扩器的特性图,以及 $\mu = 255$ 时,式(4.3.12)给出的压扩器的特性图,并进行比较。

4.24　对高斯–马尔可夫随机过程产生的样本序列

$$X_n = 0.98 X_{n-1} + w_n, \qquad n = 1, 2, \cdots, 1000$$

重做解说题 4.17。

4.25　对高斯–马尔可夫随机过程产生的样本序列

$$X_n = 0.98 X_{n-1} + w_n, \qquad n = 1, 2, \cdots, 1000$$

重做解说题 4.18。尝试不同的 Δ 值,并注意它们对 SQNR 的影响。

4.26　对高斯–马尔可夫随机过程产生的样本序列

$$X_n = 0.98 X_{n-1} + w_n, \qquad n = 1, 2, \cdots, 1000$$

重做解说题 4.19。尝试不同的 K 和 Δ 值,并注意它们对 SQNR 的影响。

第 5 章　基带数字传输

5.1　概述

本章将讨论经由加性高斯白噪声信道传输数字信息的几种基带数字调制和解调技术。讨论由二进制脉冲调制入手,然后介绍几种非二进制调制方法。对于这些不同的信号,我们给出了最优接收机的概念,并以平均差错概率的形式对它们的性能做出评价。

5.2　二进制信号传输

在二进制通信系统中,由 0 和 1 的序列组成的二进制数据是用两种信号波形 $s_0(t)$ 和 $s_1(t)$ 来传输的。假设数据率是 $R(\text{bit/s})$,于是每个比特就按照如下规则:

$$0 \rightarrow s_0(t), \quad 0 \leqslant t \leqslant T_b$$
$$1 \rightarrow s_1(t), \quad 0 \leqslant t \leqslant T_b$$

映射为相应的信号波形,其中 $T_b = 1/R$ 定义为比特时间间隔。假设数据比特 0 和 1 是等概率的,即每个出现的概率都是 1/2,而且是互为统计独立的。

传输信号的信道假设被加性噪声 $n(t)$ 所污染,$n(t)$ 是功率谱为 $N_0/2(\text{W/Hz})$ 的白色高斯过程的样本函数,这样的信道称为**加性高斯白噪声(AWGN)信道**。于是,接收到的信号波形就可以表示为

$$r(t) = s_i(t) + n(t), \quad i = 0,1 \quad 0 \leqslant t \leqslant T_b \tag{5.2.1}$$

接收机的任务就是在观察接收到的信号 $r(t)$ 之后,判断在时间间隔 $0 \leqslant t \leqslant T_b$ 内发送的究竟是 0 还是 1。接收机要设计为使差错概率最小,这样的接收机称为**最优接收机**。

5.2.1　AWGN 信道的最优接收机

在几乎所有的数字通信方面的教材中,都指出对于 AWGN 信道的最优接收机由两部分组成:一个是**信号相关器**或**匹配滤波器**,另一个是**检测器**。

信号相关器

信号相关器将接收到的信号 $r(t)$ 与两个可能的发送信号 $s_0(t)$ 和 $s_1(t)$ 做互相关,如图 5.1 所示。也就是说,信号相关器在时间间隔 $0 \leqslant t \leqslant T_b$ 内计算如下两个输出:

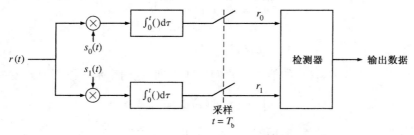

图 5.1　接收信号 $r(t)$ 与两个发送信号的互相关

$$r_0(t) = \int_0^t r(\tau) s_0(\tau) \mathrm{d}\tau$$

$$r_1(t) = \int_0^t r(\tau) s_1(\tau) \mathrm{d}\tau \tag{5.2.2}$$

在 $t = T_b$ 时刻对这两个输出采样,并将已采样的输出馈入检测器。

解说题

解说题 5.1　[信号相关器]

　　假设信号波形 $s_0(t)$ 和 $s_1(t)$ 如图 5.2 所示,并假设 $s_0(t)$ 是已发送信号,那么接收到的信号是

$$r(t) = s_0(t) + n(t), \qquad 0 \leqslant t \leqslant T_b \tag{5.2.3}$$

求在采样时刻的相关器的输出。

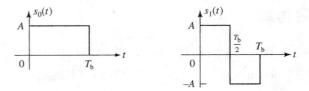

图 5.2　二进制通信系统的信号波形 $s_0(t)$ 和 $s_1(t)$

题　解

　　当信号 $r(t)$ 用图 5.1 所示的两个信号相关器处理时,在采样时刻 $t = T_b$ 的输出 r_0 和 r_1 为

$$\begin{aligned}
r_0 &= \int_0^{T_b} r(t) s_0(t) \mathrm{d}t \\
&= \int_0^{T_b} s_0^2(t) \mathrm{d}t + \int_0^{T_b} n(t) s_0(t) \mathrm{d}t \\
&= E + n_0
\end{aligned} \tag{5.2.4}$$

和

$$\begin{aligned}
r_1 &= \int_0^{T_b} r(t) s_1(t) \mathrm{d}t \\
&= \int_0^{T_b} s_0(t) s_1(t) \mathrm{d}t + \int_0^{T_b} n(t) s_1(t) \mathrm{d}t \\
&= n_1
\end{aligned} \tag{5.2.5}$$

其中,n_0 和 n_1 是在信号相关器输出端的噪声分量,即

$$\begin{aligned}
n_0 &= \int_0^{T_b} n(t) s_0(t) \mathrm{d}t \\
n_1 &= \int_0^{T_b} n(t) s_1(t) \mathrm{d}t
\end{aligned} \tag{5.2.6}$$

而 $E = A^2 T_b$ 是信号 $s_0(t)$ 和 $s_1(t)$ 的能量。我们还注意到,这两个信号波形是**正交的**,即

$$\int_0^{T_b} s_0(t) s_1(t) \mathrm{d}t = 0 \tag{5.2.7}$$

　　另一方面,当 $s_1(t)$ 是已发送的信号时,接收到的信号是

$$r(t) = s_1(t) + n(t), \qquad 0 \leqslant t \leqslant T_b$$

很容易证明,在这种情况下信号相关器的输出是

$$r_0 = n_0$$
$$r_1 = E + n_1 \tag{5.2.8}$$

图 5.3 给出了在时间间隔 $0 \leqslant t \leqslant T_b$ 内不考虑噪声时的两个相关器的输出,即当发送信号是 $s_0(t)$ 和当发送信号是 $s_1(t)$ 时。

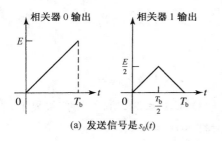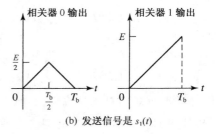

图 5.3　不考虑噪声时的相关器的输出

因为 $n(t)$ 是功率谱为 $N_0/2$ 的白色高斯过程的一个样本函数,所以噪声分量 n_0 和 n_1 都是零均值高斯型随机变量,即

$$E(n_0) = \int_0^{T_b} s_0(t) E[n(t)] \mathrm{d}t = 0$$
$$E(n_1) = \int_0^{T_b} s_1(t) E[n(t)] \mathrm{d}t = 0 \tag{5.2.9}$$

并且方差 $\sigma_i^2(i=1,2)$ 为

$$\begin{aligned}
\sigma_i^2 &= E(n_i^2) \\
&= \int_0^{T_b} \int_0^{T_b} s_i(t) s_i(\tau) E[n(t)n(\tau)] \mathrm{d}t\mathrm{d}\tau \\
&= \frac{N_0}{2} \int_0^{T_b} s_i(t) s_i(\tau) \delta(t-\tau) \mathrm{d}t\mathrm{d}\tau \\
&= \frac{N_0}{2} \int_0^{T_b} s_i^2(t) \mathrm{d}t \tag{5.2.10} \\
&= \frac{EN_0}{2}, \quad i = 0,1 \tag{5.2.11}
\end{aligned}$$

因此,当发送的是 $s_0(t)$ 时,r_0 和 r_1 的概率密度函数是

$$p(r_0 \mid 发送的是 s_0(t)) = \frac{1}{\sqrt{2\pi}\sigma} \mathrm{e}^{-(r_0-E)^2/2\sigma^2}$$
$$p(r_1 \mid 发送的是 s_0(t)) = \frac{1}{\sqrt{2\pi}\sigma} \mathrm{e}^{-r_1^2/2\sigma^2}$$
$$\tag{5.2.12}$$

这两个概率密度函数表示为 $p(r_0 \mid 0)$ 和 $p(r_1 \mid 0)$,如图 5.4 所示。类似地,当发送 $s_1(t)$ 时,r_0 是零均值、方差为 σ^2 的高斯随机变量,而 r_1 则是均值为 E、方差为 σ^2 的高斯随机变量。

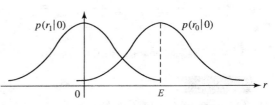

图 5.4　当发送的是 $s_0(t)$ 时的概率密度函数 $p(r_0 \mid 0)$ 和 $p(r_1 \mid 0)$

解说题 5.2 ［信号波形的相关］

对解说题 5.1 中的信号波形以 $F_s = 20/T_b$（采样间隔 $T_s = T_b/20$）的速率进行采样，并且数值上用 $s_0(t)$ 和 $s_1(t)$ 对 $r(t)$ 进行相关；即，当（a）发送信号是 $s_0(t)$ 和（b）发送信号是 $s_1(t)$ 时，计算并画出

$$r_0(kT_s) = \sum_{n=1}^{k} r(nT_s) s_0(nT_s), \quad k = 1,2,\cdots,20$$

和

$$r_1(kT_s) = \sum_{n=1}^{k} r(nT_s) s_1(nT_s), \quad k = 1,2,\cdots,20$$

当信号样本 $r(kT_s)$ 被加性高斯白噪声样本 $n(kT_s)$，$1 \leqslant k \leqslant 20$，所污染时，重复上述计算和画图过程，其中加性高斯白噪声的均值为零，方差分别为 $\sigma^2 = 0.1$ 和 $\sigma^2 = 1$。

┃ 题　解 ┃

图 5.5 给出了相关器的输出。我们注意到加性噪声对相关器的输出的影响，尤其是 $\sigma^2 = 1$ 时的影响。这些计算的 MATLAB 脚本如下所示。

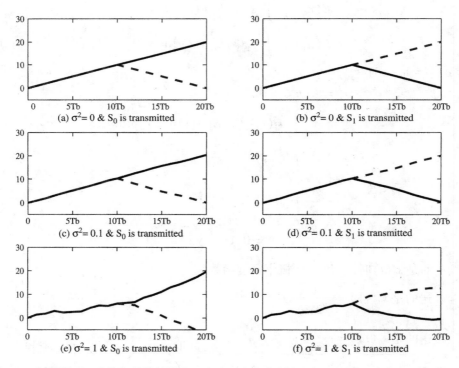

图 5.5　解说题 5.2 中的相关器的输出。实线和虚线分别表示对 $s_0(t)$ 和 $s_1(t)$ 的相关器的输出

┃ m 文件 ┃

% MATLAB script for Illustrative Problem 5.2

% Initialization:
K=20;　　　　*% Number of samples*

```
A=1;           % Signal amplitude
l=0:K;
% Defining signal waveforms:
s_0=A*ones(1,K);
s_1=[A*ones(1,K/2)  −A*ones(1,K/2)];
% Initializing output signals:
r_0=zeros(1,K);
r_1=zeros(1,K);
% Case 1: noise~N(0,0)
noise=random('Normal',0,0,1,K);
    % Sub-case s = s_0:
    s=s_0;
    r=s+noise;  % received signal
    for n=1:K
        r_0(n)=sum(r(1:n).*s_0(1:n));
        r_1(n)=sum(r(1:n).*s_1(1:n));
    end
    % Plotting the results:
    subplot(3,2,1)
    plot(l,[0 r_0],'-',l,[0 r_1],'--')
    set(gca,'XTickLabel',{'0','5Tb','10Tb','15Tb','20Tb'})
    axis([0 20 −5 30])
    xlabel('(a) \sigma^2= 0 & S_{0} is transmitted','fontsize',10)
    % Sub-case s = s_1:
    s=s_1;
    r=s+noise;  % received signal
    for n=1:K
        r_0(n)=sum(r(1:n).*s_0(1:n));
        r_1(n)=sum(r(1:n).*s_1(1:n));
    end
    % Plotting the results:
    subplot(3,2,2)
    plot(l,[0 r_0],'-',l,[0 r_1],'--')
    set(gca,'XTickLabel',{'0','5Tb','10Tb','15Tb','20Tb'})
    axis([0 20 −5 30])
    xlabel('(b) \sigma^2= 0 & S_{1} is transmitted','fontsize',10)
% Case 2: noise~N(0,0.1)
    noise=random('Normal',0,0.1,1,K);
    % Sub-case s = s_0:
    s=s_0;
    r=s+noise;  % received signal
    for n=1:K
        r_0(n)=sum(r(1:n).*s_0(1:n));
        r_1(n)=sum(r(1:n).*s_1(1:n));
    end
    % Plotting the results:
    subplot(3,2,3)
    plot(l,[0 r_0],'-',l,[0 r_1],'--')
    set(gca,'XTickLabel',{'0','5Tb','10Tb','15Tb','20Tb'})
    axis([0 20 −5 30])
    xlabel('(c) \sigma^2= 0.1 & S_{0} is transmitted','fontsize',10)
    % Sub-case s = s_1:
    s=s_1;
    r=s+noise;  % received signal
    for n=1:K
        r_0(n)=sum(r(1:n).*s_0(1:n));
        r_1(n)=sum(r(1:n).*s_1(1:n));
    end
    % Plotting the results:
    subplot(3,2,4)
    plot(l,[0 r_0],'-',l,[0 r_1],'--')
    set(gca,'XTickLabel',{'0','5Tb','10Tb','15Tb','20Tb'})
```

```
    axis([0 20 -5 30])
    xlabel('(d) \sigma^2= 0.1 & S_{1} is transmitted','fontsize',10)
% Case 3: noise~N(0,1)
    noise=random('Normal',0,1,1,K);
    % Sub-case s = s_0:
    s=s_0;
    r=s+noise;   % received signal
    for n=1:K
        r_0(n)=sum(r(1:n).*s_0(1:n));
        r_1(n)=sum(r(1:n).*s_1(1:n));
    end
    % Plotting the results:
    subplot(3,2,5)
    plot(l,[0 r_0],'-',l,[0 r_1],'--')
    set(gca,'XTickLabel',{'0','5Tb','10Tb','15Tb','20Tb'})
    axis([0 20 -5 30])
    xlabel('(e) \sigma^2= 1 & S_{0} is transmitted','fontsize',10)
    % Sub-case s = s_1:
    s=s_1;
    r=s+noise;   % received signal
    for n=1:K
        r_0(n)=sum(r(1:n).*s_0(1:n));
        r_1(n)=sum(r(1:n).*s_1(1:n));
    end
    % Plotting the results:
    subplot(3,2,6)
    plot(l,[0 r_0],'-',l,[0 r_1],'--')
    set(gca,'XTickLabel',{'0','5Tb','10Tb','15Tb','20Tb'})
    axis([0 20 -5 30])
    xlabel('(f) \sigma^2= 1 & S_{1} is transmitted','fontsize',10)
```

匹配滤波器

匹配滤波器提供了替代相关器的解调信号 $r(t)$ 的另一种方法。匹配于信号波形 $s(t)$，$0 \leqslant t \leqslant T_b$，滤波器的冲激响应为

$$h(t) = s(T_b - t), \qquad 0 \leqslant t \leqslant T_b \tag{5.2.13}$$

于是，当输入波形是 $s(t)$ 时，在匹配滤波器输出的信号波形 $y(t)$ 由下面的卷积积分给出：

$$y(t) = \int_0^t s(\tau) h(t - \tau) \mathrm{d}\tau \tag{5.2.14}$$

如果将式(5.2.13)中的 $h(t-\tau)$ 代入式(5.2.14)中，可得

$$y(t) = \int_0^t s(\tau) s(T_b - t + \tau) \mathrm{d}\tau \tag{5.2.15}$$

如果在 $t = T_b$ 时刻对 $y(t)$ 采样，可得

$$y(T_b) = \int_0^{T_b} s^2(t) \mathrm{d}t = E \tag{5.2.16}$$

其中，E 是信号 $s(t)$ 的能量。因此，匹配滤波器在采样时刻 $t = T_b$ 的输出与信号相关器的输出是相同的。

───── 解说题 ─────

解说题5.3 ［匹配滤波器］

考虑用匹配滤波器对图 5.2 所示的两个信号波形进行解调，并求输出。

两个匹配滤波器的冲激响应为

$$h_0(t) = s_0(T_b - t)$$
$$h_1(t) = s_1(T_b - t) \tag{5.2.17}$$

如图 5.6 所示。注意,将信号 $s(t)$ 反转得到 $s(-t)$,然后将反转后的信号 $s(-t)$ 延迟 T_b 就得到了 $s(T_b - t)$。

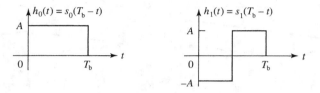

图 5.6　信号 $s_0(t)$ 和 $s_1(t)$ 的匹配滤波器的冲激响应

现在假定发送的是信号波形 $s_0(t)$,那么接收信号 $r(t) = s_0(t) + n(t)$ 通过这两个匹配滤波器。冲激响应为 $h_0(t)$ 的滤波器对信号分量 $s_0(t)$ 的响应如图 5.7(a) 所示。冲激响应为 $h_1(t)$ 的滤波器对信号分量 $s_0(t)$ 的响应如图 5.7(b) 所示。所以,在采样时刻 $t = T_b$,冲激响应为 $h_0(t)$ 和 $h_1(t)$ 的两个匹配滤波器的输出分别为

$$r_0 = E + n_0$$
$$r_1 = n_1 \tag{5.2.18}$$

注意,这些输出与在 $t = T_b$ 时刻对信号相关器采样所得到的输出是相同的。

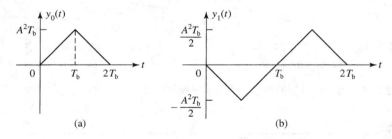

图 5.7　当发送的是 $s_0(t)$ 时匹配滤波器的信号输出

解说题 5.4　[信号波形的匹配滤波器]

对解说题 5.3 中的信号波形以 $F_s = 20/T_b$ 的速率进行采样,并且在数值上用 $s_0(t)$ 和 $s_1(t)$ 对 $r(t)$ 进行匹配滤波;即,当(a)发送信号是 $s_0(t)$ 和(b)发送信号是 $s_1(t)$ 时,计算并画出

$$y_0(kT_s) = \sum_{n=1}^{k} r(nT_s) s_0(kT_s - nT_s), \quad k = 1, 2, \cdots, 20$$

和

$$y_1(kT_s) = \sum_{n=1}^{k} r(nT_s) s_1(kT_s - nT_s), \quad k = 1, 2, \cdots, 20$$

当信号样本 $r(kT_s)$ 被加性高斯白噪声样本 $n(kT_s)$，$1 \leqslant k \leqslant 20$ 所污染时，重复上述计算，其中加性高斯白噪声的均值为零，方差分别为 $\sigma^2 = 0.1$ 和 $\sigma^2 = 1$。

题　解

图 5.8 中给出了匹配滤波器的输出。我们注意到两种不同方差的加性噪声对相关器的输出的影响。显然，当 $\sigma^2 = 1$ 时，噪声对匹配滤波器的输出有着显著的影响。这些计算的 MATLAB 脚本如下所示。

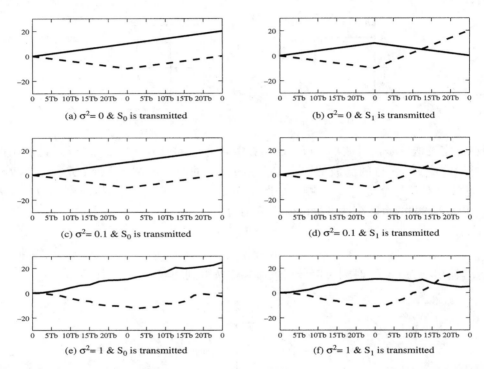

(a) $\sigma^2 = 0$ & S_0 is transmitted

(b) $\sigma^2 = 0$ & S_1 is transmitted

(c) $\sigma^2 = 0.1$ & S_0 is transmitted

(d) $\sigma^2 = 0.1$ & S_1 is transmitted

(e) $\sigma^2 = 1$ & S_0 is transmitted

(f) $\sigma^2 = 1$ & S_1 is transmitted

图 5.8　解说题 5.4 中匹配滤波器的输出。实线和虚线分别对应于对 $s_0(t)$ 和 $s_1(t)$ 的匹配滤波器的输出

m 文件

```
% MATLAB script for Illustrative Problem 5.4.

% Initialization:
K=20;          % Number of samples
A=1;           % Signal amplitude
l=0:K;
% Defining signal waveforms:
s_0=A*ones(1,K);
s_1=[A*ones(1,K/2)  −A*ones(1,K/2)];
% Initializing output signals:
y_0=zeros(1,K);
y_1=zeros(1,K);

% Case 1: noise~N(0,0)
noise=random('Normal',0,0,1,K);
    % Sub-case s = s_0:
    s=s_0;
    y=s+noise;  % received signal
```

```
y_0=conv(y,wrev(s_0));
y_1=conv(y,wrev(s_1));
% Plotting the results:
subplot(3,2,1)
plot(l,[0 y_0(1:K)],'-k',l,[0 y_1(1:K)],'--k')
set(gca,'XTickLabel',{'0','5Tb','10Tb','15Tb','20Tb'})
axis([0 20 −30 30])
xlabel('(a) \sigma^2= 0 & S_{0} is transmitted','fontsize',10)
% Sub-case s = s_1:
s=s_1;
y=s+noise;  % received signal
y_0=conv(y,wrev(s_0));
y_1=conv(y,wrev(s_1));
% Plotting the results:
subplot(3,2,2)
plot(l,[0 y_0(1:K)],'-k',l,[0 y_1(1:K)],'--k')
set(gca,'XTickLabel',{'0','5Tb','10Tb','15Tb','20Tb'})
axis([0 20 −30 30])
xlabel('(b) \sigma^2= 0 & S_{1} is transmitted','fontsize',10)
% Case 2: noise~N(0,0.1)
noise=random('Normal',0,0.1,1,K);
% Sub-case s = s_0:
s=s_0;
y=s+noise;  % received signal
y_0=conv(y,wrev(s_0));
y_1=conv(y,wrev(s_1));
% Plotting the results:
subplot(3,2,3)
plot(l,[0 y_0(1:K)],'-k',l,[0 y_1(1:K)],'--k')
set(gca,'XTickLabel',{'0','5Tb','10Tb','15Tb','20Tb'})
axis([0 20 −30 30])
xlabel('(c) \sigma^2= 0.1 & S_{0} is transmitted','fontsize',10)
% Sub-case s = s_1:
s=s_1;
y=s+noise;  % received signal
y_0=conv(y,wrev(s_0));
y_1=conv(y,wrev(s_1));
% Plotting the results:
subplot(3,2,4)
plot(l,[0 y_0(1:K)],'-k',l,[0 y_1(1:K)],'--k')
set(gca,'XTickLabel',{'0','5Tb','10Tb','15Tb','20Tb'})
axis([0 20 −30 30])
xlabel('(d) \sigma^2= 0.1 & S_{1} is transmitted','fontsize',10)
% Case 3: noise~N(0,1)
noise=random('Normal',0,1,1,K);
% Sub-case s = s_0:
s=s_0;
y=s+noise;  % received signal
y_0=conv(y,wrev(s_0));
y_1=conv(y,wrev(s_1));
% Plotting the results:
subplot(3,2,5)
plot(l,[0 y_0(1:K)],'-k',l,[0 y_1(1:K)],'--k')
set(gca,'XTickLabel',{'0','5Tb','10Tb','15Tb','20Tb'})
axis([0 20 −30 30])
xlabel('(e) \sigma^2= 1 & S_{0} is transmitted','fontsize',10)
% Sub-case s = s_1:
s=s_1;
y=s+noise;  % received signal
y_0=conv(y,wrev(s_0));
y_1=conv(y,wrev(s_1));
% Plotting the results:
```

```
subplot(3,2,6)
plot(l,[0 y_0(1:K)],'-k',l,[0 y_1(1:K)],'--k')
set(gca,'XTickLabel',{'0','5Tb','10Tb','15Tb','20Tb'})
axis([0 20 -30 30])
xlabel('(f) \sigma^2= 1 & S_{1} is transmitted','fontsize',10)
```

检测器

检测器观察相关器或匹配滤波器的输出 r_0 和 r_1,并判决所发送的信号波形是 $s_0(t)$ 还是 $s_1(t)$,这就分别相应于传输的是 0 还是 1。**最优检测器**就是使差错概率最小的检测器。

───── 解说题 ─────

解说题 5.5 [二元检测]

考虑图 5.2 所示的信号的检测器,这些信号是等概率的,并具有相等的能量。这两个信号的最优检测器将比较 r_0 和 r_1,并且当 $r_0 > r_1$ 时就判定传输的是 0,而当 $r_1 > r_0$ 时就判定传输的是 1。求差错概率。

───── 题 解 ─────

当发送波形是 $s_0(t)$ 时,差错概率为

$$P_e = P(r_1 > r_0) = P(n_1 > E + n_0) = P(n_1 - n_0 > E) \qquad (5.2.19)$$

因为 n_1 和 n_0 是零均值的高斯随机变量,所以它们的差 $x \equiv n_1 - n_0$ 也是零均值的高斯随机变量。随机变量 x 的方差是

$$E(x^2) = E[(n_1 - n_0)^2] = E(n_1^2) + E(n_0^2) - 2E(n_1 \mid n_0) \qquad (5.2.20)$$

但是 $E(n_1 \mid n_0) = 0$,这是因为这些信号波形是正交的,即

$$E(n_1 \mid n_0) = E \int_0^{T_b} \int_0^{T_b} s_0(t) s_1(\tau) n(t) n(\tau) \, \mathrm{d}t \mathrm{d}\tau$$

$$= \frac{N_0}{2} \int_0^{T_b} \int_0^{T_b} s_0(t) s_1(\tau) \delta(t - \tau) \, \mathrm{d}t \mathrm{d}\tau$$

$$= \frac{N_0}{2} \int_0^{T_b} s_0(t) s_1(t) \, \mathrm{d}t$$

$$= 0 \qquad (5.2.21)$$

因此

$$E(x^2) = 2\left(\frac{EN_0}{2}\right) = EN_0 \equiv \sigma_x^2 \qquad (5.2.22)$$

所以,差错概率是

$$P_e = \frac{1}{\sqrt{2\pi}\,\sigma_x} \int_E^\infty e^{-x^2/2\sigma_x^2} \mathrm{d}x$$

$$= \frac{1}{\sqrt{2\pi}} \int_{\sqrt{E/N_0}}^\infty e^{-x^2/2} \mathrm{d}x$$

$$= Q\left(\sqrt{\frac{E}{N_0}}\right) \qquad (5.2.23)$$

比值 E/N_0 称为信噪比(SNR)。

本例中求得的检测器性能基于发送的信号波形是 $s_0(t)$。读者可以证明,当发送的是 $s_1(t)$

时得出的差错概率与发送的是 $s_0(t)$ 时得出的差错概率相同。因为在这个数据序列中 0 和 1 是等概率的,所以平均差错概率就由式(5.2.23)给出。用下面给出的 MATLAB 脚本计算该表达式的差错概率,并将其作为 SNR 的函数画在图 5.9 中,图中的 SNR 是以对数标尺($10\log_{10}E/N_0$)给出的。正如我们所预料的,差错概率随 SNR 的增加呈指数下降。

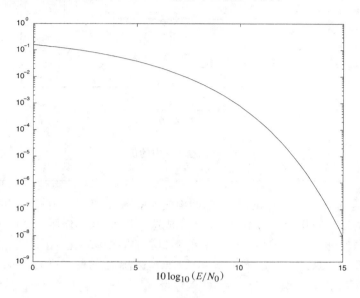

图 5.9　正交信号的差错概率

m 文件

```
% The MATLAB script that generates the probability of error versus the signal-to-noise ratio.
initial_snr=0;
final_snr=15;
snr_step=0.25;
snr_in_dB=initial_snr:snr_step:final_snr;
for i=1:length(snr_in_dB),
  snr=10^(snr_in_dB(i)/10);
  Pe(i)=Qfunct(sqrt(snr));
  echo off;
end;
echo on;
semilogy(snr_in_dB,Pe);
```

二元通信系统的 Monte Carlo 仿真

　　在实际情况下,通常都用 Monte Carlo 计算机仿真来估计某个数字通信系统的差错概率,尤其在对检测器的性能分析很困难的情况下更是如此。现在说明对前述的二元通信系统进行差错概率估计的方法。

解说题

解说题 5.6　[Monte Carlo 仿真]
　　对一个使用相关器或匹配滤波器的二元通信系统,用 Monte Carlo 仿真来估计其 P_e,并画出 P_e 随 SNR 的变化图。该系统的模型如图 5.10 所示。

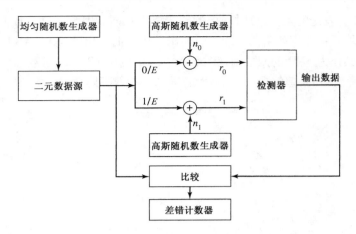

图 5.10　解说题 5.6 中的仿真模型

题　解

我们先仿真随机变量 r_0 和 r_1 的产生,它们构成了检测器的输入。首先产生一个等概率出现并相互统计独立的二进制 0 和 1 的序列。为了完成这一任务,我们使用一个产生在(0,1)范围内的均匀分布随机数的随机数生成器。若生成的随机数在(0,0.5)范围内,则二进制源的输出是0,否则就是 1。若产生的是 0,则 $r_0 = E + n_0$,并且 $r_1 = n_1$;若产生的是 1,则 $r_0 = n_0$,并且 $r_1 = E + n_1$。

利用两个高斯噪声发生器产生加性噪声分量 n_0 和 n_1。它们的均值为零,方差为 $\sigma^2 = EN_0/2$。为了方便,可以将信号能量 E 归一化到 $1(E = 1)$ 而改变 σ^2。注意,SNR(定义为E/N_0)就等于 $1/(2\sigma^2)$。将检测器输出与发送的二进制序列进行比较,并使用差错计数器来计数发生错误的比特数。

图 5.11 给出了在几个不同的 SNR 值下,发送了 $N = 10\ 000$ 个比特时的仿真结果。我们可以看到仿真结果与由式(5.2.23)给出的理论值 P_e 之间的一致性。还应该注意到,$N = 10\ 000$ 个数据比特的仿真最多能够可靠地估计出 $p_e = 10^{-3}$ 的差错概率;换句话说,用 $N = 10\ 000$ 个数据比特,对 p_e 的可靠估计至少应该有 10 个差错。

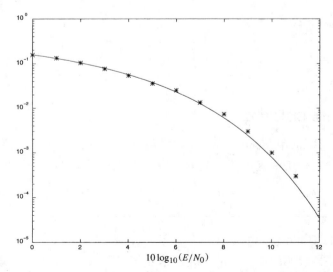

图 5.11　由 Monte Carlo 仿真得到的正交信号的差错概率与其理论值的对比

本题的 MATLAB 脚本如下所示。

───── m 文件 ─────

```
% MATLAB script for Illustrative Problem 5.6.
echo on
SNRindB1=0:1:12;
SNRindB2=0:0.1:12;
for i=1:length(SNRindB1),
    % simulated error rate
    smld_err_prb(i)=smldPe54(SNRindB1(i));
    echo off ;
end;
echo on ;
for i=1:length(SNRindB2),
    SNR=exp(SNRindB2(i)*log(10)/10);
    % theoretical error rate
    theo_err_prb(i)=Qfunct(sqrt(SNR));
    echo off ;
end;
echo on;
% Plotting commands follow.
semilogy(SNRindB1,smld_err_prb,'*');
hold
semilogy(SNRindB2,theo_err_prb);
```

───── m 文件 ─────

```
function [p]=smldPe54(snr_in_dB)
% [p]=smldPe54(snr_in_dB)
%           SMLDPE54   finds the probability of error for the given
%           snr_in_dB, signal-to-noise ratio in dB.
E=1;
SNR=exp(snr_in_dB*log(10)/10);          % signal-to-noise ratio
sgma=E/sqrt(2*SNR);                     % sigma, standard deviation of noise
N=10000;
% generation of the binary data source
for i=1:N,
  temp=rand;                            % a uniform random variable over (0,1)
  if (temp<0.5),
    dsource(i)=0;                       % With probability 1/2, source output is 0.
  else
    dsource(i)=1;                       % With probability 1/2, source output is 1.
  end
end;
% detection, and probability of error calculation
numoferr=0;
for i=1:N,
  % matched filter outputs
  if (dsource(i)==0),
    r0=E+gngauss(sgma);
    r1=gngauss(sgma);                   % if the source output is "0"
  else
    r0=gngauss(sgma);
    r1=E+gngauss(sgma);                 % if the source output is "1"
  end;
  % Detector follows.
  if (r0>r1),
    decis=0;                            % Decision is "0".
  else
    decis=1;                            % Decision is "1".
  end;
```

```
if (decis~=dsource(i)),             % If it is an error, increase the error counter.
    numoferr=numoferr+1;
  end;
end;
p=numoferr/N;                       % probability of error estimate
```

思考题

　　在图 5.11 中,仿真结果和理论值在低信噪比下完全一致,而在高信噪比下的吻合度稍差,能解释为什么吗? 我们应该如何改变仿真过程,以使高信噪比下的吻合度更好?

5.2.2　其他二元信号传输方法

　　上面所讨论的二元信号传输方法是基于使用正交信号的方案的。下面要讨论经由某个通信信道传输二进制信息的另外两种方法。一种使用反极性信号,另一种使用开关信号。

用于二元信号传输的反极性信号

　　如果某信号波形是另外一个信号波形的负值,则认为这两个信号波形是**反极性的**(antipodal)。例如,图 5.12(a)给出了一对反极性信号,而图 5.12(b)给出了另一对反极性信号。

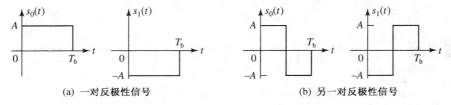

(a) 一对反极性信号　　　　　　　(b) 另一对反极性信号

图 5.12　反极性信号对举例

　　假设用反极性的信号波形 $s_0(t) = s(t)$ 和 $s_1(t) = -s(t)$ 来传输二进制信息。其中,$s(t)$ 是能量为 E 的任意波形,从加性高斯白噪声信道接收到的信号波形可表示为

$$r(t) = \pm s(t) + n(t), \qquad 0 \leq t \leq T_b \tag{5.2.24}$$

用于恢复该二进制信息的最优接收机使用了一个相关器或与 $s(t)$ 匹配的匹配滤波器,再紧跟着一个检测器,如图 5.13 所示。

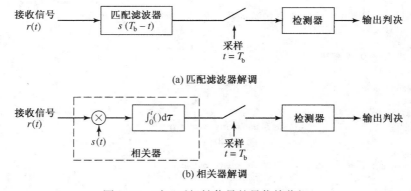

(a) 匹配滤波器解调

(b) 相关器解调

图 5.13　对于反极性信号的最优接收机

　　假设发送的是 $s(t)$,接收到的信号就是

$$r(t) = s(t) + n(t) \tag{5.2.25}$$

在采样时刻 $t = T_b$,相关器或匹配滤波器的输出是

$$r = E + n \tag{5.2.26}$$

其中,E 是信号能量,n 是加性噪声分量,可以表示为

$$n = \int_0^{T_b} n(t)s(t)\,\mathrm{d}t \tag{5.2.27}$$

因为加性噪声过程 $n(t)$ 是零均值的,因此有 $E(n)=0$。噪声分量 n 的方差是

$$
\begin{aligned}
\sigma^2 &= E(n^2) \\
&= \int_0^{T_b} \int_0^{T_b} E[n(t)n(\tau)]s(t)s(\tau)\,\mathrm{d}t\mathrm{d}\tau \\
&= \frac{N_0}{2} \int_0^{T_b} \int_0^{T_b} \delta(t-\tau)s(t)s(\tau)\,\mathrm{d}t\mathrm{d}\tau \\
&= \frac{N_0}{2} \int_0^{T_b} s^2(t)\,\mathrm{d}t \\
&= \frac{N_0 E}{2} \tag{5.2.28}
\end{aligned}
$$

于是,当发送的是 $s(t)$ 时,r 的概率密度函数是

$$p(r \mid 发送的是 s(t)) \equiv p(r \mid 0) = \frac{1}{\sqrt{2\pi}\,\sigma} \mathrm{e}^{-(r-E)^2/(2\sigma^2)} \tag{5.2.29}$$

类似地,当发送的是信号波形 $-s(t)$ 时,检测器的输入是

$$r = -E + n \tag{5.2.30}$$

r 的概率密度函数是

$$p(r \mid 发送的是 -s(t)) \equiv p(r \mid 1) = \frac{1}{\sqrt{2\pi}\,\sigma} \mathrm{e}^{-(r+E)^2/(2\sigma^2)} \tag{5.2.31}$$

这两个概率密度函数如图 5.14 所示。

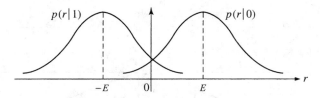

图 5.14　检测器输入的概率密度函数

对于等概率的信号波形,最优检测器将 r 与阈值零相比较。若 $r>0$,则判为发送的是 $s(t)$;若 $r<0$,则判为发送的是 $-s(t)$。污染信号的噪声引发检测器的差错。检测器的差错概率很容易计算出来。假定发送的是 $s(t)$,差错概率就等于 $r<0$ 的概率,即

$$
\begin{aligned}
P_e &= P(r<0) \\
&= \frac{1}{\sqrt{2\pi}\,\sigma} \int_{-\infty}^{0} \mathrm{e}^{-(r-E)^2/(2\sigma^2)}\,\mathrm{d}r \\
&= \frac{1}{\sqrt{2\pi}} \int_{-\infty}^{-E/\sigma} \mathrm{e}^{-r^2/2}\,\mathrm{d}r \\
&= Q\left(\frac{E}{\sigma}\right) \\
&= Q\left(\sqrt{\frac{2E}{N_0}}\right) \tag{5.2.32}
\end{aligned}
$$

　　当发送的是 $-s(t)$ 时，也能得出类似的结果。因此，当这两个信号波形等概率时，平均差错概率由式(5.2.32)给出。

　　当我们将反极性信号的差错概率与由式(5.2.32)给出的正交信号的差错概率进行比较时，可以看出，对相同的发送信号能量 E，反极性信号会有更好的性能。换一种方式说，在相同的性能（相同差错概率）下，反极性信号只需使用正交信号一半的发送能量，所以反极性信号比正交信号在效率上高出 3 dB。

解说题

解说题 5.7　[对反极性信号波形进行相关运算]

　　在反极性信号中，信号波形 $s_0(t)$ 定义为

$$s_0(t) = A, \quad 0 \le t \le T_b$$

在其他情况下都是 0。接收到的信号为 $r(t) = \pm s_0(t) + n(t)$。对接收到的信号 $r(t)$ 和 $s_0(t)$ 以速率 $F_s = 20/T_b$ 进行采样，并且在数值上对 $r(t)$ 和 $s_0(t)$ 进行相关；也就是说，当(a)发送的信号是 $s_0(t)$ 时和(b)发送的信号是 $s_1(t)$ 时，计算并画出

$$r_0(kT_s) = \sum_{n=1}^{k} r(nT_s)s_0(nT_s), \quad k = 1, 2, \cdots, 20$$

当加性噪声是零均值且方差分别为 $\sigma^2 = 0$，$\sigma^2 = 0.1$ 和 $\sigma^2 = 1$ 的高斯噪声时，执行上述计算。

题　解

　　图 5.15 给出了对不同噪声方差的相关器的输出。完成计算的 MATLAB 脚本如下所示。

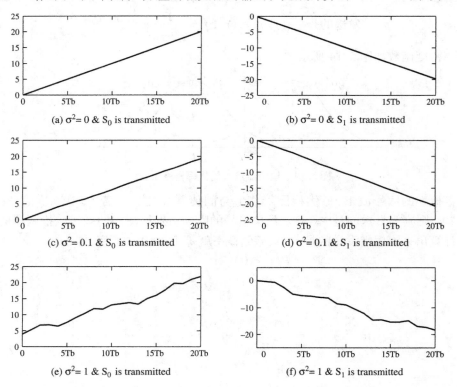

图 5.15　解说题 5.7 中的相关器的输出

m 文件

```
% MATLAB script for Illustrative Problem 5.7.

% Initialization:
K=20;                  % Number of samples
A=1;                   % Signal amplitude
l=0:K;
s_0=A*ones(1,K);% Signal waveform
r_0=zeros(1,K); % Output signal

% Case 1: noise~N(0,0)
    noise=random('Normal',0,0,1,K);
    % Sub-case s = s_0:
    s=s_0;
    r=s+noise;   % received signal
    for n=1:K
        r_0(n)=sum(r(1:n).*s_0(1:n));
    end
    % Plotting the results:
    subplot(3,2,1)
    plot(l,[0 r_0])
    set(gca,'XTickLabel',{'0','5Tb','10Tb','15Tb','20Tb'})
    axis([0 20 0 25])
    xlabel('(a) \sigma^2= 0 & S_{0} is transmitted ','fontsize',10)
%       text(15,3,'\fontsize{10} r_{0}: - & r_{1}: -','hor','left')
    % Sub-case s = s_1:
    s=-s_0;
    r=s+noise;   % received signal
    for n=1:K
        r_0(n)=sum(r(1:n).*s_0(1:n));
    end
    % Plotting the results:
    subplot(3,2,2)
    plot(l,[0 r_0])
    set(gca,'XTickLabel',{'0','5Tb','10Tb','15Tb','20Tb'})
    axis([0 20 -25 0])
    xlabel('(b) \sigma^2= 0 & S_{1} is transmitted ','fontsize',10)
% Case 2: noise~N(0,0.1)
    noise=random('Normal',0,0.1,1,K);
    % Sub-case s = s_0:
    s=s_0;
    r=s+noise;   % received signal
    for n=1:K
        r_0(n)=sum(r(1:n).*s_0(1:n));
    end
    % Plotting the results:
    subplot(3,2,3)
    plot(l,[0 r_0])
    set(gca,'XTickLabel',{'0','5Tb','10Tb','15Tb','20Tb'})
    axis([0 20 0 25])
    xlabel('(c) \sigma^2= 0.1 & S_{0} is transmitted ','fontsize',10)
    % Sub-case s = s_1:
    s=-s_0;
    r=s+noise;   % received signal
    for n=1:K
        r_0(n)=sum(r(1:n).*s_0(1:n));
    end
    % Plotting the results:
    subplot(3,2,4)
    plot(l,[0 r_0])
    set(gca,'XTickLabel',{'0','5Tb','10Tb','15Tb','20Tb'})
    axis([0 20 -25 0])
```

```
    xlabel('(d) \sigma^2= 0.1 & S_{1} is transmitted ','fontsize',10)
% Case 3: noise~N(0,1)
    noise=random('Normal',0,1,1,K);
    % Sub-case s = s_0:
    s=s_0;
    r=s+noise;   % received signal
    for n=1:K
        r_0(n)=sum(r(1:n).*s_0(1:n));
    end
    % Plotting the results:
    subplot(3,2,5)
    plot(l,[0 r_0])
    set(gca,'XTickLabel',{'0','5Tb','10Tb','15Tb','20Tb'})
    axis([0 20 -5 25])
    xlabel('(e) \sigma^2= 1 & S_{0} is transmitted ','fontsize',10)
    % Sub-case s = s_1:
    s=-s_0;
    r=s+noise;   % received signal
    for n=1:K
        r_0(n)=sum(r(1:n).*s_0(1:n));
    end
    % Plotting the results:
    subplot(3,2,6)
    plot(l,[0 r_0])
    set(gca,'XTickLabel',{'0','5Tb','10Tb','15Tb','20Tb'})
    axis([0 20 -25 5])
    xlabel('(f) \sigma^2= 1 & S_{1} is transmitted ','fontsize',10)
```

解说题

解说题 5.8 ［二进制反极性信号的仿真］

用 Monte Carlo 仿真来估计并画出利用反极性信号的二元通信系统的差错概率性能。系统的模型如图 5.16 所示。

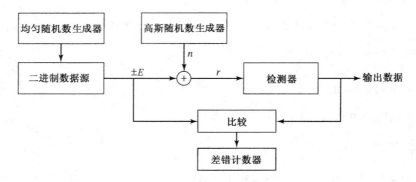

图 5.16   利用反极性信号的二元通信系统模型

题 解

我们先仿真随机变量 r 的产生,它是检测器的输入。用一个均匀随机数生成器从二进制数据源中产生二进制信息序列。这个 0 和 1 的序列被映射为 ±E 的序列,其中 E 代表信号能量。E 可以归一化到 1。用一个高斯噪声生成器产生零均值、方差为 σ^2 的高斯随机数。检测器将随机变量 r 与阈值 0 进行比较。若 $r>0$,则判决传送的比特是一个 0;若 $r<0$,则判决传送的比特是一个 1。然后将检测器的输出与发送的信息比特序列进行比较,比特差错被计数。图 5.17 给出了在几个不同的 SNR 值下,发送 $N=10\ 000$ 个比特时的仿真结果。由

式(5.2.32)给出的 P_e 的理论值也画在图 5.17 中,以供比较。注意,对于 10 000 个发送比特, Monte Carlo 估计的 10^{-3} 以下的 P_e 不太准确。

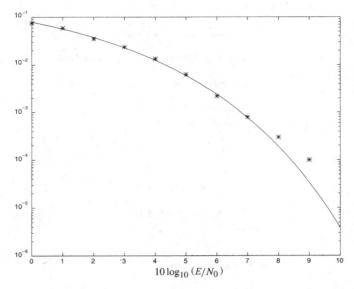

图 5.17　对于反极性信号,由 Monte Carlo 仿真得到的差错概率与理论值的对比

本题的 MATLAB 脚本如下所示。

■ m 文件

```
% MATLAB script for Illustrative Problem 5.8.
echo on
SNRindB1=0:1:10;
SNRindB2=0:0.1:10;
for i=1:length(SNRindB1),
    % simulated error rate
    smld_err_prb(i)=smldPe55(SNRindB1(i));
    echo off;
end;
echo on;
for i=1:length(SNRindB2),
    SNR=exp(SNRindB2(i)*log(10)/10);
    % theoretical error rate
    theo_err_prb(i)=Qfunct(sqrt(2*SNR));
    echo off;
end;
echo on;
% Plotting commands follow.
semilogy(SNRindB1,smld_err_prb,'*');
hold
semilogy(SNRindB2,theo_err_prb);
```

■ m 文件

```
function [p]=smldPe55(snr_in_dB)
% [p]=smldPe55(snr_in_dB)
%           SMLDPE55 simulates the probability of error for the particular
%           value of snr_in_dB, signal-to-noise ratio in dB.
E=1;
```

```
SNR=exp(snr_in_dB*log(10)/10);          % signal-to-noise ratio
sgma=E/sqrt(2*SNR);                     % sigma, standard deviation of noise
N=10000;
% Generation of the binary data source follows.
for i=1:N,
    temp=rand;                          % a uniform random variable over (0,1)
    if (temp<0.5),
        dsource(i)=0;                   % With probability 1/2, source output is 0.
    else
        dsource(i)=1;                   % With probability 1/2, source output is 1.
    end
end;
% The detection, and probability of error calculation follows.
numoferr=0;
for i=1:N,
    % the matched filter outputs
    if (dsource(i)==0),
        r=-E+gngauss(sgma);             % if the source output is "0"
    else
        r=E+gngauss(sgma);              % if the source output is "1"
    end;
    % Detector follows.
    if (r<0),
        decis=0;                        % Decision is "0".
    else
        decis=1;                        % Decision is "1".
    end;
    if (decis~=dsource(i)),             % If it is an error, increase the error counter.
        numoferr=numoferr+1;
    end;
end;
p=numoferr/N;                           % probability of error estimate
```

用于二元信号传输的开关信号

二进制信息序列也可以用开关信号来传送。为了发送一个 0,在持续期为 T_b 的时间间隔内不传送任何信号;为了发送一个 1,传送了信号波形 $s(t)$。于是,接收到的信号波形可表示为

$$r(t) = \begin{cases} n(t), & \text{若发送的是 0} \\ s(t) + n(t), & \text{若发送的是 1} \end{cases} \tag{5.2.33}$$

其中,$n(t)$ 代表加性高斯白噪声。

与反极性信号的情况一样,最优接收机由一个相关器或与 $s(t)$ 相匹配的匹配滤波器(它的输出在 $t = T_b$ 时刻被采样),再紧跟着一个检测器组成,检测器将采样输出与阈值 α 进行比较。若 $r > \alpha$,则宣告发送的是 1,否则宣告发送的是 0。

检测器的输入可以表示为

$$r = \begin{cases} n, & \text{若发送的是 0} \\ E + n, & \text{若发送的是 1} \end{cases} \tag{5.2.34}$$

其中,n 是零均值、方差 $\sigma^2 = EN_0/2$ 的高斯随机变量。因此,随机变量 r 的条件概率密度函数是:

$$p(r|0) = \frac{1}{\sqrt{2\pi}\sigma} e^{-r^2/(2\sigma^2)}, \qquad \text{若发送的是 0}$$

$$p(r|1) = \frac{1}{\sqrt{2\pi}\sigma} e^{-(r-E)^2/(2\sigma^2)}, \qquad \text{若发送的是 1}$$

这些概率密度函数如图 5.18 所示。

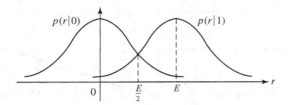

图 5.18 对于开关信号,相关器对接收信号的输出的概率密度函数

当发送的是 0 时,差错概率为

$$P_{e0}(\alpha) = P(r > \alpha) = \frac{1}{\sqrt{2\pi}\sigma} \int_{\alpha}^{\infty} e^{-r^2/(2\sigma^2)} \, dr \tag{5.2.35}$$

其中,α 是阈值。另一方面,当发送的是 1 时,差错概率为

$$P_{e1}(\alpha) = P(r < \alpha) = \frac{1}{\sqrt{2\pi}\sigma} \int_{-\infty}^{\infty} e^{-(r-E)^2/(2\sigma^2)} \, dr \tag{5.2.36}$$

假定二进制信息比特是等概率的,得到其平均差错概率为

$$P_e(\alpha) = \frac{1}{2}P_{e0}(\alpha) + \frac{1}{2}P_{e1}(\alpha) \tag{5.2.37}$$

使这个平均差错概率最小的值 α 可以通过对 $P_e(\alpha)$ 求微分并解出最优阈值而求得。很容易证明,这个最优阈值为

$$\alpha_{opt} = \frac{E}{2} \tag{5.2.38}$$

将这个最优值代入式(5.2.35),式(5.2.36)和式(5.2.37),可得出差错概率为

$$P_e(\alpha_{opt}) = Q\left(\sqrt{\frac{E}{2N_0}}\right) \tag{5.2.39}$$

可以看出,使用开关信号时误码率的性能不如反极性信号时那么好。与反极性信号相比差 6 dB,与正交信号相比差 3 dB。然而,对开关信号而言,其平均发送的能量比反极性信号都少 3 dB。因此,当与其他信号类型进行性能比较时,这个差别也应该计入。

▍解说题▍

解说题 5.9 [对开关信号波形进行相关运算]

在开关信号传输中,接收信号定义为

$$r(t) = \begin{cases} n(t), & \text{若发送的是 0} \\ s(t) + n(t), & \text{若发送的是 1} \end{cases}$$

其中,$n(t)$ 表示加性高斯白噪声,$s(t)$ 定义为

$$s(t) = A, \quad 0 \leq t \leq T_b$$

在其他情况下都为 0。对接收到的信号 $r(t)$ 以速率 $F_s = 30/T_b$ 进行采样,并且在接收机端进行数值上的相关,即

$$y(kT_s) = \sum_{n=1}^{k} r(nT_s)s(nT_s), \quad k = 1, 2, \cdots, 30$$

当噪声样本的方差分别为 $\sigma^2 = 0$,$\sigma^2 = 0.1$ 和 $\sigma^2 = 1$ 时,计算并画出 $y(kT_s)$,$1 \leq k \leq 30$。

▍题 解▍

图 5.19 给出了对不同噪声方差的相关器的输出。完成计算的 MATLAB 脚本如下所示。

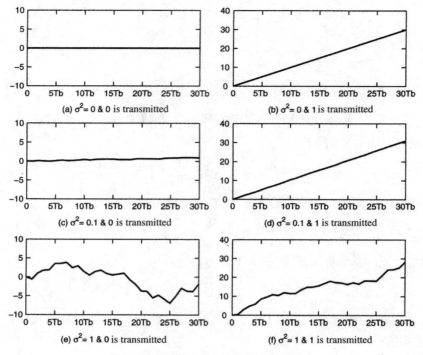

图 5.19　解说题 5.9 中的相关器的输出

m 文件

% MATLAB script for Illustrative Problem 5.9.

```
% Initialization:
K=30;              % Number of samples
A=1;               % Signal amplitude
l=0:K;
s=A*ones(1,K);     % Signal waveform
y=zeros(1,K);      % Output signal
% Case1: noise~N(0,0)
    noise=random('Normal',0,0,1,K);
    % Sub-case: 0 is transmitted
    r=noise;       % received signal
    for n=1:K
        y(n)=sum(r(1:n).*s(1:n));
    end
    % Plotting the results:
    subplot(3,2,1)
    plot(l,[0 y])
    set(gca,'XTickLabel',{'0','5Tb','10Tb','15Tb','20Tb','25Tb','30Tb'})
    axis([0 30 -10 10])
    xlabel('(a) \sigma^2= 0 & 0 is transmitted' ,'fontsize',10)
    % Sub-case: 1 is transmitted
    r=s+noise;     % received signal
    for n=1:K
        y(n)=sum(r(1:n).*s(1:n));
    end
    % Plotting the results:
    subplot(3,2,2)
    plot(l,[0 y])
```

```
set(gca,'XTickLabel',{'0','5Tb','10Tb','15Tb','20Tb','25Tb','30Tb'})
axis([0 30 0 40])
xlabel('(b) \sigma^2= 0 & 1 is transmitted' ,'fontsize',10)
% Case2: noise~N(0,0.1)
noise=random('Normal',0,0.1,1,K);
% Sub-case: 0 is transmitted
r=noise;      % received signal
for n=1:K
     y(n)=sum(r(1:n).*s(1:n));
end
% Plotting the results:
subplot(3,2,3)
plot(l,[0 y])
set(gca,'XTickLabel',{'0','5Tb','10Tb','15Tb','20Tb','25Tb','30Tb'})
axis([0 30 −10 10])
xlabel('(c) \sigma^2= 0.1 & 0 is transmitted' ,'fontsize',10)
% Sub-case: 1 is transmitted
r=s+noise;  % received signal
for n=1:K
     y(n)=sum(r(1:n).*s(1:n));
end
% Plotting the results:
subplot(3,2,4)
plot(l,[0 y])
set(gca,'XTickLabel',{'0','5Tb','10Tb','15Tb','20Tb','25Tb','30Tb'})
axis([0 30 0 40])
xlabel('(d) \sigma^2= 0.1 & 1 is transmitted' ,'fontsize',10)
% Case3: noise~N(0,1)
noise=random('Normal',0,1,1,K);
% Sub-case: 0 is transmitted
r=noise;       % received signal
for n=1:K
     y(n)=sum(r(1:n).*s(1:n));
end
% Plotting the results:
subplot(3,2,5)
plot(l,[0 y])
set(gca,'XTickLabel',{'0','5Tb','10Tb','15Tb','20Tb','25Tb','30Tb'})
axis([0 30 −10 10])
xlabel('(e) \sigma^2= 1 & 0 is transmitted' ,'fontsize',10)
% Sub-case: 1 is transmitted
r=s+noise;  % received signal
for n=1:K
     y(n)=sum(r(1:n).*s(1:n));
end
% Plotting the results:
subplot(3,2,6)
plot(l,[0 y])
set(gca,'XTickLabel',{'0','5Tb','10Tb','15Tb','20Tb','25Tb','30Tb'})
axis([0 30 0 40])
xlabel('(f) \sigma^2= 1 & 1 is transmitted' ,'fontsize',10)
```

―――――　解说题　―――――

解说题 5.10　[开关信号仿真]

用 Monte Carlo 仿真估计并画出使用开关信号的二元通信系统的性能。

―――――　题　解　―――――

要仿真的这个系统的模型与图 5.16 所示的系统类似,除了一个信号是 0 以外。因此,按式(5.2.34)产生一个随机变量序列 $\{r_i\}$,检测器将该随机变量 $\{r_i\}$ 与最优阈值 $E/2$ 进行比较,并做出适当的判决。图 5.20 给出了基于 10 000 个二进制数字的估计差错概率。由式(5.2.39)给出的理论上的误码率也示于图 5.20。

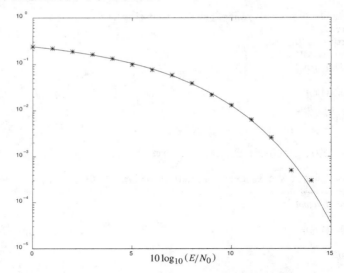

图 5.20　对于开关信号,Monte Carlo 仿真的差错概率与理论值的对比

本题的 MATLAB 脚本如下所示。

m 文件

```
% MATLAB script for Illustrative Problem 5.10.
echo on
SNRindB1=0:1:15;
SNRindB2=0:0.1:15;
for i=1:length(SNRindB1),
    smld_err_prb(i)=smldPe56(SNRindB1(i));        % simulated error rate
    echo off;
end;
echo on;
for i=1:length(SNRindB2),
    SNR=exp(SNRindB2(i)*log(10)/10);              % signal-to-noise ratio
    theo_err_prb(i)=Qfunct(sqrt(SNR/2));          % theoretical error rate
    echo off;
end;
echo on;
% Plotting commands follow.
semilogy(SNRindB1,smld_err_prb,'*');
hold
semilogy(SNRindB2,theo_err_prb);
```

m 文件

```
function [p]=smldPe56(snr_in_dB)
% [p]=smldPe56(snr_in_dB)
%              SMLDPE56   simulates the probability of error for a given
%              snr_in_dB, signal-to-noise ratio in dB.

E=1;
alpha_opt=1/2;
SNR=exp(snr_in_dB*log(10)/10);        % signal-to-noise ratio
sgma=E/sqrt(2*SNR);                   % sigma, standard deviation of noise
N=10000;
% Generation of the binary data source follows.
for i=1:N,
```

```
temp=rand;                              % a uniform random variable over (0,1)
if (temp<0.5),
    dsource(i)=0;                       % With probability 1/2, source output is 0.
else
    dsource(i)=1;                       % With probability 1/2, source output is 1.
end
end;
% detection, and probability of error calculation
numoferr=0;
for i=1:N,
    % the matched filter outputs
    if (dsource(i)==0),
        r=gngauss(sgma);                % if the source output is "0"
    else
        r=E+gngauss(sgma);              % if the source output is "1"
    end;
    % Detector follows.
    if (r<alpha_opt),
        decis=0;                        % Decision is "0".
    else
        decis=1;                        % Decision is "1".
    end;
    if (decis~=dsource(i)),             % If it is an error, increase the error counter.
        numoferr=numoferr+1;
    end;
end;
p=numoferr/N;                           % probability of error estimate
```

5.2.3　二进制信号的信号星座图

　　三种二进制信号(即反极性信号、开关信号和正交信号)都可以在几何上用"信号空间"中的点来表征。在反极性信号的情况下,信号是 $s(t)$ 和 $-s(t)$,每个都具有能量 E,这两个信号点落在实线上的 $\pm\sqrt{E}$ 点处,如图 5.21(a)所示。反极性信号之所以有一维的几何表示,是由于仅用一个信号波形或基函数,即 $s(t)$,就足以在信号空间内表示出这对反极性信号。开关信号也是一维信号,所以两个信号就落在实线上的 0 和 $\sqrt{E}$ 点处,如图 5.21(b)所示。

　　另一方面,二进制正交信号需要有一个二维的几何表示,因为有两个线性独立的函数 $s_0(t)$ 和 $s_1(t)$,它们构成了两种信号波形。这样,相应于这两个信号的信号点就在 $(\sqrt{E},0)$ 和 $(0,\sqrt{E})$ 上,如图 5.21(c)所示。

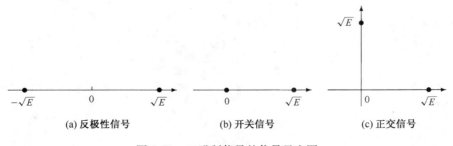

(a) 反极性信号　　　　　(b) 开关信号　　　　　(c) 正交信号

图 5.21　二进制信号的信号星座图

　　图 5.21 所示的二进制信号的几何表示就称为**信号星座图**。

解说题 5.11　[噪声对星座图的影响]

噪声对二元通信系统性能的影响可以从检测器输入端的接收信号加噪声中看到。例如,考虑二进制正交信号,检测器的输入由一对随机变量 (r_0, r_1) 组成,其中 (r_0, r_1) 或者为

$$(r_0, r_1) = (\sqrt{E} + n_0, n_1)$$

或者为

$$(r_0, r_1) = (n_0, \sqrt{E} + n_1)$$

噪声随机变量 n_0 和 n_1 都是零均值、方差为 σ^2 的独立的高斯随机变量。与解说题 5.6 相同,对 $\sigma = 0.1, \sigma = 0.3$ 和 $\sigma = 0.5$,分别用 Monte Carlo 仿真产生 100 个 (r_0, r_1) 样本,并分别对每个 σ 值在不同的二维坐标图上画出这 100 个样本。信号能量 E 可归一化到 1。

Monte Carlo 的仿真结果如图 5.22 所示。注意,当噪声功率较小(σ 较小)时,噪声对通信系统的性能(误码率)影响是很小的。随着噪声功率的增加,噪声分量的大小增加了,引起了更多的误码。

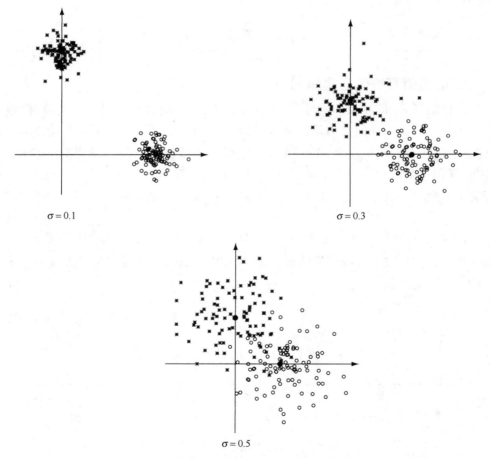

$\sigma = 0.1$

$\sigma = 0.3$

$\sigma = 0.5$

图 5.22　对于正交信号,在检测器输入端的接收信号点(Monte Carlo 仿真)

对于 $\sigma = 0.5$,本题的 MATLAB 脚本如下所示。

m 文件

```
% MATLAB script for Illustrative Problem 5.11.
echo on
n0=.5*randn(100,1);
n1=.5*randn(100,1);
n2=.5*randn(100,1);
n3=.5*randn(100,1);
x1=1.+n0;
y1=n1;
x2=n2;
y2=1.+n3;
plot(x1,y1,'o',x2,y2,'*')
axis('square')
```

5.3　多幅度信号传输

在前一节中,处理数字信息的传输用的都是二进制信号波形,因此每个信号波形仅传送 1 比特的信息。这一节要使用多个幅度电平的信号波形,因此每个信号波形就能传输多个比特的信息。

5.3.1　4 幅度电平的信号波形

考虑一组信号波形,其形式为

$$s_m(t) = A_m g(t), \qquad 0 \le t \le T \tag{5.3.1}$$

其中,A_m 是第 m 个波形的幅度,$g(t)$ 是矩形脉冲,定义为

$$g(t) = \begin{cases} \sqrt{1/T}, & 0 \le t \le T \\ 0, & 其余\ t \end{cases} \tag{5.3.2}$$

其中,脉冲 $g(t)$ 中的能量归一化到 1。现在特别考虑这样一种情况:信号幅度取 4 种可能的等间隔值,即 $\{A_m\} = \{-3d, -d, d, 3d\}$,或等效为

$$A_m = (2m - 3)d, \qquad m = 0, 1, 2, 3 \tag{5.3.3}$$

其中,$2d$ 是两个相邻幅度电平之间的欧氏距离。4 种信号波形如图 5.23 所示。我们称这组信号波形为**脉冲幅度调制**(PAM)信号。

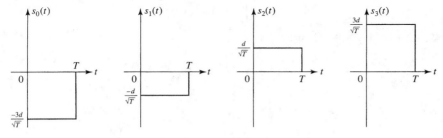

图 5.23　多幅度信号波形

对于图 5.23 所示的 4 种 PAM 信号波形,每个波形都可用来传送 2 个比特的信息,因此可把下面的信息比特对指定到这 4 种信号波形:

$$00 \to s_0(t)$$
$$01 \to s_1(t)$$
$$11 \to s_2(t)$$
$$10 \to s_3(t)$$

每个信息比特对 $\{00,01,11,10\}$ 称为一个**符号**(symbol),持续时间 T 称为**符号间隔**(symbol interval)。注意,如果比特率是 $R=1/T_{\mathrm{b}}$,则符号间隔就是 $T=2T_{\mathrm{b}}$。因为全部信号波形都是信号基函数 $g(t)$ 的幅度加权的结果,所以这些信号波形可以在几何上表示为实轴上的一些点。因此这 4 种 PAM 信号的几何表示就是信号星座图,如图 5.24 所示。

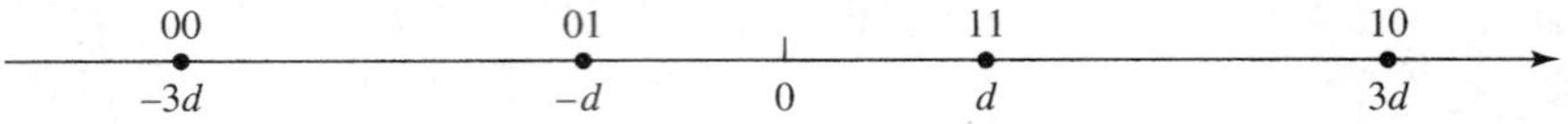

图 5.24　4 种 PAM 信号波形的信号星座图

与二进制信号的情况一样,假设 PAM 信号波形经由加性高斯白噪声信道进行传输。于是接收到的信号即可表示为

$$r(t) = s_i(t) + n(t), \qquad i = 0,1,2,3, \quad 0 \leqslant t \leqslant T \tag{5.3.4}$$

其中,$n(t)$ 是功率谱为 $N_0/2(\mathrm{W/Hz})$ 的高斯白噪声过程的样本函数。接收机的任务就是在时间间隔 $0 \leqslant t \leqslant T$ 观察接收信号 $r(t)$,确定传输的是这 4 种信号波形中的哪一种。最优接收机要设计成能使符号差错概率最小。

5.3.2　加性高斯白噪声信道的最优接收机

使差错概率最小的接收机可以将信号通过一个信号相关器或匹配滤波器,再紧跟着一个幅度检测器来实现。因为信号相关器和匹配滤波器在采样时刻都产生相同的输出,所以我们在讨论中仅考虑信号相关器。

信号相关器

信号相关器将接收到的信号 $r(t)$ 与信号脉冲 $g(t)$ 做互相关,并将它的输出在 $t=T$ 时刻采样,因此信号相关器的输出是

$$
\begin{aligned}
r &= \int_0^T r(t)g(t)\,\mathrm{d}t \\
&= \int_0^T A_i g^2(t)\,\mathrm{d}t + \int_0^T g(t)n(t)\,\mathrm{d}t \\
&= A_i + n
\end{aligned}
\tag{5.3.5}
$$

其中,n 代表噪声分量,定义为

$$n = \int_0^T g(t)n(t)\,\mathrm{d}t \tag{5.3.6}$$

注意,n 是一个高斯随机变量,其均值为

$$E(n) = \int_0^T g(t)E[n(t)]\,\mathrm{d}t = 0 \tag{5.3.7}$$

方差为

$$
\begin{aligned}
\sigma^2 &= E(n^2) \\
&= \int_0^T \int_0^T g(t)g(\tau)E[n(t)n(\tau)]\,\mathrm{d}t\mathrm{d}\tau \\
&= \frac{N_0}{2} \int_0^T \int_0^T g(t)g(\tau)\delta(t-\tau)\,\mathrm{d}t\mathrm{d}\tau \\
&= \frac{N_0}{2} \int_0^T g^2(t)\,\mathrm{d}t \\
&= \frac{N_0}{2}
\end{aligned}
\tag{5.3.8}
$$

因此,信号相关器输出 r 的概率密度函数为

$$p(r\,|\,发送的是\,s_i(t)) = \frac{1}{\sqrt{2\pi}\,\sigma}e^{-(r-A_i)^2/(2\sigma^2)} \qquad (5.3.9)$$

其中,A_i 是 4 种可能幅度值之一。

检测器

检测器观察相关器的输出 r,并判决在信号间隔内传输的是 4 种 PAM 信号中的哪一种。在下面的关于最优检测器的性能讨论中,假设这 4 种可能的幅度电平是等概率的。

如图 5.24 的信号星座图所示,因为接收到的信号幅度 A_i 能够取 $\pm d$ 和 $\pm 3d$,所以最优幅度检测器要将相关器输出 r 与 4 种可能传输的幅度电平进行比较,并选择在欧氏距离上最接近于 r 的幅度电平。因此,最优幅度检测器计算距离

$$D_i = |r - A_i|, \qquad i = 0,1,2,3 \qquad (5.3.10)$$

并选取对应于最小距离的幅度。

我们注意到,当噪声变量 n 在幅度上超过幅度电平之间距离的一半时,也就是说当 $|n| > d$ 时,就会发生判决错误。然而,当传输的幅度电平是 $\pm 3d$ 或 $\pm -3d$ 时,差错只会发生在一个方向上。因为这 4 种幅度电平是等概率的,所以一个符号差错的平均概率是

$$
\begin{aligned}
P_4 &= \frac{3}{4}P(|r - A_m| > d) \\
&= \frac{3}{2}\int_d^\infty \frac{1}{\sqrt{2\pi}\,\sigma}e^{-x^2/(2\sigma^2)}\,\mathrm{d}x \\
&= \frac{3}{2}\int_{d/\sigma}^\infty \frac{1}{\sqrt{2\pi}}e^{-x^2/2}\,\mathrm{d}x \\
&= \frac{3}{2}Q\left(\sqrt{\frac{d^2}{\sigma^2}}\right) \\
&= \frac{3}{2}Q\left(\sqrt{\frac{2d^2}{N_0}}\right)
\end{aligned}
\qquad (5.3.11)
$$

可以看出,相继两个幅度电平之间的平方距离是 $(2d)^2 \equiv \delta^2$,因此平均差错概率可以表示为

$$P_4 = \frac{3}{2}Q\left(\sqrt{\frac{\delta^2}{2N_0}}\right) \qquad (5.3.12)$$

另外,平均差错概率还可以利用信号能量来表示。因为全部 4 种幅度电平是等概率的,所以每个符号平均传输的信号能量是

$$E_{\text{av}} = \frac{1}{4}\sum_{k=1}^4 \int_0^T s_k^2(t)\,\mathrm{d}t = 5d^2 \qquad (5.3.13)$$

其中,$d^2 = E_{\text{av}}/5$,所以

$$P_4 = \frac{3}{2}Q\left(\sqrt{\frac{2E_{\text{av}}}{5N_0}}\right) \qquad (5.3.14)$$

因为每个传输符号由两个信息比特组成,所以每个比特传输的平均能量是 $E_{\text{av}}/2 \equiv E_{\text{avb}}$。

图 5.25 给出了作为 SNR 的函数的平均差错概率 P_4,SNR 定义为 $10\log_{10}(E_{\text{avb}}/N_0)$。

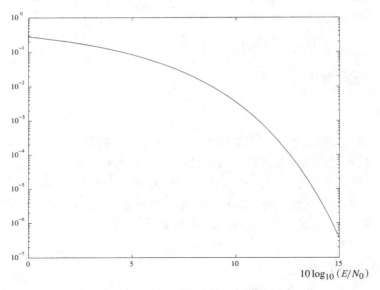

图 5.25　4 电平 PAM 的符号差错概率

解说题

解说题 5.12 ［多幅度信号仿真］

对 4 电平 PAM 通信系统进行 Monte Carlo 仿真,该系统使用了一个信号相关器(如前所述),再紧跟着一个幅度检测器。待仿真的系统的模型如图 5.26 所示。

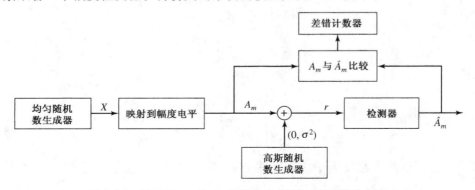

图 5.26　用于 Monte Carlo 仿真的 4 电平 PAM 系统方框图

题　解

我们要仿真出随机变量 r 的产生,它是信号相关器的输出和检测器的输入。首先要产生一个 4 元符号的序列,再将该序列映射到对应的幅度电平 $\{A_m\}$。为了完成这个任务,用一个随机数生成器产生在 $(0,1)$ 范围内的均匀随机数。然后,将这个范围再分成 4 个相等的区间 $(0,0.25)$,$(0.25,0.5)$,$(0.5,0.75)$ 和 $(0.75,1.0)$。这些子区间分别对应于 4 个符号(信息比特对)00,01,11 和 10。这样,均匀随机数生成器的输出就分别映射到相应的信号幅度电平 $-3d$,$-d$,d 和 $3d$。

高斯随机数生成器产生零均值、方差为 σ^2 的加性噪声分量。为了方便,可以将距离参数归一化到 $d=1$ 而改变 σ^2。检测器观察到 $r=A_m+n$,并计算 r 和 4 种可能的传输信号幅度之间的距离。它的输出 $\hat{A}_m$ 对应于具有最小距离的信号幅度电平。将 $\hat{A}_m$ 与实际传输的信号幅度进行比较,使用差错计数器对检测器产生的差错计数。

图 5.27 是在不同的平均比特 SNR 值下,传输 $N = 10\ 000$ 个符号时的仿真结果,该平均比特 SNR 定义为

$$\frac{E_{\text{avb}}}{N_0} = \frac{5}{4}\left(\frac{d^2}{\sigma^2}\right) \tag{5.3.15}$$

由该图可注意到仿真结果与由式(5.3.14)计算出的 p_4 理论值的一致性。

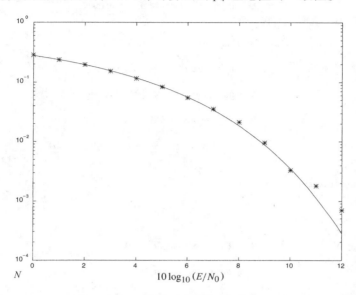

图 5.27　对 $M = 4$ 的 PAM 信号 Monte Carlo 仿真得到的差错概率与理论值的对比

本题的 MATLAB 脚本如下所示。

m 文件

```
% MATLAB script for Illustrated Problem 5.12.

echo on
SNRindB1=0:1:12;
SNRindB2=0:0.1:12;
for i=1:length(SNRindB1),
    % simulated error rate
    smld_err_prb(i)=smldPe58(SNRindB1(i));
    echo off;
end;
echo on;
for i=1:length(SNRindB2),
    % signal-to-noise ratio
    SNR_per_bit=exp(SNRindB2(i)*log(10)/10);
    % theoretical error rate
    theo_err_prb(i)=(3/2)*Qfunct(sqrt((4/5)*SNR_per_bit));
    echo off;
end;
echo on;
% Plotting commands follow.
semilogy(SNRindB1,smld_err_prb,'*');
hold
semilogy(SNRindB2,theo_err_prb);
```

.m 文件

```
function [p]=smldPe58(snr_in_dB)
% [p]=smldPe58(snr_in_dB)
%                SMLDPE58  simulates the probability of error for the given
%                snr_in_dB, signal to noise ratio in dB.
d=1;
SNR=exp(snr_in_dB*log(10)/10);          % signal to noise ratio per bit
sgma=sqrt((5*d^2)/(4*SNR));             % sigma, standard deviation of noise
N=10000;                                % number of symbols being simulated
% Generation of the quaternary data source follows.
for i=1:N,
  temp=rand;                            % a uniform random variable over (0,1)
  if (temp<0.25),
    dsource(i)=0;                       % With probability 1/4, source output is "00."
  elseif (temp<0.5),
    dsource(i)=1;                       % With probability 1/4, source output is "01."
  elseif (temp<0.75),
    dsource(i)=2;                       % With probability 1/4, source output is "10."
  else
    dsource(i)=3;                       % With probability 1/4, source output is "11."
  end
end;
% detection, and probability of error calculation
numoferr=0;
for i=1:N,
  % the matched filter outputs
  if (dsource(i)==0),
    r=-3*d+gngauss(sgma);               % if the source output is "00"
  elseif (dsource(i)==1),
    r=-d+gngauss(sgma);                 % if the source output is "01"
  elseif (dsource(i)==2)
    r=d+gngauss(sgma);                  % if the source output is "10"
  else
    r=3*d+gngauss(sgma);                % if the source output is "11"
  end;
  % Detector follows.
  if (r<-2*d),
    decis=0;                            % Decision is "00."
  elseif (r<0),
    decis=1;                            % Decision is "01."
  elseif (r<2*d),
    decis=2;                            % Decision is "10."
  else
    decis=3;                            % Decision is "11."
  end;
  if (decis~=dsource(i)),               % If it is an error, increase the error counter.
    numoferr=numoferr+1;
  end;
end;
p=numoferr/N;                           % probability of error estimate
```

5.3.3　多幅度电平的信号波形

构造多于 4 电平的多幅度信号是相当直接的。一般来说,一组 $M = 2^k$ 的多幅度信号波形表示为

$$s_m(t) = A_m g(t), \qquad 0 \leqslant t \leqslant T, \qquad m = 0, 1, 2, \cdots, M-1$$

其中,M 个幅度值是等间隔的,为

$$A_m = (2m - M + 1)d, \quad m = 0, 1, \cdots, M-1 \tag{5.3.16}$$

并且 $g(t)$ 是由式(5.3.2)定义的矩形脉冲。每个信号波形携带有 $k = \log_2 M$ 比特的信息。当比特率是 $R = 1/T_b$ 时,相应的符号速率就是 $\dfrac{1}{T} = 1/(kT_b)$。和 4 电平 PAM 的情况相同,最优接收机由信号相关器(或匹配滤波器)紧跟一个幅度检测器组成,该幅度检测器计算 $m = 0$,$1, \cdots, M-1$ 时由式(5.3.10)给出的欧氏距离。对于等概率的幅度电平来说,判决是取具有最小距离的幅度电平。

很容易证明,M 电平 PAM 系统最优检测器的差错概率为

$$P_M = \frac{2(M-1)}{M} Q\left(\sqrt{\frac{6(\log_2 M) E_{\mathrm{avb}}}{(M^2 - 1) N_0}} \right) \tag{5.3.17}$$

其中,E_{avb} 是每个信息比特的平均能量。图 5.28 给出了 $M = 2,4,8,16$ 时的符号差错的概率。

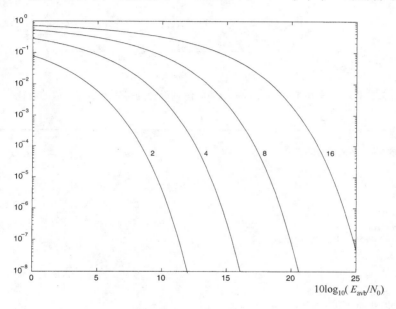

图 5.28　M 电平 PAM 在 $M = 2,4,8,16$ 时的符号差错概率

解说题

解说题 5.13　[PAM 仿真]

完成 16 电平 PAM 数字通信系统的 Monte Carlo 仿真,并测量它的误码率性能。

题　解

一般可使用图 5.26 所示的基本方框图。使用均匀随机数生成器产生信息符号序列,该序列被当成 4 个信息比特一组。将区间(0,1)划分为 16 个等宽度的子区间即可直接产生这 16 组符号,并将这 16 组符号映射到 16 个信号幅度。将一个高斯白噪声序列加到这 16 组信息符号序列上,以形成信号加噪声馈入检测器。检测器按式(5.3.10)计算距离,并选择出对应于最小测度的幅度。检测器的输出与发送的信息符号序列进行比较,然后将差错计数。图 5.29 给出了当 $M = 16$ 时传输 10 000 个符号所测得的误符号率,并与由式(5.3.17)给出的误符号率进行了比较。

本题的 MATLAB 脚本如下所示。

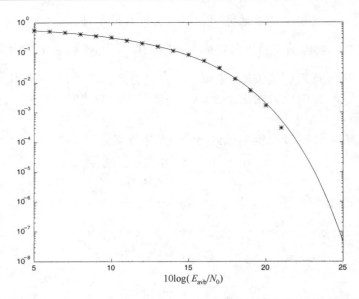

图 5.29　当 $M = 16$ PAM 时, Monte Carlo 仿真得到的误码率与理论值的对比

---

m 文件

```
% MATLAB script for Illustrative Problem 5.13.
echo on
SNRindB1=5:1:25;
SNRindB2=5:0.1:25;
M=16;
for i=1:length(SNRindB1),
    % simulated error rate
    smld_err_prb(i)=smldPe59(SNRindB1(i));
    echo off;
end;
echo on ;
for i=1:length(SNRindB2),
    SNR_per_bit=exp(SNRindB2(i)*log(10)/10);
    % theoretical error rate
    theo_err_prb(i)=(2*(M-1)/M)*Qfunct(sqrt((6*log2(M)/(M^2-1))*SNR_per_bit));
    echo off;
end;
echo on;
% Plotting commands follow.
semilogy(SNRindB1,smld_err_prb,'*');
hold
semilogy(SNRindB2,theo_err_prb);
```

---

m 文件

```
function [p]=smldPe59(snr_in_dB)
% [p]=smldPe59(snr_in_dB)
%               SMLDPE59  simulates the error probability for the given
%               snr_in_dB, signal-to-noise ratio in dB.
M=16;                              % 16-ary PAM
d=1;
SNR=exp(snr_in_dB*log(10)/10);     % signal-to-noise ratio per bit
sgma=sqrt((85*d^2)/(8*SNR));       % sigma, standard deviation of noise
N=10000;                           % number of symbols being simulated
% generation of the data source
```

```
for i=1:N,
    temp=rand;                    % a uniform random variable over (0,1)
    index=floor(M*temp);          % The index is an integer from 0 to M-1, where
                                  % all the possible values are equally likely.
    dsource(i)=index;
end;
% detection, and probability of error calculation
numoferr=0;
for i=1:N,
    % matched filter outputs
    % (2*dsource(i)-M+1)*d is the mapping to the 16-ary constellation.
    r=(2*dsource(i)-M+1)*d+gngauss(sgma);
    % the detector
    if (r>(M-2)*d),
        decis=15;
    elseif (r>(M-4)*d),
        decis=14;
    elseif (r>(M-6)*d),
        decis=13;
    elseif (r>(M-8)*d),
        decis=12;
    elseif (r>(M-10)*d),
        decis=11;
    elseif (r>(M-12)*d),
        decis=10;
    elseif (r>(M-14)*d),
        decis=9;
    elseif (r>(M-16)*d),
        decis=8;
    elseif (r>(M-18)*d),
        decis=7;
    elseif (r>(M-20)*d),
        decis=6;
    elseif (r>(M-22)*d),
        decis=5;
    elseif (r>(M-24)*d),
        decis=4;
    elseif (r>(M-26)*d),
        decis=3;
    elseif (r>(M-28)*d),
        decis=2;
    elseif (r>(M-30)*d),
        decis=1;
    else
        decis=0;
    end;
    if (decis~=dsource(i)),       % If it is an error, increase the error counter.
        numoferr=numoferr+1;
    end;
end;
p=numoferr/N;                     % probability of error estimate
```

5.4　多维信号

　　在前一节中,我们构造了多幅度信号波形,因此可以在每个信号波形上传输多个比特的信息。由此,具有 $M = 2^k$ 个幅度电平的信号波形就能在每个信号波形上传输 $k = \log_2 M$ 个信息比特。另外,我们还看到多幅度信号在几何上能表示成实轴上的一些信号点(见图 5.24)。这样的信号波形称为**一维信号**。

本节我们将考虑一类 $M=2^k$ 的信号波形,它们具有多维表示。也就是说,这组信号波形在几何上能用 N 维空间中的点来表示。前面已经讨论过,二元正交信号在几何上能用二维空间中的点来表示。

5.4.1 多维正交信号

有很多种构造具有不同特性的多维信号波形的方法。本节我们考虑构造一组 $M=2^k$ 个信号波形 $s_i(t)$, $i=0,1,\cdots,M-1$,它具有(a)互为正交和(b)等能量的性质。这两个性质可以简洁地表示为

$$\int_0^T s_i(t)s_k(t)\,\mathrm{d}t = E\delta_{ik}, \qquad i,k=0,1,\cdots,M-1 \tag{5.4.1}$$

其中,E 是每个信号波形的能量,δ_{ik} 是 Kronecker 冲激,定义为

$$\delta_{ik} = \begin{cases} 1, & i=k \\ 0, & i\neq k \end{cases} \tag{5.4.2}$$

和前面讨论的一样,假设某个信息源提供一个信息比特序列,要将这个序列经由某个通信信道传输。该信息比特以 R b/s 的均匀码率出现,R 的倒数就是比特间隔 T_b。调制器每次取 k 个比特,并将它映射到 $M=2^k$ 个信号波形中的一个。每个 k 比特分组称为 1 个符号。传输 1 个符号可用的时间间隔是 $T=kT_\mathrm{b}$,所以 T 是符号间隔。

在时间间隔 $(0,T)$ 内构造一组 $M=2^k$ 个等能量正交波形的最简单方法是将这个时间间隔分成 M 个持续期为 T/M 的相等子区间,并对每个子区间指定一种信号波形。图 5.30 给出了这样一种方法以构造 $M=4$ 个信号。以这种方式构造的所有信号波形都具有相同的能量,该能量为

$$E = \int_0^T s_i^2(t)\,\mathrm{d}t, \qquad i=0,1,2,\cdots,M-1$$

$$= \frac{A^2 T}{M} \tag{5.4.3}$$

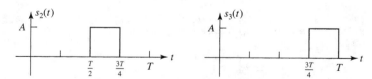

图 5.30　某 4 个正交、等能量信号波形的例子

这样一组正交波形可以表示成一组 M 维的正交向量,即

$$s_0 = (\sqrt{E},0,0,\cdots,0)$$
$$s_1 = (0,\sqrt{E},0,\cdots,0)$$
$$\vdots$$
$$s_M = (0,0,\cdots,0,\sqrt{E}) \tag{5.4.4}$$

图 5.31 给出了当 $M=2$ 和 $M=3$ 时,正交信号的信号点(信号星座图)。

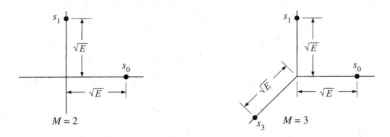

图 5.31　$M=2$ 和 $M=3$ 时,正交信号的信号星座图

现在假定用这些正交信号波形经由加性高斯白噪声信道传输信息。于是,若传输的是 $s_i(t)$,则接收到的信号波形就是

$$r(t) = s_i(t) + n(t), \qquad 0 \leqslant t \leqslant T, \qquad i = 0,1,\cdots,M-1 \qquad (5.4.5)$$

其中,$n(t)$ 是功率谱为 $N_0/2(\text{W/Hz})$ 的高斯白噪声过程的样本函数。接收机观察到信号 $r(t)$ 并判断传输的是 M 个信号波形中的哪一个。

加性高斯白噪声信道的最优接收机

使差错概率最小的接收机首先将信号 $r(t)$ 通过包含并行的 M 个匹配滤波器的匹配滤波器组或相关器组。因为信号相关器和匹配滤波器在采样时刻产生相同的输出,所以只考虑使用信号相关器的情况,如图 5.32 所示。

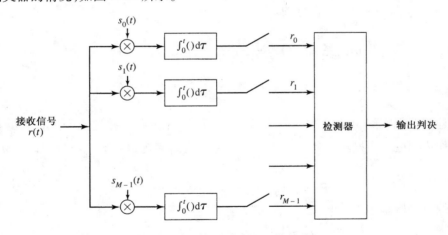

图 5.32　多维正交信号的最优接收机

信号相关器

接收信号 $r(t)$ 与 M 个信号波形中的每个做互相关,相关器输出在 $t=T$ 时刻采样,于是 M 个相关器的输出是

$$r_i = \int_0^T r(t)s_i(t)\,\mathrm{d}t, \qquad i = 0,1,\cdots,M-1 \qquad (5.4.6)$$

它可以用向量表示成 $\boldsymbol{r} = [r_0, r_1, \cdots, r_{M-1}]^\mathrm{T}$。假设传输的是信号波形 $s_0(t)$。于是,

$$r_0 = \int_0^T s_0^2(t)\,\mathrm{d}t + \int_0^T n(t)s_0(t)\,\mathrm{d}t = E + n_0 \qquad (5.4.7)$$

且

$$r_i = \int_0^T s_0(t)s_i(t)\,\mathrm{d}t + \int_0^T n(t)s_i(t)\,\mathrm{d}t$$

$$= \int_0^T n(t)s_i(t)\,\mathrm{d}t = n_i, \qquad i = 1,2,3,\cdots,M-1 \tag{5.4.8}$$

其中,

$$n_i = \int_0^T n(t)s_i(t)\,\mathrm{d}t \tag{5.4.9}$$

因此,输出 r_0 由一个信号分量 E 和一个噪声分量 n_0 组成,而其余的 $M-1$ 个输出仅由噪声组成。每个噪声分量都是高斯噪声,零均值,且方差为

$$\sigma^2 = E(n_i^2)$$

$$= \int_0^T \int_0^T s_i(t)s_i(\tau)E[n(t)n(\tau)]\,\mathrm{d}t\mathrm{d}\tau$$

$$= \frac{N_0}{2} \int_0^T \int_0^T s_i(t)s_i(\tau)\delta(t-\tau)\,\mathrm{d}t\mathrm{d}\tau$$

$$= \frac{N_0}{2} \int_0^T s_i^2(t)\,\mathrm{d}t$$

$$= \frac{N_0 E}{2} \tag{5.4.10}$$

读者可以自己证明 $E(n_i n_j) = 0, i \ne j$。于是,这些相关器输出的概率密度函数是

$$p(r_0 | \text{发送的是 } s_0(t)) = \frac{1}{\sqrt{2\pi}\sigma}\mathrm{e}^{-(r_0-E)^2/(2\sigma^2)}$$

$$p(r_i | \text{发送的是 } s_0(t)) = \frac{1}{\sqrt{2\pi}\sigma}\mathrm{e}^{-r_i^2/(2\sigma^2)}, \qquad i = 1,2,\cdots,M-1$$

检测器

最优检测器观察到 M 个相关器的输出 $r_i, i = 0,1,\cdots,M-1$,并选择产生最大的相关器输出的信号作为判决。当发送的是 $s_0(t)$ 时,正确判决的概率就是 $r_0 > r_i, i = 1,2,\cdots,M-1$ 的概率,或者

$$P_c = P(r_0 > r_1, r_0 > r_2, \cdots, r_0 > r_{M-1}) \tag{5.4.11}$$

单个符号的差错概率为

$$P_M = 1 - P_c = 1 - P(r_0 > r_1, r_0 > r_2, \cdots, r_0 > r_{M-1}) \tag{5.4.12}$$

可以证明,P_M 能表示成如下积分形式:

$$P_M = \frac{1}{\sqrt{2\pi}} \int_{-\infty}^{\infty} \left\{ 1 - [1 - Q(y)]^{M-1} \right\} \mathrm{e}^{-(y-\sqrt{2E/N_0})^2/2}\,\mathrm{d}y \tag{5.4.13}$$

对于 $M = 2$ 的特殊情形,式(5.4.13)简化为

$$P_2 = Q\left(\sqrt{\frac{E_b}{N_0}}\right)$$

这就是在 5.2 节中对二元正交信号所得到的结果。

当传输的是其他 $M-1$ 个信号中的任何一个时,可以得到相同的差错概率表达式。因为全部 M 个信号都是等概率的,所以由式(5.4.13)给出的 P_M 表达式就是平均符号差错概率。这个积分式可用数值法求出。

　　有时我们希望把符号差错概率转换成一个二进制数字差错的等效概率。对于等概率的正交信号,所有符号差错都是等概率的,并且其发生概率为

$$\frac{P_M}{M-1} = \frac{P_M}{2^k-1} \tag{5.4.14}$$

而且,k 个比特中有 n 个比特出错时存在 $\binom{k}{n}$ 种可能方式,因此每 k 个比特的符号的平均差错比特数是

$$\sum_{n=1}^{k} n \binom{k}{n} \frac{P_M}{2^{k-1}} = k \frac{2^{k-1}}{2^k-1} P_M \tag{5.4.15}$$

而平均比特差错概率就是式(5.4.15)的结果除以 k,k 为每符号的比特数。因此,

$$P_b = \frac{2^{k-1}}{2^k-1} P_M \tag{5.4.16}$$

　　图 5.33 给出了 $M = 2,4,8,16,32,64$ 时作为每比特 SNR(E_b/N_0)的函数的二进制数字差错的概率,其中 $E_b = E/k$ 是每比特的能量。这个图说明,增加波形的数目 M 可以降低为达到某个给定的比特差错概率所需的每比特 SNR。

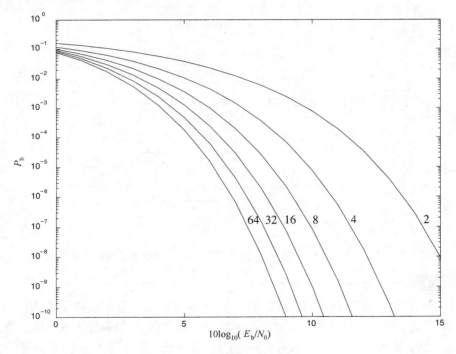

图 5.33　正交信号的比特差错概率

计算由式(5.4.13)给出的差错概率的 MATLAB 脚本如下所示。

```
% MATLAB script that generates the probability of error versus the signal-to-noise ratio
initial_snr=0;
final_snr=15;
snr_step=1;
tolerance=1e-7;          % tolerance used for the integration
minus_inf=-20;           % This is practically negative infinity.
```

```
plus_inf=20;                              % This is practically infinity.
snr_in_dB=initial_snr:snr_step:final_snr;
for  i=1:length(snr_in_dB),
    snr=10^(snr_in_dB(i)/10);
    Pe_2(i)=Qfunct(sqrt(snr));
    Pe_4(i)=(2/3)*quad8('bdt_int',minus_inf,plus_inf,tolerance,[ ],snr,4);
    Pe_8(i)=(4/7)*quad8('bdt_int',minus_inf,plus_inf,tolerance,[ ],snr,8);
    Pe_16(i)=(8/15)*quad8('bdt_int',minus_inf,plus_inf,tolerance,[ ],snr,16);
    Pe_32(i)=(16/31)*quad8('bdt_int',minus_inf,plus_inf,tolerance,[ ],snr,32);
    Pe_64(i)=(32/63)*quad8('bdt_int',minus_inf,plus_inf,tolerance,[ ],snr,64);
end;
% Plotting commands follow.
```

── 解说题 ──

解说题 5.14　[正交信号仿真]

　　完成对 $M = 4$ 的正交信号的数字通信系统的 Monte Carlo 仿真,待仿真系统的模型如图 5.34 所示。

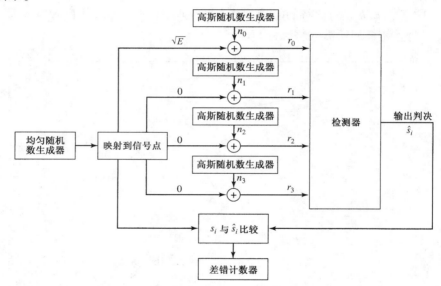

图 5.34　用于 Monte Carlo 仿真的 $M = 4$ 的正交信号系统的方框图

── 题　解 ──

　　如图 5.34 所示,我们要仿真随机变量 r_0, r_1, r_2 和 r_3 的生成,它们构成了检测器的输入。首先产生一个等概率出现并且统计独立的 0 和 1 的二进制序列,如解说题 5.6 所述。将这个二进制序列组成比特对,这些比特对再映射到对应的信号分量。产生单个比特对的另一种方法是像解说题 5.12 那样产生比特对。在任意一种情况下,都将这 4 个符号映射为如下的信号点:

$$00 \rightarrow s_0 = (\sqrt{E}, 0, 0, 0)$$
$$01 \rightarrow s_1 = (0, \sqrt{E}, 0, 0)$$
$$10 \rightarrow s_2 = (0, 0, \sqrt{E}, 0)$$
$$11 \rightarrow s_3 = (0, 0, 0, \sqrt{E}) \tag{5.4.17}$$

加性噪声分量 n_0, n_1, n_2 和 n_3 由 4 个高斯噪声生成器产生,每个都有零均值和方差 $\sigma^2 = EN_0/2$。为方便起见,可将符号能量归一化为 $E = 1$ 而改变 σ^2。因为 $E = 2E_b$,所以有 $E_b = 1/2$。检测器的输出与发送的比特序列进行比较,用差错计数器对错误的比特进行计数。

图 5.35 给出了在几个不同的 SNR(E_b/N_0)值下,发送 20 000 个比特时的仿真结果。注意仿真结果与由式(5.4.16)给出的 P_b 理论值的一致性。

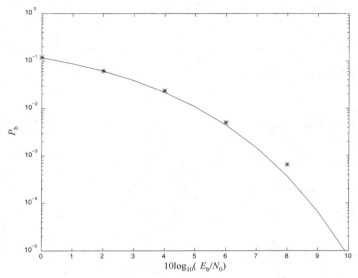

图 5.35　对 $M=4$ 的正交信号,由 Monte Carlo 仿真得到的比特差错概率与理论值的对比

本题的 MATLAB 脚本如下所示。

---
m 文件

```
% MATLAB script for Illustrative Problem 5.14.
echo on
SNRindB=0:2:10;
for i=1:length(SNRindB),
    % simulated error rate
    smld_err_prb(i)=smldP510(SNRindB(i));
    echo off;
end;
echo on;
% Plotting commands follow
semilogy(SNRindB,smld_err_prb,'*');
```

---
m 文件

```
function [p]=smldP510(snr_in_dB)
% [p]=smldP510(snr_in_dB)
%               SMLDP510   simulates the probability of error for the given
%               snr_in_dB, signal-to-noise ratio in dB.
M=4;                                % quaternary orthogonal signaling
E=1;
SNR=exp(snr_in_dB*log(10)/10);      % signal-to-noise ratio per bit
sgma=sqrt(E^2/(4*SNR));             % sigma, standard deviation of noise
N=10000;                            % number of symbols being simulated
% generation of the quaternary data source
for i=1:N,
    temp=rand;                      % a uniform random variable over (0,1)
    if (temp<0.25),
        dsource1(i)=0;
        dsource2(i)=0;
    elseif (temp<0.5),
```

```
      dsource1(i)=0;
      dsource2(i)=1;
    elseif (temp<0.75),
      dsource1(i)=1;
      dsource2(i)=0;
    else
      dsource1(i)=1;
      dsource2(i)=1;
    end
end;
% detection, and probability of error calculation
numoferr=0;
for i=1:N,
    % matched filter outputs
    if ((dsource1(i)==0) & (dsource2(i)==0)),
      r0=sqrt(E)+gngauss(sgma);
      r1=gngauss(sgma);
      r2=gngauss(sgma);
      r3=gngauss(sgma);
    elseif ((dsource1(i)==0) & (dsource2(i)==1)),
      r0=gngauss(sgma);
      r1=sqrt(E)+gngauss(sgma);
      r2=gngauss(sgma);
      r3=gngauss(sgma);
    elseif ((dsource1(i)==1) & (dsource2(i)==0)),
      r0=gngauss(sgma);
      r1=gngauss(sgma);
      r2=sqrt(E)+gngauss(sgma);
      r3=gngauss(sgma);
    else
      r0=gngauss(sgma);
      r1=gngauss(sgma);
      r2=gngauss(sgma);
      r3=sqrt(E)+gngauss(sgma);
    end;
    % the detector
    max_r=max([r0 r1 r2 r3]);
    if (r0==max_r),
      decis1=0;
      decis2=0;
    elseif (r1==max_r),
      decis1=0;
      decis2=1;
    elseif (r2==max_r),
      decis1=1;
      decis2=0;
    else
      decis1=1;
      decis2=1;
    end;
    % Count the number of bit errors made in this decision.
    if (decis1~=dsource1(i)),            % If it is an error, increase the error counter.
      numoferr=numoferr+1;
    end;
    if (decis2~=dsource2(i)),            % If it is an error, increase the error counter.
      numoferr=numoferr+1;
    end;
end;
p=numoferr/(2*N);                        % bit error probability estimate
```

5.4.2　双正交信号

正如在前一节中所看到的,一组 $M = 2^k$ 个等能量的正交波形可以这样来构造:将符号间隔 T 划分成区间为 T/M 的 M 个相等的子区间,并对每个子区间指定一个矩形信号脉冲。可以采用类似的方法来构成另一组 $M = 2^k$ 个多维信号,它们具有双正交(biorthogonal)性质。在这样的信号集合中,一半波形是正交的,而另一半则是这些正交波形的负值;也就是说,$s_0(t)$,$s_1(t)$,$\cdots$,$s_{(M/2)-1}(t)$ 都是正交波形,而其他 $M/2$ 个波形就简单地是 $s_{i+M/2}(t) = -s_i(t)$,$i = 0$,$1,\cdots,(M/2)-1$。由此,得到 M 个信号,每个具有 $M/2$ 维。

这 $M/2$ 个正交波形可以很容易地通过将符号间隔 $T = kT_b$ 划分成 $M/2$ 个不重叠的子区间,每个子区间的持续期为 $2T/M$,再将每个子区间指定一个矩形脉冲来实现。图 5.36 说明了用这种方式构造的 $M = 4$ 个一组的双正交波形。以这种方式构造的 M 个信号的几何表示可用如下 $M/2$ 维的信号点给出:

$$s_0 = (\sqrt{E}, 0, 0, \cdots, 0)$$
$$s_1 = (0, \sqrt{E}, 0, \cdots, 0)$$
$$\vdots$$
$$s_{M/2-1} = (0, 0, 0, \cdots, \sqrt{E})$$
$$s_{M/2} = (-\sqrt{E}, 0, 0, \cdots, 0) \tag{5.4.18}$$
$$\vdots$$
$$s_{M-1} = (0, 0, \cdots, -\sqrt{E})$$

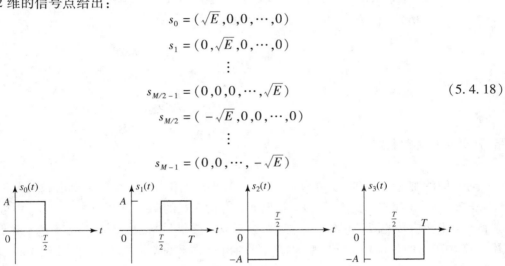

图 5.36　$M = 4$ 个一组的双正交信号波形

与正交信号的情况一样,假设是用双正交信号经由加性高斯白噪声信道传输信息,那么接收到的信号波形可以表示成

$$r(t) = s_i(t) + n(t), \qquad 0 \leqslant t \leqslant T \tag{5.4.19}$$

其中,$s_i(t)$ 是发送的波形,$n(t)$ 是功率谱为 $N_0/2$(W/Hz)的高斯白噪声过程的样本函数。

最优接收机

通过将接收信号 $r(t)$ 与 $M/2$ 个双正交信号波形中的每个做互相关,在 $t = T$ 时刻对相关器的输出进行采样,并将 $M/2$ 个相关器输出通过检测器,即可实现最优接收机。据此有

$$r_i = \int_0^T r(t)s_i(t)\,\mathrm{d}t, \quad i = 0, 1, \cdots, \frac{M}{2} - 1 \tag{5.4.20}$$

假定发送的信号波形是 $s_0(t)$,那么

$$r_i = \int_0^T r(t)s_0(t)\,\mathrm{d}t, \quad i = 0, 1, \cdots, \frac{M}{2} - 1$$
$$= \begin{cases} E + n_0, & i = 0 \\ n_i, & i \neq 0 \end{cases} \tag{5.4.21}$$

其中,

$$n_i = \int_0^T n(t) s_i(t) \, \mathrm{d}t, \quad i = 0, 1, \cdots, \frac{M}{2} - 1 \tag{5.4.22}$$

E 是每个信号波形的符号能量。噪声分量是零均值高斯噪声,方差为 $\sigma^2 = EN_0/2$。

检测器

检测器观察 $M/2$ 个相关器的输出 $\{r_i, 0 \leqslant i \leqslant (M/2) - 1\}$,并选出其幅度 $|r_i|$ 最大的相关器的输出作为判决。假设

$$|r_j| = \max_i \{|r_i|\} \tag{5.4.23}$$

那么,若 $r_j > 0$,则检测器选择信号 $s_j(t)$,若 $r_j < 0$,则选择信号 $-s_j(t)$。

为了确定差错概率,假设发送的是 $s_0(t)$,于是正确判决的概率就等于 $r_0 = E + n_0 > 0$,并且对 $i = 1, 2, \cdots, M/2 - 1$ 有 $|r_0| > |r_i|$ 的概率。因此

$$P_c = \int_0^\infty \left[\frac{1}{\sqrt{2\pi}} \int_{-r_0 \sqrt{EN_0/2}}^{r_0 \sqrt{EN_0/2}} \mathrm{e}^{-x^2/2} \, \mathrm{d}x \right]^{M-1} p(r_0) \, \mathrm{d}r_0 \tag{5.4.24}$$

其中,

$$p(r_0) = \frac{1}{\sqrt{2\pi}\,\sigma} \mathrm{e}^{-(r_0 - E)^2/(2\sigma^2)} \tag{5.4.25}$$

最后,符号差错概率为

$$P_M = 1 - P_c \tag{5.4.26}$$

对不同的 M 值,P_c 和 P_M 可由式(5.4.24)和式(5.4.25)用数值法求出。图 5.37 给出了当 $M = 2, 4, 8, 16$ 和 32 时,P_M 作为信噪比 E_b/N_0 的函数的结果,其中 $E = kE_b$。从中可以看出,这个图与正交信号的图是相似的。然而,对于双正交信号来说,要注意 $P_4 > P_2$。这是由于在图 5.37 中画出的是符号差错概率 P_M,如果画出等效比特差错概率,就会发现 $M = 2$ 和 $M = 4$ 是重合的。

根据式(5.4.24)和式(5.4.25)计算差错概率的 MATLAB 脚本如下所示。

m 文件

```
% MATLAB script that generates the probability of error versus the signal-to-noise ratio.
initial_snr=0;
final_snr=12;
snr_step=0.75;
tolerance=eps;                          % tolerance used for the integration
plus_inf=20;                            % This is practically infinity.
snr_in_dB=initial_snr:snr_step:final_snr;
for i=1:length(snr_in_dB),
    snr=10^(snr_in_dB(i)/10);
    Pe_2(i)=1-quad8('bdt_int2',0,plus_inf,tolerance,[ ],snr,2);
    Pe_4(i)=1-quad8('bdt_int2',0,plus_inf,tolerance,[ ],snr,4);
    Pe_8(i)=1-quad8('bdt_int2',0,plus_inf,tolerance,[ ],snr,8);
    Pe_16(i)=1-quad8('bdt_int2',0,plus_inf,tolerance,[ ],snr,16);
    Pe_32(i)=1-quad8('bdt_int2',0,plus_inf,tolerance,[ ],snr,32);
end;
% Plotting commands follow.
```

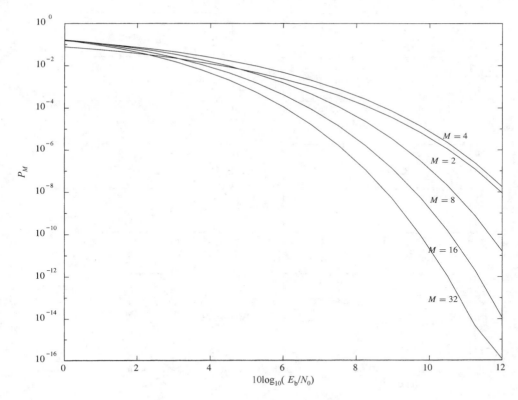

图 5.37 双正交信号的符号差错概率

解说题

解说题 5.15 ［对双正交信号波形的相关运算］

$M = 4$ 的一组双正交信号波形如图 5.36 所示。注意 $s_2(t) = -s_0(t)$ 以及 $s_3(t) = -s_1(t)$。因此,在接收机端仅需两个相关器来处理接收信号,其中一个对 $r(t)$ 和 $s_1(t)$ 进行相关,而另一个对 $r(t)$ 和 $s_2(t)$ 进行相关。

假设对接收信号 $r(t)$ 以 $F_s = 40/T$ 的速率进行采样并且在接收机端进行相关的数值运算,也就是说

$$y_0(kT_s) = \sum_{n=1}^{k} r(nT_s)s_0(nT_s), \quad k = 1, 2, \cdots, 20$$

$$y_1(kT_s) = \sum_{n=21}^{k} r(nT_s)s_1(nT_s), \quad k = 21, 22, \cdots, 40$$

当(a)发送的是 $s_0(t)$,(b)发送的是 $s_1(t)$,(c)发送的是 $-s_0(t) = s_2(t)$,(d)发送的是 $-s_1(t) = s_3(t)$,并且加性噪声是零均值的高斯白噪声,噪声样本的方差分别为 $\sigma^2 = 0$,$\sigma^2 = 0.1$ 和 $\sigma^2 = 1$ 时,计算并画出 $y_0(kT_s)$ 和 $y_1(kT_s)$。

题 解

图 5.38 中给出了对不同的噪声方差和发射不同的信号时,两个相关器的输出。本题的 MATLAB 脚本如下所示。

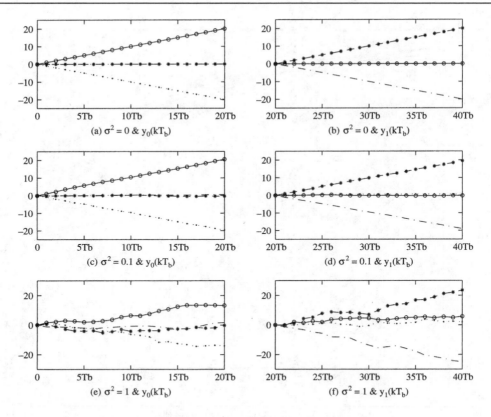

图 5.38　解说题 5.15 中的相关器的输出。实线、短画线、虚线、
点画线分别对应于发送的是$s_0(t), s_1(t), s_2(t)$和$s_3(t)$

m 文件

```
% MATLAB script for Illustrative Problem 5.15.

% Initialization:
K=40;          % Number of samples
A=1;           % Signal amplitude
m=0:K/2;
n=K/2:K;
% Defining signal waveforms:
s_0=[A*ones(1,K/2) zeros(1,K/2)];
s_1=[zeros(1,K/2) A*ones(1,K/2)];
s_2=[-A*ones(1,K/2) zeros(1,K/2)];
s_3=[zeros(1,K/2) -A*ones(1,K/2)];
% Initializing Outputs:
y_0_0=zeros(1,K);
y_0_1=zeros(1,K);
y_0_2=zeros(1,K);
y_0_3=zeros(1,K);
y_1_0=zeros(1,K);
y_1_1=zeros(1,K);
y_1_2=zeros(1,K);
y_1_3=zeros(1,K);

% Case 1: noise~N(0,0)
noise=random('Normal',0,0,1,K);
r_0=s_0+noise; r_1=s_1+noise; % received signals
```

```
r_2=s_2+noise; r_3=s_3+noise; % received signals
for k=1:K/2
    y_0_0(k)=sum(r_0(1:k).*s_0(1:k));
    y_0_1(k)=sum(r_1(1:k).*s_0(1:k));
    y_0_2(k)=sum(r_2(1:k).*s_0(1:k));
    y_0_3(k)=sum(r_3(1:k).*s_0(1:k));
    l=K/2+k;
    y_1_0(l)=sum(r_0(21:l).*s_1(21:l));
    y_1_1(l)=sum(r_1(21:l).*s_1(21:l));
    y_1_2(l)=sum(r_2(21:l).*s_1(21:l));
    y_1_3(l)=sum(r_3(21:l).*s_1(21:l));
end
% Plotting the results:
subplot(3,2,1)
plot(m,[0 y_0_0(1:K/2)],'-bo',m,[0 y_0_1(1:K/2)],'--b*',...
    m,[0 y_0_2(1:K/2)],':b.',m,[0 y_0_3(1:K/2)],'-.')
set(gca,'XTickLabel',{'0','5Tb','10Tb','15Tb','20Tb'})
axis([0 20 -25 25])
xlabel('(a) \sigma^2= 0 & y_{0}(kT_{b})' ,'fontsize',10)
subplot(3,2,2)
plot(n,[0 y_1_0(K/2+1:K)],'-bo',n,[0 y_1_1(K/2+1:K)],'--b*',...
    n,[0 y_1_2(K/2+1:K)],':b.',n,[0 y_1_3(K/2+1:K)],'-.')
set(gca,'XTickLabel',{'20Tb','25Tb','30Tb','35Tb','40Tb'})
axis([20 40 -25 25])
xlabel('(b) \sigma^2= 0 & y_{1}(kT_{b})' ,'fontsize',10)
% Case 2: noise~N(0,0.1)
noise=random('Normal',0,0.1,4,K);
r_0=s_0+noise(1,:); r_1=s_1+noise(2,:); % received signals
r_2=s_2+noise(3,:); r_3=s_3+noise(4,:); % received signals
for k=1:K/2
    y_0_0(k)=sum(r_0(1:k).*s_0(1:k));
    y_0_1(k)=sum(r_1(1:k).*s_0(1:k));
    y_0_2(k)=sum(r_2(1:k).*s_0(1:k));
    y_0_3(k)=sum(r_3(1:k).*s_0(1:k));
    l=K/2+k;
    y_1_0(l)=sum(r_0(21:l).*s_1(21:l));
    y_1_1(l)=sum(r_1(21:l).*s_1(21:l));
    y_1_2(l)=sum(r_2(21:l).*s_1(21:l));
    y_1_3(l)=sum(r_3(21:l).*s_1(21:l));
end
% Plotting the results:
subplot(3,2,3)
plot(m,[0 y_0_0(1:K/2)],'-bo',m,[0 y_0_1(1:K/2)],'--b*'...
    ,m,[0 y_0_2(1:K/2)],':b.',m,[0 y_0_3(1:K/2)],'-.')
set(gca,'XTickLabel',{'0','5Tb','10Tb','15Tb','20Tb'})
axis([0 20 -25 25])
xlabel('(c) \sigma^2= 0.1 & y_{0}(kT_{b})' ,'fontsize',10)
subplot(3,2,4)
plot(n,[0 y_1_0(K/2+1:K)],'-bo',n,[0 y_1_1(K/2+1:K)],'--b*',...
    n,[0 y_1_2(K/2+1:K)],':b.',n,[0 y_1_3(K/2+1:K)],'-.')
set(gca,'XTickLabel',{'20Tb','25Tb','30Tb','35Tb','40Tb'})
axis([20 40 -25 25])
xlabel('(d) \sigma^2= 0.1 & y_{1}(kT_{b})' ,'fontsize',10)

% Case 3: noise~N(0,1)
noise=random('Normal',0,1,4,K);
r_0=s_0+noise(1,:); r_1=s_1+noise(2,:); % received signals
r_2=s_2+noise(3,:); r_3=s_3+noise(4,:); % received signals
for k=1:K/2
    y_0_0(k)=sum(r_0(1:k).*s_0(1:k));
    y_0_1(k)=sum(r_1(1:k).*s_0(1:k));
    y_0_2(k)=sum(r_2(1:k).*s_0(1:k));
```

```
    y_0_3(k)=sum(r_3(1:k).*s_0(1:k));
    l=K/2+k;
    y_1_0(l)=sum(r_0(21:l).*s_1(21:l));
    y_1_1(l)=sum(r_1(21:l).*s_1(21:l));
    y_1_2(l)=sum(r_2(21:l).*s_1(21:l));
    y_1_3(l)=sum(r_3(21:l).*s_1(21:l));
end
% Plotting the results:
subplot(3,2,5)
plot(m,[0 y_0_0(1:K/2)],'-bo',m,[0 y_0_1(1:K/2)],'--b*',...
    m,[0 y_0_2(1:K/2)],':b.',m,[0 y_0_3(1:K/2)],'-.')
set(gca,'XTickLabel',{'0','5Tb','10Tb','15Tb','20Tb'})
axis([0 20 -30 30])
xlabel('(e) \sigma^2= 1 & y_{0}(kT_{b})','fontsize',10)
subplot(3,2,6)
plot(n,[0 y_1_0(K/2+1:K)],'-bo',n,[0 y_1_1(K/2+1:K)],'--b*',...
    n,[0 y_1_2(K/2+1:K)],':b.',n,[0 y_1_3(K/2+1:K)],'-.')
set(gca,'XTickLabel',{'20Tb','25Tb','30Tb','35Tb','40Tb'})
axis([20 40 -30 30])
xlabel('(f) \sigma^2= 1 & y_{1}(kT_{b})','fontsize',10)
```

解说题

解说题 5.16　[双正交信号的仿真]

完成对使用 $M=4$ 的双正交信号的数字通信系统的 Monte Carlo 仿真,待仿真的系统的模型如图 5.39 所示。

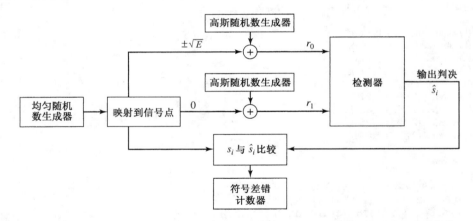

图 5.39　用于 Monte Carlo 仿真的 $M=4$ 的双正交信号系统的方框图

题　解

如图 5.39 所示,我们要仿真随机变量 r_0 和 r_1 的生成,它们构成了检测器的输入。正如解说题 5.6 所述,首先产生一个 0 和 1 的二进制序列,它们是等概率的并相互统计独立。这个二进制序列组合成比特对,然后按下面的关系映射为相应的信号分量:

$$00 \rightarrow s_0 = (\sqrt{E},0)$$

$$01 \rightarrow s_1 = (0,\sqrt{E})$$

$$10 \rightarrow s_2 = (0, -\sqrt{E})$$

$$11 \rightarrow s_3 = (-\sqrt{E},0)$$

另外,也可以用解说题 5.12 中的方法直接产生 2 比特的符号。

因为 $s_2 = -s_1$ 且 $s_3 = -s_0$,所以解调仅需要两个相关器或匹配滤波器,它们的输出是 r_0 和 r_1。由两个高斯噪声生成器产生的加性噪声分量 n_0 和 n_1,每个都有零均值和方差 $\sigma^2 = EN_0/2$。为方便起见,可以将符号能量归一化到 $E=1$ 而改变 σ^2。因为 $E=2E_b$,所以有 $E_b=1/2$。检测器输出与发送的比特序列进行比较,用差错计数器对符号差错数和比特差错进行计数。

图 5.40 给出了在几个不同的 $\mathrm{SNR}(E_b/N_0)$ 值时,对发送 20 000 个比特的仿真结果。应该注意到,仿真结果与由式(5.4.26)和式(5.4.24)给出的 P_4 理论值的一致性。

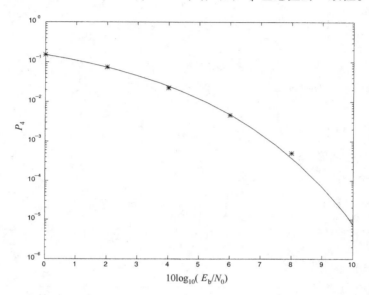

图 5.40　对 $M=4$ 的双正交信号的符号差错概率的 Monte Carlo 仿真与理论值的对比

本题的 MATLAB 脚本如下所示。

m 文件

```
% MATLAB script for Illustrative Problem 5.16.
echo on
SNRindB=0:2:10;
for  i=1:length(SNRindB),
    % simulated error rate
    smld_err_prb(i)=smldP511(SNRindB(i));
    echo off;
end;
echo on ;
% Plotting commands follow.
```

m 文件

```
function  [p]=smldP511(snr_in_dB)
% [p]=smldP511(snr_in_dB)
%           SMLDP511   simulates the probability of error for the given
%           snr_in_dB, signal-to-noise ratio in dB, for the system
%           described in Illustrated Problem 5.11.
M=4;                               % quaternary biorthogonal signaling
```

```
E=1;
SNR=exp(snr_in_dB*log(10)/10);        % signal-to-noise ratio per bit
sgma=sqrt(E^2/(4*SNR));               % sigma, standard deviation of noise
N=10000;                              % number of symbols being simulated
% generation of the quaternary data source
for i=1:N,
    temp=rand;                        % uniform random variable over (0,1)
    if (temp<0.25),
        dsource(i)=0;
    elseif (temp<0.5),
        dsource(i)=1;
    elseif (temp<0.75),
        dsource(i)=2;
    else
        dsource(i)=3;
    end
end;
% detection, and error probability computation
numoferr=0;
for i=1:N,
    % the matched filter outputs
    if (dsource(i)==0)
        r0=sqrt(E)+gngauss(sgma);
        r1=gngauss(sgma);
    elseif (dsource(i)==1)
        r0=gngauss(sgma);
        r1=sqrt(E)+gngauss(sgma);
    elseif (dsource(i)==2)
        r0=-sqrt(E)+gngauss(sgma);
        r1=gngauss(sgma);
    else
        r0=gngauss(sgma);
        r1=-sqrt(E)+gngauss(sgma);
    end;
    % detector follows
    if (r0>abs(r1)),
        decis=0;
    elseif (r1>abs(r0)),
        decis=1;
    elseif (r0<-abs(r1)),
        decis=2;
    else
        decis=3;
    end;
    if (decis~=dsource(i)),           % If it is an error, increase the error counter.
        numoferr=numoferr+1;
    end;
end;
p=numoferr/N;                         % bit error probability estimate
```

5.5　习题

5.1　假定用图5.2所示的两个正交信号经由一个加性高斯白噪声信道传输二进制信息,在每个比特的持续时间 T_b 内接收到的信号由式(5.2.1)给出。假设接收信号波形以 $10/T_b$ 的速率采样,即每比特间隔内10个样本。因此,以离散时间的形式,幅度为 A 的信号波形 $s_0(t)$ 用10个样本 $(A, A, \cdots, A)$ 来表示,而信号波形 $s_1(t)$ 用10个样本 $(A, A, A, A, A, -A, -A, -A, -A, -A)$ 来表示。这样,当发送的是 $s_0(t)$ 时,接收序列的采样版为

$$r_k = A + n_k, \qquad k = 1, 2, \cdots, 10$$

而当发送的是 $s_1(t)$ 时,接收序列的采样版为

$$r_k = \begin{cases} A + n_k, & 1 \leqslant k \leqslant 5 \\ -A + n_k, & 6 \leqslant k \leqslant 10 \end{cases}$$

其中,序列 $\{n_k\}$ 是独立同分布的零均值高斯变量,每个随机变量的方差为 σ^2。编写一个 MATLAB 程序,它对两种可能的接收信号的每一种生成序列 $\{r_k\}$,针对 $\sigma^2 = 0, \sigma^2 = 0.6$, $\sigma^2 = 0.2$ 和 $\sigma^2 = 1.0$ 等不同的加性高斯噪声方差,对序列 $\{r_k\}$ 与用采样版表示的两种可能信号 $s_0(t)$ 和 $s_1(t)$ 中的每一种进行离散时间相关。信号幅度可以归一化到 $A = 1$。画出在 $k = 1, 2, 3, \cdots, 10$ 等时刻,相关器的输出。

5.2　对于图 P5.2 所示的两个信号波形 $s_0(t)$ 和 $s_1(t)$,重做习题 5.1。描述这两个信号和图 P5.2 中的两个信号之间的相似和差异之处。从传输二进制信息信号的序列的角度来看,一组会比另一组信号更好一些吗?

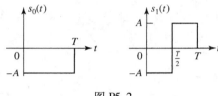

图 P5.2

5.3　对 $\sigma^2 = 0.3$, $\sigma^2 = 1.5$ 和 $\sigma^2 = 3$,重做解说题 5.2 中对信号波形的相关,并画出每一个 σ^2 值所对应的相关器的输出。

5.4　对 $\sigma^2 = 0.3$, $\sigma^2 = 1.5$ 和 $\sigma^2 = 3$,重做解说题 5.4 中对信号波形的匹配滤波,并画出每一个 σ^2 值所对应的匹配滤波器的输出。

5.5　图 5.12(a) 所示的反极性信号在信号间隔 $0 \leqslant t \leqslant T_b$ 中保持恒定。在这种情况下,图 5.13(b) 中的相关器可以去掉与 $s(t)$ 的相乘来简化。于是,相关器就简单地变成了积分器,该积分器在每个信号间隔的终点被复位清零。最终,相关器被称为积分清零(I&D)滤波器。对于图 5.12(a) 所示的反极性信号,画出当发送的是 $s_0(t)$ 和 $s_1(t)$ 时,I&D 滤波器的输出。

5.6　这个习题的目的是,用两个匹配滤波器来替换习题 5.1 中的两个相关器,生成信号的条件与习题 5.1 中的相同。

编写一个 MATLAB 程序,它对两种可能接收信号中的每一种生成序列 $\{r_k\}$,针对 $\sigma^2 = 0$, $\sigma^2 = 0.2$, $\sigma^2 = 1.5$ 和 $\sigma^2 = 3.0$ 等不同的加性高斯噪声方差,对序列 $\{r_k\}$ 与用采样版表示的两种可能信号 $s_0(t)$ 和 $s_1(t)$ 中的每一种,进行离散时间匹配滤波。信号幅度可以归一化到 $A = 1$。画出在 $k = 1, 2, \cdots, 10$ 等时刻,匹配滤波器的输出。

5.7　对于图 P5.2 所示的信号波形,重做习题 5.6。

5.8　运行一个 MATLAB 程序,完成图 5.10 给出的基于正交信号的二元通信系统的 Monte Carlo 仿真。对 10 000 个比特执行仿真,并测量 $\sigma^2 = 0, \sigma^2 = 0.1, \sigma^2 = 0.5$ 和 $\sigma^2 = 1.0$ 时的差错概率。画出理论误码率和由 Monte Carlo 仿真测得的误码率,并比较这两个结果。另外,对于每种 σ^2 值,画出在检测器输入端的 1000 个接收到的信号加噪声的样本。

5.9　对图 5.13 所示的基于反极性信号的二元通信系统,重做习题 5.8。

5.10 对基于开关信号的二元通信系统,重做习题 5.8。

5.11 运行一个 MATLAB 程序,完成对四元 PAM 通信系统的仿真。仿真对 10 000 个符号(20 000 比特)执行,并测量在 $\sigma^2 = 0$,$\sigma^2 = 0.2$,$\sigma^2 = 0.6$ 和 $\sigma^2 = 1.0$ 时的符号差错概率。画出理论误码率和由 Monte Carlo 仿真得到的差错概率,并比较这些结果。另外,对于每个 σ^2 值,画出在检测器输入端 1000 个接收到的信号加噪声的样本。

5.12 修改习题 5.11 中的 MATLAB 程序,用于仿真 $M = 8$ 的 PAM 的信号,并执行习题 5.11 中指定的 Monte Carlo 仿真。

5.13 对于噪声方差 $\sigma^2 = 1.5$,$\sigma^2 = 3$ 和 $\sigma^2 = 6$,重做解说题 5.7。

5.14 对于噪声方差 $\sigma^2 = 1$,$\sigma^2 = 2$ 和 $\sigma^2 = 4$,重做解说题 5.9。

5.15 如解说题 5.14 所述,运行一个 MATLAB 程序,实现对 $M = 4$ 的正交信号数字通信系统的 Monte Carlo 仿真。执行对 10 000 个符号(20 000 比特)的仿真,并测量在 $\sigma^2 = 0.2$,$\sigma^2 = 0.6$ 和 $\sigma^2 = 1.0$ 时的比特差错概率。画出理论差错概率和由 Monte Carlo 仿真测得的误码率,并比较这些结果。

5.16 考虑图 P5.16 所示的 4 种信号波形,证明这 4 种信号波形相互正交。习题 5.14 中的 Monte Carlo 仿真结果适用于这些信号吗? 为什么?

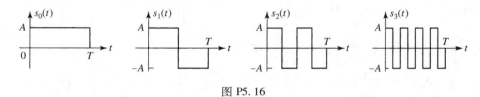

图 P5.16

5.17 按解说题 5.16 所述,运行一个 MATLAB 程序,实现 $M = 4$ 的双正交信号数字通信系统的 Monte Carlo 仿真。执行对 10 000 个符号(20 000 比特)的仿真,并测量在 $\sigma^2 = 0.1$,$\sigma^2 = 1.0$ 和 $\sigma^2 = 2.0$ 时的符号差错概率。画出理论符号差错概率和由 Monte Carlo 仿真得到的误码率,并比较这些结果。另外,对于每个 σ^2 值,画出在检测器输入端 1000 个接收到的信号加噪声的样本。

5.18 对于噪声方差 $\sigma^2 = 1.5$,$\sigma^2 = 3$ 和 $\sigma^2 = 6$,重做解说题 5.15。

5.19 考虑图 P5.19 所示的 4 种信号波形,证明它们是双正交的。习题 5.17 中 Monte Carlo 仿真的结果适用于这些信号波形吗? 为什么?

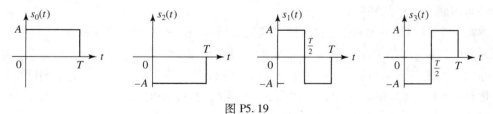

图 P5.19

5.20 利用本章给出的有关图,为了达到 10^{-6} 的符号差错概率,试比较 $M = 8$ 的 PAM、正交信号和双正交信号所需的 E_b/N_0 值。

第6章　带限信道的数字传输

6.1　概述

本章讨论的是通过带宽有限信道进行数字传输的几个问题。首先讲述了有关 PAM 信号的频谱特性,接着考虑带限信道的性质和针对这一信道进行信号波形设计的问题,然后讨论补偿因带限信道引起的失真的信道均衡器设计问题。我们指出,信道失真将会导致码间干扰(ISI),这又会引起信号解调的误码。信道均衡器就是一种用于减少码间干扰并由此降低解调数据序列的误码率的装置。

6.2　数字 PAM 信号的功率谱

在前一章中曾考虑过采用脉冲幅度调制(PAM)的数字信息传输。这一节要研究这类信号的频谱特性。

通信信道输入端的数字(PAM)信号一般可表示为

$$v(t) = \sum_{n=-\infty}^{\infty} a_n g(t - nT) \tag{6.2.1}$$

其中,$\{a_n\}$ 是对应于信源信息符号的幅度序列,$g(t)$ 是脉冲波形,而 T 是符号速率的倒数,T 又称为**符号间隔**。$\{a_n\}$ 中的每个元素都选自可能的幅度值,它们是

$$A_m = (2m - M + 1)d, \qquad m = 0, 1, \cdots, M-1 \tag{6.2.2}$$

其中,d 是某个加权因子,它决定了任意信号幅度对之间的欧氏距离($2d$ 是任意相邻信号幅度电平之间的欧氏距离)。

因为信息序列是一个随机序列,所以对应于信源信息符号的幅度序列 $\{a_n\}$ 也是随机的。这样,PAM 信号 $v(t)$ 就是随机过程 $V(t)$ 的一个样本函数。为了确定该随机过程 $V(t)$ 的频谱特性,就必须求出功率谱。

首先,$V(t)$ 的均值是

$$E[V(t)] = \sum_{n=-\infty}^{\infty} E(a_n) g(t - nT) \tag{6.2.3}$$

如果按式(6.2.2)所给出的,选取关于零对称且等概率的信号幅度,那么就有 $E(a_n) = 0$,从而有 $E[V(t)] = 0$。

$V(t)$ 的自相关函数是

$$R_v(t + \tau; t) = E[V(t) V(t + \tau)] \tag{6.2.4}$$

有关数字通信的很多教材中都有证明:自相关函数是一个以变量 t 表示的周期为 T 的周期函数。具有周期性均值和周期性自相关函数的随机过程称为周期平稳或循环平稳的随机过程。在单一周期内对 $R_v(t + \tau; t)$ 取平稳可以将时间变量 t 消去,即

$$\bar{R}_v(t) = \frac{1}{T} \int_{-T/2}^{T/2} R_v(t + \tau; t) \, dt \tag{6.2.5}$$

这个对 PAM 信号的平均自相关函数可表示为

$$\bar{R}_v(\tau) = \frac{1}{T}\sum_{m=-\infty}^{\infty} R_a(m)R_g(\tau - mT) \tag{6.2.6}$$

其中,$R_a(m) = E(a_n a_{n+m})$ 是序列 $\{a_n\}$ 的自相关,而 $R_g(\tau)$ 定义为

$$R_g(\tau) = \int_{-\infty}^{\infty} g(t)g(t+\tau)\,\mathrm{d}t \tag{6.2.7}$$

$V(t)$ 的功率谱就是平均自相关函数 $\bar{R}_v(\tau)$ 的傅里叶变换,即

$$S_v(f) = \int_{-\infty}^{\infty} \bar{R}_v(\tau)\mathrm{e}^{-\mathrm{j}2\pi f\tau}\mathrm{d}t$$
$$= \frac{1}{T}S_a(f)\,|G(f)|^2 \tag{6.2.8}$$

其中,$S_a(f)$ 是幅度序列 $\{a_n\}$ 的功率谱,而 $G(f)$ 是脉冲 $g(t)$ 的傅里叶变换。$S_a(f)$ 定义为

$$S_a(f) = \sum_{m=-\infty}^{\infty} R_a(m)\mathrm{e}^{-\mathrm{j}2\pi fmT} \tag{6.2.9}$$

由式(6.2.8)可见,PAM 信号的功率谱是信息符号 $\{a_n\}$ 的功率谱和脉冲 $g(t)$ 的频谱的函数。在序列 $\{a_n\}$ 不相关的特殊情况下,即

$$R_a(m) = \begin{cases} \sigma_a^2, & m=0 \\ 0, & m\neq 0 \end{cases} \tag{6.2.10}$$

其中,$\sigma_a^2 = E(a_n^2)$,于是有了对所有的 f,$S_a(f) = \sigma_a^2$,并且

$$S_v(f) = \frac{\sigma_a^2}{T}|G(f)|^2 \tag{6.2.11}$$

在这种情况下,$V(t)$ 的功率谱完全由脉冲 $g(t)$ 的频谱特性所决定。

解说题

解说题 6.1　[PAM 功率谱]

当 $\{a_n\}$ 是一个不相关序列,并且 $g(t)$ 是一个如图 6.1 所示的矩形脉冲时,求 $V(t)$ 的功率谱。

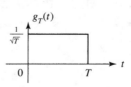

图 6.1　发送脉冲

题　解

$g(t)$ 的傅里叶变换是

$$G(f) = \int_{-\infty}^{\infty} g(t)\mathrm{e}^{-\mathrm{j}2\pi ft}\mathrm{d}t$$
$$= \sqrt{T}\frac{\sin(\pi fT)}{\pi fT}\mathrm{e}^{-\mathrm{j}\pi fT} \tag{6.2.12}$$

和

$$S_v(f) = \sigma_a^2\left(\frac{\sin(\pi fT)}{\pi fT}\right)^2 \tag{6.2.13}$$

其功率谱如图 6.2 所示。

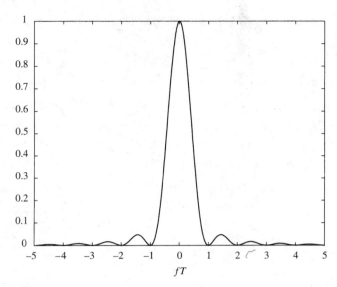

图 6.2　解说题 6.1 中的发射信号的功率谱($\sigma_a^2 = 1$)

本题的 MATLAB 脚本如下所示。

m 文件

```
% MATLAB script for Illustrative Problem 6.1.
echo on
T=1;
delta_f=1/(100*T);
f=−5/T:delta_f:5/T;
sgma_a=1;
Sv=sgma_a^2*sinc(f*T).^2;
% Plotting command follows.
plot(f,Sv);
```

解说题

解说题 6.2

假设序列 $\{a_n\}$ 的自相关函数是

$$R_a(m) = \begin{cases} 1, & m = 0 \\ \dfrac{1}{2}, & m = 1, -1 \\ 0, & 其余 m \end{cases} \qquad (6.2.14)$$

$g(t)$ 为如图 6.1 所示的矩形脉冲,求此时的 $S_v(f)$。

题　解

PAM 信号 $V(t)$ 的功率谱由式(6.2.8)给出。根据式(6.2.9)和式(6.2.14),序列 $\{a_n\}$ 的功率谱为

$$\begin{aligned} S_a(f) &= 1 + \cos(2\pi f T) \\ &= 2\cos^2(\pi f T) \end{aligned} \qquad (6.2.15)$$

于是

$$S_v(f) = 2\cos^2(\pi f T)\left(\frac{\sin(\pi f T)}{\pi f T}\right)^2 \tag{6.2.16}$$

其功率谱如图 6.3 所示。

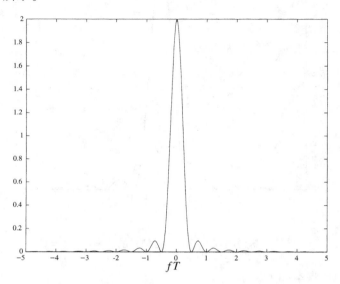

图 6.3　解说题 6.2 中的发射信号的功率谱($\sigma_a^2 = 1$)

本题的 MATLAB 脚本如下所示。在这种情况下,发射信号 $V(t)$ 的整个功率谱明显地比图 6.2 所示的谱更窄。

m 文件

```
% MATLAB script for Illustrative Problem 6.2.
echo on
T=1;
delta_f=1/(100*T);
f=−5/T:delta_f:5/T;
Sv=2*(cos(pi*f*T).*sinc(f*T)).^2;
% Plotting command follows.
plot(f,Sv);
```

6.3　带限信道特性和信道失真

许多通信信道(其中包括电话信道和某些无线信道)通常都可以用带限的线性滤波器来表征。因此,此类信道可以用它们的频率响应 $C(f)$ 来刻画,$C(f)$ 表示为

$$C(f) = A(f)e^{j\theta(f)} \tag{6.3.1}$$

其中,$A(f)$ 称为**幅度响应**,$\theta(f)$ 称为**相位响应**。另外一种有时来代替相位响应的特性是**包络延迟**或**群延迟**,其定义为

$$\tau(f) = -\frac{1}{2\pi}\frac{d\theta(f)}{df} \tag{6.3.2}$$

在发射信号所占有的带宽 W 内,如果 $A(f) =$ 常数并且 $\theta(f)$ 是频率的线性函数(或者包络延迟 $\tau(f) =$ 常数),就认为信道是**无失真的**或**理想的**。另一方面,如果 $A(f)$ 和 $\tau(f)$ 在发射信

号所占有的带宽内不是常数,信道就会使信号失真。若 $A(f)$ 不是常数,这个失真则称为**幅度失真**;若 $\tau(f)$ 不是常数,则在发射信号上的失真称为**延迟失真**。

由非理想信道频率响应特性 $C(f)$ 引起的幅度和延迟失真的一个结果是,在发射信号的速度与信道带宽 W 可比拟的情况下,连续传输的脉冲波形会受到破坏,使得接收端各前后脉冲不能再清晰地分隔开,或者说它们互相重叠了,所以就有了码间干扰。作为延迟失真对一个传输脉冲的影响的例子,图 6.4(a)说明了在标定时刻点 $\pm T$, $\pm 2T$ 等处周期性地为零的带限脉冲的情况。当信息是用脉冲幅度承载时,如在 PAM 中,可能传输一个脉冲串,其中每个脉冲都在其他脉冲的周期零值上有一个峰值。然而,经过具有线性包络延迟特性 $\tau(f)$ 的信道传输这个脉冲($\theta(f)$ 为二次相位特性),会形成如图 6.4(b)所示的接收脉冲,它的零值穿越点不再是周期性分隔的了。结果,持续不断的脉冲序列就会互相破坏,各脉冲的峰值不再清晰可辨。因

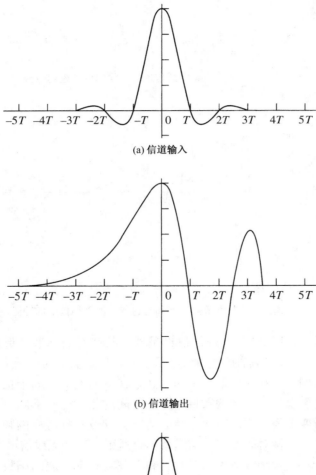

(a) 信道输入

(b) 信道输出

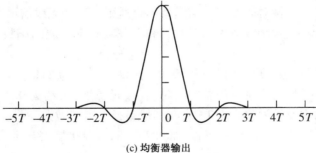

(c) 均衡器输出

图 6.4　信道失真的影响

此,信道延迟失真就会形成符号间干扰。在本章中将要讨论,有可能在解调器中使用一个滤波器或均衡器来补偿信道的非理想频率响应特性。图 6.4(c)给出了用于补偿信道中的线性失真的一个线性均衡器的输出。

作为一个例子,考虑电话信道的码间干扰。图 6.5 给出的是对交换电信网络的电话信道测得的作为频率的函数的平均幅度和延迟。我们可以看出,可用的信道频带大约从 300 Hz 到 3200 Hz。这个信道的平均冲激响应如图 6.6 所示,其持续时间大约为 10 ms。通过比较会发现,在这类信道上传输的符号率可以在每秒 2500 个脉冲或符号的量级上,码间干扰可能会扩展到 20 ~ 30 个符号以上。

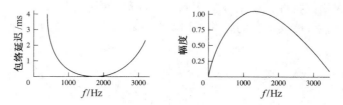

图 6.5   一个中距离电话信道的平均幅度和延迟特性

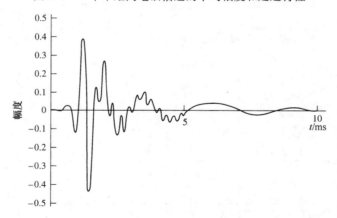

图 6.6   具有图 6.5 所示的幅度和延迟特性的平均信道的冲激响应

除了电话信道以外,其他一些物理信道也呈现出某些时间弥散的形式,从而引入码间干扰。诸如短波电离层传播(高频,HF)、对流层散射和移动蜂窝无线电等无线信道,就是 3 个时间弥散的无线信道的例子。在这些信道中,时间弥散(从而造成码间干扰)是由于具有不同路径延迟的多传播路径引起的。路径的数目和路径之间的相对时延都随时间而变化,因此这类无线信道通常称为**时变多径信道**。时变多径的情况会导致各种各样的频率响应特性,所以用于电话信道的频率响应特性对时变多径信道就不合适了。这些无线信道在统计意义上用散射函数来表征,简单地说,散射函数作为相对时延和多普勒频率扩展的函数,是平均接收信号功率的二维表示。

为了进行说明,图 6.7 给出了对某个中等距离(150 哩,约为 241.4 km)对流层散射信道测得的某个散射函数。平均信道响应的总持续时间(多径扩展)大约为 0.7 μs,在最强的路径上的多普勒频率的**半功率点**扩展略小于 1 Hz,在其他路径上则稍微大一些。典型的情况是,如果在此类信道上的发射速率是 10^7 符号每秒,而 0.7 μs 的多径扩展将导致大约 7 个符号的码间干扰。

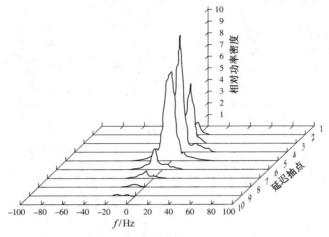

图 6.7　一个中等距离对流层散射信道的散射函数

解说题

解说题 6.3

正如前面指出的,一个带限通信信道建模成一个线性滤波器,该滤波器的频率响应特性与信道的频率响应特性相匹配。可以用 MATLAB 设计有限脉冲响应(FIR)或无限脉冲响应(IIR)数字滤波器,来近似模拟通信信道的频率响应特性。假定想要对一个具有幅度响应为 $A(f) = 1, f \leqslant 2000\,\text{Hz}$ 和 $A(f) = 0, f > 2000\,\text{Hz}$,并且对所有 f 为恒定延迟(线性相位)的理想信道建模,数字滤波器的采样频率应选为 $F_s = 10\,000\,\text{Hz}$。因为要求有线性相位,所以只有 FIR 滤波器能满足这个条件。然而,在阻带内不可能达到零响应,因此选择阻带响应为 $-40\,\text{dB}$,阻带频率为 2500 Hz。另外,在通带内允许有一个小的量,即 0.5 dB 的起伏。

题　解

满足这些指标要求的,长度 $N = 41$ 的 FIR 滤波器的脉冲响应和频率响应如图 6.8 所示。因为 N 是奇数,所以通过滤波器的延迟是 $(N+1)/2$ 节抽头,这相应于在采样频率 $F_s = 10\,\text{kHz}$ 下 $(N+1)/20\,\text{ms}$ 的时延。在本例中,FIR 滤波器是采用切比雪夫近似(Remez 算法),用 MATLAB 设计的。

本题的 MATLAB 脚本如下所示。

m 文件

```
% MATLAB script for Illustrative Problem 6.3.
echo on
f_cutoff=2000;                    % the desired cutoff frequency
f_stopband=2500;                  % the actual stopband frequency
fs=10000;                         % the sampling frequency
f1=2*f_cutoff/fs;                 % the normalized passband frequency
f2=2*f_stopband/fs;               % the normalized stopband frequency
N=41;                             % This number is found by experiment.
F=[0 f1 f2 1];
M=[1 1 0 0];                      % describes the lowpass filter
B=remez(N-1,F,M);                 % returns the FIR tap coefficients
% Plotting command follows.
figure(1);
[H,W]=freqz(B);
H_in_dB=20*log10(abs(H));
```

```
plot(W/(2*pi),H_in_dB);
figure(2);
plot(W/(2*pi),(180/pi)*unwrap(angle(H)));
% Plot of the impulse response follows.
figure(3);
plot(zeros(size([0:N−1])));
hold;
stem([0:N−1],B);
```

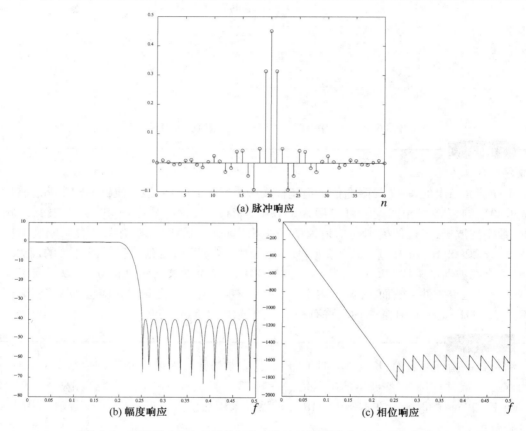

(a) 脉冲响应

(b) 幅度响应

(c) 相位响应

图 6.8　解说题 6.3 中的线性相位 FIR 滤波器的脉冲、幅度和相位响应

解说题

解说题 6.4

设计逼近目标信道特性的 FIR 滤波器的另一种方法是基于窗函数的方法。具体来讲,若目标信道频率响应是 $C(f)$, $|f| \leqslant W$ 并且 $C(f) = 0$, $|f| > W$,那么信道的脉冲响应是

$$h(t) = \int_{-W}^{W} C(f) e^{j2\pi ft} df \qquad (6.3.3)$$

例如,若信道是理想的,则 $C(f) = 1$, $|f| \leqslant W$,所以

$$h(t) = \frac{\sin(2\pi Wt)}{\pi t} \qquad (6.3.4)$$

可以通过在 $t = nT_s$ 时刻对 $h(t)$ 采样来实现一个等效的数字滤波器,其中 T_s 是采样时间间隔, $n = 0, \pm 1, \pm 2, \cdots$。试用 $W = 2000 \, \text{Hz}$ 和 $F_s = 1/T_s = 10 \, \text{kHz}$ 设计一个 FIR 滤波器。

题　解

$h(t)$ 的采样 $h_n \equiv h(nT_s)$ 如图 6.9 所示。因为 $\{h_n\}$ 为无限长,可以在某个长度 N 将其截断。这个截断就相当于将 $\{h_n\}$ 乘以矩形窗序列 $w_n = 1, |n| \leq (N-1)/2$ 和 $w_n = 0, |n| \geq (N+1)/2$。对于 $N = 51$,这个截断后的 FIR 滤波器的脉冲响应 $\{h_n^1 = w_n h_n\}$ 和对应的频率响应如图 6.10 所示。注意,截断滤波器在阻带有大的旁瓣,因此这个 FIR 滤波器对目标信道特性来说是一个不够好的近似。使用比较平滑的窗函数,如 Hanning 窗或 Hamming 窗来截断理想信道响应,可以大大降低旁瓣的大小。图 6.11 给出的是使用 $N = 51$ 的 Hanning 窗函数,$\{h_n^1 = w_n h_n\}$ 的脉冲响应和频率响应。MATLAB 提供了有关子程序,可以实现几个不同形式的窗函数。

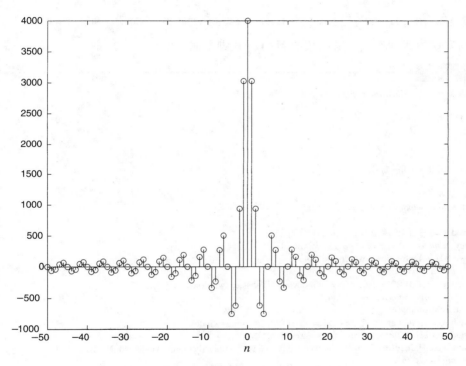

图 6.9　解说题 6.4 中的 $h(n)$ 的样本

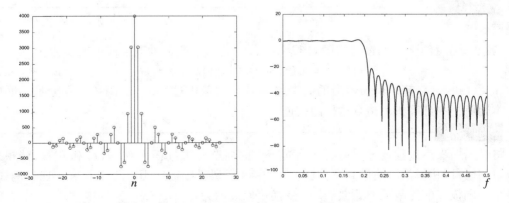

图 6.10　解说题 6.4 中的用矩形窗截断的滤波器的脉冲响应和频率响应

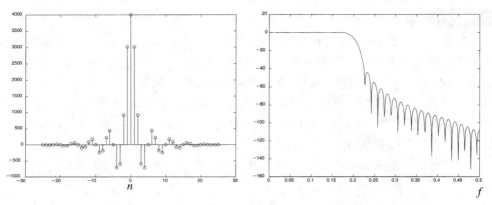

图 6.11　解说题 6.4 中用 Hanning 窗截断的滤波器的脉冲响应和频率响应

本题实现的两种类型的窗函数的 MATLAB 脚本如下所示。

m 文件

```
% MATLAB script for Illustrative Problem 6.4.
echo on
Length=101;
Fs=10000;
W=2000;
Ts=1/Fs;
n=-(Length-1)/2:(Length-1)/2;
t=Ts*n;
h=2*W*sinc(2*W*t);
% The rectangular windowed version follows.
N=61;
rec_windowed_h=h((Length-N)/2+1:(Length+N)/2);
% Frequency response of rec_windowed_h follows.
[rec_windowed_H,W1]=freqz(rec_windowed_h,1);
% to normalize the magnitude
rec_windowed_H_in_dB=20*log10(abs(rec_windowed_H)/abs(rec_windowed_H(1)));
% The Hanning windowed version follows.
hanning_window=hanning(N);
hanning_windowed_h=h((Length-N)/2+1:(Length+N)/2).*hanning_window.';
[hanning_windowed_H,W2]=freqz(hanning_windowed_h,1);
hanning_windowed_H_in_dB=20*log10(abs(hanning_windowed_H)/abs(hanning_windowed_H(1)));
% Plotting commands follow.
```

解说题

解说题 6.5

两径(多路径)无线信道可按图 6.12 在时域中建模。它的冲激响应可表示为

$$c(t,\tau) = b_1(t)\delta(\tau) + b_2(t)\delta(\tau - \tau_d) \tag{6.3.5}$$

其中,$b_1(t)$ 和 $b_2(t)$ 都是代表信道的时变传播行为的随机过程,τ_d 是两条多径分量之间的延迟。本题就是在计算机上仿真这样的信道。

题　解

将高斯白噪声过程通过低通滤波器而产生的高斯随机过程来对 $b_1(t)$ 和 $b_2(t)$ 建模。在离散时间,可以相对简单地用高斯白噪声(WGN)序列激励数字 IIR 滤波器来实现。例如,具有两个相同极点的简单低通滤波器用 z 变换可以表示为

$$H(z) = \frac{(1-p)^2}{(1-pz^{-1})^2} = \frac{(1-p)^2}{1-2pz^{-1} + p^2 z^{-2}} \tag{6.3.6}$$

或者,对应的差分方程是

$$b_n = 2pb_{n-1} - p^2 b_{n-2} + (1-p)^2 w_n \qquad (6.3.7)$$

其中,$\{w_n\}$是输入 WGN 序列,$\{b_n\}$是输出序列,$p(0<p<1)$是极点的位置。极点的位置控制该滤波器的带宽,从而也就是$\{b_n\}$的变化速率。当 p 靠近 1(即接近单位圆)时,滤波器的带宽就窄;而当 p 靠近 0 时,带宽就宽。所以,当 p 在 z 平面内接近单位圆时,滤波器的输出序列的变化就比当 p 接近原点时更慢一些。

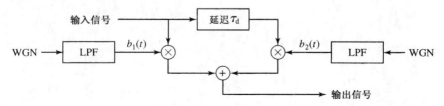

图 6.12　两条路径的无线信道模型

图 6.13 给出了当 $p=0.99$ 时,将统计独立的 WGN 序列通过该滤波器所产生的输出序列$\{b_{1n}\}$和$\{b_{2n}\}$,同时也给出了离散时间信道的脉冲响应

$$c_n = b_{1,n} + b_{2,n-d} \qquad (6.3.8)$$

样本延迟为 $d=5$。图 6.14 给出了 $p=0.9$ 时的序列$\{b_{1n}\}$,$\{b_{2n}\}$和$\{c_n\}$。

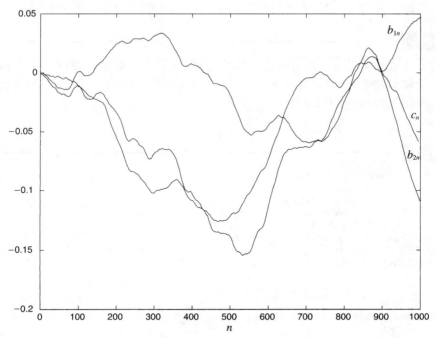

图 6.13　当 $p=0.99$ 时,低通滤波器的输出序列 b_{1n} 和 b_{2n} 及其所产生的 c_n

解说题

解说题 6.6　[两径无线信道的系数的自相关和功率谱的估计]

对于解说题 6.5,当 $p=0.99$ 时,计算并画出序列$\{b_{1n}\}$、$\{b_{2n}\}$和$\{c_n\}$的自相关函数及其功率谱的估计。将功率谱与滤波器的频率响应 $H(f)$ 的模方,即 $|H(f)|^2$ 进行比较,其中 $H(f)$ 是利用式(6.3.6)在单位圆上计算 $H(z)$ 得到的。

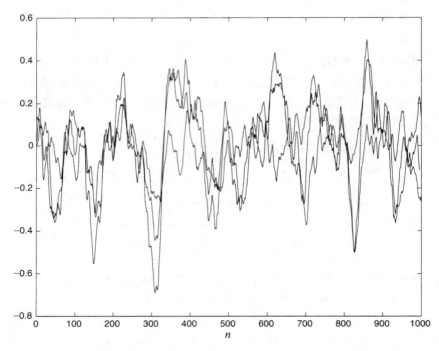

图 6.14　当极点位于 $p = 0.9$ 时的输出序列 b_{1n}, b_{2n} 和 c_n ($n = 1000$ 时，由上至下分别为 b_{1n}, c_n 和 b_{2n})

题　解

图 6.15(a)给出了三个序列的自相关函数，而图 6.15(b)给出了相应的功率谱。我们看到这些自相关函数都非常相似，并且功率谱也都非常相似。我们还注意到，当滤波器的输入是白噪声时，该功率谱是对理论上的真实功率谱 $|H(f)|^2$ 的非常逼近的估计。

本题的 MATLAB 脚本如下所示。

m 文件

```
% MATLAB script for Illustrative Problem 6.6

N=1000;                 % Length of sequence
M=100;                  % Autocorrelation function length
Fs=N;                   % Sampling frequency
NFFT = 2^nextpow2(N);   % Next power of 2 from length of y
f=Fs/2*linspace(-0.5,0.5,NFFT/2+1);
F=1/2*linspace(-0.5,0.5,NFFT/2+1);
p=0.99;
d=5;                    % Time delay between the two paths
% Preallocation for speed:
b1=zeros(1,N); b2=zeros(1,N); c=zeros(1,N);
% Input WGN sequence
w=randn(2,N);
% Output sequences:
b1(1)=(1-p)^2*w(1,1);
b1(2)=2*p*b1(1)+(1-p)^2*w(1,2);
b2(1)=(1-p)^2*w(2,1);
b2(2)=2*p*b2(1)+(1-p)^2*w(2,2);
u=1:M+1;
for n=3:N
    b1(n)=2*p*b1(n-1)-p^2*b1(n-2)+(1-p)^2*w(1,n);
    b2(n)=2*p*b2(n-1)-p^2*b2(n-2)+(1-p)^2*w(2,n);
```

```
end
% Channel impulse response:
for n=1:5
    c(n)=b1(n);
end
for n=6:N
    c(n)=b1(n)+b2(n−d);
end
% Autocorrelation calculations:
Rx_b1=Rx_est(b1,M);
Rx_b2=Rx_est(b2,M);
Rx_c =Rx_est(c,M);
% Power spectra calculations:
Sx_b1=fftshift(abs(fft(Rx_b1,NFFT)/N));
Sx_b2=fftshift(abs(fft(Rx_b2,NFFT)/N));
Sx_c =fftshift(abs(fft(Rx_c,NFFT)/N));
% Calculation of H(f):
z=exp(1i*2*pi*F);
num=(1−p)^2;
denum=(1−p*z.^−1).^2;
H=num./denum;
% Plot the results:
subplot(3,2,1)
plot(Rx_b1)
axis([0 M min(Rx_b1) max(Rx_b1)])
xlabel('Time (sec)')
legend('R_x(b_1)')
subplot(3,2,2)
plot(f,Sx_b1(NFFT/4:3*NFFT/4))
xlabel('Frequency (Hz)')
axis([−100 100 min(Sx_b1) max(Sx_b1)])
legend('S_x(b_1)')
subplot(3,2,3)
plot(Rx_b2)
axis([0 M min(Rx_b2) max(Rx_b2)])
xlabel('Time (sec)')
legend('R_x(b_2)')
subplot(3,2,4)
plot(f,Sx_b2((NFFT/4:3*NFFT/4)))
xlabel('Frequency (Hz)')
axis([−100 100 min(Sx_b2) max(Sx_b2)])
legend('S_x(b_2)')
subplot(3,2,5)
plot(Rx_c)
axis([0 M min(Rx_c) max(Rx_c)])
xlabel('Time (sec)')
legend('R_x(c)')
subplot(3,2,6)
plot(f,Sx_c((NFFT/4:3*NFFT/4)))
axis([−100 100 min(Sx_c) max(Sx_c)])
xlabel('Frequency (Hz)')
legend('S_x(c)')
figure
plot(f,abs(H).^2)
axis([−100 100 min(abs(H).^2) max(abs(H).^2)])
xlabel('Frequency (Hz)')
legend('|H(f)|^2')
```

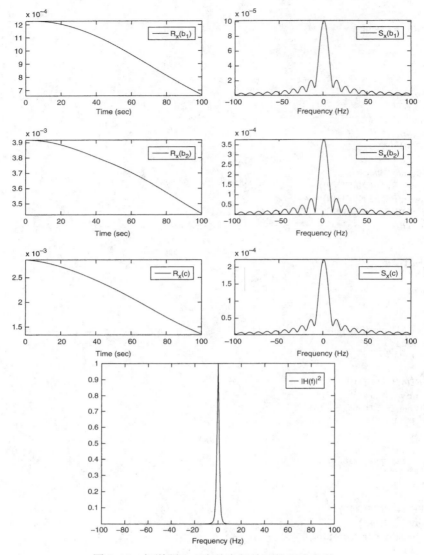

图 6.15　解说题 6.6 中的自相关函数和功率谱

6.4　码间干扰的特性

　　在数字通信系统中,信道失真会导致码间干扰(ISI)。这一节要给出表征 ISI 的一种模型。为简单起见,假定发射的信号是基带 PAM 信号。然而,这一论述很容易推广到下一章要讨论的载波(线性)调制信号中。

　　发射的 PAM 信号表示为

$$s(t) = \sum_{n=0}^{\infty} a_n g(t - nT) \tag{6.4.1}$$

其中,$g(t)$ 是要选择的基本脉冲形状,用于控制发射信号的频谱特性。$\{a_n\}$ 是从由 M 个点组成的信号星座图中选取的发射信息符号的序列。T 是信号间隔($1/T$ 就是符号速率)。

　　在一个基带信道上传输信号 $s(t)$,该基带信道可用频率响应 $C(f)$ 表征。于是,接收信号可表示为

$$r(t) = \sum_{n=0}^{\infty} a_n h(t - nT) + w(t) \tag{6.4.2}$$

其中，$h(t) = g(t) * c(t)$，$c(t)$是信道的冲激响应，$*$代表卷积，而$w(t)$代表的是在信道中的加性噪声。为了表征 ISI，假设接收信号通过一个接收滤波器，然后以每秒$1/T$样本的采样率进行采样。一般来说，在接收端最优滤波器是与接收信号脉冲$h(t)$相匹配的，所以这个滤波器的频率响应是$H^*(f)$。滤波器的输出表示为

$$y(t) = \sum_{n=0}^{\infty} a_n x(t - nT) + v(t) \tag{6.4.3}$$

其中，$x(t)$是接收滤波器的信号脉冲响应，即$X(f) = H(f)H^*(f) = |H(f)|^2$，而$v(t)$是接收滤波器对噪声$w(t)$的响应。现在，如果$y(t)$在$t = kT, k = 0,1,2,\cdots$时刻被采样，就有

$$y(kT) = \sum_{n=0}^{\infty} a_n x(kT - nT) + v(kT)$$

$$y_k = \sum_{n=0}^{\infty} a_n x_{k-n} + v_k, \quad k = 0,1,\cdots \tag{6.4.4}$$

样本值$\{y_k\}$可以表示为

$$y_k = x_0 \left(a_k + \frac{1}{x_0} \sum_{\substack{n=0 \\ n \neq k}}^{\infty} a_n x_{k-n} \right) + v_k, \quad k = 0,1,\cdots \tag{6.4.5}$$

x_0是任意加权因子，为了方便，我们将其置为 1，那么

$$y_k = a_k + \sum_{\substack{n=0 \\ n \neq k}}^{\infty} a_n x_{k-n} + v_k \tag{6.4.6}$$

a_k就代表在第k个采样时刻的目标信息符号，而

$$\sum_{\substack{n=0 \\ n \neq k}}^{\infty} a_n x_{k-n} \tag{6.4.7}$$

项就代表了码间干扰 ISI，而v_k是在第k个采样时刻的加性噪声。

　　在一个数字通信系统中，ISI 和噪声的多少都能在示波器上观察到。对 PAM 信号可以用$1/T$的水平扫描速率，在垂直输入上显示接收信号$y(t)$。所得出的示波器上的图称为**眼图**，因为它与人的眼睛很相像。例如，图 6.16 显示的是 2 电平和 4 电平 PAM 调制的眼图。ISI 的影

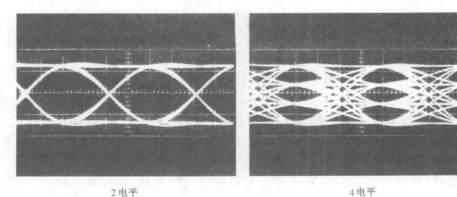

2 电平　　　　　　　　　　　　　　　　　　　4 电平

图 6.16　2 电平和 4 电平幅移键控（或 PAM）眼图举例

响是导致眼睛闭合,因此降低了因加性噪声引起误码的裕度。图 6.17 用图解方法说明了 ISI 在减小一个 2 电平眼睛开启方面的影响。值得注意的是,码间干扰使得过零点的位置产生偏差,从而减小了眼图的开启度,因此会导致系统对同步误差有更高的灵敏度。

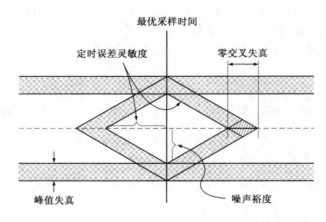

图 6.17　码间干扰在眼图开启方面的影响

解说题

解说题 6.7

本题要考虑码间干扰(ISI)对两个信道接收到的信号序列$\{y_k\}$的影响,经由这两个信道得到的序列$\{x_k\}$如下所示:

信道 1

$$x_n = \begin{cases} 1, & n = 0 \\ -0.25, & n = \pm 1 \\ 0.1, & n = \pm 2 \\ 0, & 其余 n \end{cases}$$

信道 2

$$x_n = \begin{cases} 1, & n = 0 \\ 0.5, & n = \pm 1 \\ -0.2, & n = \pm 2 \\ 0, & 其余 n \end{cases}$$

注意,在这些信道中,ISI 限定为目标发射信号两边的两个符号以内。因此,对发送和接收滤波器以及信道的级联,在采样瞬时的信道即可用图 6.18 所示的这个等效**离散时间 FIR 信道滤波器**来表示。现在,假设发射信号序列是 2 电平的,即$\{a_n = \pm 1\}$。那么,对于信道 1 而言,在没有噪声的情况下接收到的信号序列$\{y_k\}$如图 6.18(a)所示,而在有方差 $\sigma^2 = 0.1$ 的加性高斯白噪声的情况下,接收到的信号序列如图 6.18(b)所示。可以注意到,在没有噪声时,仅 ISI 并不产生在检测器上的差错,该检测器将接收到的信号序列$\{y_n\}$与阈值为零进行比较。因此,在没有噪声时,眼图是开启的。然而,当加性噪声足够大时,就会发生差错。

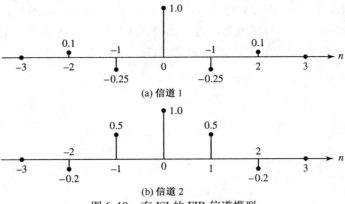

(a) 信道 1

(b) 信道 2

图 6.18　有 ISI 的 FIR 信道模型

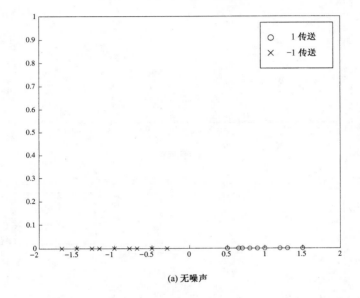

(a) 无噪声

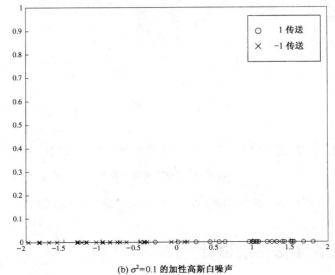

(b) $\sigma^2 = 0.1$ 的加性高斯白噪声

图 6.19　有和无加性高斯白噪声时,信道模型 1 的输出

在信道 2 的情况下,无噪声和有噪声($\sigma^2 = 0.1$)时的序列$\{y_n\}$如图 6.20 所示。现在可以看到,检测器将接收序列$\{y_n\}$与阈值为零进行比较,ISI 会导致检测器产生差错,即使在无噪声时也是这样。因此,对于该信道特性,眼图完全闭合。

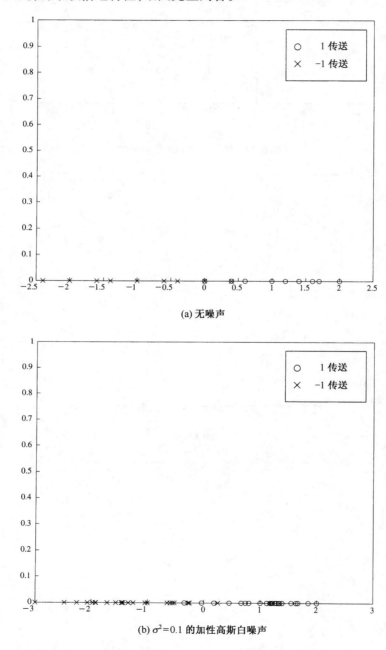

(a) 无噪声

(b) $\sigma^2 = 0.1$ 的加性高斯白噪声

图 6.20　有和无加性高斯白噪声时,信道模型 2 的输出

6.5　带限信道的通信系统设计

这一节要考虑适合于带限信道的发射机和接收机滤波器的设计。要考虑两种情况:第一

种情况是基于发送和接收滤波器产生零 ISI 的设计。第二种情况是基于发送和接收滤波器具有某个给定(预定)的 ISI 值的设计。因此,第二种设计方法会得到某个可控的 ISI 值,所对应的发射信号称为**部分响应信号**。在两种情况下都假定信道是理想的;也就是说,在信道带宽 W 内,$A(f)$ 和 $\tau(f)$ 都是常数。为简单起见,我们假定 $A(f) = 1$ 和 $\tau(f) = 0$。

6.5.1　对于零 ISI 的信号设计

具有零 ISI 的带限信号设计是大约 70 年前 Nyquist 考虑过的一个问题。他证实了一个信号 $x(t)$ 具有零 ISI 的必要和充分条件是

$$x(nT) = \begin{cases} 1, & n = 0 \\ 0, & n \neq 0 \end{cases} \tag{6.5.1}$$

它的傅里叶变换 $X(f)$ 满足

$$\sum_{m=-\infty}^{\infty} X\left(f + \frac{m}{T}\right) = T \tag{6.5.2}$$

其中,$1/T$ 是符号速率。

一般来说,有很多信号可以设计成具有这个性质。在实际中,最常用的一种信号是具有升余弦频率响应特性的信号,定义为

$$X_{\mathrm{rc}}(f) = \begin{cases} T, & 0 \leq |f| \leq \dfrac{1-\alpha}{2T} \\[2mm] \dfrac{T}{2}\left[1 + \cos\dfrac{\pi T}{\alpha}\left(|f| - \dfrac{1-\alpha}{2T}\right)\right], & \dfrac{1-\alpha}{2T} < |f| \leq \dfrac{1+\alpha}{2T} \\[2mm] 0, & |f| > \dfrac{1+\alpha}{2T} \end{cases} \tag{6.5.3}$$

其中,α 称为**滚降系数**,它的取值为 $0 \leq \alpha \leq 1$,$1/T$ 是符号速率。$\alpha = 0$,$\alpha = 1/2$ 和 $\alpha = 1$ 的频率响应 $X_{\mathrm{rc}}(f)$ 如图 6.20(a)所示。注意,当 $\alpha = 0$ 时,$X_{\mathrm{rc}}(f)$ 就变成一个理想的、带宽为 $1/(2T)$ 的物理上不可实现的矩形频率响应。频率 $1/(2T)$ 称为**奈奎斯特频率**。对于 $\alpha > 0$,目标信号 $X_{\mathrm{rc}}(f)$ 占据的超过奈奎斯特频率 $1/(2T)$ 的带宽称为**过量带宽**(excess bandwidth),通常将它表示为奈奎斯特频率的一个百分数。例如,当 $\alpha = 1/2$ 时,过量带宽是 50%;当 $\alpha = 1$ 时,过量带宽是 100%。具有升余弦频谱的信号脉冲 $x_{\mathrm{rc}}(t)$ 是

$$x_{\mathrm{rc}}(t) = \frac{\sin(\pi t/T)}{\pi t/T} \frac{\cos(\pi \alpha t/T)}{1 - 4\alpha^2 t^2/T^2} \tag{6.5.4}$$

图 6.21(b)给出了 $\alpha = 0$,$\alpha = 1/2$ 和 $\alpha = 1$ 时的 $x_{\mathrm{rc}}(t)$。因为 $x_{\mathrm{rc}}(t)$ 满足式(6.5.2),所以有 $t = 0$ 时 $x_{\mathrm{rc}}(t) = 1$,以及 $x_{\mathrm{rc}}(t) = 0$,$t = kT$,$k = \pm 1, \pm 2, \cdots$。这样,在采样瞬时 $t = kT$,$k \neq 0$,当无信道失真时,不存在从邻近符号来的 ISI。然而,当有信道失真时,由式(6.4.7)给出的 ISI 不再是零,需要用一个信道均衡器使它对系统性能的影响最小。信道均衡器在 6.6 节中讨论。

在理想信道中,发送和接收滤波器联合设计成在所要求的采样瞬时 $t = nT$ 具有零 ISI。因此,若 $G_{\mathrm{T}}(f)$ 是发送滤波器的频率响应,而 $G_{\mathrm{R}}(f)$ 是接收滤波器的频率响应,那么乘积 $G_{\mathrm{T}}(f) G_{\mathrm{R}}(f)$(两个滤波器级联)就设计为产生零 ISI。例如,如果该乘积 $G_{\mathrm{T}}(f) G_{\mathrm{R}}(f)$ 选为

$$G_{\mathrm{T}}(f) G_{\mathrm{R}}(f) = X_{\mathrm{rc}}(f) \tag{6.5.5}$$

其中,$X_{\mathrm{rc}}(f)$ 是升余弦频率响应特性,那么在采样时刻 $t = nT$,ISI 是零。

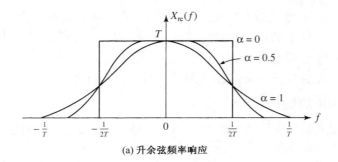

(a) 升余弦频率响应

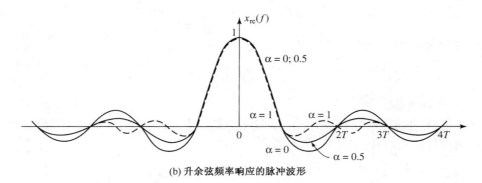

(b) 升余弦频率响应的脉冲波形

图 6.21　升余弦函数及相应的脉冲波形

解说题

解说题 6.8

设计发送和接收滤波器 $G_T(f)$ 和 $G_R(f)$ 的数字实现,使它们的乘积满足式(6.5.5),并且 $G_R(f)$ 是 $G_T(f)$ 的匹配滤波器。

题　解

以数字形式设计和实现发送和接收滤波器的最简单方法是采用具有线性相移(对称脉冲响应)的 FIR 滤波器。所期望的幅度响应为

$$|G_T(f)| = |G_R(f)| = \sqrt{X_{rc}(f)} \tag{6.5.6}$$

其中,$X_{rc}(f)$ 由式(6.5.3)给出。频率响应与数字滤波器脉冲响应的关系为

$$G_T(f) = \sum_{m=-(N-1)/2}^{(N-1)/2} g_T(n) e^{-j2\pi f n T_s} \tag{6.5.7}$$

其中,T_s 是采样间隔,N 是滤波器长度,注意 N 是奇数。因为 $G_T(f)$ 是带限的,所以可选取采样频率 F_s 至少是 $2/T$。我们的选择是

$$F_s = \frac{1}{T_s} = \frac{4}{T}$$

或者等效为 $T_s = T/4$。所以,折叠频率是 $F_s/2 = 2/T$。因为 $G_T(f) = \sqrt{X_{rc}(f)}$,所以在频域以 $\Delta f = F_s/N$ 等频率间隔对 $X_{rc}(f)$ 采样。我们得到

$$\sqrt{X_{rc}(m\Delta f)} = \sqrt{X_{rc}\left(\frac{mF_s}{N}\right)} = \sum_{n=-(N-1)/2}^{(N-1)/2} g_T(n) e^{-j2\pi mn/N} \tag{6.5.8}$$

它的逆变换关系是

$$g_{\mathrm{T}}(n) = \sum_{m=-(N-1)/2}^{(N-1)/2} \sqrt{X_{\mathrm{rc}}\left(\frac{4m}{NT}\right)}\, \mathrm{e}^{\mathrm{j}2\pi mn/N}, \qquad n = 0,\ \pm 1,\cdots,\ \pm\frac{N-1}{2} \qquad (6.5.9)$$

由于 $g_{\mathrm{T}}(n)$ 是对称的,因此将 $g_{\mathrm{T}}(n)$ 延迟 $(N-1)/2$ 个样本就得到了期望的线性相位发送滤波器的脉冲响应。

本题的 MATLAB 脚本如下所示。

---
m 文件

```
% MATLAB script for Illustrative Problem 6.8.
echo on
N=31;
T=1;
alpha=1/4;
n=-(N-1)/2:(N-1)/2;                    % the indices for g_T
% The expression for g_T is obtained next.
for i=1:length(n),
    g_T(i)=0;
    for m=-(N-1)/2:(N-1)/2,
        g_T(i)=g_T(i)+sqrt(xrc(4*m/(N*T),alpha,T))*exp(j*2*pi*m*n(i)/N);
        echo off ;
    end;
end;
echo on;
g_T=real(g_T) ; % The imaginary part is due to the finite machine precision
% Derive g_T(n-(N-1)/2).
n2=0:N-1;
% Get the frequency response characteristics.
[G_T,W]=freqz(g_T,1);
% normalized magnitude response
magG_T_in_dB=20*log10(abs(G_T)/max(abs(G_T)));
% impulse response of the cascade of the transmitter and the receiver filters
g_R=g_T;
imp_resp_of_cascade=conv(g_R,g_T);
% Plotting commands follow.
```

---
m 文件

```
function  [y] = xrc(f,alpha,T);
% [y]=xrc(f,alpha,T)
%               Evaluates the expression Xrc(f). The parameters alpha and T
%               must also be given as inputs to the function.
if (abs(f) > ((1+alpha)/(2*T))),
    y=0;
elseif (abs(f) > ((1-alpha)/(2*T))),
    y=(T/2)*(1+cos((pi*T/alpha)*(abs(f)-(1-alpha)/(2*T))));
else
    y=T;
end;
```

图 6.22(a)给出了当 $\alpha = \dfrac{1}{4}$ 和 $N=31$ 时的 $g_{\mathrm{T}}\left(n-\dfrac{N-1}{2}\right), n=0,1,\cdots,N-1$,图 6.22(b)给出的是相应的频率响应特性。注意,因为数字滤波器为有限长的,所以频率响应在 $|f| \geqslant (1+\alpha)/T$ 不再是零。然而,在频谱中的旁瓣相对来说很小。可以通过增大 N 来实现进一步减小旁瓣。

最后,在图 6.23 中给出了发送和接收 FIR 滤波器的级联的脉冲响应。这个响应与以

$F_s = 4/T$的采样频率对$x_{rc}(t)$采样所得到的理想脉冲响应是可以比拟的。

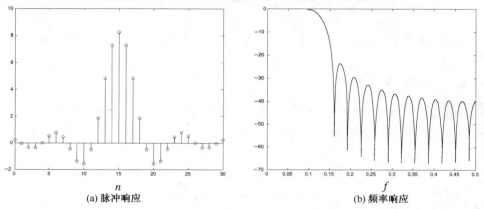

(a) 脉冲响应   (b) 频率响应

图 6.22   发送端的截断离散时间 *FIR* 滤波器的脉冲响应和频率响应

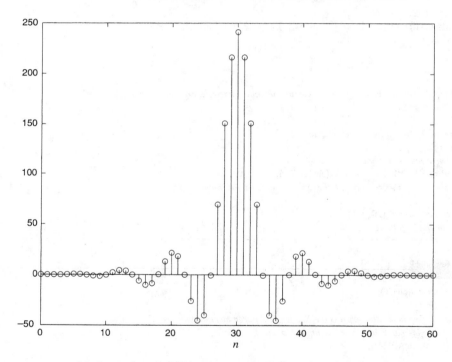

图 6.23   发送滤波器与接收机匹配滤波器级联的脉冲响应

6.5.2 可控制 ISI 的信号设计

我们对在零 ISI 的信号设计的讨论中已经看到,可以用具有过量带宽的传输滤波器来实现实际带限信道的发送和接收滤波器。另一方面,设想选择放宽零 ISI 的条件而实现带宽 $W = 1/(2T)$ 的符号传输,即不用过量带宽。通过允许某个可控制的 ISI 的大小,就能实现每秒 $2W$ 符号的速率。

我们已经看到,零 ISI 的条件就是 $x(nT) = 0, n \neq 0$。然而,假定设计的带限信号在某时刻具有可控制的 ISI。这意味着允许在样本 $\{x(nT)\}$ 中有一个额外的非零值。由于引入的 ISI 是确定的,或者说"可控制的",所以在接收端就能考虑到这一点,如稍后将进行的讨论。

一般来说，一个带限到 W Hz 的信号 $x(t)$，即

$$X(f) = 0, \qquad |f| > W \tag{6.5.10}$$

可以表示成

$$x(t) = \sum_{n=-\infty}^{\infty} x\left(\frac{n}{2W}\right) \frac{\sin\{2\pi W[t - n/(2W)]\}}{2\pi W[t - n/(2W)]} \tag{6.5.11}$$

上式是从带限信号的采样定理中得出的。带限信号的频谱为

$$X(f) = \int_{-\infty}^{\infty} x(t) e^{-j2\pi ft} dt$$

$$= \begin{cases} \dfrac{1}{2W} \sum_{n=-\infty}^{\infty} x\left(\dfrac{n}{2W}\right) e^{-jn\pi f/W}, & |f| \leq W \\ 0, & |f| > W \end{cases} \tag{6.5.12}$$

导致物理可实现的发送和接收滤波器的一个特例由样本

$$x\left(\frac{n}{2W}\right) \equiv x(nT) = \begin{cases} 1, & n = 0,1 \\ 0, & \text{其余 } n \end{cases} \tag{6.5.13}$$

给出。相应的信号频谱为

$$X(f) = \begin{cases} \dfrac{1}{2W}\left[1 + e^{-jn\pi f/W}\right], & |f| < W \\ 0, & \text{其余 } f \end{cases}$$

$$= \begin{cases} \dfrac{1}{W} e^{-j\pi f/2W} \cos\left(\dfrac{\pi f}{2W}\right), & |f| < W \\ 0, & \text{其余 } f \end{cases} \tag{6.5.14}$$

因此，$x(t)$ 为

$$x(t) = \text{sinc}(2Wt) + \text{sinc}(2Wt - 1) \tag{6.5.15}$$

其中，$\text{sinc}(t) = \sin(\pi t)/(\pi t)$。这个脉冲称为**双二进制信号脉冲**（duobinary signal pulse），它的波形及幅度谱如图 6.24 所示。注意，这个频谱平滑衰减到零，这就意味着能够设计出与该频谱非常近似的物理可实现滤波器，于是获得了 $2W$ 的符号速率。

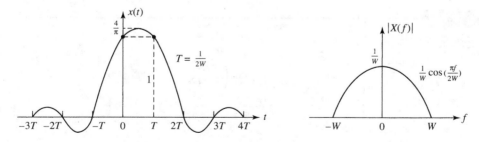

图 6.24　双二进制信号脉冲及其频谱

导致物理可实现的发送和接收滤波器的一个特例由样本

$$x\left(\frac{n}{2W}\right) = x(nT) = \begin{cases} 1, & n = 1 \\ -1, & n = -1 \\ 0, & \text{其余 } n \end{cases} \tag{6.5.16}$$

给出。相应的脉冲 $x(t)$ 为

$$x(t) = \mathrm{sinc}(2Wt + 1) - \mathrm{sinc}(2Wt - 1) \qquad (6.5.17)$$

而其频谱为

$$X(f) = \begin{cases} \dfrac{1}{2W}(\mathrm{e}^{\mathrm{j}\pi f/W} - \mathrm{e}^{-\mathrm{j}\pi f/W}) = \dfrac{\mathrm{j}}{W}\sin\left(\dfrac{\pi f}{W}\right), & |f| \le W \\ 0, & |f| > W \end{cases} \qquad (6.5.18)$$

这个脉冲和它的幅度谱如图 6.25 所示，
称为**修正双二进制信号脉冲**(modified
duobinary signal pulse)。注意，这个信号
的频谱在 $f = 0$ 时为零值是很有意思的，
对于直流分量不能传输的信道，这个信号
很合适。

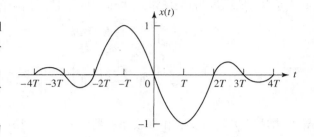

通过选择样本 $\{x(n/(2W))\}$ 不同的
值和多于两个非零样本的方法，还能得到
其他有趣的和物理可实现的滤波器特性。
但是，随着选取更多的非零样本，解决可
控 ISI 值的问题就会变得更为复杂和不切
实际。

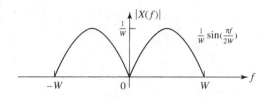

当采用从样本 $\{x(n/(2W))\}$ 集合中
选取的两个或更多个非零样本，有目的地

图 6.25　修正双二进制信号脉冲及其频谱

引入可控的 ISI 时，所得到的信号称为**部分响应信号**。这样得到的信号脉冲就允许以每秒 $2W$
样本的奈奎斯特速率传输信息符号，因此与升余弦信号脉冲相比可获得较高的带宽效率。

───── 解说题 ─────

解说题 6.9

设计一个发送和接收滤波器 $G_T(f)$ 和 $G_R(f)$ 的数字实现，使得它们的乘积等于一个双二
进制脉冲的频谱，并且 $G_R(f)$ 是 $G_T(f)$ 的匹配滤波器。

────　题　解　────

为了满足频域指标，我们有

$$|G_T(f)||G_R(f)| = \begin{cases} \dfrac{1}{W}\cos\left(\dfrac{\pi f}{2W}\right), & |f| \le W \\ 0, & |f| > W \end{cases} \qquad (6.5.19)$$

所以有

$$|G_T(f)| = \begin{cases} \sqrt{\dfrac{1}{W}\cos\left(\dfrac{\pi f}{2W}\right)}, & |f| \le W \\ 0, & |f| > W \end{cases} \qquad (6.5.20)$$

现在，按照与解说题 6.8 同样的方法，求发送和接收滤波器的 FIR 实现的脉冲响应，用 $W = 1/(2T)$ 和 $F_s = 4/T$，可得

$$g_T(n) = \sum_{m=-(N-1)/2}^{(N-1)/2} \left| G_T\left(\dfrac{4m}{NT}\right) \right| \mathrm{e}^{\mathrm{j}2\pi mn/N}, \quad n = 0, \pm 1, \pm 2, \cdots, \pm \dfrac{N-1}{2} \qquad (6.5.21)$$

以及 $g_R(n) = g_T(n)$。

本题的 MATLAB 脚本如下所示。

---

m 文件

```
% MATLAB script for Illustrative Problem 6.9.
echo on
N=31;
T=1;
W=1/(2*T);
n=-(N-1)/2:(N-1)/2;                    % the indices for g_T
% The expression for g_T is obtained next.
for  i=1:length(n),
    g_T(i)=0;
    for m=-(N-1)/2:(N-1)/2,
        if ( abs((4*m)/(N*T)) <= W ),
            g_T(i)=g_T(i)+sqrt((1/W)*cos((2*pi*m)/(N*T*W)))*exp(j*2*pi*m*n(i)/N);
        end;
        echo off ;
    end;
end;
echo on ;
g_T=real(g_T) ; % The imaginary part is due to the finite machine precision
% Obtain g_T(n-(N-1)/2).
n2=0:N-1;
% Obtain the frequency response characteristics.
[G_T,W]=freqz(g_T,1);
% normalized magnitude response
magG_T_in_dB=20*log10(abs(G_T)/max(abs(G_T)));
% impulse response of the cascade of the transmitter and the receiver filters
g_R=g_T;
imp_resp_of_cascade=conv(g_R,g_T);
% Plotting commands follow.
```

图 6.26(a)给出了 $N = 31$ 时的 $g_T\left(n - \dfrac{N-1}{2}\right), n = 0,1,\cdots,N-1$。相应的频率响应特性如

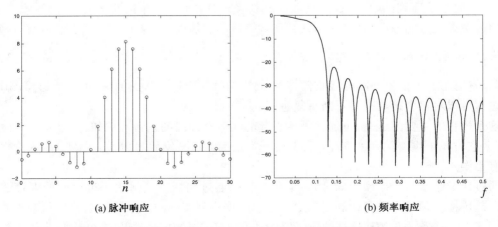

(a) 脉冲响应　　　　　　　　　　　(b) 频率响应

图 6.26　发送端的截断离散时间双二进制 FIR 滤波器的脉冲响应和频率响应

图 6.26(b)所示。可以注意到,由于这个数字滤波器为有限长的,所以频率响应特性在$|f| > W$时不再是零。然而,在频谱中的旁瓣相对很小。最后,图 6.27 给出了发送和接收 FIR 滤波器级联的脉冲响应,可以将这个脉冲响应与以 $F_s = 4/T = 8W$ 的采样率对由式(6.5.17)给出的$x(t)$采样得到的理想脉冲响应相比较。

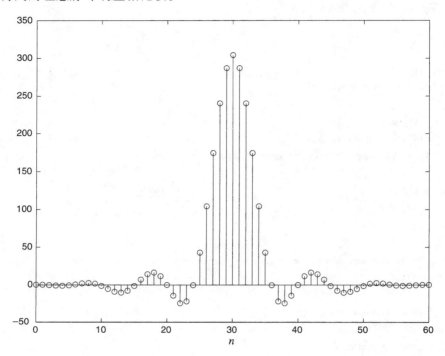

图 6.27　发送滤波器与接收机匹配滤波器级联后的脉冲响应

6.5.3　检测部分响应信号的预编码

对于双二进制信号脉冲来说,有 $x(nT) = 1, n = 0, 1$,而在其余 n 处,$x(nT) = 0$,所以接收滤波器 $G_R(f)$ 的输出样本表示为

$$
\begin{aligned}
y_k &= a_k + a_{k-1} + v_k \\
&= b_k + v_k
\end{aligned}
\tag{6.5.22}
$$

其中,$\{a_k\}$ 是发送序列的幅度,$\{v_k\}$ 是加性高斯噪声样本序列,并且 $b_k = a_k + a_{k-1}$。先暂时忽略噪声并考虑二进制情况,其中 $a_k = \pm 1$ 且是等概的。这时,b_k 取自三个可能值中的一个,也就是说,$b_k = -2, 0$ 和 2 对应的是 $\frac{1}{4}, \frac{1}{2}$ 和 $\frac{1}{4}$。如果 a_{k-1} 是从第$(k-1)$个信号间隔检测到的信号,那么它对第 k 个信号间隔的接收信号 b_k 的影响就能通过相减而消除,由此能够检测出 a_k。这个过程可以对每个接收符号不断重复进行。

这个过程的主要问题是,由加性噪声引起的误差有传播的趋势。例如,如果 a_{k-1} 有检测错误,那么它对 a_k 的影响没有消除;事实上由于不正确的相减反而增强了。因此,a_k 的检测也很可能有错误。

通过在发送端对数据**预编码**,而不是在接收端通过相减来消除这一可控的 ISI,就能够防止误差传播。预编码是在调制之前对二进制数据序列实施的。由待发送的 0 和 1 的数据序列 $\{D_k\}$ 产生一个称为**预编码序列**的新序列 $\{p_k\}$。对双二进制信号来说,这个预编码序列定义为

$$p_k = D_k \ominus p_{k-1}, \quad k = 1,2,\cdots \tag{6.5.23}$$

其中，$\ominus$ 表示按模 2 减法[①]。这样，若 $p_k = 0$，则发送的信号幅度是 $a_k = -1$；若 $p_k = 1$，则 $a_k = 1$；也就是说

$$a_k = 2p_k - 1 \tag{6.5.24}$$

在接收滤波器输出端，无噪声样本由下式给出：

$$\begin{aligned} b_k &= a_k + a_{k-1} \\ &= (2p_k - 1) + (2p_{k-1} - 1) \\ &= 2(p_k + p_{k-1} - 1) \end{aligned} \tag{6.5.25}$$

于是，

$$p_k + p_{k-1} = \frac{1}{2}b_k + 1 \tag{6.5.26}$$

因为 $D_k = p_k \oplus p_{k-1}$，利用下面的关系：

$$D_k = \frac{1}{2}b_k + 1 \quad (\text{模 } 2) \tag{6.5.27}$$

立刻就能从 $\{b_k\}$ 得到序列 $\{D_k\}$。因此，若 $b_k = \pm 2$，则 $D_k = 0$；若 $b_k = 0$，则 $D_k = 1$。表 6.1 给出了说明预编码及其译码运算的一个例子。

表 6.1 具有双二进制脉冲的二进制信号

数据序列	D_k	–	1	1	0	1	0	0	1	0	0	0	1
预编码序列	p_k	0	1	0	1	1	0	0	0	1	1	1	1	0
发送序列	a_k	-1	1	-1	1	1	-1	-1	-1	1	1	1	1	-1
接收序列	b_k	–	0	0	0	2	0	-2	-2	0	2	2	2	0
译码序列	D_k	–	1	1	0	1	0	0	1	0	0	0	1

在加性噪声存在的情况下，接收滤波器的采样输出由式 (6.5.22) 给出。这时，$y_k = b_k + v_k$ 与两个阈值 +1 和 -1 做比较。按照下面的检测规则得到数据序列 $\{D_k\}$：

$$D_k = \begin{cases} 1, & |y_k| < 1 \\ 0, & |y_k| \geq 1 \end{cases} \tag{6.5.28}$$

这样，数据预编码使我们能够执行在接收端的逐个符号检测，而无须对前面检测的符号进行相减。

利用双二进制脉冲从 2 电平 PAM 到多电平 PAM 的推广是很直接的。由 M 电平的发送序列 $\{a_k\}$ 得到一个（无噪声）的接收序列

$$b_k = a_k + a_{k-1}, \quad k = 1,2,3,\cdots \tag{6.5.29}$$

它有 $2M - 1$ 个可能的等间隔幅度电平。序列 $\{a_k\}$ 的幅度电平可由下面的关系确定：

$$a_k = 2p_k - (M-1) \tag{6.5.30}$$

其中，$\{p_k\}$ 是预编码序列，它是从 M 个电平的数据序列 $\{D_k\}$ 按下面的关系得到的：

$$p_k = D_k \ominus p_{k-1} \quad (\text{模 } M) \tag{6.5.31}$$

其中，数据序列 $\{D_k\}$ 的可能值是 $0,1,2,\cdots,M$。

在无噪声时，接收滤波器输出的样本可表示为

[①] 虽然这个运算与按模 2 加法是相同的，但是对于双二进制信号，把预编码看成按模 2 减法很方便。

$$b_k = a_k + a_{k-1}$$
$$= [2p_k - (M-1)] + [2p_{k-1} - (M-1)]$$
$$= 2[p_k + p_{k-1} - (M-1)] \tag{6.5.32}$$

因此

$$p_k + p_{k-1} = \frac{1}{2}b_k + (M-1) \tag{6.5.33}$$

因为 $D_k = p_k + p_{k-1}$(模 M),于是发送的数据序列 $\{D_k\}$ 就能利用下面的关系:

$$D_k = \frac{1}{2}b_k + (M-1) \quad (\text{模 } M) \tag{6.5.34}$$

从接收序列 $\{b_k\}$ 中恢复出来。在修正双二进制脉冲的情况下,接收滤波器 $G_R(f)$ 的输出端接收信号样本为

$$y_k = a_k - a_{k-2} + v_k = b_k + v_k \tag{6.5.35}$$

对修正双二进制脉冲的预编码器,按下面的关系从数据序列 $\{D_k\}$ 产生序列 $\{p_k\}$:

$$p_k = D_k \oplus p_{k-2} \quad (\text{模 } M) \tag{6.5.36}$$

由这些关系很容易证明,在无噪声情况下,由 $\{b_k\}$ 恢复数据序列 $\{D_k\}$ 的检测规则是

$$D_k = \frac{1}{2}b_k \quad (\text{模 } M) \tag{6.5.37}$$

解说题

解说题 6.10

编写一个 MATLAB 程序,该程序完成:取一个数据序列 $\{D_k\}$,针对一个双二进制脉冲传输系统,预编码产生 $\{p_k\}$,并将这个预编码序列映射到发送幅度电平 $\{a_k\}$。然后从发送序列 $\{a_k\}$ 形成接收的无噪声序列 $\{b_k\}$,再利用式(6.5.34)的关系恢复数据序列 $\{D_k\}$。

题 解

本题的 MATLAB 脚本如下所示。利用这个程序,对 $M=2$,可以验证表 6.1 的结果。

m 文件

```
% MATLAB script for Illustrative Problem 6.10.
echo on
d=[1 1 1 0 1 0 0 1 0 0 0 1];
p(1)=0;
for  i=1:length(d)
    p(i+1)=rem(p(i)+d(i),2);
    echo off ;
end
echo on ;
a=2.*p−1;
b(1)=0;
dd(1)=0;
for  i=1:length(d)
    b(i+1)=a(i+1)+a(i);
    d_out(i+1)=rem(b(i+1)/2+1,2);
    echo off ;
end
echo on ;
d_out=d_out(2:length(d)+1);
```

6.6 线性均衡器

在实际情况下,用于降低 ISI 的最常用的信道均衡器是具有可调节的系数 $\{c_i\}$ 的线性 FIR 滤波器,如图 6.28 所示。对于其频率响应特性未知而且是时变的信道,我们可测量出信道的特性并调节均衡器的参数,一旦调节好了,在数据传输过程中这些参数就保持不变。这种均衡器称为**预置均衡器**(preset equalizer)。另外,**自适应均衡器**在数据传输过程中,在某一周期的基础上不断更新它们的参数,所以它们就有可能跟踪慢时变信道的响应。

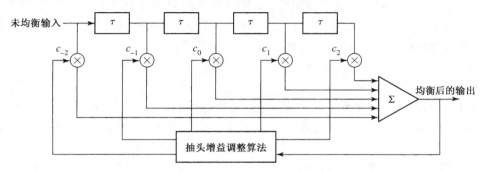

图 6.28 线性横向滤波器

首先,从频域的角度考虑一个线性均衡器的设计特性。图 6.29 给出了一个系统的方框图,它采用线性滤波器作为信道均衡器。解调器由频率响应为 $G_R(f)$ 的接收滤波器与频率响应为 $G_E(f)$ 的信道均衡器的级联组成。如同前一节所述,接收滤波器的频率响应 $G_R(f)$ 与发送滤波器的频率响应 $G_T(f)$ 相匹配,即 $G_R(f) = G_T^*(f)$,而乘积 $G_R(f) G_T(f)$ 通常设计成要么在采样时刻 ISI 为零,例如 $G_R(f) G_T(f) = X_{rc}(f)$ 时就属于这种情况,要么对部分响应信号具有可控的 ISI 特性。

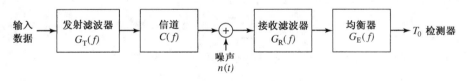

图 6.29 具有均衡器的系统方框图

对于图 6.29 所示的系统,信道频率响应不是理想的,因此对于零 ISI 的条件就是

$$G_T(f) C(f) G_R(f) G_E(f) = X_{rc}(f) \tag{6.6.1}$$

其中,$X_{rc}(f)$ 是目标升余弦频谱特性。因为通过设计 $G_T(f) G_R(f) = X_{rc}(f)$,补偿信道失真的均衡器的频率响应为

$$G_E(f) = \frac{1}{C(f)} = \frac{1}{|C(f)|} e^{-j\theta_c(f)} \tag{6.6.2}$$

由此,均衡器的幅频响应是 $G_E(f) = 1/C(f) = \dfrac{1}{|C(f)|} e^{-j\theta_c(f)}$,其相频响应是 $\theta_E(f) = -\theta_c(f)$。在这种情况下,均衡器称为对信道响应的**信道逆滤波器**。

注意,这个信道逆滤波器完全消除了由信道引起的 ISI。因为它迫使 ISI 在采样时刻 $t = kT$,$k = 0, 1, \cdots$ 为零,所以称类均衡器为**迫零均衡器**(zero-forcing equalizer)。因此,检测器的输

入就是

$$z_k = a_k + \eta_k, \quad k = 0, 1, \cdots \tag{6.6.3}$$

其中,η_k 代表加性噪声,a_k 是目标符号。

　　实际上,由信道失真引起的 ISI 通常都位于目标符号两边的有限个符号数以内。因此,由式(6.4.7)给出的求和式中,构成 ISI 的项数是有限的。于是,实际的信道均衡器是按有限脉冲响应(FIR)滤波器或横向滤波器实现的,它具有可调节的抽头系数 $\{c_n\}$,如图 6.28 所示。τ 是相邻抽头之间的延迟,其最大值可选为 T,即符号间隔,此时 FIR 均衡器称为符号间隔均衡器。在这种情况下,均衡器的输入是由式(6.4.6)给出的采样序列。然而,应该注意到,当符号速率 $1/T < 2W$ 时,在接收信号中超过折叠频率 $1/T$ 的那些频率被混叠到低于 $1/T$ 的频率中,此时该均衡器对这个已混叠的信道失真信号给予补偿。

　　另一方面,当相邻抽头之间的延迟 τ 选成 $\dfrac{1}{\tau} \geqslant 2W > \dfrac{1}{T}$ 时,则不发生混叠,因此该逆信道均衡器对真正的信道失真给予补偿。因为 $\tau < T$,即该信道均衡器具有分数间隔抽头,从而称为分数间隔均衡器。实际上 τ 通常选为 $\tau = T/2$。要注意,这时滤波器 $G_E(f)$ 的输入端的采样速率是 $2/T$。

　　该 FIR 均衡器的冲激响应为

$$g_E(t) = \sum_{n=-K}^{K} c_n \delta(t - n\tau) \tag{6.6.4}$$

相应的频率响应为

$$G_E(f) = \sum_{n=-K}^{K} c_n e^{-j2\pi f n\tau} \tag{6.6.5}$$

其中,$\{c_n\}$ 是 $2K+1$ 个均衡器的系数,而 K 要选得足够大,以使均衡器跨越了 ISI 的长度,也即 $2K+1 \geqslant L$,其中 L 是由 ISI 跨过的信号样本数。因为 $X(f) = G_T(f) C(f) G_R(f)$,而 $x(t)$ 就是对应于 $X(f)$ 的信号脉冲,所以已均衡的输出信号脉冲为

$$q(t) = \sum_{n=-K}^{K} c_n x(t - n\tau) \tag{6.6.6}$$

现在对在 $t = mT$ 时刻取得的 $q(t)$ 样本使用迫零的条件。这些样本是

$$q(mT) = \sum_{n=-K}^{K} c_n x(mT - n\tau), \quad m = 0, \pm 1, \cdots, \pm K \tag{6.6.7}$$

因为有 $2K+1$ 个均衡器系数,所以仅能控制 $2K+1$ 个 $q(t)$ 的采样值。具体而言,可以迫使这些条件为

$$
\begin{aligned}
q(mT) &= \sum_{n=-K}^{K} c_n x(mT - n\tau) \\
&= \begin{cases} 1, & m = 0 \\ 0, & m = \pm 1, \pm 2, \cdots, \pm K \end{cases}
\end{aligned} \tag{6.6.8}
$$

它可以表示成矩阵形式 $Xc = q$,其中 X 是 $(2K+1) \times (2K+1)$ 矩阵,其元素为 $x(mT - n\tau)$,c 是 $(2K+1)$ 维系数向量,q 是 $(2K+1)$ 维列向量(仅有一个非零元素)。这样就得到一组具有迫零均衡器系数的 $(2K+1)$ 个线性方程。

　　应该强调的是,FIR 迫零均衡器是有限长的,所以它并没有彻底消除 ISI。然而,随着 K 的增加,残留的 ISI 可以减小,并且在 K 趋于无穷的极限情况下,ISI 完全被消除。

___解说题___

解说题 6.11

考虑在均衡器的输入端被信道造成了失真的脉冲 $x(t)$，由下式表示：

$$x(t) = \frac{1}{1 + (2t/T)^2}$$

其中，$1/T$ 是符号速率。对该脉冲以 $2/T$ 的采样率进行采样，而且用一个迫零均衡器进行均衡。求具有 5 个抽头的迫零均衡器的抽头系数。

___题　解___

根据式 (6.6.8)，该迫零均衡器必须满足方程

$$q(mT) = \sum_{n=-2}^{2} c_n x\left(mT - \frac{nT}{2}\right) = \begin{cases} 1, & m = 0 \\ 0, & m = \pm 1, \pm 2 \end{cases}$$

元素为 $x(mT - nT/2)$ 的矩阵 $\boldsymbol{X}$ 由下式给出：

$$\boldsymbol{X} = \begin{bmatrix} \dfrac{1}{5} & \dfrac{1}{10} & \dfrac{1}{17} & \dfrac{1}{26} & \dfrac{1}{37} \\[2mm] 1 & \dfrac{1}{2} & \dfrac{1}{5} & \dfrac{1}{10} & \dfrac{1}{17} \\[2mm] \dfrac{1}{5} & \dfrac{1}{2} & 1 & \dfrac{1}{2} & \dfrac{1}{5} \\[2mm] \dfrac{1}{17} & \dfrac{1}{10} & \dfrac{1}{5} & \dfrac{1}{2} & 1 \\[2mm] \dfrac{1}{37} & \dfrac{1}{26} & \dfrac{1}{17} & \dfrac{1}{10} & \dfrac{1}{5} \end{bmatrix} \tag{6.6.9}$$

系数向量 $\boldsymbol{c}$ 和向量 $\boldsymbol{q}$ 为

$$\boldsymbol{c} = \begin{bmatrix} c_{-2} \\ c_{-1} \\ c_0 \\ c_1 \\ c_2 \end{bmatrix} \qquad \boldsymbol{q} = \begin{bmatrix} 0 \\ 0 \\ 1 \\ 0 \\ 0 \end{bmatrix} \tag{6.6.10}$$

通过求矩阵 $\boldsymbol{X}$ 的逆，解出这个线性方程 $\boldsymbol{Xc} = \boldsymbol{q}$。于是，我们得到

$$\boldsymbol{c}_{\mathrm{opt}} = \boldsymbol{X}^{-1}\boldsymbol{q} = \begin{bmatrix} -2.2 \\ 4.9 \\ -3 \\ 4.9 \\ -2.2 \end{bmatrix} \tag{6.6.11}$$

图 6.30 给出了原脉冲 $x(t)$ 和已均衡脉冲。注意，在已均衡脉冲中仍有少量的残余 ISI。

本题的 MATLAB 脚本如下所示。

___m 文件___

```
% MATLAB script for Illustrative Problem 6.11.
echo on
T=1;
```

```
Fs=2/T;
Ts=1/Fs;
c_opt=[-2.2 4.9 -3 4.9 -2.2];
t=-5*T:T/2:5*T;
x=1./(1+((2/T)*t).^2);                    % sampled pulse
equalized_x=filter(c_opt,1,[x 0 0]);      % since there will be a delay of two samples at the output
% to take care of the delay
equalized_x=equalized_x(3:length(equalized_x));
% Now, let us downsample the equalizer output.
for i=1:2:length(equalized_x),
    downsampled_equalizer_output((i+1)/2)=equalized_x(i);
    echo off;
end;
echo on ;
% Plotting commands follow.
```

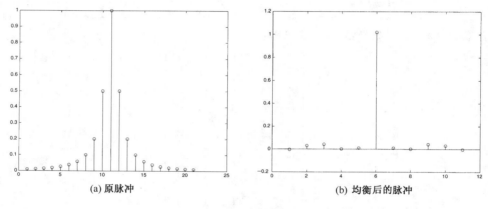

(a) 原脉冲   (b) 均衡后的脉冲

图 6.30　解说题 6.11 中的原脉冲及均衡后的脉冲

迫零均衡器的一个缺点是没有考虑加性噪声的存在。结果就是它可能造成显著的噪声增强。注意,在 $C(f)$ 比较小的频率范围内,信道均衡器 $G_E(f) = 1/C(f)$ 就在这段频率范围内通过大的增益来进行补偿,这一点很容易看出来。于是,在这段频率范围内的噪声大为增强。一种替代方法是,放宽零 ISI 条件并选择信道均衡器特性,使残留的 ISI 和均衡器输出端的加性噪声的组合功率最小。基于最小均方误差(MMSE)准则优化的信道均衡器能实现所期望的目标。

为了详细阐述,先考虑 FIR 均衡器受噪声污染的输出,即

$$z(t) = \sum_{n=-K}^{K} c_n y(t - n\tau) \qquad (6.6.12)$$

其中,$y(t)$ 是均衡器的输入,由式(6.4.3)给出。均衡器输出在 $t = mT$ 时刻采样,于是可得

$$z(mT) = \sum_{n=-K}^{K} c_n y(mT - n\tau) \qquad (6.6.13)$$

在 $t = mT$ 时刻,均衡器输出的目标响应就是发送符号 a_m。a_m 和 $z(mT)$ 之差定义为误差,那么实际输出样本 $z(mT)$ 和期望值 a_m 之间的均方误差(MSE)为[1]

---

　　[1]　在导出过程中,允许信号 $z(t)$ 和 $y(t)$ 是复值,也允许数据序列是复值。这将是在第 7 章中讨论载波调制信号时的情形。

$$\begin{aligned}
\text{MSE} &= E \mid z(mT) - a_m \mid^2 \\
&= E\Big[\Big| \sum_{n=-K}^{K} c_n y(mT - n\tau) - a_m \Big|^2 \Big] \\
&= \sum_{n=-K}^{K} \sum_{k=-K}^{K} c_n c_k R_y(n-k) - 2\sum_{k=-K}^{K} c_k R_{ay}(k) + E(\mid a_m \mid^2) \quad (6.6.14)
\end{aligned}$$

其中,相关定义为

$$R_y(n-k) = E[y^*(mT - n\tau)y(mT - k\tau)]$$

$$R_{ay}(k) = E[y(mT - k\tau)a_m^*] \quad\quad (6.6.15)$$

期望是对随机信息序列 $\{a_m\}$ 和加性噪声取的。

将式(6.6.14)对均衡器的系数 $\{c_n\}$ 求微分,可得最小 MSE 解。于是得到对最小 MSE 的必要条件为

$$\sum_{n=-K}^{K} c_n R_y(n-k) = R_{ay}(k), \quad\quad k = 0, \pm 1, \pm 2, \cdots, \pm K \quad\quad (6.6.16)$$

这是均衡器系数的 $2K+1$ 个线性方程。和前面讨论过的迫零解不同,这些方程通过自相关函数 $R_y(n)$ 都与噪声的统计特性(自相关)以及 ISI 统计特性有关。

在实际情况下,自相关矩阵 $\boldsymbol{R}_y(n)$ 和互相关向量 $\boldsymbol{R}_{ay}(n)$ 事先都是未知的。然而,这些相关序列可通过在信道上发送某一测试信号并采用时间平均估计值而估计出来:

$$\hat{R}_y(n) = \frac{1}{K} \sum_{k=1}^{K} y^*(kT - n\tau)y(kT)$$

$$\hat{R}_{ay}(n) = \frac{1}{K} \sum_{k=1}^{K} y(kT - n\tau)a_k^* \quad\quad (6.6.17)$$

它替代了为求解由式(6.6.16)给出的均衡器系数而要求的集合平均。

──── 解说题 ────

解说题 6.12

再次考虑在解说题 6.11 中的同一个由信道造成的失真信号 $x(t)$,但现在要基于最小 MSE 准则设计 5 个抽头的均衡器。信息符号具有零均值和单位方差,并且互不相关,即

$$E(a_n) = 0$$
$$E(a_n a_m) = 0, \quad n \neq m$$
$$E(\mid a_n \mid^2) = 1$$

加性噪声 $v(t)$ 均值为零,并且自相关函数为

$$R_{vv}(\tau) = \frac{N_0}{2}\delta(\tau)$$

──── 题　解 ────

用 $K = 2$ 和 $\tau = T/2$ 求解式(6.6.16),得出均衡器的抽头系数。元素为 $R_y(n-k)$ 的矩阵为

$$\boldsymbol{R}_y = \boldsymbol{X}^{\mathrm{t}}\boldsymbol{X} + \frac{N_0}{2}\boldsymbol{I}$$

其中,$\boldsymbol{X}$ 由式(6.6.9)给出,$\boldsymbol{I}$ 是单位矩阵。元素为 $R_{ay}(k)$ 的向量为

$$\boldsymbol{R}_{ay} = \begin{bmatrix} \dfrac{1}{5} \\[4pt] \dfrac{1}{2} \\[4pt] 1 \\[4pt] \dfrac{1}{2} \\[4pt] \dfrac{1}{5} \end{bmatrix}$$

通过求解式(6.6.16)得到的均衡器的系数为

$$\boldsymbol{c}_{\text{opt}} = \begin{bmatrix} 0.0956 \\ -0.7347 \\ 1.6761 \\ -0.7347 \\ 0.0956 \end{bmatrix}$$

图6.31 给出了已均衡脉冲的图。

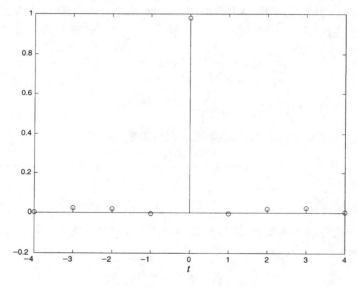

图 6.31　解说题 6.11 中的已均衡脉冲的图

本题的 MATLAB 脚本如下所示。

> m 文件

```
% MATLAB script for Illustrative Problem 6.12.
echo on
T=1;
for n=-2:2,
    for k=-2:2,
        temp=0;
        for i=-2:2, temp=temp+(1/(1+(n-i)^2))*(1/(1+(k-i)^2)); end;
        X(k+3,n+3)=temp;
        echo off ;
    end;
```

```
end;
echo on;
N0=0.01;                              % assuming that N0=0.01
Ry=X+(N0/2)*eye(5);
Riy=[1/5 1/2 1 1/2 1/5].';
c_opt=inv(Ry)*Riy;                    % optimal tap coefficients
% find the equalized pulse...
t=-3:1/2:3;
x=1./(1+(2*t/T).^2);                  % sampled pulse
equalized_pulse=conv(x,c_opt);
% Decimate the pulse to get the samples at the symbol rate.
decimated_equalized_pulse=equalized_pulse(1:2:length(equalized_pulse));
% Plotting command follows.
```

6.6.1 自适应线性均衡器

我们已经证明,一个线性均衡器的抽头系数可以通过解一个线性方程组来确定。在迫零优化准则中,该线性方程组由式(6.6.8)给出。另一方面,若优化准则是基于最小 MSE 的,那么最优均衡器系数由解式(6.6.16)给出的这组线性方程确定。

在这两种情况下,可以将这组线性方程表示成一般矩阵形式:

$$Bc = d \tag{6.6.18}$$

其中,B 是 $(2K+1) \times (2K+1)$ 矩阵,c 是代表 $(2K+1)$ 个均衡器系数的列向量,而 d 是 $(2K+1)$ 维列向量。求解式(6.6.18)将得到

$$c_{opt} = B^{-1}d \tag{6.6.19}$$

在均衡器的实际实现中,对式(6.6.18)求解最优系数向量通常是用迭代过程得到的,这可以避免精确地计算矩阵 B 的逆。最简单的迭代方法是最陡下降法,其中任意选取系数向量 c,比如 c_0 作为起始值。系数向量 c_0 的初始选择对应于正在优化的判据函数上的某个点,例如在 MSE 准则的情况下,初始推测值 c_0 对应于 $(2K+1)$ 维系数空间中二次 MSE 曲面上的某个点。定义为梯度向量的 g_0 是 MSE 对 $2K+1$ 个滤波器系数的导数,然后在判据曲面上在该点将 g_0 计算出来,而且每个抽头系数都朝着与对应的梯度分量相反的方向改变,在第 j 个抽头系数上的改变正比于第 j 个梯度分量的大小。

例如,梯度向量表示成 g_k,对于 MSE 准则,由 MSE 对 $2K+1$ 个系数中的每一个求导后来求得,为

$$g_k = Bc_k - d, \quad k = 0,1,2,\cdots \tag{6.6.20}$$

然后,系数向量 c_k 按下面的关系更新:

$$c_{k+1} = c_k - \Delta g_k \tag{6.6.21}$$

其中,Δ 是迭代过程中的**步长参数**(step-size parameter)。为了确保这个迭代过程收敛,Δ 选一个小的正数。在这种情况下,梯度向量 g_k 收敛到零,即当 k 趋于无穷时 g_k 趋于零,而系数向量 c_k 趋于 c_{opt} 时,基于二维优化的情况如图 6.32 所示。一般来说,均衡器抽头系数是不能用最陡下降法经有限次迭代收敛到 c_{opt} 的。然而,在经过几百次迭代之后,就能按要求接近于最优解 c_{opt}。在采用

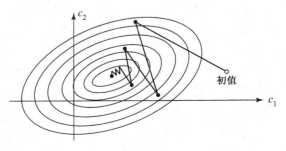

图 6.32 梯度算法的收敛特性示例

信道均衡器的数字通信系统中,每次迭代对应于发送一个符号的时间间隔,所以为实现收敛到 c_{opt} 的几百次迭代也就相应于几分之一秒。

对于频率响应特性随时间变化的信道来说,需要有自适应信道均衡。在这种情况下,ISI 也随时间变化。信道均衡器必须跟踪在信道响应上的这样的时间波动,并调整它的系数以减小 ISI。在上述讨论中,由于矩阵 B 随时间变化,以及在 MSE 准则下向量 d 随时间变化,因此最优系数向量 c_{opt} 也是随时间变化的。在这些条件下,可以将上面讨论的迭代法修改为利用梯度分量的估计值。因此,调节均衡器抽头系数的算法可以表示为

$$\hat{c}_{k+1} = \hat{c}_k - \Delta \hat{g}_k \qquad (6.6.22)$$

其中,$\hat{g}_k$ 表示对梯度向量 g_k 的估计值,$\hat{c}_k$ 表示对抽头系数向量的估计值。

在使用 MSE 准则的情况下,由式(6.6.20)给出的梯度向量 g_k 也可以表示为

$$g_k = -E(e_k y_k^*)$$

梯度向量在第 k 次迭代的估计值 $\hat{g}_k$ 可计算为

$$\hat{g}_k = -e_k y_k^* \qquad (6.6.23)$$

其中,e_k 表示在第 k 个时刻均衡器的目标输出与实际输出 $z(kT)$ 之差,y_k 表示在第 k 个时刻包含均衡器中的 $2K+1$ 接收信号值的列向量。误差信号 e_k 表示为

$$e_k = a_k - z_k \qquad (6.6.24)$$

其中,$z_k = z(kT)$ 是由式(6.6.13)给出的均衡器输出,而 a_k 是目标符号。这样,将式(6.6.23)代入式(6.6.22),得到优化抽头系数(基于 MSE 准则)的自适应算法为

$$\hat{c}_{k+1} = \hat{c}_k + \Delta e_k y_k^* \qquad (6.6.25)$$

因为在式(6.6.25)中用的是梯度向量的估计值,所以这个算法称为**随机梯度算法**,也称为 **LMS 算法**。

将抽头系数按式(6.6.25)调整的自适应均衡器的方框如图 6.33 所示。值得注意的是,我们用目标输出 a_k 和来自均衡器的实际输出 z_k 之差来构成误差信号 e_k,这个误差被步长参数 Δ 加权,加权后的误差信号 Δe_k 在 $2K+1$ 个抽头处乘以接收信号值 $\{y(kT-n\tau)\}$。将 $2K+1$ 个抽头处的乘积 $\Delta e_k y^*(kT-n\tau)$ 按照式(6.6.25)加到这些抽头系数以前的值上,就得到了更新的抽头系数。每接收一个新的信号样本,这个计算就重复一次,因此均衡器的系数以符号速率更新。

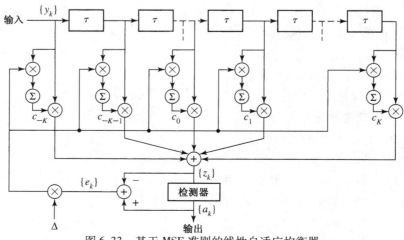

图 6.33　基于 MSE 准则的线性自适应均衡器

最初用一个已知伪随机序列 $\{a_m\}$ 在信道上训练这个自适应均衡器。在解调器端,均衡器用这个已知序列去调整它的系数,一旦初始调整完成,自适应均衡器就从**训练模式**(training mode)切换到**直接判决模式**(decision-directed mode)。在这种情况下,在检测器输出端的这些判决足够可靠,因此可以通过计算检测器输出和均衡器输出之间的差来形成误差信号,即

$$e_k = \hat{a}_k - z_k \tag{6.6.26}$$

其中,$\hat{a}_k$ 是检测器的输出。在检测器的输出端一般很少发生判决错误,因而这样的误差对由式(6.6.25)给出的跟踪算法的性能几乎没有多少影响。

为了确保收敛和在慢变信道中具有好的跟踪能力,选择步长参数的一种经验公式是

$$\Delta = \frac{1}{5(2K+1)P_{\mathrm{R}}} \tag{6.6.27}$$

其中,P_{R} 代表接收到的信号加噪声的功率,它可以从接收信号中估计出来。

─── 解说题 ───

解说题 6.13

基于由式(6.6.25)给出的 LMS 算法实现一个自适应均衡器。为均衡选取的信道抽头数是 $2K+1=11$。接收信号加噪声的功率 P_{R} 归一化到 1。由向量 $\boldsymbol{x}$ 给出的信道特性为

$\boldsymbol{x} = (0.05, -0.063, 0.088, -0.126, -0.25, 0.9047, 0.250, 0.126, 0.038, 0.088)$

─── 题 解 ───

式(6.6.25)中的随机梯度算法的收敛特性如图 6.34 所示。这些曲线是对 11 个抽头的自适应均衡器进行计算机仿真得出的。曲线代表几次实现后平均的均方误差。由此可见,当 Δ 减小时,收敛稍许变慢,但可达到更低的 MSE,这表明系数的估计值更接近 $\boldsymbol{c}_{\mathrm{opt}}$。

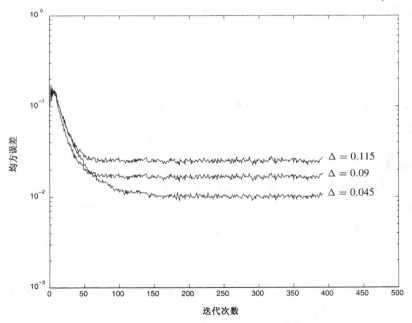

图 6.34 不同步长下 LMS 算法的最初收敛特性

本题的 MATLAB 脚本如下所示。

m 文件

```
% MATLAB script for Illustrative Problem 6.13.
echo on
N=500;                                    % length of the information sequence
K=5;
actual_isi=[0.05 −0.063 0.088 −0.126 −0.25 0.9047 0.25 0 0.126 0.038 0.088];
sigma=0.01;
delta=0.115;
Num_of_realizations=1000;
mse_av=zeros(1,N−2*K);
for j=1:Num_of_realizations,              % Compute the average over a number of realizations.
    % the information sequence
    for i=1:N,
        if (rand<0.5),
            info(i)=−1;
        else
            info(i)=1;
        end;
        echo off ;
    end;
    if (j==1) ; echo on ; end
    % the channel output
    y=filter(actual_isi,1,info);
    for i=1:2:N, [noise(i) noise(i+1)]=gngauss(sigma); end;
    y=y+noise;
    % Now the equalization part follows.
    estimated_c=[0 0 0 0 1 0 0 0 0];       % initial estimate of ISI
    for k=1:N−2*K,
        y_k=y(k:k+2*K);
        z_k=estimated_c*y_k.' ;
        e_k=info(k)−z_k;
        estimated_c=estimated_c+delta*e_k*y_k;
        mse(k)=e_k^2;
        echo off ;
    end;
    if (j==1) ; echo on ; end
    mse_av=mse_av+mse;
    echo off ;
end;
echo on ;
mse_av=mse_av/Num_of_realizations;        % mean-squared error versus iterations
% Plotting commands follow.
```

解说题

解说题 6.14 ［自适应 MSE 均衡器的性能］

　　某通信系统通过 ISI 信道发射二进制符号 $\{a_n = \pm 1\}$，该信道特性由解说题 6.3 中的向量 $\boldsymbol{x}$ 所给出。信道的输出序列为

$$y_n = \sum_{k=0}^{10} x_k a_{n-k} + w_n, \quad n = 1, 2, \cdots$$

其中，$a_n = 0, n < 0$，并且 $\{w_n\}$ 是方差为 σ^2 的高斯白噪声序列。均衡器是如图 6.33 所示的基于 MSE 准则的线性自适应均衡器。其输出序列为

$$z_n = \sum_{k=-K}^{k} c_k y_{n-k}, \quad n = 1, 2, \cdots$$

其中，$\{c_k\}$ 是均衡器的系数。

　　执行 Monte Carlo 仿真以确定作为 SNR $= 1/2 \, \sigma^2$ 的函数的均衡器的差错概率。使用前 200

个发射符号来训练采用 LMS 算法并且步长 $\Delta = 0.045$ 的均衡器。对每一种方差 σ^2 执行 10 000 个发射符号的仿真。

题　解

均衡器的性能如图 6.35 所示。

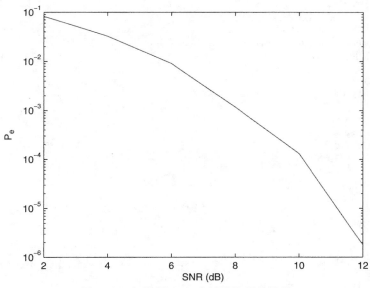

图 6.35　解说题 6.14 中的均衡器的性能

本题的 MATLAB 脚本如下所示。

m 文件

```
% MATLAB script for Illustrative Problem 6.14

N=20000;                          % Length of the training sequence
% Number of transmitted symbols for each choice of SNR
Nt=[1000000 1000000 1000000 1000000 1000000 5000000 10000000];
delta=0.0045;
K=5;
actual_isi=[0.05 −0.063 0.088 −0.126 −0.25 0.9047 0.25 0 0.126 0.038 0.088];
SNR_dB=2:2:14;
SNR=10.^(SNR_dB/10);
l_SNR=size(SNR,2);
var=1/2./SNR;
sigma=sqrt(var);
Pe=zeros(1,l_SNR);
for idx=1:l_SNR
    % (A) The training sequence:
    training_s=ones(1,N);
    for i=1:N
        if (rand<0.5)
            training_s(i)=−1;
        end
    end
    % The channel output:
    y=filter(actual_isi,1,training_s);
    noise=zeros(1,N);
    for i=1:2:N
        noise(i) =random('Normal',0,sigma(idx));
        noise(i+1) = noise(i);
```

```
end
y=y+noise;
% The equalization part follows:
estimated_c=[0 0 0 0 0 1 0 0 0 0]; % initial estimate of ISI
for k=1:N-2*K
    y_k=y(k:k+2*K);
    z_k=estimated_c*y_k';
    e_k=training_s(k)-z_k;
    estimated_c=estimated_c+delta*e_k*y_k;
end
% (B) The transmitted information sequence:
info=ones(1,Nt(idx));
for i=1:Nt(idx)
    if (rand<0.5)
        info(i)=-1;
    end
end
% The channel output:
y=filter(actual_isi,1,info);
noise=sigma(idx)*randn(1,Nt(idx));
y=y+noise;
% The equalization part:
count = 0;
err_count=0;
z_k_vec=ones(1,Nt(idx)-2*K);
for k=1:Nt(idx)-2*K;
    y_k=y(k:k+2*K);
    z_k=estimated_c*y_k';
    if z_k<0
        z_k_vec(k)=-1;
    end
    err_count=err_count+0.5*abs(info(k)-z_k_vec(k));
end
Pe(idx)= err_count/length(z_k_vec);
clear y; clear noise
end
% Plot the results:
semilogy(SNR_dB,Pe)
grid
ylabel('P_e')
xlabel('SNR (dB)')
```

我们只比较详细地讨论了基于 MSE 准则优化的自适应均衡器的工作过程,基于迫零方法的自适应均衡器的工作也是类似的。主要的差别在于每次迭代中梯度向量 g_k 的估计值不同。自适应迫零均衡器的方框图如图 6.36 所示。

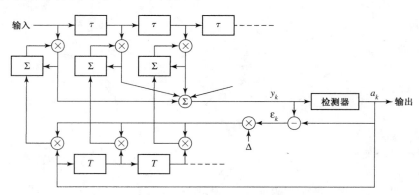

图 6.36　自适应迫零均衡器

6.7　非线性均衡器

前面讨论的线性均衡器在诸如有线电话之类的信道上是很有效的,这种情况下 ISI 不是很严重。ISI 的严重性直接与信道的谱特性有关,而不一定与 ISI 的时间扩展有关。例如,考虑图 6.37 所示的两条信道形成的 ISI。在信道 A 上,ISI 的时间扩展在目标信号分量的两边是 5 个符号间隔,目标信号分量值是 0.72;而在信道 B 上,ISI 的时间扩展在目标信号的两边是 1 个符号间隔,其值是 0.815。这两条信道总的响应能量都归一化到 1。

尽管 ISI 的时间扩展较小,但是信道 B 却产生了更为严重的 ISI。这一点从两个信道的频率响应特性上看很明显,如图 6.38 所示。由图中可以看到,信道 B 在 $f = 1/(2T)$ 有一个频率零点,即频带 $|f| \leqslant W$ 内某些频率处的频率响应 $C(f) = 0$,而这种情况在信道 A 中并不会发生。因此,一个线性均衡器将会在它的频率响应中引入一个大的增益,以补偿这个信道的零点。于是,信道 B 中的噪声也就比信道 A 中的大大增强了。这意味着信道 B 的线性均衡器的性能比信道 A 的差得多。一般来说,线性均衡器的基本局限就在于对频谱有零点的信道无能为力。这样的信道往往在无线通信中会遇到,如低于 30 MHz 频率的电离层传输,以及诸如用于蜂窝无线通信中的移动无线信道。

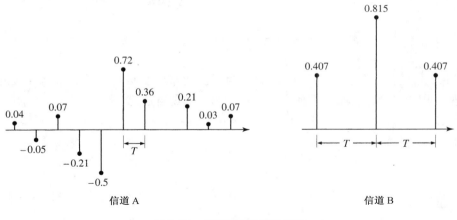

图 6.37　具有 ISI 的两条信道

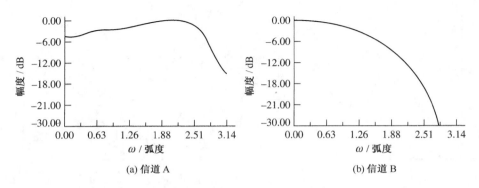

图 6.38　由图 6.37 得到的幅度谱

判决反馈均衡器(Decision-Feedback Equalizer, DFE)是一种非线性均衡器,它利用先前的判决来消除由前面检测出的符号对当前待检测符号产生的 ISI。图 6.39 给出了 DFE 的一个简单方框图。DFE 由两个滤波器组成。第一个滤波器称为**前馈滤波器**,它通常是具有可调整的抽头系数的分数间隔的 FIR 滤波器。这个滤波器在形式上与早先讨论的线性均衡器是相同的。它的输入是对接收到的过滤后的信号 $y(t)$ 以某个符号速率的倍数进行采样的采样值,比如 $2/T$ 的采样率。第二个滤波器是**反馈滤波器**,它通常是可调整抽头系数的符号间隔 FIR 滤波器。它的输入是一组先前已检测出的符号。将反馈滤波器的输出从前馈滤波器的输出中减去,即可形成检测器的输入,因此有

$$z_m = \sum_{n=1}^{N_1} c_n y(mT - n\tau) - \sum_{n=1}^{N_2} b_n \tilde{a}_{m-n}$$

其中,$\{c_n\}$ 和 $\{b_n\}$ 分别是前馈和反馈滤波器的可调整系数;$\tilde{a}_{m-n}, n = 1, 2, \cdots, N_2$ 是前面已检测出的符号;N_1 是前馈滤波器的长度;N_2 是反馈滤波器的长度。根据输入 z_m,检测器判断哪一个可能的发送符号与输入信号 a_m 的距离最接近,据此做出判决并输出 $\tilde{a}_m$。使 DFE 非线性的是检测器的非线性特性,它为反馈滤波器提供了输入。

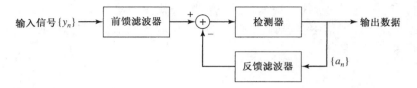

图 6.39　DFE 方框图

前馈和反馈滤波器的抽头系数的选取是为了优化某个目标性能指标。为了使数学上简单,通常都采用 MSE 准则,而随机梯度算法一般用于实现自适应 DFE。图 6.40 给出了一个自适应 DFE 的方框图,它的抽头系数是用 LMS 随机梯度算法调节的。

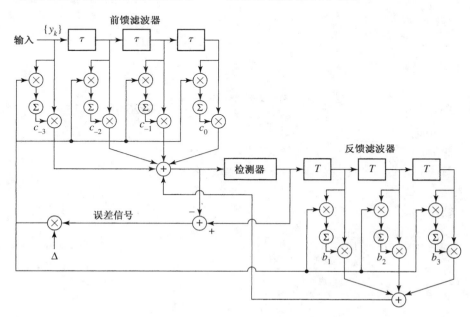

图 6.40　自适应 DFE 的方框图

应该提及,馈入反馈滤波器的来自检测器的判决误差对 DFE 的性能只有小的影响。一般在误码率低于 10^{-2} 的情况下可能有 $1 \sim 2$ dB 的性能损失,但是判决误差对于反馈滤波器不会有大的影响。

——｜ 解说题 ｜——

解说题 6.15　[自适应 DFE 的性能]

对图 6.40 所示的 DFE,取 $N_1 = 3$ 和 $N_2 = 2$,信道特性如图 6.37 的信道 B 所示,执行 Monte Carlo 仿真,以求得其作为 SNR $= 1/2 \sigma^2$ 的函数的差错概率。使用 200 个发送符号来训练采用 LMS 算法并且步长为 $\Delta = 0.045$ 的均衡器。对每一个方差 σ^2 执行 10 000 个发送符号的仿真。同时,采用同一信道 B 对 $K = 5$(总共 11 个抽头系数)的线性 MSE 均衡器执行 Monte Carlo 仿真,将线性均衡器和 DFE 的差错概率进行比较。

——｜ 题　解 ｜——

图 6.41 给出了当抽头系数基于 MSE 准则自适应优化的 DFE 和线性均衡器的性能。我们看到对于这个在 $\omega = \pi$ 有一个频谱零点的信道,DFE 比线性均衡器的性能更优越。

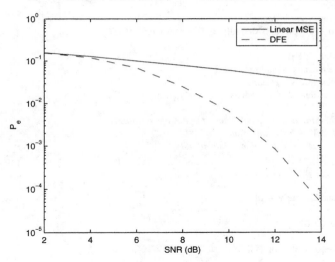

图 6.41　解说题 6.15 中的 DFE 和线性均衡器的性能对比

本题的 MATLAB 脚本如下所示。

——｜ m 文件 ｜——

```
% M ATLAB script for Illustrative Problem 6.15

N=20000;                          % Length of the training sequence
% Number of transmitted symbols for each choice of SNR
Nt=[1000000 1000000 1000000 1000000 1000000 5000000 10000000];
delta=0.0045;
K=5;
N1=3;N2=2;
actual_isi=[0.407 0.815 0.407];
SNR_dB=2:2:14;
SNR=10.^(SNR_dB/10);
l_SNR=length(SNR);
var=1/2./SNR;
```

```matlab
sigma=sqrt(var);            % Standard deviation
Pe_mse=zeros(1,l_SNR); Pe_dfe=zeros(1,l_SNR);
for idx=1:l_SNR
    % (A) The training sequence:
    training_s_mse=ones(1,N);
    training_s_dfe=ones(1,N);
    for i=1:N
        if (rand<0.5)
            training_s_mse(i)=-1;
        end
    end
    for i=1:N
        if (rand<0.5)
            training_s_dfe(i)=-1;
        end
    end
    % The channel output:
    y_mse=filter(actual_isi,1,training_s_mse);
    y_dfe=filter(actual_isi,1,training_s_dfe);
    noise_mse=sigma(idx)*randn(1,N);
    noise_dfe=sigma(idx)*randn(1,N);
    y_mse=y_mse+noise_mse;
    y_dfe=y_dfe+noise_dfe;
    % The equalization for the mse equalizer:
    estimated_c_mse=[0 0 0 0 1 0 0 0 0];  % Initial estimate of ISI
    for k=1:N-2*K
        y_k_mse=y_mse(k:k+2*K);
        z_k_mse=estimated_c_mse*y_k_mse';
        e_k_mse=training_s_mse(k)-z_k_mse;
        estimated_c_mse=estimated_c_mse+delta*e_k_mse*y_k_mse;
    end
    % Training the feedforward and feedback filters for the dfe equalizer:
    estimated_c_dfe=[0 1 0 ];    % initial estimate of ISI
    estimated_b_dfe=[0 1];         % Initial estimate of ISI
    a_tilda_dfe=ones(1,N-(N1-1));
    for k=1:N-(N1-1)
        y_k_dfe=y_dfe(k:k+N1-1);
        z_k_ff_dfe=estimated_c_dfe*y_k_dfe';
        if k==1
            a_tilda_k_dfe=[0 0];
        elseif k==2
            a_tilda_k_dfe=[0 a_tilda_dfe(1)];
        else
            a_tilda_k_dfe=a_tilda_dfe(k-N2:k-1);
        end
        z_k_fb_dfe=estimated_b_dfe*a_tilda_k_dfe';
        z_k_dfe=z_k_ff_dfe-z_k_fb_dfe;
        if z_k_dfe<0
            a_tilda_dfe(k)=-1;
        end
        e_k_dfe=training_s_dfe(k)-z_k_dfe;
        estimated_c_dfe=estimated_c_dfe+delta*e_k_dfe*y_k_dfe;
        estimated_b_dfe=estimated_b_dfe-delta*e_k_dfe*a_tilda_k_dfe;
    end
    % (B) The transmitted information sequence:
info_mse=ones(1,Nt(idx));
info_dfe=ones(1,Nt(idx));
for i=1:Nt(idx)
    if (rand<0.5)
        info_mse(i)=-1;
    end
end
end
for i=1:Nt(idx)
```

```
    if (rand<0.5)
        info_dfe(i)=-1;
    end
end
% The channel output:
y_mse=filter(actual_isi,1,info_mse);
y_dfe=filter(actual_isi,1,info_dfe);
noise_mse=sigma(idx)*randn(1,Nt(idx));
noise_dfe=sigma(idx)*randn(1,Nt(idx));
y_mse=y_mse+noise_mse;
y_dfe=y_dfe+noise_dfe;
% The equalization part:
count_mse = 0;
count_dfe = 0;
err_count_mse=0;
err_count_dfe=0;
z_k_mse_vec=ones(1,Nt(idx)-2*K);
z_k_vec_dfe=zeros(1,Nt(idx)-(N1-1));
a_tilda_dfe=ones(1,Nt(idx)-(N1-1));
for  k=1:Nt(idx)-2*K;
    y_k_mse=y_mse(k:k+2*K);
    z_k_mse=estimated_c_mse*y_k_mse';
    if z_k_mse<0
        z_k_mse_vec(k)=-1;
    end
    err_count_mse=err_count_mse+0.5*abs(info_mse(k)-z_k_mse_vec(k));
end
Pe_mse(idx)= err_count_mse/length(z_k_mse_vec);
for k=1:Nt(idx)-(N1-1);
    y_k_dfe=y_dfe(k:k+N1-1);
    z_k_ff_dfe=estimated_c_dfe*y_k_dfe';
    if k==1
        a_tilda_k_dfe=[0 0];
    elseif k==2
        a_tilda_k_dfe=[0 a_tilda_dfe(1)];
    else
        a_tilda_k_dfe=a_tilda_dfe(k-N2:k-1);
    end
    z_k_fb_dfe=estimated_b_dfe*a_tilda_k_dfe';
    z_k_dfe=z_k_ff_dfe-z_k_fb_dfe;
    if z_k_dfe<0
        a_tilda_dfe(k)=-1;
    end
    count_dfe=count_dfe+1;
    z_k_vec_dfe(count_dfe)=a_tilda_dfe(k);
    err_count_dfe=err_count_dfe+0.5*abs(info_dfe(k)-a_tilda_dfe(k));
end
    Pe_dfe(idx)= err_count_dfe/length(z_k_vec_dfe);
    clear y; clear noise_mse
    clear y_dfe; clear noise_dfe
end
% Plot the results:
semilogy(SNR_dB,Pe_mse,SNR_dB,Pe_dfe,'--')
legend('Linear MSE','DFE')
ylabel('P_e')
xlabel('SNR (dB)')
```

尽管 DFE 要比线性均衡器更好一些,但是从使式(6.4.6)给出的接收信号样本 $\{y_k\}$ 中检测信息序列 $\{a_k\}$ 的差错概率最小的角度来看,它不是最优均衡器。对于会在产生 ISI 的信道上传输信息的数字通信系统,最优检测器是一个最大似然符号序列检测器。对于给定的接收

样本序列 $\{y_k\}$,将在其输出端生成最可能的符号序列 $\{\tilde{a}_k\}$。也就是说,这个检测器寻找使**似然函数**

$$\Lambda(\{a_k\}) = \ln p(\{y_k\} \mid \{a_k\})$$

最大的序列 $\{\tilde{a}_k\}$,其中 $p(\{y_k\} \mid \{a_k\})$ 是在 $\{a_k\}$ 已发生的条件下接收序列 $\{y_k\}$ 的联合概率。使这个联合条件概率最大的符号序列 $\{\tilde{a}_k\}$ 就称为**最大似然序列检测器**。

实现最大似然序列检测(MLSD)的算法是 Viterbi 算法,这个算法原本是为卷积码(在 10.3.2 节中讨论)的译码而设计的。要了解当有 ISI 时对该算法在序列检测方面的介绍,读者可以参阅参考文献 Proakis(2008)和 Forney(1972)。

对于有 ISI 的信道而言,MLSD 的主要缺点是作为 ISI 扩展的函数的计算复杂度呈指数增长。因此,MLSD 对 ISI 仅扩展了有限个符号,并且对 ISI 很严重的信道才有实际意义,因为在这种情况下会使线性均衡器或判决反馈均衡器的性能严重恶化。例如,图 6.42 给出了经由信道 B(见图 6.37)传输 2 元 PAM 信号时利用 Viterbi 算法的差错概率性能。为了进行比较,图中也画出了 DFE 的差错概率。这两个结果都是用计算机仿真得到的。可以看到,在差错概率为 10^{-4} 的情况下,MLSD 的性能要比 DFE 好 4.5 dB 左右。因此,这就是在具有相对较小的 ISI 扩展的信道上 MLSD 能提供显著性能增益的一个例子。

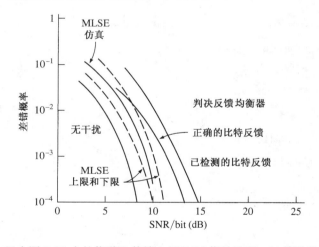

图 6.42　经由图 6.37 中的信道 B 传输 2 元 PAM 信号的 Viterbi 算法的差错概率

信道均衡器广泛用于数字通信系统,以降低由信道失真引起的 ISI 的影响。线性均衡器一般用于在电话信道上传输数据的高速调制解调器中。对于无线传输,诸如移动蜂窝通信和办公室之间的通信,发射信号的多径传播会形成严重的 ISI。这类信道要求功能更强的均衡器来对抗这个严重的 ISI。判决反馈均衡器和 MLSD 是两种适用于有严重 ISI 的无线信道的非线性均衡器。

6.8　习题

6.1　解说题 6.1 中的矩形脉冲的傅里叶变换及其功率谱 $S_v(f)$,都能通过用离散傅里叶变换(DFT)或 FFT 算法由 MATLAB 进行数值计算得出。归一化 $T=1$ 和 $\sigma_a^2=1$,然后在 $t=k/10, k=0,1,2,\cdots,127$ 时刻对矩形脉冲 $g(t)$ 采样,从而得到 $g(t)$ 样本序列 $\{g_k\}$。用

MATLAB 计算 $\{g_k\}$ 的 128 点 DFT,并画出 $|G_m|^2$, $m = 0, 1, \cdots, 127$。同时也画出由式(6.2.13)给出的精确谱 $|G(f)|^2$,比较这两个结果。

6.2　当 $g(t)$ 为

$$g(t) = \begin{cases} \dfrac{1}{2}\left(1 - \cos\left(\dfrac{2\pi t}{T}\right)\right), & 0 \leqslant t \leqslant T \\ 0, & \text{其余 } t \end{cases}$$

时,重做习题 6.1。计算时令 $T = 1$。

6.3　当脉冲 $g(t)$ 为

$$g(t) = \begin{cases} \dfrac{1}{2}\left(1 - \cos\left(\dfrac{2\pi t}{T}\right)\right), & 0 \leqslant t \leqslant T \\ 0, & \text{其余 } t \end{cases}$$

并且信号幅度序列 $\{a_n\}$ 的相关函数由式(6.2.14)给出时,编写一个 MATLAB 程序计算信号 $v(t)$ 的功率谱 $S_v(f)$。

6.4　利用 MATLAB 设计一个 FIR 线性相位滤波器,对某个低通带限信道建模,该信道在 $|f| \leqslant 3000$ Hz 的通带内有 $\dfrac{1}{2}$ dB 的起伏,在 $|f| \geqslant 3800$ Hz 的阻带内有 -60 dB 的衰减。画出冲激响应和频率响应。

6.5　编写一个 MATLAB 程序,设计一个 FIR 线性相位滤波器,对某个低通带限信道建模,该信道有如下的目标幅度响应:

$$A(f) = \begin{cases} 1, & |f| \leqslant 4000 \\ 0, & f > 4000 \end{cases}$$

设计采用窗函数法,利用 Hanning 窗。

6.6　编写一个 MATLAB 程序,生成在解说题 6.5 中的两径(多径)信道的冲激响应,并画出 $p = 0.85$ 和 5 个样本延迟的冲激响应。

6.7　当滤波器的极点位置在 $p = 0.9$ 时,重做解说题 6.6。

6.8　编写一个 MATLAB 仿真程序,实现解说题 6.7 中的信道 1,并测量在该信道发送 10 000 个二进制数据比特 $\{\pm 1\}$ 时的误码率。信道受到方差为 $\sigma^2 = 0$, $\sigma^2 = 0.1$, $\sigma^2 = 0.2$, $\sigma^5 = 0.5$ 和 $\sigma^2 = 1.0$ 的加性高斯白噪声污染。

6.9　若信道为

$$x_n = \begin{cases} 1, & n = 0 \\ 0.20, & n = \pm 1 \\ 0, & \text{其余 } n \end{cases}$$

重做习题 6.8。

6.10　编写一个 MATLAB 程序,对任意滚降系数 α,生成采样版的由式(6.5.9)给出的发送滤波器的冲激响应 $g_T(t)$,对 $\alpha = \dfrac{1}{2}$ 和 $N = 21$,求出并画出 $g_T(n)$。同时也求出并画出这个滤波器的频率响应特性的幅度[通过将 $g_T(n)$ 补上 $3N$ 个零,再求 $g_T(n)$ 的 $4N$ 点的 DFT]。

6.11　编写一个 MATLAB 程序,计算任意的发送滤波器 $g_T(n)$ 与接收端和其匹配的滤波器级联的总冲激响应。这个计算可用 DFT 按下述步骤进行。对 $g_T(n)$ 补 $N - 1$(或更多)个

零并计算$(2N-1)$点(或更多)的 DFT,得到 $G_T(k)$。然后形成 $|G_T(k)|^2$ 并计算 $|G_T(k)|^2$ 的$(2N-1)$点的逆 DFT。对习题 6.10 中的这个滤波器求总冲激响应,并将这一结果与以 $F_s=4/T$ 采样率对 $x_{rc}(t)$ 采样所得到的理想冲激响应进行比较。

6.12　对于 $N=31$ 和 $N=41$,重做习题 6.10。画出这个离散时间滤波器的频率响应,并将它与在习题 6.10 中所得的结果进行比较。请读者指出主要差别。

6.13　编写一个 MATLAB 程序,它取某个数据序列 $\{D_k\}$,将它对一个修正双二进制脉冲传输系统进行预编码以产生 $\{p_k\}$,然后将预编码序列映射为幅度序列 $\{a_k\}$。然后,由这个发送序列形成无噪声的接收序列 $\{b_k=a_k-a_{k-2}\}$,并利用式(6.5.37)的关系恢复数据信号 $\{D_k\}$。对 $M=4$ 和 $M=2$ 的发送幅度电平的任意伪随机数据序列 $\{D_k\}$ 运行这个程序,并验证结果。

6.14　编写一个 MATLAB 程序,对采用双二进制信号脉冲的 2 元 PAM 通信系统进行 Monte Carlo 仿真,其中的预编码和幅度序列 $\{a_k\}$ 都按解说题 6.10 来完成。按式(6.5.22)那样,将高斯噪声加到接收序列 $\{b_k\}$ 以形成检测器的输入,并用式(6.5.28)的检测规则来恢复这个数据。对 10 000 个比特执行这个仿真,并测量 $\sigma^2=0.2$,$\sigma^2=0.6$ 和 $\sigma^2=1$ 时的比特差错概率。画出无 ISI 的 2 元 PAM 的差错概率的理论值,并将 Monte Carlo 仿真结果与该理想性能进行比较。应该能够看到,双二进制系统在性能上略微有些降低。

6.15　对采样率 $F_s=8/T$,$\alpha=\dfrac{1}{2}$ 和 $N=61$,重做习题 6.10。高的采样率会得到更好的频率响应特性吗? 也就是说与 $X_{rc}(f)$ 更匹配吗?

6.16　对于习题 6.15 设计的滤波器,利用在习题 6.11 中的方法计算并画出这个滤波器和其匹配滤波器级联的输出。将这个采样的冲激响应与以采样率 $F_s=8/T$ 对 $x_{rc}(t)$ 采样得到的理想冲激响应进行比较。这个较高的采样率得到的这个离散时间滤波器的冲激响应是对理想滤波器冲激响应的一个更好的近似吗?

6.17　编写一个 MATLAB 程序,该程序针对由式(6.5.18)给出的修正双二进制脉冲生成一个由式(6.5.21)给出的发送滤波器的冲激响应 $g_T(t)$ 的采样版。求出并画出 $N=31$ 时的 $g_T(n)$。同时还要求出并画出这个滤波器的频率响应的幅度。

6.18　对习题 6.17 设计的滤波器重做习题 6.11。

6.19　对 $N=21$ 和 $N=41$,重做习题 6.17。将这两个滤波器的频率响应与习题 6.17 设计的滤波器的频率响应进行比较。这些频率响应特性的主要差别是什么?

6.20　考虑解说题 6.11 中的由信道造成失真的脉冲 $x(t)$,该脉冲以 $2/T$ 采样速率采样并用 $2K+1=13$ 抽头的迫零均衡器进行均衡。编写一个 MATLAB 程序来解这些迫零均衡器的系数,求出并画出这个迫零均衡器输出的 70 个采样值。

6.21　对于 MSE 均衡器,用 $N_0=0.01$,$N_0=0.1$ 和 $N_0=1.0$ 重做习题 6.20。将这些均衡器的系数与习题 6.20 求得的系数进行比较,并讨论当 N_0 改变时结果将如何变化。

6.22　编写一个 MATLAB 通用程序,计算长度为任意的 $2K+1$ 的基于 MSE 准则的 FIR 均衡器的抽头系数,输入为脉冲 $x(t)$ 的符号率的样本值和加性噪声的谱密度 N_0。用这个程序求当 $x(t)$ 的样本值为

$$x(nT)=\begin{cases} 1, & n=0 \\ 0.5, & n=\pm 1 \\ 0.3, & n=\pm 3 \\ 0.1, & n=\pm 4 \end{cases}$$

并且 $N_0 = 0.01$，$N_0 = 0.1$ 时 13 抽头均衡器的系数。同时还要求出最优均衡器系数的最小 MSE。

6.23　对习题 6.22 中给出的信道特性，当均衡器抽头数为 21 时求 MSE 均衡器系数和最小 MSE。将这些系数与习题 6.22 所得的系数值进行比较，并讨论用较长的均衡器获得的在 MSE 上的减小是否足够大，以证实它的应用是恰当的。

6.24　对其信道特性如图 6.37 所示的信道 A 的 ISI 信道，重做解说题 6.14。将均衡器的性能与没有 ISI 的系统的性能进行比较，即

$$x_n = \begin{cases} 1, & n = 0 \\ 0, & \text{其余 } n \end{cases}$$

6.25　对 ISI 信道特性重做解说题 6.15，

$$x_n = \begin{cases} 0.688, & n = 0 \\ 0.460, & n = \pm T \\ 0.227, & n = \pm 2T \end{cases}$$

6.26　将信道采样的响应与均衡器系数进行卷积，并观察所产生的输出序列，可以求出在均衡器输出中残留 ISI 的大小。编写一个 MALTAB 程序，当输入是采样的信道特性时，计算一个给定长度的均衡器的输出。为简单起见，考虑均衡器是符号间隔均衡器的情况，信道采样响应也由按符号间隔的样本组成。用这个程序求当信道是习题 6.22 给出的信道响应时，迫零符号间隔均衡器的输出。

6.27　编写一个 MATLAB Monte Carlo 仿真程序，仿真图 P6.27 中建模的数字通信系统。信道建模为符号间隔的 FIR 滤波器。MSE 均衡器也是一个符号间隔抽头系数的 FIR 滤波器。初始发送训练符号以该均衡器进行训练。在数据模式，该均衡器使用检测器的输出形成误差信号。对习题 6.22 给出的信道模型使用 1000 个训练（二进制）符号和 10 000 个二进制数据符号，进行这个系统的 Monte Carlo 仿真。使用 $N_0 = 0.01$，$N_0 = 0.1$ 和 $N_0 = 1$，将测得的误码率与无 ISI 的理想信道误码率进行比较。

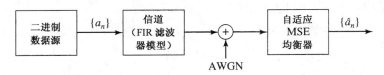

图 P6.27

第7章　载波调制的数字传输

7.1　概述

前面两章讨论的都是数字信息经由基带的传输。在这种情况下,承载信息的信号是直接通过信道传输的,而不用某个正弦载波。然而,大多数通信信道都是带通信道,因此通过这类信道传输信号的唯一办法是将承载信息的信号频率搬移到信道的频带之内。

第7章将要讨论适合于带通信道的4种载波调制信号:幅度调制信号、正交幅度调制信号、相移键控和频移键控。

7.2　载波幅度调制

在基带数字 PAM 中,信号波形具有如下形式:

$$s_m(t) = A_m g_{\mathrm{T}}(t) \tag{7.2.1}$$

其中,A_m 是第 m 个波形的幅度,$g_{\mathrm{T}}(t)$ 是某一种脉冲,它的形状决定了发射信号的谱特性。假设基带信号的频谱位于频带 $|f| \leqslant W$ 之内,其中 W 是 $|G_{\mathrm{T}}(f)|^2$ 的带宽,如图 7.1 所示。我们已经知道,这个信号幅度取的是离散值:

$$A_m = (2m - 1 - M)d, \quad m = 1, 2, \cdots, M \tag{7.2.2}$$

其中,$2d$ 是两相邻信号点之间的欧氏距离。

为了通过一个带通信道发送这个数字信号波形,就要将这个基带信号波形 $s_m(t)$,$m = 1$, $2, \cdots, M$ 乘以形如 $\cos(2\pi f_c t)$ 的正弦载波,如图 7.2 所示,其中 f_c 是载波频率($f_c > W$),并且对应于信道通带的中心频率。因此,发射的信号波形表示为

$$u_m(t) = A_m g_{\mathrm{T}}(t)\cos(2\pi f_c t), \quad m = 1, 2, \cdots, M \tag{7.2.3}$$

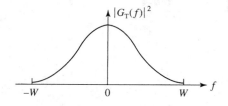

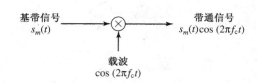

图 7.1　发射信号 $g_{\mathrm{T}}(t)$ 的能量谱密度　　　图 7.2　用基带 PAM 信号对正弦载波幅度调制

在发射的脉冲波形 $g_{\mathrm{T}}(t)$ 是矩形的特殊情况下,即

$$g_{\mathrm{T}}(t) = \begin{cases} \sqrt{\dfrac{2}{T}}, & 0 \leqslant t \leqslant T \\ 0, & \text{其余 } t \end{cases}$$

该幅度调制载波信号通常称为**幅移键控**(amplitude-shift keying, ASK)。在这种情况下,这个 PAM 信号不是带限信号。

用基带信号波形 $s_m(t)$ 幅度调制载波 $\cos(2\pi f_c t)$,将基带信号的频谱搬移了 f_c,并由此将

信号放在信道的通带内。回忆一下,载波的傅里叶变换是 $[\delta(f-f_c)+\delta(f+f_c)]/2$,又由于两个信号在时域内相乘就相应于在频域的频谱的卷积,所以这个幅度调制信号的频谱是

$$U_m(f) = \frac{A_m}{2}\big[\,G_{\mathrm{T}}(f-f_c)+G_{\mathrm{T}}(f+f_c)\,\big] \tag{7.2.4}$$

因此,基带信号 $s_m(t)=A_m g_{\mathrm{T}}(t)$ 的频谱在频率上被载波频率 f_c 所搬移。该带通信号是一个双边带载波抑制(DSB-SC)的 AM 信号,如图 7.3 所示。

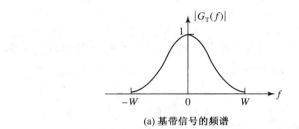

(a) 基带信号的频谱

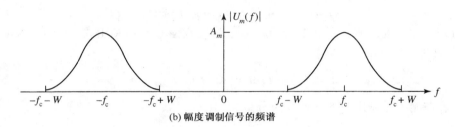

(b) 幅度调制信号的频谱

图 7.3　幅度调制

值得注意的是,将基带信号 $s_m(t)$ "放"在载波信号 $\cos(2\pi f_c t)$ 的幅度上,并没有改变这个数字 PAM 信号波形的基本几何表示。这个带通 PAM 信号波形通常可以表示成

$$u_m(t) = s_m \psi(t) \tag{7.2.5}$$

其中,信号波形 $\psi(t)$ 定义为

$$\psi(t) = g_{\mathrm{T}}(t)\cos(2\pi f_c t) \tag{7.2.6}$$

并且,

$$s_m = A_m, \qquad m = 1,2,\cdots,M \tag{7.2.7}$$

代表在实线上取 M 个值的信号点,如图 7.4 所示。

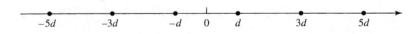

图 7.4　PAM 信号的信号星座图

将信号波形 $\psi(t)$ 归一化为具有单位能量,即

$$\int_{-\infty}^{\infty} \psi^2(t)\,\mathrm{d}t = 1 \tag{7.2.8}$$

于是

$$\int_{-\infty}^{\infty} g_{\mathrm{T}}^2(t)\cos^2(2\pi f_c t)\,\mathrm{d}t = \frac{1}{2}\int_{-\infty}^{\infty} g_{\mathrm{T}}^2(t)\,\mathrm{d}t + \frac{1}{2}\int_{-\infty}^{\infty} g_{\mathrm{T}}^2(t)\cos(4\pi f_c t)\,\mathrm{d}t = 1 \tag{7.2.9}$$

但是,由于 $g_{\mathrm{T}}(t)$ 的带宽 W 比载波频率小得多,即 $f_c \gg W$,所以有

$$\int_{-\infty}^{\infty} g_{\mathrm{T}}^2(t)\cos(4\pi f_c t)\,\mathrm{d}t = 0 \tag{7.2.10}$$

在这种情况下,在 $\cos(4\pi f_c t)$ 的任何一个周期内,$g_{\mathrm{T}}(t)$ 基本上是不变的,因此式(7.2.10)中的积分在每个周期上的积分都是零。鉴于式(7.2.10),可得

$$\frac{1}{2}\int_{-\infty}^{\infty} g_{\mathrm{T}}^2(t)\,\mathrm{d}t = 1 \tag{7.2.11}$$

因此,$g_{\mathrm{T}}(t)$ 必须适当地加权,以使式(7.2.8)和式(7.2.11)都满足。

7.2.1　PAM 信号的解调

一个带通数字 PAM 信号的解调可以用相关或匹配滤波的几种方式之一来完成。为了说明的目的,现考虑一种相关型式的解调器。

接收信号可表示为

$$r(t) = A_m g_{\mathrm{T}}(t)\cos(2\pi f_c t) + n(t) \tag{7.2.12}$$

其中,$n(t)$ 是某个带通噪声过程,可以表示为

$$n(t) = n_c(t)\cos(2\pi f_c t) - n_s(t)\sin(2\pi f_c t) \tag{7.2.13}$$

其中,$n_c(t)$ 和 $n_s(t)$ 是该噪声的正交分量。通过将接收信号 $r(t)$ 和由式(7.2.6)给出的 $\psi(t)$ 做互相关,如图 7.5 所示,可得输出为

$$\int_{-\infty}^{\infty} r(t)\psi(t)\,\mathrm{d}t = A_m + n = s_{\mathrm{m}} + n \tag{7.2.14}$$

其中,n 代表在相关器输出中的加性噪声分量。

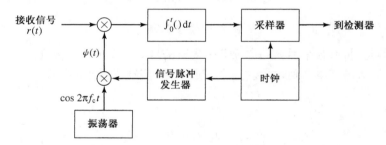

图 7.5　带通数字 PAM 信号的解调

该噪声分量具有零均值,它的方差可以表示为

$$\sigma_n^2 = \int_{-\infty}^{\infty} |\psi(f)|^2 S_{\mathrm{n}}(f)\,\mathrm{d}f \tag{7.2.15}$$

其中,$\psi(f)$ 是 $\psi(t)$ 的傅里叶变换,$S_{\mathrm{n}}(f)$ 是加性噪声的功率谱密度。$\psi(t)$ 的傅里叶变换是

$$\psi(f) = \frac{1}{2}\left[G_{\mathrm{T}}(f-f_c) + G_{\mathrm{T}}(f+f_c)\right] \tag{7.2.16}$$

并且,这个带通加性噪声过程的功率谱密度是

$$S_{\mathrm{n}}(f) = \begin{cases} \dfrac{N_0}{2}, & |f-f_c| \leqslant W \\ 0, & \text{其余} f \end{cases} \tag{7.2.17}$$

将式(7.2.16)和式(7.2.17)代入式(7.2.15),并计算该积分,可得 $\sigma_n^2 = N_0/2$。

由式(7.2.14)显然可见,它就是幅度检测器的输入,载波调制 PAM 信号的最优检测器的

差错概率与基带 PAM 的最优检测器的差错概率是一样的,即

$$P_M = \frac{2(M-1)}{M} Q\left(\sqrt{\frac{6(\log_2 M) E_{avb}}{(M^2-1) N_0}}\right) \tag{7.2.18}$$

其中,E_{avb} 是每比特的平均能量。

解说题

解说题 7.1　[PAM 信号的频谱]

　　在某一幅度调制数字 PAM 系统中,冲激响应为 $g_T(t)$,发送滤波器具有开根升余弦频谱特性,如解说题 6.8 中所述,其滚降系数 $\alpha = 0.5$。载波频率 $f_c = 40/T$。求出并画出该基带信号的频谱和幅度调制信号的频谱。

题　解

　　图 7.6 给出了这两个信号的频谱特性。

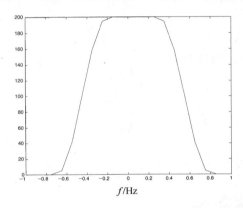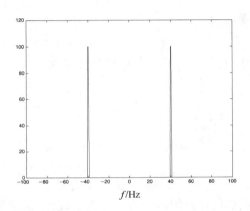

图 7.6　基带信号和幅度调制(带通)信号的频谱

　　计算本题的 MATLAB 脚本如下所示。

m 文件

```
% MATLAB script for Illustrated Problem 7.1.
echo on
T=1;
delta_T=T/200;                    % sampling interval
alpha=0.5;                        % rolloff factor
fc=40/T;                          % carrier frequency
A_m=1;                            % amplitude
t=-5*T+delta_T:delta_T:5*T;       % time axis
N=length(t);
for i=1:N,
    if (abs(t(i))~=T/(2*alpha)),
        g_T(i) = sinc(t(i)/T)*(cos(pi*alpha*t(i)/T)/(1-4*alpha^2*t(i)^2/T^2));
    else
        g_T(i) = 0;               % The value of g_T is 0 at t=T/(2*alpha)
    end;                          % and at t=-T/(2*alpha).
    echo off ;
end;
echo on;
```

```
G_T=abs(fft(g_T));                      % spectrum of g_T
u_m=A_m*g_T.*cos(2*pi*fc*t);            % the modulated signal
U_m=abs(fft(u_m));                      % spectrum of the modulated signal
% actual frequency scale
f=-0.5/delta_T:1/(delta_T*(N-1)):0.5/delta_T;
% Plotting commands follow.
figure(1);
plot(f,fftshift(G_T));
axis([-1/T 1/T 0 max(G_T)]);
figure(2);
plot(f,fftshift(U_m));
```

───── 解说题 ─────

解说题 7.2　［带通数字 PAM 信号的解调］

图 7.5 说明了带通数字 PAM 信号的解调,它包含了对接收到的信号

$$r(t) = A_m g_T(t) \cos 2\pi f_c t + n(t)$$

和参考波形

$$\psi(t) = g_T(t) \cos 2\pi f_c t$$

的互相关,其中 A_m 是发射信号的幅度,而 g_T 是矩形波信号脉冲

$$g_T(t) = \begin{cases} \sqrt{\dfrac{2}{T}}, & 0 \leq t \leq T \\ 0, & \text{其余 } t \end{cases}$$

并且 $n(t)$ 是带通高斯噪声过程,可以表示为

$$n(t) = n_c(t) \cos 2\pi f_c t - n_s(t) \sin 2\pi f_c t$$

其中, $n_c(t)$ 和 $n_s(t)$ 是噪声的正交分量。

我们以离散时间的方式实现解调,于是相关器的输出为

$$y(nT_s) = \sum_{k=0}^{n} r(kT_s)\psi(kT_s), \quad n = 1, 2, \cdots$$

其中,采样间隔 $T_s = T/100$,并且载波频率 $f_c = 30/T$ 。噪声样本 $n_c(kT_s)$ 和 $n_s(kT_s)$ 相互统计独立,都是方差为 σ^2 的零均值高斯变量。对 $n = 1, 2, \cdots, 100$ 和 $\sigma^2 = 0, \sigma^2 = 0.05, \sigma^2 = 0.5$ 分别计算并画出 $y(nT_s)$ 。

───── 题　解 ─────

为方便起见,我们令 $T = 1$ 。图 7.7 给出了在整个信号时间间隔上解调器的输出。首先,我们注意到两倍频率项经积分后的平均为零,这一点在 $\sigma^2 = 0$ 的情况下最好观察。其次,我们观察随着 σ^2 的增加,加性噪声对解调器输出的影响。

本题的 MATLAB 脚本如下所示。

───── m 文件 ─────

```
% MATLAB script for Illustrative Problem 7.2

Am = 1;                          % Signal Amplitude
T = 1;
Ts = 100/T;
fc = 30/T;
t = 0:T/100:T;
l_t = length(t);
g_T = sqrt(2/T)*ones(1,l_t);
```

```
si = g_T .* cos(2*pi*fc*t);
var = [ 0 0.05 0.5];                    % Noise variance vector
for k = 1 : length(var)
    % Generation of the noise components:
    n_c = sqrt(var(k))*randn(1,l_t);
    n_s = sqrt(var(k))*randn(1,l_t);
    noise = n_c.*cos(2*pi*fc*t) − n_s.*sin(2*pi*fc*t);
    r = Am*g_T.*cos(2*pi*fc*t)+noise;     % The received signal
    y = zeros(1,l_t);
    for i = 1:l_t
        y(i) = sum(r(1:i).*si(1:i));      % The correlator output
    end
    % Plotting the results:
    subplot(3,1,k)
    plot([0 1:length(y)−1],y)
    title(['\sigma^2 = ',num2str(var(k))])
    xlabel('n')
    ylabel('y(nT_s)')
end
```

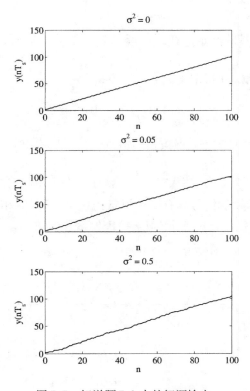

图 7.7　解说题 7.2 中的解调输出

7.3　载波相位调制

在载波相位调制中,通信信道上传输的信息寄寓在载波的相位中。载波相位的范围是 $0 \leqslant \theta \leqslant 2\pi$,所以通过数字相位调制用于传输数字信息的载波相位就是 $\theta_m = 2\pi m/M, m = 0$, $1, \cdots, M-1$。这样,对于二元相位调制($M=2$)来说,两个载波相位是 $\theta_0 = 0$ 和 $\theta_1 = \pi$ 弧度。对于 M 元相位调制来说,$M = 2^k$,其中 k 是每个发射符号所包含的信息比特数。

一组 M 载波相位调制信号波形的一般表示式为

$$u_m(t) = Ag_T(t)\cos\left(2\pi f_c t + \frac{2\pi m}{M}\right), \qquad m = 0, 1, \cdots, M-1 \tag{7.3.1}$$

其中,$g_T(t)$ 是发送滤波器的脉冲波形,它决定了发射信号的频谱特性,A 是信号幅度。这种类型的数字相位调制称为相移键控(phase-shift keying,PSK)。注意,PSK 信号对所有 m 都具有相等的能量,即

$$E_m = \int_{-\infty}^{\infty} u_m^2(t)\,\mathrm{d}t \tag{7.3.2}$$

$$= \int_{-\infty}^{\infty} A^2 g_T^2(t)\cos^2\left(2\pi f_c t + \frac{2\pi m}{M}\right)\mathrm{d}t$$

$$= \frac{1}{2}\int_{-\infty}^{\infty} A^2 g_T^2(t)\,\mathrm{d}t + \frac{1}{2}\int_{-\infty}^{\infty} A^2 g_T^2(t)\cos\left(4\pi f_c t + \frac{4\pi m}{M}\right)\mathrm{d}t$$

$$= \frac{A^2}{2}\int_{-\infty}^{\infty} g_T^2(t)\,\mathrm{d}t \tag{7.3.3}$$

$$= E_s \tag{7.3.4}$$

其中,E_s 代表每个发射符号的能量。在式(7.3.2)中,当 $f_c \gg W$ 时,包含两倍频率的项积分后都为零,W 是 $g_T(t)$ 的带宽。

当 $g_T(t)$ 是一个矩形脉冲时,定义为

$$g_T(t) = \sqrt{\frac{2}{T}}, \quad 0 \leqslant t \leqslant T \tag{7.3.5}$$

在这种情况下,在符号间隔 $0 \leqslant t \leqslant T$ 内传输的信号波形可以表示为(用 $A = \sqrt{E_s}$)

$$u_m(t) = \sqrt{\frac{2E_s}{T}}\cos\left(2\pi f_c t + \frac{2\pi m}{M}\right), \quad m = 0, 1, \cdots, M-1 \tag{7.3.6}$$

注意,由式(7.3.6)给出的发射信号具有一个恒定的包络,而载波相位则在每个信号间隔的开始时突然变化。图 7.8 给出了一种 4 元($M=4$)PSK 信号的波形。

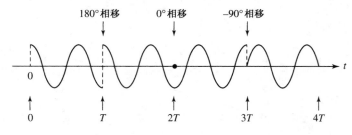

图 7.8 4 元 PSK 信号的例子

将式(7.3.6)中的余弦函数的相角看成两个相角之和,即可将式(7.3.1)的波形表示为

$$u_m(t) = \sqrt{E_s}\,g_T(t)\cos\left(\frac{2\pi m}{M}\right)\cos(2\pi f_c t) - \sqrt{E_s}\,g_T(t)\sin\left(\frac{2\pi m}{M}\right)\sin(2\pi f_c t)$$

$$= s_{mc}\psi_1(t) + s_{ms}\psi_2(t) \tag{7.3.7}$$

其中,

$$s_{mc} = \sqrt{E_s}\cos\frac{2\pi m}{M}$$

$$s_{ms} = \sqrt{E_s}\sin\frac{2\pi m}{M} \qquad\qquad (7.3.8)$$

而 $\psi_1(t)$ 和 $\psi_2(t)$ 是两个正交基函数,定义为

$$\psi_1(t) = g_T(t)\cos(2\pi f_c t)$$
$$\psi_2(t) = -g_T(t)\sin(2\pi f_c t) \qquad\qquad (7.3.9)$$

通过适当地将脉冲波形 $g_T(t)$ 归一化,就可以将这两个基函数的能量归一化到 1。这样,一个相位调制信号可以看成由两个正交载波组成,在每个信号间隔内,其幅度取决于发射的相位。因此,数字相位调制信号在几何上可表示成分量为 s_{mc} 和 s_{ms} 的二维向量,即

$$s_m = \left(\ \sqrt{E_s}\cos\frac{2\pi m}{M}\qquad \sqrt{E_s}\sin\frac{2\pi m}{M}\ \right) \qquad\qquad (7.3.10)$$

图 7.9 给出了 $M=2,4$ 和 8 时的信号星座图。可以看到,二元相位调制与 2 元 PAM(二进制反极性信号)是相同的。

将 k 个信息比特映射或分配到 $M=2^k$ 个可能的相位上,可以用几种方法来完成。其中,优先考虑使用**格雷编码**(Gray encoding),其中相邻的相位只差 1 个二进制比特,如图 7.9 所示。于是,当噪声引起错误地选取相邻相位时,在使用格雷编码的 k 比特序列中仅会产生一个单一的比特差错。

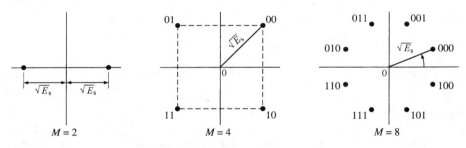

图 7.9　PSK 信号星座图

解说题

解说题 7.3　[PSK 波形]

对 $M=8$,产生由式(7.3.6)给出的恒定包络的 PSK 信号波形。为简单起见,信号幅度归一化到 1。

题　解

图 7.10 给出了 $f_c=6/T$ 时的 8 个波形。

本题的 MATLAB 脚本如下所示。

---

m 文件

```
% MATLAB script for Illustrative Problem 7.3.
echo on
T=1;
M=8;
Es=T/2;
fc=6/T;                          % carrier frequency
N=100;                           % number of samples
```

```
delta_T=T/(N-1);
t=0:delta_T:T;
u0=sqrt(2*Es/T)*cos(2*pi*fc*t);
u1=sqrt(2*Es/T)*cos(2*pi*fc*t+2*pi/M);
u2=sqrt(2*Es/T)*cos(2*pi*fc*t+4*pi/M);
u3=sqrt(2*Es/T)*cos(2*pi*fc*t+6*pi/M);
u4=sqrt(2*Es/T)*cos(2*pi*fc*t+8*pi/M);
u5=sqrt(2*Es/T)*cos(2*pi*fc*t+10*pi/M);
u6=sqrt(2*Es/T)*cos(2*pi*fc*t+12*pi/M);
u7=sqrt(2*Es/T)*cos(2*pi*fc*t+14*pi/M);
% plotting commands follow
subplot(8,1,1);
plot(t,u0);
subplot(8,1,2);
plot(t,u1);
subplot(8,1,3);
plot(t,u2);
subplot(8,1,4);
plot(t,u3);
subplot(8,1,5);
plot(t,u4);
subplot(8,1,6);
plot(t,u5);
subplot(8,1,7);
plot(t,u6);
subplot(8,1,8);
plot(t,u7);
```

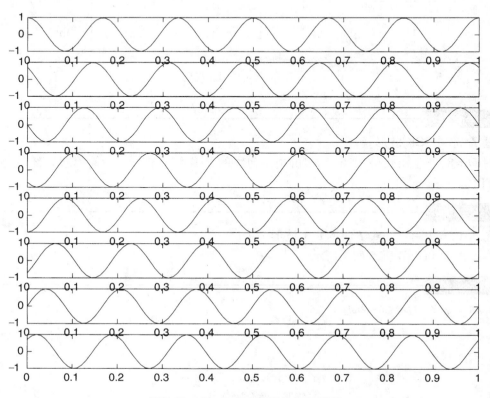

图 7.10 $M=8$,恒定幅度的 PSK 波形

7.3.1　相位解调与检测

在一个信号间隔内,从加性高斯白噪声信道中接收到的带通信号可以表示为

$$r(t) = u_m(t) + n(t)$$
$$= u_m(t) + n_c(t)\cos(2\pi f_c t) - n_s(t)\sin(2\pi f_c t) \tag{7.3.11}$$

其中,$n_c(t)$ 和 $n_s(t)$ 是加性噪声的两个正交分量。

可以将这个接收信号与由式(7.3.9)给出的 $\psi_1(t)$ 和 $\psi_2(t)$ 做相关,两个相关器的输出产生受噪声污染的信号分量,可以表示为

$$\boldsymbol{r} = \boldsymbol{s}_m + \boldsymbol{n}$$
$$= \left(\sqrt{E_s}\cos\frac{2\pi m}{M} + n_c \qquad \sqrt{E_s}\sin\frac{2\pi m}{M} + n_s \right) \tag{7.3.12}$$

其中,n_c 和 n_s 定义为

$$n_c = \frac{1}{2}\int_{-\infty}^{\infty} g_T(t) n_c(t)\,\mathrm{d}t$$

$$n_s = \frac{1}{2}\int_{-\infty}^{\infty} g_T(t) n_s(t)\,\mathrm{d}t \tag{7.3.13}$$

这两个正交噪声分量 $n_c(t)$ 和 $n_s(t)$ 是互不相关的零均值高斯随机过程。其结果是,$E(n_c) = E(n_s) = 0$ 并且 $E(n_c n_s) = 0$。n_c 和 n_s 的方差为

$$E(n_c^2) = E(n_s^2) = \frac{N_0}{2} \tag{7.3.14}$$

解说题

解说题 7.4　[PSK 信号的解调]

在本题中,我们考虑对式(7.3.11)中给出的 $M = 4$ PSK 信号波形的解调,其中发射信号由式(7.3.7)中给出,而 $n(t)$ 是加性高斯噪声过程。脉冲波形 $g_T(t)$ 是矩形波,即

$$g_T(t) = \begin{cases} \sqrt{\dfrac{2}{T}}, & 0 \leqslant t \leqslant T \\ 0, & \text{其余 } t \end{cases}$$

解调器采用两个正交相关器来计算在采样时刻 T 检测器的两个输入,

$$y_c(t) = \int_0^t r(\tau)\psi_1(\tau)\,\mathrm{d}\tau$$

$$y_s(t) = \int_0^t r(\tau)\psi_2(\tau)\,\mathrm{d}\tau$$

其中,$\psi_1(t)$ 和 $\psi_2(t)$ 是由式(7.3.9)给出的两个正交基波形。

我们以离散时间的方式实现两个相关器。于是,两个相关器的输出为

$$y_c(nT_s) = \sum_{k=0}^{n} r(kT_s)\psi_1(kT_s), \qquad n = 1,2,\cdots$$

$$y_s(nT_s) = \sum_{k=0}^{n} r(kT_s)\psi_2(kT_s), \qquad n = 1,2,\cdots$$

其中,采样间隔为 $T_s = T/1000$,并且载波频率 $f_c = 30/T$。噪声样本 $n_c(kT_s)$ 和 $n_s(kT_s)$ 是统计独立、方差为 σ^2 的零均值高斯噪声。对 $n = 1,2,\cdots,100$ 和 $\sigma^2 = 0$,$\sigma^2 = 0.05$,$\sigma^2 = 0.5$,计算并画出 $y_c(nT_s)$ 和 $y_s(nT_s)$ 以及 4 元 PSK 信号的每一个相位。

題 解

为方便起见,我们令 $T=1$。图 7.11 给出了在整个信号时间间隔上对四种可能的发射相位相关器的输出。注意,两倍频率项经积分后平均为零,这一点在 $\sigma^2=0$ 的情况下最好观察。此外,我们看到加性噪声对解调器输出的影响随着 σ^2 的增大而增大。

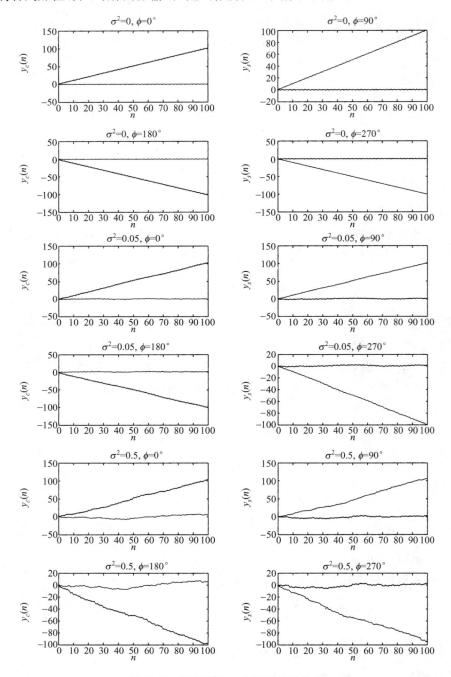

图 7.11 解说题 7.4 中的相关器输出

本题的 MATLAB 脚本如下所示。

m 文件

% MATLAB script for Illustrative Problem 7.4

```
M = 4;
Es = 1;                              % Energy per symbol
T = 1;
Ts = 100/T;
fc = 30/T;
t = 0:T/100:T;
l_t = length(t);
g_T = sqrt(2/T)*ones(1,l_t);
si_1 = g_T.*cos(2*pi*fc*t);
si_2 = −g_T.*sin(2*pi*fc*t);
for m = 0 : 3
    % Generation of the transmitted signal:
    s_mc = sqrt(Es) * cos(2*pi*m/M);
    s_ms = sqrt(Es) * sin(2*pi*m/M);
    u_m = s_mc.*si_1 + s_ms.*si_2;
    var = [ 0 0.05 0.5];             % Noise variance vector
    if (m == 2)
        figure
    end
    for k = 1 : length(var)
        % Generation of the noise components:
        n_c = sqrt(var(k))*randn(1,l_t);
        n_s = sqrt(var(k))*randn(1,l_t);
        % The received signal:
        r = u_m + n_c.*cos(2*pi*fc*t) − n_s.*sin(2*pi*fc*t);
        % The correlator outputs:
        y_c = zeros(1,l_t);
        y_s = zeros(1,l_t);
        for i = 1:l_t
            y_c(i) = sum(r(1:i).*si_1(1:i));
            y_s(i) = sum(r(1:i).*si_2(1:i));
        end
        % Plotting the results:
        subplot(3,2,2*k−1+mod(m,2))
        plot([0 1:length(y_c)−1],y_c,'.−')
        hold
        plot([0 1:length(y_s)−1],y_s)
        title(['\sigma^2 = ',num2str(var(k))])
        xlabel(['n (m=',num2str(m),')'])
        axis auto
    end
end
```

最优检测器将接收信号向量 r 对 M 个可能的传输信号向量 $\{s_m\}$ 中的每一个进行投影，并选取对应于最大投影的向量。据此，得到相关测度为

$$C(r,s_m) = r \cdot s_m, \quad m = 0,1,\cdots,M-1 \tag{7.3.15}$$

因为全部信号都具有相等的能量，所以数字相位调制的一种等效检测器测度是，计算接收信号向量 $r = (r_c, r_s)$ 的相位为

$$\theta_r = \arctan \frac{r_s}{r_c} \tag{7.3.16}$$

并从信号集 $\{s_m\}$ 中选取其相位最接近 θ_r 的信号。

在加性高斯白噪声信道中，相位调制检测器的差错概率可以在有关数字通信的任何教材中找到。因为二元相位调制与二进制 PAM 是相同的，所以其差错概率为

$$P_2 = Q\left(\sqrt{\frac{2E_b}{N_0}}\right) \tag{7.3.17}$$

其中, E_b 是每比特的能量。四元相位调制可以看成两个在正交载波上的二元相位调制系统,所以 1 个比特的差错概率与二元相位调制是一样的。对于 $M > 4$ 的符号差错概率,不存在简单的闭式表达式。对 P_M 的一种好的近似式是

$$P_M \approx 2Q\left(\sqrt{\frac{2E_s}{N_0}}\sin\frac{\pi}{M}\right)$$
$$\approx 2Q\left(\sqrt{\frac{2kE_b}{N_0}}\sin\frac{\pi}{M}\right) \tag{7.3.18}$$

其中, $k = \log_2 M$ 比特/符号。图 7.12 给出了作为 $\mathrm{SNR}(E_b/N_0)$ 的函数的符号差错概率。

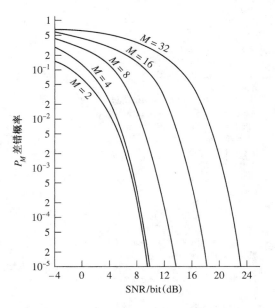

图 7.12　M 元 PSK 系统的符号差错概率

由于将 k 比特符号映射到对应的信号相位的多种可能性,所以对 M 元相位调制来说,等效的比特差错概率也很难导出。但是,当在映射中使用格雷编码时,对应于相邻信号相位的两个 k 比特符号仅在某个比特上有所不同。而由噪声引起的最大可能差错是将一个相邻相位错误地选为真正的相位,所以最大的 k 比特符号差错仅包含单个比特差错。因此,对 M 元相位调制的等效比特差错概率能很好地由下式近似:

$$P_b \approx \frac{1}{k}P_M \tag{7.3.19}$$

解说题

解说题 7.5　[PSK 仿真]

完成 $M = 4$ 的 PSK 通信系统的 Monte Carlo 仿真,将其检测器建模成计算式(7.3.15)给出的相关测度。待仿真的系统的模型如图 7.13 所示。

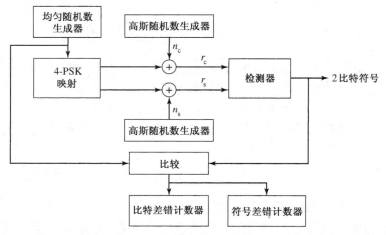

图 7.13　用于 Monte Carlo 仿真的 $M = 4$ 的 PSK 系统的方框图

题 解

如图 7.13 所示,我们要仿真由式(7.3.12)给出的随机向量 **r** 的产生,它是信号相关器的输出和检测器的输入。先产生一个 4 种符号(2 比特)的序列,将它映射到相应的 4 相信号点,如图 7.9 中所示的 $M = 4$ 的情况。为了完成这个任务,利用一个随机数生成器,它会产生 $(0, 1)$ 范围内的均匀随机数。再将这个范围分成 4 个等间隔的区间 $(0, 0.25)$,$(0.25, 0.5)$,$(0.5, 0.75)$ 和 $(0.75, 1.0)$,这些子区间分别对应于 00,01,11 和 10 信息比特对,再用这些比特对来选择信号相位向量 s_m。

加性噪声分量 n_c 和 n_s 都是统计独立的零均值、方差为 σ^2 的高斯随机变量。为简单起见,可以将方差归一化为 $\sigma^2 = 1$,而通过对信号能量参数 E_s 加权来控制接收信号中的 SNR。反之亦然。

检测器观察到接收信号向量 $r = s_m + n$,如式(7.3.12)中给出,并计算 r 在 4 种可能的信号向量 s_m 上的投影(点乘)。根据选取对应于最大投影的信号点做判决,将检测器的输出判决与发射符号进行比较,最后对符号差错和比特差错计数。

图 7.14 给出了对于不同的 SNR 参数 E_b/N_0,其中 $E_b = E_s/2$ 是比特能量,发射 10 000 个符号的 Monte Carlo 仿真结果。图 7.14 所示的是比特误码率,定义为 $P_b \approx P_M/2$,对应的理论差错概率由式(7.3.18)给出。

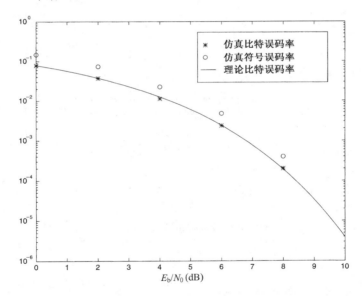

图 7.14 由 Monte Garlo 仿真得出的 4 元 PSK 系统的性能

计算这个 Monte Carlo 仿真的 MATLAB 脚本如下所示。

m 文件

```
% MATLAB script for Illustrative Problem 7.5.
echo on
SNRindB1=0:2:10;
SNRindB2=0:0.1:10;
for i=1:length(SNRindB1),
    [pb,ps]=cm_sm32(SNRindB1(i));          % simulated bit and symbol error rates
    smld_bit_err_prb(i)=pb;
    smld_symbol_err_prb(i)=ps;
```

```
        echo off ;
end;
echo on;
for i=1:length(SNRindB2),
    SNR=exp(SNRindB2(i)*log(10)/10);         % signal-to-noise ratio
    theo_err_prb(i)=Qfunct(sqrt(2*SNR));      % theoretical bit-error rate
    echo off ;
end;
echo on ;
% Plotting commands follow
semilogy(SNRindB1,smld_bit_err_prb,'*');
hold
semilogy(SNRindB1,smld_symbol_err_prb,'o');
semilogy(SNRindB2,theo_err_prb);
```

▋ m 文件

```
function [pb,ps]=cm_sm32(snr_in_dB)
% [pb,ps]=cm_sm32(snr_in_dB)
%               CM_SM32  finds the probability of bit error and symbol error for the
%               given value of snr_in_dB, signal-to-noise ratio in dB.
N=10000;
E=1;                              % energy per symbol
snr=10^(snr_in_dB/10);           % signal-to-noise ratio
sgma=sqrt(E/snr)/2;              % noise variance
% the signal mapping
s00=[1  0];
s01=[0  1];
s11=[-1  0];
s10=[0  -1];
% generation of the data source
for i=1:N,
  temp=rand;                      % a uniform random variable between 0 and 1
  if (temp<0.25),                 % With probability 1/4, source output is "00."
    dsource1(i)=0;
    dsource2(i)=0;
  elseif (temp<0.5),              % With probability 1/4, source output is "01."
    dsource1(i)=0;
    dsource2(i)=1;
  elseif (temp<0.75),             % With probability 1/4, source output is "10."
    dsource1(i)=1;
    dsource2(i)=0;
  else                            % With probability 1/4, source output is "11."
    dsource1(i)=1;
    dsource2(i)=1;
  end;
end;
% detection and the probability of error calculation
numofsymbolerror=0;
numofbiterror=0;
for i=1:N,
  % The received signal at the detector, for the ith symbol, is:
  n(1)=gngauss(sgma);
  n(2)=gngauss(sgma);
  if ((dsource1(i)==0) & (dsource2(i)==0)),
    r=s00+n;
  elseif ((dsource1(i)==0) & (dsource2(i)==1)),
    r=s01+n;
  elseif ((dsource1(i)==1) & (dsource2(i)==0)),
    r=s10+n;
  else
```

```
    r=s11+n;
  end;
  % The correlation metrics are computed below.
  c00=dot(r,s00);
  c01=dot(r,s01);
  c10=dot(r,s10);
  c11=dot(r,s11);
  % The decision on the ith symbol is made next.
  c_max=max([c00 c01 c10 c11]);
  if (c00==c_max),
    decis1=0; decis2=0;
  elseif (c01==c_max),
    decis1=0; decis2=1;
  elseif (c10==c_max),
    decis1=1; decis2=0;
  else
    decis1=1; decis2=1;
  end;
  % Increment the error counter, if the decision is not correct.
  symbolerror=0;
  if (decis1~=dsource1(i)),
    numofbiterror=numofbiterror+1;
    symbolerror=1;
  end;
  if (decis2~=dsource2(i)),
    numofbiterror=numofbiterror+1;
    symbolerror=1;
  end;
  if (symbolerror==1),
    numofsymbolerror = numofsymbolerror+1;
  end;
end;
ps=numofsymbolerror/N;              % since there are totally N symbols
pb=numofbiterror/(2*N);            % since 2N bits are transmitted
```

7.3.2　差分相位调制与解调

相位调制载波信号的解调,需要将载波相位分量 $\psi_1(t)$ 和 $\psi_2(t)$ 锁定到接收到的调制载波信号的相位上。一般来说,这意味着接收机在接收信号与两个参考分量 $\psi_1(t)$ 和 $\psi_2(t)$ 的互相关中,必须估计出通过信道以后由传输延迟产生的接收信号的载波相位偏移,并补偿这一载波相位偏移。通常用一个锁相环路(PLL)来完成载波相位偏移的估计,从而达到相位相干解调的目的。

另一种载波相位调制的类型是差分相位调制,发射数据在调制器之前先进行差分编码。在差分编码中,信息是用相对于前一个信号间隔的相移来携带的。例如,在二元相位调制中,信息比特 1 可以用相对于先前载波相位相移 $180°$ 相位来传输,而信息比特 0 可以用相对于前一个信号间隔的相位相移 $0°$ 相位来传输。在四元相位调制中,连续区间之间的相对相移是 $0°,90°,180°$ 和 $270°$,分别对应于信息比特 $00,01,11$ 和 10。对 $M>4$ 的差分编码的推广也是很直接的。用这个编码过程得出的相位调制信号称为**差分编码**。这个编码可以用在调制器之前的一个相当简单的逻辑电路来实现。

差分编码的相位调制信号的解调和检测可按下述步骤来完成。检测器的接收信号相位 $\theta_r = \arctan(r_2/r_1)$ 映射到与 θ_r 最接近的 M 个可能的发射信号相位 $\{\theta_m\}$ 中的某一个上。紧接着这个检测器的是一个相对简单的相位比较器,它在两个连续的信号间隔比较已检测信号的相位,以提取发射的信息。

我们看到,差分编码的相位调制信号的解调不要求载波相位的估计。为了进行详细说明,假设通过将 $r(t)$ 与 $g_T(t)\cos(2\pi f_c t)$ 和 $-g_T(t)\sin(2\pi f_c t)$ 做互相关,对差分编码信号进行解调。在第 k 个信号间隔内,解调器输出的两个分量可以用复数形式表示为

$$r_k = \sqrt{E_s}\,\mathrm{e}^{\mathrm{j}(\theta_k - \phi)} + n_k \qquad (7.3.20)$$

其中,θ_k 是在第 k 个信号间隔上发射的信号的相角,ϕ 是载波相位,$n_k = n_{kc} + \mathrm{j}n_{ks}$ 是噪声。类似地,在前一个信号间隔上,解调器输出的接收信号向量也是复数量,为

$$r_{k-1} = \sqrt{E_s}\,\mathrm{e}^{\mathrm{j}(\theta_{k-1} - \phi)} + n_{k-1} \qquad (7.3.21)$$

相位检测器的判决变量就是这两个复数之间的相位差。作为一种替代方式,可以将 r_k 投影到 r_{k-1} 上,并使用所得到的复数相位,即

$$r_k r_{k-1}^* = E_s \mathrm{e}^{\mathrm{j}(\theta_k - \theta_{k-1})} + \sqrt{E_s}\,\mathrm{e}^{\mathrm{j}(\theta_k - \phi)} n_{k-1} + \sqrt{E_s}\,\mathrm{e}^{-\mathrm{j}(\theta_{k-1} - \phi)} n_k + n_k n_{k-1}^* \qquad (7.3.22)$$

在无噪声时,可得到相位差 $\theta_k - \theta_{k-1}$。因此,$r_k r_{k-1}^*$ 的均值就与载波相位无关。按照上述方法解调和检测的差分编码 PSK 信号就称为差分 PSK(DPSK)。DPSK 的解调和检测如图 7.15 所示。

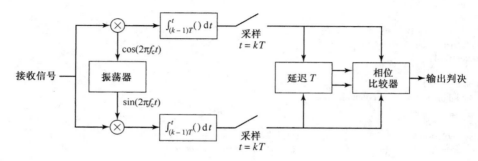

图 7.15   DPSK 解调器方框图

对于二元($M=2$)相位调制来说,求加性高斯白噪声信道中的 DPSK 的差错概率是相当简单的,其结果是

$$P_2 = \frac{1}{2}\mathrm{e}^{-E_b/N_0} \qquad (7.3.23)$$

图 7.16 给出了式(7.3.23)的结果,也给出了二元 PSK 的差错概率。由图可见,差错概率低于 10^{-4} 时,二元 PSK 和二元 DPSK 在 SNR 上的差别小于 1 dB。

对于 $M>2$,要准确求得 DPSK 解调器和检测器的差错概率性能是极为困难的。其主要困难在于确定由式(7.3.22)给出的随机变量 $r_k r_{k-1}^*$ 的相位的概率密度函数。然而,对 DPSK 性能的近似还是很容易得到的,我们现在来说明这一点。

不失一般性,假定相位差 $\theta_k - \theta_{k-1} = 0$。另

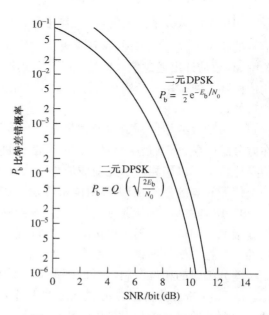

图 7.16   二元 PSK 和 DPSK 的差错概率

外,进一步假设在式(7.3.22)中的指数因子 $e^{-j(\theta_{k-1}-\phi)}$ 和 $e^{j(\theta_k-\phi)}$ 可以吸收进高斯噪声分量 n_{k-1} 和 n_k 中,而不改变它们的统计性质。因此,式(7.3.22)中的 $r_k r_{k-1}^*$ 可以表示为

$$r_k r_{k-1}^* = E_s + \sqrt{E_s}\,(n_k + n_{k-1}^*) + n_k n_{k-1}^* \qquad (7.3.24)$$

确定这个相位概率密度函数的复杂性在于 $n_k n_{k-1}^*$ 这一项上。然而,对于实际感兴趣的 SNR, $n_k n_{k-1}^*$ 这一项相对于主要噪声项 $\sqrt{E_s}\,(n_k + n_{k-1}^*)$ 较小。如果忽略 $n_k n_{k-1}^*$ 这一项,并将 $r_k r_{k-1}^*$ 除以 $\sqrt{E_s}$ 进行归一化,那么新的判决测度就变成了

$$x = \sqrt{E_s} + \mathrm{Re}(n_k + n_{k-1}^*)$$
$$y = \mathrm{Im}(n_k + n_{k-1}^*) \qquad (7.3.25)$$

变量 x 和 y 是具有相同方差 $\sigma_n^2 = N_0$ 的不相关的高斯随机变量。这个相位是

$$\theta_r = \arctan \frac{y}{x} \qquad (7.3.26)$$

这一步所面对的问题与在相位相干解调中所遇到的相同。唯一的差别就是现在的噪声方差为 PSK 情况的两倍。于是可以断言,DPSK 的性能比 PSK 的差 3 dB。这个结果对于 $M \geq 4$ 是相当好的,但是对于 $M = 2$ 就不乐观了,因为在 SNR 较大时,二元 DPSK 相对于二元 PSK 来说,其损失是小于 3 dB 的。

解说题

解说题 7.6　[DPSK 编码器]
　　对 $M = 8$ 的 DPSK 实现一个差分编码器。

题　解

　　这个信号星座图与图 7.9 所示的 PSK 是相同的。然而,对于 DPSK 来说,这些信号点代表的是相对于前面发射的信号点的相位变化。
　　实现这个差分编码器的 MATLAB 脚本如下所示。

m 文件

```
% MATLAB script for Illustrative Problem 7.6.
mapping=[0 1 3 2 7 6 4 5];          % for Gray mapping
M=8;
E=1;
sequence=[0 1 0 0 1 1 0 0 1 1 1 1 1 1 0 0 0 0];
[e]=cm_dpske(E,M,mapping,sequence);     % e is the differential encoder output.
```

解说题

解说题 7.7　[DPSK 信号的解调和检测]
　　DPSK 信号的解调和检测如图 7.15 所示。正交相关器与 PSK 中采用的正交相关器相同(见解说题 7.4)。利用这两个相关器的输出,实现对 $M = 8$ 的 DPSK 信号的差分检测。

题　解

　　实现这个差分检测器的 MATLAB 脚本如下所示。

m 文件

```
% MATLAB script for Illustrative Problem 7.7
```

```
M = 8;
mapping=[0 1 3 2 7 6 4 5];               % Gray mapping
Es = 1;                                  % Energy per symbol
T = 1;
Ts = 100/T;
fc = 30/T;
t = T/100:T/100:2*T;
l_t = length(t);
g_T = sqrt(2/T)*ones(1,l_t);
si_1 = g_T.*cos(2*pi*fc*t);
si_2 = -g_T.*sin(2*pi*fc*t);
var = 0.05;                              % Noise variance
% Determine the differential phase:
m = 2;                                   % 0 <= m <= 7
theta_d = 2*pi*m/M;
% Assuming the phase of the first txed symbol, i.e., the reference phase is 0:
s_mc1 = sqrt(Es) * 1;
s_ms1 = sqrt(Es) * 0;
u_m1 = s_mc1*si_1(1:l_t/2) + s_ms1*si_2(1:l_t/2);
s_mc2 = sqrt(Es) * cos(theta_d);
s_ms2 = sqrt(Es) * sin(theta_d);
u_m2 = s_mc2*si_1(1:l_t/2) + s_ms2*si_2(1:l_t/2);
% Generation of the noise components:
n_c = sqrt(var)*randn(1,l_t);
n_s = sqrt(var)*randn(1,l_t);
% The received signals:
r1 = u_m1+n_c(1:l_t/2).*cos(2*pi*fc*t(1:l_t/2)) - n_s(1:l_t/2).*sin(2*pi*fc*t(1:l_t/2));
r2 = u_m2+n_c(l_t/2+1:l_t).*cos(2*pi*fc*t(l_t/2+1:l_t)) - n_s(l_t/2+1:l_t).*sin(2*pi*fc*t(l_t/2+1:l_t));
r = [r1 r2];
% Detection of the mapped symbol and differential phase:
[detect phase_d] = dd_dpsk(r,M,mapping);
```

解说题

解说题 7.8

完成 $M=4$ 的 DPSK 通信系统的 Monte Carlo 仿真,待仿真的系统的模型如图 7.17 所示。

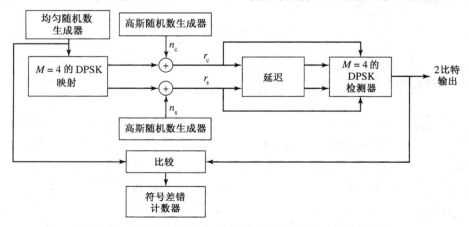

图 7.17　用于 Monte Carlo 仿真的 $M=4$ 的 DPSK 系统方框图

题　解

如解说题 7.5 中所述,用均匀随机数生成器(RNG)产生 $\{00,01,11,10\}$ 比特对。用差分编码将每个 2 比特符号映射到 4 个信号点 $s_m = [\cos(\pi m/2)\quad \sin(\pi m/2)]$, $m=0,1,2,3$。用

两个高斯随机数生成器产生噪声分量$[n_c \quad n_s]$,那么接收到的信号加噪声向量是

$$r = \left[\cos \frac{\pi m}{2} + n_c \quad \sin \frac{\pi m}{2} + n_s \right]$$
$$= [r_c \quad r_s]$$

差分检测计算 r_k 和 r_{k-1} 之间的相位差。从数学角度讲,这个计算可以按式(7.3.22)的方式进行,即

$$r_k r_{k-1}^* = (r_{ck} + jr_{sk})(r_{ck-1} - jr_{sk-1})$$
$$= r_{ck}r_{ck-1} + r_{sk}r_{sk-1} + j(r_{sk}r_{ck-1} - r_{ck}r_{sk-1})$$
$$= x_k + jy_k$$

并且 $\theta_k = \arctan(y_k/x_k)$ 是相位差。θ_k 值与可能的相位差$\{0°, 90°, 180°, 270°\}$进行比较,并以最接近 θ_k 的相位作为判决。然后将检测出的相位映射到信息比特对。差错计数器对检测序列中的符号差错进行计数。

图 7.18 给出了在不同的 SNR 参数 E_b/N_0 值下,对发射 $N = 10\,000$ 个符号进行 Monte Carlo 仿真的结果,其中 $E_b = E_s/2$ 是比特能量。图中还给出了 $n_k n_{k-1}^*$ 项可忽略时近似的符号差错理论值。由图 7.18 可见,近似结果是差错概率的上界。

该 Monte Carlo 仿真的 MATLAB 脚本如下所示。

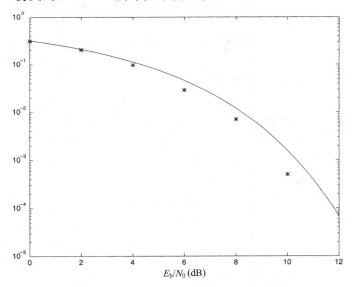

图 7.18　由 Monte Carlo 仿真得到的 4 元 DPSK 系统的性
能(实线是基于忽略噪声项$n_k n_{k-1}^*$的近似的上界)

m 文件

```
% MATLAB script for Illustrative Problem 7.8.
echo on
SNRindB1=0:2:12;
SNRindB2=0:0.1:12;
for i=1:length(SNRindB1),
    smld_err_prb(i)=cm_sm34(SNRindB1(i));          % simulated error rate
    echo off ;
end;
echo on ;
for i=1:length(SNRindB2),
```

```
      SNR=exp(SNRindB2(i)*log(10)/10);        % signal-to-noise ratio
      theo_err_prb(i)=2*Qfunct(sqrt(SNR));            % theoretical symbol error rate
      echo off ;
end;
echo on ;
% Plotting commands follow
semilogy(SNRindB1,smld_err_prb,'*');
hold
semilogy(SNRindB2,theo_err_prb);
```

m 文件

```
function [p]=cm_sm34(snr_in_dB)
% [p]=cm_sm34(snr_in_dB)
%              CM_SM34   finds the probability of error for the given
%              value of snr_in_dB, signal-to-noise ratio in dB.
N=10000;
E=1;                                % energy per symbol
snr=10^(snr_in_dB/10);              % signal-to-noise ratio
sgma=sqrt(E/(4*snr));               % noise variance
% Generation of the data source follows.
for i=1:2*N,
  temp=rand;                        % a uniform random variable between 0 and 1
  if (temp<0.5),
    dsource(i)=0;                   % With probability 1/2, source output is "0."
%    else.
  else
    dsource(i)=1;                   % With probability 1/2, source output is "1"
  end;
end;
% Differential encoding of the data source follows
mapping=[0  1  3  2];
M=4;
[diff_enc_output] = cm_dpske(E,M,mapping,dsource);
% Received signal is then
for  i=1:N,
  [n(1) n(2)]=gngauss(sgma);
  r(i,:)=diff_enc_output(i,:)+n;
end;
% detection and the probability of error calculation
numoferr=0;
prev_theta=0;
for  i=1:N,
  theta=angle(r(i,1)+j*r(i,2));
  delta_theta=mod(theta-prev_theta,2*pi);
  if ((delta_theta<pi/4) | (delta_theta>7*pi/4)),

    decis=[0 0];
  elseif (delta_theta<3*pi/4),
    decis=[0 1];
  elseif (delta_theta<5*pi/4),
    decis=[1 1];
  else
    decis=[1 0];
  end;
  prev_theta=theta;
  % Increase the error counter, if the decision is not correct.
  if ((decis(1)~=dsource(2*i-1)) | (decis(2)~=dsource(2*i))),
    numoferr=numoferr+1;
  end;
end;
p=numoferr/N;
```

m 文件

```
function [enc_comp] = cm_dpske(E,M,mapping,sequence);
% [enc_comp] = cm_dpske(E,M,mapping,sequence)
%               CM_DPSKE differentially encodes a sequence.
%               E is the average energy, M is the number of constellation points,
%               and mapping is the vector defining how the constellation points are
%               allocated. Finally, ''sequence'' is the uncoded binary data sequence.
k=log2(M);
N=length(sequence);
% If N is not divisible by k, append zeros, so that it is...
remainder=rem(N,k);
if (remainder~=0),
  for i=N+1:N+k−remainder,
    sequence(i)=0;
  end;
  N=N+k−remainder;
end;
theta=0;                          % Initially, assume that theta=0.
for i=1:k:N,
  index=0;
  for j=i:i+k−1,
    index=2*index+sequence(j);
  end;
  index=index+1;
  theta=mod(2*pi*mapping(index)/M+theta,2*pi);
  enc_comp((i+k−1)/k,1)=sqrt(E)*cos(theta);
  enc_comp((i+k−1)/k,2)=sqrt(E)*sin(theta);
end;
```

7.4　正交幅度调制

正交幅度调制(QAM)信号使用两个正交载波 $\cos(2\pi f_c t)$ 和 $\sin(2\pi f_c t)$,其中的每一个都被一个独立的信息比特序列所调制。发射信号波形具有如下形式:

$$u_m(t) = A_{mc}g_T(t)\cos(2\pi f_c t) + A_{ms}g_T(t)\sin(2\pi f_c t), \quad m=1,2,\cdots,M \qquad (7.4.1)$$

其中,$\{A_{mc}\}$ 和 $\{A_{ms}\}$ 是一组幅度电平,是通过将 k 比特序列映射为信号的幅度而得到的。例如,图 7.19 给出了一个 16 QAM 的信号星座图,它是通过以 $M=4$ 的 PAM 用幅度调制每个正交载波而得到的。一般来说,当两个正交载波中的每个都用 PAM 调制,就会形成矩形的信号星座图。

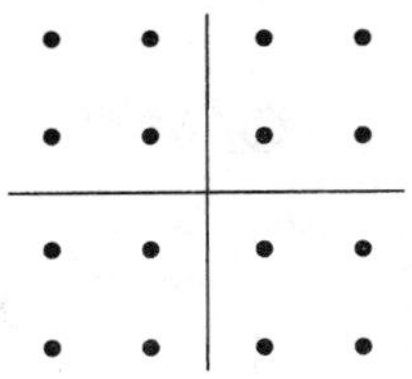

图 7.19　$M=16$ 的 QAM
的信号星座图

更一般地说,QAM 可以看成一种数字幅度和数字相位调制相结合的形式,因此传输的 QAM 信号波形可以表示成

$$u_{mn}(t) = A_m g_T(t)\cos(2\pi f_c t + \theta_n),$$
$$m=1,2,\cdots,M_1, \quad n=1,2,\cdots,M_2 \qquad (7.4.2)$$

如果 $M_1 = 2^{k_1}$ 且 $M_2 = 2^{k_2}$,那么这种兼有幅度和相位调制的方法就形成了符号率为 $R_b/(k_1 + k_2)$ 的 $k_1 + k_2 = \log_2(M_1 M_2)$ 个二进制数字的同时传输。图 7.20 给出了一个 QAM 调制器的功能方框图。

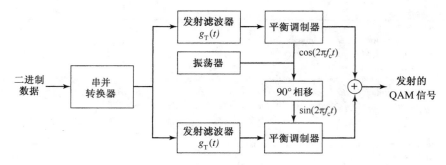

图 7.20　QAM 调制器的功能方框图

很显然,式(7.4.1)和式(7.4.2)给出信号的几何表示的二维信号向量形式为

$$s_m = (\ \sqrt{E_s}A_{mc}\qquad \sqrt{E_s A_{ms}}\ ),\quad m = 1,2,\cdots,M \tag{7.4.3}$$

图 7.21 给出了 QAM 信号空间星座图的几个例子。注意,$M=4$ 的 QAM 与 $M=4$ 的 PSK 的星座图是一样的。

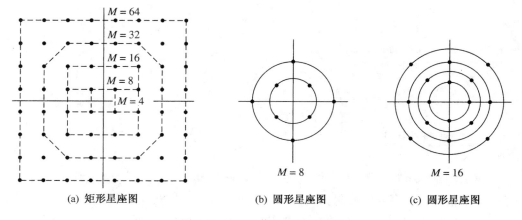

(a) 矩形星座图　　　　　(b) 圆形星座图　　　　　(c) 圆形星座图

图 7.21　QAM 信号空间星座图

7.4.1　QAM 的解调和检测

现在,假设信号在通过信道的传输过程中引入了载波相位偏移。另外,接收信号受到加性高斯噪声的污染。因此,$r(t)$ 可以表示为

$$r(t) = A_{mc}g_T(t)\cos(2\pi f_c t + \phi) + A_{ms}g_T(t)\sin(2\pi f_c t + \phi) + n(t) \tag{7.4.4}$$

其中,ϕ 是载波相位偏移,而

$$n(t) = n_c(t)\cos(2\pi f_c t) - n_s(t)\sin(2\pi f_c t)$$

将接收信号与两个相移的基函数:

$$\psi_1(t) = g_T(t)\cos(2\pi f_c t + \phi)$$
$$\psi_2(t) = g_T(t)\sin(2\pi f_c t + \phi) \tag{7.4.5}$$

做相关,如图 7.22 所示,然后将相关器的输出采样并送至检测器。图 7.22 中给出的锁相环(PLL)估计出接收信号的载波相位偏移 ϕ,并按式(7.4.5)给出的 $\psi_1(t)$ 和 $\psi_2(t)$ 的相移来补偿这个相位偏移。假定图 7.22 中的时钟已与接收信号同步,使得相关器的输出在合适的时刻采样。在这些条件下,两个相关器的输出是

$$r_c = A_{mc} + n_c \cos \phi - n_s \sin \phi$$
$$r_s = A_{ms} + n_c \sin \phi + n_s \cos \phi \qquad (7.4.6)$$

其中,

$$n_c = \frac{1}{2} \int_0^T n_c(t) g_T(t) \, \mathrm{d}t$$

$$n_s = \frac{1}{2} \int_0^T n_s(t) g_T(t) \, \mathrm{d}t \qquad (7.4.7)$$

噪声分量是零均值、方差为 $N_0/2$ 的不相关高斯随机变量。

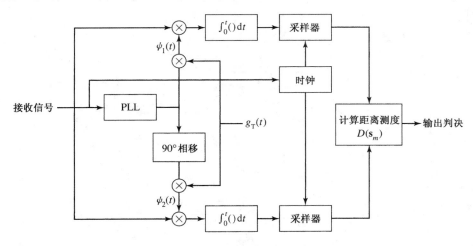

图 7.22 QAM 信号的解调与检测

最优检测器计算距离测度

$$D(\boldsymbol{r}, \boldsymbol{s}_m) = |\boldsymbol{r} - \boldsymbol{s}_m|^2, \quad m = 1, 2, \cdots, M \qquad (7.4.8)$$

其中,$\boldsymbol{r}^{\mathrm{T}} = (r_1, r_2)$,并且 $\boldsymbol{s}_m$ 由式(7.4.3)给出。

解说题

解说题 7.9 ［QAM 信号的解调］

QAM 信号的解调器如图 7.22 所示。使用两个正交的相关器将式(7.4.4)给出的接收信号与式(7.4.5)中的相位正交基函数进行互相关。脉冲波形 $g_T(t)$ 是方波,即

$$g_T(t) = \begin{cases} \sqrt{\dfrac{2}{T}}, & 0 \leqslant t \leqslant T \\ 0, & \text{其余 } t \end{cases}$$

我们以离散时间的方式实现两个相关器。于是,两个相关器的输出为

$$y_c(nT_s) = \sum_{k=0}^{n} r(kT_s) \psi_1(kT_s), \quad n = 1, 2, \cdots$$

$$y_s(nT_s) = \sum_{k=0}^{n} r(kT_s) \psi_2(kT_s), \quad n = 1, 2, \cdots$$

其中,采样间隔为 $T_s = T/100$ 并且载波频率 $f_c = 30/T$。载波相位 ϕ 可以选取为在区间 $(0, 2\pi)$ 上服从均匀分布,并且加性噪声样本 $n_c(kT_s)$ 和 $n_s(kT_s)$ 是相互统计独立、零均值、方差为 σ^2 的高斯

随机变量。当 $n = 1,2,\cdots 100$ 和 $\sigma^2 = 0, \sigma^2 = 0.05, \sigma^2 = 0.5$ 时,对图 7.21(b)所示的 $M = 8$ QAM 信号星座图,计算并画出 $y_c(nT_s)$ 和 $y_s(nT_s)$。我们可以选取八个信号星座点之一来发射。

题　解

八个信号星座点的位置为$(1,1),(1,-1),(-1,1),(-1,-1),(1+\sqrt{3},0),(-1-\sqrt{3},$
$0),(0,1+\sqrt{3})$ 和 $(0,-1-\sqrt{3})$。为方便起见,我们令 $T = 1$。图 7.23 中给出了当发射的符号是 $(1,-1)$ 时,在整个信号时间间隔上相关器的输出。注意,两倍频率项经积分后平均为零,这一点在 $\sigma^2 = 0$ 的情况下最好观察。此外,我们看到加性噪声对相关器的输出的影响随着 σ^2 的增大而增大。

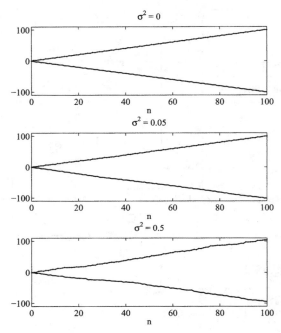

图 7.23　解说题 7.9 中的相关器输出

本题的 MATLAB 脚本如下所示。

m 文件

```
% MATLAB script for Illustrative Problem 7.9

M = 8;
Es = 1;                          % Energy oer symbol
T = 1;
Ts = 100/T;
fc = 30/T;
t = 0:T/100:T;
l_t = length(t);
A_mc = 1/sqrt(Es);               % Signal Amplitude
A_ms = -1/sqrt(Es);              % Signal Amplitude
g_T = sqrt(2/T)*ones(1,l_t);
phi = 2*pi*rand;
si_1 = g_T.*cos(2*pi*fc*t + phi);
si_2 = g_T.*sin(2*pi*fc*t + phi);
var = [ 0 0.05 0.5];             % Noise variance vector
for k = 1 : length(var)
    % Generation of the noise components:
```

```
n_c = sqrt(var(k))*randn(1,l_t);
n_s = sqrt(var(k))*randn(1,l_t);
noise = n_c.*cos(2*pi*fc+t) − n_s.*sin(2*pi*fc+t);
% The received signal
r = A_mc*g_T.*cos(2*pi*fc*t+phi) + A_ms*g_T.*sin(2*pi*fc*t+phi) + noise;
% The correlator outputs:
y_c = zeros(1,l_t);
y_s = zeros(1,l_t);
for i = 1:l_t
    y_c(i) = sum(r(1:i).*si_1(1:i));
    y_s(i) = sum(r(1:i).*si_2(1:i));
end
% Plotting the results:
subplot(3,1,k)
plot([0 1:length(y_c)−1],y_c,'.−')
hold
plot([0 1:length(y_s)−1],y_s)
title(['\sigma^2 = ',num2str(var(k))])
xlabel('n')
axis auto
end
```

7.4.2　加性高斯白噪声信道中 QAM 的差错概率

这一节要考虑采用矩形信号星座图的 QAM 系统的性能。矩形 QAM 信号星座有个突出的优点:很容易按照将两个 PAM 信号加在相位正交的载波上来产生。另外,它们也容易被解调出来。

在 $M = 2^k$(k 是偶数)的矩形信号星座图中,QAM 信号星座图等效于在正交载波上的两个 PAM 信号,其中每个都有 $\sqrt{M} = 2^{k/2}$ 个信号点。因为相位正交的信号分量用相干检测可以完全分开,所以 QAM 的差错概率很容易由 PAM 的差错概率确定。具体地说,对于 M 元 QAM 系统,正确判决的概率是

$$P_c = (1 - P_{\sqrt{M}})^2 \tag{7.4.9}$$

其中,$P_{\sqrt{M}}$ 是具有该等效 QAM 系统的每个正交信号的一半平均功率的 $\sqrt{M}$ 元 PAM 系统的差错概率。通过对 PAM 差错概率进行适当的修正,可得

$$P_{\sqrt{M}} = 2\left(1 - \frac{1}{\sqrt{M}}\right) Q\left(\sqrt{\frac{3}{M-1} \frac{E_{av}}{N_0}}\right) \tag{7.4.10}$$

其中,E_{av}/N_0 是每个符号的平均 SNR。因此,对于 M 元 QAM 系统,符号差错概率是

$$P_M = 1 - (1 - P_{\sqrt{M}})^2 \tag{7.4.11}$$

值得一提的是,这个结果对于 $M = 2^k$,k 为偶数时是精确的。另外,当 k 为奇数时,不存在等效的 $\sqrt{M}$ 元 PAM 系统。然而,这也不会有什么问题,因为很容易确定一个矩形信号集的误码率。如果采用基于式(7.4.8)给出的最优距离测度作为判据的最优检测器,那么可以相当直接地证明符号差错概率是以下式为很紧致的上界的:

$$P_M \leqslant 1 - \left[1 - 2Q\left(\sqrt{\frac{3E_{av}}{(M-1)N_0}}\right)\right]^2$$

$$\leqslant 4Q\left(\sqrt{\frac{3kE_{avb}}{(M-1)N_0}}\right) \tag{7.4.12}$$

该式对任何 $k \geqslant 1$ 成立,其中 E_{avb}/N_0 是每比特的平均 SNR。作为每比特平均 SNR 的函数的符号差错概率如图 7.24 所示。

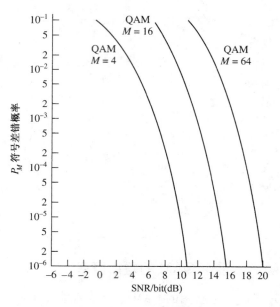

图 7.24　QAM 的符号差错概率

解说题 7.10　[QAM 的仿真]

对使用矩形信号星座图的 $M = 16$ 的 QAM 通信系统进行 Monte Carlo 仿真。待仿真的系统的模型如图 7.25 所示。

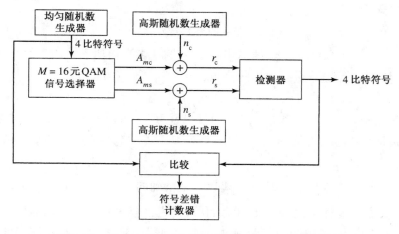

图 7.25　$M = 16$ 元 QAM 系统的 Monte Carlo 仿真方框图

题　解

用均匀随机数生成器产生 16 种可能的由 b_1, b_2, b_3, b_4 组成的 4 比特信息符号序列。将这个信息符号序列映射到对应的信号点,如图 7.26 所示,其坐标为 $[A_{mc}, A_{ms}]$。用两个高斯随机数生成器产生噪声分量 $[n_c, n_s]$。为简单起见,令信道相移 ϕ 为 0。这样,接收到的信号加噪声向量是

$$r = \begin{bmatrix} A_{mc} + n_c & A_{ms} + n_s \end{bmatrix}$$

检测器计算由式(7.4.8)给出的距离测度,并用最接近接收信号向量 r 的信号点作为判决。差错计数器对检测序列中的符号差错进行计数。图 7.27 给出的是在不同的 SNR 参数 E_b/N_0 值下,对发射 $N = 10\ 000$ 个符号进行 Monte Carlo 仿真的结果,其中 $E_b = E_s/4$ 是比特能量。图中还给出了由式(7.4.10)和式(7.4.11)给出的符号差错概率的理论值。

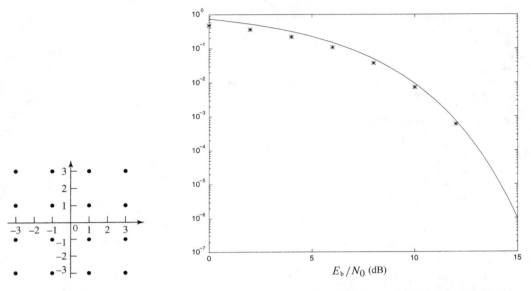

图 7.26　Monte Carlo 仿真的 $M = 16$ 元 QAM 系统信号星座图

图 7.27　Monte Carlo 仿真得到的 $M = 16$ 元 QAM 系统的性能

本题的 MATLAB 脚本如下所示。

m 文件

```
% MATLAB script for Illustrative Problem 7.10.
echo on
SNRindB1=0:2:15;
SNRindB2=0:0.1:15;
M=16;
k=log2(M);
for  i=1:length(SNRindB1),
     smld_err_prb(i)=cm_sm41(SNRindB1(i));        % simulated error rate
     echo off;
end;
echo on ;
for  i=1:length(SNRindB2),
     SNR=exp(SNRindB2(i)*log(10)/10);             % signal-to-noise ratio
     % theoretical symbol error rate
     theo_err_prb(i)=4*Qfunct(sqrt(3*k*SNR/(M-1)));
     echo off ;
end;
echo on ;
% Plotting commands follow.
semilogy(SNRindB1,smld_err_prb,'*');
hold
semilogy(SNRindB2,theo_err_prb);
```

m 文件

```
function [p]=cm_sm41(snr_in_dB)
% [p]=cm_sm41(snr_in_dB)
%               CM_SM41   finds the probability of error for the given
%               value of snr_in_dB, SNR in dB.
N=10000;
d=1;                            % min. distance between symbols
Eav=10*d^2;                     % energy per symbol
snr=10^(snr_in_dB/10);          % SNR per bit (given)
sgma=sqrt(Eav/(8*snr));         % noise variance
M=16;
% Generation of the data source follows.
for i=1:N,
  temp=rand;                    % a uniform R.V. between 0 and 1
  dsource(i)=1+floor(M*temp);   % a number between 1 and 16, uniform
end;
% Mapping to the signal constellation follows.
mapping=[-3*d  3*d;
           -d  3*d;
            d  3*d;
          3*d  3*d;
         -3*d   d;
           -d   d;
            d   d;
          3*d   d;
         -3*d  -d;
           -d  -d;
            d  -d;
          3*d  -d;
         -3*d  -3*d;
           -d  -3*d;
            d  -3*d;
          3*d  -3*d];
for i=1:N,
  qam_sig(i,:)=mapping(dsource(i),:);
end;
% received signal
for i=1:N,
  [n(1) n(2)]=gngauss(sgma);
  r(i,:)=qam_sig(i,:)+n;
end;
% detection and error probability calculation
numoferr=0;
for i=1:N,
  % Metric computation follows.
  for j=1:M,
    metrics(j)=(r(i,1)-mapping(j,1))^2+(r(i,2)-mapping(j,2))^2;
  end;
  [min_metric decis] = min(metrics);
  if (decis~=dsource(i)),
    numoferr=numoferr+1;
  end;
end;
p=numoferr/(N);
```

7.5 载波频率调制

我们已经讨论过,通过调制载波幅度、载波相位,或者兼有幅度和相位的几种传输数字信息的方法。数字信息也能够通过调制载波的频率进行传输。

从下面的讨论中可以看到,用频率调制进行数字传输是一种适合于缺乏相位稳定性的信道的调制方法,而相位稳定性对实现载波相位估计来说是必不可少的。我们已经介绍过的几种线性调制方法,如 PAM、相干 PSK 以及 QAM,都需要载波相位估计以实现相位相干检测。

7.5.1　频移键控

频率调制的最简单形式是二进制频移键控(frequency-shift keying, FSK)。在二元 FSK 中,我们使用了两个不同的频率,即 f_1 和 $f_2 = f_1 + \Delta f$ 来传输一个二进制的信息序列。稍后我们再考虑频率间隔 $\Delta f = f_2 - f_1$ 的选取问题。因此,这两个信号波形可以表示为

$$u_1(t) = \sqrt{\frac{2E_b}{T_b}}\cos(2\pi f_1 t), \quad 0 \leq t \leq T_b$$

$$u_2(t) = \sqrt{\frac{2E_b}{T_b}}\cos(2\pi f_2 t), \quad 0 \leq t \leq T_b \tag{7.5.1}$$

其中,E_b 是每比特的信号能量。T_b 是比特间隔的持续时间。

更一般地,可以用 M 元 FSK 来发射一组每个信号波形包含 $k = \log_2 M$ 比特信息的信号。这时,这 M 个信号波形可以表示为

$$u_m(t) = \sqrt{\frac{2E_s}{T}}\cos(2\pi f_c t + 2\pi m\Delta f t), \quad m = 0, 1, \cdots, M-1, \quad 0 \leq t \leq T \tag{7.5.2}$$

其中,$E_s = kE_b$ 是每个符号的能量,$T = kT_b$ 是符号间隔,而 Δf 是两个连续频点之间的频率间隔,即 $\Delta f = f_m - f_{m-1}, m = 1, 2, \cdots, M-1$,其中 $f_m = f_c + m\Delta f$。

注意,M 元 FSK 波形具有相等的能量 E_s。频率间隔 Δf 决定了我们能够在这 M 个可能发射的信号之间进行鉴别的程度。作为一对信号波形之间的相似性(或非相似性)的一种度量,我们使用相关系数

$$\gamma_{mn} = \frac{1}{E_s}\int_0^T u_m(t)u_n(t)\,\mathrm{d}t \tag{7.5.3}$$

将 $u_m(t)$ 和 $u_n(t)$ 代入式(7.5.3),可得

$$\begin{aligned}
\gamma_{mn} &= \frac{1}{E_s}\int_0^T \frac{2E_s}{T}\cos(2\pi f_c t + 2\pi m\Delta f t)\cos(2\pi f_c t + 2\pi n\Delta f t)\,\mathrm{d}t \\
&= \frac{1}{T}\int_0^T \cos 2\pi(m-n)\Delta f t\,\mathrm{d}t + \frac{1}{T}\int_0^T \cos[4\pi f_c t + 2\pi(m+n)\Delta f t]\,\mathrm{d}t \\
&= \frac{\sin[2\pi(m-n)\Delta f T]}{2\pi(m-n)\Delta f T}
\end{aligned} \tag{7.5.4}$$

其中,当 $f_c \gg 1/T$ 时第 2 个积分为零。图 7.28 所示为作为频率间隔 Δf 的函数的 γ_{mn}。由图可见,当 Δf 是 $1/(2T)$ 的倍数时,这些信号波形是正交的。所以,为保证正交性,相邻频点之间的最小频率间隔是 $1/(2T)$。同时还注意到,相关系数的最小值是 $\gamma_{mn} = -0.217$,它发生在频率间隔 $\Delta f = 0.715/T$ 处。

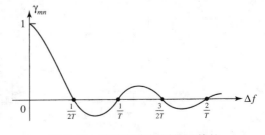

图 7.28　作为频率间隔的函数的
FSK 信号的互相关系数

M 元正交 FSK 波形在几何上可用 M 个 M 维正交向量表示如下:

$$s_0 = (\sqrt{E_s}, 0, \cdots, 0) \tag{7.5.5}$$

$$s_1 = (0, \sqrt{E_s}, 0, \cdots, 0) \tag{7.5.6}$$

$$\vdots \tag{7.5.7}$$

$$s_{M-1} = (0, 0, \cdots, 0, \sqrt{E_s}) \tag{7.5.8}$$

其中,基函数是 $\psi_m(t) = \sqrt{2/T} \cos[2\pi(f_c + m\Delta f)t]$。各对信号向量之间的距离是 $d = \sqrt{2E_s}$（对于所有 m,n）,它也是 M 个信号之间的最小距离。应该注意到,这些信号与 5.4 节描述的 M 元基带正交信号是等效的。

下面考虑 M 元 FSK 信号的解调和检测。

7.5.2 FSK 信号的解调和检测

假定 FSK 信号是经由加性高斯白噪声信道传输的。此外,我们假设每个信号在通过信道传输时都产生了延迟。于是,解调器输入端的该经滤波后的接收信号可以表示为

$$r(t) = \sqrt{\frac{2E_s}{T}} \cos(2\pi f_c t + 2\pi m\Delta f t + \phi_m) + n(t) \tag{7.5.9}$$

其中,ϕ_m 代表第 m 个信号(由于传输延迟产生)的相移,$n(t)$ 代表加性带通噪声,可以表示为

$$n(t) = n_c(t)\cos(2\pi f_c t) - n_s(t)\sin(2\pi f_c t) \tag{7.5.10}$$

可以用两种方法来完成对 M 元 FSK 信号的解调和检测。一种方法是估计出 M 个载波相移 $\{\phi_m\}$,并进行**相位相干解调和检测**。作为一种替代方法,可以在解调和检测中不考虑载波相位。

在相位相干解调中,将接收信号 $r(t)$ 与每 M 个可能的接收信号 $\cos(2\pi f_c t + 2\pi m\Delta f t + \hat{\phi}_m)$,$m = 0, 1, \cdots, M-1$ 做相关,其中 $\{\hat{\phi}_m\}$ 是载波相位的估计值。图 7.29 给出了这种类型的解调的方框图。有意思的是,当 $\hat{\phi}_m \neq \phi_m$(不准确的相位估计值)时,$m = 0, 1, \cdots, M-1$,在解调器端保证信号正交性所需的频率间隔是 $\Delta f = 1/T$,它是在 $\phi = \hat{\phi}$ 时保证正交性所需的最小间隔的两倍。

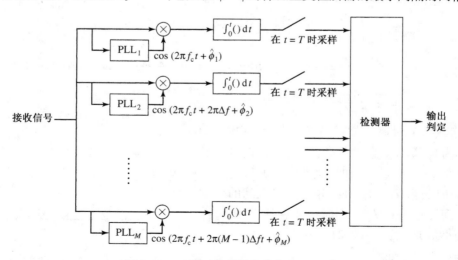

图 7.29　M 元 FSK 信号的相位相干解调

估计 M 个载波相位的需求,使得 FSK 信号的相干解调变得极为复杂和不切实际,当信号数目很多时尤其如此。因此,我们将不考虑 FSK 信号的相干检测。

现在来考虑一种不要求这些载波相位知识的解调和检测方法。这种解调可按图 7.30 所示的方法来完成。在这种情况下,通常每个信号波形有两个相关器,或者说总共有 $2M$ 个相关器。将接收信号与基函数(正交载波)$\sqrt{2/T}\cos(2\pi f_c t + 2\pi m\Delta f t)$ 和 $\sqrt{2/T}\sin(2\pi f_c t + 2\pi m\Delta f t)$,$m = 0$,$1,\cdots,M-1$ 做相关。$2M$ 个相关器的输出在该信号间隔的末端被采样,并将样本送至检测器。于是,如果发射的是第 m 个信号,那么在检测器输入端的 $2M$ 个样本可以表示为

$$r_{kc} = \sqrt{E_s}\left[\frac{\sin\left[2\pi(k-m)\Delta fT\right]}{2\pi(k-m)\Delta fT}\cos\phi_m - \frac{\cos\left[2\pi(k-m)\Delta fT\right]-1}{2\pi(k-m)\Delta fT}\sin\phi_m\right] + n_{kc}$$

$$r_{ks} = \sqrt{E_s}\left[\frac{\cos\left[2\pi(k-m)\Delta fT\right]-1}{2\pi(k-m)\Delta fT}\cos\phi_m + \frac{\sin\left[2\pi(k-m)\Delta fT\right]}{2\pi(k-m)\Delta fT}\sin\phi_m\right] + n_{ks} \quad (7.5.11)$$

其中,n_{kc} 和 n_{ks} 代表在采样输出中的高斯噪声分量。

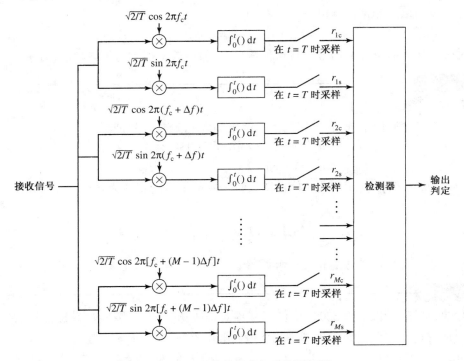

图 7.30　M 元信号的非相干检测解调

可以看到,当 $k = m$ 时,对检测器的采样值是

$$r_{mc} = \sqrt{E_s}\cos\phi_m + n_{mc}$$
$$r_{ms} = \sqrt{E_s}\sin\phi_m + n_{ms} \quad (7.5.12)$$

此外,我们还看到 $k \neq m$ 时,样本 r_{kc} 和 r_{ks} 中的信号分量将是零,只要相邻频点之间的频率间隔是 $\Delta f = 1/T$,就与相移 ϕ_k 的值无关。在这样的情况下,其余的 $2(M-1)$ 个相关器的输出仅由噪声组成,即

$$r_{kc} = n_{kc}, \quad r_{ks} = n_{ks}, \quad k \neq m \quad (7.5.13)$$

在下面的推导中,我们都假设 $\Delta f = 1/T$,以保证信号是正交的。

可以证明,这 $2M$ 个噪声样本 $\{n_{kc}\}$ 和 $\{n_{ks}\}$ 都是零均值,具有相等方差 $\sigma^2 = N_0/2$ 且互不相

关的高斯随机变量。这样,在已知 ϕ_m 的条件下,r_{mc} 和 r_{ms} 的联合概率密度函数是

$$f_{rm}(r_{mc},r_{ms} \mid \phi_m) = \frac{1}{2\pi\sigma^2} e^{-[(r_{mc} - \sqrt{E_s}\cos\phi_m)^2 + (r_{ms} - \sqrt{E_s}\sin\phi_m)^2]/2\sigma^2} \tag{7.5.14}$$

并且,对 $m \neq k$ 有

$$f_{rk}(r_{kc},r_{ks}) = \frac{1}{2\pi\sigma^2} e^{-(r_{kc}^2 + r_{ks}^2)/(2\sigma^2)} \tag{7.5.15}$$

已知 $2M$ 个观察到的随机变量 $\{r_{kc},r_{ks}\}_{k=0}^{M-1}$,最优检测器将选择对应于最大后验概率的信号,即

$$P[\text{发送的是 } s_m \mid r] \equiv P(s_m \mid r), \quad m = 0,1,\cdots,M-1 \tag{7.5.16}$$

其中,r 是其元素为 $\{r_{kc},r_{ks}\}_{k=0}^{M-1}$ 的 $2M$ 维向量。当这些信号等概率时,由式(7.5.16)给出的最优检测器计算信号包络,定义为

$$r_m = \sqrt{r_{mc}^2 + r_{ms}^2}, \quad m = 0,1,\cdots,M-1 \tag{7.5.17}$$

并选择对应于集合 $\{r_m\}$ 中具有最大包络的信号。在这种情况下,最优检测器称为**包络检测器**。

一种等效的检测器是计算包络的平方:

$$r_m^2 = r_{mc}^2 + r_{ms}^2, \quad m = 0,1,\cdots,M-1 \tag{7.5.18}$$

并选择对应于最大的 $\{r_m^2\}$ 的信号。在这种情况下,最优检测器称为**平方检测器**。

───── 解说题 ─────

解说题 7.11 [FSK 信号]

考虑一个二元通信系统,它采用由下式给出的 2 元 FSK 信号波形:
$$u_1(t) = \cos(2\pi f_1 t), \quad 0 \leq t \leq T_b$$
$$u_2(t) = \cos(2\pi f_2 t), \quad 0 \leq t \leq T_b$$

其中,$f_1 = 1000/T_b$,$f_2 = f_1 + 1/T_b$。信道造成每个发射信号的相移为 $\phi = 45°$,因此在无噪声情况下的接收信号为

$$r(t) = \cos\left(2\pi f_i t + \frac{\pi}{4}\right), \quad i = 1,2, \quad 0 \leq t \leq T_b$$

用数值方法实现该 FSK 信号的相关型解调器。

───── 题 解 ─────

在比特间隔 T_b 中以 $F_s = 5000/T_b$ 的采样率对接收信号 $r(t)$ 采样,这样该接收信号 $r(t)$ 用 5000 样本 $\{r(n/F_s)\}$ 表示。如图 7.30 所示,相关解调器将 $\{r(n/F_s)\}$ 乘以 $u_1(t) = \cos(2\pi f_1 t)$,$v_1(t) = \sin(2\pi f_1 t)$,$u_2(t) = \cos(2\pi f_2 t)$,$v_2(t) = \sin(2\pi f_2 t)$ 的采样,于是这些相关器的输出为

$$r_{1c}(k) = \sum_{n=0}^{k} r\left(\frac{n}{F_s}\right) u_1\left(\frac{n}{F_s}\right), \quad k = 1,2,\cdots,5000$$

$$r_{1s}(k) = \sum_{n=0}^{k} r\left(\frac{n}{F_s}\right) v_1\left(\frac{n}{F_s}\right), \quad k = 1,2,\cdots,5000$$

$$r_{2c}(k) = \sum_{n=0}^{k} r\left(\frac{n}{F_s}\right) u_2\left(\frac{n}{F_s}\right), \quad k = 1,2,\cdots,5000$$

$$r_{2s}(k) = \sum_{n=0}^{k} r\left(\frac{n}{F_s}\right) v_2\left(\frac{n}{F_s}\right), \quad k = 1,2,\cdots,5000$$

检测器是一个平方检测器,它计算如下两个判决变量:

$$r_1 = r_{1c}^2(5000) + r_{1s}^2(5000)$$

$$r_2 = r_{2c}^2(5000) + r_{2s}^2(5000)$$

并且选择对应于较大判决变量的信息比特。

用数值方法实现相关的 MATLAB 程序如下所示。图 7.31 给出的是基于发射信号 $u_1(t)$ 时相关器的输出。

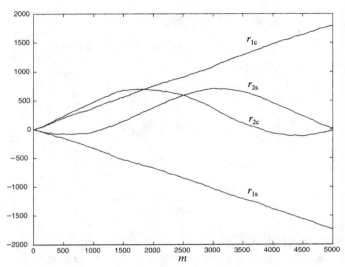

图 7.31　用于二元 FSK 解调的相关器输出

m 文件

```
% MATLAB script for Illustrative Problem 7.11.
echo on
Tb=1;
f1=1000/Tb;
f2=f1+1/Tb;
phi=pi/4;
N=5000;                              % number of samples
t=0:Tb/(N−1):Tb;
u1=cos(2*pi*f1*t);
u2=cos(2*pi*f2*t);
% Assuming that u1 is transmitted, the received signal r is
sgma=1;                              % noise variance
for i=1:N,
    r(i)=cos(2*pi*f1*t(i)+phi)+gngauss(sgma);
    echo off;
end;
echo on;
% The correlator outputs are computed next.
v1=sin(2*pi*f1*t);
v2=sin(2*pi*f2*t);
r1c(1)=r(1)*u1(1);
r1s(1)=r(1)*v1(1);
r2c(1)=r(1)*u2(1);
r2s(1)=r(1)*v2(1);
for k=2:N,
    r1c(k)=r1c(k−1)+r(k)*u1(k);
    r1s(k)=r1s(k−1)+r(k)*v1(k);
    r2c(k)=r2c(k−1)+r(k)*u2(k);
    r2s(k)=r2s(k−1)+r(k)*v2(k);
    echo off;
end;
```

```
echo on;
% decision variables
r1=r1c(5000)^2+r1s(5000)^2;
r2=r2c(5000)^2+r2s(5000)^2;
% Plotting commands follow.
```

7.5.3　FSK 信号非相干检测的差错概率

M 元 FSK 信号的最优包络检测器的性能推导,在大多数有关数字通信的教材中都能找到。一个符号差错的概率可以表示为

$$P_M = \sum_{n=1}^{M-1} (-1)^{n+1} \binom{M-1}{n} \frac{1}{n+1} e^{-nkE_b/[N_0(n+1)]} \qquad (7.5.19)$$

当 $M = 2$ 时,这个表达式就简化为二元 FSK 的差错概率:

$$P_2 = \frac{1}{2} e^{-E_b/(2N_0)} \qquad (7.5.20)$$

对于 $M > 2$,利用下面的关系:

$$P_b = \frac{2^{k-1}}{2^k - 1} P_M \qquad (7.5.21)$$

就可以从符号差错概率得出比特差错概率。

对于 $M = 2, 4, 8, 16$ 和 32,作为每比特 SNR 的函数的比特差错概率如图 7.32 所示。由图可见,对于任意给定的比特差错概率,每比特 SNR 随 M 增加而降低。在 M 趋于无穷的极限情况下,只要每比特 SNR 超过 -1.6 dB,差错概率就能达到任意小。这就是对任何经由加性高斯白噪声信道传输信息的数字通信系统的信道容量极限,或称香农(Shannon)限。

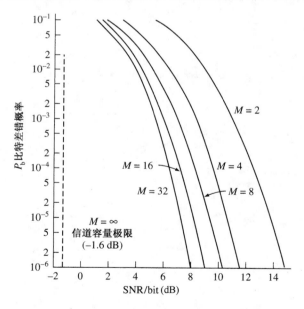

图 7.32　正交 FSK 信号非相干检测的比特差错概率

增加 M 的代价是传输这些信号所需的带宽。因为为保证信号的正交性,相邻频率之间的频率间隔是 $\Delta f = 1/T$,所以 M 个信号所需的带宽就是 $W = M/T$。比特率是 $R = k/T, k = \log_2 M$,因此比特率与带宽之比为

$$\frac{R}{W} = \frac{\log_2 M}{M} \qquad\qquad (7.5.22)$$

可见随着 M 趋于无穷, R/W 趋于零。

─── 解说题 ───

解说题 7.12　[二元 FSK 仿真]

对一个二元 FSK 通信系统进行 Monte Carlo 仿真,该系统的信号波形由式(7.5.1)给出,其中 $f_2 = f_1 + 1/T_b$,检测器为平方检测器。待仿真的二元 FSK 系统的方框图如图 7.33 所示。

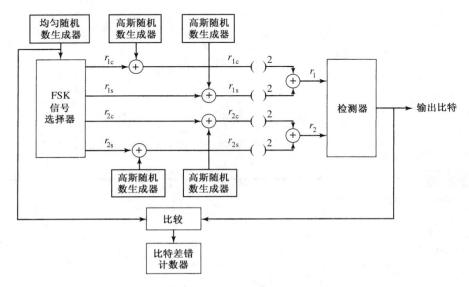

图 7.33　用于 Monte Carlo 仿真的二元 FSK 系统的方框图

─── 题　解 ───

因为这些信号是正交的,当发射的是 $u_1(t)$ 时,第一个解调器的输出为

$$r_{1c} = \sqrt{E_b}\cos\phi + n_{1c}$$
$$r_{1s} = \sqrt{E_b}\sin\phi + n_{1s}$$

而第二个解调器的输出为

$$r_{2c} = n_{2c}$$
$$r_{2s} = n_{2s}$$

其中, n_{1c}, n_{1s}, n_{2c} 和 n_{2s} 是相互统计独立的零均值高斯随机变量,且方差均为 σ^2,而 ϕ 代表信道造成的相移。

在上面的表达式中,为简单起见,可以令信道相移 ϕ 为零。平方检测器计算

$$r_1 = r_{1c}^2 + r_{1s}^2$$
$$r_2 = r_{2c}^2 + r_{2s}^2$$

并选择对应于这两个判决变量中较大者的那个的信息比特。差错计数器通过比较发射的序列和检测器输出,从而测出误码率。图 7.34 给出了测得的误码率,并将它与由式(7.5.20)给出的差错概率的理论值进行了比较。

执行该 Monte Carlo 仿真的 MATLAB 程序如下所示。

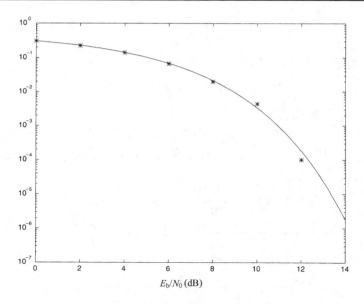

图 7.34　由 Monte Carlo 仿真得到的二元 FSK 系统的性能

──── **m 文件** ────

```
% MATLAB script for Illustrative Problem 7.12.
echo on
SNRindB1=0:2:15;
SNRindB2=0:0.1:15;
for i=1:length(SNRindB1),
    smld_err_prb(i)=cm_sm52(SNRindB1(i));        % simulated error rate
    echo off ;
end;
echo on ;
for i=1:length(SNRindB2),
    SNR=exp(SNRindB2(i)*log(10)/10);             % signal-to-noise ratio
    theo_err_prb(i)=(1/2)*exp(−SNR/2);           % theoretical symbol error rate
    echo off;
end;
echo on;
% Plotting commands follow.
semilogy(SNRindB1,smld_err_prb,'∗');
hold
semilogy(SNRindB2,theo_err_prb);
```

──── **m 文件** ────

```
function [p]=cm_sm52(snr_in_dB)
% [p]=cm_sm52(snr_in_dB)
%              CM_SM52  Returns the probability of error for the given
%              value of snr_in_dB, signal-to-noise ratio in dB.
N=10000;
Eb=1;
d=1;
snr=10^(snr_in_dB/10);                        % signal-to-noise ratio per bit
sgma=sqrt(Eb/(2*snr));                        % noise variance
phi=0;
% Generation of the data source follows.
for i=1:N,
  temp=rand;                                  % a uniform random variable between 0 and 1
```

```
   if (temp<0.5),
      dsource(i)=0;
   else
      dsource(i)=1;
   end;
end;
% detection and the probability of error calculation
numoferr=0;
for  i=1:N,
   % demodulator output
   if (dsource(i)==0),
      r0c=sqrt(Eb)*cos(phi)+gngauss(sgma);
      r0s=sqrt(Eb)*sin(phi)+gngauss(sgma);
      r1c=gngauss(sgma);
      r1s=gngauss(sgma);
   else
      r0c=gngauss(sgma);
      r0s=gngauss(sgma);
      r1c=sqrt(Eb)*cos(phi)+gngauss(sgma);
      r1s=sqrt(Eb)*sin(phi)+gngauss(sgma);
   end;
   % square-law detector outputs
   r0=r0c^2+r0s^2;
   r1=r1c^2+r1s^2;
   % Decision is made next.
   if (r0>r1),
      decis=0;
   else
      decis=1;
   end;
   % If the decision is not correct the error counter is increased.
   if (decis~=dsource(i)),
      numoferr=numoferr+1;
   end;
end;
p=numoferr/(N);
```

7.6　通信系统中的同步

3.3 节描述过 AM 信号的解调过程,特别指出了可以将解调方案分类为**相干解调**和**非相干解调**方案。在相干解调中,AM 信号与一个与载波具有相同频率和相位的正弦信号相乘,从而得以解调。在非相干解调中(这样一种方法仅应用于常规 AM 方案)采用包络解调,并且在接收机端不需要对载波的相位和频率进行精确的跟踪。另外,解说题 3.6 表明,在相干解调中正确的相位同步非常重要,并且相位误差将导致严重的性能下降。

这一章讨论了数字载波调制系统的解调方案。在 PAM,PSK 和 QAM 系统的解调中,假定我们具有载波频率和相位的精确信息。

这一节讨论在解调器产生与载波具有相同频率和相位的正弦波的方法。这些方法都在**载波同步**这一标题下进行研究,并且可应用于本章和第 3 章讨论的模拟和数字调制系统。另一种同步类型称为**定时同步、时钟同步**或**定时恢复**,仅用于数字通信系统。这一节也将对这种类型的同步进行简要讨论。

7.6.1　载波同步

载波同步系统由一个其相位被控制成与载波信号同步的本地振荡器组成。这可以通过使用一个**锁相环**(PLL)来实现。锁相环是一个用于控制本地振荡器的非线性反馈控制系统。在随后的讨论中,为简化起见,我们仅考虑二元 PSK 调制系统。

PLL 由一个频率为载频(或其倍数)的正弦信号所驱动。为了获得正弦信号以驱动 PLL,DSB 已调信号为

$$u(t) = A_c m(t) \cos(2\pi f_c t - \phi(t)) \tag{7.6.1}$$

其中,$m(t) = \pm 1$,求平方可得

$$\begin{aligned}
u^2(t) &= A_c^2 m^2(t) \cos^2(2\pi f_c t - \phi(t)) \\
&= \frac{A_c^2}{2} m^2(t) + \frac{A_c^2}{2} m^2(t) \cos(4\pi f_c t - 2\phi(t)) \\
&= \frac{A_c^2}{2} + \frac{A_c^2}{2} \cos(4\pi f_c t - 2\phi(t)) \tag{7.6.2}
\end{aligned}$$

显然,信号具有一个位于 $2f_c$ 的分量。我们不直接处理 $u(t)$ 的原因是通常 $m(t)$ 是零均值的随机过程,所以 $u(t)$ 在 f_c 的分量的功率为零。现在,如果信号 $u^2(t)$ 通过一个调谐到 $2f_c$ 的带通滤波器,那么输出将是中心频率为 $2f_c$,相位为 $-2\phi(t)$ 并且其幅度为 $A_c^2 H(2f_c)/2$ 的正弦信号。不失一般性,可以假设幅度为 1;也就是说,PLL 的输入为

$$r(t) = \cos(4\pi f_c t - 2\phi(t)) \tag{7.6.3}$$

PLL 由一个乘法器、一个环路滤波器和一个压控振荡器(VCO)组成,如图 7.35 所示。如果假定 VCO 的输出是 $\sin(4\pi f_c t - 2\hat{\phi}(t))$,那么在环路滤波器的输入端则有

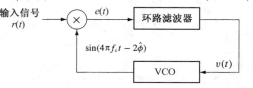

图 7.35 锁相环

$$\begin{aligned}
e(t) &= \cos(4\pi f_c t - 2\phi(t)) \sin(4\pi f_c t - 2\hat{\phi}(t)) \\
&= \frac{1}{2} \sin(2\phi(t) - 2\hat{\phi}(t)) + \frac{1}{2} \sin(8\pi f_c t - 2\phi(t) - 2\hat{\phi}(t)) \tag{7.6.4}
\end{aligned}$$

注意,$e(t)$ 包含一个高频和一个低频分量。环路滤波器的作用就是消除高频分量,并确保 $\hat{\phi}(t)$ 紧紧地跟踪上 $\phi(t)$ 的变化。一种简单的环路滤波器是一个一阶的低通滤波器,其传递函数为

$$G(s) = \frac{1 + \tau_1 s}{1 + \tau_2 s} \tag{7.6.5}$$

其中,$\tau_2 \gg \tau_1$。若将 VCO 的输入表示为 $v(t)$,那么 VCO 的输出将是一个正弦信号,其从 $2f_c$ 得到的瞬时频率正比于 $v(t)$。但是,VCO 输出的瞬时频率为

$$2f_c + \frac{1}{\pi} \frac{\mathrm{d}}{\mathrm{d}t} \hat{\phi}(t)$$

因此,

$$\frac{\mathrm{d}}{\mathrm{d}t} \hat{\phi}(t) = \frac{K}{2} v(t) \tag{7.6.6}$$

或者等效为

$$2\hat{\phi}(t) = K \int_{-\infty}^{t} v(\tau) \mathrm{d}\tau \tag{7.6.7}$$

其中,K 是某比例常数。经消除 2 次和 4 次谐波项以后,PLL 简化为如图 7.36 所示的形式。

假设 $\hat{\phi}(t)$ 紧紧地跟踪上 $\phi(t)$ 的变化,$2\phi(t) - 2\hat{\phi}(t)$ 非常小,并且可以利用如下的估计:

$$\frac{1}{2}\sin(2\phi(t) - 2\hat{\phi}(t)) \approx \phi(t) - \hat{\phi}(t) \tag{7.6.8}$$

利用这一估计,图 7.36 中唯一的非线性分量被线性分量所代替,最终得到的**线性 PLL 模型**如图 7.37 所示。注意,该模型是以变换域中的形式表示的,积分器用变换域中的等效 $1/s$ 来表示。

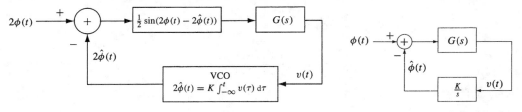

图 7.36　消除高频分量后的锁相环　　　　　图 7.37　锁相环的线性模型

图 7.37 中的模型是一个前向增益为 $G(s)$ 而反向增益为 K/s 的线性控制系统,因此该系统的传递函数为

$$H(s) = \frac{\hat{\Phi}(s)}{\Phi(s)} = \frac{KG(s)/s}{1 + KG(s)/s} \tag{7.6.9}$$

并且 $G(s)$ 采用前面假设的一阶模型,

$$G(s) = \frac{1 + \tau_1 s}{1 + \tau_2 s} \tag{7.6.10}$$

$H(s)$ 为

$$H(s) = \frac{1 + \tau_1 s}{1 + (\tau_1 + 1/K)s + \tau_2 s^2/K} \tag{7.6.11}$$

当传递函数为 $H(s)$ 时,如果 PLL 的输入为 $\Phi(s)$,误差将是

$$
\begin{aligned}
\Delta\Phi(s) &= \Phi(s) - \hat{\Phi}(s) \\
&= \Phi(s) - \Phi(s)H(s) \\
&= [1 - H(s)]\Phi(s) \\
&= \frac{(1 + \tau_2 s)s}{K + (1 + K\tau_1)s + \tau_2 s^2}\Phi(s)
\end{aligned} \tag{7.6.12}
$$

现在假设到某一时刻 $\phi(t) \approx \hat{\phi}(t)$,于是 $\Delta\phi(t) \approx 0$。此时,某些突变将导致 $\phi(t)$ 的跳跃,可以将其建模为一个阶跃 $\Phi(s) = K_1/s$。利用这一变化,则有

$$
\begin{aligned}
\Delta\Phi(s) &= \frac{(1 + \tau_2 s)s}{K + (1 + K\tau_1)s + \tau_2 s^2}\frac{K_1}{s} \\
&= \frac{K_1(1 + \tau_2 s)}{K + (1 + K\tau_1)s + \tau_2 s^2}
\end{aligned} \tag{7.6.13}
$$

现在,通过利用拉普拉斯变换的终值定理,即

$$\lim_{t \to \infty} f(t) = \lim_{s \to 0} sF(s) \tag{7.6.14}$$

只要 $sF(s)$ 的所有极点都有负的实部,就可以断言:

$$
\begin{aligned}
\lim_{t \to \infty}\Delta\phi(t) &= \lim_{s \to 0} s\Phi(s) \\
&= \lim_{s \to 0} \frac{K_1 s(1 + \tau_2 s)}{K + (1 + K\tau_1)s + \tau_2 s^2} \\
&= 0
\end{aligned} \tag{7.6.15}
$$

换句话说,一个一阶的环路滤波器将使 PLL 可以跟踪输入相位的阶跃变化。

式(7.6.11)给出的传递函数可以写成标准形式:

$$H(s) = \frac{(2\zeta\omega_n - \omega_n^2/K)s + \omega_n^2}{s^2 + 2\zeta\omega_n s + \omega_n^2} \tag{7.6.16}$$

这里有

$$\omega_n = \sqrt{\frac{K}{\tau_2}}$$

$$\zeta = \frac{\omega_n(\tau_1 + 1/K)}{2}$$

其中,ω_n 是自然频率,ζ 是阻尼因子。

─────── 解说题 ───────────────────────────────

解说题 7.13　[一阶 PLL]

假设

$$G(s) = \frac{1 + 0.01s}{1 + s}$$

并且 $K = 1$,确定并画出锁相环对输入相位中发生了高度为 1 的突变的响应。

───── 题　解 ─────────────────────────────────

此时 $\tau_1 = 0.01, \tau_2 = 1$,因此

$$\omega_n = 1$$

$$\zeta = 0.505$$

这将得到

$$H(s) = \frac{0.01s + 1}{s^2 + 1.01s + 1}$$

于是,对 $\phi(t) = u(t)$,即 $\Phi(s) = 1/s$ 的响应为

$$\hat{\Phi}(s) = \frac{0.01s + 1}{s^3 + 1.01s^2 + s + 1}$$

为了确定并画出对输入 $u(t)$ 的时间响应 $\hat{\phi}(t)$,我们必须确定传递函数为 $H(s)$ 的系统对输入 $u(t)$ 的输出。最容易的方法是使用状态空间方法。使用 MATLAB 函数 tf2ss.m,即可获得由传递函数描述的系统的状态空间模型。在确定了系统的状态空间表示之后,就得到了阶跃响应的数值解。

函数 tf2ss.m 读取传递函数 $H(s)$ 的分子和分母,并且以

$$\begin{cases} \dfrac{\mathrm{d}}{\mathrm{d}t}\boldsymbol{x}(t) = \boldsymbol{A}\boldsymbol{x}(t) + \boldsymbol{B}u(t) \\ y(t) \quad\;\; = \boldsymbol{C}\boldsymbol{x}(t) + Du(t) \end{cases}$$

的形式返回其状态空间表示 $\boldsymbol{A}, \boldsymbol{B}, \boldsymbol{C}$ 和 D。这一表示可近似为

$$\begin{cases} \boldsymbol{x}(t + \Delta t) = \boldsymbol{x}(t) + \boldsymbol{A}\boldsymbol{x}(t)\Delta t + \boldsymbol{B}u(t)\Delta t \\ y(t) \qquad\quad = \boldsymbol{C}\boldsymbol{x}(t) + Du(t) \end{cases}$$

或等效为

$$\begin{cases} \boldsymbol{x}(i + 1) = \boldsymbol{x}(i) + \boldsymbol{A}\boldsymbol{x}(i)\Delta t + \boldsymbol{B}u(i)\Delta t \\ y(i) \qquad\;\; = \boldsymbol{C}\boldsymbol{x}(i) + Du(i) \end{cases}$$

对于这个解说题,选取 $u(t)$ 为阶跃函数,并且 $H(s)$ 的分子和分母向量分别为 $[0.01\quad 1]$ 和

$[1 \quad 1.01 \quad 1]$就足够了。使用这些分子和分母向量,该系统的状态空间参数为

$$A = \begin{bmatrix} -1.01 & -1 \\ 1 & 0 \end{bmatrix}$$

$$B = \begin{bmatrix} 1 \\ 0 \end{bmatrix}$$

$$C = \begin{bmatrix} 0.01 & 1 \end{bmatrix}$$

$$D = 0$$

锁相环的输出如图 7.38 所示。

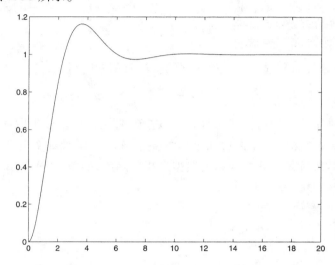

图 7.38 在解说题 7.13 中,锁相环对输入相位的突变的响应

由图 7.38 可见,锁相环的输出最终跟踪上了输入;然而,其跟踪上输入的速度取决于环路滤波器参数和压控振荡器的比例常数 K。

本题的 MATLAB 脚本如下所示。

m 文件

```
% MATLAB script for Illustrative Problem 7.13.
echo on
num=[0.01 1];
den=[1 1.01 1];
[a,b,c,d]=tf2ss(num,den);
dt=0.01;
u=ones(1,2000);
x=zeros(2,2001);
for i=1:2000
    x(:,i+1)=x(:,i)+dt.*a*x(:,i)+dt.*b*u(i);
    y(i)=c*x(:,i);
    echo off;
end
echo on;
t=[0:dt:20];
plot(t(1:2000),y)
```

7.6.2 时钟同步

在第 5 章和本章中我们已经看到,最优接收机的一种流行的实现方案是利用匹配滤波器和匹配滤波器输出的样本。在所有这些例子中,都假定接收机具有采样时刻的精确信息,并且严格在这一时刻采样。获得这种发射机和接收机之间同步的系统称为**定时恢复、时钟同步**或**符号同步**系统。

时钟同步系统的一种简单的实现是使用早–迟门(early-late gate)算法。早–迟门运算基于这样一个事实:在 PAM 通信系统中,匹配滤波器的输出是 PAM 系统使用的基本脉冲信号(可能有一些时移)的自相关函数。自相关函数在最优采样时刻取得最大值,而且它是对称的。这意味着,当不存在噪声时,在采样时刻 $T^+ = T + \delta$ 和 $T^- = T - \delta$,采样器的输出将相等,即

$$y(T^+) = y(T^-) \tag{7.6.17}$$

在这种情况下,最优采样时刻显然就是早 – 迟门采样时刻的中间点:

$$T = \frac{T^+ + T^-}{2} \tag{7.6.18}$$

现在假设我们没有在最优采样时刻 T 采样,而是在 T_1 时刻采样。如果取两个特别的时刻 $T^+ = T_1 + \delta$ 和 $T^- = T_1 - \delta$ 的样本,那么这两个样本关于最优采样时刻 T 并不对称,因此将不相等。一个正和负到达脉冲及其 3 个样本的典型自相关函数,如图 7.39 所示。

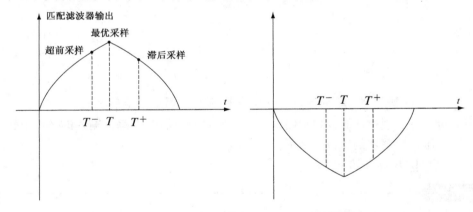

图 7.39　匹配滤波器的输出和超前及滞后样本

此时

$$T^- = T - \delta_1$$
$$T^+ = T + \delta_2$$

其中,

$$\delta_1 < \delta_2 \tag{7.6.19}$$

并且,如图所示,这将得出

$$|y(T^-)| > |y(T^+)| \tag{7.6.20}$$

同时,在这种情况下

$$T < T_1 = \frac{T^- + T^+}{2} \tag{7.6.21}$$

因此,当 $|y(T^-)| > |y(T^+)|$ 时,正确的采样时刻在假想的采样时刻之前,采样应该早一点执行。反之,当 $|y(T^-)| < |y(T^+)|$ 时,采样时刻应该延迟一点。显然,当 $|y(T^-)| = |y(T^+)|$

时,采样时刻正确,不需要进行纠正。

因此,早–迟门系统将取 T_1, $T^- = T_1 - \delta$ 和 $T^+ = T_1 + \delta$ 三个时刻的样本,并且比较 $|y(T^-)|$ 和 $|y(T^+)|$,根据它们之间的相对值,产生一个纠正采样时刻的信号。

━━━━ 解说题 ━━━━

解说题 7.14　[时钟同步]

一个二元 PAM 通信系统采用滚降系数 $\alpha = 0.4$ 的升余弦波形,系统发射速率为 4800 bps。编写 MATLAB 程序仿真对该系统的早–迟门运算。

━━━━ 题　解 ━━━━

因为速率是 4800 bps,所以有

$$T = \frac{1}{4800} \tag{7.6.22}$$

并且采用 $\alpha = 0.4$,升余弦波形的表达式为

$$
\begin{aligned}
x(t) &= \mathrm{sinc}(4800t)\frac{\cos(4800 \times 0.4\pi t)}{1 - 4 \times 0.16 \times 4800^2 t^2}\\
&= \mathrm{sinc}(4800t)\frac{\cos(1920\pi t)}{1 - 1.4746 \times 10^7 t^2}
\end{aligned} \tag{7.6.23}
$$

显然,该信号从 $-\infty$ 扩展至 $+\infty$。图 7.40 画出了该信号的图。

从图 7.40 可以很清楚地看到,对于所有实际应用的目的,仅考虑 $|t| \leqslant 0.6 \times 10^{-3}$ s 这一区间就足够了,这大约是 $[-3T, 3T]$。用该时间间隔截断升余弦脉冲并计算自相关函数,即可得到图 7.41 所示的波形。

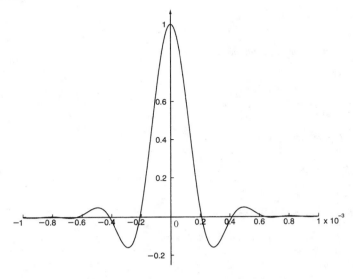

图 7.40　解说题 7.14 中的升余弦信号

在如下的 MATLAB 脚本中,首先计算出升余弦信号及其自相关函数。在这一特例中,自相关函数样本的长度为 1201,并且最大值,即最优采样时刻出现在第 600 个分量处。我们验证了两种情况,一个是不正确的采样时刻 700,另一个是 500。在这两种情况下,早–迟门都将采样时刻纠正为最优的 600。

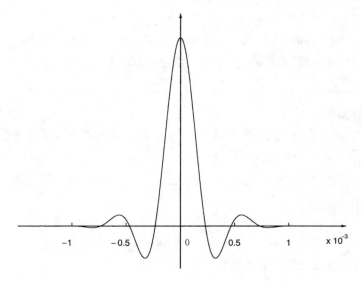

图 7.41　升余弦信号的自相关函数

m 文件

```
% MATLAB script for Illustrative Problem 7.14.
echo on
alpha=0.4;
T=1/4800;
t=[-3*T:1.001*T/100:3*T];
x=sinc(t./T).*(cos(pi*alpha*t./T)./(1-4*alpha^2*t.^2/T^2));
pause % Press any key to see a plot of x(t).
plot(t,x)
y=xcorr(x);
ty=[t-3*T,t(2:length(t))+3*T];
pause % Press any key to see a plot of the autocorrelation of x(t).
plot(ty,y);
d=60;                    % Early and late advance and delay
ee=0.01;                 % Precision
e=1;                     % Step size
n=700;                   % The incorrect sampling time
while abs(abs(y(n+d))-abs(y(n-d)))>=ee
    if abs(y(n+d))-abs(y(n-d))>0
        n=n+e;
    elseif abs(y(n+d))-abs(y(n-d))<0
        n=n-e;
    end
    echo off ;
end
echo on ;
pause % Press any key to see the corrected sampling time
n
n=500;                   % Another incorrect sampling time
while abs(abs(y(n+d))-abs(y(n-d)))>=ee
    if abs(y(n+d))-abs(y(n-d))>0
        n=n+e;
    elseif abs(y(n+d))-abs(y(n-d))<0
        n=n-e;
    end
    echo off ;
end
echo on ;
pause % Press any key to see the corrected sampling time
n
```

7.7　习题

7.1　在载波幅度调制 PAM 系统中,发送滤波器有一个滚降系数为 $\alpha = 0.4$ 的根升余弦谱特性,载波频率为 $f_c = 40/T$。求出并画出该基带信号和幅度调制 PAM 信号的频谱。

7.2　当载波频率 $f_c = 60/T$ 时,重做习题 7.1。

7.3　当发送滤波器具有根双二进制谱特性时,重做习题 7.1。

7.4　本题的目的是通过用 MATLAB 数值计算式(7.2.9),以说明式(7.2.9)和式(7.2.10)都成立。假设脉冲 $g_{\mathrm{T}}(t)$ 是矩形,即

$$g_{\mathrm{T}}(t) = \begin{cases} 1, & 0 \leqslant t \leqslant 2 \\ 0, & \text{其余 } t \end{cases}$$

令载波频率 $f_c = 2000 \ \mathrm{Hz}$。对式(7.2.6)给出的信号波形 $\psi(t)$ 用 $F_s = 20\,000$ 样本/s 的采样率进行采样,并用和式

$$\frac{1}{N} \sum_{n=0}^{N-1} \psi^2(nT_s) = \frac{1}{N} \sum_{n=0}^{N-1} \psi^2\left(\frac{n}{F_s}\right)$$

近似计算式(7.2.8)中的积分,以计算 $\psi(t)$ 的能量,其中 $N = 20\,000$ 个样本。编写一个 MATLAB 程序,生成样本 $\psi(n/F_s)$,并按上述过程计算该信号的能量。

7.5　用 MATLAB 对由式(7.2.14)给出的接收信号 $r(t)$ 和 $\psi(t)$ 的互相关函数进行数值求解。编写一个 MATLAB 程序,计算相关器输出

$$y(n) = \sum_{k=0}^{n} r\left(\frac{k}{F_s}\right) \psi\left(\frac{k}{F_s}\right), \quad n = 0,1,\cdots,N-1$$

其中,F_s 是采样频率。当 $r(t) = \psi(t)$ 时,求出并画出 $y(n)$。这里的 $\psi(t)$ 是习题 7.4 中所述的波形,$F_s = 10\,000 \ \mathrm{Hz}$。

7.6　当信号 $g_{\mathrm{T}}(t)$ 为

$$g_{\mathrm{T}}(t) = \begin{cases} \dfrac{1}{2}(1 - \cos(\pi t)), & 0 \leqslant t \leqslant 2 \\ 0, & \text{其余 } t \end{cases}$$

并且其他参数与习题 7.4 中的相同时,求出并画出习题 7.5 中的相关函数 $\{y(n)\}$。

7.7　在解说题 7.3 中,8 元 PSK 波形有恒定的幅度。现在假设 $g_{\mathrm{T}}(t)$ 不是矩形,而是

$$g_{\mathrm{T}}(t) = \begin{cases} \dfrac{1}{2}(1 - \cos(2\pi t/T)), & 0 \leqslant t \leqslant T \\ 0, & \text{其余 } t \end{cases}$$

编写一个 MATLAB 程序,计算并画出在这种情况下当 $f_c = 8/T$ 时 $M = 8$ 的 PSK 信号波形。

7.8　编写一个 MATLAB 程序,对 PSK 信号的接收信号 $r(t)$ 与式(7.3.9)给出的两个基函数的互相关进行数值计算。也就是计算

$$y_c(n) = \sum_{k=0}^{n} r\left(\frac{k}{F_s}\right) \psi_1\left(\frac{k}{F_s}\right), \quad n = 0,1,\cdots,N-1$$

$$y_s(n) = \sum_{k=0}^{n} r\left(\frac{k}{F_s}\right) \psi_2\left(\frac{k}{F_s}\right), \quad n = 0,1,\cdots,N-1$$

其中,N 是 $r(t)$,$\psi_1(t)$ 和 $\psi_2(t)$ 的样本数。当

$$r(t) = s_{mc}\psi_1(t) + s_{ms}\psi_2(t)$$

$$g_{\mathrm{T}}(t) = \begin{cases} 2, & 0 \leqslant t \leqslant 2 \\ 0, & \text{其余 } t \end{cases}$$

$f_c = 1000 \ \mathrm{Hz}$,$F_s = 10\,000$ 样本/s,并且发射的信号点如下:

a. $s_m = (s_{mc}, s_{ms}) = (1,0)$

b. $s_m = (-1,0)$

c. $s_m = (0,1)$

计算并画出这些相关序列。

7.9　编写一个 MATLAB 程序,完成如解说题 7.5 所述的 $M = 4$ 的 PSK 通信系统的 Monte Carlo 仿真,但是把检测器改为计算按式(7.3.16)给出的接收信号相位 θ_r,并选取其相位最接近 θ_r 的信号作为判决。

7.10　编写一个 MATLAB 程序,对 $M = 4$ 的 DPSK 系统实现差分编码器和差分译码器。传送一个 2 比特符号序列,通过由该编码器和译码器级联的系统,以验证编码器和译码器的工作情况,并证明输出序列与输入序列是一样的。

7.11　编写一个 MATLAB 程序,对一个二元 DPSK 通信系统进行 Monte Carlo 仿真。在这种情况下,发射信号的相位是 $\theta = 0°$ 和 $\theta = 180°$。$\theta = 0°$ 的相位变化对应于传输一个 0,而 $\theta = 180°$ 的相位变化对应于传输一个 1。对不同的 SNR 参数 E_b/N_0 完成发射 $N = 10\,000$ 个比特的仿真。为了方便起见,可以将 E_b 归一化到 1。然后,取 $\sigma^2 = N_0/2$,SNR 则为 $E_b/N_0 = 1/(2\sigma^2)$,其中 σ^2 是加性噪声分量的方差。所以,可以通过对加性噪声分量的方差加权来控制 SNR。画出测得的二元 DPSK 的误码率,并将它和式(7.3.23)给出的理论差错概率进行比较。

7.12　编写一个 MATLAB 程序,对图 P7.12 给出的信号星座图产生并画出式(7.4.2)给出的 $M = 8$ 的 QAM 信号波形。假设脉冲波形 $g_T(t)$ 是矩形,即

$$g_T(t) = \begin{cases} 1, & 0 \leq t \leq T \\ 0, & \text{其余 } t \end{cases}$$

并且载波频率为 $f_c = 6/T$。

7.13　当脉冲波形 $g_T(t)$ 为

$$g_T(t) = \begin{cases} \dfrac{1}{2}(1 - \cos(2\pi t/T)), & 0 \leq t \leq T \\ 0, & \text{其余 } t \end{cases}$$

时,重做习题 7.12。

7.14　当载波频率为 $f_c = 40/T$ 时,重做习题 7.1。

7.15　当载波频率为 $f_c = 45/T$ 时,重做习题 7.4。

7.16　当载波频率为 $f_c = 50/T$ 时,重做习题 7.9。

7.17　编写一个 MATLAB 程序,对图 P7.12 所示的信号星座图完成一个 $M = 8$ 的 QAM 通信系统的 Monte Carlo 仿真。对不同的 SNR 参数 E_{avb}/N_0,完成 $N = 10\,000$(3 比特)个符号的仿真。为了方便起见,将 E_{avb} 归一化到 1。然后,取 $\sigma^2 = N_0/2$,SNR 则为 $E_{avb}/N_0 = 1/(2\sigma^2)$,其中 σ^2 是两个加性噪声分量中每个的方差。画出测得的 QAM 系统的误符号率,并将它和式(7.4.12)给出的理论差错概率的上界进行比较。

7.18　对图 P7.18 所示的 $M = 8$ 的信号星座图重做习题 7.17 的仿真。试比较这两个 $M = 8$ 的 QAM 信号星座图的差错概率,并指出哪个星座图给出的性能更好。

7.19　现考虑具有如下形式的二元 FSK 信号:

$$u_1(t) = \sqrt{\frac{2E_b}{T_b}} \cos(2\pi f_1 t), \quad 0 \leq t \leq T_b$$

$$u_2(t) = \sqrt{\frac{2E_b}{T_b}} \cos(2\pi f_2 t), \quad 0 \leq t \leq T_b$$

$$f_2 = f_1 + \frac{1}{2T_b}$$

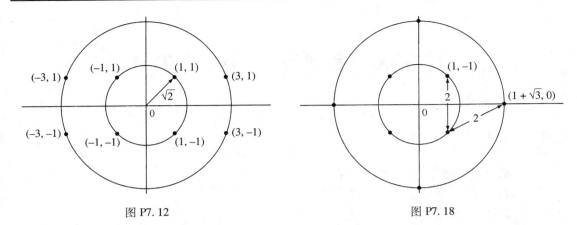

图 P7.12　　　　　　　　　　　　　　　　图 P7.18

令 $f_1 = 1000/T_b$。以 $F_s = 4000/T_b$ 的采样率对这两个波形采样,我们在比特区间 $0 \leqslant t \leqslant$ T_b 内得到了 4000 个样本。编写一个 MATLAB 程序,生成 $u_1(t)$ 和 $u_2(t)$ 各 4000 个样本,并计算互相关:

$$\sum_{n=0}^{N-1} u_1\left(\frac{n}{F_s}\right) u_2\left(\frac{n}{F_s}\right)$$

据此,用数值方法验证 $u_1(t)$ 和 $u_2(t)$ 正交的条件。

7.20　当接收信号为

$$r(t) = \cos\left(2\pi f_1 t + \frac{\pi}{2}\right), \quad 0 \leqslant t \leqslant T_b$$

时,利用在解说题 7.11 中给出的 MATLAB 程序,计算并画出相关器的输出。

7.21　当发射信号为 $u_2(t)$,而接收信号为

$$r(t) = \cos\left(2\pi f_2 t + \frac{\pi}{4}\right), \quad 0 \leqslant t \leqslant T$$

时,利用在解说题 7.11 中给出的 MATLAB 程序,计算并画出相关器的输出。

7.22　编写一个 MATLAB 程序,对 4 元($M=4$)FSK 通信系统进行仿真。采用的频率为

$$f_k = f_1 + \frac{k}{T}, \quad k = 0,1,2,3$$

采用的检测器为平方律检测器。对不同的 SNR 参数 E_b/N_0,完成 $N = 10\,000$(2 比特)个符号的仿真,并记录符号差错和比特差错数。画出测得的符号和误比特率,并将其与式(7.5.19)以及式(7.5.21)给出的误符号和误比特率的理论值进行比较。

7.23　在解说题 7.13 中,曾假定输入相位有某个突变,并且仿真结果表明,一阶环路滤波器能够跟踪这样的变化。现在假设输入相位按照斜坡函数变化,即从开始就线性增长。在这种情况下仿真一阶 PLL 的性能,并判断这个环路是否能够跟踪这样的变化。

7.24　当环路滤波器为

$$G(s) = \frac{1}{s + \sqrt{2}}$$

时,重做解说题 7.13。同时求闭环传递函数 $H(s)$ 及其相应的环路自然频率和阻尼系数。该环路稳定吗?

7.25　当存在加性高斯白噪声,且 SNR 值分别为 20 dB,10 dB,5 dB 和 2 dB 时,用矩形脉冲重做解说题 7.14。

第8章 多载波调制和 OFDM

8.1 概述

第7章讨论了数字信息传输的单载波调制。本章讨论在多载波上的数字信息传输。在多载波调制中,可用的信道带宽被分成很多具有相同带宽的子信道,如图 8.1 所示。于是,我们得到了 $K = W/\Delta f$ 个子信道,其中 W 是整个信道的带宽,并且 Δf 是相邻子信道的频率间隔,或者等价地,Δf 是相邻子载波频率的频率间隔。然后,不同的信息符号得以同时传输并在 K 个子信道中同步。于是,数据通过频分复用(FDM)来传输。

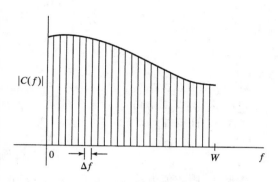

图 8.1 多载波调制中的信道带宽分割

对每个子信道,我们将其关联到一个载波信号,即

$$x_k(t) = \sin 2\pi f_k t, \qquad k = 0, 1, \cdots, K-1 \qquad (8.1.1)$$

其中,f_k 是第 k 个子信道的中心频率。我们选取每个子信道上的符号速率 $1/T$ 等于相邻子载波间隔 Δf。结果,子载波在符号持续期 T 上是正交的,这一点不依赖于两个子载波之间的相对相位关系,即

$$\int_0^T \sin(2\pi f_k t + \phi_k)\sin(2\pi f_j t + \phi_j)\,dt = 0 \qquad (8.1.2)$$

其中,对于任意 ϕ_k 和 ϕ_j 有 $f_k - f_j = n/T$,$n = 1, 2, \cdots$,利用这些约束条件,可以得到正交频分复用(OFDM)。

一个 OFDM 系统可以设计成没有码间干扰的系统,而在单载波系统中通常有码间干扰。如果 T_s 是单个载波系统中的符号间隔,那么具有 k 个子信道的 OFDM 系统的符号间隔就是 $T = kT_s$。通过将 k 选取得足够大,可以使 OFDM 系统中的符号间隔 T 远大于信道的弥散时间,从而通过适当地选取 k 值,将 OFDM 系统的码间干扰减小到任意小。在这种情况下,每个子信号的带宽足够小,因此看起来好像有一个固定不变的频率响应 $C(f_k)$,$k = 0, 1, 2, \cdots, K-1$。

解说题

解说题 8.1 [子载波的正交性质]

OFDM 信号中的两个子载波信号为

$$x_k(t) = \sin(2\pi f_k t + \phi_k), \qquad 0 \leq t \leq T$$
$$x_j(t) = \sin(2\pi f_j t + \phi_j), \qquad 0 \leq t \leq T$$

令 $f_k = 2\,\text{Hz}$ 和 $f_j = f_k + \dfrac{n}{T}$,其中 $n = 1, 2$ 或 3,并且相位 ϕ_k 和 ϕ_j 是 $[0, 2\pi]$ 上的任意相位。利用采样得到的信号 $x_k(mT_s)$ 和 $x_j(mT_s)$,证明式(8.1.2)中的正交特性,其中 $T_s = 1/5\,\text{s}$,$T = 10\,\text{s}$ 并且

$m = 0, 1, 2, \cdots, M-1$，其中 $M = T/T_s = 50$。

题　解

采样得到的信号为

$$x_k(mT_s) = \sin(4\pi m/5 + \phi_k), \quad m = 0, 1, \cdots, 49$$

$$x_j(mT_s) = \sin(4\pi m/5 + 2\pi mn/50 + \phi_j), \quad m = 0, 1, \cdots, 49$$

应用 MATLAB，计算

$$\sum_{m=0}^{49} x_k(mT_s) x_j(mT_s), \quad n = 1, 2, 3$$

得到的结果是 4.9×10^{-14}，2.28×10^{-14} 和 5.07×10^{-14}。

本题的 MATLAB 脚本如下所示。

---
m 文件

```
% MATLAB script for Illustrative Problem 8.1

M = 50;
m = 0:M−1;
phi_k = 2*pi*rand;
phi_j = 2*pi*rand;
% The sampled signals:
x_k = sin(4*pi*m/5+phi_k);
n = 1;
x_j_1 = sin(4*pi*m/5+2*pi*m*n/M+phi_j);
n = 2 ;
x_j_2 = sin(4*pi*m/5+2*pi*m*n/M+phi_j);
n = 3 ;
x_j_3 = sin(4*pi*m/5+2*pi*m*n/M+phi_j);
% Investigating the orthogonality of the sampled signals:
Sum1 = sum(x_k.*x_j_1);
% Displaying the results:
disp(['The result of the computation for n=1 is:      ',num2str(Sum1)])
Sum2 = sum(x_k.*x_j_2);
disp(['The result of the computation for ,n=2 is:      ',num2str(Sum2)])
Sum3 = sum(x_k.*x_j_3);
disp(['The result of the computation for n=3 is:      ',num2str(Sum3)])
```

8.2　OFDM 信号的产生

在 OFDM 系统中，调制器和解调器通常都是利用基于离散傅里叶变换的一组并行调谐滤波器来实现的。为了说明这种实现方式，现在考虑一个产生 K 个独立子载波的 OFDM 调制器，其中每个子载波被从 QAM 信号星座图中选取的符号调制。我们把对应于 K 个子信道上的信息符号的这些复值信号点记为 $X_k, k = 0, 1, \cdots, K-1$。因此这些信息符号 $\{X_k\}$ 就代表了一个多载波 OFDM 信号 $x(t)$ 的离散傅里叶变换（DFT）的值，其中每个载波上的调制是 QAM。由于 $x(t)$ 必须是某个实值信号，所以其 N 点 DFT $\{X_k\}$ 必定满足对称性质 $X_{N-k} = X_k^*$，因此从 K 个信息符号 $\{X_k\}$，通过定义

$$X_{N-k} = X_k^*, \quad k = 1, 2, \cdots, K-1$$

$$X_0' = \text{Real}(X_0)$$

$$X'_K = \text{Im}(X_0) \tag{8.2.1}$$

可创建出 $N = 2K$ 个符号。可以看出,信息符号X_0被分割为两个部分,这两者都是实值的。将这个新的符号序列记为$\{X'_k, k = 0, 1, \cdots, N-1\}$是很方便的。那么$\{X'_k\}$的 N 点逆 DFT(IDFT)得到的实值序列为

$$x_n = \frac{1}{\sqrt{N}} \sum_{k=0}^{N-1} X'_k e^{j2\pi n \frac{k}{N}}, \quad n = 0, 1, \cdots, N-1 \tag{8.2.2}$$

其中,$1/\sqrt{N}$是一个标量因子。序列$\{x_n, 0 \leqslant n \leqslant N-1\}$对应于子多载波 OFDM 信号 $x(t)$ 的样本,它由 $K = N/2$ 个子载波组成,可以表示为

$$x(t) = \frac{1}{\sqrt{N}} \sum_{k=0}^{N-1} X'_k e^{j2\pi \frac{kt}{T}}, \quad 0 \leqslant t \leqslant T \tag{8.2.3}$$

其中,T 是信号的持续时间(也就是信号间隔),而 $x_n = x\left(\frac{nT}{N}\right), n = 0, 1, \cdots, N-1$。值得注意的是,信息信号$X_0$在式(8.2.1)中表示为 X'_0 和 X'_k,对应于式(8.2.3)中的直流分量($f_0 = 0$)。为简单起见,我们令$X_0 = 0$,于是式(8.2.3)给出的多载波 OFDM 信号没有直流分量。然后,利用式(8.2.1)给出的对称条件,式(8.2.3)中的多载波 OFDM 信号可以表示为

$$x(t) = \frac{2}{\sqrt{N}} \sum_{k=1}^{K-1} |X_k| \cos\left(\frac{2\pi kt}{T} + \theta_k\right), \quad 0 \leqslant t \leqslant T \tag{8.2.4}$$

其中,信息符号$X_k = |X_k| e^{j\theta_k}, k = 1, 2, \cdots, K-1$。

解说题

解说题 8.2 [OFDM 信号的产生]

利用图 7.21 所示的 16 点 QAM 信号星座图,伪随机地选取每个信息符号$X_1, X_2, \cdots, X_9$。取 $T = 100$ s,对 $t = 0, 1, \cdots, 100$ 生成式(8.2.3)给出的发送信号波形 $x(t)$,并画出这个波形。然后,使用式(8.2.2),对 $n = 0, 1, \cdots, N-1$,计算 IDFT 值x_n。说明 $x(t)$ 在 $nT/N, n = 0, 1, \cdots, N-1$ 时的值对应于 IDFT 值。最后,利用这些 IDFT 值$\{x_n, 0 \leqslant n \leqslant N-1\}$,按定义

$$X_k = \frac{1}{\sqrt{N}} \sum_{n=0}^{N-1} x_n e^{-j2\pi k \frac{n}{N}}, \quad k = 0, 1, \cdots, N-1 \tag{8.2.5}$$

计算 DFT,并据此说明从 $x(t)$ 的样本中恢复出了信息符号$\{X_k, 1 \leqslant k \leqslant 9\}$,其中 $t = nT/N$,$0 \leqslant n \leqslant N-1$。

题 解

本例中 $K = 10$ 和 $N = 20$。图 8.2 中给出了本题的结果,本题的 MATLAB 脚本如下所示。

m 文件

```
% MATLAB script for Illustrative Problem 8.2.
echo on
K=10;N=2*K;T=100;
a=rand(1,36);
a=sign(a-0.5);
b=reshape(a,9,4);
% Generate the 16QAM points
XXX=2*b(:,1)+b(:,2)+j*(2*b(:,3)+b(:,4));
XX=XXX';
```

```
X=[0  XX  0  conj(XX(9:-1:1))];
xt=zeros(1,101);
for t=0:100
    for k=0:N-1
        xt(1,t+1)=xt(1,t+1)+1/sqrt(N)*X(k+1)*exp(j*2*pi*k*t/T);
        echo off
    end
end
echo on
xn=zeros(1,N);
for n=0:N-1
    for k=0:N-1
        xn(n+1)=xn(n+1)+1/sqrt(N)*X(k+1)*exp(j*2*pi*n*k/N);
        echo off
    end
end
echo on
pause % press any key to see a plot of x(t)
plot([0:100],abs(xt))
% Check the difference between xn and samples of x(t)
for n=0:N-1
    d(n+1)=xt(T/N*n+1)-xn(1+n);
    echo off
end
echo on
e=norm(d);
Y=zeros(1,10);
for k=1:9
    for n=0:N-1
        Y(1,k+1)=Y(1,k+1)+1/sqrt(N)*xn(n+1)*exp(-j*2*pi*k*n/N);
        echo off
    end
end
echo on
dd=Y(1:10)-X(1:10);
ee=norm(dd);
```

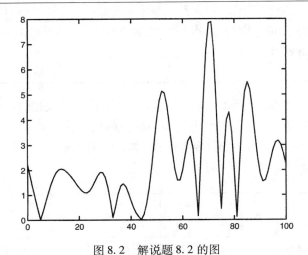

图 8.2　解说题 8.2 的图

8.3　OFDM 信号的解调

正如前文所述,一个 OFDM 系统的调制器可以通过计算由式(8.2.2)给出的逆 DFT

(IDFT)来实现。该调制器通过计算由式(8.2.5)给出的 DFT,从接收信号的样本中恢复信息符号$\{X_k\}$。有关检测器的问题稍后讨论。当子载波的数目较大时,如 $K>30$,通过利用快速傅里叶变换(FFT)算法计算 DFT 和 IDFT,从而在 OFDM 系统中高效地实现调制器和解调器。

如果子载波的数目足够大,以至于在子信道内的时间弥散效应可以忽略,那么经由每个子信道发射的信号就只受到衰减和相移,其大小由对应的子信道的频率响应所确定。此外,接收到的信号受到了加性噪声的污染,因此在 OFDM 解调器输出端接收到的符号可以表示为

$$\hat{X}_k = C_k X'_k + \eta_k \tag{8.3.1}$$

其中,$C_k = C(f_k)$ 是第 k 个子信道的频率响应(幅度和相位),而 η_k 是污染第 k 个符号的加性噪声。OFDM 解调器后面的检测器必须通过将每个接收符号 $\hat{X}_k$ 除以 C_k,来消除信道频率响应特性的影响。一般情况下,实际做法是通过测量每个子信道的频率响应特性并利用这些测量(C_k 的估计值)来消除接收符号中子信道的幅度和相位的影响。因此,在检测器上经补偿后的接收符号可以表示为

$$\hat{X}'_k = X'_k + \eta'_k, \quad k = 0, 1, \cdots, N-1 \tag{8.3.2}$$

一旦观察到每个接收符号,检测器就会将 $\hat{X}'_k$ 与 QAM 信号星座图中的每个可能的发射信号点进行比较,并选取星座图中与 $\hat{X}'_k$ 最近的符号作为判决。

———— 解说题 ————

解说题 8.3 [加性噪声对 OFDM 的影响]

考虑在解说题 8.2 中描述的 OFDM 系统。假定由式(8.2.2)给出的发射信号的 IDFT 样本受到零均值、方差为 σ^2 的高斯噪声的污染。那么,接收到的信号样本就可以表示为

$$r_n = x_n + g_n, \quad n = 0, 1, \cdots, N-1$$

其中,g_n 是噪声分量。当噪声方差分别为 $\sigma^2 = 1$,$\sigma^2 = 2$ 和 $\sigma^2 = 4$ 时,计算序列 $\{r_n\}$ 的 DFT,然后求得接收符号 $\{\hat{X}_k\}$ 的估计值。对每个 σ^2 的值,检测序列 $\hat{X}_k$,并且从检测器求得输出符号 $\{\hat{X}_k\}$。试讨论检测的符号的准确性。

———— 题 解 ————

本题的 MATLAB 脚本如下所示。这个脚本对 $\sigma^2 = 1$ 计算错误接收的符号数。在这个脚本中改变变量"variance"(方差)就能得到不同噪声方差时的错误接收的符号数。下表中总结了当 $\sigma^2 = 1$,$\sigma^2 = 2$ 和 $\sigma^2 = 4$ 时运行该脚本得到的样本。该表的第一行表示发射的信号,而随后的三行给出了 $\sigma^2 = 1$,$\sigma^2 = 2$ 和 $\sigma^2 = 4$ 时的检测值。

X_k	$1-3j$	$-1+j$	$3+j$	$1+3j$	$1-3j$	$1-3j$	$3+3j$	$-1+3j$	$1+3j$
$\hat{X}_k, \sigma^2 = 1$	$1-3j$	$-1+j$	$1+j$	$1+3j$	$1-3j$	$1-3j$	$3+3j$	$-1+j$	$1+3j$
$\hat{X}_k, \sigma^2 = 2$	$1-3j$	$1+3j$	$-1+j$	$1+3j$	$3-3j$	$1-3j$	$3+3j$	$-1+3j$	$-1+3j$
$\hat{X}_k, \sigma^2 = 4$	$1+j$	$-1+j$	$-1-j$	$1+3j$	$-1+j$	$1-3j$	$3-3j$	$3+3j$	$1+3j$

---

m 文件

```
% MATLAB script for Illustrative Problem 8.3.
echo on
K=10;N=2*K;T=100;variance=1;
noise=sqrt(variance)*randn(1,N);
a=rand(1,36);
a=sign(a−0.5);
b=reshape(a,9,4);
% Generate the 16QAM points
XXX=2*b(:,1)+b(:,2)+j*(2*b(:,3)+b(:,4));
XX=XXX′;
X=[0 XX 0 conj(XX(9:−1:1))];
x=zeros(1,N);
for n=0:N−1
    for k=0:N−1
        x(n+1)=x(n+1)+1/sqrt(N)*X(k+1)*exp(j*2*pi*n*k/N);
        echo off
    end
end
echo on
r=x+noise;
Y=zeros(1,10);
for k=1:9
    for n=0:N−1
        Y(1,k+1)=Y(1,k+1)+1/sqrt(N)*r(n+1)*exp(−j*2*pi*k*n/N);
        echo off
    end
end
echo on
% Detect the nearest neighbor in the 16QAM constellation
for k=1:9
    if real(Y(1,k+1))>0
        if real(Y(1,k+1))>2
            Z(1,k+1)=3;
        else
            Z(1,k+1)=1;
        end
    else
        if real(Y(1,k+1))<−2
            Z(1,k+1)=−3;
        else
            Z(1,k+1)=−1;
        end
    end
    if imag(Y(1,k+1))>0
        if imag(Y(1,k+1))>2
            Z(1,k+1)=Z(1,k+1)+3*j;
        else
            Z(1,k+1)=Z(1,k+1)+j;
        end
    else
        if imag(Y(1,k+1))<−2
            Z(1,k+1)=Z(1,k+1)−3*j;
        else
            Z(1,k+1)=Z(1,k+1)−j;
        end
    end
    echo off
end
echo on
error=max(size(find(Z(1,2:10)−X(1,2:10))));
```

8.4　利用循环前缀来消除信道的色散

在上面对 OFDM 的讨论中,我们假定信道在每个子载波上没有引入时间色散。然而,在很多可能使用 OFDM 的通信信道中将不是这种情况。本节中考虑消除信道色散的方法。

当 $x(t)$ 是信道的输入时,在接收机端的信道输出可以表示为

$$r(t) = x(t) * c(t) + \eta(t) \tag{8.4.1}$$

其中,$c(t)$ 是信道的脉冲响应,而 * 代表卷积。因为每个子信道的带宽 Δf 选取为相对于整个信道带宽 $W = K\Delta f$ 非常小,所以符号周期 $T = 1/\Delta f$ 比信道脉冲响应的持续时间要大。为说明这一点,假定信道的脉冲响应扩张为 $m+1$ 个信号样本的长度,其中 $m \ll N$。一种完全避免符号间干扰(ISI)的简单方法就是在连续发射的数据块之间插入长度为 mT/N 的保护时间。这就使得信道响应在下一个包含 K 个符号的数据块发射之前就完全消失了。

另一种避免 ISI 的方法是对每个包含 N 个信号样本的数据块 $\{x_n, 0 \le n \le N-1\}$ 附上所谓的循环前缀。样本的循环前缀包含样本 $x_{N-m}, x_{N-m+1}, \cdots, x_{N-1}$。这些样本附在数据块的起始端,于是创造了一个长度为 $N+m$ 个样本的信号序列,它可以从 $n = -m$ 到 $n = N-1$ 进行索引,其中前 m 个样本构成了循环前缀。若信道响应的样本值为 $\{c_n, 0 \le n \le m\}$,则 $\{c_n\}$ 与 $\{x_n, -m \le n \le N-1\}$ 的卷积将产生接收信号 $\{r_n\}$。任意一对连续信号传输块中的 ISI 都影响前 m 个信号样本,所以丢掉 $\{r_n\}$ 的前 m 个样本并基于接收到的信号样本 $\{r_n, 0 \le n \le N-1\}$ 对信号进行解调。

如果从频域中看信道的特性,那么在子载波频率 $f_k = k/T$ 的信道频率响应为

$$C_k = C(2\pi k/N) = \sum_{n=0}^{m} c_n e^{-j2\pi nk/N}, \quad k = 0, 1, \cdots, N-1 \tag{8.4.2}$$

因为通过循环前缀或者保护时间,ISI 得以消除,解调的符号序列可以表示成

$$\hat{X}_k = C_k X'_k + \eta_k, \quad k = 0, 1, \cdots, N-1 \tag{8.4.3}$$

其中,$\{\hat{X}_k\}$ 是由解调器计算的 N 点 DFT 的输出,而 $\{\eta_k\}$ 污染信号的加性噪声。通过估计信道参数 $\{C_k, 0 \le k \le N-1\}$,并且用 C_k 对每一个 $\hat{X}_k$ 进行归一化处理,可得到目标发射数据,该数据受到了加性噪声的污染,即

$$\hat{X}'_k = X'_k + \eta'_k, \quad k = 0, 1, \cdots, N-1 \tag{8.4.4}$$

图 8.3 给出了实现 OFDM 系统中的发射机和接收机的基本功能模块。如前所述,通常采用 FFT 算法以高效地实现 DFT 和 IDFT。

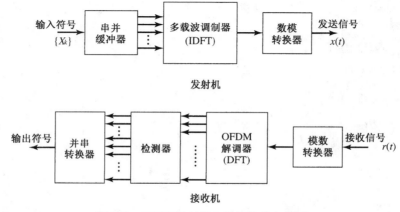

图 8.3　OFDM 发射机和接收机的方框图

解说题8.4 [使用循环前缀]

使用解说题 8.2 中产生的 OFDM 信号,增加一个 4 样本的循环前缀以消除信道的色散,并且因此修改解说题 8.2 中给出的 MATLAB 脚本。

题 解

在本题中 $K = 10$,$N = 20$。从 N 点 DFT 得到的信号值为 $x_0, x_1, \cdots, x_{19}$。对该序列,我们在信号的前端,x_0 之前,附加上 x_{16}, x_{17}, x_{18} 和 x_{19}。因而,在数模转换器的输入端的发射信号序列为

$$x_{16}, x_{17}, x_{18}, x_{19}, x_0, x_1, \cdots, x_{19}$$

对 MATLAB 脚本的修改如下所示。

---

m 文件

% MATLAB script for Illustrative Problem 8.4

```
echo on
K=10;N=2*K;T=100;m=4;
a=rand(1,36);
a=sign(a−0.5);
b=reshape(a,9,4);
% Generate the 16QAM points
XXX=2*b(:,1)+b(:,2)+1i*(2*b(:,3)+b(:,4));
XX=XXX';
X=[0 XX 0 conj(XX(9:−1:1))];
xt=zeros(1,101);
for t=0:100
    for k=0:N−1
        xt(1,t+1)=xt(1,t+1)+1/sqrt(N)*X(k+1)*exp(1i*2*pi*k*t/T);
        echo off
    end
end
echo on
xn=zeros(1,N+m);
for n=0:N−1
    for k=0:N−1
        xn(n+m+1)=xn(n+1)+1/sqrt(N)*X(k+1)*exp(1i*2*pi*n*k/N);
        echo off
    end
end
xn(1:m)=xn(N−m+1:N);
echo on
pause % press any key to see a plot of x(t)
plot([0:100],abs(xt))
% Check the difference between xn and samples of x(t)
for n=0:N−1
    d(n+1)=xt(T/N*n+1)−xn(1+n+m);
    echo off
end
echo on
e=norm(d);
Y=zeros(1,10);
for k=1:9
    for n=0:N−1
        Y(1,k+1)=Y(1,k+1)+1/sqrt(N)*xn(n+m+1)*exp(−1i*2*pi*k*n/N);
        echo off
    end
```

```
end
echo on
dd=Y(1:10)−X(1:10);
ee=norm(dd);
```

　　在上述讨论中,对所有子载波都采用了相同的 QAM 信号星座图来生成信息符号序列。然而,OFDM 允许在每个子载波上发射不同的比特/符号数。特别地,由于经历较少衰减从而具有较高信噪比的子载波可以被调制,以承载比经历较多衰减的子信道更多的比特/符号。因此,大小不同的 QAM 星座可用于不同的子载波。

　　上面所讨论的在每个子载波上采用 QAM 的 OFDM 系统已经在各种不同应用中付诸实施了,其中包括在电话线上的高速数据传输,例如数字用户线。这种 OFDM 调制型式也称**离散多音(DMT)调制**。在欧洲和世界其他各地的数字音频广播和数字无线局域网(LAN)中也应用了 OFDM。

8.5　OFDM 信号的频谱特性

　　如上所述,在 OFDM 系统的子载波上发射的信号在时域中相互正交,即

$$\int_0^T x_k(t) x_j(t) \mathrm{d}t = 0, \quad k \neq j \tag{8.5.1}$$

其中,$x_k(t)$ 在式(8.1.1)中定义。然而,这些信号在频域中的混叠很严重。对于几个 k 值,这一点可以通过计算如下信号的傅里叶变换看到:

$$x_k(t) = \mathrm{Re}\left[\sqrt{\frac{2}{T}} X_k \mathrm{e}^{\mathrm{j}2\pi f_k t}\right]$$

$$= \sqrt{\frac{2}{T}} A_k \cos(2\pi f_k t + \theta_k), \quad 0 \leq t \leq T \tag{8.5.2}$$

解说题

解说题 8.5　[OFDM 信号的频谱]

　　确定由式(8.5.2)给出的信号的傅里叶变换的幅度 $|U_k(f)|$,其中 $f_k = k/T, k = 0,1,2,3,4,5$。为简单起见,对所有 k,令 $A_k = 1, \theta_k = 0$。对 $k = 0,1,2,3,4,5$,以及 $0 \leq f \leq T/4$,在同一幅图上画出 $|U_k(f)|$。

题　解

　　$x_k(t) = \sqrt{2/T}\cos 2\pi f_k t, 0 \leq t \leq T$ 的傅里叶变换可以表示成 $G(f)$ 和 $V(f)$ 的卷积,其中

$$V(f) = \frac{1}{2}\left[\delta(f-f_k) + \delta(f+f_k)\right] \leftrightarrow \cos 2\pi f_k t$$

$$G(f) = \sqrt{2T} \mathrm{e}^{-\mathrm{j}(\pi f T - \pi/2)} \mathrm{sinc}(fT)$$

因此

$$|U_k(f)| = \sqrt{\frac{T}{2}} \left| \mathrm{sinc}(f-f_k)T + \mathrm{sinc}(f+f_k)T \right|$$

图 8.4 给出了 $|U_k(f)|$ 的波形。注意,每个 $|U_k(f)|$ 的主瓣有很大的频谱混叠。同时也请注意,频谱中的第一个旁瓣仅比主瓣低 13 dB。因此,在不同子载波上发射的信号有着很严重的频谱混叠。然而当发射同步时,这些信号在时域中是正交的。

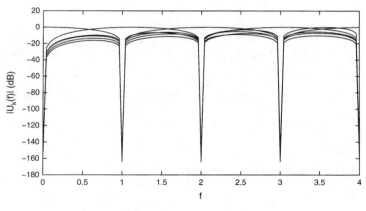

图 8.4 解说题 8.5 中的 $\left|U_k(f)\right|$

本题的 MATLAB 脚本如下所示。

m 文件

```
% MATLAB script for Illustrative Problem 8.5

T = 1;
k = 0 : 5;
f_k = k/T;
f = -4/T : 0.01*4/T : 4/T;
U_k_abs = zeros(length(k),length(f));
for i = 1 : length(k)
    U_k_abs(i,:) = abs(sqrt(T/2)*(sinc((f-f_k(i))*T) + sinc((f+f_k(i))*T)));
end
plot(f,U_k_abs(1,:),'.-',f,U_k_abs(2,:),'--',f,U_k_abs(3,:),'c-',f,U_k_abs(4,:),'.',f,U_k_abs(5,:),
    f,U_k_abs(6,:))
xlabel('f')
ylabel('|U_k(f)|')
```

8.6 OFDM 系统中的峰均功率比

多载波调制的一个主要问题就是在调制信号中将出现高的峰均功率比(PAR)。通常情况下,当 K 个子信道中的信号关于相位构造性地叠加时,发射信号中将出现大的信号峰值。这种大的信号峰值会使得发射机的功放饱和,于是产生了发射信号的互调失真。通过减小发射信号的功率,可以减小并且通常可以避免互调失真,于是发射机的功放在其线性范围内工作。这样一种功率减小或者"功率回退"将导致 OFDM 系统工作的低效。例如,若 PAR 为 10 dB,则功率回退将有 10 dB,以避免互调失真。

一种减小 PAR 的最简单方法就是将发射信号的峰值幅度限定为高于平均功率的某一个值。然而,这种幅度切削将导致信号失真。随后的解说题将研究这一方案。

解说题

解说题 8.6 [PAR 的计算]
生成 OFDM 信号的样本,即

$$x(t) = \sum_{k=1}^{K-1} \cos\left(\frac{2\pi kt}{T} + \theta_k\right), \quad 0 \leq t \leq T$$

其中,$K = 32$,$T = 1\,\text{s}$,采样速率$F_s = 200$ 样本/秒,并且在每个子载波上的调制为 4 元 PSK;也就是说,θ_k 可能的取值为 $0, \pi/2, \pi, 3\pi/2$,伪随机地选取。对 $x(t)$ 的每一次实现,确定其 PAR。对 $x(t)$ 的 20 次不同的实现,重新计算其 PAR,并且对这 20 次不同的实现,画出其 PAR 的值。

题　解

样本 $\{x_n\}$ 的平均功率是

$$P_{\text{av}} = \frac{1}{200} \sum_{n=0}^{199} x_n^2$$

而其峰值功率为

$$P_{\text{peak}} = \max_n \{x_n^2\}$$

因此,$PAR = P_{\text{peak}}/P_{\text{av}}$。图 8.5 给出了 PAR 的图。

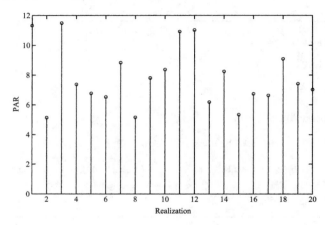

图 8.5　解说题 8.6 中的 PAR 值

本题的 MATLAB 脚本如下所示。

---

m 文件

% MATLAB script for Illustrative Problem 8.6

```
T = 1;
Fs = 200;
t = 0 : 1/(Fs*T) : T-1/(Fs*T);
K = 32;
k = 1 : K-1;
rlz = 20;                    % No. of realizations
PAR = zeros(1,rlz);          % Initialization for speed
for j = 1 : rlz
    theta = pi*floor(rand(1,length(k))/0.25)/2;
    x = zeros(1,Fs);         % Initialization for speed
    echo off;
    for i = 1 : Fs
        for l = 1 : K-1
            x(i) = x(i) + cos(2*pi*l*t(i)/T+theta(l));
        end
    end
```

```
echo on;
% Calculation of the PAR:
P_peak = max(x.^2);
P_av = sum(x.^2)/Fs;
PAR(j) = P_peak/P_av;
end
% Plotting the results:
stem(PAR)
axis([1 20 min(PAR) max(PAR)])
xlabel('Realization')
ylabel('PAR')
```

解说题

解说题 8.7　[通过对峰值削波来限制 PAR]

重做解说题 8.6,但这里对样本的峰值幅度进行削波,从而使得 PAR ≤ 3 dB。定义削波后的信号为 $\{\hat{x}_n\}$,并且计算定义为

$$D = \frac{1}{200} \sum_{n=0}^{199} (x_n - \hat{x}_n)^2$$

的信号失真。对信号的 20 次实现画出 D。

题　解

信号失真 D 如图 8.6 所示。

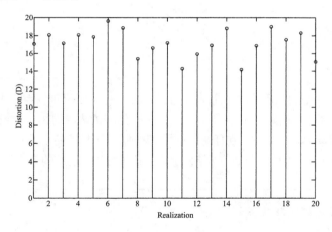

图 8.6　解说题 8.7 中的信号失真

本题的 MATLAB 脚本如下所示。

m 文件

```
% MATLAB script for Illustrative Problem 8.7

T = 1;
Fs = 200;
t = 0 : 1/(Fs*T) : T-1/(Fs*T);
K = 32;
k = 1 : K-1;
rlz = 20;                    % No. of realizations
% Initialization for speed:
```

```matlab
PAR = zeros(1,rlz);
PAR_dB = zeros(1,rlz);
D = zeros(1,rlz);
echo off;
for j = 1 : rlz
    theta = pi*floor(rand(1,length(k))/0.25)/2;
    x = zeros(1,Fs);          % Initialization for speed
    for i = 1 : Fs
        for l = 1 : K-1
            x(i) = x(i) + cos(2*pi*l*t(i)/T+theta(l));
        end
    end
    x_h = x;
    % Calculation of the PAR:
    [P_peak idx] = max(x.^2);
    P_av = sum(x.^2)/Fs;
    PAR(j) = P_peak/P_av;
    PAR_dB(j) = 10*log10(PAR(j));
    % Clipping the peak:
    if P_peak/P_av > 1.9953
        while P_peak/P_av > 1.9953
            x_h(idx) = sqrt(10^0.3*P_av);
            [P_peak idx] = max(x_h.^2);
            P_av = sum(x_h.^2)/Fs;
            PAR_dB(j) = 10*log10(P_peak/P_av);
        end
    end
    D(j) = sum((x-x_h).^2)/Fs;  % Distortion
end
echo on;
% Plotting the results:
stem(D)
axis ([1 20 min(D) max(D)])
xlabel('Realization')
ylabel('Distortion (D)')
```

另一种减小 OFDM 中的 PAR 的方法就是在每个子载波上引入不同的相移。这些相移可以伪随机地选取或者采用某种算法。例如,我们有一个存储了一些伪随机选取的相移的较小集合,当已调子载波中的 PAR 很大时,就可以使用它。在任意的信号间隔内,关于具体使用了哪一个伪随机相移集合的信息,可以用 K 个子信道中的某一个来传送给发射机。这种方法在随后的解说题中得以研究。

解说题

解说题 8.8 [通过随机相移来减小 PAR]

产生 OFDM 信号样本

$$x(t) = \sum_{k=1}^{K-1} \cos\left(\frac{2\pi kt}{T} + \theta_k + \phi_k\right), \quad 0 \leqslant t \leqslant T$$

其中,ϕ_k 服从在 $(0, 2\pi)$ 区间的均匀分布,并且其余的信号参数与解说题 8.6 中的相同。生成 4 个均匀分布的相位 $\{\phi_k\}$ 的集合,并且对 $x(t)$ 的每一个实现,选取一个能得到最小 PAR 的集合。对 $x(t)$ 的 20 次实现重复这一过程,并且画出对 $x(t)$ 的 20 次实现的最终 PAR。

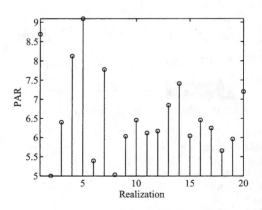

图 8.7　解说题 8.8 中的 PAR 值

题 解

PAR 如图 8.7 所示。

本题的 MATLAB 脚本如下所示。

m 文件

```
% MATLAB script for Illustrative Problem 8.8

T = 1;
Fs = 200;
t = 0 : 1/(Fs*T) : T−1/(Fs*T);
K = 32;
k = 1 : K−1;
rlz = 20;                          % No. of realizations
PAR = zeros(1,rlz);                % Initialization for speed
echo off;
for j = 1 : rlz
    theta = pi*floor(rand(1,length(k))/0.25)/2;
    phi = 2*pi*rand(4,length(k));
    PAR_phi = zeros(1,size(phi,1)); % Initialization for speed
    for m = 1 : size(phi,1)
        x = zeros(1,Fs);            % Initialization for speed
        for i = 1 : Fs
            for l = 1 : K−1
                x(i) = x(i) + cos(2*pi*l*t(i)/T+theta(l)+phi(m,l));
            end
        end
        % Calculation of the PAR:
        P_peak = max(x.^2);
        P_av = sum(x.^2)/Fs;
        PAR_phi(m) = P_peak/P_av;
    end
    [PAR(j) idx_theta]= min(PAR_phi);
end
echo on;
% Plotting the results:
stem(PAR)
axis ([1 20 min(PAR) max(PAR)])
xlabel('Realization')
ylabel('PAR')
```

习题

8.1 产生一个 OFDM 信号,该信号发射 4 个 16 点 QAM 信息符号 $\{X_1, X_2, X_3, X_4\}$,重做解说题 8.2。

8.2 产生一个 OFDM 信号,该信号发射 $K = 16$ 个选自 4 元 PSK 星座的信息符号 $\{X_0, X_1, \cdots, X_{15}\}$,重做解说题 8.2。利用 FFT 算法计算 DFT 和 IDFT。

8.3 对由选自 4 元 PSK 星座的信息符号 $\{X_0, X_1, \cdots, X_{15}\}$ 组成的 $K = 16$ OFDM 信号,重做解说题 8.3。利用 FFT 算法计算 DFT 和 IDFT。

8.4 计算式(8.2.3)给出的 OFDM 信号的傅里叶变换,其中 $K = 16$,并且符号 $\{X_0, X_1, \cdots, X_{15}\}$ 选自 4 元 PSK 星座。画出 OFDM 信号的幅度 $|x(f)|$。

8.5 对于相同的信号参数,重做解说题 8.6。

8.6 对 PAR ≤ 4 dB 和 PAR ≤ 6 dB,重做解说题 8.7。

8.7 当 $K = 8$,发射的是 4 元 PSK 信号时,重做解说题 8.8。

第 9 章 无线信道中的数字传输

9.1 概述

第 6 章讨论了线性时不变并且输出受到加性高斯白噪声污染的信道的数字调制和解调的方法。这样一种信道适合于刻画相对稳定(例如,有线信道)的物理信道。与之相反,无线通信信道,诸如无线电和水声信道,其传输特性是时变的,因此需要一个更复杂的模型来刻画它们的行为。我们引用两个表现为时变特性的无线通信信道的例子。

信号通过电离层传播的传输

由于发射信号被电离层反射(折射)造成了天波传播,电离层由地球表面上空 50 ~ 400 km 处的几层电荷粒子组成。电离层造成的结果就是信号经不同路径以不同的时延到达接收机。这些信号分量称为**多径分量**。信号的多径分量通常都有不同的载波相位偏移,因此可能会相消性地叠加,产生称为**信号衰落**的现象。为了刻画这样的信道行为,选用时变脉冲响应模型较为合适。

移动蜂窝传输

在移动蜂窝无线传输系统中,基站向移动接收机发射的信号通常受到周围的建筑物、小山或者其他物体的反射。结果,信号经多条路径以不同时延传播到达接收机。因此,接收到的信号具有类似于经电离层传播的信号的特性。从移动台到基站的传输也有相同的性质。此外,移动台的移动速度(例如,汽车或火车)将对信号的不同频率分量产生频率偏移,称为**多普勒频移**。

9.2 时变多径信道的信道模型

我们刚刚讨论了无线信道的两个基本重要特性。第一个是发射信号经多径传播到达接收机,每一条路径都有相应的传播时延。第二个是传播媒体的结构,诸如电离层,或者是发射机和接收机相对于它们之间的地面发生了移动和位置变化。作为时变的结果,信道对任何通过它的发射信号的响应都随时间而变化。换而言之,信道的脉冲响应随时间而改变。通常,接收信号中的时变表现为信道的使用者不可对其进行预测。这要求我们用统计的方法刻画多径信道的时变特性。

为了获得信道的统计描述,考虑一个未经调制的载波

$$s(t) = A\cos 2\pi f_c t \tag{9.2.1}$$

的传输。不存在噪声时,接收到的信号可以表示为

$$x(t) = A\sum_n \alpha_n(t)\cos[2\pi f_c(t - \tau_n(t))]$$

$$= A\text{Re}\left[\sum_n \alpha_n(t)e^{-j2\pi f_c\tau_n(t)}e^{j2\pi f_c t}\right]$$

$$= \mathrm{Re}\big[\,c(t)\,\mathrm{e}^{\mathrm{j}2\pi f_c t}\,\big] \tag{9.2.2}$$

其中,$\alpha_n(t)$是第 n 条传播路径的时变衰减因子,而$\tau_n(t)$是相应的传播时延。复值信号

$$
\begin{aligned}
c(t) &= \sum_n \alpha_n(t)\,\mathrm{e}^{-\mathrm{j}2\pi f_c \tau_n(t)}\\
&= \sum_n \alpha_n(t)\,\mathrm{e}^{-\mathrm{j}\phi_n(t)}
\end{aligned}
\tag{9.2.3}
$$

表示信道对复指数信号 $\exp(\mathrm{j}2\pi f_c t)$ 的响应。尽管信道的输入是单音信号(即在单一频点上的信号),信道的输出由包含不同频率分量的信号组成。产生这些新的频率分量是信道响应中的时变性造成的结果。$c(t)$ 的 r. m. s(均方根)频谱带宽称为信道的**多普勒频率扩展**,并表示为B_d。这个量是对信号 $c(t)$ 随时间变化有多快的一种度量。若 $c(t)$ 变化缓慢,那么多普勒频率扩展相对较小;若 $c(t)$ 快速变化,那么多普勒频率扩展相对较大。

我们可以将式(9.2.3)中的复值信号 $c(t)$ 视为一组向量(矢量)之和,中间的每一个向量都具有时变的幅度$\alpha_n(t)$和相位$\phi_n(t)$。在通常情况下,物理媒质中会有较大的动态变化,从而造成$\{\alpha_n(t)\}$有较大的变化。另一方面,当$\{\tau_n(t)\}$改变了 $1/f_c$ 时,$\{\phi_n(t)\}$ 将改变 2π 弧度。但是 $1/f_c$ 通常是个很小的数,因此媒质特性发生相对较小的改变时,相位 $\{\phi_n(t)\}$ 就会改变 2π 或者更大弧度。还可以预料到,与不同的信号路径相关联的时延 $\{\tau_n(t)\}$ 将以不同的速率和以一种不可预测(随机)的方式改变。这意味着可将式(9.2.3)中的复值信号 $c(t)$ 建模成一个随机过程。当存在很多信号传播路径时,$c(t)$ 可以建模成零均值的复高斯随机过程。

信道的多径传播模型,嵌入了接收信号 $x(t)$ 中,或者等价地,式(9.2.3)给出的 $c(t)$ 中,这是信道衰落造成的结果。衰落现象主要是由于时变相位因子$\{\phi_n(t)\}$造成的。在某些情况下,$c(t)$ 中的复值向量相消式的叠加将减小接收信号的功率电平。在另外一些情况下,$c(t)$ 中的向量相长式的叠加会产生一个大的信号值。由于信道中的时变多径传播造成的接收信号中的幅度变化通常称为**信号衰落**。

传输信号中第一条和最后一条到达的多径分量之间的时间扩展称为信道的**多径(时间)扩展**。我们将该信道参数记为T_m。一个相关的参数就是多径扩展的倒数,它提供了对某种带宽的测量,在这样一个带宽内信道对发射信号的频率分量的影响将比较相似。于是,我们定义信道参数为

$$B_{cb} = \frac{1}{T_m} \tag{9.2.4}$$

并且称之为信道的**相干带宽**。例如,发射信号在相干带宽B_{cb}内的所有频率分量将同时衰减。若发射信号的带宽$W < B_{cb}$,信道则称为**频率非选择性信道**。因而,在任意时刻,发射信号的所有频率分量同时受到衰减。另一方面,若发射信号的带宽$W > B_{cb}$,则信号中间隔大于B_{cb}的频率分量将受到信道的不同的衰落。因此,在任意时刻,发射信号中的某些频率分量将受到衰落,而另外一些频率分量将没有受到衰落。在这样一种情况下,信道称为**频率选择性信道**。

另一个相关的信道参数就是多普勒扩展的倒数,它是对某种时间间隔的测量,在这样一个时间间隔内,信道响应将变化很小。于是,我们定义该参数为

$$T_{ct} = \frac{1}{B_d} \tag{9.2.5}$$

并且称之为信道的**相干时间**。例如,一个信号在两个不同的时刻发射,其间隔比T_{ct}小一些,在这种情况下,信道对这两个时刻发射的信号的影响将很相似。因此,若在第一个时刻发射的信

号受到信道很严重的衰落,那么在第二个时刻发射的信号也同样受到很严重的衰落。另一方面,若信号两次发射之间的时间间隔比相干时间T_{ct}大,那么信道将很有可能对两次发射的信号的影响不同。

解说题

解说题 9.1　[信道参数之间的关系]

　　短波电离层无线信道用$T_m = 5\,\text{ms}$的多径时延扩展和$B_d = 0.1\,\text{Hz}$的多普勒扩展来刻画。确定信道的相关带宽和相干时间。

题　解

　　信道的相干带宽为

$$B_{cb} = \frac{1}{T_m} = 200\,\text{Hz}$$

信道的相干时间为

$$T_{ct} = \frac{1}{B_d} = 10\,\text{s}$$

　　在式(9.2.2)和式(9.2.3)中,我们将一个时变多径信道刻画为一个单一频点的正弦波。更一般地,具有时变传输特性的物理信道可以被刻画为一个时变的线性滤波器。这样一个线性滤波器可以用一个时变的脉冲响应$c(\tau;t)$来描述,其中$c(\tau;t)$是信道在时刻t对$t-\tau$时刻的脉冲的响应。于是,τ表示"年龄"(经过时间)变量。时变信道的频率响应由$c(\tau;t)$关于τ的傅里叶变换给出,并记为$C(f;t)$。

9.2.1　频率非选择性信道

　　考虑信号$s(t)$在频率响应为$C(f;t)$的线性时变信道上传输。若$S(f)$表示发射信号的频谱,那么接收信号在频域中表示为$C(f;t)S(f) \equiv R(f)$,并且在时域中表示为$R(f)$的逆傅里叶变换,即

$$r(t) = \int_{-\infty}^{\infty} C(f;t)S(f)\,e^{j2\pi ft}\,df \tag{9.2.6}$$

　　现在假设发射信号$s(t)$的带宽W满足$W \ll B_{cb}$,于是信道是频率非选择性信道。这个条件意味着,在发射信号所占的带宽$(-W, W)$范围内,对于频率变量f,频率响应为常数,并且可以表示为

$$C(f;t)\big|_{f=0} = C(0;t) \equiv c(t) \tag{9.2.7}$$

因此,式(9.2.6)简化为

$$\begin{aligned}
r(t) &= c(t)\int_{-\infty}^{\infty} S(f)\,e^{j2\pi ft}\,df \\
&= c(t)s(t)
\end{aligned} \tag{9.2.8}$$

结果,在频率非选择性衰落信道中,信道以乘性的方式对发射信号造成失真,如图 9.1 所示。

　　当带宽为W的信号$s(t)$的持续时间为$T \approx 1/W$时,我们得到对频率非选择性信道的另一个观点;因为$W \ll B_{cb} = 1/T_m$,所以有$T \gg T_m$。在这种情况下,由于信道多径造成的时间色散比发射信号的时间间隔T小得多,所

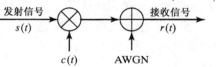

图 9.1　具有 AWGN 的频率非选择性时变信道模型

以信道的多径分量,其幅度和相位由式(9.2.3)给出,是不可分辨的。它们看起来仅是如图 9.1 所示的乘以发射信号的单个干扰,并且造成衰减。

慢衰落频率非选择性信道

当发射信号的带宽 W 满足 $W \ll B_{cb}$ 时,则应用图 9.1 所示的频率非选择性信道模型。当信道的相干时间 T_{ct} 远大于信号的持续时间 T 时(即 $T_{ct} \gg T$),就可以进一步简化。在这种情况下,信道特性 $c(t)$ 在信号持续时间 T 上可视为常数,并且可表示为

$$c(t) = \alpha(t)e^{j\phi(t)} = \alpha e^{j\phi}, \quad 0 \leqslant t \leqslant T \tag{9.2.9}$$

我们称这种信道为**慢衰落频率非选择性信道**。

───── 解说题 ─────

解说题 9.2

考虑解说题 9.1 中的无线信道。在信道上传输的信号 $s(t)$ 的带宽为 $W = 50\,\text{Hz}$,并且持续时间 $T \approx 1/W = 20\,\text{ms}$。这是频率非选择性信道吗? 该信道是慢衰落信道吗?

───── 题　解 ─────

因为带宽 $W \ll B_{cb} = 200\,\text{Hz}$,所以信道是频率非选择性衰落信道。此外,因为 $T \ll T_{ct} = 10\,\text{s}$,所以信道也是慢衰落信道。

频率非选择性瑞利衰落信道

在图 9.1 所示的信道模型中,复值信道增益可以表示为

$$c(t) = c_r(t) + jc_i(t) = \alpha(t)e^{j\phi(t)} \tag{9.2.10}$$

其中,

$$\alpha(t) = \sqrt{c_r^2(t) + c_i^2(t)}$$
$$\phi(t) = \arctan\frac{c_i(t)}{c_r(t)} \tag{9.2.11}$$

当由式(9.2.3)给出的 $c(t)$ 由很多不可分辨的多径分量组成时,它具有随机的幅度和均匀分布的相位,两个分量 $c_r(t)$ 和 $c_i(t)$ 通常建模成互相关为零的零均值高斯随机过程。因此 $\alpha(t)$ 在统计上由瑞利概率分布所刻画,而 $\phi(t)$ 服从 $(0, 2\pi)$ 区间上的均匀分布。结果,信道称为**瑞利衰落信道**。瑞利衰落信号幅度由如下的概率密度函数(PDF)所描述:

$$f(\alpha) = \frac{\alpha}{\alpha^2}e^{-\alpha^2/\sigma^2}, \quad \alpha \geqslant 0 \tag{9.2.12}$$

并且对 $\alpha < 0$,有 $f(\alpha) = 0$。参数 $\sigma^2 = E(c_r^2) = E(c_i^2)$。

───── 解说题 ─────

解说题 9.3　[瑞利随机变量的产生]

使用 2.2 节中描述的方法,生成一个 20000 个统计独立、同分布的瑞利随机变量序列。画出这 20000 个符号的直方图,并将其与相应的瑞利概率密度函数进行比较。

───── 题　解 ─────

我们利用式(2.2.14)从瑞利分布生成 20000 个样本,其中参数 A 从 $(0,1)$ 区间的均匀分

布生成,而σ^2可以任意选取,可选为 1。于是式(9.2.12)给出了实际的瑞利分布 PDF。图 9.2 给出了直方图,并将之与实际的瑞利 PDF 进行了比较。

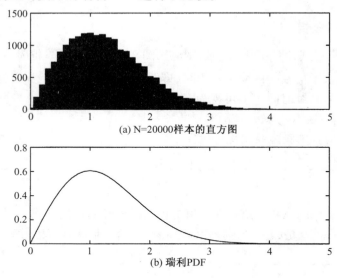

(a) N=20000样本的直方图

(b) 瑞利PDF

图 9.2   解说题 9.3 中的结果

本题的 MATLAB 脚本如下所示。

m 文件

```
% MATLAB script for Illustrative Problem 9.3.

N = 20000;                           % Number of samples
x = 0:0.1:5;
sigma = 1;                           % Rayleigh parameter
u = rand(1,N);
r = sigma*sqrt(-2*log(u));           % Rayleigh distributed random data
r_ac = x/sigma^2.*exp(-(x/sigma).^2/2); % Rayleigh PDF
% Plot the results:
subplot(2,1,1)
hist(r,x);
xlabel('(a) Histogram for N=20000 samples')
axis([0 5 0 1500])
subplot(2,1,2)
plot(x,r_ac)
xlabel('(b) Rayleigh PDF')
```

9.2.2 频率选择性信道

上述的慢衰落频率非选择性信道可应用于很多用于数字通信的物理无线信道。然而,还有一些其发射信号的带宽 $W \gg B_{cb}$ 的通信系统,于是信道就是频率选择性的。在这种情况下,必须采用一种更为复杂的信道模型。

抽头延迟线信道模型

一个对时变多径信道的通用模型如图 9.3 所示。信道模型由抽头之间均匀间隔的抽头延迟线组成。两个相邻抽头之间的间隔为 $1/W$,其中 W 是经信道传输的信号的带宽。因此 $1/W$ 是带宽为 W 的信号所能获得的时间分辨率。抽头系数表示为 $\{c_n(t) \equiv a_n(t)\mathrm{e}^{\mathrm{j}\phi_n(t)}\}$,通常建模为互不相关的复值高斯随机过程。抽头延迟线的长度对应于多径信道中的时间色散的大小,这就是**多径扩展**。多径扩展可表示为 $T_m = L/W$,其中 L 代表最大的可能的多径信号分量数。

解说题

解说题 9.4　[两径信道]

对两径的电离层传播确定一个合适的信道模型,其中两条接收信号路径的相对时延是 1 ms,并且发射信号带宽 W 是 10 kHz。

题　解

一个 10 kHz 的信号可以提供 $1/W = 0.1$ ms 的分辨率。因为两条接收信号路径之间的相对时延为 1 ms,所以抽头延迟线模型包含 10 个抽头。在这种情况下,仅第一个和最后一个抽头非零,时变的系数表示为 $c_1(t)$ 和 $c_2(t)$,如图 9.4 所示。因为 $c_1(t)$ 和 $c_2(t)$ 代表两个不同的电离层区域中的大量离子对信号的响应,所以 $c_1(t)$ 和 $c_2(t)$ 可以建模为复值的不相关高斯随机过程。抽头系数的变化速率决定了每一径的多普勒扩展。

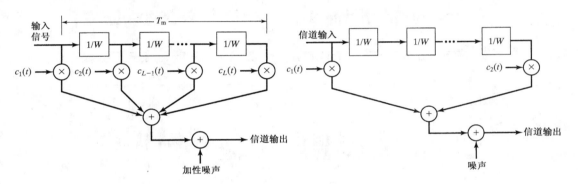

图 9.3　时变多径信道模型　　　　　　　图 9.4　解说题 9.3 中的结果

9.2.3　多普勒功率谱模型

当抽头延迟线信道模型中的抽头系数 $\{c_k(t)\}$ 刻画为高斯随机过程时,将复高斯白噪声通过一个其带宽选取为匹配于信道的多普勒扩展特性的低通滤波器,就很容易生成这样的抽头系数。

解说题

解说题 9.5　[生成抽头权系数]

我们用由复值的高斯噪声激励的简单的数字 IIR 滤波器来产生信道抽头权系数的样本。具有两个相同的零点的低通 IIR 滤波器用 z 变换描述如下:

$$H(z) = \frac{(1-p)^2}{(1-pz^{-1})^2} = \frac{(1-p)^2}{1-2pz^{-1}+p^2 z^{-2}} \tag{9.2.13}$$

相应的差分方差为

$$c_n = 2pc_{n-1} - p^2 c_{n-2} + (1-p)^2 w_n \tag{9.2.14}$$

其中,$\{w_n = w_{nr} + jw_{ni}\}$ 是输入 AWGN 序列,$\{c_n\}$ 是输出序列,并且 $0 < p < 1$ 是极点的位置。极点的位置控制了滤波器的带宽,进而控制了 $\{c_n\}$ 的变化率。当 p 接近于单位圆时,滤波器的带宽就比较窄,而当 p 接近于原点时,滤波器的带宽就比较宽。当 $p = 0.9$ 和 $p = 0.99$ 时,生成 $\{c_n = c_{nr} + jc_{ni}\}$ 的 1000 个样本,并对每一个 p 画出 $\{c_{nr}\}$,$\{c_{ni}\}$ 和 c_n。同时,对两个 p 值计算

并画出$\{c_n\}$的功率谱和自相关函数。

　题　解

图 9.5（a）和图 9.5（b）分别画出了对 $p=0.9$ 和 $p=0.99$ 时的抽头权系数时变值。图 9.5（c）和图 9.5（d）分别画出了相应 p 值的自相关函数和功率谱函数。注意系数的时间变化速率与功率谱的带宽之间的关系，功率谱的带宽与数字滤波器的带宽相同。

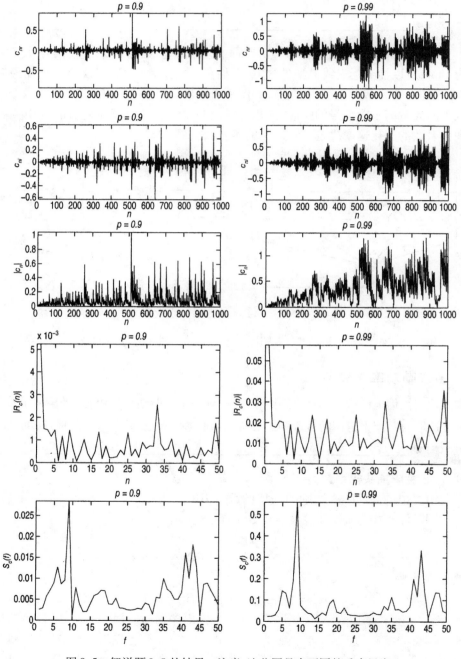

图 9.5　解说题 9.5 的结果。注意，这些图具有不同的垂直尺度

本题的 MATLAB 脚本如下所示。

m 文件

```
% MATLAB script foar Illustrative Problem 9.5

N = 1000;                % Number of samples
M = 50;                  % Length of the autocorrelation function
p = [0.9 0.99];          % Pole positions
w = 1/sqrt(2)*(randn(1,N) + 1i*randn(1,N)); % AWGN sequence
% Preallocation for speed:
c = zeros(length(p),N);
Rx = zeros(length(p),M+1);
Sx = zeros(length(p),M+1);
for i = 1:length(p)
    for n = 3:N
        c(i,n) = 2*p(i)*c(n-1) - power(p(i),2)*c(n-2) + power((1-p(i)),2)*w(n);
    end
    % Calculation of autocorrelations and power spectra:
    Rx(i,:) = Rx_est(c(i,:),M);
    Sx(i,:)=fftshift(abs(fft(Rx(i,:))));
end
% Plot the results:
subplot(3,2,1)
plot(real(c(1,:)))
axis([0 N -max(abs(real(c(1,:)))) max(abs(real(c(1,:))))])
title('\it{p} = 0.9')
xlabel('\it{n}')
ylabel('\it{c_{nr}}')
subplot(3,2,2)
plot(real(c(2,:)))
axis([0 N -max(abs(real(c(2,:)))) max(abs(real(c(2,:))))])
title('\it{p} = 0.99')
xlabel('\it{n}')
ylabel('\it{c_{nr}}')
subplot(3,2,3)
plot(imag(c(1,:)))
axis([0 N -max(abs(imag(c(1,:)))) max(abs(imag(c(1,:))))])
title('\it{p} = 0.9')
xlabel('\it{n}')
ylabel('\it{c_{ni}}')
subplot(3,2,4)
plot(imag(c(2,:)))
axis([0 N -max(abs(imag(c(2,:)))) max(abs(imag(c(2,:))))])
title('\it{p} = 0.99')
xlabel('\it{n}')
ylabel('\it{c_{ni}}')
subplot(3,2,5)
plot(abs(c(1,:)))
axis([0 N 0 max(abs(c(1,:)))])
title('\it{p} = 0.9')
xlabel('\it{n}')
ylabel('\it{|c_n |}')
subplot(3,2,6)
plot(abs(c(2,:)))
axis([0 N 0 max(abs(c(2,:)))])
title('\it{p} = 0.99')
xlabel('\it{n}')
ylabel('\it{|c_n |}')

figure
subplot(2,2,1)
```

```
plot(abs(Rx(1,:)))
axis([0 M 0 max(abs(Rx(1,:)))])
title('\it{p} = 0.9')
xlabel('\it{n}'); ylabel('\it{|R_{c}(n)|}')
subplot(2,2,2)
plot(abs(Rx(2,:)))
title('\it{p} = 0.99')
xlabel('\it{n}'); ylabel('\it{|R_{c}(n)|}')
axis([0 M 0 max(abs(Rx(2,:)))])
subplot(2,2,3)
plot(Sx(1,:))
title('\it{p} = 0.9')
xlabel('\it{f}'); ylabel('\it{S_{c}(f)}')
axis([0 M 0 max(abs(Sx(1,:)))])
subplot(2,2,4)
plot(Sx(2,:))
title('\it{p} = 0.99')
xlabel('\it{f}'); ylabel('\it{S_{c}(f)}')
axis([0 M 0 max(abs(Sx(2,:)))])
```

多普勒功率谱的 Jakes 模型

　　一个广泛使用的移动无线信道多普勒功率谱模型就是所谓的 Jakes 模型。在该模型中，时变传输函数 $C(f_c;t)$ 的自相关函数为

$$E\left[\,C^*(f_c;t)\,C(f_c;t+\Delta t)\,\right] = J_0(2\pi f_m \Delta t) \qquad (9.2.15)$$

其中，$J_0(\cdot)$ 是零阶第一类贝塞尔函数，在第 3 章中引入了刻画角度调制信号的频谱，并且 $f_m = vf_c/c$ 是最大的多普勒频移，其中 v 是车辆以米每秒(m/s)为单位的速度，f_c 是载波频率，而 c 是光速($3\times10^8\,\mathrm{m/s}$)。对式(9.2.15)中的自相关函数进行傅里叶变换将得到多普勒功率谱，即

$$S_c(f) = \int_{-\infty}^{\infty} J_0(2\pi f_m \Delta t)\,\mathrm{e}^{-\mathrm{j}2\pi f \Delta t}\mathrm{d}\Delta t = \begin{cases} \dfrac{1}{\pi f_m \sqrt{1-f(f/f_m)^2}}, & |f| \leqslant f_m \\[2mm] 0, & |f| > f_m \end{cases}$$

$S_c(f)$ 如图 9.6 所示。

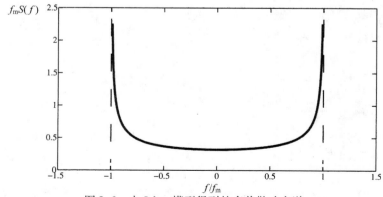

图 9.6　由 Jakes 模型得到的多普勒功率谱

解说题 9.6　[Jakes 多普勒功率谱]

确定在一辆以 100 km/h 行驶的汽车中的移动电话用户所体验的衰落过程的多普勒功率谱。该移动电话系统的载波频率为 1 GHz。

题　解

车辆的 100 km/h 的速度对应于速度 $v = 28$ m/s。因此,最大多普勒频率为

$$f_{\text{m}} = vf_{\text{c}}/c = 28 \times 10^9/3 \times 10^8 = 93 \text{ Hz}$$

并且多普勒功率谱为

$$S(f) = \frac{1}{93\pi \ \sqrt{1 - (f/93)^2}}, \quad |f| \leqslant f_{\text{m}}$$

$|f| > f_{\text{m}}$ 时 $S(f)$ 为 0。

9.3　瑞利衰落信道中二元调制系统的性能

本节确定通过瑞利衰落信道传输信息的二元数字通信系统的接收机的差错概率。首先考虑经过频率非选择性信道传输信息。

9.3.1　频率非选择性信道中的性能

假设信号的带宽 W 远小于信道的相干带宽 B_{cb},所以应用图 9.1 所示的频率非选择性信道模型,其中 $c(t) = \alpha(t) e^{j\phi(t)}$。假设 $c(t)$ 的时变与比特间隔相比非常缓慢,于是在时间间隔 $0 \leqslant t \leqslant T$ 中,$c(t)$ 是常数(亦即 $c = \alpha e^{j\phi}$),其中 α 是 PDF 为

$$f(\alpha) = \begin{cases} \dfrac{\alpha}{\sigma^2} e^{-\alpha^2/2\sigma^2}, & \alpha \geqslant 0 \\ 0, & \text{其余 } \alpha \end{cases} \quad (9.3.1)$$

的瑞利分布,并且 ϕ 服从在 $(0, 2\pi)$ 区间上的均匀分布。

现在假设采用二元反极性信号(例如,BPSK)在该信道上传输信息。因此,两个可能的信号为

$$s_m(t) = \sqrt{\frac{2E_{\text{b}}}{T}} \cos(2\pi f_c t + m\pi), \quad m = 0,1 \quad (9.3.2)$$

在时间间隔 $0 \leqslant t \leqslant T$ 内的接收信号为

$$r(t) = \alpha \sqrt{\frac{2E_{\text{b}}}{T}} \cos(2\pi f_c t + m\pi + \phi) + n(t) \quad (9.3.3)$$

其中,ϕ 是载波相位偏移。现在假设 ϕ 在解调器端被精确地估计,该解调器将 $r(t)$ 与

$$\psi(t) = \sqrt{\frac{2}{T}} \cos(2\pi f_c t + \phi), \quad 0 \leqslant t \leqslant T \quad (9.3.4)$$

进行互相关。因此在采样时刻,检测器的输入为

$$y = \alpha\sqrt{E_{\text{b}}} \cos m\pi + n, \quad m = 0,1 \quad (9.3.5)$$

对于给定的 α 值,差错概率具有熟悉的形式

$$p_2(\alpha) = Q\left(\frac{2\alpha^2 E_b}{N_0}\right) \tag{9.3.6}$$

$P_2(\alpha)$是给定信道衰减 α 值时的条件差错概率。为了确定差错概率,对所有可能的 α 值取平均,计算

$$P_2 = \int_0^\infty P_2(\alpha)f(\alpha)\,\mathrm{d}\alpha \tag{9.3.7}$$

其中,$f(\alpha)$ 是式(9.3.1)给出的瑞利 PDF。该积分有简单的闭式解

$$P_2 = \frac{1}{2}\left[1 - \sqrt{\frac{\overline{\rho}_b}{1 + \overline{\rho}_b}}\right] \tag{9.3.8}$$

其中,定义

$$\overline{\rho}_b = \frac{E_b}{N_0}E(\alpha^2) \tag{9.3.9}$$

因而,$\overline{\rho}_b$ 是每比特的平均接收 SNR,并且 $E(\alpha^2) = 2\sigma^2$。

───── 解说题 ─────

解说题 9.7 ［反极性信号的 Monte Carlo 仿真］

　　通过 Monte Carlo 仿真估计并画出瑞利衰落信道中的二元反极性信号通信系统的差错概率。仿真式(9.3.5)中给出的检测器的输入,其中加性高斯噪声具有零均值和单位方差,并且 α 服从瑞利分布,其 σ^2 选取为 1。改变仿真中的 SNR $\overline{\rho}_b$。画出估计的差错概率及式(9.3.8)给出的理论值。选取仿真所用的样本的长度为 $N = 10000$。

───── 题　解 ─────

　　图 9.7 给出了 Monte Carlo 仿真的结果,并且将其与差错概率的理论值进行了比较。

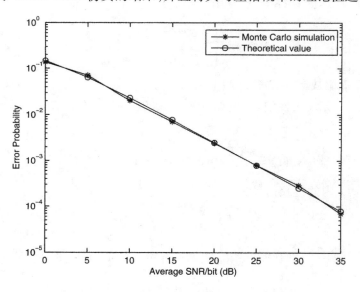

图 9.7　解说题 9.7 中 Monte Carlo 仿真的结果

　　本题的 MATLAB 脚本如下所示。

```
% MATLAB script for Illustrative Problem 9.7

Eb = 1;                                % Energy per bit
EbNo_dB = 0:5:35;
No_over_2 = Eb*10.^(-EbNo_dB/10);      % Noise power
sigma = 1;                             % Rayleigh parameter
BER = zeros(1,length(EbNo_dB));
% Calculation of error probability using Monte Carlo simulation:
for i = 1:length(EbNo_dB)
    no_errors = 0;
    no_bits = 0;
    % Assumption: m = 0 (All zero codeword is transmitted):
    while no_errors <= 100
        u = rand;
        alpha = sigma*sqrt(-2*log(u));
        noise = sqrt(No_over_2(i))*randn;
        y = alpha*sqrt(Eb) + noise;
        if y <= 0
            y_d = 1;
        else
            y_d = 0;
        end
        no_bits = no_bits + 1;
        no_errors = no_errors + y_d;
    end
    BER(i) = no_errors/no_bits;
end
% Calculation of error probability using the theoretical formula:
rho_b = Eb./No_over_2;
P2 = 1/2*(1-sqrt(rho_b./(1+rho_b)));
% Plot the results:
semilogy(EbNo_dB,BER,'-*',EbNo_dB,P2,'-o')
xlabel('Average SNR/bit (dB)')
ylabel('Error Probability')
legend('Monte Carlo simulation','Theoretical value')
```

若二元信号是正交的,如正交 FSK,其中的两个可能的发射信号为

$$s_m(t) = \sqrt{\frac{2E_b}{T}} \cos\left[2\pi\left(f_c + \frac{m}{2T}\right)t\right], \quad m = 0,1 \tag{9.3.10}$$

那么接收到的信号为

$$r(t) = \alpha \sqrt{\frac{2E_b}{T}} \cos\left[2\pi\left(f_c + \frac{m}{2T}\right)t + \phi\right] + n(t) \tag{9.3.11}$$

在这种情况下,接收信号与这两个信号做互相关

$$\psi_1(t) = \sqrt{\frac{2}{T}} \cos(2\pi f_c t + \phi)$$

$$\psi_2(t) = \sqrt{\frac{2}{T}} \cos\left[2\pi\left(f_c + \frac{1}{2T}\right)t + \phi\right] \tag{9.3.12}$$

若 $m = 0$,那么两个相关器的输出为

$$r_1 = \alpha\sqrt{E_b} + n_1$$

$$r_2 = n_2 \qquad\qquad (9.3.13)$$

其中，n_1 和 n_2 是两个相关器输出的加性噪声分量。因此差错概率就简单地是 $r_2 > r_1$ 的概率。因为信号是正交的，所以对于给定的 α 值，差错概率具有熟悉的如下形式：

$$P_2(\alpha) = Q\left(\frac{\alpha^2 E_b}{N_0}\right) \qquad\qquad (9.3.14)$$

在反极性信号的情形中，对所有 α 值的平均差错概率是通过计算式（9.3.7）中的积分得到的。于是，得到

$$P_2 = \frac{1}{2}\left[1 - \sqrt{\frac{\bar{\rho}_b}{2 + \bar{\rho}_b}}\right] \qquad\qquad (9.3.15)$$

其中，$\bar{\rho}_b$ 是式（9.3.9）定义的每比特平均 SNR。

解说题

解说题 9.8 ［正交信号的 Monte Carlo 仿真］

通过 Monte Carlo 仿真估计并画出瑞利衰落信道中的二元正交信号通信系统的差错概率。仿真式（9.3.13）中给出的检测器的输入，其中加性噪声项 n_1 和 n_2 是相互独立、零均值和单位方差的高斯噪声，并且 α 服从瑞利分布，其 σ^2 选取为 1。对于不同的 $\bar{\rho}_b$ 值，画出估计的差错概率及式（9.3.15）给出的理论值。选取仿真所用的样本的长度为 $N = 10000$。

题　解

图 9.8 给出了 Monte Carlo 仿真的结果，并且将其与差错概率的理论值进行了比较。

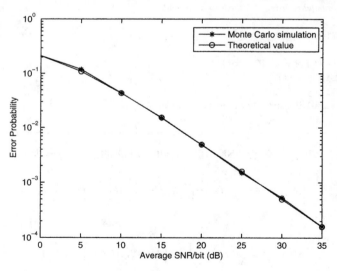

图 9.8　解说题 9.8 中 Monte Carlo 仿真的结果

本题的 MATLAB 脚本如下所示。

---

m 文件

% MATLAB script for Illustrative Problem 9.8

```
Eb = 1;                          % Energy per bit
EbNo_dB = 0:5:35;
```

```
EbNo = 10.^(EbNo_dB/10);
No_over_2 = Eb*10.^(−EbNo_dB/10);        % Noise power
sigma = 1;                               % Rayleigh parameter
BER = zeros(1,length(EbNo));
% Calculation of error probability using Monte Carlo simulation:
for i = 1:length(EbNo)
    no_errors = 0;
    no_bits = 0;
    % Assumption: m = 0 (All zero codeword is transmitted):
    while no_errors <= 100
        no_bits = no_bits + 1;
        u = rand;
        alpha = sigma*sqrt(−2*log(u));
        noise = sqrt(No_over_2(i))*randn(1,2);
        r(1) = alpha*sqrt(Eb) + noise(1);
        r(2) = noise(2);
        if r(1) >= r(2)
            r_d = 0;
        else
            r_d = 1;
        end
        no_errors = no_errors + r_d;
    end
    BER(i) = no_errors/no_bits;
end
% Calculation of error probability using the theoretical formula:
rho_b = Eb./No_over_2;
P2 = 1/2*(1−sqrt(rho_b./(2+rho_b)));
% Plot the results:
semilogy(EbNo_dB,BER,'−*',EbNo_dB,P2,'−o')
xlabel('Average SNR/bit (dB)')
ylabel('Error Probability')
legend('Monte Carlo simulation','Theoretical value')
```

　　图 9.9 中给出了对瑞利衰落信道中反极性信号和正交信号的差错概率的比较。这些图中引人注目的方面就是差错概率作为 SNR 的函数缓慢地减小。事实上，对于大的 $\bar{\rho}_b$ 值，二元信号的差错概率为

反极性信号：
$$P_2 \approx \frac{1}{4\bar{\rho}_b}$$

正交信号：
$$P_2 \approx \frac{1}{2\bar{\rho}_b} \qquad (9.3.16)$$

因此，两种情况下的差错概率都是随着 SNR 的增加而下降。这与加性高斯白噪声信道中呈指数下降形成了对比。我们还注意到，反极性信号（二元 PSK）和正交信号（FSK）之间 SNR 的差别为 3 dB。

　　另外两种类型的二元信号调制是 DPSK 和非相干 FSK。为了完整性，我们告诉大家这些信号的平均差错概率为

DPSK：
$$P_2 = \frac{1}{2(1+\bar{\rho}_b)} \qquad (9.3.17)$$

非相干 FSK：
$$P_2 = \frac{1}{2+\bar{\rho}_b} \qquad (9.3.18)$$

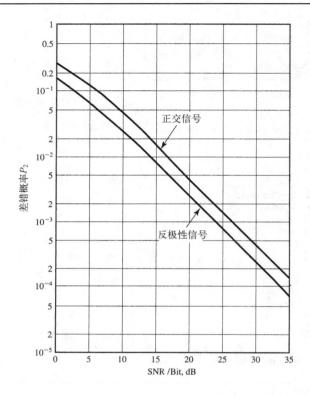

图 9.9　瑞利衰落信道中的二元信号的性能

9.3.2　通过信号分集改进性能

衰落信道中数字通信的基本问题就是当信道的衰减较大时(也就是说,信道处于深衰落状态),将发生较多的误码。若给接收机提供同一信息信号的两个以上的经历相互独立的衰落信道的不同副本,将极大地减小所有这些发射信号同时受到衰落的概率。如果 p 是任意一个信号的衰落低于某一临界值的概率,那么 p^D 是同一信号的所有 D 个经历相互独立衰落的副本受到的衰落都低于这一临界值的概率。我们有若干种方法来给接收机提供同一信息承载信号的 D 个经历相互独立衰落的副本。

一种方法就是在 D 个载波频率上发射相同的信息,其中相邻载波之间的间隔等于或超过信道的相干带宽 B_{cb}。这种方法称为**频率分集**。

第二种方法就是在 D 个不同时隙发射相同的信息,其中相邻时隙之间的间隔等于或者超过信道的相干时间 T_{ct}。这种方法称为**时间分集**。

另外一种常用的方法就是在仅有一个发射天线的情况下使用多个接收天线。接收天线必须间隔足够远,以使信号中的多径分量经历显著不同的传播路径。通常,一对接收天线之间需要几个波长的间隔,以使信号经历相互独立的衰落。

其他分集发射和接收技术就是到达角分集合极化分集。

假设信息通过 D 个相互独立的衰落信道到达接收机,接收机有若干种方法从接收信号中提取发射信息。最简单的方法就是接收机监测 D 个接收信号的接收功率电平,并且选取最强的信号来解调和监测。通常,这种方法将导致从一个信号到另一个信号的频繁切换。对上述方法稍许修改,将得到一种较为简单的实现,用某一信号解调和检测,只要该信号的接收功率高于预设的门限,就一直使用该信号。当信号功率低于该门限时,就切换到具有最大接收功率电平的信道,这种选择信号的方法称为**选择分集**。

为了达到更好的性能,我们可以使用更复杂的方法来合并经历相互独立的衰落的接收信号,如图 9.10 所示。其中一种适合于相干解调和检测的方法要求接收机在解调后估计和纠正 D 个接收信号中的每一个的相位偏移,然后将 D 个解调器输出端的纠正了相位的信号求和并馈入检测器。这种类型的信号合并称为**等增益合并**。

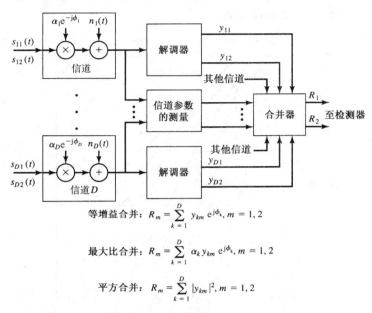

等增益合并: $R_m = \sum_{k=1}^{D} y_{km}\, \mathrm{e}^{\mathrm{j}\phi_k},\ m = 1, 2$

最大比合并: $R_m = \sum_{k=1}^{D} \alpha_k y_{km}\, \mathrm{e}^{\mathrm{j}\phi_k},\ m = 1, 2$

平方合并: $R_m = \sum_{k=1}^{D} |y_{km}|^2,\ m = 1, 2$

图 9.10　D 阶分集的二元数字通信系统模型

此外,我们可以对 D 个接收信号估计接收信号的功率电平。然后,对纠正了相位的解调器的输出以正比于接收信号强度(功率电平的平方根)的方式进行加权,并且将结果馈入检测器。这种合并的方法称为**最大比合并**。另一方面,可以使用正交信号在 D 个独立衰落信道上传输信息,并且接收机可以采用非相干解调。在这样一种情况下,D 个解调器的输出将求平方和,并输入检测器。这样一种合并称为**平方合并**。

每一种合并方法将得到不同的性能特性,这将得到表现为 $K_D / \bar{\rho}^D$ 的差错概率。其中,K_D 是取决于 D 的常数,并且 $\bar{\rho}$ 是平均 SNR/分集信道。因此,我们获得了呈指数下降的差错概率。不提供详细地推导,我们简单地声明,对于采用最大比合并的反极性信号,差错概率的通用形式为

$$P_2 \approx \frac{K_D}{(4\bar{\rho})^D}, \qquad \bar{\rho} \gg 1 \qquad\qquad (9.3.19)$$

其中,$\bar{\rho}$ 是每分集支路的平均信噪比,并且

$$K_D = \frac{(2D-1)!}{D!\,(D-1)!} \qquad\qquad (9.3.20)$$

对于采用平方合并的二元正交信号,其差错概率具有渐近形式

$$P_2 = \frac{K_D}{\bar{\rho}^D}, \qquad \bar{\rho} \gg 1 \qquad\qquad (9.3.21)$$

最后,对于等增益合并的 DPSK,其差错概率具有渐近形式

$$P_2 \approx \frac{K_D}{(2\bar{\rho})^D}, \qquad \bar{\rho} \gg 1 \tag{9.3.22}$$

对于 $D=1,2,4$,这些差错概率作为每比特的 SNR $\bar{\rho}_b = D\bar{\rho}$ 的函数,如图 9.11 所示。显然,$D=2$(双分集)与没有分集相比,获得了每比特 SNR 的较大的减小。尽管从 $D=2$ 至 $D=4$ 获得的额外增益比从 $D=1$ 至 $D=2$ 要小,但是当增加至分集阶数为 4 时,SNR 可进一步降低。超过 $D=4$ 时,SNR 降低的幅度显著变小。

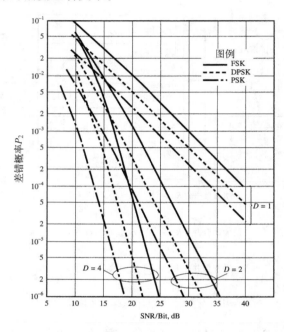

图 9.11　采用分集的二元信号的性能

解说题 9.9　[采用双分集的正交信号]

某通过瑞利衰落加性高斯白噪声信道传输信息的数字通信系统,通过在其间隔超过信道的相关频率的两个载波上发射每一个信息比特,从而实现双分集,因而两个信号的衰落相互独立。用于在每个载波频点上发射的信号相互正交。因此,当发射的信息比特是 1 时,相关器对每个正交信号的输出是

$$r_{11} = \alpha_1 \sqrt{E_b}\, e^{j\phi_1} + n_{11}$$
$$r_{12} = n_{12}$$

和

$$r_{21} = \alpha_2 \sqrt{E_b}\, e^{j\phi_2} + n_{21}$$
$$r_{22} = n_{22}$$

其中,α_1 和 α_2 是相互统计独立服从瑞利分布的随机变量,而 $\{n_{ij}, i=1,2, j=1,2\}$ 是相互统计独立、零均值和单位方差的复高斯随机变量。相关器对两个信号执行平方合并,即

$$R_1 = |r_{11}|^2 + |r_{21}|^2$$

$$R_2 = |r_{12}|^2 + |r_{22}|^2$$

并且将R_1和R_2馈入检测器,检测器选取对应于较大(R_1, R_2)的比特作为检测比特。对双分集系统执行 Monte Carlo 仿真,估计并画出作为 SNR/比特的函数的差错概率,其中 SNR 以 dB 为单位。选取仿真样本的长度为 $N = 100000$。为便于比较,同时画出大 SNR 时由式(9.3.21)给出的差错概率的理论值,也就是说 $\bar{\rho}_b \geq 15$ dB。注意 $\bar{\rho}_b = D\bar{\rho}$,其中 D 是分集阶数。

题 解

图 9.12 画出了 Monte Carlo 仿真的结果,并将其与差错概率的理论值进行了比较。注意在高 SNR 时,两者之间有很好的吻合。

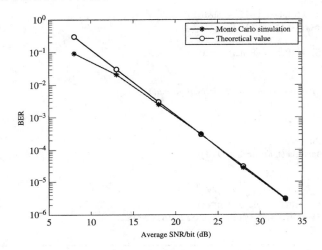

图 9.12 解说题 9.9 的结果

本题的 MATLAB 脚本如下所示。

---
m 文件

```
% MATLAB script for Illustrative Problem 9.9

D = 2;
sigma = 1;
Eb = 1/sqrt(2);
EbNo_rx_per_ch_dB = 5:5:30;
EbNo_rx_per_ch = 10.^(EbNo_rx_per_ch_dB/10);
No = Eb*2*sigma^2*10.^(-EbNo_rx_per_ch_dB/10);
BER = zeros(1,length(No));
SNR_rx_per_b_per_ch = zeros(1,length(No));
% Calculation of error probability using Monte Carlo simulation:
for i = 1:length(No)
    no_bits = 0;
    no_errors = 0;
    P_rx_t = 0;                 % Total rxd power
    P_n_t = 0;                  % Total noise power
    r = zeros(2,2);
    R = zeros(1,2);
    % Assumption: m = 1 (All one codeword is transmitted):
    while no_errors <= 100
        no_bits = no_bits + 1;
```

```
     u = rand(1,2); alpha = sigma*sqrt(-2*log(u)); phi = 2*pi*rand(1,2);
     noise = sqrt(No(i)/2)*(randn(2,2) + 1i*randn(2,2));
     r(1,1) = alpha(1)*sqrt(Eb)*exp(1i*phi(1))+noise(1,1);
     r(1,2) = noise(1,2);
     r(2,1) = alpha(2)*sqrt(Eb)*exp(1i*phi(2))+noise(2,1);
     r(2,2) = noise(2,2);
     R(1) = abs(r(1,1))^2 + abs(r(2,1))^2;
     R(2) = abs(r(1,2))^2 + abs(r(2,2))^2;
     if R(1) <= R(2)
         m_h = 0;
     else
         m_h = 1;
     end
     P_n_t = P_n_t + No(i);
     P_rx_t = P_rx_t + 0.5*(abs(r(1))^2 + abs(r(2))^2);
     no_errors = no_errors + (1-m_h);
   end
   SNR_rx_per_b_per_ch(i) = (P_rx_t-P_n_t)/P_n_t;
   BER(i) = no_errors/no_bits;
end
% Calculation of error probability using the theoretical formula:
rho = EbNo_rx_per_ch;
rho_dB = 10*log10(rho);
rho_b =D*rho;
rho_b_dB = 10*log10(rho_b);
K_D = factorial((2*D-1))/factorial(D)/factorial((D-1));
P_2 = K_D./rho.^D;
% Plot the results:
semilogy(rho_b_dB,BER,'-*',rho_b_dB,P_2,'-o')
xlabel('Average SNR/bit (dB)'); ylabel('BER')
legend('Monte Carlo simulation','Theoretical value')
```

9.3.3　频率选择性衰落信道传输信号的 RAKE 解调及其性能

　　接下来,重点讨论通过频率选择性信道传输的信号的解调。数字信息通过调制一个单一的载波,以 $1/T$ 的符号速率进行传输。我们假设信号持续时间 T 满足 $T \ll T_t$。于是,信道特性变化缓慢,以至于信道是慢衰落信道,但是因为 $W \gg B_{cb}$,所以是频率选择性衰落信道。此外,我们还假设 $T \gg T_m$,所以 ISI 可以忽略。也就是说,两个连续符号由于信道时间色散(多径扩展 T_m)造成的时间上的混叠相对于符号间隔 T 非常小。

　　如果 W 是带通信号的带宽,那么等效低通信号占有的带宽就是 $W/2$。因此,我们使用带限低通信号 $s(t)$。对频率选择性衰落信道采用图 9.3 所示的信道模型,可以将接收信号表示为

$$r(t) = \sum_{n=1}^{L} c_n(t)s(t - n/W) + n(t) \tag{9.3.23}$$

其中,$n(t)$ 代表加性高斯白噪声。因此,频率选择性衰落信道给接收机最多提供发射信号的 L 个副本,其中每一信号分量乘以相应的信道抽头权系数 $c_n(t)$,$n = 1, 2, \cdots, L$。基于慢衰落的假设,信道系数在一个或更多的符号间隔上可视为常数。

　　因为 $r(t)$ 中最多有发射信号 $s(t)$ 的 L 个副本,所以对信号进行最优处理的一个接收机将获得与其分集阶数与接收到的(可分辨的)信号分量数相等的通信系统相同的性能。

　　考虑该信道上的二元信号。有两个具有相等能量的信号 $s_1(t)$ 和 $s_2(t)$,它们要么是反极性信号,要么是正交信号,其持续时间 $T \gg T_m$。因为 ISI 可以忽略,所以最优接收机由两个相关器

或者两个与发射信号匹配的匹配滤波器组成。现在采用图 9.13 所示的相关器结构。接收信号通过抽头间隔为 $1/W$ 的抽头延迟线滤波器,与信道模型中的一样。抽头数必须与可分辨的信号分量数相匹配。在每一个抽头,信号与两个可能的发射信号 $s_1(t)$ 和 $s_2(t)$ 相乘;然后对每一乘法器的输出进行相位校正,并用 $c_n^*(t), n = 1, 2, \cdots, L$ 进行加权。然后,相应的相位已对齐,并且加权后的信号分量在符号间隔 T 上进行积分,两个相关器的输出每 T 秒进行周期采样,将其输出输入到检测器。因而,我们将接收到的信号与两个可能的发射信号对由信道引入的所有可能时延都进行了互相关运算。注意,将每一个抽头的信号与相应的抽头系数 $c_n^*(t)$ 相乘,将导致用相应的信号强度对信号分量加权。因此,相位校正和加权后的信号分量的合并对应于最大比合并。

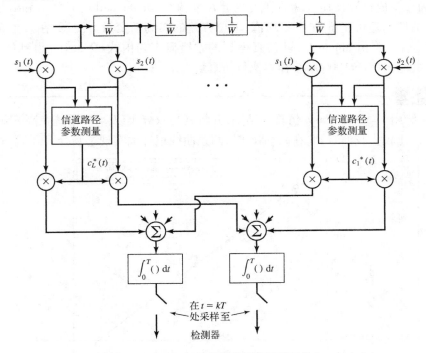

图 9.13　经由频率选择性衰落信道传输的信号的 RAKE 解调

为了进行最大比合并,我们必须从接收信号中估计信道的抽头系数 $c_n(t)$。因为这些系数都是时变的,所以估计器很有必要是自适应的,即能够跟踪时变。

图 9.13 所示的解调器的结构称为 **RAKE 解调器**。因为解调器具有等间隔的用抽头系数加权的抽头,这些抽头在本质上收集了接收信号中的各信号分量,所以这种操作就好像是一个园艺用的普通耙子。

───── 解说题 ─────

解说题 9.10　[两径信道的 RAKE 解调]

通过 Monte Carlo 仿真估计并画出由两条可分辨的瑞利衰落径所刻画的信道中的二元反极性信号通信系统的差错概率。于是,对于慢衰落信道,在 $0 \leqslant t \leqslant T$ 的间隔内,接收到的信号为

$$r(t) = \pm c_1 s(t) \pm c_2 s(t - 1/W) + n(t)$$

其中,c_1 和 c_2 是不相关的、零均值、单位方差的复高斯随机变量,并且 $n(t)$ 是复加性高斯白噪声

过程。接收信号通过一个 RAKE 解调器,该解调器将 $r(t)$ 与 $s(t)$ 和 $s(t-1/W)$ 进行互相关。结果,相关器的输出可以表示为

$$r_1 = c_1 \sqrt{E_b} \cos m\pi + n_1, \qquad m = 0,1$$
$$r_2 = c_2 \sqrt{E_b} \cos m\pi + n_2, \qquad m = 0,1$$

其中,噪声项 n_1 和 n_2 是不相关的、零均值且方差 $\sigma_n^2 = 1$ 的复高斯噪声。假设接收机具有 c_1 和 c_2 的精确估计,并且计算检测器输入端的如下判决变量:

$$R = \mathrm{Re}\left[c_1^* r_1 + c_2^* r_2 \right] = \pm\sqrt{E_b}\left[|c_1|^2 + |c_2|^2 \right] \cos m\pi + \mathrm{Re}\left[c_1^* n_1 + c_2^* n_2 \right]$$
$$= (\alpha_1^2 + \alpha_2^2) \sqrt{E_b} \cos m\pi + n, \qquad m = 0,1$$

因此,可以通过生成检测器输入端的判决变量 R 来执行 Monte Carlo 仿真,α_1 和 α_2 是两个统计独立同分布的瑞利随机变量,n 是零均值、单位方差的实高斯变量。注意,在每个符号间隔内独立地选择 $\{c_i\}$。将由 Monte Carlo 仿真得到的差错概率与由式(9.3.19)得到的理论值(高SNR)进行比较。对 $N = 100000$ 个样本执行仿真。

题 解

图 9.14 给出了 Monte Carlo 仿真的结果,并将其与双分集($D=2$)系统在高 SNR 时的理论差错概率进行比较。我们看到,在高 SNR 时,两条曲线很好地实现了吻合。

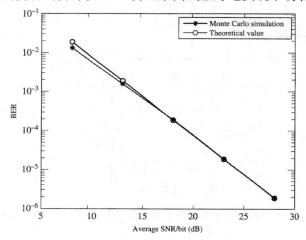

图 9.14 解说题 9.10 的结果

本题的 MATLAB 脚本如下所示。

---

m 文件

```
% MATLAB script for Illustrative Problem 9.10

D = 2;
sigma = 1/sqrt(2);
Eb = 1;
EbNo_rx_per_ch_dB = 5:5:25;
EbNo_rx_per_ch = 10.^(EbNo_rx_per_ch_dB/10);
No = Eb*2*sigma^2*10.^(-EbNo_rx_per_ch_dB/10);
BER = zeros(1,length(No));
SNR_rx_per_b_per_ch = zeros(1,length(No));
```

```
% Calculation of error probability using Monte Carlo simulation:
for i = 1:length(No)
    no_bits = 0;
    no_errors = 0;
    % Assumption: m = 0 (All zero codeword is transmitted):
    while no_errors <= 100
        no_bits = no_bits + 1;
        u = rand(1,2);
        alpha = sigma*sqrt(-2*log(u));
        phi = 2*pi*rand(1,2);
        c = alpha.*exp(1i*phi);
        noise = sqrt(No(i)/2)*(randn(1,2) + 1i*randn(1,2));
        r = c*sqrt(Eb) + noise;
        R = real(conj(c(1))*r(1)+conj(c(2))*r(2));
        if R <= 0
            m_h = 1;
        else
            m_h = 0;
        end
        no_errors = no_errors + m_h;
    end
    BER(i) = no_errors/no_bits;
end
% Calculation of error probability using the theoretical formula:
rho = EbNo_rx_per_ch;
rho_b = D*rho;
rho_b_dB = 10*log10(rho_b);
K_D = factorial((2*D-1))/factorial(D)/factorial((D-1));
P_2 = K_D./(4*rho).^D;
% Plot the results:
semilogy(rho_b_dB,BER,'-*',rho_b_dB,P_2,'-o')
xlabel('Average SNR/bit (dB)'); ylabel('BER')
legend('Monte Carlo simulation','Theoretical value')
```

在解说题 9.10 中,两径信道的抽头系数具有相等的强度。然而,在大多数物理信道中,抽头延迟线信道中的抽头系数具有不同的强度。若在接收信号中有 L 个信号分量,这些分量对应的信号强度不同且服从瑞利分布,则能证明二元信号的差错概率可以很好地近似为

$$P_2 \approx K_L \prod_{k=1}^{L} \frac{1}{[2\bar{\rho}_k(1 - \gamma_r)]} \tag{9.3.24}$$

其中,$\bar{\rho}_k$ 是第 k 个信号分量的平均 SNR,即

$$\bar{\rho}_k = \frac{E_b}{N_0} E(\alpha_k^2) \tag{9.3.25}$$

其中,$\alpha_k = |c_k|$ 是第 k 个抽头系数的幅度,对反极性信号 $\gamma_r = -1$,对正交信号 $\gamma_r = 0$,而 K_L 是式(9.3.20)中定义的常数。若所有信号分量都具有相同的长度,则式(9.3.24)中的差错概率简化为式(9.3.19),其中 $D = L$。

对二元调制的性能分析集中于瑞利衰落信号统计。在通常情况下,瑞利分布适合对发生于电离层传播和移动蜂窝系统的信号衰落建模。然而,还有一些其他统计模型用于一些不同的衰落多径信道。这些统计模型中最常用的就是 Nakagami 分布和莱斯分布。

9.3.4 OFDM 信号在频率选择性衰落信道中的传输

从通信系统性能的角度来看,对于频率选择性衰落信道中的单载波信号的接收而言,RAKE 解调器是最优解调器,在这样的系统中,符号周期被设计成满足 $T \gg T_m$,并且 $T \ll T_{ct}$,即

$$T_m \ll T \ll T_{ct} \tag{9.3.26}$$

此外,对于频率选择性衰落信道,发射信号的带宽满足如下条件:

$$W \gg B_{cb} \tag{9.3.27}$$

结合式（9.3.26）和式（9.3.27）中的条件，意味着 $TW \gg 1$，或者等价为 $W \gg 1/T$。注意，$T \gg T_m$ 条件加到信号设计上可避免 ISI 的影响，而 ISI 通常将降低系统的性能。因此，必须减小数据（符号）速率以满足 $T \gg T_m$ 条件，或者等价为，发射信号的带宽 W 必须选取为 $WT \gg 1$。

对于频率选择性衰落信道，一种频带效率更高的调制方法就是 OFDM，其中信号频带 W 被分成 N 个子信道，在每个子信道上发射的信号的符号周期选取为满足 $T \gg T_m$ 条件。因此，在每个子信道上的 ISI 可以忽略，并且利用大于 T_m 的保护时间或循环前缀就可以彻底消除它。因此相邻子信道之间的频率间隔是 $\Delta f = 1/T$，并且子信道数为 $N = W/\Delta f$，于是每个子信道被刻画为频率非选择性信道。在这种情况下，为了对抗信号衰落，相同的信息符号可以在两个或以上的子信道中发射，这些子信道的频率间隔量等于或大于信道的相干带宽 B_{cb}，以获得通过统计独立的衰落信道的信号的分集。如下解说题描述了 OFDM 信号设计方法。

解说题

解说题 9.11　［频率选择性衰落信道中的 OFDM 系统设计］

假设带宽 $W = 10\,\text{kHz}$ 的通信信道是多径扩展 $T_m = 10\,\text{ms}$ 并且多普勒扩展 $B_d = 0.1\,\text{Hz}$ 的多径信道。选取 OFDM 系统的参数，使得循环前缀（或保护时间）造成的频带损失不超过 10%。

题　解

选取符号间隔为 $T = 100\,\text{ms}$ 以满足带宽损失的限制条件。因此，$\Delta f = 1/T = 10\,\text{Hz}$，并且子信道数为 $N = 10^4/10 = 1000$。信道的相干时间为 $T_{ct} = 1/B_d = 10\,\text{s}$，于是满足了 $T \ll T_{ct}$ 的条件。信道的相关带宽 $B_{cb} = 1/T_m = 100\,\text{Hz}$。为了对抗子信道中的信号衰落，可以在多个频率间隔至少为 $100\,\text{Hz}$ 的子信道上发射相同的符号。因此，在没有分集的情况下，在该信道上获得的符号吞吐率为 $N/T = 10N$ 符号/秒，并且分集阶数为 D 时，符号吞吐率为 $R_s = 10N/D$ 符号/秒。

9.4　习题

9.1　当瑞利分布中的参数 σ^2 取值为 $\sigma^2 = 1, 5, 10$ 时，重做解说题 9.3。

9.2　当抽头权系数由一个 z 变换为

$$H(z) = \frac{1-p}{1-pz^{-1}}$$

的单极点低通滤波器生成时，重做解说题 9.5，其中 $p = 0.89$ 和 $p = 0.98$。

9.3　当列车以 $250\,\text{km/h}$ 的速度行驶并且载波频率为 $1\,\text{GHz}$ 时，重做解说题 9.6。

9.4　当对正交信号的检测器是一个非相干检测器（也就是说，要么是包络检测器，要么是平方检测器）时，重做解说题 9.8。

9.5　当二元信号是开关键控（OOK）信号并且信道是慢衰落频率非选择性瑞利衰落信道时，执行 Monte Carlo 仿真。

9.6　当分集阶数 $D = 3$ 时，重做解说题 9.9，并且在高 SNR 时，将 Monte Carlo 仿真的结果与理论差错概率进行比较。

9.7　当信息由二元正交信号传输时，重做解说题 9.10。

9.8　对两径频率选择性瑞利衰落信道，其中的第一径的功率是第二径的功率的两倍，重做解说题 9.10，对于高 SNR，比较由 Monte Carlo 仿真得到的差错概率和由式（9.3.24）给出的理论差错概率。

9.9　对带宽 $W = 900\,\text{kHz}$，多径扩展 $T_m = 12\,\mu\text{s}$ 并且多普勒扩展 $B_d = 10\,\text{Hz}$ 的信道，重做解说题 9.11。

9.10　证明式（9.3.26）意味着多径信道满足条件 $T_m B_d \ll 1$。$T_m B_d$ 称为**信道扩展因子**，并且当条件 $T_m B_d < 1$ 满足时，认为该信道**展开不足**。

9.11　证明式（9.3.26）和式（9.3.27）中的条件意味着时间带宽积 $TW \gg 1$。

第10章 信道容量和编码

10.1 概述

任何通信系统的目标都是将某个信息源产生的信息从甲地传送到乙地。传输信息经由的媒质称为**通信信道**。在第4章中我们已经知道,一个信源的信息含量是用该信源的熵来度量的,而这个熵的最常用单位是比特(bit)。我们也已经知道,对信源适当的数学模型就是随机过程。

这一章要讨论通信信道适当的数学模型,还将讨论称为**信道容量**的这样一个量。这个量是对任意通信信道定义的,并且给出了信道可以传输的信息量的基本限制。我们要特别考虑两类信道:二元对称信道(BSC)和加性高斯白噪声信道(AWGN)。

本章第二部分专门讨论在通信信道上进行可靠通信的编码技术。我们将讨论两种最常见的编码方法,即分组编码和卷积编码。在本章的稍后各节中要对这两种码的编码和译码技术及其性能进行详细讨论。

10.2 信道模型和信道容量

通信信道将信息承载信号传送到目的地。在这个传输过程中,信息承载信号经受了各种变化。有些变化从本质上说是确知的,例如衰减、线性和非线性失真等;而另一些变化则是随机的,例如附加噪声、多径衰落等。由于可以把确知变化看成随机变化的特例,所以从最一般的意义讲,通信信道的数学模型是一个输入和输出信号之间的随机的依赖关系。

10.2.1 信道模型

在最简单的情况下,对于一个信道,可以用每个输出与其相应的输入之间相关联的条件概率来建模。这样的信道称为**离散无记忆信道**(discrete-memoryless channel,DMC),并且完全由信道输入字符集 x,信道输出字符集 y 和信道**转移概率矩阵** $p(y \mid x)$(对全部 $x \in x, y \in y$)来表征。离散无记忆信道的一种特例是**二元对称信道**(binary symmetric channel,BSC),这种信道可以看成对在高斯信道上进行二元传输且输出为硬判定的系统的数学模型。二元对称信道对应于 $x = y = \{0,1\}$ 且 $p(y = 0 \mid x = 1) = p(y = 1 \mid x = 0) = \varepsilon$ 的情况。这种信道的一个示意模型如图10.1所示,图中的参数 ε 称为信道的**交叉概率**(crossover probability)。

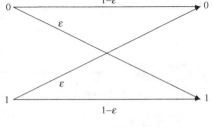

图10.1 二元对称信道(BSC)

10.2.2 信道容量

按照定义,信道容量就是在这条信道上能够进行可靠信息传输的最大速率。当存在其中一个分组长度增加的码序列时,随着分组长度的增加,若这种码的差错概率趋于零,就有可能进行可靠传输。信道容量记为 C,按定义在速率 $R < C$ 时,这条信道上就有可能进行可靠传输;当 $R > C$ 时,可靠传输是不可能的。

香农信息论的基本结果表明,对于离散无记忆信道,它的容量由下式给出:

$$C = \max_{p(x)} I(X;Y) \tag{10.2.1}$$

其中,$I(X;Y)$ 代表 X(信道输入)和 Y(信道输出)之间的互信息,求最大值是通过对所有信道输入的分布来完成的。

两个随机变量 X 和 Y 之间的互信息定义为

$$I(X;Y) = \sum_{x \in \mathscr{X}} \sum_{x \in \mathscr{Y}} p(x)p(y \mid x)\log_2 \frac{p(x,y)}{p(x)p(y)} \tag{10.2.2}$$

其中,互信息以比特为单位,对数以 2 为底。

对于二元对称信道,容量由下面的简单关系给出:

$$C = 1 - H_b(\varepsilon) \tag{10.2.3}$$

其中,ε 是信道的交叉概率,$H_b(\cdot)$ 代表二元熵函数:

$$H_b(x) = -x\log_2(x) - (1-x)\log_2(1-x) \tag{10.2.4}$$

另一种重要的信道模型是输入功率受限的带限加性高斯白噪声信道。这种信道模型如图 10.2 所示。

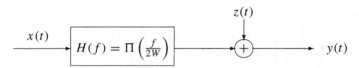

图 10.2 带限加性高斯白噪声信道

该信道带限于 $[-W, W]$,噪声是高斯白噪声,且(双边)功率谱密度为 $N_0/2$,而信道输入是一个满足输入功率限定为 P 的过程。香农证明了该信道以比特每秒为单位的信道容量为

$$C = W\log_2\left(1 + \frac{P}{N_0 W}\right) \quad \text{bps} \tag{10.2.5}$$

对于输入功率限定为 P,并且噪声方差为 σ^2 的离散时间加性高斯白噪声信道,以每次传输的比特数表示的容量为

$$C = \frac{1}{2}\log_2\left(1 + \frac{P}{\sigma^2}\right) \tag{10.2.6}$$

解说题

解说题 10.1 ［二元对称信道容量］

利用 BPSK 信号在一个加性高斯白噪声信道上传输二进制数据,并在最优匹配滤波检测器的输出端采用硬判决译码。

1. 画出作为

$$\gamma = \frac{E}{N_0} \tag{10.2.7}$$

的函数的信道的差错概率,其中 E 是每个 BPSK 信号中的能量,而 $N_0/2$ 是噪声功率谱密度。假设 γ 在 $-20 \sim 20$ dB 之间变化。

2. 画出作为 γ 的函数的信道容量。

题　解

1. 使用最优检测的 BPSK 的差错概率为

$$p = Q(\sqrt{2}\gamma) \tag{10.2.8}$$

相应的结果见图 10.3。

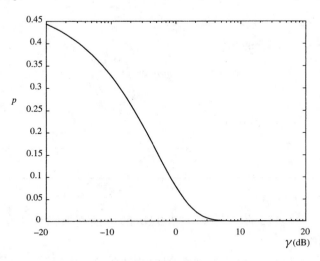

图 10.3　BPSK 差错概率与 $\gamma = E/N_0$ 的关系图

2. 现在用下面的关系：

$$\begin{aligned} C &= 1 - H_b(p) \\ &= 1 - H_b(Q(\sqrt{2\gamma})) \end{aligned} \tag{10.2.9}$$

可得 C 与 γ 的关系图，如图 10.4 所示。

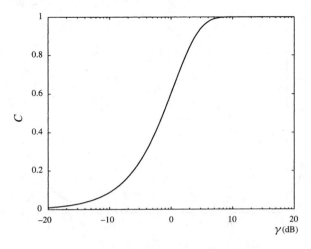

图 10.4　信道容量与 $\gamma = E/N_0$ 的关系图

本题的 MATLAB 脚本如下所示。

---

m 文件

```
% MATLAB script for Illustrative Problem 10.1.
echo on
gamma_db=[−20:0.1:20];
gamma=10.^(gamma_db./10);
p_error=q(sqrt(2.*gamma));
capacity=1.−entropy2(p_error);
pause % Press a key to see a plot of error probability vs. SNR/bit.
clf
semilogx(gamma,p_error)
xlabel('SNR/bit')
title('Error probability versus SNR/bit')
ylabel('Error Prob.')
pause % Press a key to see a plot of channel capacity vs. SNR/bit.
clf
semilogx(gamma,capacity)
xlabel('SNR/bit')
title('Channel capacity versus SNR/bit')
ylabel('Channel capacity')
```

解说题

解说题 10.2　[高斯信道容量]

1. 画出作为 P/N_0 的函数的带宽 $W = 3000\ \text{Hz}$ 的加性高斯白噪声信道的容量, P/N_0 在 $-20 \sim 30\ \text{dB}$ 之间变化。

2. 画出 $P/N_0 = 25\ \text{dB}$ 时, 作为 W 的函数的加性高斯白噪声信道的容量, 尤其是当 W 无限增大时, 信道容量是什么?

题　解

1. 结果由图 10.5 给出。

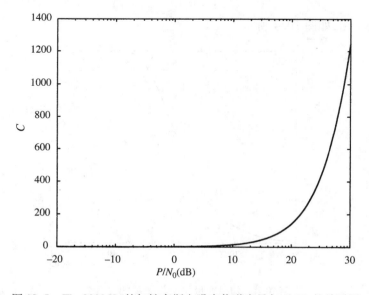

图 10.5　$W = 3000\ \text{Hz}$ 的加性高斯白噪声信道容量与 P/N_0 的关系图

2. 图 10.6 给出了作为带宽的函数的容量。由此图可见, 当 P/N_0 或者 W 两者之一趋于零时,信道容量也趋于零。然而,当 P/N_0 或 W 趋于无穷大时,容量的变化特性是不同的。当 P/N_0 趋于无穷大时,如图 10.5 所示,容量也趋于无穷大。然而,当 W 趋于无穷大时,容量就到了某一极限值,该极限值由 P/N_0 决定。为了确定这个极限值,有

$$\lim_{W \to \infty} W\log_2\left(1 + \frac{P}{N_0 W}\right) = \frac{P}{N_0 \ln 2} \qquad (10.2.10)$$

$$= 1.4427 \frac{P}{N_0} \qquad (10.2.11)$$

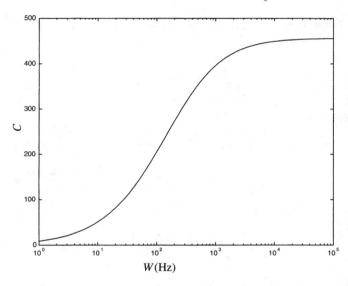

图 10.6 在加性高斯白噪声信道中作为带宽的函数的容量

本题的 MATLAB 脚本如下所示。

m 文件

```
% MATLAB script for Illustrative Problem 10.2.
echo on
pn0_db=[-20:0.1:30];
pn0=10.^(pn0_db./10);
capacity=3000.*log2(1+pn0/3000);
pause % Press a key to see a plot of channel capacity vs. P/N0.
clf
semilogx(pn0,capacity)
title('Capacity vs. P/N0 in an AWGN channel')
xlabel('P/N0')
ylabel('Capacity (bits/second)')
clear
w=[1:10,12:2:100,105:5:500,510:10:5000,5025:25:20000,20050:50:100000];
pn0_db=25;
pn0=10^(pn0_db/10);
capacity=w.*log2(1+pn0./w);
pause % Press a key to see a plot of channel capacity vs. bandwidth.
clf
semilogx(w,capacity)
title('Capacity vs. bandwidth in an AWGN channel')
xlabel('Bandwidth (Hz)')
ylabel('Capacity (bits/second)')
```

■ 解说题

解说题 10.3 ［二进制输入加性高斯白噪声信道的容量］

二进制输入加性高斯白噪声信道可以建模为两个二进制输入电平 A 和 $-A$,以及方差为 σ^2 的零均值加性高斯噪声。在这种情况下,$\mathcal{X} = \{-A, A\}$,$\mathcal{Y} = \mathbb{R}$,$p(y \mid X = A) \sim \mathcal{N}(A, \sigma^2)$,$p(y \mid X = -A) \sim \mathcal{N}(-A, \sigma^2)$。画出作为 A/σ 的函数的该信道容量。

■ 题 解

由于这个题目中的对称性,对均匀输入分布,即 $p(X = A) = p(X = -A) = \dfrac{1}{2}$,就可以得到信道容量。对于这种输入分布,其输出分布为

$$p(y) = \frac{1}{2\sqrt{2\pi\sigma^2}} e^{-(y+A)^2/(2\sigma^2)} + \frac{1}{2\sqrt{2\pi\sigma^2}} e^{-(y-A)^2/(2\sigma^2)} \tag{10.2.12}$$

输入和输出之间的互信息为

$$I(X;Y) = \frac{1}{2}\int_{-\infty}^{\infty} p(y \mid X = A)\log_2 \frac{p(y \mid X = A)}{p(y)}\mathrm{d}y +$$

$$\frac{1}{2}\int_{-\infty}^{\infty} p(y \mid X = -A)\log_2 \frac{p(y \mid X = -A)}{p(y)}\mathrm{d}y \tag{10.2.13}$$

进行简单的积分和变量变换,可得

$$I(X;Y) = f\left(\frac{A}{\sigma}\right) \tag{10.2.14}$$

其中,

$$f(a) = \int_{-\infty}^{\infty} \frac{1}{\sqrt{2\pi}} e^{-(u-a)^2/2} \log_2 \frac{2}{1 + e^{-2au}}\mathrm{d}u \tag{10.2.15}$$

利用这些关系,就能对各种不同的 A/σ 值计算 $I(X;Y)$ 并画出结果。图 10.7 给出了所得到的曲线。

本题的 MATLAB 脚本如下所示。

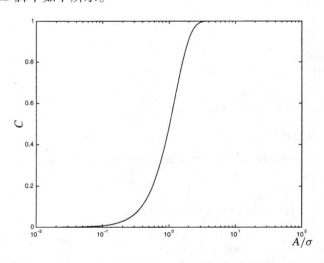

图 10.7　作为 SNR $= A/\sigma$ 的函数的某个二进制输入加性高斯白噪声信道的容量

m 文件

```
% MATLAB script for Illustrative Problem 10.3.
echo on
a_db=[−20:0.2:20];
a=10.^(a_db/10);
for i=1:201
    f(i)=quad('il3_8fun',a(i)−5,a(i)+5,1e−3,[],a(i));
    g(i)=quad('il3_8fun',−a(i)−5,−a(i)+5,1e−3,[],−a(i));
    c(i)=0.5*f(i)+0.5*g(i);
    echo off ;
end
echo on ;
pause % Press a key to see capacity vs. SNR plot.
semilogx(a,c)
title('Capacity versus SNR in binary input AWGN channel')
xlabel('SNR')
ylabel('Capacity (bits/transmission)')
```

解说题

解说题 10.4 [硬判决和软判决方法的比较]

某二进制输入信道使用了两个输入电平 A 和 $−A$。信道输出是输入和零均值、方差为 σ^2 的加性高斯白噪声之和。这个信道在两种不同的条件下应用。一种是直接用输出而不进行量化(软判决);另一种是对每个输入电平做最优判决(硬判决)。画出每种情况下作为 A/σ 的函数的容量。

题 解

软判决部分与解说题 10.3 类似。对于硬判决的情形,所得二进制对称信道的交叉概率是 $Q(A/\sigma)$,因此容量为

$$C_{\mathrm{H}} = 1 - H_{\mathrm{b}}\left(Q\left(\frac{A}{\sigma}\right)\right)$$

C_{H} 和 C_{S} 都如图 10.8 所示。正如我们所料,对于全部 A/σ 值,软判决译码优于硬判决译码。

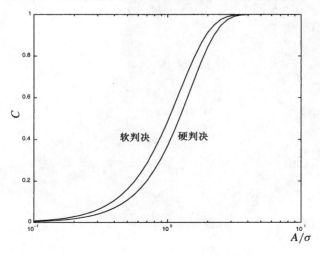

图 10.8 C_{H} 和 C_{S} 与 SNR $= A/\sigma$ 的关系图

本题的 MATLAB 脚本如下所示。

```
% MATLAB script for Illustrative Problem 10.4.
echo on
a_db=[-13:0.5:13];
a=10.^(a_db/10);
c_hard=1-entropy2(Q(a));
for i=1:53
    f(i)=quad('il3_8fun',a(i)-5,a(i)+5,1e-3,[],a(i));
    g(i)=quad('il3_8fun',-a(i)-5,-a(i)+5,1e-3,[],-a(i));
    c_soft(i)=0.5*f(i)+0.5*g(i);
    echo off ;
end
echo on ;
pause % Press a key to see the capacity curves.
semilogx(a,c_soft,a,c_hard)
```

解说题

解说题 10.5 [容量与带宽和 SNR 的关系]

输入功率受限为 P 并且带宽为 W 的带限加性高斯白噪声信道的容量由下式给出：

$$C = W\log_2\left(1 + \frac{P}{N_0 W}\right)$$

画出作为 W 和 P/N_0 的函数的容量。

题 解

结果如图 10.9 所示。注意，当 P/N_0 为常数时，该图就退化成图 10.6 所示的曲线；对于恒定的带宽，作为 P/N_0 的函数的容量类似于图 10.5 所示的曲线。

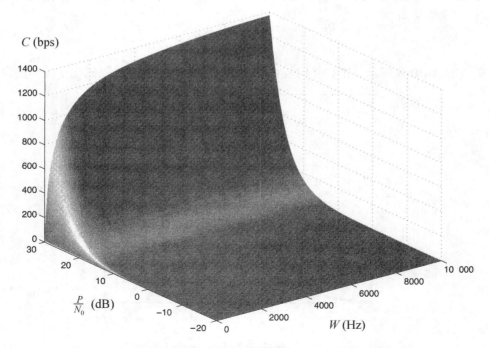

图 10.9　加性高斯白噪声信道中，作为带宽 W 和 SNR 的函数的容量

本题的 MATLAB 脚本如下所示。

■ m 文件

```
% MATLAB script for Illustrative Problem 10.5.
echo off
w=[1:5:20,25:20:100,130:50:300,400:100:1000,1250:250:5000,5500:500:10000];
pn0_db=[-20:1:30];
pn0=10.^(pn0_db/10);
for i=1:45
    for j=1:51
        c(i,j)=w(i)*log2(1+pn0(j)/w(i));
    end
end
echo on
pause % Press a key to see C vs. W and P/N0.
k=[0.9,0.8,0.5,0.6];
s=[-70,35];
surfl(w,pn0_db,c',s,k)
title('Capacity vs. bandwidth and SNR')
```

■ 解说题

解说题 10. 6 ［离散时间加性高斯白噪声信道的容量］

画出作为输入功率和噪声方差的函数的离散时间加性高斯白噪声信道的容量。

■ 题 解

结果如图 10. 10 所示。

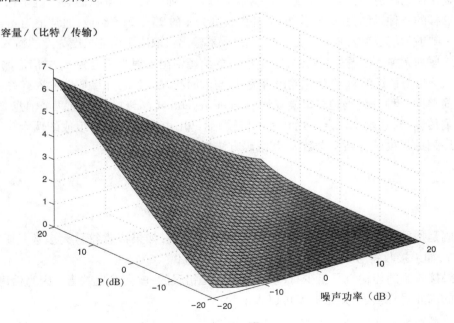

图 10. 10 作为信号功率 (P) 和噪声功率 (σ^2) 的函数的离散时间加性高斯白噪声信道的容量

本题的 MATLAB 脚本如下所示。

---
m 文件

```
% MATLAB script for Illustrative Problem 10.6.
echo on
p_db=[-20:1:20];
np_db=p_db;
p=10.^(p_db/10);
np=p;
for i=1:41
    for j=1:41
        c(i,j)=0.5*log2(1+p(i)/np(j));
        echo off ;
    end
end
echo on ;
pause % Press a key to see the plot.
surfl(np_db,p_db,c)
```

10.3 信道编码

在有噪声信道上通信将产生差错。为了减少差错的影响并实现可靠的通信,有必要使发射的序列尽可能不同,以使信道噪声不会将一个序列变成另一个序列。这就意味着不得不引入某些冗余度,以提高通信的可靠性。冗余度的引入会导致额外的比特传输,从而降低传输速率。

一般可以将信道编码方法分成两大类:分组码和卷积码。在分组编码中,将长度为 k 的二进制信道输出序列映射为长度为 n 的二进制信道输入序列,因此所得到的码率就是每次传输 k/n 比特。这样的一种码称为 (n,k) 分组码,并由长度为 n 的 2^k 个码字组成,通常记为 $c_1, c_2, \cdots, c_{2^k}$。信源输出映射为信道输入是独立完成的,而编码器输出仅取决于当前长度为 k 的输入序列,与先前的输入序列无关。在卷积编码中,长度为 k_0 的信源输出映射为长度为 n_0 的信道输入,但是该信道输入不仅与最近的 k_0 个信源输出有关,还与前面的 $(L-1)k_0$ 个编码器输入有关。

最简单的一种分组码是**简单重复码**(simple repetition code),其中有两个消息要在二元对称信道上传输,对这两个消息不用 0 和 1 传输,而是用由全 0 和全 1 组成的两个序列来传输。这两个序列的长度选为某个奇数 n,其编码方法如下:

$$0 \rightarrow \overbrace{00 \cdots 00}^{n\text{为奇数}} \tag{10.3.1}$$

$$1 \rightarrow \overbrace{11 \cdots 11}^{n\text{为奇数}} \tag{10.3.2}$$

译码是按照简单多数表决的方式进行的;也就是说,如果接收符号大多数是 1,译码器就判决为 1;如果接收符号大多数是 0,译码器就判决为 0。

如果接收到的传输符号至少有 $(n+1)/2$ 个是错误的,就会发生差错。因为信道是交叉概率为 ε 的二元对称信道,差错概率可以表示为

$$p_e = \sum_{k=(n+1)/2}^{n} \binom{n}{k} \varepsilon^k (1-\varepsilon)^{n-k} \tag{10.3.3}$$

例如,当 $n=5, \varepsilon=0.001$ 时有

$$p_e = \sum_{k=3}^{5} 0.001^k (0.999)^{5-k} = 9.99 \times 10^{-10} \approx 10^{-9} \tag{10.3.4}$$

这就是说,通过利用信道 5 次而不是 1 次,就能将差错概率从 0.001 降低到 10^{-9}! 当然,为这个更可靠的性能已经付出了代价,这个代价就是降低了传输速率并增加了系统的复杂性。传输速率从每使用信道 1 次传输一个二进制消息降低到每使用信道 5 次才传输一个二进制消息。由于现在必须用一个编码器(结构很简单)和一个用于实现简单多数表决译码的译码器,所以系统复杂性也就增加了。在本题中,如果继续增加 n 还能实现更可靠的通信。例如,对 $n=9$ 有

$$p_e = \sum_{k=5}^{9} 0.001^k (0.999)^{9-k} = 9.97 \times 10^{-16} \approx 10^{-15} \qquad (10.3.5)$$

由上面的讨论似乎可以得出,若想将差错概率减到零,就要无限增加 n,因此传输速率将降到 0! 然而,情况并非如此。香农指出,只要将传输速率保持在信道容量以下,就能渐近地实现可靠的通信(即 $p_e \rightarrow 0$)。在上述情况下,这就是

$$C = 1 - H_b(0.001) = 1 - 0.0114 = 0.9886 \quad (\text{比特/传输}) \qquad (10.3.6)$$

然而,这是通过使用编码和译码方法之后才能实现的,而这些编码和译码比简单重复编码复杂得多。

解说题

解说题 10.7　[简单重复编码中的差错概率]

假设在某二元对称信道中 $\varepsilon = 0.3$,画出作为分组长度 n 的函数的 p_e。

题　解

求得 n 从 1 到 61 变化时的 P_e。差错概率为

$$p_e = \sum_{k=(n+1)/2}^{n} \binom{n}{k} 0.3^k \times 0.7^{n-k}$$

结果如图 10.11 所示。

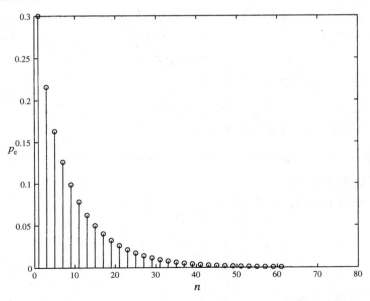

图 10.11　当 $\varepsilon = 0.3$ 且 $n = 1, 2, 3, \cdots, 61$ 时,简单重复编码的差错概率

本题的 MATLAB 脚本如下所示。

m 文件

```
% MATLAB script for Illustrative Problem 10.7.
echo on
ep=0.3;
for i=1:2:61
    p(i)=0;
    for j=(i+1)/2:i
        p(i)=p(i)+prod(1:i)/(prod(1:j)*prod(1:(i−j)))*ep^j*(1−ep)^(i−j);
        echo off ;
    end
end
echo on ;
pause % Press a key to see the plot.
stem((1:2:61),p(1:2:61))
xlabel('n')
ylabel('pe')
title('Error probability as a function of n in simple repetition code')
```

10.3.1　线性分组码

　　线性分组码是最重要和应用最广泛的一类分组码。如果任意两个码字的线性组合还是一个码字,这种分组码就是线性的。在二进制情况下,这就意味着任意两个码字的和还是一个码字。在线性分组码中,码字形成 n 维空间的一个 k 维子空间。线性分组码是利用它们的**生成矩阵**(generator matrix)G 来描述的,它是一个 $k \times n$ 的二进制矩阵,以使每个码字 c 都能写成如下形式:

$$c = uG \tag{10.3.7}$$

其中,u 是长度为 k 的二进制数据序列(编码器输入)。很显然,长度为 n 的全 0 序列总是 (n,k) 线性分组码中的一个码字。

　　线性分组码的一个重要参数就是最小(Hamming)码距,它决定了该码的纠错能力,定义为任意两个不同码字之间的最小 Hamming 距离。码的最小距离表示为 $d_{\min}$,即有

$$d_{\min} = \min_{i \neq j} d_{\mathrm{H}}(c_i, c_j) \tag{10.3.8}$$

对于线性码,最小距离等于码的最小权重,定义为

$$w_{\min} = \min_{c_i \neq 0} w(c_i) \tag{10.3.9}$$

也就是说,在任何非零码字中 1 的最少个数。

解说题

解说题 10.8　[线性分组码]

　　一个 (10,4) 线性分组码的生成矩阵为

$$G = \begin{bmatrix} 1 & 0 & 0 & 1 & 1 & 1 & 0 & 1 & 1 & 1 \\ 1 & 1 & 1 & 0 & 0 & 0 & 1 & 1 & 1 & 0 \\ 0 & 1 & 1 & 0 & 1 & 1 & 0 & 1 & 0 & 1 \\ 1 & 1 & 0 & 1 & 1 & 1 & 1 & 0 & 0 & 1 \end{bmatrix}$$

求全部码字和该码的最小权重。

题　解

　　为了求得全部码字,必须使用长度为 4 的所有信息序列,并找出对应的编码序列。因为总共

有 16 个长度为 4 的二进制序列,所以将有 16 个码字。令 U 为 $2^k \times k$ 维矩阵,该矩阵的行是长为 k 的所有可能的二进制序列,由全 0 序列开始,并以全 1 序列结束。各行按下述方法排列:按序列的十进制大小,从上至下由小到大排列。对于 $k=4$ 的情况,矩阵 U 为

$$U = \begin{bmatrix} 0 & 0 & 0 & 0 \\ 0 & 0 & 0 & 1 \\ 0 & 0 & 1 & 0 \\ 0 & 0 & 1 & 1 \\ 0 & 1 & 0 & 0 \\ 0 & 1 & 0 & 1 \\ 0 & 1 & 1 & 0 \\ 0 & 1 & 1 & 1 \\ 1 & 0 & 0 & 0 \\ 1 & 0 & 0 & 1 \\ 1 & 0 & 1 & 0 \\ 1 & 0 & 1 & 1 \\ 1 & 1 & 0 & 0 \\ 1 & 1 & 0 & 1 \\ 1 & 1 & 1 & 0 \\ 1 & 1 & 1 & 1 \end{bmatrix}$$

我们得到

$$C = UG \tag{10.3.10}$$

其中,C 是码字矩阵,在这个例子中是 16×10 的矩阵,它的行是码字。这个码字矩阵为

$$C = \begin{bmatrix} 0 & 0 & 0 & 0 \\ 0 & 0 & 0 & 1 \\ 0 & 0 & 1 & 0 \\ 0 & 0 & 1 & 1 \\ 0 & 1 & 0 & 0 \\ 0 & 1 & 0 & 1 \\ 0 & 1 & 1 & 0 \\ 0 & 1 & 1 & 1 \\ 1 & 0 & 0 & 0 \\ 1 & 0 & 0 & 1 \\ 1 & 0 & 1 & 0 \\ 1 & 0 & 1 & 1 \\ 1 & 1 & 0 & 0 \\ 1 & 1 & 0 & 1 \\ 1 & 1 & 1 & 0 \\ 1 & 1 & 1 & 1 \end{bmatrix} \begin{bmatrix} 1 & 0 & 0 & 1 & 1 & 1 & 0 & 1 & 1 & 1 \\ 1 & 1 & 1 & 0 & 0 & 0 & 1 & 1 & 1 & 0 \\ 0 & 1 & 1 & 0 & 1 & 1 & 0 & 1 & 0 & 1 \\ 1 & 1 & 0 & 1 & 1 & 1 & 1 & 0 & 0 & 1 \end{bmatrix}$$

$$
= \begin{bmatrix}
0 & 0 & 0 & 0 & 0 & 0 & 0 & 0 & 0 & 0 \\
1 & 1 & 0 & 1 & 1 & 1 & 1 & 0 & 0 & 1 \\
0 & 1 & 1 & 0 & 1 & 1 & 0 & 1 & 0 & 1 \\
1 & 0 & 1 & 1 & 0 & 0 & 1 & 1 & 0 & 0 \\
1 & 1 & 1 & 0 & 0 & 0 & 1 & 1 & 1 & 0 \\
0 & 0 & 1 & 1 & 1 & 1 & 0 & 1 & 1 & 1 \\
1 & 0 & 0 & 0 & 1 & 1 & 1 & 0 & 1 & 1 \\
0 & 1 & 0 & 1 & 0 & 0 & 0 & 0 & 1 & 0 \\
1 & 0 & 0 & 1 & 1 & 1 & 0 & 1 & 1 & 1 \\
0 & 1 & 0 & 0 & 0 & 0 & 1 & 1 & 1 & 0 \\
1 & 1 & 1 & 1 & 0 & 0 & 0 & 0 & 1 & 0 \\
0 & 0 & 1 & 0 & 1 & 1 & 1 & 0 & 1 & 1 \\
0 & 1 & 1 & 1 & 1 & 1 & 1 & 0 & 0 & 1 \\
1 & 0 & 1 & 0 & 0 & 0 & 0 & 0 & 0 & 0 \\
0 & 0 & 0 & 1 & 0 & 0 & 1 & 1 & 0 & 0 \\
1 & 1 & 0 & 0 & 1 & 1 & 0 & 1 & 0 & 1
\end{bmatrix}
$$

仔细检查这些码字可以发现，码字的最小距离是 $d_{min} = 2$。

本题的 MATLAB 脚本如下所示。

m. 文件

```
% MATLAB script for Illustrative Problem 10.8.
% Generate U, denoting all information sequences.
k=4;
for i=1:2^k
    for j=k:-1:1
        if rem(i-1,2^(-j+k+1))>=2^(-j+k)
            u(i,j)=1;
        else
            u(i,j)=0;
        end
        echo off ;
    end
end
echo on ;
% Define G, the generator matrix.
g=[1 0 0 1 1 1 0 1 1 1;
   1 1 1 0 0 0 1 1 1 0;
   0 1 1 0 1 1 0 1 0 1;
   1 1 0 1 1 1 1 0 0 1];
% Generate codewords.
c=rem(u*g,2);
% Find the minimum distance.
w_min=min(sum((c(2:2^k,:))')) ;
```

如果生成矩阵具有如下形式：

$$
\boldsymbol{G} = \begin{bmatrix}
1 & 0 & \cdots & 0 & p_{1,1} & p_{1,2} & \cdots & p_{1,n-k} \\
0 & 1 & \cdots & 0 & p_{2,1} & p_{2,2} & \cdots & p_{2,n-k} \\
\vdots & \vdots & \ddots & \vdots & \vdots & \vdots & \ddots & \vdots \\
0 & 0 & \cdots & 1 & p_{k,1} & p_{k,2} & \cdots & p_{k,n-k}
\end{bmatrix}
\tag{10.3.11}
$$

或者

$$G = [I_k | P] \tag{10.3.12}$$

那么线性分组码就具有**规则形式**(systematic form),其中,I_k 代表 $k \times k$ 的单位矩阵,而 P 代表 $k \times (n-k)$ 的矩阵。在一个规则码中,一个码字的前 k 个二进制符号是信息比特,而余下的 $n-k$ 个二进制符号是**奇偶校验符号**(parity-check symbol)。

　　码字的**奇偶校验矩阵**(parity-check matrix)是一个任意 $(n-k) \times n$ 维二进制矩阵 H,使得对全部码字 c 有

$$cH^{\mathrm{T}} = 0 \tag{10.3.13}$$

显然

$$GH^{\mathrm{T}} = 0 \tag{10.3.14}$$

并且,如果 G 具有规则形式,则

$$H = [P^{\mathrm{T}} | I^k] \tag{10.3.15}$$

Hamming 码

　　Hamming 码是最小距离为 3 的 $(2^m - 1, 2^m - m - 1)$ 线性分组码,并且有一个很简单的奇偶校验矩阵。奇偶校验矩阵是 $m \times (2^m - 1)$ 的矩阵,除去全 0 序列以外,用长为 m 的所有二进制序列作为它的列。例如,对于 $m = 3$,有一个 $(7,4)$ 码,它的规则形式的奇偶校验矩阵为

$$H = \begin{bmatrix} 1 & 0 & 1 & 1 & 1 & 0 & 0 \\ 1 & 1 & 0 & 1 & 0 & 1 & 0 \\ 0 & 1 & 1 & 1 & 0 & 0 & 1 \end{bmatrix} \tag{10.3.16}$$

据此有

$$G = \begin{bmatrix} 1 & 0 & 0 & 0 & 1 & 1 & 0 \\ 0 & 1 & 0 & 0 & 0 & 1 & 1 \\ 0 & 0 & 1 & 0 & 1 & 0 & 1 \\ 0 & 0 & 0 & 1 & 1 & 1 & 1 \end{bmatrix} \tag{10.3.17}$$

> **解说题**

解说题 10.9 ［Hamming 码］

　　求 $(15,11)$ 的 Hamming 码的全部码字,并验证它的最小距离等于 3。

> **题　解**

　　现在

$$H = \begin{bmatrix} 1 & 0 & 0 & 1 & 1 & 0 & 1 & 0 & 1 & 1 & 1 & 1 & 0 & 0 & 0 \\ 1 & 1 & 0 & 0 & 0 & 1 & 1 & 1 & 0 & 1 & 1 & 0 & 1 & 0 & 0 \\ 0 & 1 & 1 & 1 & 0 & 0 & 1 & 1 & 0 & 1 & 0 & 0 & 0 & 1 & 0 \\ 0 & 0 & 1 & 0 & 1 & 1 & 0 & 1 & 1 & 1 & 1 & 0 & 0 & 0 & 1 \end{bmatrix} \tag{10.3.18}$$

因此有

$$G = \begin{bmatrix} 1 & 0 & 0 & 0 & 0 & 0 & 0 & 0 & 0 & 0 & 0 & 1 & 1 & 0 & 0 \\ 0 & 1 & 0 & 0 & 0 & 0 & 0 & 0 & 0 & 0 & 0 & 0 & 1 & 1 & 0 \\ 0 & 0 & 1 & 0 & 0 & 0 & 0 & 0 & 0 & 0 & 0 & 0 & 0 & 1 & 1 \\ 0 & 0 & 0 & 1 & 0 & 0 & 0 & 0 & 0 & 0 & 0 & 1 & 0 & 1 & 0 \\ 0 & 0 & 0 & 0 & 1 & 0 & 0 & 0 & 0 & 0 & 0 & 1 & 0 & 0 & 1 \\ 0 & 0 & 0 & 0 & 0 & 1 & 0 & 0 & 0 & 0 & 0 & 1 & 0 & 1 & 1 \\ 0 & 0 & 0 & 0 & 0 & 0 & 1 & 0 & 0 & 0 & 0 & 1 & 1 & 1 & 0 \\ 0 & 0 & 0 & 0 & 0 & 0 & 0 & 1 & 0 & 0 & 0 & 0 & 1 & 1 & 1 \\ 0 & 0 & 0 & 0 & 0 & 0 & 0 & 0 & 1 & 0 & 0 & 1 & 0 & 1 & 1 \\ 0 & 0 & 0 & 0 & 0 & 0 & 0 & 0 & 0 & 1 & 0 & 1 & 1 & 0 & 1 \\ 0 & 0 & 0 & 0 & 0 & 0 & 0 & 0 & 0 & 0 & 1 & 1 & 1 & 1 & 1 \end{bmatrix}$$

总共有 $2^{11} = 2048$ 个码字,每个都是 15 位长。码率是 $\dfrac{11}{15} = 0.733$。为了验证该码的最小距离,我们用类似于解说题 10.8 所用的 MATLAB 脚本。这个 MATLAB 脚本如下所示,最后得到 $d_{\min} = 3$。

m 文件

```
% MATLAB script for Illustrative Problem 10.9.
echo on
k=11;
for i=1:2^k
    for j=k:-1:1
        if rem(i-1,2^(-j+k+1))>=2^(-j+k)
            u(i,j)=1;
        else
            u(i,j)=0;
        end
        echo off ;
    end
end
echo on ;

g=[1 0 0 0 0 0 0 0 0 0 0 1 1 0 0;
   0 1 0 0 0 0 0 0 0 0 0 0 1 1 0;
   0 0 1 0 0 0 0 0 0 0 0 0 0 1 1;
   0 0 0 1 0 0 0 0 0 0 0 1 0 1 0;
   0 0 0 0 1 0 0 0 0 0 0 1 0 0 1;
   0 0 0 0 0 1 0 0 0 0 0 1 0 1 1;
   0 0 0 0 0 0 1 0 0 0 0 1 1 1 0;
   0 0 0 0 0 0 0 1 0 0 0 0 1 1 1;
   0 0 0 0 0 0 0 0 1 0 0 1 0 1 1;
   0 0 0 0 0 0 0 0 0 1 0 1 1 0 1;
   0 0 0 0 0 0 0 0 0 0 1 1 1 1 1];

c=rem(u*g,2);
w_min=min(sum((c(2:2^k,:))')) ;
```

线性分组码的性能

　　线性分组码既可以采用软判决译码,也可以采用硬判决译码。在硬判决译码方法中,首先在码元上按位进行判决,然后用最小 Hamming 距离准则完成译码。这种译码方法的性能取决于码的距离结构,但还是能够利用码的最小距离获得一种紧致的上界的,特别是在高 SNR 值的情况下。

最小距离为 $d_{\min}$ 的线性分组码,在硬判决译码时,它的(消息)差错概率的上界为

$$p_e \leqslant (M-1)\left[4p(1-p)\right]^{d_{\min}/2} \tag{10.3.19}$$

其中,p 代表二元信道的差错概率(解调中的差错概率),M 是码字的数目($M=2^k$)。

在软判决译码中,将接收信号映射到一个码字,该码字对应的信号与接收信号有最小的欧氏距离。在这种情况下,消息差错概率的上界为

$$p_e \leqslant (M-1)Q\left(\frac{d^E}{\sqrt{2N_0}}\right) \tag{10.3.20}$$

其中,$M=2^k$ 是码字的数目,N_0 是单边噪声功率谱密度,而 d^E 是该码的**最小欧氏距离**,由下式给出:

$$d^E = \begin{cases} \sqrt{2d_{\min}E}, & \text{对正交信号} \\ \sqrt{4d_{\min}E}, & \text{对反极性信号} \end{cases} \tag{10.3.21}$$

这样可得到

$$p_e \leqslant \begin{cases} (M-1)Q\left(\sqrt{\dfrac{d_{\min}E}{N_0}}\right), & \text{对正交信号} \\ (M-1)Q\left(\sqrt{\dfrac{2d_{\min}E}{N_0}}\right), & \text{对反极性信号} \end{cases} \tag{10.3.22}$$

在这些不等式中,$d_{\min}$ 是码的最小 Hamming 距离,E 表示码字中每个码元的能量。因为每个码字有 n 个码元,所以每个码字的能量是 nE;又因为每个码字载有 k 个信息比特,所以每比特的能量 E_b 为

$$E_b = \frac{nE}{k} = \frac{E}{R_c} \tag{10.3.23}$$

其中,$R_c=k/n$ 代表码率。因此,上面的关系可写为

$$p_e \leqslant \begin{cases} (M-1)Q\left(\sqrt{\dfrac{d_{\min}R_cE_b}{N_0}}\right), & \text{对正交信号} \\ (M-1)Q\left(\sqrt{\dfrac{2d_{\min}R_cE_b}{N_0}}\right), & \text{对反极性信号} \end{cases} \tag{10.3.24}$$

所得到的这个上界通常仅对大的 $\gamma_b=E_b/N_0$ 值有用。对于较小的 γ_b 值,这个上界就变得不紧致了,甚至还可能超过 1。

解说题

解说题 10.10　[硬判决译码的性能]

假设对 $(15,11)$ Hamming 码使用反极性信号和硬判决译码,画出作为 $\gamma_b=E_b/N_0$ 的函数的消息差错概率。

题　解

因为使用的是反极性信号,所以二元信道的差错概率为

$$p = Q\left(\sqrt{\frac{2E}{N_0}}\right) \tag{10.3.25}$$

其中,E 是每个码元的能量(每个维度的能量),由 E_b 得到

$$E = E_b R_c \qquad (10.3.26)$$

因此，

$$p = Q\left(\sqrt{\frac{2R_c E_b}{N_0}}\right) \qquad (10.3.27)$$

其中，$R_c = k/n = \dfrac{11}{15} = 0.73333$。因为 Hamming 码的最小距离是 3，所以有

$$p_e \leqslant (2^{11} - 1)\left[4p(1-p)\right]^{d_{min}/2}$$

$$= 2047\left(4Q\left(\sqrt{\frac{1.466E_b}{N_0}}\right)\left(1 - Q\left(\sqrt{\frac{1.466E_b}{N_0}}\right)\right)\right)^{1.5} \qquad (10.3.28)$$

最终的结果如图 10.12 所示。

当采用硬判决和反极性信号时，计算线性分组码的消息差错概率上界的 MATLAB 函数如下所示。

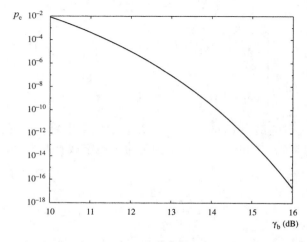

图 10.12　对（15,11）Hamming 码采用硬判决译码和反极性信号时，其作为 γ_b 的函数的差错概率

m 文件

```
function [p_err,gamma_db]=p_e_hd_a(gamma_db_l,gamma_db_h,k,n,d_min)
% p_e_hd_a.m     Matlab function for computing error probability in
%                hard-decision decoding of a linear block code
%                when antipodal signaling is used.
%                [p_err,gamma_db]=p_e_hd_a(gamma_db_l,gamma_db_h,k,n,d_min)
%                gamma_db_l=lower E_b/N_0
%                gamma_db_h=higher E_b/N_0
%                k=number of information bits in the code
%                n=code block length
%                d_min=minimum distance of the code

gamma_db=[gamma_db_l:(gamma_db_h−gamma_db_l)/20:gamma_db_h];
gamma_b=10.^(gamma_db/10);
R_c=k/n;
p_b=q(sqrt(2.*R_c.*gamma_b));
p_err=(2^k−1).*(4*p_b.*(1−p_b)).^(d_min/2);
```

在下面给出的 MATLAB 脚本中，用前面的 MATLAB 函数画出了差错概率与 γ_b 的关系。

---
m 文件

```
% MATLAB script for Illustrative Problem 10.10.
[p_err_ha,gamma_b]=p_e_hd_a(10,16,11,15,3);
semilogy(gamma_b,p_err_ha)
```

解说题

解说题 10. 11　[硬判决译码]

　　如果(15,11) Hamming 码不使用反极性信号,而是使用正交二元调制方案,画出作为 $\gamma_b = E_b/N_0$ 的函数的消息差错概率。

题　解

　　除了等效二元对称信道的交叉概率(硬判决译码之后)为

$$p = Q\left(\sqrt{\frac{E}{N_0}}\right) \tag{10.3.29}$$

以外,这个题与解说题 10.10 是类似的。利用关系

$$E = E_b R_c \tag{10.3.30}$$

可得

$$p = Q\left(\sqrt{\frac{R_c E_b}{N_0}}\right) \tag{10.3.31}$$

最后有

$$\begin{aligned} p_e &\leqslant (2^{11}-1)\left[4p(1-p)\right]^{d_{\min}/2} \\ &= 2047\left[4Q\left(\sqrt{\frac{0.733E_b}{N_0}}\right)\left(1-Q\left(\sqrt{\frac{0.733E_b}{N_0}}\right)\right)\right]^{1.5} \end{aligned} \tag{10.3.32}$$

$p_e \sim E_b/N_0$ 的关系如图 10.13 所示。

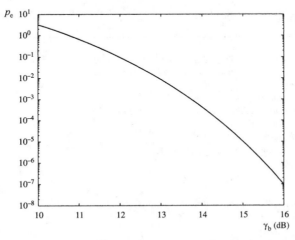

图 10.13　使用正交信号和硬判决译码时,(15,11)码的差错概率与 γ_b 的关系

本题的 MATLAB 脚本如下所示。

---
m 文件

```
% MATLAB script for Illustrative Problem 10.11.
echo on
```

```
gamma_b_db=[-4:1:14];
gamma_b=10.^(gamma_b_db/10);
qq=q(sqrt(0.733.*gamma_b));
p_err=2047*qq.^2.*(3-2.*qq);
pause % Press a key to see p_err versus gamma_b curve.
loglog(gamma_b,p_err)
```

正如在图 10.13 中所看到的,对于较低的 γ_b 值,所得到的上界就不太紧致了。事实上,对这些 γ_b 值,差错概率的上界是大于 1 的。将正交信号和反极性信号这两个差错概率的上界画在同一张图上也是有启发意义的,图 10.14 完成了这项工作。对比图中的两条曲线很容易看出,反极性信号与正交信号相比具有更优越的性能。

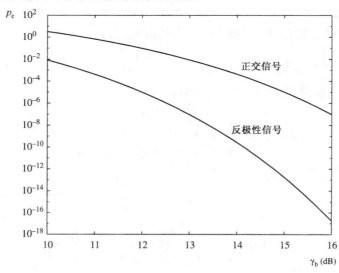

图 10.14　反极性信号与正交信号的比较

在硬判决译码情况下,下面的 MATLAB 函数可用于计算采用正交信号的消息差错概率。

m 文件

```
function [p_err,gamma_db]=p_e_hd_o(gamma_db_l,gamma_db_h,k,n,d_min)
% p_e_hd_o.m    Matlab function for computing error probability in
%               hard-decision decoding of a linear block code
%               when orthogonal signaling is used.
%               [p_err,gamma_db]=p_e_hd_o(gamma_db_l,gamma_db_h,k,n,d_min)
%               gamma_db_l=lower E_b/N_0
%               gamma_db_h=higher E_b/N_0
%               k=number of information bits in the code
%               n=code block length
%               d_min=minimum distance of the code

gamma_db=[gamma_db_l:(gamma_db_h-gamma_db_l)/20:gamma_db_h];
gamma_b=10.^(gamma_db/10);
R_c=k/n;
p_b=q(sqrt(R_c.*gamma_b));
p_err=(2^k-1).*(4*p_b.*(1-p_b)).^(d_min/2);
```

解说题

解说题 10.12　[软判决译码]

当使用软判决译码而不使用硬判决译码时,重做解说题 10.11。

题　解

在这种情况下,必须用式(10.3.24)求差错概率的上界。在本题中,$d_{\min} = 3$,$R_c = \dfrac{11}{15}$,$M = 2^{11} - 1 = 2047$。因此有

$$p_e \leqslant \begin{cases} (M-1)Q\left(\sqrt{\dfrac{d_{\min}R_c E_b}{N_0}}\right), & \text{对正交信号} \\[3mm] (M-1)Q\left(\sqrt{\dfrac{2d_{\min}R_c E_b}{N_0}}\right), & \text{对反极性信号} \end{cases}$$

$$\leqslant \begin{cases} 2047\,Q\left(\sqrt{\dfrac{11}{5}\dfrac{E_b}{N_0}}\right), & \text{对正交信号} \\[3mm] 2047\,Q\left(\sqrt{\dfrac{22}{5}\dfrac{E_b}{N_0}}\right), & \text{对反极性信号} \end{cases}$$

对这些差错概率的表达式进行比较,可看出反极性信号比正交信号要好 3 dB。对应的曲线如图 10.15 所示。

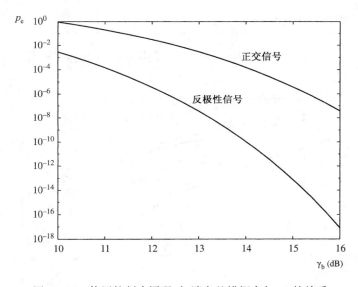

图 10.15　使用软判决译码时,消息差错概率与 γ_b 的关系

下面给出两个 MATLAB 函数,一个针对反极性信号计算差错概率,另一个针对正交信号计算差错概率,两者都使用了软判决译码。

m 文件

```
function [p_err,gamma_db]=p_e_sd_a(gamma_db_l,gamma_db_h,k,n,d_min)
% p_e_sd_a.m    Matlab function for computing error probability in
%               soft-decision decoding of a linear block code
%               when antipodal signaling is used.
%               [p_err,gamma_db]=p_e_sd_a(gamma_db_l,gamma_db_h,k,n,d_min)
%               gamma_db_l=lower E_b/N_0
%               gamma_db_h=higher E_b/N_0
%               k=number of information bits in the code
%               n=code block length
```

```
%                 d_min=minimum distance of the code

gamma_db=[gamma_db_l:(gamma_db_h-gamma_db_l)/20:gamma_db_h];
gamma_b=10.^(gamma_db/10);
R_c=k/n;
p_err=(2^k-1).*q(sqrt(2.*d_min.*R_c.*gamma_b));
```

■ m 文件

```
function [p_err,gamma_db]=p_e_sd_o(gamma_db_l,gamma_db_h,k,n,d_min)
% p_e_sd_o.m    Matlab function for computing error probability in
%               soft-decision decoding of a linear block code
%               when orthogonal signaling is used.
%               [p_err,gamma_db]=p_e_sd_o(gamma_db_l,gamma_db_h,k,n,d_min)
%               gamma_db_l=lower E_b/N_0
%               gamma_db_h=higher E_b/N_0
%               k=number of information bits in the code
%               n=code block length
%               d_min=minimum distance of the code

gamma_db=[gamma_db_l:(gamma_db_h-gamma_db_l)/20:gamma_db_h];
gamma_b=10.^(gamma_db/10);
R_c=k/n;
p_err=(2^k-1).*q(sqrt(d_min.*R_c.*gamma_b));
```

图 10.16 给出了 4 条曲线,分别对应于使用软判决(SD)和硬判决(HD)时,采用反极性信号和正交信号的情况。

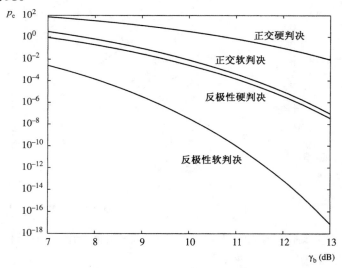

图 10.16   反极性信号/正交信号采用软/硬判决译码时的对比

产生图 10.16 的 MATLAB 脚本如下所示。

■ m 文件

```
% MATLAB script for Illustrative Problem 10.12.
[p_err_ha,gamma_b]=p_e_hd_a(7,13,11,15,3);
[p_err_ho,gamma_b]=p_e_hd_o(7,13,11,15,3);
[p_err_so,gamma_b]=p_e_sd_o(7,13,11,15,3);
[p_err_sa,gamma_b]=p_e_sd_a(7,13,11,15,3);
semilogy(gamma_b,p_err_sa,gamma_b,p_err_so,gamma_b,p_err_ha,gamma_b,p_err_ho)
```

10.3.2　卷积码

在分组码中,每 k 个信息比特序列以某种固定的方式映射为一个包含 n 个信道输入的序列,但是与前面的信息比特无关。在卷积码中,每 k_0 个信息比特序列映射为一个长为 n_0 的信道输入序列,但是这个信道输出序列不仅取决于最当前的 k_0 个信息比特,而且还与该编码器的前 $(L-1)k_0$ 个输入有关。因此,这种编码器有一种有限状态机的结构,在其中的每个时刻,输出序列不但与输入序列有关,而且与编码器的状态有关,这个状态是由编码器的前 $(L-1)k_0$ 个输入决定的。参数 L 称为该卷积码的约束长度[①]。因此,一个二进制卷积码就是一个具有 $2^{k_0(L-1)}$ 个状态的有限状态机。图 10.17 给出了 $k_0=2,n_0=3$ 和 $L=4$ 的卷积码的方框图。

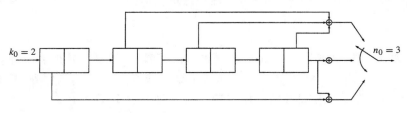

图 10.17　$k_0=2,n_0=3$ 和 $L=4$ 的卷积码

在这个卷积编码器中,信息比特是通过每次 2 比特送入这个移位寄存器的,而在该移位寄存器中的最后 2 个信息比特移出。然后这 3 个编码比特按图 10.17 所示方法进行,并将计算出的结果在信道上传输。因此,这个码的码率是 $R=2/3$。注意,在信道上传输的这 3 个编码器输出既决定于输入到这个移位寄存器的 2 个信息比特,也与该移位寄存器的前三级(6 比特)内容有关。最后一级(2 比特)的内容在输出上没有影响,因为一旦 2 个信息比特输入进去,它们就从该移位寄存器出去了。

通常,我们用卷积码的 **生成序列**(generator sequence)来定义卷积码,记为 $g_1,g_2,\cdots,g_n$。如果这个移位寄存器的第 i 个单元连到对应于输出的第 j 个比特的相加器上,那么 g_j 中的第 i 个元素就是 1,否则就是 0,其中 $1\leqslant i\leqslant k_0 L,1\leqslant j\leqslant n$。例如,图 10.17 所示卷积码的生成序列为

$$g_1=[0\ 0\ 1\ 0\ 1\ 0\ 0\ 1]$$
$$g_2=[0\ 0\ 0\ 0\ 0\ 0\ 0\ 1]$$
$$g_3=[1\ 0\ 0\ 0\ 0\ 0\ 0\ 1]$$

一旦给定了 $g_1,g_2,\cdots,g_n$,卷积码就被唯一确定了。

我们还定义卷积码的生成矩阵为

$$G=\begin{bmatrix}g_1\\g_2\\\vdots\\g_n\end{bmatrix}$$

一般来说,这是一个 $n\times k_0 L$ 矩阵。对于图 10.17 所示的卷积码,其生成矩阵为

$$G=\begin{bmatrix}0&0&1&0&1&0&0&1\\0&0&0&0&0&0&0&1\\1&0&0&0&0&0&0&1\end{bmatrix}$$

---

① 有些作者定义 $m=Lk_0$ 为约束长度,而另一些作者喜欢定义 $(L-1)k_0$ 为约束长度。因作者而异。

假定产生卷积码的移位寄存器在进入第 1 个信息比特之前全都是 0 输入，即该编码器初始状态为 0，并且假定将信息比特序列补 $(L-1)k_0$ 个 0，以使该卷积编码器又回到全 0 状态，这样做是有用的。另外，还假设信息比特序列（卷积编码器的输入）的长度是 k_0 的倍数。若该信息比特序列的长度不是 k_0 的倍数，就给它补 0，使得到的长度是 k_0 的倍数。这个要在本段先前指出的补 $(L-1)k_0$ 个 0 之前完成。如果在第 1 次补 0 之后，这个输入序列的长度是 nk_0，那么输出序列将是 $(n+L-1)n_0$，因此码率为

$$\frac{nk_0}{(n+L-1)n_0}$$

在实际情况中，n 要比 L 大得多，因此上式就能很好地近似为

$$R_c = \frac{k_0}{n_0}$$

下面给出的 MATLAB 函数 cnv_encd.m 是当 $\boldsymbol{G}, k_0$ 和输入序列给定时，产生这个卷积编码器的输入序列。注意，输入序列的补零是用 MATLAB 函数完成的。输入序列（用参数 input 表示）从进入编码器的第 1 个信息比特开始。参数 n_0 和 L 由矩阵 $\boldsymbol{G}$ 导出。

m 文件

```
function output=cnv_encd(g,k0,input)
%               cnv_encd(g,k0,input)
%               determines the output sequence of a binary convolutional encoder
%               g is the generator matrix of the convolutional code
%               with n0 rows and l*k0 columns. Its rows are g1,g2,...,gn.
%               k0 is the number of bits entering the encoder at each clock cycle.
%               input is the binary input seq.

%   Check to see if extra zero-padding is necessary.
if rem(length(input),k0) > 0
  input=[input,zeros(size(1:k0-rem(length(input),k0)))];
end
n=length(input)/k0;
%   Check the size of matrix g.
if rem(size(g,2),k0) > 0
  error('Error, g is not of the right size.')
end
%   Determine l and n0.
l=size(g,2)/k0;
n0=size(g,1);
%   add extra zeros
u=[zeros(size(1:(l-1)*k0)),input,zeros(size(1:(l-1)*k0))];
%   Generate uu, a matrix whose columns are the contents of
%   conv. encoder at various clock cycles.
u1=u(l*k0:-1:1);
for i=1:n+l-2
  u1=[u1,u((i+l)*k0:-1:i*k0+1)];
end
uu=reshape(u1,l*k0,n+l-1);
%   Determine the output
output=reshape(rem(g*uu,2),1,n0*(l+n-1));
```

解说题

解说题 10.13 ［卷积编码器］

当信息序列为

$$1001110011000001111$$

时,求图 10.17 所示的卷积编码器的输出。

题　解

现在该信息序列的长为 17,它不是 $k_0 = 2$ 的倍数。因此,现在补一个额外的 0 就足够了,这样长度就为 18。于是就有了下面的信息序列:

$$1\ 0\ 0\ 1\ 1\ 1\ 0\ 0\ 1\ 1\ 0\ 0\ 0\ 0\ 1\ 1\ 1\ 0$$

现在,因为有

$$G = \begin{bmatrix} 0 & 0 & 1 & 0 & 1 & 0 & 0 & 1 \\ 0 & 0 & 0 & 0 & 0 & 0 & 0 & 1 \\ 1 & 0 & 0 & 0 & 0 & 0 & 0 & 1 \end{bmatrix}$$

可得 $n_0 = 3$ 和 $L = 4$(由图 10.17 也显然可见)。因此,输出序列的长度为

$$\left(\frac{18}{2} + 4 - 1\right) \times 3 = 36$$

为确保编码器从全 0 状态开始,并回到全 0 状态,要求在输入序列的起始和末尾都添加 $(L-1)k_0$ 个 0。因此,我们正在讨论的序列就变成

$$0\ 0\ 0\ 0\ 0\ 1\ 0\ 0\ 1\ 1\ 1\ 0\ 0\ 1\ 1\ 0\ 0\ 0\ 0\ 1\ 1\ 1\ 0\ 0\ 0\ 0\ 0\ 0\ 0$$

利用函数 cnv_encd.m,求得输出序列为

$$0\ 0\ 0\ 0\ 0\ 1\ 1\ 0\ 1\ 1\ 1\ 1\ 1\ 0\ 1\ 0\ 1\ 1\ 1\ 0\ 0\ 1\ 1\ 0\ 1\ 0\ 0\ 1\ 0\ 0\ 1\ 1\ 1\ 1\ 1\ 1$$

本题的 MATLAB 脚本如下所示。

---
m 文件

```
k0=2;
g=[0 0 1 0 1 0 0 1;0 0 0 0 0 0 0 1;1 0 0 0 0 0 0 1];
input=[1 0 0 1 1 1 0 0 1 1 0 0 0 0 1 1 1];
output=cnv_encd(g,k0,input);
```

卷积码的表示

我们已经看到,一个卷积码既可以用编码器的结构,也可以用生成矩阵 G 来表示。另外,我们还知道一个卷积编码器能够表示成一个有限状态机,因此它就能用代表这个有限状态机的状态转移图来描述。对卷积码的表示来说,应用更广泛的方法是使用它们的**网格图**(trellis diagram)来表示。一个网格图就是一个按时间变化的状态转移图。因此,网格图是一个 $2^{(L-1)k_0}$ 个状态的序列(每个时钟周期都用黑圆点表示)以及这些状态之间的转移支路。

现在考虑图 10.18 所示的卷积码,其中 $k_0 = 1$, $n_0 = 2$ 且 $L = 3$。很显然,这个码可以用具有 4 个状态的有限状态机表示,这 4 个状态对应于该移位寄存器前两个单元的不同可能内容,即 00,01,10 和 11。现在我们用字母 a,b,c 和 d 分别代表这 4 种状态。为了画出这个码的网格图,必须对每个时钟周期画出对应于 4 种状态的 4 个圆点,然后按照在各状态之间

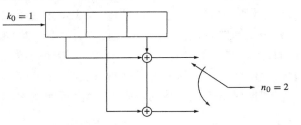

图 10.18　当 $k_0 = 1$, $n_0 = 2$ 和 $L = 3$ 时的一种卷积编码器

可能发生的各种转移将这些点连起来。对于这个码的网格图见图 10.19。

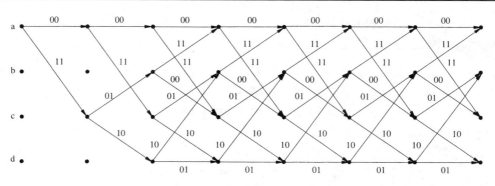

图 10.19　图 10.18 所示的卷积码的网格图

正如在图 10.19 中所看到的,在时间轴上(对应于时钟周期),这 4 种状态是用黑圆点表示的,而状态之间的转移是用连接这些点的支路指出的。在连接两个状态的每条支路上,两个二进制符号指明对应于哪个转移的编码器输出。另外也要注意到,我们总是从全 0 状态(状态 a)出发,沿着对应于给定输入序列的支路通过网格图来移动,并回到全 0 状态。因此,一个卷积码的码字就对应于经过的相应网格图的路径,它从全 0 状态出发,又回到全 0 状态。

在网格图中的状态数随卷积码的约束长度呈指数增加。例如,对于图 10.17 所示的卷积编码器,状态数是 $2^6 = 64$,因此这个网格图的结构就会复杂得多。

卷积码的传递函数

对于每个卷积码,传递函数给出了关于通过网格图的各种路径的信息,这些路径从全 0 状态出发并第一次回到这个状态。根据前面所述的编码规则,一个卷积编码器的任何码字都对应于通过网格图从全 0 状态出发并回到这个全 0 状态的一条路径。稍后我们将会知道,一个卷积码的传递函数在界定这个码的差错概率时起主要作用。为了求得卷积码的传递函数,将全 0 状态分为两种状态,一种代表起始状态,另一种代表第一次回到的全 0 状态。其余的所有状态都代表中间状态。对应于连接两个状态的每条支路,我们定义一个 $D^{\alpha}N^{\beta}J$ 形式的函数,其中 α 代表在输出比特序列中 1 的个数,β 是在那条支路的相应输入序列中 1 的个数。那么,该卷积码的传递函数就是在由全 0 状态出发到最后的全 0 状态之间流图的传递函数,并用 $T(D,N,J)$ 表示。$T(D,N,J)$ 中的每一项都对应于通过网格图的从全 0 状态出发并在全 0 状态结束的一条支路。J 的指数指出跨越这条路径的支路数,D 的指数表明对应于这条路径的码字中 1 的个数(或等效地说,这个码字与全 0 码字的 Hamming 距离),而 N 的指数指出在输入信息序列中 1 的个数。$T(D,N,J)$ 指出通过这个网格图第一次从全 0 路径出发并回到全 0 的所有路径的性质,所以在导出过程中,任何在全 0 状态的自回路都不考虑。为了得到这个卷积码的传递函数,可以应用在求一个流图传递函数时所用到的全部规则。有关导出一个卷积码的传递函数的详细材料可参阅参考文献 Proakis and Salehi(2002)。

依据导出传递函数的规则,很容易证明图 10.18 所示的码的传递函数为

$$T(D,N,J) = \frac{D^5 N J^3}{1 - DNJ - DNJ^2}$$

当将其展开时,可以表示成

$$T(D,N,J) = D^5 N J^3 + D^6 N^2 J^4 + D^6 N^2 J^5 + D^7 N^3 J^5 + \cdots$$

从这个 $T(D,N,J)$ 的表达式中可以看到,这里有 Hamming 权重为 5 的一个码字,Hamming

权重为 6 的两个码字,等等。同时还可以看出,Hamming 权重为 5 的这个码字对应于 Hamming 权重为 1 和长度为 3 的输入序列。在 $T(D,N,J)$ 的展开式中,D 的最小次方称为卷积码的**自由距离**(free distance),并用 d_{free} 表示。在这个例子中,$d_{\text{free}}=5$。

卷积码的译码

已经有许多算法可以用于卷积码的译码。维特比算法可能是应用最为广泛的卷积码译码方法。这个算法特别有意思,因为它是一个最大似然译码算法,一旦接收到信道输出,就通过搜索网格图找出最可能产生这个接收序列的路径。如果采用硬判决译码,这个算法就找到与接收序列在最小 Hamming 距离上的那条路径。如果采用软判决译码,这个算法就找到与接收序列具有最小欧氏距离的路径。

在卷积码的硬判决译码中,我们想要选择一条通过网格图的路径,它的码字(记为 c)与量化的接收序列 y 具有最小的 Hamming 距离。在硬判决译码中,信道是二元无记忆信道(由信道是无记忆的可以得出噪声假设是白色的这一事实)。因为目标路径从全 0 状态出发,并回到全 0 状态,我们假定这条路径跨越总条数为 m 的支路;又因为每条支路对应于编码器的 n_0 个输出比特,所以在 c 和 y 中的总比特数是 mn_0。现在,分别用 c_i 和 y_i 表示相应于第 i 条支路的比特序列,其中 $1 \leqslant i \leqslant m$,并且每个 c_i 和 y_i 的长度都是 n_0。因此,c 和 y 之间的 Hamming 距离是

$$d(\boldsymbol{c},\boldsymbol{y}) = \sum_{i=1}^{m} d(\boldsymbol{c}_i,\boldsymbol{y}_i) \tag{10.3.33}$$

在软判决译码中,除了以下三个方面的不同以外,其余的情况都是类似的。

1. 不是用 y,而是直接处理向量 r,即最优数字解调器(匹配滤波器型或相关器型)的向量输出。

2. 不用二进制 0,1 的序列 c,而是处理对应的序列 c',有

$$c'_{ij} = \begin{cases} \sqrt{E}, & \text{若 } c_{ij}=1 \\ -\sqrt{E}, & \text{若 } c_{ij}=0 \end{cases}$$

其中,$1 \leqslant i \leqslant m$ 和 $1 \leqslant j \leqslant n$。

3. 不用 Hamming 距离,而是用欧氏距离。这是基于研究的信道是加性高斯白噪声信道这一事实的一个结果。

根据上面的讨论,有

$$d_{\text{E}}^2(\boldsymbol{c}',\boldsymbol{r}) = \sum_{i=1}^{m} d_{\text{E}}^2(\boldsymbol{c}'_i,\boldsymbol{r}_i) \tag{10.3.34}$$

由式(10.3.33)和式(10.3.34)可见,我们必须要解决的这个问题的一般形式是:给定一个向量 a,找到一条通过网格图从全 0 状态出发并在全 0 状态终止的路径,以使 a 和对应于这条路径的序列 b 之间的某个距离测度最小。使这个问题容易求解的重要一点是:在两种令人感兴趣的情况下,a 和 b 之间的距离可写成对应这条路径的各单个支路的距离之和。这一点很容易由式(10.3.33)和式(10.3.34)看出。

现在,假设正在处理一个 $k_0=1$ 的卷积码。这就意味着在网格图中仅有两条支路进入每个状态。如果在某一点的最佳路径通过状态 S,就有两条路径把先前的状态 S_1 和 S_2 连接到这个状态(见图 10.20)。

如果我们想知道这两条路径中的哪一条是使总距离最小的一个好的候选,就必须将状态 S_1 和 S_2 的(最小)总测度加到把这两个状态连接到状态 S 的支路的测度上。很显然,直到状态 S 之前具有最小总测度的那条支路是在状态 S 之后要考虑的一条候选支路。这条支路称为在状态 S 的一条**留存支路**(survivor),而其余的支路不是合适的候选并被删除。现在,当确定了状态 S 的留存支路以后,也就保留了直到这个状态

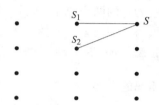

图 10.20 维特比算法的验证

为止的最小测度,就能向前移到下一个状态。这个过程一直继续到网格图末端的全 0 状态为止。对于 $k_0 > 1$ 的情况,唯一的不同是在每一步都必须从连接到状态 S 的 2^{k_0} 条支路中选出一条留存路径。

上述过程可以综合成下面的算法,即**维特比(Viterbi)算法**。

1. 将接收到的序列分成每段长为 n_0 的 m 个子序列。
2. 对所研究的码,画出深度为 m 级的网格图。对该网格图的最后 $(L-1)$ 级,仅画出对应于全 0 输入序列的路径。这样做是因为知道输入序列已经给补了 $k_0(L-1)$ 个零。
3. 令 $l=1$,并置初始全 0 状态的测度等于 0。
4. 求出该接收序列中第 l 个子序列到网格图中的将第 l 级状态连接到第 $(l+1)$ 级状态的所有支路的距离。
5. 将这些距离加到第 l 级状态的测度上,得到对第 $(l+1)$ 级状态的测度候选。对于第 $(l+1)$ 级的每个状态,有 2^{k_0} 个候选测度,其中每个都对应终止于该状态的那条支路。
6. 对第 $(l+1)$ 级的每个状态,挑选出最小的候选测度,并将对应于这个最小值的支路标为**留存支路**,同时指定这个候选测度的最小值作为第 $(l+1)$ 级状态的测度。
7. 若 $l=m$,则转到下一步,否则将 l 加 1 并转到第 4 步。
8. 在第 $(m+1)$ 级以全 0 状态开始,沿着留存支路通过网格图回到初始全 0 状态,这条路径就是最佳路径,并且对应于这条路径的输入比特序列是最大似然译码信息序列。为了得到有关这个输入比特序列的最好推测,将最后 $k_0(L-1)$ 个 0 从该序列中除掉。

从这个算法中可以看到,为一个长信息序列译码时,译码延迟和所需的存储量都是无法接受的。直到整个序列全都被接收,才能开始译码(在卷积码的情况下,时间可能会很长),而且还不得不将总的留存路径存储起来。实际上,不会引起这些问题的次优解倒是我们所期望的。一种称为**路径存储截断**(path memory truncation)的办法是:对于每一级译码器,在网格图中仅往回搜索 δ 级,而不回到网格图的出发点。使用这种办法,在第 $(\delta+1)$ 级,译码器对相应于网格图的第 1 级的输入比特(第一个 k_0 比特)做出判决,并且未来的接收比特不改变这个判决。这意味着译码延迟是 $k_0\delta$ 比特,需要保留的路径只相应于最后 δ 级的路径。计算机仿真已经表明,如果 $\delta \geq 5L$,那么由于路径存储截断而造成的性能下降可以忽略不计。

解说题

解说题 10.14　[维特比译码]

假定在硬判决译码下,量化的接收序列是

$$y = 01101111010001$$

卷积码由图 10.18 给出。求最大似然信息序列及差错数。

题 解

这个码是 $L=3$ 的 $(2,1)$ 码。接收序列 y 的长度是 14,这就意味着 $m=7$,需要画 7 级的网格图。同时我们也注意到,因为输入信息序列补了 $k_0(L-1)=2$ 个 0,因此在网格图的最后两级仅需画出对应于全 0 输入的支路。这也意味着真正的输入序列的长度是 5,在补了两个 0以后就增加到 7。这种情况的网格图如图 10.21 所示。

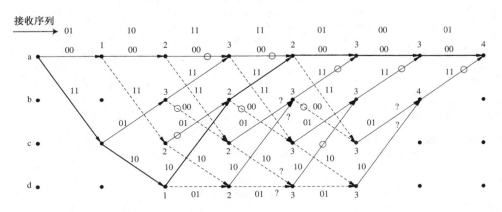

图 10.21　对序列(01101111010001)进行维特比译码的网格图

图 10.21 中也给出了划分后的接收序列 y。注意,在画这个网格图时,最后两级已经考虑到对编码器仅有 0 输入的情况(注意,在最后两级不存在对应于 1 输入的虚线)。现在,初始全 0 状态的测度置为 0,并计算出下一级的测度。在这一步,只有一条支路进入每个状态,因此也不存在任何比较,将这些测度(它们就是接收序列部分和网格支路之间的 Hamming 距离)加到先前状态的测度上。在下一级仍不存在任何比较。在第 4 级,第一次有进入每个状态的两条支路。这意味着在这里必须做出比较,并挑选出留存支路。从进入每个状态的两条支路中,将对应于最小总累加测度的一条支路保留下来作为留存支路,而另一条支路就被剔除掉了(在该网格图上用小圆圈标出)。如果在任何一级,两条路径得出相同的测度,那么它们中的每一条都能作为一条留存路径。这种情况在这个网格图中已经用问号"?"表示出来了。这个过程一直持续到网格图最后的全 0 状态,然后从那个状态出发,沿着留存路径移动到最初的全0 状态。这条路径的输入比特序列是 1100000,其中最后两个 0 不是信息比特,而是被加上的,以使编码器回到全 0 状态。因此,这个信息序列是 11000。对应于挑选出的路径的码字是11101011000000,它与接收序列的 Hamming 距离是 4。通过这个网格图的所有其他路径对应的码字与接收序列都有更大的 Hamming 距离。

对于软判决译码,用平方欧氏距离代替 Hamming 距离,也有一个类似的过程。

下面给出的 MATLAB 函数 viterbi.m 使用维特比算法对信道输出译码。这个算法既能用于卷积码的软判决译码,也能用于硬判决译码。单独分开的文件 metric.m 定义了在译码过程中所用的测度标准。对于硬判决译码,这个测度标准是 Hamming 距离;对于软判决译码,这个标准是欧氏距离。对于信道输出已量化的情况,这个测度标准通常是对数似然概率的负值,即 $-\log p$(信道输出|信道输入)。下面还给出了函数 viterbi.m 调用的几个较短的 m 文件。

```
function [decoder_output,survivor_state,cumulated_metric]=viterbi(G,k,channel_output)
%VITERBI        The Viterbi decoder for convolutional codes
%              [decoder_output,survivor_state,cumulated_metric]=viterbi(G,k,channel_output)
%              G is a n x Lk matrix each row of which
%              determines the connections from the shift register to the
%              n-th output of the code, k/n is the rate of the code.
%              survivor_state is a matrix showing the optimal path through
%              the trellis. The metric is given in a separate function metric(x,y)
%              and can be specified to accommodate hard and soft decision.
%              This algorithm minimizes the metric rather than maximizing
%              the likelihood.

n=size(G,1);
%  check the sizes
if rem(size(G,2),k) ~=0
  error('Size of G and k do not agree')
end
if rem(size(channel_output,2),n) ~=0
  error('channel output not of the right size')
end
L=size(G,2)/k;
number_of_states=2^((L-1)*k);
%  Generate state transition matrix, output matrix, and input matrix.
for j=0:number_of_states-1
  for l=0:2^k-1
    [next_state,memory_contents]=nxt_stat(j,l,L,k);
    input(j+1,next_state+1)=l;
    branch_output=rem(memory_contents*G',2);
    nextstate(j+1,l+1)=next_state;
    output(j+1,l+1)=bin2deci(branch_output);
  end
end
state_metric=zeros(number_of_states,2);
depth_of_trellis=length(channel_output)/n;
channel_output_matrix=reshape(channel_output,n,depth_of_trellis);
survivor_state=zeros(number_of_states,depth_of_trellis+1);
%  Start decoding of non-tail channel outputs.
for i=1:depth_of_trellis-L+1
  flag=zeros(1,number_of_states);
  if i <= L
    step=2^((L-i)*k);
  else
    step=1;
  end
  for j=0:step:number_of_states-1
    for l=0:2^k-1
      branch_metric=0;
      binary_output=deci2bin(output(j+1,l+1),n);
      for ll=1:n
        branch_metric=branch_metric+metric(channel_output_matrix(ll,i),binary_output(ll));
      end
      if((state_metric(nextstate(j+1,l+1)+1,2) > state_metric(j+1,1)...
        +branch_metric) | flag(nextstate(j+1,l+1)+1)==0)
        state_metric(nextstate(j+1,l+1)+1,2) = state_metric(j+1,1)+branch_metric;
        survivor_state(nextstate(j+1,l+1)+1,i+1)=j;
        flag(nextstate(j+1,l+1)+1)=1;
      end
    end
  end
  state_metric=state_metric(:,2:-1:1);
```

```
end
%  Start decoding of the tail channel-outputs.
for i=depth_of_trellis−L+2:depth_of_trellis
  flag=zeros(1,number_of_states);
  last_stop=number_of_states/(2^((i−depth_of_trellis+L−2)*k));
  for j=0:last_stop−1
      branch_metric=0;
      binary_output=deci2bin(output(j+1,1),n);
      for ll=1:n
          branch_metric=branch_metric+metric(channel_output_matrix(ll,i),binary_output(ll));
      end
      if((state_metric(nextstate(j+1,1)+1,2) > state_metric(j+1,1)...
          +branch_metric) | flag(nextstate(j+1,1)+1)==0)
          state_metric(nextstate(j+1,1)+1,2) = state_metric(j+1,1)+branch_metric;
          survivor_state(nextstate(j+1,1)+1,i+1)=j;
          flag(nextstate(j+1,1)+1)=1;
      end
  end
  state_metric=state_metric(:,2:−1:1);
end
%  Generate the decoder output from the optimal path.
state_sequence=zeros(1,depth_of_trellis+1);
state_sequence(1,depth_of_trellis)=survivor_state(1,depth_of_trellis+1);
for i=1:depth_of_trellis
  state_sequence(1,depth_of_trellis−i+1)=survivor_state((state_sequence(1,depth_of_trellis+2−i)...
+1),depth_of_trellis−i+2);
end
decodeder_output_matrix=zeros(k,depth_of_trellis−L+1);
for i=1:depth_of_trellis−L+1
  dec_output_deci=input(state_sequence(1,i)+1,state_sequence(1,i+1)+1);
  dec_output_bin=deci2bin(dec_output_deci,k);
  decoder_output_matrix(:,i)=dec_output_bin(k:−1:1)′;
end
decoder_output=reshape(decoder_output_matrix,1,k*(depth_of_trellis−L+1));
cumulated_metric=state_metric(1,1);
```

────────── m 文件 ──────────

```
function distance=metric(x,y)
if x==y
  distance=0;
else
  distance=1;
end
```

────────── m 文件 ──────────

```
function [next_state,memory_contents]=nxt_stat(current_state,input,L,k)
binary_state=deci2bin(current_state,k*(L−1));
binary_input=deci2bin(input,k);
next_state_binary=[binary_input,binary_state(1:(L−2)*k)];
next_state=bin2deci(next_state_binary);
memory_contents=[binary_input,binary_state];
```

────────── m 文件 ──────────

```
function y=bin2deci(x)
l=length(x);
y=(l−1:−1:0);
y=2.^y;
y=x*y′;
```

──── m 文件 ────

```
function y=deci2bin(x,l)
y = zeros(1,l);
i = 1;
while x>=0 & i<=l
        y(i)=rem(x,2);
        x=(x-y(i))/2;
        i=i+1;
end
y=y(l:-1:1);
```

──── 解说题 ────

解说题 10.15

用 MATLAB 函数 viterbi.m 重做解说题 10.14。

──── 题　解 ────

根据下列输入,利用 m 文件 viterbi.m:

$$G = \begin{bmatrix} 1 & 0 & 1 \\ 1 & 1 & 1 \end{bmatrix}$$
$$k = 1$$

$$\text{channel\_output} = \begin{bmatrix} 0 & 1 & 1 & 0 & 1 & 1 & 1 & 1 & 0 & 1 & 0 & 0 & 0 & 1 \end{bmatrix}$$

即可得到 decoder_output = $\begin{bmatrix} 1 & 1 & 0 & 0 & 0 \end{bmatrix}$,累加的测度是 4。

卷积码差错概率的界

由于卷积码序列是一个很长的序列,所以寻找卷积码差错性能的上界所采用的方法不同于在分组码中所用的方法;因为这些码的自由距离通常都很小,所以有些差错最终会发生。差错数是一个随机变量,它既与信道特性(软判决译码时的信噪比和硬判决译码时的交叉概率)有关,又与序列的长度有关。序列愈长,产生差错的概率就愈大,因此将比特差错数对输入序列长度归一化才会有意义。通常,为比较卷积码性能而采用的一种测度是每输入比特接收到的差错比特的期望数。为了找到对每输入比特的差错比特平均数的界,首先要求出对每个长为 k 的输入序列的差错比特平均数的界。为了确定这个界,假设传输的是全 0 序列[①],并且直到译码的第 l 级为止都没有任何差错。现在,k 个信息比特进入编码器并在网格图中朝下一级移动。我们关心的是找到一个由这个长为 k 的输入组能产生的期望差错数的界。因为已假设直到 l 级为止都没有任何误差,所以到这一级为止,通过网格图的全 0 路径有最小的测度。现在当我们朝下一级,即第 $(l+1)$ 级移动时,就可能有另一条通过网格图的路径,其测度比这个全 0 路径还要小,因此会引起误差。如果发生这种情况,就必须有通过网格图的某一条路径,该路径第 1 次在第 $(l+1)$ 级与全 0 路径合并,并有一个小于全 0 路径的测度。这样的一个事件称为**首次差错事件**(first error event),相应的概率称为**首次差错事件概率**(first error event probability)。这种情况如图 10.22 所示。

第一步是要界定这个首次差错事件的概率。令 $P_2(d)$ 代表在第 $(l+1)$ 级的留存路径的概率,它是通过网格图的与全 0 路径的 Hamming 距离为 d 的一条路径。因为 d 比 d_{free} 大,所以可将首次差错事件概率界定为

────────

① 由于卷积码的线性特性,可以做这个假设而不失一般性。

$$P_e \leqslant \sum_{d=d_{free}}^{\infty} a_d P_2(d)$$

上式右边已经包括了在第 $(l+1)$ 级与全 0 路径合并的通过网格图的所有路径。$P_2(d)$ 代表与全 0 路径有 Hamming 距离 d 的一条路径的差错概率，a_d 代表与全 0 路径有 Hamming 距离 d 的路径数。$P_2(d)$ 的值取决于采用软判决译码，还是采用硬判决译码。

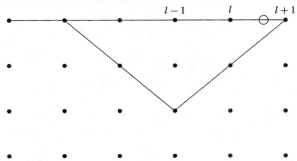

图 10.22　对应于首次差错事件的路径

对于软判决译码，如果采用的是反极性信号（二进制 PSK），就有

$$P_2(d) = Q\left(\frac{d^E}{\sqrt{2N_0}}\right)$$
$$= Q\left(\sqrt{\frac{2Ed}{N_0}}\right)$$
$$= Q\left(\sqrt{2R_c d \frac{E_b}{N_0}}\right)$$

因此，

$$P_e \leqslant \sum_{d=d_{free}}^{\infty} a_d Q\left(\sqrt{2R_c d \frac{E_b}{N_0}}\right)$$

利用在 Q 函数已知的上界

$$Q(x) \leqslant \frac{1}{2}e^{-x^2/2}$$

可得

$$Q\left(\sqrt{2R_c d \frac{E_b}{N_0}}\right) \leqslant \frac{1}{2}e^{-R_c d E_b/N_0}$$

现在，注意到

$$e^{-R_c d E_b/N_0} = D^d \Big|_{D=e^{-R_c E_b/N_0}}$$

最后得到

$$P_e \leqslant \frac{1}{2}\sum_{d=d_{free}}^{\infty} a_d D^d \Big|_{D=e^{-R_c E_b/N_0}} = \frac{1}{2}T_1(D)\Big|_{D=e^{-R_c E_b/N_0}}$$

其中，

$$T_1(D) = T(D,N,J)\big|_{N=J=1}$$

这是一个首次差错事件概率的界。为了求得对 k 输入比特的差错比特平均数的界 $\overline{P}_b(k)$，我们注意到，通过网格图的每条路径都会有一些输入比特被错误地译码。在 $T(D,N,J)$ 展开式

的一般表示 $D^d N^{f(d)} J^{g(d)}$①中,总共有 $f(d)$ 个非零输入比特。这就意味着,挑选出的每条路径的概率乘以被选路径所产生的总输入差错数,就可以得到输入比特的差错比特的平均数。所以,在软判决情况下,差错比特的平均数被界定为

$$\bar{P}_b(k) \leqslant \sum_{d=d_{\mathrm{free}}}^{\infty} a_d f(d) P_2(d)$$

$$= \sum_{d=d_{\mathrm{free}}}^{\infty} a_d f(d) Q\left(\sqrt{2 R_c d \frac{E_b}{N_0}} \right)$$

$$\leqslant \frac{1}{2} \sum_{d=d_{\mathrm{free}}}^{\infty} a_d f(d) \mathrm{e}^{-R_c d E_b / N_0} \qquad (10.3.35)$$

如果定义

$$T_2(D,N) = T(D,N,J) \big|_{J=1} = \sum_{d=d_{\mathrm{free}}}^{\infty} a_d D^d N^{f(d)}$$

就有

$$\frac{\partial T_2(D,N)}{\partial N} \bigg|_{N=1} = \sum_{d=d_{\mathrm{free}}}^{\infty} a_d f(d) D^d \qquad (10.3.36)$$

因此,利用式(10.3.35)和式(10.3.36),可得

$$\bar{P}_b(k) \leqslant \frac{1}{2} \frac{\partial T_2(D,N)}{\partial N} \bigg|_{N=1, D=\mathrm{e}^{-R_c E_b / N_0}}$$

为了求得对每输入比特的差错比特平均数,必须将这个界除以 k,由此得到的最后结果是

$$\bar{P}_b = \frac{1}{2k} \frac{\partial T_2(D,N)}{\partial N} \bigg|_{N=1, D=\mathrm{e}^{-R_c E_b / N_0}}$$

对于硬判决译码,基本过程与上面的推导类似,唯一的不同是在 $P_2(d)$ 上的界。可以证明[见参考文献 Proakis 和 Salehi(2002)],$P_2(d)$ 界定为

$$P_2(d) \leqslant [4p(1-p)]^{d/2}$$

由这个结果可以直接证明,在硬判决译码下,差错概率的上界为

$$\bar{P}_b \leqslant \frac{1}{k} \frac{\partial T_2(D,N)}{\partial N} \bigg|_{N=1, D=\sqrt{4p(1-p)}}$$

对卷积码将硬判决译码和软判决译码进行比较可以得出,与线性分组码的情况相同,在加性高斯白噪声信道下,软判决译码在性能上比硬判决译码大致要好 2~3 dB。

10.4　turbo 编码与迭代译码

香农随机编码理论表明,获取信道容量的编码必须是随机的或者近似随机的分布,并具有很大的分组长度(large block length)。然而,通常情况下,对于一个随机生成的编码,其译码复杂度随着码字的分组长度增长而增长。因此,非结构化和很大的分组长度使得获取容量编码的最大似然(Maximum Likelihood,ML)译码变得不现实。turbo 编码将两种简单的编码通过一个长度很长的伪随机交织器连接,生成的码字拥有近似随机的结构和很长的分组长度。尽管如此,由于其结果是由简单的编码结合而来,可以使用其源编码的译码器通过迭代的方案进行

---

①　这里在符号上稍微有些粗糙。严格地说,N 的方次不是 d 的函数,但是用 $f(d)$ 来表示。不过,对于最后结果并没有任何影响。

译码。这种译码方法称为迭代译码,或者 turbo 译码,它并不是最优的译码方法,但是对于很多码字都可以通过若干次迭代得到近似 ML 的译码性能。

交织的并行级联卷积码(PCCC),也被称为 **turbo 码**(turbo codes),分别由文献 Berrou 等(1993)、Berrou 和 Glavieux(1996)提出。基本的 turbo 编码器如图 10.23 所示,它由两个并行的递归卷积译码器组成,在第二个卷积译码器前面有一个交织器,两个递归卷积译码器可以相同或者不同。从表面上看,turbo 编码器的输出速率 $R_c = 1/3$,然而通过在二进制卷积编码的输出上标记奇偶校验比特,可以获得更高的速率,如 1/2 或者 2/3。在级联分组码的情况下,经常选用一个分组伪随机交织器,它在将信息序列送入第二个编码器之前对其中的信息比特重排序。实际上,正如下面要展示的,使用结合了交织器的递归卷积译码器得到的编码包含极少的低权重码字。这一特征并非意味着级联码的间隙特别大,但使用结合了两个编码器的交织器导致了码字很少是最相邻的,也就是码字相对稀疏。所以,turbo 码的编码增益部分是源自于这个特性,如减少了最相邻码字的数量,称为**多样性**(multiplicity),这是由交织带来的。

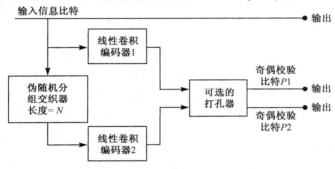

图 10.23　并行级联码(turbo 码)的编码器

图 10.23 显示的一个标准的 turbo 码完全由其所组成的编码表示,它们通常是相近的。turbo 的交织模式通常用 Ⅱ 来表示。其组成的编码通常是非常简单的**递归系统卷积码**(RSCC)。

递归系统卷积码是系统卷积码,即输入比特直接出现在编码比特的一部分,其奇偶校验位由一个递归(反馈)的线性滤波器产生。例如图 10.24 所示为一个 1/2 码率的 RSCC,这个编码器中 $c^{(1)} = u$,所以它是系统的。同时它也是递归的,因为它的奇偶校验位 $c^{(2)}$ 由一个线性反馈的移位寄存器产生。

turbo 码中的组成码主要是 1/2 码率的递归系统卷积码。这些码通常是使用前馈控制的八进制表示与反馈控制的八进制表示之比。例如,27/31 的 RSC 编码器的反馈控制和前馈控制分别为 $31 \sim g_1 = (11001)$ 和 $27 \sim g_2 = (10111)$。编码器由图 10.25 的方框图所示。使用这种标注方法可以清楚地知道图 10.24 的编码器是 5/7 递归系统卷积码。

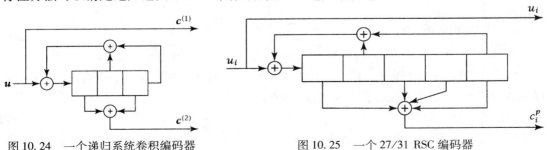

图 10.24　一个递归系统卷积编码器　　　　　　　图 10.25　一个 27/31 RSC 编码器

解说题 10.16　[RSCC 的编码]

编写一个 MATLAB 程序,当一个二进制序列被如图 10.24 所示的 5/7 RSCC 编码器编码时,生成其奇偶校验位。然后用写好的程序输入序列

$$u = [0\ 1\ 1\ 1\ 0\ 0\ 1\ 0\ 0\ 1\ 1\ 0\ 0\ 1\ 0\ 0\ 1\ 1\ 1\ 1]$$

求解其相应的奇偶校验位。假设编码器初始于零状态。

■■■■ 题　解 ■■■■

奇偶校验位为

$$c^2 = [0\ 1\ 1\ 1\ 1\ 1\ 1\ 1\ 0\ 1\ 0\ 0\ 0\ 0\ 1\ 1\ 1\ 1\ 1\ 1\ 0\ 0]$$

编码器的 MATLAB 文件如下所示。

■■■■ m 文件 ■■■■

```
function [c_sys,c_pc]=RSCC_57_Encoder(u);
% RSCC_57_Encoder  Encoder for 5/7 RSCC
%                  [c_sys,c_pc]=RSCC_57_Encoder(u)
%                  returns c_sys the systematic bits and
%                  c_pc, the parity check bits of the code
%                  when input is u and the encoder is
%                  initiated at 0-state.
u = [0 1 1 1 0 0 1 0 0 1 1 0 0 1 0 0 1 1 1 1];
L = length(u);
l = 1;
% Initializing the values of the shift register:
r1 = 0;
r2 = 0;
r3 = 0;
while l <= L
    u_t = u(l);
    % Generating the systematic bits:
    c1(l) = u_t;
    % Updating the values of the shift register:
    r1_t = mod(mod(r3 + r2,2) + u_t,2);
    r3 = r2;
    r2 = r1;
    r1 = r1_t;
    % Generating the parity check bits:
    c2(l) = mod(r1 + r3,2);
    l = l + 1;
end
c_cys=c1;
c_pc=c2;
```

10.4.1　卷积码的 MAP 译码——BCJR 算法

BCJR 算法首先由 Bahl,Cocke,Jelinek 和 Raviv Bahl 等(1974)提出,它是对卷积码进行逐个符号最大后验(MAP)译码的算法。在这个算法中,译码器应用 MAP 的算法对每一个输入符号进行译码,而不是去找最有可能的输入序列。

我们设卷积码编码器的状态集为 S。由于编码器的输入是 0 或者 1,从阶段 $i-1$ 到阶段 i(从 $\sigma_{i-1} \in S$ 到 $\sigma_i \in S$)也为 $u_i = 0$ 或者 $u_i = 1$。我们令 S_l 为所有的 (σ_{i-1}, σ_i) 对的集合,相应的 $u_i = l, l = 0, 1$。

逐个符号的最大后验译码器接收到解调后的输出 $\boldsymbol{y} = (\boldsymbol{y}_1, \boldsymbol{y}_2, \cdots, \boldsymbol{y}_N)$，并据此使用如下最大后验概率准则来译码 u_i：

$$
\begin{aligned}
\hat{u}_i &= \arg\max_{u_i \in \{0,1\}} p(u_i \mid \boldsymbol{y}) \\
&= \arg\max_{u_i \in \{0,1\}} \frac{p(u_i, \boldsymbol{y})}{p(\boldsymbol{y})} \\
&= \arg\max_{u_i \in \{0,1\}} p(u_i, \boldsymbol{y}) \\
&= \arg\max_{l \in \{0,1\}} \sum_{(\sigma_{i-1}, \sigma_i) \in S_l} p(\sigma_{i-1}, \sigma_i, \boldsymbol{y})
\end{aligned}
\tag{10.4.1}
$$

最后一个等号是因为遵从这一事实：$u_i = l$ 对应于所有的状态对 $(\sigma_{i-1}, \sigma_i) \in S_l, l = 0, 1$。

如果定义

$$
\begin{aligned}
\boldsymbol{y}_1^{(i-1)} &= (\boldsymbol{y}_1, \cdots, \boldsymbol{y}_{(i-1)}) \\
\boldsymbol{y}_{i+1}^{(N)} &= (\boldsymbol{y}_{i+1}, \cdots, \boldsymbol{y}_N)
\end{aligned}
\tag{10.4.2}
$$

则可以得到

$$
\boldsymbol{y} = (\boldsymbol{y}_1^{(i-1)}, \boldsymbol{y}_i, \boldsymbol{y}_{i+1}^{(N)})
\tag{10.4.3}
$$

同时有

$$
\begin{aligned}
p(\sigma_{i-1}, \sigma_i, \boldsymbol{y}) &= p(\sigma_{i-1}, \sigma_i, \boldsymbol{y}_1^{(i-1)}, \boldsymbol{y}_i, \boldsymbol{y}_{i+1}^{(N)}) \\
&= p(\sigma_{i-1}, \sigma_i, \boldsymbol{y}_1^{(i-1)}, \boldsymbol{y}_i) p(\boldsymbol{y}_{i+1}^{(N)} \mid \sigma_{i-1}, \sigma_i, \boldsymbol{y}_1^{(i-1)}, \boldsymbol{y}_i) \\
&= p(\sigma_{i-1}, \boldsymbol{y}_1^{(i-1)}) p(\sigma_i, \boldsymbol{y}_i \mid \sigma_{i-1}, \boldsymbol{y}_1^{(i-1)}) p(\boldsymbol{y}_{i+1}^{(N)} \mid \sigma_{i-1}, \sigma_i, \boldsymbol{y}_1^{(i-1)}, \boldsymbol{y}_i) \\
&= p(\sigma_{i-1}, \boldsymbol{y}_1^{(i-1)}) p(\sigma_i, \boldsymbol{y}_i \mid \sigma_{i-1}) p(\boldsymbol{y}_{i+1}^{(N)} \mid \sigma_i)
\end{aligned}
\tag{10.4.4}
$$

其中前三步由链式法则得到，而最后一步由网格(状态格)的马尔可夫性质得到。

此时定义 $\alpha_{i-1}(\sigma_{i-1}), \beta_i(\sigma_i)$ 和 $\gamma_i(\sigma_{i-1}, \sigma_i)$ 为

$$
\begin{aligned}
\alpha_{i-1}(\sigma_{i-1}) &= p(\sigma_{i-1}, \boldsymbol{y}_1^{(i-1)}) \\
\beta_i(\sigma_i) &= p(\boldsymbol{y}_{i+1}^{(N)} \mid \sigma_i) \\
\gamma_i(\sigma_{i-1}, \sigma_i) &= p(\sigma_i, \boldsymbol{y}_i \mid \sigma_{i-1})
\end{aligned}
\tag{10.4.5}
$$

使用式(10.4.4)中的这些定义，我们有

$$
p(\sigma_{i-1}, \sigma_i, \boldsymbol{y}) = \alpha_{i-1}(\sigma_{i-1}) \gamma_i(\sigma_{i-1}, \sigma_i) \beta_i(\sigma_i)
\tag{10.4.6}
$$

因此，从式(10.4.1)可得

$$
\hat{u}_i = \arg\max_{l \in \{0,1\}} \sum_{(\sigma_{i-1}, \sigma_i) \in S_l} \alpha_{i-1}(\sigma_{i-1}) \gamma_i(\sigma_{i-1}, \sigma_i) \beta_i(\sigma_i)
\tag{10.4.7}
$$

式(10.4.7)表明，为了得到最大后验译码结果，需要知道 $\alpha_{i-1}(\sigma_{i-1}), \beta_i(\sigma_i)$ 和 $\gamma_i(\sigma_{i-1}, \sigma_i)$ 的值。

$\alpha_i(\sigma_i)$ 的前向递归　可以通过下面的形式通过**前向递归**的方法获得 $\alpha_{i-1}(\sigma_{i-1})$

$$
\alpha_i(\sigma_i) = \sum_{\sigma_{i-1} \in S} \gamma_i(\sigma_{i-1}, \sigma_i) \alpha_{i-1}(\sigma_{i-1}), \quad 1 \leqslant i \leqslant N
\tag{10.4.8}
$$

为了证明式(10.4.8)，可以使用下列关系集合：

$$
\begin{aligned}
\alpha_i(\sigma_i) &= p(\sigma_i, \boldsymbol{y}_1^{(i)}) \\
&= \sum_{\sigma_{i-1} \in S} p(\sigma_{i-1}, \sigma_i, \boldsymbol{y}_1^{(i-1)}, \boldsymbol{y}_i) \\
&= \sum_{\sigma_{i-1} \in S} p(\sigma_{i-1}, \boldsymbol{y}_1^{(i-1)}) p(\sigma_i, \boldsymbol{y}_i \mid \sigma_{i-1}, \boldsymbol{y}_1^{(i-1)}) \\
&= \sum_{\sigma_{i-1} \in S} p(\sigma_{i-1}, \boldsymbol{y}_1^{(i-1)}) p(\sigma_i, \boldsymbol{y}_i \mid \sigma_{i-1})
\end{aligned}
$$

$$= \sum_{\sigma_{i-1} \in S} \alpha_{i-1}(\sigma_{i-1}) \gamma_i(\sigma_{i-1}, \sigma_i) \tag{10.4.9}$$

以上完整地证明了 $\alpha_i(\sigma_i)$ 的前向递归关系。这个关系式表明,如果得到了 $\gamma_i(\sigma_{i-1}, \sigma_i)$,就有可能从中获取 $\alpha_i(\sigma_i)$。我们假设网格起始于全零的状态,前向递归的初始条件变成

$$\alpha_0(\sigma_0) = P(\sigma_0) = \begin{cases} 1, & \sigma_0 = 0 \\ 0, & \sigma_0 \neq 0 \end{cases} \tag{10.4.10}$$

式(10.4.8)和式(10.4.10)为计算 α 提供了一个完整的递归集合。

▉ 解说题

解说题 10.17 [前向递归方程的实现]

编写 MATLAB 脚本实现前向递归方程,采用 5/7 RSC 码计算 α_i。γ_i 的值为程序的输入,使用代码随机产生

$$\gamma = \begin{bmatrix}
0.035 & 0.043 & 0.007 & 0.011 & 0.003 & 0.011 & 0.037 \\
0.039 & 0.031 & 0.009 & 0.025 & 0.011 & 0.022 & 0.019 \\
0.002 & 0.033 & 0.010 & 0.008 & 0.041 & 0.004 & 0.008 \\
0.038 & 0.028 & 0.039 & 0.002 & 0.021 & 0.033 & 0.013 \\
0.023 & 0.008 & 0.036 & 0.059 & 0.056 & 0.021 & 0.056 \\
0.003 & 0.031 & 0.003 & 0.019 & 0.007 & 0.011 & 0.004 \\
0.031 & 0.053 & 0.058 & 0.018 & 0.062 & 0.013 & 0.015 \\
0.012 & 0.055 & 0.046 & 0.021 & 0.034 & 0.057 & 0.003 \\
0.008 & 0.017 & 0.046 & 0.029 & 0.044 & 0.042 & 0.028 \\
0.013 & 0.013 & 0.004 & 0.041 & 0.062 & 0.029 & 0.001 \\
0.009 & 0.035 & 0.054 & 0.002 & 0.018 & 0.057 & 0.056 \\
0.012 & 0.040 & 0.058 & 0.053 & 0.026 & 0.007 & 0.012 \\
0.003 & 0.026 & 0.062 & 0.035 & 0.029 & 0.047 & 0.006 \\
0.040 & 0.013 & 0.054 & 0.053 & 0.048 & 0.046 & 0.019 \\
0.018 & 0.059 & 0.049 & 0.022 & 0.051 & 0.035 & 0.029 \\
0.034 & 0.005 & 0.032 & 0.028 & 0.006 & 0.012 & 0.006
\end{bmatrix}$$

然后求解 α。

▉ 题 解

本题的 MATLAB 程序如下所示。对于上面给定的 γ_i,可以解得 α 为

$$\begin{bmatrix}
1 & 0.035 & 0.001505 & 1.1471 \times 10^{-5} & 6.536 \times 10^{-7} & 2.464 \times 10^{-7} & 5.9 \times 10^{-9} & 8 \times 10^{-10} \\
0 & 0 & 2.6 \times 10^{-5} & 8.94 \times 10^{-6} & 4.365 \times 10^{-6} & 1.513 \times 10^{-7} & 9.7 \times 10^{-9} & 0 \\
0 & 0.002 & 0.001155 & 1.6558 \times 10^{-5} & 2.527 \times 10^{-7} & 2.974 \times 10^{-7} & 0 & 0 \\
0 & 0 & 8 \times 10^{-5} & 6.955 \times 10^{-5} & 2.825 \times 10^{-6} & 2.35 \times 10^{-8} & 0 & 0
\end{bmatrix}$$

▉ m 文件

```
% MATLAB script for Illustrative Problem 10.17
function alpha=forward_recursion(gamma);
% FORWARD_RECURSION   computing alpha for 5/7 RSCC
```

```
%                    alpha=forward_recursion(gamma);
%                    returns alpha in the form of a matrix.
%                    gamma is a 16XN matrix of gamma_i(sigma_(i-1),sigm_i)

N = size(gamma,2);            % Assuming gamma is given
Ns = 4;                       % Number of states
% Initialization:
alpha = zeros(Ns,N);
alpha_0 = 1;
i = 1;                        % Time index
simga_i = [1 3];              % Set of states at i=1
alpha(simga_i(1),i) = gamma(1,i);
alpha(simga_i(2),i) = gamma(3,i);
i = 2;
simga_i = [1 2 3 4];          % Set of states at i=2
alpha(simga_i(1),i) = gamma(1,i) *alpha(1,i-1);
alpha(simga_i(2),i) = gamma(10,i)*alpha(3,i-1);
alpha(simga_i(3),i) = gamma(3,i) *alpha(1,i-1);
alpha(simga_i(4),i) = gamma(12,i)*alpha(3,i-1);
for i = 3:N-2
    alpha(simga_i(1),i) = gamma(1,i) *alpha(1,i-1) + gamma(5,i) *alpha(2,i-1);
    alpha(simga_i(2),i) = gamma(10,i)*alpha(3,i-1) + gamma(14,i)*alpha(4,i-1);
    alpha(simga_i(3),i) = gamma(3,i) *alpha(1,i-1) + gamma(7,i) *alpha(2,i-1);
    alpha(simga_i(4),i) = gamma(12,i)*alpha(3,i-1) + gamma(16,i)*alpha(4,i-1);
end
i = N - 1;                    % Set of states at i=N-1
simga_i = [1 2];
alpha(simga_i(1),i) = gamma(1,i) *alpha(1,i-1) + gamma(5,i) *alpha(2,i-1);
alpha(simga_i(2),i) = gamma(10,i)*alpha(3,i-1) + gamma(14,i)*alpha(4,i-1);
i = N;
simga_i = 1;                  % Set of states at i=N
alpha(simga_i(1),i) = gamma(1,i) *alpha(1,i-1) + gamma(5,i) *alpha(2,i-1);
alpha=[[1 0 0 0]',alpha];
```

$\beta_i(\sigma_i)$ 的后向递归　使用后向递归的办法来计算 β 的值

$$\beta_{i-1}(\sigma_{i-1}) = \sum_{\sigma_i \in S} \beta_i(\sigma_i)\gamma_i(\sigma_{i-1},\sigma_i), \quad 1 \leqslant i \leqslant N \quad\quad (10.4.11)$$

为了证明这个递归关系,我们注意到

$$\beta_{i-1}(\sigma_{i-1}) = p(y_i^{(N)} \mid \sigma_{i-1})$$

$$= \sum_{\sigma_i \in S} p(y_i, y_{i+1}^{(N)}, \sigma_i \mid \sigma_{i-1})$$

$$= \sum_{\sigma_i \in S} p(\sigma_i, y_i \mid \sigma_{i-1})p(y_{i+1}^{(N)} \mid \sigma_i, y_i, \sigma_{i-1}) \quad\quad (10.4.12)$$

$$= \sum_{\sigma_i \in S} p(\sigma_i, y_i \mid \sigma_{i-1})p(y_{i+1}^{(N)} \mid \sigma_i)$$

$$= \sum_{\sigma_i \in S} \gamma_i(\sigma_{i-1},\sigma_i)\beta_i(\sigma_i)$$

设后向递归的边界条件为所有的网格都终止于全零状态,即

$$\beta_N(\sigma_N) = \begin{cases} 1, & \sigma_N = 0 \\ 0, & \sigma_N \neq 0 \end{cases} \tag{10.4.13}$$

解说题

解说题 10.18　[后向递归方程的实现]

编写一个 MATLAB 脚本实现后向递归方程,对于 5/7 RSC 编码器计算 β_i。程序的输入为 γ_i。

题　解

本题的 MATLAB 脚本如下所示。

---
m 文件

```
% MATLAB script for Illustrative Problem 10.18
function beta=backward_recursion(gamma);
% BACKWARD_RECURSION  computing beta for 5/7 RSCC
%                     beta=backward_recursion(gamma);
%                     beta in the form of a matrix
%                     gamma is a 16XN matrix of gamma_i(sigma_(i-1),sigm_i)
N = size(gamma,2);          % Assuming gamma is given
Ns = 4;                     % Number of states
% Initialization:
beta = zeros(Ns,N);
beta(1,N) = 1;
i = N;                      % Time index
simga_i_1 = [1 2];          % Set of states at i=N
beta(simga_i_1(1),i-1) = gamma(1,i);
beta(simga_i_1(2),i-1) = gamma(5,i);
i = N - 1;
simga_i_1 = [1 2 3 4];      % Set of states at i=N-1
beta(simga_i_1(1),i-1) = gamma(1,N)*gamma(1,i);
beta(simga_i_1(2),i-1) = gamma(1,N)*gamma(5,i);
beta(simga_i_1(3),i-1) = gamma(5,N)*gamma(10,i);
beta(simga_i_1(4),i-1) = gamma(5,N)*gamma(14,i);
for i = N-2:-1:3
    beta(simga_i_1(1),i-1) = beta(1,i)*gamma(1,i)  + beta(3,i)*gamma(3,i);
    beta(simga_i_1(2),i-1) = beta(1,i)*gamma(5,i)  + beta(3,i)*gamma(7,i);
    beta(simga_i_1(3),i-1) = beta(2,i)*gamma(10,i) + beta(4,i)*gamma(12,i);
    beta(simga_i_1(4),i-1) = beta(4,i)*gamma(16,i) + beta(2,i)*gamma(14,i);
end
i = 2;                      % Set of states at i=2
simga_i_1 = [1 3];
beta(simga_i_1(1),i-1) = beta(1,i)*gamma(1,i)  + beta(3,i)*gamma(3,i);
beta(simga_i_1(2),i-1) = beta(2,i)*gamma(10,i) + beta(4,i)*gamma(12,i);
i = 1;
simga_i_1 = 1;              % Set of states at i=1
beta_0(simga_i_1(1)) = beta(1,i)*gamma(1,i) + beta(3,i)*gamma(3,i);
```

以式(10.4.10)和式(10.4.13)为初始条件,当 γ 已知的时候,递归关系式(10.4.8)和式(10.4.11)一起给出了计算 α 和 β 的必要的方程。所以我们现在关注如何计算 γ。

计算$\gamma_i(\sigma_{i-1},\sigma_i)$　我们可以在 $1 \leqslant i \leqslant N$ 时把 $\gamma_i(\sigma_{i-1},\sigma_i)$ 写为

$$\gamma_i(\sigma_{i-1},\sigma_i) = p(\sigma_i,\mathbf{y}_i \mid \sigma_{i-1})$$
$$= p(\sigma_i \mid \sigma_{i-1})p(\mathbf{y}_i \mid \sigma_i,\sigma_{i-1})$$
$$= p(u_i)p(\mathbf{y}_i \mid u_i)$$

$$= p(u_i)p(\boldsymbol{y}_i \mid \boldsymbol{c}_i) \tag{10.4.14}$$

其中,使用了状态对 (σ_{i-1}, σ_i) 和 u_i 输入有一对一的对应关系的事实。上面的表达式清楚表明了 $\gamma_i(\sigma_{i-1}, \sigma_i)$ 对 $P(u_i)$ 和 $p(\boldsymbol{y}_i \mid \boldsymbol{c}_i)$ 的依赖性,$P(u_i)$ 为信息序列在时间 i 时的先验概率,而 $p(\boldsymbol{y}_i \mid \boldsymbol{c}_i)$ 取决于信道的特征。如果信息序列是等概率的,当没有其他信息时经常做出一个假设,即 $P(u_i = 0) = P(u_i = 1) = \frac{1}{2}$。很明显,上述推导建立在假设状态对 (σ_{i-1}, σ_i) 都是有效状态的情况下,即从状态 σ_{i-1} 变化到状态 σ_i 是可能的。

式(10.4.7)连同式(10.4.8)和式(10.4.11)中给出的对于 α 和 β 的前向后向关系式,再加上关于 γ 的式(10.4.14),一起被称为用于卷积码逐个符号 MAP 译码的 BJRC 算法。

注意,维特比(Viterbi)算法寻找的是最有可能的信息序列,而与之不同的是,BJRC 算法找到的是每个最有可能的独立比特。BJRC 算法也会提供 $p(u_i \mid \boldsymbol{y})$ 的值,这些值提供了关于 u_i 译码器的确定性等级,称为**软输出**或者软价值。有了 $p(u_i \mid \boldsymbol{y})$ 就可以找到后验似然值(L 值)为

$$\begin{aligned} L(u_i) &= \ln \frac{P(u_i = 1 \mid \boldsymbol{y})}{P(u_i = 0 \mid \boldsymbol{y})} \\ &= \ln \frac{P(u_i = 1, \boldsymbol{y})}{P(u_i = 0, \boldsymbol{y})} \\ &= \ln \frac{\displaystyle\sum_{(\sigma_{i-1}, \sigma_i) \in S_1} \alpha_{i-1}(\sigma_{i-1}) \gamma_i(\sigma_{i-1}, \sigma_i) \beta_i(\sigma_i)}{\displaystyle\sum_{(\sigma_{i-1}, \sigma_i) \in S_0} \alpha_{i-1}(\sigma_{i-1}) \gamma_i(\sigma_{i-1}, \sigma_i) \beta_i(\sigma_i)} \end{aligned} \tag{10.4.15}$$

这也称为软输出。软输出是 turbo 码译码的关键,将在后面的章节讨论。诸如 BCJR 这样的译码器,接收软输入(矢量 $\boldsymbol{y}$)并产生软输出,称为**软输入-软输出**(SISO)译码器。注意,基于 $L(u_i)$ 的软价值的译码规则由下式给出:

$$\hat{u}_i = \begin{cases} 1, & L(u_i) \geqslant 0 \\ 0, & L(u_i) < 0 \end{cases} \tag{10.4.16}$$

对于一个加性高斯白噪声信道,$\boldsymbol{y} = \boldsymbol{c} + \boldsymbol{n}$,其中 $\boldsymbol{c}$ 表示编码序列对应的调制信号,我们有

$$\gamma_i(\sigma_{i-1}, \sigma_i) = \frac{P(u_i)}{(\pi N_0)^{n/2}} \exp\left(-\frac{\| \boldsymbol{y}_i - \boldsymbol{c}_i \|^2}{N_0}\right) \tag{10.4.17}$$

对 $n = 2$ 的特殊情况,卷积码是系统的,调制方式为 BPSK,直接代换结果有

$$\gamma_i(\sigma_{i-1}, \sigma_i) = \frac{1}{\pi N_0} \exp\left\{-\frac{(y_i^s)^2 + (y_i^p)^2 + 2E}{N_0}\right\} P(u_i) \exp\left(\frac{2y_i^s c_i^s + 2y_i^p c_i^p}{N_0}\right) \tag{10.4.18}$$

其中,上标 s 和 p 分别表示 $\boldsymbol{y}$ 和 $\boldsymbol{c}$ 系统的部分和奇偶校验的部分。

解说题

解说题 10.19　[计算 γ]

编写 MATLAB 脚本,计算在加性高斯白噪声信道中采用 5/7 RSC 码和 BPSK 调制时,γ_i 的值。程序的输入为信道输出序列 $\boldsymbol{y} = (y_{1s}, y_{1p}, y_{2s}, y_{2p}, \cdots)$,信道每比特 SNR 的单位为 dB,符号功率为 E。假设收到的序列如下:

$$\boldsymbol{y} = [1.2 \quad -0.8 \quad 0.3 \quad 0.02 \quad -0.7 \quad -0.02 \quad 2 \quad 0 \quad -1 \quad -1]$$

计算矩阵 γ。信道的每比特 SNR 为 1 dB。为方便起见,取 E 为单位功率 1。

题　解

本题的 MATLAB 程序如下所示。矩阵 γ 为

$$\gamma = \begin{bmatrix} 0.0077 & 0.0269 & 0.0209 & 0.0023 & 0.0081 \\ 0 & 0 & 0 & 0 & 0 \\ 0.0127 & 0.0402 & 0.0084 & 0.0284 & 0.0081 \\ 0 & 0 & 0 & 0 & 0 \\ 0 & 0 & 0.0204 & 0.0023 & 0.0284 \\ 0 & 0 & 0 & 0 & 0 \\ 0 & 0 & 0.0087 & 0.0284 & 0.0023 \\ 0 & 0 & 0 & 0 & 0 \\ 0 & 0 & 0 & 0 & 0 \\ 0 & 0.0269 & 0.0209 & 0.0023 & 0.0081 \\ 0 & 0 & 0 & 0 & 0 \\ 0 & 0.0402 & 0.0084 & 0.0284 & 0.0081 \\ 0 & 0 & 0 & 0 & 0 \\ 0 & 0 & 0.0084 & 0.0284 & 0.0081 \\ 0 & 0 & 0 & 0 & 0 \\ 0 & 0 & 0.0209 & 0.0023 & 0.0081 \end{bmatrix}$$

m 文件

% MATLAB script for Illustrative Problem 10.19

```
y = [1.2 −0.8 0.3 .02 −0.7 −0.02 .2 0 −1 1];
Ns = 4;                    % Number of states
E = 1;                     % Energy per symbol
EbN0_dB=1;                 % SNR per bit (dB)
% Computing gamma:
gamma = gamma_calc(y,E,EbN0_dB);    % y is the channel output
```

m 文件

```
function gamma = gamma_calc(y,E,EbN0_dB)
%GAMMA_CALC Computes the gamma matrix for a 5/7 RSCC over AWGN using BPSK.
%           GAMMA = GAMMA_CALC(y,E,EbN0_dB)
%           y is channle output, E is symbol energy, and EbN0_dB is SNR/bit (in dB).

M = length(y);             % Length of channel output
N = M/2;                   % Depth of Trellis
Ns=4;                      % Numner of states
y_s = y(1:2:M−1);          % Outputs corresponding to systematic bits
y_p = y(2:2:M);            % Outputs corresponding to parity-check bits
[c_s c_p] = RSCC_5_7(N);   % Generation of the 5/7 RSCC trellis
Eb = 2*E;
N0 = Eb*10^(−EbN0_dB/10);  % Noise variance
gamma = zeros(Ns^2,N);     % Initialization of gamma
for i = 1 : N              % Time index
    gamma(1,i) = 1/(2*pi*N0)*exp(−(y_s(i)^2+y_p(i)^2+2*E)/N0)...
        *exp((2*(y_s(i)*c_s(1,i)+y_p(i)*c_p(1,i)))/N0);
    gamma(3,i) = 1/(2*pi*N0)*exp(−(y_s(i)^2+y_p(i)^2+2*E)/N0)...
        *exp((2*(y_s(i)*c_s(3,i)+y_p(i)*c_p(3,i)))/N0);
```

```
if i > 1
    gamma(10,i) = 1/(2*pi*N0)*exp(-(y_s(i)^2+y_p(i)^2+2*E)/N0)...
        *exp((2*(y_s(i)*c_s(10,i)+y_p(i)*c_p(10,i)))/N0);
    gamma(12,i) = 1/(2*pi*N0)*exp(-(y_s(i)^2+y_p(i)^2+2*E)/N0)...
        *exp((2*(y_s(i)*c_s(12,i)+y_p(i)*c_p(12,i)))/N0);
    if i > 2
        gamma(5,i) = 1/(2*pi*N0)*exp(-(y_s(i)^2+y_p(i)^2+2*E)/N0)...
            *exp((2*(y_s(i)*c_s(5,i)+y_p(i)*c_p(5,i)))/N0);
        gamma(7,i) = 1/(2*pi*N0)*exp(-(y_s(i)^2+y_p(i)^2+2*E)/N0)...
            *exp((2*(y_s(i)*c_s(7,i)+y_p(i)*c_p(7,i)))/N0);
        gamma(14,i) = 1/(2*pi*N0)*exp(-(y_s(i)^2+y_p(i)^2+2*E)/N0)...
            *exp((2*(y_s(i)*c_s(14,i)+y_p(i)*c_p(14,i)))/N0);
        gamma(16,i) = 1/(2*pi*N0)*exp(-(y_s(i)^2+y_p(i)^2+2*E)/N0)...
            *exp((2*(y_s(i)*c_s(16,i)+y_p(i)*c_p(16,i)))/N0);
    end
end
end
```

m 文件

```
function [c_s c_p] = RSCC_5_7(N)
%RSCC_5_7 Generates a trellis of depth N for a 5/7 RSCC.
%       [C_S C_P] = RSCC_5_7(N)
%       N is the depth of the trellis
%       C_S and C_P are systematic and parity check bits.


Ns = 4;                 % Number of states
c_s = zeros(Ns^2,N);    % Initiation of the matrix of systematic bits
c_p = zeros(Ns^2,N);    % Initiation of the matrix of parity check bits
for i = 1 : N           % Time index
    c_s(1,i) = 0; c_p(1,i) = 0;
    c_s(3,i) = 1; c_p(3,i) = 1;
    if i > 1
        c_s(10,i) = 0; c_p(10,i) = 0;
        c_s(12,i) = 1; c_p(12,i) = 1;
        if i > 2
            c_s(5,i) = 0;  c_p(5,i) = 1;
            c_s(7,i) = 1;  c_p(7,i) = 0;
            c_s(14,i) = 1; c_p(14,i) = 1;
            c_s(16,i) = 0; c_p(16,i) = 0;
        end
    end
end
```

将式(10.4.18)代入式(10.4.15)中,可得

$$L(u_i) = \frac{4\sqrt{E}y_i^s}{N_0} + \ln\frac{P(u_i=1)}{P(u_i=0)} + \ln\frac{\sum_{(\sigma_{i-1},\sigma_i)\in S_1}\alpha_{i-1}(\sigma_{i-1})\exp\left(\frac{2y_i^p c_i^p}{N_0}\right)\beta_i(\sigma_i)}{\sum_{(\sigma_{i-1},\sigma_i)\in S_0}\alpha_{i-1}(\sigma_{i-1})\exp\left(\frac{2y_i^p c_i^p}{N_0}\right)\beta_i(\sigma_i)} \tag{10.4.19}$$

可以清楚地看到,信息比特的对数似然比(Log Likehood Ratio, LLR)是以下三项的和:第一项仅取决于系统比特位,第二项由先验概率决定,最后一项由奇偶校验比特位决定。

由于上面所提到的 BCJR 算法存在数值不稳定的问题,尤其当网格长度较长时,所以接下来我们将 lop-APP(对数后验概率)算法或 log-MAP 算法的对数版作为另一个备选算法。

在 log-APP 算法中,定义 α,β 和 γ 的对数为

$$\tilde{\alpha}_i(\sigma_i) = \ln(\alpha_i(\sigma_i))$$

$$\tilde{\beta}_i(\sigma_i) = \ln(\beta_i(\sigma_i)) \tag{10.4.20}$$

$$\tilde{\gamma}_i(\sigma_{i-1}, \sigma_i) = \ln(\gamma_i(\sigma_{i-1}, \sigma_i))$$

直接计算可得到 $\tilde{\alpha}_i(\sigma_i)$ 和 $\tilde{\beta}_i(\sigma_{i-1})$ 的前向和后向递推表达式

$$\tilde{\alpha}_i(\sigma_i) = \ln\Big(\sum_{\sigma_{i-1} \in S} \exp(\tilde{\alpha}_{i-1}(\sigma_{i-1}) + \tilde{\gamma}_i(\sigma_{i-1}, \sigma_i))\Big)$$

$$\tilde{\beta}_{i-1}(\sigma_{i-1}) = \ln\Big(\sum_{\sigma_i \in S} \exp(\tilde{\beta}_i(\sigma_i) + \tilde{\gamma}_i(\sigma_{i-1}, \sigma_i))\Big) \tag{10.4.21}$$

其初始条件为

$$\tilde{\alpha}_0(\sigma_0) = \begin{cases} 0, & \sigma_0 = 0 \\ -\infty, & \sigma_0 \neq 0 \end{cases} \qquad \tilde{\beta}_N(\sigma_N) = \begin{cases} 0, & \sigma_N = 0 \\ -\infty, & \sigma_N \neq 0 \end{cases} \tag{10.4.22}$$

后验 L 值的计算表达式为

$$L(u_i) = \ln\Big[\sum_{(\sigma_{i-1}, \sigma_i) \in S_1} \exp(\tilde{\alpha}_{i-1}(\sigma_{i-1}) + \tilde{\gamma}_i(\sigma_{i-1}, \sigma_i) + \tilde{\beta}_i(\sigma_i))\Big]$$

$$- \ln\Big[\sum_{(\sigma_{i-1}, \sigma_i) \in S_0} \exp(\tilde{\alpha}_{i-1}(\sigma_{i-1}) + \tilde{\gamma}_i(\sigma_{i-1}, \sigma_i) + \tilde{\beta}_i(\sigma_i))\Big] \tag{10.4.23}$$

可以看到,这些数值关系更稳定但运算效率较低。为了提高运算效率,我们引入下列符号:

$$\max{}^* \{x, y\} \triangleq \ln(e^x + e^y)$$

$$\max{}^* \{x, y, z\} \triangleq \ln(e^x + e^y + e^z) \tag{10.4.24}$$

通过使用以上符号定义,可得以下递归表达式:

$$\tilde{\alpha}_i(\sigma_i) = \max_{\sigma_{i-1} \in S}{}^* \{\tilde{\alpha}_{i-1}(\sigma_{i-1}) + \tilde{\gamma}_i(\sigma_{i-1}, \sigma_i)\}$$

$$\tilde{\beta}_{i-1}(\sigma_{i-1}) = \max_{\sigma_i \in S}{}^* \{\tilde{\beta}_i(\sigma_i) + \tilde{\gamma}_i(\sigma_{i-1}, \sigma_i)\} \tag{10.4.25}$$

初始条件由式(10.4.22)给出,后验 L 值的计算表达式为

$$L(u_i) = \max_{(\sigma_{i-1}, \sigma_i) \in S_1}{}^* \{\tilde{\alpha}_{i-1}(\sigma_{i-1}) + \tilde{\gamma}_i(\sigma_{i-1}, \sigma_i) + \tilde{\beta}_i(\sigma_i)\}$$

$$- \max_{(\sigma_{i-1}, \sigma_i) \in S_0}{}^* \{\tilde{\alpha}_{i-1}(\sigma_{i-1}) + \tilde{\gamma}_i(\sigma_{i-1}, \sigma_i) + \tilde{\beta}_i(\sigma_i)\} \tag{10.4.26}$$

在二进制连续编码,BPSK 调制以及加性高斯白噪声信道条件下,后验 L 值可通过式(10.4.19)的对数值计算,结果可表达为

$$L(u_i) = \frac{4\sqrt{E}y_i^s}{N_0} + L^a(u_i) + \max_{(\sigma_{i-1}, \sigma_i) \in S_1}{}^* \Big\{\tilde{\alpha}_{i-1}(\sigma_{i-1}) + \frac{2y_i^p c_i^p}{N_0} + \tilde{\beta}_i(\sigma_i)\Big\}$$

$$- \max_{(\sigma_{i-1}, \sigma_i) \in S_0}{}^* \Big\{\tilde{\alpha}_{i-1}(\sigma_{i-1}) + \frac{2y_i^p c_i^p}{N_0} + \tilde{\beta}_i(\sigma_i)\Big\} \tag{10.4.27}$$

其中,$L^a(u_i)$ 定义为

$$L^a(u_i) = \ln\frac{P(u_i = 1)}{P(u_i = 0)} \tag{10.4.28}$$

可以看到,在这种情况下,后验 L 值是以下三项之和:第一项 $\dfrac{4\sqrt{E}y_i^s}{N_0}$ 取决于解码器接收的系

统比特位对应的信道输出结果,第二项 $L^a(u_i)$ 由信息比特位的先验概率决定,最后一项取决于奇偶校验位对应的信道输出结果。

我们可以清楚地看到(见习题 10.21)

$$\max^* \{x,y\} = \max\{x,y\} + \ln(1 + e^{-|x-y|})$$
$$\max^* \{x,y,z\} = \max^* \{\max^* \{x,y\}, z\} \qquad (10.4.29)$$

其中,当 x,y 取值不接近时,$\ln(1 + e^{-|x-y|})$ 的值较小。当 $x = y$ 时取最大值 $\ln 2$。所以当 x 与 y 较大或取值不接近时,可得到如下近似表达式:

$$\max^* \{x,y\} \approx \max\{x,y\} \qquad (10.4.30)$$

在同样的条件下,可得到类似的近似表达式:

$$\max^* \{x,y,z\} \approx \max\{x,y,z\} \qquad (10.4.31)$$

当 x 与 y 值(或 x,y 与 z)取值不接近时,式(10.4.30)与式(10.4.31)的近似表达式是有效的。通常情况下,式(10.4.25)中取最大值会导致性能的轻微下降。我们将通过 MAP 算法引申出的次优算法称为最大对数 APP 算法(或最大对数 MAP 算法)。

若不采用式(10.4.30)与式(10.4.31)的近似表达,则可以通过查找 $\ln(1 + e^{-|x-y|})$ 的修正表来优化加速算法。

解说题

解说题 10.20　[max* 运算]

编写 MATLAB 脚本,输入 $\boldsymbol{x} = (x_1, x_2, \cdots, x_n)$,输出为 $\max^* \{x_1, x_2, \cdots, x_n\}$。

题　解

计算 $\max^*$ 的 MATLAB 程序如下所示。

m 文件

```
function x_s = max_s(x)
%MAX_S Calculates the max* of the elements of vector x.
%   X_S = MAX_S(X) calculats the max* of the elements of vetor x by
%   recursively performing the max* operation on two components of
%   vector x at each recursion.

L = length(x);
x_s = x(1);
if L > 1
    for l = 2 : L
        x_s = max_s_2(x_s,x(l));      % max* of the two elements x_s and x(l)
    end
end
```

m 文件

```
function c = max_s_2(a,b)
%MAX_S_2 Calculates the max* of the two numbers.
%   C = MAX_S_2(A,B) calculats the max* of a and b.

c = max(a,b) + log(1+exp(-abs(a-b)));
```

解说题

解说题 10.21　[对数域中的计算]

编写 MATLAB 脚本,计算在加性高斯白噪声信道中采用 5/7 RSC 码和 BPSK 调制时,$\tilde{\gamma}_i$,

$\tilde{\alpha}_i$ 和 $\tilde{\beta}_i$ 的值。系统输入为信道输出序列 $y = (y_{1s}, y_{1p}, y_{2s}, y_{2p}, \cdots)$，信道每比特 SNR 的单位为 dB，符号功率为 E。程序输出 $\tilde{\gamma}, \tilde{\alpha}$ 和 $\tilde{\beta}$ 的取值。

在信道输出序列为如下取值时运行程序：

$$y = [1.2 \quad -0.8 \quad 0.3 \quad 0.02 \quad -0.7 \quad -0.02 \quad 2 \quad 0 \quad -1 \quad 1]$$

$E = 1$，E_b/N_0 取值 10 dB。

题　解

脚本运行结果如下：

$$\tilde{\gamma} = \begin{bmatrix}
-20.63 & -10.68 & -12.68 & -30.23 & -20.23 \\
-\infty & -\infty & -\infty & -\infty & -\infty \\
-16.63 & -7.48 & -19.88 & -10.23 & -20.23 \\
-\infty & -\infty & -\infty & -\infty & -\infty \\
-\infty & -\infty & -12.88 & -30.23 & -10.23 \\
-\infty & -\infty & -19.68 & -10.23 & -30.23 \\
-\infty & -\infty & -\infty & -\infty & -\infty \\
-\infty & -\infty & -\infty & -\infty & -\infty \\
-\infty & -10.68 & -12.68 & -30.23 & -20.23 \\
-\infty & -\infty & -\infty & -\infty & -\infty \\
-\infty & -7.48 & -19.88 & -10.23 & -20.23 \\
-\infty & -\infty & -\infty & -\infty & -\infty \\
-\infty & -\infty & -19.88 & -10.23 & -20.23 \\
-\infty & -\infty & -\infty & -\infty & -\infty \\
-\infty & -\infty & -12.68 & -30.23 & -20.23
\end{bmatrix}$$

$$\tilde{\alpha} = \begin{bmatrix}
-20.63 & -31.31 & -12.08 & -12.08 & -10.08 \\
-\infty & -27.31 & -40.75 & -46.92 & -\infty \\
-16.63 & -28.11 & -19.08 & -\infty & -\infty \\
-\infty & -24.11 & -36.79 & -\infty & -\infty
\end{bmatrix}$$

$$\tilde{\beta} = \begin{bmatrix}
-47.82 & -60.28 & -50.46 & -20.23 & 0 \\
-\infty & -60.1 & -50.46 & -10.23 & -\infty \\
-40.62 & -40.34 & -40.46 & -\infty & -\infty \\
-\infty & -33.14 & -20.46 & -\infty & -\infty
\end{bmatrix}$$

本题的 MATLAB 程序如下所示。

---
m 文件

```
% MATLAB script for Illustrative Problem 10.21

y=[1.2 -0.8 0.3 .02 -0.7 -0.02 2 0 -1 1];
Ns = 4;                          % Number of states
E = 1;                           % Energy per bit
EbN0_dB=10;                      % SNR/bit in dB
% Calculation of gamma, alpha, and beta in the logarithmic domain:
```

```
gamma = gamma_calc(y,E,EbN0_dB);
gamma_t = log(gamma);
[alpha_t alpha_t_0] = forward_recursion_log(gamma_t);
beta_t = backward_recursion_log(gamma_t);
```

■ m 文件

```
function [alpha_t alpha_t_0] = forward_recursion_log(gamma_t)
%FORWARD_RECURSION_LOG Calculates alpha in the logarithmic domain for a 5/7 RSCC.
%         [ALPHA_T ALPHA_T_0] = FORWARD_RECURSION_LOG(GAMMA_T)
%         gamma_t: gamma in the logarithmic domain
%         alpha_t: alpha in logarithmic domain.

% Initialization:
Ns = sqrt(size(gamma_t,1)); % Number of states
N = size(gamma_t,2);
alpha_t = ones(Ns,N)*-inf;
alpha_t_0 = 0;
i = 1;                       % Time index
simga_i = [1 3];             % Set of states at i=1
alpha_t(simga_i(1),i) = alpha_t_0 + gamma_t(1,i);
alpha_t(simga_i(2),i) = alpha_t_0 + gamma_t(3,i);
i = 2;
simga_i = [1 2 3 4];         % Set of states at i=2
alpha_t(simga_i(1),i) = gamma_t(1,i) +alpha_t(1,i-1);
alpha_t(simga_i(2),i) = gamma_t(10,i)+alpha_t(3,i-1);
alpha_t(simga_i(3),i) = gamma_t(3,i) +alpha_t(1,i-1);
alpha_t(simga_i(4),i) = gamma_t(12,i)+alpha_t(3,i-1);
for i = 3:N-2
    alpha_t(simga_i(1),i) = max_s([gamma_t(1,i) +alpha_t(1,i-1) gamma_t(5,i) +alpha_t(2,i-1)]);
    alpha_t(simga_i(2),i) = max_s([gamma_t(10,i)+alpha_t(3,i-1) gamma_t(14,i)+alpha_t(4,i-1)]);
    alpha_t(simga_i(3),i) = max_s([gamma_t(3,i) +alpha_t(1,i-1) gamma_t(7,i) +alpha_t(2,i-1)]);
    alpha_t(simga_i(4),i) = max_s([gamma_t(12,i)+alpha_t(3,i-1) gamma_t(16,i)+alpha_t(4,i-1)]);
end
i = N - 1;
simga_i = [1 2];             % Set of states at i=N-1
alpha_t(simga_i(1),i) = max_s([gamma_t(1,i) +alpha_t(1,i-1) gamma_t(5,i) +alpha_t(2,i-1)]);
alpha_t(simga_i(2),i) = max_s([gamma_t(10,i)+alpha_t(3,i-1) gamma_t(14,i)+alpha_t(4,i-1)]);
i = N;
simga_i = 1;                 % Set of states at i=N
alpha_t(simga_i(1),i) = max_s([gamma_t(1,i) +alpha_t(1,i-1) gamma_t(5,i) +alpha_t(2,i-1)]);
```

■ m 文件

```
function beta_t= backward_recursion_log(gamma_t)
%BACKWARD_RECURSION_LOG Calculates beta's in the logarithmic domain for a 5/7 RSCC.
%    BETA_T = BACKWARD_RECURSION_LOG(GAMMA_T)
%           gamma_t: gamma in the logarithmic domain
%           beta_t: beta in logarithmic domain.

% Initialization:
Ns = sqrt(size(gamma_t,1)); % Number of states
N = size(gamma_t,2);
beta_t = ones(Ns,N)*-inf;
beta_t(1,N) = 0;
i = N;                       % Time index
simga_i_1 = [1 2];           % Set of states at i=N
beta_t(simga_i_1(1),i-1) = beta_t(1,N)+gamma_t(1,i);
beta_t(simga_i_1(2),i-1) = beta_t(1,N)+gamma_t(5,i);
i = N - 1;
```

```
simga_i_1 = [1 2 3 4];          % Set of states at i=N-1
beta_t(simga_i_1(1),i−1) = gamma_t(1,N)+gamma_t(1,i);
beta_t(simga_i_1(2),i−1) = gamma_t(1,N)+gamma_t(5,i);
beta_t(simga_i_1(3),i−1) = gamma_t(5,N)+gamma_t(10,i);
beta_t(simga_i_1(4),i−1) = gamma_t(5,N)+gamma_t(14,i);
for i = N−2:−1:3
    beta_t(simga_i_1(1),i−1) = max_s([beta_t(1,i)+gamma_t(1,i)  beta_t(3,i)+gamma_t(3,i)]);
    beta_t(simga_i_1(2),i−1) = max_s([beta_t(1,i)+gamma_t(5,i)  beta_t(3,i)+gamma_t(7,i)]);
    beta_t(simga_i_1(3),i−1) = max_s([beta_t(2,i)+gamma_t(10,i)  beta_t(4,i)+gamma_t(12,i)]);
    beta_t(simga_i_1(4),i−1) = max_s([beta_t(4,i)+gamma_t(16,i)  beta_t(2,i)+gamma_t(14,i)]);
end
i = 2;
simga_i_1 = [1 3];              % Set of states at i=2
beta_t(simga_i_1(1),i−1) = max_s([beta_t(1,i)+gamma_t(1,i)  beta_t(3,i)+gamma_t(3,i)]);
beta_t(simga_i_1(2),i−1) = max_s([beta_t(2,i)+gamma_t(10,i)  beta_t(4,i)+gamma_t(12,i)]);
i = 1;
simga_i_1 = 1;                  % Set of states at i=1
beta_t_0(simga_i_1(1)) = max_s([beta_t(1,i)+gamma_t(1,i)  beta_t(3,i)+gamma_t(3,i)]);
```

10. 4. 2　turbo 编码的迭代译码

由于编码网格中数量众多的状态,我们很难找到对于 turbo 编码的最佳译码算法。Berrou 等(1993)提出了一个次优的迭代译码算法,称为 **turbo 译码算法**。该算法具有非常卓越的性能,能够非常接近香农预测的理论临界值。

turbo 译码算法基于对数 APP 或最大对数 APP 算法的迭代使用。从式(10.4.27)可以看出,在对数似然比情况下,速率为 1/2 的 RSCC 可以表示成三项之和:

$$L(u_i) = L_c y_i^s + L^a(u_i) + L^e(u_i) \qquad (10.4.32)$$

其中,

$$L_c y_i^s = \frac{4\sqrt{E} y_i^s}{N_0}$$

$$L^a(u_i) = \ln \frac{P(u_i = 1)}{P(u_i = 0)}$$

$$L^e(u_i) = \max_{(\sigma_{i-1}, \sigma_i) \in S_1}^* \left\{ \tilde{\alpha}_{i-1}(\sigma_{i-1}) + \frac{2 y_i^p c_i^p}{N_0} + \tilde{\beta}_i(\sigma_i) \right\}$$

$$\qquad\qquad - \max_{(\sigma_{i-1}, \sigma_i) \in S_0}^* \left\{ \tilde{\alpha}_{i-1}(\sigma_{i-1}) + \frac{2 y_i^p c_i^p}{N_0} + \tilde{\beta}_i(\sigma_i) \right\}$$

$$(10.4.33)$$

我们已定义 $L_c = \frac{4}{N_0}\sqrt{E}$。

其中,$L_c y_i^s$ 项称为信道 L 值,表示系统比特对应的信道输出值。第二项 $L^a(u_i)$ 代表先验的 L 值,是信息队列的先验概率函数。最后一项 $L^e(u_i)$ 代表**外部 L 值**或**外部信息**,是后验 L 值的一部分,独立于先验概率和信道输出的系统信息。

我们假设将二进制信息序列 $\boldsymbol{u} = (u_1, u_2, \cdots, u_N)$ 应用于速率为 1/2 的 RSCC,同时用序列 $\boldsymbol{c}^p = (c_1^p, c_2^p, \cdots, c_N^p)$ 表示输出的奇偶校验比特。信息序列通过交织后得到 $\boldsymbol{u}' = (u_1', u_2', \cdots, u_N')$,该序列通过第二个编码器后奇偶校验序列变为 $\boldsymbol{c}'^p = (c_1'^p, c_2'^p, \cdots, c_N'^p)$。序列 $\boldsymbol{u}, \boldsymbol{c}^p$ 和 $\boldsymbol{c}'^p$ 经过 BPSK 调制并通过高斯信道传输后,对应的输出序列分别用 $\boldsymbol{y}^s, \boldsymbol{y}^p$ 和 $\boldsymbol{y}'^p$ 表示。对最初连续的编码采用 MAP 译码得到 $(\boldsymbol{y}^s, \boldsymbol{y}^p)$ 对。在第一次迭代译码中,假设所有比特是等概率的,因此先

验 L 值为 0。得到 $(\boldsymbol{y}^{\mathrm{s}}, \boldsymbol{y}^{\mathrm{p}})$ 之后,在第一次译码中使用式(10.4.27)计算后验 L 值。在首次连续译码的输出端,通过后验 L 值减去信道 L 值,可以得到外部 L 值。将这些取值表示为 $L_{12}^{\mathrm{e}}(u_i)$,它们可以通过交织器 $\prod$ 置换,并且在之后的第二次连续译码中用作先验 L 值。此外, $\boldsymbol{y}'^{\mathrm{p}}$ 和通过交织器 $\prod$ 之后的 $\boldsymbol{y}^{\mathrm{s}}$ 也作为第二次译码器的输入信号。在第二次译码中,计算外部 L 值,记为 $L_{21}^{\mathrm{e}}(u_i)$,然后通过逆交织 $\prod^{-1}$ 后输入第一次译码器中。此 L 值在下次迭代中充当先验 L 值使用。该迭代过程一直持续到到达一定迭代次数或达到某一标准后停止。迭代终止时,后验 L 值 $L(u_i)$ 用作最终判决。

　　Turbo 译码方框图如图 10.26 所示。图中所示的 turbo 译码器是输入为 $\boldsymbol{y}^{\mathrm{s}}, \boldsymbol{y}^{\mathrm{p}}$ 和 $L^{\mathrm{a}}(u_i)$,输出为 $L^{\mathrm{a}}(u_i)$ 和 $L(u_i)$ 的 SISO 译码器。在迭代译码过程中, $L^{\mathrm{a}}(u_i)$ 被其他译码器提供的外部 L 值所替换。

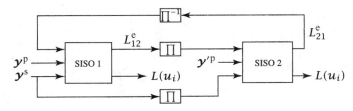

图 10.26　turbo 译码器方框图

解说题

解说题 10.22　[SISO 译码器]

　　编写 MATLAB 脚本,计算在高斯信道中采用 5/7 RSC 码和 BPSK 调制时, $L^{\mathrm{e}}(u_i)$ 与其对数似然比 $L(u_i)$ 的取值。将信道输出序列 $\boldsymbol{y} = (y_{1\mathrm{s}}, y_{1\mathrm{p}}, y_{2\mathrm{s}}, y_{2\mathrm{p}}, \cdots)$ 作为系统输入,先验概率向量 $\boldsymbol{P} = (P_1, P_2, \cdots)$,其中 $P_i = P(u_i = 1)$,信道每比特 SNR 的单位为 dB,符号功率为 E。系统输出 $L^{\mathrm{e}}(u_i)$ 和 $L(u_i)$。在以下输入情况下运行程序:
$$\boldsymbol{y} = [\,1.2 \quad -0.8 \quad 0.3 \quad 0.02 \quad -0.7 \quad -0.02 \quad 2 \quad 0 \quad -1 \quad 1\,]$$
其中, $E = 1$, $E_{\mathrm{b}}/N_0 = 10 \ \mathrm{dB}$。初始先验概率为 1/2。

题　解

　　L 和 L^{e} 值计算如下:
$$L = [\,23.2 \quad 33.14 \quad -18.2 \quad 22.24 \quad -7.92\,]$$
和
$$L^{\mathrm{e}} = [\,-0.8 \quad 27.14 \quad -4.2 \quad -17.76 \quad 12.08\,]$$
本题的 MATLAB 脚本如下所示。

---

m 文件

```
% MATLAB script for Illustrative Problem 10.22

y=[1.2 –0.8 0.3 .02 –0.7 –0.02 2 0 –1 1];
E = 1;                        % Bit energy
EbN0_dB = 10;                 % SNR/bit in dB
P = ones(1,length(y)/2)/2;    % A priori probability of each bit initialized to 1/2
[L_e L] = extrinsic(y,E,EbN0_dB,P);
```

```
function [L_e L] = extrinsic(y,E,EbN0_dB,P)
%EXTRINSIC Generates the extrinsic information and output LLR's for a 5/7 RSCC
%          with BPSK modulation over an AWGN channel.
%          [L_e L] = extrinsic(y,E,EbN0_dB,P)
%          y: channel output sequence
%          E: symbol energy
%          EbN0_dB: SNR/bit in dB
%          P: A priori probabilities of input bits
M = length(y);              % Length of channel output sequence
N = M/2;                    % Depth of Trellis
Ns = 4;                     % Number of states
y_s = y(1:2:M-1);          % Systematic components of y
y_p = y(2:2:M);            % Parity-check components of y
[c_s c_p] = RSCC_5_7(N);    % Generation of the 5/7 RSCC trellis
Eb = 2*E;
N0 = Eb*10^(-EbN0_dB/10);   % Noise variance
gamma = gamma_calc(y,E,EbN0_dB);
gamma_t = log(gamma);
[alpha_t alpha_0_t] = forward_recursion_log(gamma_t);
beta_t = backward_recursion_log(gamma_t);
% Initialization for speed:
L_e = zeros(1,N);
L = zeros(1,N);
for i = 1 : N                    % Time index
    if i == 1
        u1 = alpha_0_t + 2*y_p(i)*c_p(3,i)/N0 + beta_t(3,i);
        v1 = alpha_0_t + 2*y_p(i)*c_p(1,i)/N0 + beta_t(1,i);
        L_e(i) = max_s(u1) - max_s(v1);
    elseif i == 2
        u1 = alpha_t(1,i-1) + 2*y_p(i)*c_p(3,i)/N0 + beta_t(3,i);
        u2 = alpha_t(3,i-1) + 2*y_p(i)*c_p(12,i)/N0 + beta_t(4,i);
        v1 = alpha_t(1,i-1) + 2*y_p(i)*c_p(1,i)/N0 + beta_t(1,i);
        v2 = alpha_t(3,i-1) + 2*y_p(i)*c_p(10,i)/N0 + beta_t(2,i);
        L_e(i) = max_s([u1 u2]) - max_s([v1 v2]);
    elseif i == N-1
        u1 = alpha_t(4,i-1) + 2*y_p(i)*c_p(14,i)/N0 + beta_t(2,i);
        v1 = alpha_t(1,i-1) + 2*y_p(i)*c_p(1,i)/N0 + beta_t(1,i);
        v2 = alpha_t(2,i-1) + 2*y_p(i)*c_p(5,i)/N0 + beta_t(1,i);
        v3 = alpha_t(3,i-1) + 2*y_p(i)*c_p(10,i)/N0 + beta_t(2,i);
        L_e(i) = max_s(u1) - max_s([v1 v2 v3]);
    elseif i == N
        v1 = alpha_t(1,i-1) + 2*y_p(i)*c_p(1,i)/N0 + beta_t(1,i);
        v2 = alpha_t(2,i-1) + 2*y_p(i)*c_p(5,i)/N0 + beta_t(1,i);
        L_e(i) = - max_s([v1 v2]);
    else
        u1 = alpha_t(1,i-1) + 2*y_p(i)*c_p(3,i)/N0 + beta_t(3,i);
        u2 = alpha_t(2,i-1) + 2*y_p(i)*c_p(7,i)/N0 + beta_t(3,i);
        u3 = alpha_t(3,i-1) + 2*y_p(i)*c_p(12,i)/N0 + beta_t(4,i);
        u4 = alpha_t(4,i-1) + 2*y_p(i)*c_p(14,i)/N0 + beta_t(2,i);
        v1 = alpha_t(1,i-1) + 2*y_p(i)*c_p(1,i)/N0 + beta_t(1,i);
        v2 = alpha_t(2,i-1) + 2*y_p(i)*c_p(5,i)/N0 + beta_t(1,i);
        v3 = alpha_t(3,i-1) + 2*y_p(i)*c_p(10,i)/N0 + beta_t(2,i);
        v4 = alpha_t(4,i-1) + 2*y_p(i)*c_p(16,i)/N0 + beta_t(4,i);
        L_e(i) = max_s([u1 u2 u3 u4]) - max_s([v1 v2 v3 v4]);
    end
    L(i) = 4*sqrt(E)*y_s(i)/N0 + log(P(i)/(1-P(i))) + L_e(i);   % LLR values
end
```

　　图 10.27 所示为 turbo 编码的迭代译码算法性能。可以清楚看到,在初始几次迭代中具有很明显的性能改善。

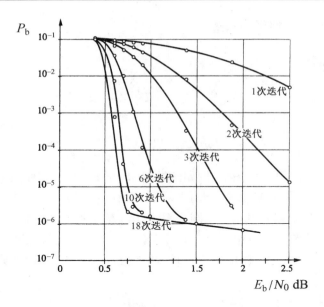

图 10.27 turbo 编码的迭代译码性能

通常,在 SNR 较高时,译码器经过 4 次迭代后误码率就可降低到$10^{-5} \sim 10^{-6}$。然而在 SNR 较低时,要使误码率达到10^{-5}范围内,译码器通常需要经过 8 ~ 10 次迭代。

在 turbo 编码中,交织长度是影响性能的一个重要因素,其在某些情况下又称为**交织增益**。在足够大的交织和迭代 MAP 译码中,turbo 编码的性能非常接近香农极限。例如,SNR = 0.7 dB 时,分组长度 $N = 2^{16}$,速率为 1/2 的 turbo 编码中,经过 18 次迭代译码后,每比特差错概率可低至10^{-5}。

10.5 低密度奇偶校验码

低密度奇偶校验码(LDPC)是以稀疏校验矩阵为特征的线性分组码。这类编码首先由 Gallager(1960,1963)提出,但在其之后的 20 年没有进行广泛的研究。这些编码已成为编码界活跃的讨论课题,这得益于它们出色的性能(采用迭代译码方案,例如和积算法实现)。事实上,这类编码在性能方面已证明可与 turbo 编码匹敌,并且如果设计良好,会具有比 turbo 编码更好的性能。这类码的出色性能使得它们应用在多种通信和广播标准中。

低密度奇偶校验码是通常具有超过 1000 的大码字长度 n 的线性分组码。它们的校验矩阵 $\boldsymbol{H}$ 是个具有非常少'1'的较大矩阵。所谓**低密度**,是指'1'在这类编码的校验矩阵中的密度低。

一个正则的低密度奇偶校验码可以被定义为一个具有 $m \times n$ 稀疏奇偶校验矩阵 $\boldsymbol{H}$ 并满足以下性质的线性分组码。

1. 在 $\boldsymbol{H}$ 的每一行有 w_r 个'1',其中$w_r \ll \min\{m, n\}$。

2. 在 $\boldsymbol{H}$ 的每一列有 w_c 个'1',其中$w_c \ll \min\{m, n\}$。

低密度奇偶校验码的密度,记为 r,由在 $\boldsymbol{H}$ 中所有'1'的个数与在 $\boldsymbol{H}$ 中所有元素的个数之比定义。密度给出如下:

$$r = \frac{w_r}{n} = \frac{w_c}{m} \tag{10.5.1}$$

很明显

$$\frac{m}{n} = \frac{w_c}{w_r} \tag{10.5.2}$$

如果矩阵 $\boldsymbol{H}$ 是满秩的,则 $m = n - k$,

$$R_c = 1 - \frac{m}{n} = 1 - \frac{w_c}{w_r} \tag{10.5.3}$$

否则,

$$R_c = 1 - \frac{\text{rank}(\boldsymbol{H})}{n} \tag{10.5.4}$$

低密度奇偶校验码是可以由图示,例如**泰纳图**(Tanner graph)方便地示意出来。泰纳图是一种表示 $\boldsymbol{c}\boldsymbol{H}^{\mathrm{T}} = \boldsymbol{0}$ 关系的图解表示法。并且,对于码字 $\boldsymbol{c}$ 可以得到码字中的每个元素 c_i,$1 \leqslant i \leqslant n$,代表节点 i,作为变量节点并且用一个圆来表示,由 $\boldsymbol{c}\boldsymbol{H}^{\mathrm{T}} = \boldsymbol{0}$ 得到的每 $n - k$ 个约束作为节点 j,$1 \leqslant j \leqslant n - k$,作为校验节点并且用一个正方形来表示。如果 c_i 出现在第 j 个校验方程中,则变量节点 i 和校验节点 j 之间是被连接的。图 10.28 描述了关于(7,4)汉明码的泰纳图。这种情况下,奇偶校验方程为

$$\begin{aligned} f_1 &: c_1 + c_2 + c_3 + c_5 = 0 \\ f_2 &: c_2 + c_3 + c_4 + c_6 = 0 \\ f_3 &: c_1 + c_2 + c_4 + c_7 = 0 \end{aligned} \tag{10.5.5}$$

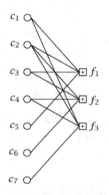

图 10.28　关于(7,4)汉明码的泰纳图

注意,图 10.28 中包含有**环**(cycles),是指不包含边沿上的路径,从一个节点开始并且结束于同一个节点。图中最短环的长度称为**围长**(girth)。图 10.28 所示图的围长为 4。

图 10.28 所示泰纳图中可辨认出两种节点:**变量节点**(variable node),对应于为泰纳图所提供的变量,这些是左侧记为圆的节点;**约束节点**(constraint node),又称**校验节点**(check node)约束了变量与变量的关系。这些节点被记为右侧的正方形。如果一个二进制序列 $\boldsymbol{c}$ 满足式(10.5.5)给出的三个约束方程,则它是一个码字。我们来定义关于命题 P 的指示函数为

$$\delta[P] = \begin{cases} 1, & \text{若 } P \text{ 为真} \\ 0, & \text{若 } P \text{ 为假} \end{cases} \tag{10.5.6}$$

例如,如果

$$\delta[c_1 + c_2 + c_3 + c_5 = 0]\delta[c_2 + c_3 + c_4 + c_6 = 0]\delta[c_1 + c_2 + c_4 + c_7 = 0] = 1 \tag{10.5.7}$$

那么 $\boldsymbol{c}$ 是一个码字。

图 10.28 所示图是式(10.5.7)对应的图示。

正则低密度奇偶校验码的泰纳图通常包含约束节点和变量节点。然而,编码的低密度约束条件使得所有约束(校验)节点的阶数等于 w_r,其远远小于编码分组长度。类似地,所有变量节点的阶数等于 w_c。对于一个 LDPC 码的泰纳图如图 10.29 所示。

LDPC 码的泰纳图通常由环构成。我们之前定义了一幅图的围长为一幅图中最短的环。显然,一个具有环的泰纳图的围长至少为 4。通常应用于 LDPC 码的一种译码技术是和积算法。这个算法当 LDPC 码的泰纳图具有较长的围长时是有效的。为了使和积算法在具有环时有效,所以外部信息值必须高。如果 LDPC 码的围长小,则信息对应的比特会迅速回到它自

身,因此提供较小的外部信息将导致较差的性能。具有大围长的 LDPC 码的设计技术是非常受关注的论题。

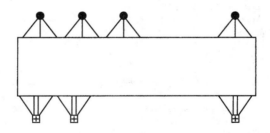

图 10.29 常规 LDPC 码的泰纳图,$w_r = 4, w_c = 3$

10.5.1 LDPC 码译码

本节描述 LDPC 码译码的两个算法。这两个算法是比特翻转算法(bit-flipping algorithm)与和积算法(sum-product algorithm),后者又称**置信传播算法**(belief propagation algorithm)。比特翻转算法是具有低复杂度的硬判决译码算法。和积算法是具有较高复杂度的软判决译码算法。

比特翻转算法

比特翻转算法是硬判决译码算法。我们假设 y 是硬信道输出(例如,信道输出量化为 0 或 1)。在比特翻转算法的第一步,计算校验子 $s = yH^T$。如果校验子为零,则令 $\hat{c} = y$ 并停止计算。否则,考虑 s 中非零元素所对应的 y 中某些元素不满足的奇偶校验方程。y 的更新是对 y 中不满足的校验方程数超过一定门限的那些元素进行翻转。更新之后,再次计算校验子,并且整个过程是重复一个固定数量的迭代,或者直到校验子为零。在比特翻转算法中,门限的最优值已经由 Gallager(1963)计算出来了。

一个改进过且更简单的比特翻转算法版本是,只翻转 y 中的不满足奇偶校验方程数目值最大,且重复出现在校验子计算中的那些比特。这个过程一直进行到校验子为零或者达到预先定好的迭代次数为止。

───┤ 解说题 ├───

解说题 10.23 [比特翻转译码]

利用前述的简化算法编写 MATLAB 脚本,完成一般线性分组码的比特翻转译码。算法的输入是编码的奇偶校验矩阵,二元硬判决信道输出序列 $y = (y_1, y_2, \cdots, y_n)$,以及最大迭代次数。输出是译码序列 $\hat{c} = (c_1, c_2, \cdots, c_n)$ 和一个二进制变量校验标志位。如果 $\hat{c}$ 为一个合法的码字,则标志位为 0,否则为 1。

给出对于一个如下形式的(7,4)汉明码的脚本:

$$y = \begin{bmatrix} 0 & 0 & 0 & 1 & 0 & 0 & 1 \end{bmatrix}$$

───┤ 题 解 ├───

本题的 MATLAB 脚本如下所示。将其应用于 y,得到

$$\hat{c} = \begin{bmatrix} 1 & 0 & 0 & 1 & 0 & 0 & 1 \end{bmatrix}$$

并且返回校验标志位为 0,表示成功译码。

```
function [c check] = bitflipping(H,y,max_it)
%BITFLIPPING Bit-flipping algorithm for decoding LDPC codes
%   [c check] = bitflipping(H,y,max_it)
%   H: parity-check matrix of the code
%   y: channel outputs, binary-valued
%   max_it: maximum number of iterations
%   c: decoder output
%   check: is 0 if c is a codeword and is 1 if c is not a codeword

s = mod(y*H',2);                %Syndrome computation
it=1;                           %Iteration counter
while ((it<=max_it) && (nnz(s)~= 0))
  f = s*H;
  ind = find(f-max(f) == 0);
  y(ind) = mod(y(ind)+1,2);
  it = it+1;
  s = mod(y*H',2);
end
c = y;
check = nnz(s);
if (check > 0)
    check = 1;
end
```

和积算法

和积算法,属于消息传递算法(message-passing algorithm)中的一类,是基于在变量节点和校验节点之间传递似然比的 LDPC 码的一种迭代译码算法。变量节点接收信道输出并将码字元素似然值传递到校验节点。每个校验节点利用所有与其相连的变量节点更新接收到的似然值,并将更新的似然值传递回变量节点。这个过程重复至达到预先设定的迭代次数或者码字译出(例如,所有的校验方程均被满足)为止。这里只提供经过加性高斯白噪声信道 BPSK 调制的和积算法的步骤。感兴趣的读者可以参考 Ryan 和 Lin(2009)。

对于一个采用 BPSK 调制的加性高斯白噪声信道,0 被映射到 $\sqrt{E}$,1 被映射到 $-\sqrt{E}$,当第 i 个信道输出为 y_i 时,对应的似然比由如下形式得到:

$$L(y_i) = \ln \frac{p(y_i \mid 0)}{p(y_i \mid 1)}$$
$$= \ln \frac{e^{-(y_i-\sqrt{E})^2/N_0}}{e^{-(y_i+\sqrt{E})^2/N_0}} \qquad (10.5.8)$$
$$= \frac{4\sqrt{E}}{N_0} y_i$$

和积算法在每个节点 i 进行初始化,$1 \leq i \leq n$,将式(10.5.8)中的似然值传递到所有校验节点 $j \in M(i)$,其中 $M(i)$ 表示该校验节点与变量节点 i 相连接。换句话说,对于所有的 $1 \leq i \leq n$,所有的 $j \in M(i)$,从节点 i 到节点 j 的信息传递为

$$L_{i \to j} = L_i = \frac{4\sqrt{E}}{N_0} y_i \qquad (10.5.9)$$

校验节点 j 接收到从所有与其相连的变量节点来的信息后,计算传递到节点 i 的信息,$1 \leq i \leq n$,利用关系式

$$L_{j\to i} = 2\mathrm{arctanh}\left(\prod_{i'\in N(j)-\{i\}}\tanh\left(\frac{1}{2}L_{i'\to j}\right)\right) \qquad (10.5.10)$$

其中, $N(j)$ 表示连接到校验节点 j 的变量节点。

在下一步中, 变量节点基于从校验节点接收到的信息更新它们的信息。在这一步中, 变量节点 i 将更新的似然值传递至校验节点 $j\in M(i)$,

$$L_{i\to j} = L_i + \sum_{j'\in M(i)-\{j\}}L_{j'\to i} \qquad (10.5.11)$$

式(10.5.10)和式(10.5.11)重复迭代, 直到达到预先设定的迭代次数或者码字被译出为止。该检测是在变量节点利用如下公式计算全部似然函数:

$$L_i^{\mathrm{total}} = L_i + \sum_{j\in M(i)}L_{j-i} \qquad (10.5.12)$$

然后, 利用如下公式:

$$\hat{c}_i = \begin{cases} 1, & L_i^{\mathrm{total}} < 0 \\ 0, & \text{其余 } i \end{cases} \qquad (10.5.13)$$

判决 $\hat{c}$, 并检验是否所有奇偶校验方程都被满足(例如, 是否满足 $\hat{c}H^{\mathrm{T}}=0$)。

───── 解说题 ─────

解说题 10.24　[和积译码]

编写一个 MATLAB 脚本, 实现对于具有奇偶校验矩阵 H 的线性分组码的和积译码算法, 且采用 BPSK 调制, 经过加性高斯白噪声信道。代码的输入为 H, 信道的输出序列为 y, 采用最大迭代次数, 信号能量为 E, E_b/N_0 以 dB 为单位。给出一个全零序列被传递时, 在不同 E_b/N_0 条件下(7,4)汉明码译码的脚本。为方便起见设 $E=1$。

───── 题　解 ─────

本题的 MATLAB 脚本如下所示。运行程序, 在 $E_b/N_0=2$ dB 条件下得到 $c=0$, 说明译码正确。在 $E_b/N_0=0$ dB 条件下仍可得到 $c=0$。降低 SNR/bit 至 -2 dB, 得到非码字序列 $c=[1\ 0\ 0\ 0\ 0\ 1\ 0]$。

───── m 文件 ─────

```
% MATLAB script for Illustrative Problem 10.24

H = [1 0 1 1 1 0 0
     1 1 0 1 0 1 0
     0 1 1 1 0 0 1];          % Code parity-check matrix
E = 1;                        % Symbol energy
n = size(H,2);                % Codeword length
f = size(H,1);                % Number of parity check bits
R = (n-f)/n;                  % Code rate
EbN0_dB = 2;
EbN0 = 10^(EbN0_dB/10);
noise_variance = E/(2*R*EbN0);
noise = sqrt(noise_variance)*randn(1,n);
y = ones(1,n) + noise;        % Assuming the all-zero codeword is transmitted
max_it = 50;
[c check] = sp_decoder(H,y,max_it,E,EbN0_dB);
```

■ m 文件

```
function [c check] = sp_decoder(H,y,max_it,E,EbN0_dB)
%SP_DECODER is the Sum-Product decoder for a linear block code code with BPSK modulation
%    [c check] = sp_decoder(H,y,max_it,N0)
%    y              channel output
%    H              parity-check matrix of the code
%    max_it         maximum number of iterations
%    E              symbol energy
%    EbN0_dB        SNR/bit (in dB)
%    c              decoder output
%    check          is 0 if c is a codeword and is 1 otherwise

n = size(H,2);                    % Length of the code
f = size(H,1);                    % Number of parity checks
R = (n-f)/n;                      % Rate
Eb = E/R;                         % Energy/bit
N0 = Eb*10^(-EbN0_dB/10);              % one-sided noise PSD
L_i = 4*sqrt(E)*y/N0;
[j i] = find(H);
nz = length(find(H));
L_j2i = zeros(f,n);
L_i2j = repmat(L_i,f,1) .* H;
L_i2j_vec = L_i + sum(L_j2i,1);
% Decision making:
L_i_total = L_i2j_vec;
for l = 1:n
    if L_i_total(l) <= 0
        c_h(l) = 1;
    else
        c_h(l) = 0;
    end
end
s = mod(c_h*H',2);
if nnz(s) == 0
    c = c_h;
else
    it = 1;
    while ((it <= max_it) && (nnz(s)~=0))
        % Variable node updates:
        for idx = 1:nz
            L_i2j(j(idx),i(idx)) = L_i2j_vec(i(idx)) - L_j2i(j(idx),i(idx));
        end
        % Check node updates:
        for q = 1:f
            F = find(H(q,:));
            L_j2i_vec(q) = prod(tanh(0.5*L_i2j(q,F(:))),2);
        end
        for idx = 1:nz
            L_j2i(j(idx),i(idx)) = 2*atanh(L_j2i_vec(j(idx)) /...
                tanh(0.5*L_i2j(j(idx),i(idx))));
        end
        L_i2j_vec = L_i + sum(L_j2i,1);
        % Decision making:
        L_i_total = L_i2j_vec;
        for l = 1:n
            if L_i_total(l) <= 0
                c_h(l) = 1;
            else
                c_h(l) = 0;
            end
        end
```

```
        s = mod(c_h*H',2);
        it = it + 1;
    end
end
end
c = c_h;
check = nnz(s);
if (check > 0)
    check = 1;
end
```

10.6　习题

10.1　编写一个 MATLAB 程序,绘出二元对称信道的信道容量关于交叉概率 $p(0 \leqslant p \leqslant 1)$ 的函数图。p 取何值时信道容量最小? 最小值是多少?

10.2　一个二元非对称信道具有条件特征:$p(0 \mid 1) = 0.3$ 和 $p(1 \mid 0) = 0.6$。绘制互信息 $I(X;Y)$ 与该信道的输入输出关于 $p = P(X=1)$ 的函数图。p 取何值时互信息最大? 最大值是多少?

10.3　一个 Z 信道是一个二元输入、二元输出信道,具有输入输出符号 $\mathcal{X} = \mathcal{Y} = \{0,1\}$,且有 $p(0 \mid 1) = \varepsilon$ 和 $p(1 \mid 0) = 0$。对 $\varepsilon = 0,0.1,0.2,0.3,0.4,0.5,0.7,0.9,1$,绘制 $I(X;Y)$ 满足 $p = P(X=1)$ 的函数图。在每种情况下确定信道容量。

10.4　一个二元输入、三元输出信道分别具有输入输出符号 $\mathcal{X} = \{0,1\}$ 和 $\mathcal{Y} = \{0,1,2\}$,且传输概率 $p(0 \mid 0) = 0.1, p(1 \mid 0) = 0.4, p(0 \mid 1) = 0.2, p(1 \mid 1) = 0.1$。绘制 $I(X;Y)$ 关于 $p = P(X=1)$ 的函数图,并确定信道容量。

10.5　一个三元输入、二元输出信道分别具有输入输出符号 $\mathcal{X} = \{0,1,2\}$ 和 $\mathcal{Y} = \{0,1\}$,且传输概率 $p(0 \mid 0) = 0.05, p(1 \mid 1) = 0.2, p(0 \mid 2) = 0.1$。绘制 $I(X;Y)$ 关于 $p_1 = P(X=1)$ 和 $p_2 = P(X=2)$ 的函数图,并确定信道容量。

10.6　绘制采用二元正交信号的二元对称信道的信道容量关于 E_b/N_0 的函数图。

10.7　重做解说题 10.3,但假设两个传输信号是等能量的且为**正交的**。所得结果与在解说题 10.3 有什么不同?

10.8　当均采用正交信号时,对比硬判决和软判决下的信道容量图,当采用反极性信号时再进行对比。

10.9　绘制采用正交信号的二元对称信道关于 E_b/N_0 的函数图。求解时一次在相干检测假设条件下,另一次在非相干检测假设条件下。在同一幅图中展示两条曲线并对比结果。

10.10　编写 MATLAB 程序,生成一个任意给定的 m 的系统形式的 Hamming 码的生成矩阵。

10.11　重做解说题 10.10,采用正交信号相干检测和非相干检测。在同一幅图上绘制结果。

10.12　利用 Monte Carlo 仿真画出解说题 10.10 中差错概率与 γ_b 的关系。

10.13　重做解说题 10.12,但不采用正交信号而用反极性信号。在软判决译码条件下,比较正交信号的相干和非相干解调的性能。

10.14　利用 Monte Carlo 仿真,绘制解说题 10.12 中差错概率与 γ_b 的关系。

10.15　当输入序列为
　　　　　1 0 1 0 1 0 1 0 1 0 1 0 1 0 0 1 0 1 1 1 0 1 0 1 1 1 1 1 1 1 0 1 0
用 MATLAB 求图 10.18 所示的卷积编码器的输出。

10.16　一个卷积码由生成矩阵

$$G = \begin{bmatrix} 1 & 0 & 1 & 1 \\ 0 & 1 & 1 & 0 \\ 1 & 1 & 0 & 1 \\ 1 & 1 & 1 & 1 \end{bmatrix}$$

描述

（a）如果 $k=1$,当输入序列为

1 1 0 0 1 0 1 0 1 1 0 1 0 1 0 0 1 1 1 0 1 0 1 1 1 1 1 0 1 0

时,求该编码器的输出。

（b）取 $k=2$,重做(a)。

10.17 在习题 10.15 中,求得该编码器的输出之后,改变接收序列的前 6 个比特,并用维特比算法译码出这一结果。将这个译码器输出与发射序列进行比较。发生了多少个差错?一次改变接收序列的最后 6 个比特,一次改变接收序列的前 3 个比特和后 3 个比特,重做这个习题,并比较这些结果。在全部过程中都用 Hamming 测度。

10.18 产生一个长为 1000 的等概率二进制序列,并将该序列按图 10.18 所示的卷积码编码。产生 4 个随机二进制差错序列,每个长为 2000,其中 1 的概率分别等于 0.01,0.05,0.1 和 0.2。将这些差错序列中的每个加(模 2)到这个已编码的序列上,并用维特比算法译码出结果。在每种情况下,将这个译码序列与编码器输入进行比较,并求出误码率。

10.19 利用图 10.18 所示的码,通过 Monte Carlo 仿真画出在某卷积编码器中误码率与 γ_b 的关系。假设采用二进制反极性调制方法,一次用硬判决译码,一次用软判决译码。令 γ_b 在 $2 \sim 8 \text{ dB}$ 的区间内,并适当地选取信息序列长度。将得到的结果与理论界进行比较。

10.20 用图 10.18 所示的编码器在一条具有二元输入和三元输出的信道上传输信息。输出用 0,1 和 2 表示。这就属于一个高斯信道的输出被量化到 3 个电平的情况。信道的条件概率由 $p(0 \mid 0) = p(1 \mid 1) = 0.7, p(2 \mid 0) = p(2 \mid 1) = 0.07$ 给出。利用维特比算法对下面的接收序列解码:

0 2 0 2 0 1 1 0 2 0 2 1 1 2 0 0 2 2 2 0 1 1 0 1 0 1 0 2 0 2 2 0 1 1 1 1 1 2

10.21 证明式(10.4.29)中的恒等性。

10.22 编写一个 MATLAB 程序以实现长度为 N 的伪随机交织。程序的输入是长度为 N 的序列,而输出是 $2 \times N$ 的交织矩阵,其第一列是从 1 到 N 的整数,代表一个长度为 N 的分组中比特的位置,而第二列是这些比特交织后的位置。

10.23 编写一个 MATLAB 程序,采用具有连接伪随机交织器 5/7 RSCC 的 turbo 码编码器,对一个长度为 N 的二进制序列进行编码。生成一个长度为 $N=1000$ 的伪随机序列并且采用这个编码器进行编码。

10.24 利用习题 10.22 中的 SISO 译码器,写一个程序实现与该习题中使用相同的码、调制方案和信道的系统的 turbo 译码。

10.25 编写一个 MATLAB 程序实现比特翻转算法,对具有如下形式的奇偶校验矩阵的码进行译码。

$$H = \begin{bmatrix} 1 & 1 & 0 & 1 & 0 & 1 \\ 0 & 1 & 1 & 0 & 1 & 1 \\ 1 & 0 & 0 & 0 & 1 & 0 \\ 0 & 0 & 1 & 1 & 0 & 0 \end{bmatrix}$$

10.26 编写一个 MATLAB 程序实现和积译码算法,对习题 10.25 中的码进行译码。

第11章 多天线系统

11.1 概述

在数字通信系统的接收终端使用两个或多个天线,是一种获得空间分集的常用方法,这样也能减轻信号衰落的影响。为了确保接收信号所经历的衰落统计独立,通常接收天线之间必须被间隔一个或多个波长。由于空间接收分集可以在不扩展信号传输带宽的情况下实现信号分集,所以格外具有吸引力。

在发射机中使用多天线也可以实现空间分集。例如,我们将证明使用两个发射天线和一个接收天线来实现二阶分集是可行的。此外,多个发射天线可被用于产生多个空间信道,从而可以提供增加数据速率的能力。这种方法称为空间复用。

采用 N_T 个发射天线和 N_R 个接收天线的通信系统通常称为**多输入、多输出(MIMO)系统**,其获得的空间信道称为 **MIMO 信道**。

在 $N_T = N_R = 1$ 的特殊情况下的系统称为**单输入、单输出(SISO)系统**,相应的信道称为 **SISO 信道**。第二种特殊情况是 $N_T = 1$ 且 $N_R \geqslant 2$ 的情况。这样的系统称为**单输入、多输出(SIMO)系统**,相应的信道称为 **SIMO 信道**。最后,第三种特殊情况是 $N_T \geqslant 2$ 且 $N_R = 1$ 的情况。这样的系统称为**多输入、单输出(MISO)系统**,相应的信道称为 **MISO 信道**。

11.2 多天线系统的信道模型

在有 N_T 个发射天线和 N_R 个接收天线的 MIMO 系统中,我们用符号 $h_{ij}(\tau;t)$ 表示第 j 个发射天线与第 i 个接收天线之间的脉冲响应,其中 τ 和 t 分别代表一个常规线性迟变信道的延迟变量和时间变量。这样,一个随机时变信道可以用 $N_R \times N_T$ 维的矩阵 $\boldsymbol{H}(\tau;t)$ 来表示,该矩阵定义为

$$\boldsymbol{H}(\tau;t) = \begin{bmatrix} h_{11}(\tau;t) & h_{12}(\tau;t) & \cdots & h_{1N_T}(\tau;t) \\ h_{21}(\tau;t) & h_{22}(\tau;t) & \cdots & h_{2N_T}(\tau;t) \\ \vdots & \vdots & & \vdots \\ h_{N_R 1}(\tau;t) & h_{N_R 2}(\tau;t) & \cdots & h_{N_R N_T}(\tau;t) \end{bmatrix} \qquad (11.2.1)$$

假设第 j 个发射天线的发射信号为 $s_j(t)$, $j = 1,2,\cdots,N_T$,则第 i 个接收天线所接收到的信号可以表示为

$$\begin{aligned} r_i(t) &= \sum_{j=1}^{N_T} \int_{-\infty}^{\infty} h_{ij}(\tau;t) s_j(t-\tau) \mathrm{d}\tau \\ &= \sum_{j=1}^{N_T} h_{ij}(\tau;t) * s_j(\tau), \quad i = 1,2,\cdots,N_R \end{aligned} \qquad (11.2.2)$$

其中,星号代表卷积。利用矩阵形式,式(11.2.2)可以表示为

$$\boldsymbol{r}(t) = \boldsymbol{H}(\tau;t) * \boldsymbol{s}(\tau) \qquad (11.2.3)$$

其中, $\boldsymbol{s}(t)$ 是一个 $N_T \times 1$ 维向量, $\boldsymbol{r}(t)$ 是一个 $N_R \times 1$ 维向量。

对于一个频率非选择性信道,信道矩阵 $\boldsymbol{H}$ 表示为

$$\boldsymbol{H}(t) = \begin{bmatrix} h_{11}(t) & h_{12}(t) & \cdots & h_{1N_T}(t) \\ h_{21}(t) & h_{22}(t) & \cdots & h_{2N_T}(t) \\ \vdots & \vdots & & \vdots \\ h_{N_R 1}(t) & h_{N_R 2}(t) & \cdots & h_{N_R N_T}(t) \end{bmatrix} \tag{11.2.4}$$

在这种情况下,第 i 个天线接收到的信号仅为

$$r_i(t) = \sum_{j=1}^{N_T} h_{ij}(t) s_j(t), \qquad i = 1, 2, \cdots, N_R \tag{11.2.5}$$

利用矩阵形式,接收信号向量 $\boldsymbol{r}(t)$ 表示为

$$\boldsymbol{r}(t) = \boldsymbol{H}(t)\boldsymbol{s}(t) \tag{11.2.6}$$

此外,如果信道脉冲响应在时间段 $0 \leqslant t \leqslant T$ 内随时间变化很慢,其中 T 可以代表符号周期或者某个一般性的时间长度,那么式(11.2.6)可以简单地表示为

$$\boldsymbol{r}(t) = \boldsymbol{H}\boldsymbol{s}(t), \qquad 0 \leqslant t \leqslant T \tag{11.2.7}$$

其中,$\boldsymbol{H}$ 在时间段 $0 \leqslant t \leqslant T$ 内为常量。

式(11.2.7)所表征的慢变非频率选择性信道模型是 MIMO 信道中信号传输的最简模型。本章中使用这一模型来说明 MIMO 系统的性能特性。

11.3　慢衰落频率非选择性 MIMO 信道中的信号传输

考虑一个使用多个发射天线和接收天线的无线通信系统,如图 11.1 所示。假设有 N_T 个发射天线和 N_R 个接收天线。如图 11.1 所描述的,由 N_T 个符号构成的数据块经过从串行到并行的转换,并且每一个符号被输入 N_T 个相同调制器其中之一,每个调制器都与一个空间上分隔的天线相连。这样,这 N_T 个符号被并行地传输,并被 N_R 个空间上分隔的接收天线接收。本节中假设这 N_T 个符号未经过编码。

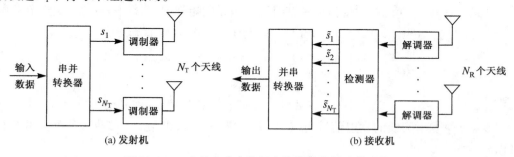

图 11.1　一个具有多个发射和接收天线的通信系统

本节中假设每一个从发射天线到接收天线的信号经历频率非选择性瑞利衰落。还假设符号从 N_T 个发射天线到达 N_R 个接收天线的传播时间差异相比于符号周期 T 来说很小,所以实际上任意一个接收天线接收到的来自 N_T 个发射天线的信号都是同步的。因此,可以将接收天线在一个信号周期内接收到的信号表示为

$$r_m(t) = \sum_{n=1}^{N_T} s_n h_{mn} g_T(t) + z_m(t), \quad 0 \leqslant t \leqslant T, \quad m = 1, 2, \cdots, N_R \tag{11.3.1}$$

其中，$g_T(t)$是调制滤波器的脉冲波形（脉冲响应），h_{mn}是第 n 个发射天线与第 m 个接收天线间的零均值复高斯信道增益，s_n是第 n 个天线发送的符号，$z_m(t)$是加性高斯白噪声过程的一个样本函数。这些信道增益$\{h_{mn}\}$被建模为服从相同分布并且信道之间相互独立。这些高斯样本函数$\{z_m(t)\}$被假设服从相同的分布并且相互间统计独立，其中每个样本函数的均值为零且双边功率谱密度为$N_0/2$。信息符号$\{s_n\}$从二元或 M 元的 PSK 或 QAM 信号星座中选取。

N_R个接收天线中的每一个解调器都包含一个针对脉冲$g_T(t)$的匹配滤波器，该匹配滤波器的输出在每个符号周期的最后被采样。对应第 m 个接收天线的解调器输出可以表示为

$$y_m = \sum_{n=1}^{N_T} s_n h_{mn} + \eta_m, \quad m = 1,2,\cdots,N_R \tag{11.3.2}$$

其中，脉冲$g_T(t)$的能量被归一化为单位 1，η_m是加性高斯噪声分量。解调器的N_R个软输出会被输送到信号检测器。为了便于数学表达，式(11.3.2)可以用矩阵的形式表示为

$$y = Hs + \eta \tag{11.3.3}$$

其中，$y=[y_1,y_2,\cdots,y_{N_R}]^T$，$s=[s_1,s_2,\cdots,s_{N_T}]^T$，$\eta=[\eta_1,\eta_2,\cdots,\eta_{N_R}]^T$，$H$ 是$N_R\times N_T$维信道增益矩阵。图 11.2 描述了多个发送和接收信号在每个符号周期内的离散时间模型。

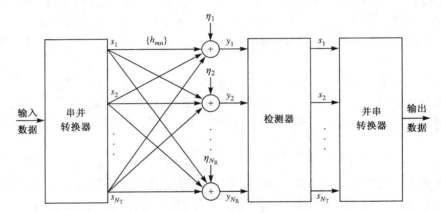

图 11.2　具有多个发射和接收天线的通信系统在频率非选择性慢衰落信道下的离散时间模型

对于如上描述的 MIMO 系统形式，我们观察到N_T个发射天线上发送的符号在时间和频率上是完全重叠的。因此，从空间信道接收到的信号$\{y_m,1\le m\le N_R\}$存在信道间干扰。下一节将讨论在 MIMO 系统中用于恢复发送数据符号的三种不同检测器。

解说题

解说题 11.1　[信道矩阵和检测器输入的生成]

假设$N_T=N_R=2$。产生一个瑞利衰落和加性高斯白噪声信道的信道矩阵 H 的各元素，以及两个接收天线的检测器的相应输入。

题　解

矩阵 H 的元素包括h_{11},h_{12},h_{21}和h_{22}。对于瑞利信道，这些参数是复值、统计独立、零均值的高斯随机变量，它们具有相同的方差σ_h^2。因此，两个接收天线的检测器的输入为

$$y_1 = h_{11}s_1 + h_{12}s_2 + \eta_1$$
$$y_2 = h_{21}s_1 + h_{22}s_2 + \eta_2 \tag{11.3.4}$$

其中，s_1 和 s_2 是发射天线所发送的符号，(η_1,η_2) 是统计独立的加性高斯噪声，其均值为零，具有相同的方差 σ_n^2。

本题的 MATLAB 脚本如下所示。

■ m 文件

```
% MATLAB script for Illustrative Problem 11.1

Nt = 2;                              % No. of transmit antennas
Nr = 2;                              % No. of receive antennas
No = 1;                              % Noise variance
s = 2*randi([0 1],Nt,1) − 1;        % Binary transmitted symbols
H = (randn(Nr,Nt) + 1i*randn(Nr,Nt))/sqrt(2);        % Channel coefficients
noise = sqrt(No/2)*(randn(Nr,1) + 1i*randn(Nr,1));   % AWGN noise
y = H*s + noise;                     % Inputs to the detectors
disp(['The inputs to the detectors are:     ', num2str(y')])
```

11.3.1 MIMO 系统中的数据符号的检测

基于 11.2 节所描述的频率非选择性 MIMO 信道模型，我们考虑用于恢复发送数据符号的三种不同检测器，并评估了它们在瑞利衰落和加性高斯白噪声下的性能。在整个过程中，假定检测器完全知道信道矩阵 $\boldsymbol{H}$ 的各元素。实际中，$\boldsymbol{H}$ 的元素可通过使用信道探测信号来估计。

最大似然检测器（MLD） 就最小化差错概率而言，MLD 是最优的检测器。因为在 N_R 个接收天线处的加性噪声服从独立同分布（i.i.d）、均值为零的高斯分布，所以联合条件 PDF $p(\boldsymbol{y} \mid \boldsymbol{s})$ 是高斯的。因此，MLD 选择最小化欧氏距离测度的符号向量 $\hat{\boldsymbol{s}}$，即

$$\mu(\boldsymbol{s}) = \sum_{m=1}^{N_R} \left| y_m - \sum_{n=1}^{N_T} h_{mn}s_n \right|^2 \qquad (11.3.5)$$

最小均方误差（MMSE）检测器 MMSE 检测器将接收到的信号 $\{y_m,1 \leqslant m \leqslant N_R\}$ 进行线性组合，以构成对发送符号 $\{s_n,1 \leqslant n \leqslant N_T\}$ 的估计。该线性组合用矩阵形式表示为

$$\hat{\boldsymbol{s}} = \boldsymbol{W}^H \boldsymbol{y} \qquad (11.3.6)$$

其中，$\boldsymbol{W}$ 是一个 $N_R \times N_T$ 维加权矩阵，选择该矩阵以最小化均方误差

$$J(\boldsymbol{W}) = E[\|\boldsymbol{e}\|^2] = E[\|\boldsymbol{s} - \boldsymbol{W}^H \boldsymbol{y}\|^2] \qquad (11.3.7)$$

通过最小化 $J(\boldsymbol{W})$ 得到最优权重向量 $\boldsymbol{w}_1,\boldsymbol{w}_2,\cdots,\boldsymbol{w}_{N_T}$ 的解为

$$\boldsymbol{w}_n = \boldsymbol{R}_{yy}^{-1} \boldsymbol{r}_{s_n y}, \qquad n = 1,2,\cdots,N_T \qquad (11.3.8)$$

其中，$\boldsymbol{R}_{yy} = E[\boldsymbol{y}\boldsymbol{y}^H] = \boldsymbol{H}\boldsymbol{R}_{ss}\boldsymbol{H}^H + N_0 \boldsymbol{I}$ 是接收信号向量 $\boldsymbol{y}$ 的 $N_R \times N_R$ 维自相关矩阵，$\boldsymbol{R}_{ss} = E[\boldsymbol{s}\boldsymbol{s}^H]$，$\boldsymbol{r}_{s_n^* y} = E[s_n^* \boldsymbol{y}]$，$E[\boldsymbol{\eta}\boldsymbol{\eta}^H] = N_0 \boldsymbol{I}$。当信号向量具有不相关、零均值的各分量时，$\boldsymbol{R}_{ss}$ 是一个对角矩阵。估计值 $\hat{\boldsymbol{s}}$ 中的每一个分量被量化为最接近的发送符号值。

信道反转检测器（ICD） ICD 也是通过线性地组合接收信号 $\{y_m,1 \leqslant m \leqslant N_R\}$ 来形成对 $\boldsymbol{s}$ 的估计。然而，在这种情况下，我们令 $N_T = N_R$ 并选择权重矩阵 $\boldsymbol{W}$，以使信道间干扰被完全消除，即 $\boldsymbol{W}^H = \boldsymbol{H}^{-1}$，从而有

$$\hat{\boldsymbol{s}} = \boldsymbol{H}^{-1}\boldsymbol{y} = \boldsymbol{s} + \boldsymbol{H}^{-1}\boldsymbol{\eta} \qquad (11.3.9)$$

估计值 $\hat{\boldsymbol{s}}$ 中的每一个分量被量化为最接近的发送符号值。我们注意到，ICD 估计值 $\hat{\boldsymbol{s}}$ 没有受到信道间干扰的污染。然而，正如将在下面观察到的，这也意味着 ICD 没有用到接收信号中固有的信号分集。

当 $N_R > N_T$ 时，权重矩阵 W 可选择作为信道矩阵的伪逆，即

$$W^H = (H^H H)^{-1} H^H \qquad (11.3.10)$$

解说题

解说题 11.2　[检测器的实现]

在 MATLAB 中实现三种类型的检测器。

题　解

用于三种检测器计算的 MATLAB 脚本如下所示。

m 文件

```
% MATLAB script for Illustrative Problem 11.2

Nt = 2;                                    % No. of transmit antennas
Nr = 2;                                    % No. of receive antennas
S = [1 1 −1 −1; 1 −1 1 −1];                % Reference codebook
H = (randn(Nr,Nt) + 1i*randn(Nr,Nt))/sqrt(2);   % Channel coefficients
s = 2*randi([0 1],Nt,1) − 1;               % Binary transmitted symbols
No = 0.1;                                   % Noise Noiance
noise = sqrt(No/2)*(randn(Nr,1) + 1i*randn(Nr,1)); % AWGN noise
y = H*s + noise;                            % Inputs to the detectors
disp(['The transmitted symbols are:               ',num2str(s')])

% Maximum Likelihood Detector:
mu = zeros(1,4);
for i = 1:4
    mu(i) = sum(abs(y − H*S(:,i)).^2);      % Euclidean distance metric
end
[Min idx] = min(mu);
s_h = S(:,idx);
disp(['The detected symbols using the ML method are:     ',num2str(s_h')])

% MMSE Detector:
w1 = (H*H' + No*eye(2))^(-1) * H(:,1);      % Optimum weight vector 1
w2 = (H*H' + No*eye(2))^(-1) * H(:,2);      % Optimum weight vector 2
W = [w1 w2];
s_h = W'*y;
for i = 1:Nt
    if s_h(i) >= 0
        s_h(i) = 1;
    else
        s_h(i) = −1;
    end
end
disp(['The detected symbols using the MMSE method are:  ',num2str(s_h')])

% Inverse Channel Detector:
s_h = H\y;
for i = 1:Nt
    if s_h(i) >= 0
        s_h(i) = 1;
    else
        s_h(i) = −1;
    end
end
disp(['The detected symbols using the ICD method are:   ',num2str(s_h')])
```

11.3.2　检测器的差错概率性能

在瑞利衰落信道下,评估三种检测器差错概率性能的最简单方法是采用 Monte Carlo 仿真。

解说题

解说题 11.3　[MIMO 系统的 Monte Carlo 仿真]

进行 Monte Carlo 仿真以评估一个 (N_T, N_R) MIMO 系统在瑞利衰落 AWGN 信道下的差错概率性能。调制方式是二元 PSK(或二元 PAM)。

题　解

图 11.3 和图 11.4 分别画出了 $(N_T, N_R) = (2, 2)$ 和 $(N_T, N_R) = (2, 3)$ 时二元 PSK 调制的误码率(BER)。在这两种情况中,信道增益的方差相同并将它们的和进行归一化,即

$$\sum_{n,m} E\left[\,|h_{mn}|^2\,\right] = 1 \tag{11.3.11}$$

将二元 PSK 调制的 BER 绘制为每比特平均 SNR 的函数。按照式(11.3.11)对信道增益 $\{h_{mn}\}$ 的方差进行归一化,平均接收能量即为发送信号每符号的能量。

图 11.3 和图 11.4 中的性能结果说明 MLD 利用了接收信号中可用的 N_R 阶满分集,因此它的性能与没有信道间干扰时这 N_R 个接收信号的最大比合并器(MRC)性能相当;也就是说,$(N_T, N_R) = (1, N_R)$。对于 $N_T = 2$ 个发射天线,这两种线性检测器,即 MMSE 检测器和 ICD,其差错概率随着 SNR 的 $(N_R - 1)$ 次幂上升而下降。这样,当 $N_R = 2$ 时,这两种线性检测器没有获得分集,当 $N_R = 3$ 时,这些线性检测器获得了二阶分集。我们也注意到,MMSE 检测器的性能好于 ICD,尽管二者获得了相同阶数的分集。一般而言,当采用空间复用技术(N_T 个发射天线发送相互独立的数据流)时,对于任意 $N_R \geqslant N_T$,MLD 检测器获得了 N_R 阶的分集,线性检测器获得了 $N_R - N_T + 1$ 阶的分集。事实上,使用 N_T 个发送独立数据流的发射天线和 N_R 个接收天线时,

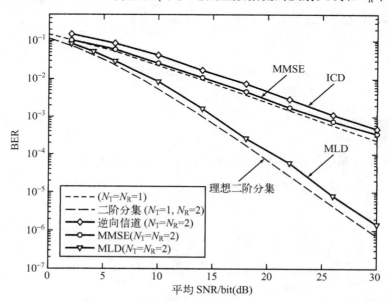

图 11.3　具有 $N_R = 2$ 个接收天线时,MLD、MMSE 和 ICD(检测器)的性能

线性检测器获得了N_R维自由度。在检测任意一个数据流时,都有来自其他发射天线的N_T-1个干扰信号,这些线性检测器利用N_T-1个自由度来消除这N_T-1个干扰信号。因此,这些线性检测器的有效分集阶数为$N_R-(N_T-1)=N_R-N_T+1$。

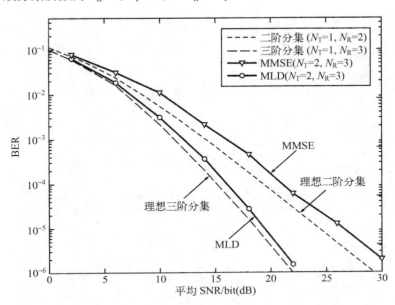

图 11.4　具有$N_R=3$个接收天线时,MLD 和 MMSE 检测器的性能

本题的 MATLAB 脚本如下所示。

m 文件

```
% MATLAB script for Illustrative Problem 11.3

Nt = 2;                              % No. of transmit antennas
Nr = 2;                              % No. of receive antennas
S = [1 1 −1 −1; 1 −1 1 −1];            % Reference codebook
Eb = 1;                              % Energy per bit
EbNo_dB = 0:5:30;                     % Average SNR per bit
No = Eb*10.^(−1*EbNo_dB/10);           % Noise variance
BER_ML = zeros(1,length(EbNo_dB));     % Bit-Error-Rate Initialization
BER_MMSE = zeros(1,length(EbNo_dB));    % Bit-Error-Rate Initialization
BER_ICD = zeros(1,length(EbNo_dB));    % Bit-Error-Rate Initialization

% Maximum Likelihood Detector:
echo off;
for i = 1:length(EbNo_dB)
    no_errors = 0;
    no_bits = 0;
    while no_errors <= 100
        mu = zeros(1,4);
        s = 2*randi([0 1],Nt,1) − 1;
        no_bits = no_bits + length(s);
        H = (randn(Nr,Nt) + 1i*randn(Nr,Nt))/sqrt(2*Nr);
        noise = sqrt(No(i)/2)*(randn(Nr,1) + 1i*randn(Nr,1));
        y = H*s + noise;
        for j = 1:4
            mu(j) = sum(abs(y − H*S(:,j)).^2);   % Euclidean distance metric
```

```
        end
        [Min idx] = min(mu),
        s_h = S(:,idx);
        no_errors = no_errors + nnz(s_h-s);
    end
    BER_ML(i) = no_errors/no_bits;
end
echo on;
% Minimum Mean-Sqaure-Error (MMSE) Detector:
echo off;
for i = 1:length(EbNo_dB)
    no_errors = 0;
    no_bits = 0;
    while no_errors <= 100
        s = 2*randi([0 1],Nt,1) - 1;
        no_bits = no_bits + length(s);
        H = (randn(Nr,Nt) + 1i*randn(Nr,Nt))/sqrt(2*Nr);
        noise = sqrt(No(i)/2)*(randn(Nr,1) + 1i*randn(Nr,1));
        y = H*s + noise;
        w1 = (H*H' + No(i)*eye(Nr))^(-1) * H(:,1); % Optimum weight vector 1
        w2 = (H*H' + No(i)*eye(Nr))^(-1) * H(:,2); % Optimum weight vector 2
        W = [w1 w2];
        s_h = W'*y;
        for j = 1:Nt
            if s_h(j) >= 0
                s_h(j) = 1;
            else
                s_h(j) = -1;
            end
        end
        no_errors = no_errors + nnz(s_h-s);
    end
    BER_MMSE(i) = no_errors/no_bits;
end
echo on;

% Inverse Channel Detector:
echo off;
for i = 1:length(EbNo_dB)
    no_errors = 0;
    no_bits = 0;
    while no_errors <= 100
        s = 2*randi([0 1],Nt,1) - 1;
        no_bits = no_bits + length(s);
        H = (randn(Nr,Nt) + 1i*randn(Nr,Nt))/sqrt(2*Nr);
        noise = sqrt(No(i)/2)*(randn(Nr,1) + 1i*randn(Nr,1));
        y = H*s + noise;
        s_h = H\y;
        for j = 1:Nt
            if s_h(j) >= 0
                s_h(j) = 1;
            else
                s_h(j) = -1;
            end
        end
        no_errors = no_errors + nnz(s_h-s);
    end
    BER_ICD(i) = no_errors/no_bits;
end
echo on;
% Plot the results:
semilogy(EbNo_dB,BER_ML,'-o',EbNo_dB,BER_MMSE,'-*',EbNo_dB,BER_ICD)
```

```
xlabel('Average SNR/bit (dB)','fontsize',10)
ylabel('BER','fontsize',10)
legend('ML','MMSE','ICD')
```

比较三种检测器的计算复杂度是一件令人感兴趣的事情。我们注意到，MLD 的计算复杂度随 M^{N_T} 呈指数增长，其中 M 是信号星座中的点（符号）数，然而线性检测器的复杂度随 N_T 和 N_R 线性地增长。因此，当 N_T 和 N_R 比较大时，MLD 的计算复杂度显著高于线性检测器。不过，对于较少的发射天线和较小的信号星座符号数（即 $N_T \leqslant 4$ 且 $M = 4$），MLD 的计算复杂度是相当适当的。

11.4 MIMO 信道的容量

本节考虑频率非选择性加性高斯白噪声 MIMO 信道的信道容量评估，该信道由信道矩阵 H 表征。用 s 来表示 $N_T \times 1$ 维的发射符号向量，该向量的元素是统计平稳的，其均值为零且协方差矩阵为 R_{ss}。当加性高斯白噪声存在时，$N_R \times 1$ 维的接收信号向量可以表示为

$$y = Hs + \eta \tag{11.4.1}$$

其中，η 是 $N_R \times 1$ 维零均值高斯噪声向量，其协方差矩阵为 $N_0 I_{N_R}$，I_{N_R} 是 $N_R \times N_R$ 维单位矩阵。尽管信道矩阵 H 是随机矩阵的一次实现，本节中我们认为 H 是确定的并且为接收端已知。

为了确定 MIMO 信道的容量，首先计算发射信号向量 s 和接收向量 y 之间的互信息 $I(s;y)$，接下来确定使互信息 $I(s;y)$ 最大的信号向量 s 的概率分布。由此可得

$$C = \max_{p(s)} I(s;y) \tag{11.4.2}$$

其中，C 是信道容量，单位为比特每秒每赫兹（bps/Hz）。参见 Telatar（1999），Neeser 和 Massey（1993），可以证明当 s 为零均值、循环对称复高斯向量时，$I(s;y)$ 被最大化，因此 C 仅取决于信号向量的协方差。由此获得的 MIMO 信道的容量为

$$C = \max_{\mathrm{tr}(R_{ss}) = E_s} \log_2 \det\left(I_{N_R} + \frac{1}{N_0} H R_{ss} H^H\right) \quad \text{bps/Hz} \tag{11.4.3}$$

其中，$\mathrm{tr}(R_{ss})$ 表示信号协方差矩阵 R_{ss} 的迹。这是在任一给定的信道矩阵 H 下每赫兹能够可靠（没有错误）传输通过 MIMO 信道的最大速率。

在 N_T 个发射机的信号为统计独立、能量等于 E_s/N_T 的符号这种重要的实例中，信号协方差矩阵是对角阵，即

$$R_{ss} = \frac{E_s}{N_T} I_{N_T} \tag{11.4.4}$$

并且 $\mathrm{tr}(R_{ss}) = E_s$。在这种情况下，MIMO 信道容量的表达式简化为

$$C = \log_2 \det\left(I_{N_R} + \frac{E_s}{N_T N_0} H H^H\right) \quad \text{bps/Hz} \tag{11.4.5}$$

通过分解 $H H^H = Q \Lambda Q^H$，式（11.4.5）中的容量公式可以用 $H H^H$ 的特征值来表示。这样

$$C = \log_2 \det\left(I_{N_R} + \frac{E_s}{N_T N_0} Q \Lambda Q^H\right)$$

$$= \log_2 \det\left(I_{N_R} + \frac{E_s}{N_T N_0} Q^H Q \Lambda\right)$$

$$= \log_2 \det\left(\boldsymbol{I}_{N_R} + \frac{E_s}{N_T N_0} \Lambda \right)$$

$$= \sum_{i=1}^{r} \log_2\left(1 + \frac{E_s}{N_T N_0} \lambda_i \right) \tag{11.4.6}$$

其中, r 是信道矩阵 $\boldsymbol{H}$ 的秩。

有意思的是, 在 SISO 信道下, $\lambda_1 = |h_{11}|^2$, 所以有

$$C_{\text{SISO}} = \log_2\left(1 + \frac{E_s}{N_0} |h_{11}|^2 \right) \quad \text{bps/Hz} \tag{11.4.7}$$

我们观察到, MIMO 信道的容量恰与 r 个 SISO 信道的容量之和相等, 其中每个 SISO 信道的发射能量为 E_s/N_T, 并且相应的信道增益等于特征值 λ_i。

SIMO 信道的容量

一个 SIMO 信道 $(N_T = 1, N_R \geq 2)$ 可以用向量 $\boldsymbol{h} = [h_{11} \quad h_{21} \quad \cdots \quad h_{N_R 1}]^T$ 来表征。在这种情况下, 信道矩阵的秩是 1 且特征值 λ_1 为

$$\lambda_1 = \sum_{i=1}^{N_R} |h_{i1}|^2 \tag{11.4.8}$$

因此, 当信道的 N_R 个元素 $\{h_{i1}\}$ 是确定的并为接收机已知时, SIMO 信道的容量为

$$C_{\text{SIMO}} = \log_2\left(1 + \frac{E_s}{N_0} \sum_{i=1}^{N_R} |h_{i1}|^2 \right) \quad \text{bps/Hz} \tag{11.4.9}$$

MISO 信道的容量

一个 MISO 信道 $(N_T \geq 2, N_R = 1)$ 可以用向量 $\boldsymbol{h} = [h_{11} \quad h_{12} \quad \cdots \quad h_{1N_T}]^T$ 来表征。在这种情况下, 信道矩阵的秩也是 1 且特征值 λ_1 由下式给出:

$$\lambda_1 = \sum_{j=1}^{N_T} |h_{1j}|^2 \tag{11.4.10}$$

当信道的 N_T 个元素 $\{h_{1j}\}$ 是确定的并为接收机已知时, 获得的 MISO 信道的容量为

$$C_{\text{MISO}} = \log_2\left(1 + \frac{E_s}{N_T N_0} \sum_{j=1}^{N_T} |h_{1j}|^2 \right) \quad \text{bps/Hz} \tag{11.4.11}$$

有趣的是, 对于相同的 $\|\boldsymbol{h}\|^2$, 在仅有接收机知道信道信息的情况下, SIMO 信道的容量大于 MISO 信道的容量。这是因为, 在两个系统总发射能量相同这一限制条件下, MISO 系统中的能量 E_s 被均等地分给了 N_T 个发射天线, 而在 SIMO 系统中, 发射能量 E_s 只被一个发射天线使用。也要注意到, 在 SIMO 和 MISO 信道中, 容量作为 $\|\boldsymbol{h}\|^2$ 的函数呈对数增长。

────── 解说题 ──────

解说题 11.4　[2×2 的 MIMO 系统的容量计算]

一个 2×2 的 MIMO 系统的信道矩阵的一次实现为

$$\boldsymbol{H} = \begin{bmatrix} 1 & 0.5 \\ 0.4 & 0.8 \end{bmatrix}$$

通过使用式(11.4.6), 确定 $\boldsymbol{H}\boldsymbol{H}^H$ 的特征值, 计算信道容量并将其作为 $\text{SNR} = 10 \log_{10}(E_s/N_0)$ 的函数进行绘制。

題　解

矩阵 $\boldsymbol{HH}^{\mathrm{H}}$ 的特征值为 $\lambda_1 = 0.19396$, $\lambda_2 = 1.856$。信道容量曲线如图 11.5 所示。

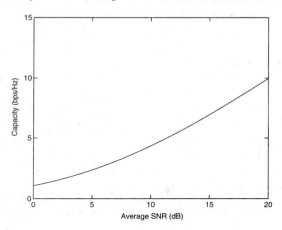

图 11.5　解说题 11.4 中的信道容量图

本题的 MATLAB 脚本如下所示。

m 文件

```
% MATLAB script for Illustrative Problem 11.4

Nt = 2;                        % No. of transmit antennas
H = [1 0.5; 0.4 0.8];          % Channel realization
lamda = eig(H*H');             % Eigenvalue calculation
SNR_dB = 0:0.01:20;            % SNR in dB
SNR = power(10,SNR_dB/10);
% Capacity calculation:
C = log2(1 + SNR*lamda(1)/Nt) + log2(1 + SNR*lamda(2)/Nt);
disp(['The eigenvales are:   ', num2str(lamda')]);
% Plot the results:
plot(SNR_dB,C)
axis([0 20 0 15])
xlabel('Average SNR (dB)','fontsize',10)
ylabel('Capacity (bps/Hz)','fontsize',10)
```

解说题

解说题 11.5　[SIMO 和 MISO 信道的容量计算]

SIMO 和 MISO 信道的信道向量为(1　0.5)。为这两个系统计算信道容量并将其作为 SNR $= 10 \log_{10}(E_{\mathrm{s}}/N_0)$ 的函数进行绘制,并比较结果。

題　解

信道容量曲线如图 11.6 所示。我们观察到,SIMO 信道的容量超过了 MISO 的容量。
本题的 MATLAB 脚本如下所示。

m 文件

```
% MATLAB script for Illustrative Problem 11.5

H_simo = [1 0.5]';            % Channel realization
```

```
H_miso = [1 0.5];               % Channel realization
Nt_miso = 2;                    % No. of transmit antennas
Nr_simo = 2;                    % No. of receive antennas
SNR_dB = 0:0.01:20;             % SNR in dB
SNR = power(10,SNR_dB/10);
% Capacity calculations:
C_simo = log2(1 + SNR*sum(H_simo.^2));
C_miso = log2(1 + SNR*sum(H_miso.^2)/Nt_miso);
% Plot the results:
plot(SNR_dB,C_simo,'-.',SNR_dB,C_miso)
axis([0 20 0 15])
xlabel('Average SNR (dB)','fontsize',10)
ylabel('Capacity (bps/Hz)','fontsize',10)
legend('SIMO','MISO')
```

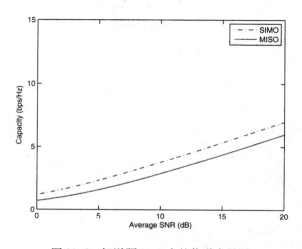

图 11.6　解说题 11.5 中的信道容量图

11.4.1　频率非选择性瑞利衰落 MIMO 信道的各态历经容量

以上给出的某确定 MIMO 信道的容量表达式可以看成信道矩阵的一次随机选择实现的信道容量。在这种情况下，假设衰落足够缓慢，使得在传在输发送信号向量 s 所需的时间内，信道矩阵不随时间变化。如果把确定信道的容量表达式基于信道矩阵的统计特性进行平均，就获得了平均容量，记为 $\overline{C}$，其称为 MIMO 信道的各态历经容量。这样，对于一个 SIMO 信道，各态历经容量为

$$\overline{C}_{\text{SIMO}} = E\Big[\log_2\Big(1 + \frac{E_s}{N_0}\sum_{i=1}^{N_R} |h_{i1}|^2 \Big) \Big]$$
$$= \int_0^\infty \log_2\Big(1 + \frac{E_s}{N_0}x \Big) p(x)\,\mathrm{d}x \quad \text{bps/Hz} \tag{11.4.12}$$

其中，$X = \sum\limits_{i=1}^{N_R} |h_{i1}|^2$，$p(x)$ 是随机变量 X 的概率密度函数。

图 11.7 给出了当信道参数 $\{h_{i1}\}$ 为独立同分布的复值、零均值、循环对称高斯变量且每个参数的方差为 1（即信道为瑞利衰落）时，$N_R = 2,4,8$ 情况下 $\overline{C}_{\text{SIMO}}$ 随平均 SNR，即

$E_s E(\,|\,h_{i1}\,|^{\,2})/N_0$ 的变化曲线。因此,随机变量 X 服从自由度为 $2N_R$ 的卡方分布,并且其概率密度函数为

$$p(x) = \frac{x^{n-1}}{(n-1)!}e^{-x}, \qquad x \geqslant 0 \tag{11.4.13}$$

其中,$n = N_R N_T$。为了进行比较,图 11.7 也给出了各态历经容量 $\overline{C}_{\text{SISO}}$。

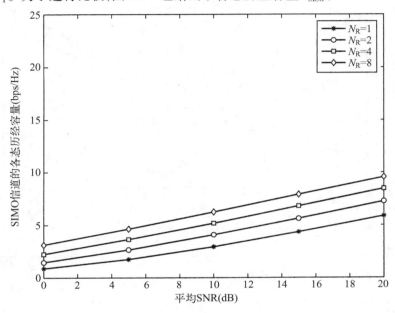

图 11.7 SIMO 信道的各态历经容量

类似地,MISO 信道的各态历经容量为

$$\begin{aligned}
\overline{C}_{\text{MISO}} &= E\Big[\log_2\Big(1 + \frac{E_s}{N_T N_0}\sum_{j=1}^{N_T}|h_{1j}|^2\Big)\Big] \\
&= \int_0^\infty \log_2\Big(1 + \frac{E_s}{N_T N_0}x\Big)p(x)\,\mathrm{d}x \quad \text{bps/Hz}
\end{aligned} \tag{11.4.14}$$

图 11.8 给出了信道容量 $\overline{C}_{\text{MISO}}$ 随平均 SNR 的变化曲线。如上所定义的,其针对的是当信道参数 $\{h_{1j}\}$ 为独立同分布的零均值、复值、循环对称的高斯变量,且每个参数方差为 1 时 $N_T = 2, 4, 8$ 的情况。同 SIMO 信道的情况一样,随机变量 x 服从自由度为 $2N_T$ 的卡方分布。为了进行比较,图 11.8 也包含了 SISO 信道的各态历经容量。对比图 11.7 和图 11.8 中的曲线,可以观察到 $\overline{C}_{\text{SIMO}} > \overline{C}_{\text{MISO}}$。

───── 解说题 ─────

解说题 11.6 [SIMO 和 MISO 信道的各态历经容量计算]

编写用于计算瑞利衰落信道下 $\overline{C}_{\text{SIMO}}$ 和 $\overline{C}_{\text{MISO}}$ 的 MATLAB 脚本,其中 $\overline{C}_{\text{SIMO}}$ 和 $\overline{C}_{\text{MISO}}$ 由式(11.4.12)和式(11.4.14)给出,并验证图 11.7 和图 11.8 中的信道容量结果。

───── 题　解 ─────

本题的 MATLAB 脚本如下所示。

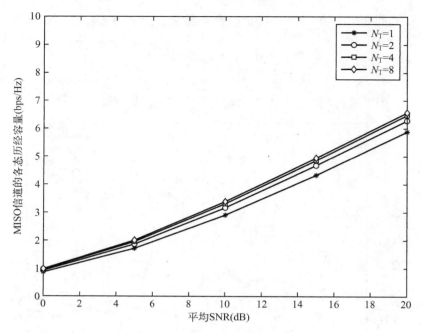

图 11.8　MISO 信道的各态历经容量

m 文件

```
% MATLAB script for Illustrative Problem 11.6

H_simo = [1 0.5]';       % Channel realization
H_miso = [1 0.5];        % Channel realization
Nr_simo = 2;             % No. of receive antennas
Nt_miso = 2;             % No. of transmit antennas
n_simo = Nr_simo;
n_miso = Nt_miso;
SNR_dB = 0:0.01:20;      % SNR in dB
SNR = power(10,SNR_dB/10);
L = size(SNR,2);
% Preallocating for speed:
C_simo = zeros(1,L);
C_miso = zeros(1,L);
% Capacity calculations:
echo off;
for i = 1:L
    C_simo(i) = quadgk(@(x)log2(1 + SNR(i)*x).*power(x,n_simo−1).
        *exp(−x)/factorial(n_simo−1),0,inf);
    C_miso(i) = quadgk(@(x)log2(1 + SNR(i)*x/Nt_miso).*power(x,n_miso−1).
        *exp(−x)/factorial(n_miso−1),0,inf);
end
echo on;
% Plotting the results:
plot(SNR_dB,C_simo,'-.',SNR_dB,C_miso)
axis([0 20 0 10])
xlabel('Average SNR (dB)','fontsize',10)
ylabel('Capacity (bps/Hz)','fontsize',10)
legend('SIMO','MISO')
```

为了确定 MIMO 信道的各态历经容量,可以基于特征值 $\{\lambda_i\}$ 的联合概率密度函数对式(11.4.6)所给出的信道容量 C 的表达式进行平均。这样

$$\overline{C}_{\text{MIMO}} = E\Bigg[\sum_{i=1}^{r}\log_2\Big(1+\frac{E_{\text{s}}}{N_{\text{T}}N_0}\lambda_i\Big)\Bigg]$$

(11.4.15)

$$= \int_0^{\infty}\cdots\int_0^{\infty}\Bigg[\sum_{i=1}^{r}\log_2\Big(1+\frac{E_{\text{s}}}{N_{\text{T}}N_0}\lambda_i\Big)\Bigg]p(\lambda_1,\cdots,\lambda_r)\,\mathrm{d}\lambda_1\cdots\mathrm{d}\lambda_r$$

在信道矩阵 **H** 的各元素为具有单位方差的复值、零均值高斯变量且各元素在空间呈白色特性的情况下($N_{\text{R}}=N_{\text{T}}=N$),$\{\lambda_i\}$ 的联合概率密度函数已由 Edelman(1989)给出,即

$$p(\lambda_1,\lambda_2,\cdots,\lambda_N) = \frac{(\pi/2)^{N(N-1)}}{N!\,[\,\Gamma_N(N)\,]^2}\exp\Bigg[-\Big(\sum_{i=1}^{N}\lambda_i\Big)\Bigg]\prod_{\substack{i,j\\i<j}}(2\lambda_i-2\lambda_j)^2\prod_{i=1}^{N}u(\lambda_i)$$

(11.4.16)

其中,$\Gamma_N(N)$ 是多维伽马函数,其定义如下:

$$\Gamma_N(N) = \pi^{N(N-1)/2}\prod_{i=1}^{N}(N-i)!$$

(11.4.17)

图 11.9 给出了对于 $N_{\text{T}}=N_{\text{R}}=2$ 和 $N_{\text{T}}=N_{\text{R}}=4$ 的情况下,$\overline{C}_{\text{MIMO}}$ 随平均 SNR 的变化曲线。为了进行比较,图 11.9 也包含了 SISO 信道的各态历经容量。我们观察到,在高 SNR 时 $(N_{\text{T}},N_{\text{R}})=(4,4)$ 的 MIMO 系统的容量近似是 $(1,1)$ 系统的 4 倍。因此,对于高 SNR,当信道在空间呈白色特性时,其容量随天线对的个数呈线性增长。

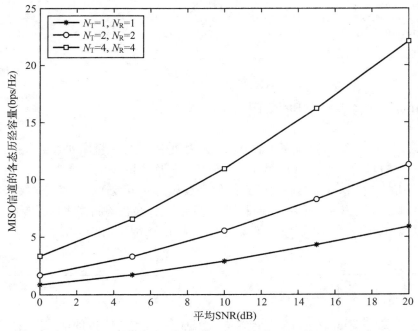

图 11.9　MIMO 信道的各态历经容量

解说题

解说题 11.7　[MIMO 信道的各态历经容量计算]

编写用于计算瑞利衰落信道下 $\overline{C}_{\text{MIMO}}$ 的 MATLAB 脚本,其中 $\overline{C}_{\text{MIMO}}$ 由式(11.4.15)给出,并验证图 11.9 给出的容量结果。

题　解

本题的 MATLAB 脚本如下所示。

m 文件

```
% MATLAB script for Illustrative Problem 11.7

SNR_dB = 0:5:20; SNR = 10.^(SNR_dB/10);
L = length(SNR);
% Initialization:
C1 = zeros(1,L); C2 = zeros(1,L); C3 = zeros(1,L);
% Capacity Calculations:
echo off;
for i = 1:L
    % Nt = Nr = N = 1:
    C1(i) = quadgk(@(x)log2(1 + SNR(i)*x).*exp(-x),0,inf);
    % Nt = Nr = N = 2:
    C2(i) = quad2d(@(x,y)(log2(1 + SNR(i)*x/2)+log2(1 + SNR(i)*y/2))/2.*...
        exp(-x-y).*(x-y).^2,0,1000,0,1000);
    % Nt = Nr = N = 3:
    C3(i) = triplequad(@(x,y,z)(log2(1 + SNR(i)*x/3)+log2(1 + SNR(i)*y/3)+log2(1 + SNR(i)*z/3))/...
        24.*exp(-x-y-z).*((x-y).*(x-z).*(y-z)).^2,0,10,0,10,0,10);
end
echo on;
% Plot the results:
plot(SNR_dB,C1,'-*',SNR_dB,C2,'-o',SNR_dB,C3,'-s')
axis([0 20 0 25])
legend('N_T=1,N_R=1','N_T=2,N_R=2','N_T=3,N_R=3',2)
xlabel('Average SNR (dB)','fontsize',10)
ylabel('Capacity (bps/Hz)','fontsize',10)
```

11.5　MIMO 系统的空时编码

现在考虑图 11.10 给出的 MIMO 系统。在发射机中,信息比特序列被送入符号映射器,该符号映射器将比特块映射为诸如 PAM、PSK 或 QAM 星座中的多个信号点 $\{s_i\}$,其中这些星座包含 $M = 2^b$ 个信号点。这些通过映射得到的信号点作为一组被送入一个空时编码器,该编码器将信息符号映射到一组并行的相同调制器中。接下来,这些调制器将信号点映射为在 N_T 个天线上同时发射的相应波形。下面描述两类空时编码:分组码和格码。

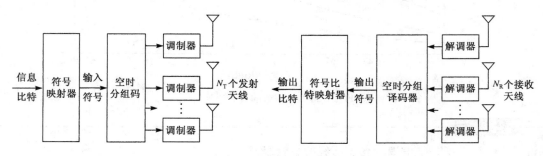

图 11.10　空时分组编码 MIMO 系统

11.5.1 空时分组码

空时分组码（STBC）由一个具有 N 行和 N_T 列的生成矩阵 G 所定义，其形式为

$$G = \begin{bmatrix} g_{11} & g_{12} & \cdots & g_{1N_\mathrm{T}} \\ g_{21} & g_{22} & \cdots & g_{2N_\mathrm{T}} \\ \vdots & & & \\ g_{N1} & g_{N2} & \cdots & g_{NN_\mathrm{T}} \end{bmatrix} \tag{11.5.1}$$

矩阵中的元素 $\{g_{ij}\}$ 是由映射而得到的信号点，其将信息比特映射到二阶或 M 阶信号星座中相应的信号点。通过使用 N_T 个发射天线，G 的每一行包含最多 N_T 个不同的信号点（符号），这些符号在一个时隙中由 N_T 个天线发射。这样，G 的第一行符号在第一个时隙由 N_T 个天线发射，G 的第二行符号在第二个时隙由 N_T 个天线发射，G 的第 N 行符号在第 N 个时隙由 N_T 个天线发射。因此，N 个时隙被用于发射生成矩阵 G 中 N 行的符号。发送的不同符号的个数与时隙数之比称为**空间码率 R_s**。

在 STBC 生成矩阵的设计中，值得关注三个主要目标：（1）获得可能的最高 $N_\mathrm{T}N_\mathrm{R}$ 阶的分集，（2）获得尽可能高的（吞吐量）速率，（3）最小化译码器的复杂度。我们的讨论考虑了这三个目标。

Alamouti STBC

Alamouti（1998）针对 $N_\mathrm{T} = 2$ 个发射天线和 $N_\mathrm{R} = 1$ 个接收天线的情况，设计了一种 STBC。Alamouti 编码的生成矩阵如下所示：

$$G = \begin{bmatrix} s_1 & s_2 \\ -s_2^* & s_1^* \end{bmatrix} \tag{11.5.2}$$

其中，s_1 和 s_2 是从具有 $M = 2^b$ 个信号点的 M 阶 PAM，PSK 或者 QAM 信号星座中选择的两个信号点。因此，$2b$ 个数据比特被映射为 M 阶信号星座中的两个信号点（符号）s_1 和 s_2。符号 s_1 和 s_2 在第一个时隙由两个天线发送，符号 $-s_2^*$ 和符号 s_1^* 在第二个时隙由两个天线发送。这样，两个符号 s_1 和 s_2 在两个时隙被发送。因此，Alamouti 编码的空间码率 R_s 为 1，其中空间码率的定义为发送符号的个数与发送这些符号所用的时隙数之比。这是（正交）STBC 所能达到的最高空间码率。

我们假定符号 s_1 和 s_2 是 QAM 信号星座中的两个信号点。用这两个符号对正交载波 $\cos 2\pi f_c t$ 和 $\sin 2\pi f_c t$ 进行调制。因此，在第一个时间段 $0 \le t \le T$ 内被送往两个天线的调制器输出信号为

$$u_{m1}^{(1)}(t) = A_{mc1} g_\mathrm{T}(t) \cos 2\pi f_c t + A_{ms1} g_\mathrm{T}(t) \sin 2\pi f_c t$$
$$u_{m2}^{(1)}(t) = A_{mc2} g_\mathrm{T}(t) \cos 2\pi f_c t + A_{ms2} g_\mathrm{T}(t) \sin 2\pi f_c t \tag{11.5.3}$$

其中，$s_i = (\sqrt{E_s} A_{mci} \quad \sqrt{E_s} A_{msi})$，$i = 1, 2$，$g_\mathrm{T}(t)$ 是矩形脉冲，定义为

$$g_\mathrm{T}(t) = \begin{cases} \sqrt{\dfrac{2}{T}}, & 0 \le t \le T \\ 0, & \text{其余 } t \end{cases} \tag{11.5.4}$$

$u_{m1}(t)$ 和 $u_{m2}(t)$ 的上标表示信号在第一个时间段被发送。在第二个时间段($T \leqslant t \leqslant 2T$),要发送的信号点为 $-s_2^*$ 和 s_1^*。因此在两个天线上要发送的信号为

$$u_{m1}^{(2)}(t) = -A_{mc2}g_T(t-T)\cos 2\pi f_c(t-T) + A_{ms2}g_T(t-T)\sin 2\pi f_c(t-T)$$
$$u_{m2}^{(2)}(t) = A_{mc1}g_T(t-T)\cos 2\pi f_c(t-T) - A_{ms1}g_T(t-T)\sin 2\pi f_c(t-T)$$

(11.5.5)

基于频率非选择性模型,$N_T = 2$,$N_R = 1$ 的 MISO 信道的信道矩阵为

$$\boldsymbol{H} = \begin{bmatrix} h_{11} & h_{12} \end{bmatrix}$$

(11.5.6)

在 STBC 译码中,我们假设 $\boldsymbol{H}$ 在两个时隙内是不变的,并且为接收机已知。因此,第一个时间段接收到的信号为

$$r^{(1)}(t) = h_{11}u_{m1}^{(1)}(t) + h_{12}u_{m2}^{(1)}(t) + n^{(1)}(t)$$

(11.5.7)

并且在第二个时间段接收到的信号为

$$r^{(2)}(t) = h_{11}u_{m1}^{(2)}(t) + h_{12}u_{m2}^{(2)}(t) + n^{(2)}(t)$$

(11.5.8)

其中,$n^{(1)}(t)$ 和 $n^{(2)}(t)$ 是加性高斯白噪声项。

在接收机中,$r^{(1)}(t)$ 与基函数 $\psi_1(t)$ 和 $\psi_2(t)$ 做互相关

$$\psi_1(t) = g_T(t)\cos 2\pi f_c t$$
$$\psi_2(t) = g_T(t)\sin 2\pi f_c t$$

(11.5.9)

$r^{(2)}(t)$ 与 $\psi_1(t-T)$ 和 $\psi_2(t-T)$ 做互相关。这样,对于这两个时隙相关器,在采样时刻 $t = T$ 和 $t = 2T$ 的输出为

$$y_1 = h_{11}s_1 + h_{12}s_2 + \eta_1$$
$$y_2 = -h_{11}s_2^* + h_{12}s_1^* + \eta_2$$

(11.5.10)

其中,η_1 和 η_2 是零均值、循环对称、复值的不相关高斯随机变量,其方差均为 σ_η^2。

式(11.5.10)中的相关器输出 y_1 和 y_2 被输入检测器,检测器计算出符号 s_1 和 s_2 的如下估计:

$$\hat{s}_1 = y_1 h_{11}^* + y_2^* h_{12}$$
$$\hat{s}_2 = y_1 h_{12}^* - y_2^* h_{11}$$

(11.5.11)

并且检测器在欧氏距离测度下选择与 $\hat{s}_1$ 和 $\hat{s}_2$ 最接近的符号 $\tilde{s}_1$ 和 $\tilde{s}_2$。如果替换式(11.5.11)中的 y_1 和 y_2 并进行乘法运算,即可得到

$$\hat{s}_1 = [\,|h_{11}|^2 + |h_{12}|^2\,]s_1 + h_{11}^*\eta_1 + h_{12}\eta_2^*$$
$$\hat{s}_2 = [\,|h_{11}|^2 + |h_{12}|^2\,]s_2 + h_{12}^*\eta_1 - h_{11}\eta_2^*$$

(11.5.12)

我们对 Alamouti STBC 进行以下观察。首先,观察到该编码获得了二阶分集,这是两个发射天线所能实现的最大分集。其次,计算式(11.5.11)的检测器非常简单。这两个理想性质是 Alamouti 生成矩阵 $\boldsymbol{G}$ 正交特性的产物,$\boldsymbol{G}$ 可以表示为

$$\boldsymbol{G} = \begin{bmatrix} g_1 & g_2 \\ -g_2^* & g_1^* \end{bmatrix}$$

(11.5.13)

我们观察到列向量 $\boldsymbol{v}_1 = (g_1, -g_2^*)^T$ 和 $\boldsymbol{v}_2 = (g_2, g_1^*)^T$ 是正交的,即 $\boldsymbol{v}_1 \cdot \boldsymbol{v}_2^H = 0$,此外

$$\boldsymbol{G}^H\boldsymbol{G} = [\,|g_1|^2 + |g_2|^2\,]\boldsymbol{I}_2$$

(11.5.14)

其中,$\boldsymbol{I}_2$ 是 2×2 维单位阵。由于该正交性,当我们将式(11.5.10)中给出的接收信号表示为

$$\begin{bmatrix} y_1 \\ y_2^* \end{bmatrix} = \begin{bmatrix} h_{11} & h_{12} \\ h_{12}^* & -h_{11}^* \end{bmatrix} \begin{bmatrix} s_1 \\ s_2 \end{bmatrix} + \begin{bmatrix} \eta_1 \\ \eta_2^* \end{bmatrix}$$

或者

$$\boldsymbol{y} = \boldsymbol{H}_{21}\boldsymbol{s} + \boldsymbol{\eta} \qquad (11.5.15)$$

并根据式(11.5.15)中的 $\boldsymbol{y}$,依照式(11.5.11)构成估计值 $\hat{s}_1$ 和 $\hat{s}_2$,得到

$$\begin{bmatrix} \hat{s}_1 \\ \hat{s}_2 \end{bmatrix} = \begin{bmatrix} h_{11}^* & h_{12} \\ h_{12}^* & -h_{11} \end{bmatrix} \begin{bmatrix} y_1 \\ y_2^* \end{bmatrix}$$

$$\qquad (11.5.16)$$

$$= \boldsymbol{H}_{21}^{\mathrm{H}}\boldsymbol{H}_{21}\boldsymbol{s} + \boldsymbol{H}_{21}^{H}\boldsymbol{\eta}$$

$$= [\ |h_{11}|^2 + |h_{12}|^2\ ]\boldsymbol{s} + \boldsymbol{H}_{21}^{\mathrm{H}}\boldsymbol{\eta}$$

因此,

$$\boldsymbol{H}_{21}^{\mathrm{H}}\boldsymbol{H}_{21} = [\ |h_{11}|^2 + |h_{12}|^2\ ]\boldsymbol{I}_2 \qquad (11.5.17)$$

这样,满分集和低译码复杂度得以实现,这是由式(11.5.14)给出的 $\boldsymbol{G}$ 的性质所决定的。

─── 解说题 ───

解说题 11.8 ［$N_{\mathrm{T}}=2, N_{\mathrm{R}}=1$ 的多天线系统的 Monte Carlo 仿真］

对采用 Alamouti STBC 的 $N_{\mathrm{T}}=2, N_{\mathrm{R}}=1$ 的多天线系统进行 Monte Carlo 仿真,以估计其差错概率性能。这样,根据式(11.5.10)产生检测器的输入,其中信号点从 QPSK 星座中选取;h_{11} 和 h_{12} 是具有单位方差的统计独立、复值、零均值复高斯随机变量;η_1 和 η_2 也是统计独立、复值、零均值复高斯随机变量,其方差为 σ^2。检测器根据式(11.5.11)计算估计值并在欧氏距离测度下判决哪些符号与 $\hat{s}_1$ 和 $\hat{s}_2$ 最接近。对任一给定的 σ^2 值循环进行 $N=10000$ 次上述计算,在每次循环中,信道系数 (h_{11}, h_{12})、信号点 (s_1, s_2) 和加性噪声项 (η_1, η_2) 被独立地选择。将测得的符号差错概率作为 $\mathrm{SNR}=10\log_{10}(E_{\mathrm{b}}/2\sigma^2)$ 的函数进行绘制,其中 $E_{\mathrm{b}}=E_{\mathrm{s}}/2$ 是每比特能量,为方便起见可以将其归一化为 1。

─── 题　解 ───

作为 SNR 函数的差错概率估计曲线如图 11.11 所示。

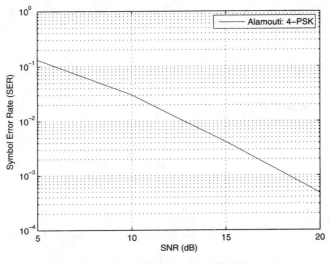

图 11.11　解说题 11.8 的曲线图

本题的 MATLAB 脚本如下所示。

m 文件

```matlab
% MATLAB script for Illustrative Problem 11.8

Nt = 2;                              % No. of transmit antennas
Nr = 1;                              % No. of receive antennas
codebook = [1+1i 1−1i −1+1i −1−1i]; % Reference codebook
Es = 2;                              % Energy per symbol
SNR_dB = 5:5:20;                     % SNR in dB
No = Es*10.^(−1*SNR_dB/10);          % Noise variance
% Preallocation for speed:
Dist1 = zeros(1,4);                  % Distance vector for s1
Dist2 = zeros(1,4);                  % Distance vector for s1
BER = zeros(1,length(SNR_dB));
% Maximum Likelihood Detector:
echo off;
for i = 1:length(SNR_dB)
    no_errors = 0;
    no_symbols = 0;
    while no_errors <= 100
        s = 2*randi([0 1],1,2)−1 + 1i*(2*randi([0 1],1,2)−1);
        no_symbols = no_symbols + 2;
        % Channel coefficients
        h = 1/sqrt(2) * (randn(1,2) + 1i*randn(1,2));
        % Noise generation:
        noise = sqrt(No(i))*(randn(2,1) + 1i*randn(2,1));
        % Correlator outputs:
        y(1) = h(1)*s(1) + h(2)*s(2) + noise(1);
        y(2) = −h(1)*conj(s(2)) + h(2)*conj(s(1)) + noise(2);
        % Estimates of the symbols s1 and s2:
        s_h(1) = y(1)*conj(h(1)) + conj(y(2))*h(2);
        s_h(2) = y(1)*conj(h(2)) − conj(y(2))*h(1);
        % Maximum-Likelihood detection:
        for j = 1 : 4
            Dist1(j) = abs(s_h(1)−codebook(j));
            Dist2(j) = abs(s_h(2)−codebook(j));
        end
        [Min1 idx1] = min(Dist1);
        [Min2 idx2] = min(Dist2);
        s_t(1) = codebook(idx1);
        s_t(2) = codebook(idx2);
        % Calculation of error numbers:
        if s_t(1) ~= s(1)
            no_errors = no_errors + 1;
        end
        if s_t(2) ~= s(2)
            no_errors = no_errors + 1;
        end
    end
    BER(i) = no_errors/no_symbols;
end
echo on;
semilogy(SNR_dB,BER)
xlabel('SNR (dB)')
ylabel('Symbol Error Rate (SER)')
legend('Alamouti: 4-PSK')
```

Alamouti 编码是 $N_T = 2$ 时正交复矩阵设计的一个例子。已有文献指出 [见 Jafarkhani (2005) 和 Tarokh 等 (1999)]，对于 $N_T > 2$ 个发射天线的情况，不存在正交复矩阵设计。然而，

通过放弃生成矩阵 $\boldsymbol{G}$ 为方阵的限制,就有可能针对一维或二维信号星座构造正交设计。例如,对于在$N_{\mathrm{T}}=4$ 个发射天线上传输四个复值(PSK 或 QAM)符号的 STBC,一种正交生成矩阵为

$$
\boldsymbol{G} = \begin{bmatrix}
s_1 & s_2 & s_3 & s_4 \\
-s_2 & s_1 & -s_4 & s_3 \\
-s_3 & s_4 & s_1 & -s_2 \\
-s_4 & -s_3 & s_2 & s_1 \\
s_1^* & s_2^* & s_3^* & s_4^* \\
-s_2^* & s_1^* & -s_4^* & s_3^* \\
-s_3^* & s_4^* & s_1^* & -s_2^* \\
-s_4^* & -s_3^* & s_2^* & s_1^*
\end{bmatrix}
\tag{11.5.18}
$$

对于这个编码生成器,四个复值符号在八个连续时隙内传输。因此,该编码的空间码率为$R_s = 1/2$。我们也观察到

$$
\boldsymbol{G}^{\mathrm{H}}\boldsymbol{G} = \sum_{i=1}^{4} \left[|s_i|^2 \right] \boldsymbol{I}_4
\tag{11.5.19}
$$

所以,对于 1 个接收天线的情况,该码提供了 4 阶分集,而对于N_{R} 个接收天线的情况则为$4N_{\mathrm{R}}$ 阶分集。

对于任意数量的发射天线,均存在编码率为$R_s = 1/2$ 的复正交矩阵。但是,Wang 和 Xia (2003)已经证明码率$R_s > 3/4$ 的复正交矩阵不存在。但是,$R_s = 3/4$ 的复正交矩阵确实存在。下面的$R_s = 3/4$ 的复正交生成矩阵 $\boldsymbol{G}$ 是为$N_{\mathrm{T}}=3$ 个发射天线设计的,其中三个符号s_1,s_2和s_3在四个时隙内传输。

$$
\boldsymbol{G} = \begin{bmatrix}
s_1 & s_2 & s_3 \\
-s_2^* & s_1^* & 0 \\
s_3^* & 0 & -s_1^* \\
0 & s_3^* & -s_2^*
\end{bmatrix}
\tag{11.5.20}
$$

───── 解说题 ─────

解说题 11.9 [$R_s = 3/4$ 的编码的检测器]

写出针对码率为$R_s = 3/4$ 的编码的检测器输入表达式,其中生成矩阵由式(11.5.20)给出,确定检测器计算所得估计值$\hat{s_1}$、$\hat{s_2}$和$\hat{s_3}$的表达式。假定信道系数h_{11}、h_{12}和h_{13}在四个时隙内是不变的。

───── 题 解 ─────

检测器的输入是针对在四个时隙内接收到信号的相关器的输出,即

$$
y_1 = h_{11}s_1 + h_{12}s_2 + h_{13}s_3 + \eta_1
$$
$$
y_2 = -h_{11}s_2^* + h_{12}s_1^* + \eta_2
$$
$$
y_3 = h_{11}s_3^* - h_{13}s_1^* + \eta_3
$$
$$
y_4 = h_{12}s_3^* - h_{13}s_2^* + \eta_4
$$

很容易验证符号的估计值可由下面y_1,y_2,y_3,y_4的线性组合得到:

$$\hat{s}_1 = h_{11}^* y_1 + h_{12} y_2^* - h_{13} y_3^*$$

$$\hat{s}_2 = h_{12}^* y_1 - h_{11} y_2^* - h_{13} y_4^*$$

$$\hat{s}_3 = h_{13}^* y_1 + h_{11} y_3^* + h_{12} y_4^*$$

11.5.2　空时格码

空时格码(STTC)与格形编码调制(TCM)中的格码相似,因为它们都通过结合格码与适当选择的信号星座来构成,其目标是获得编码增益。对于空时编码的情况,首要目标是在高码率下获得尽可能大的空间分集。只要遵循一些简单的准则,STTC 既可以人工设计也可以借助于计算机,这些准则与设计 TCM 的格码在本质上是相似的。

作为 STTC 的一个例子,我们考虑图 11.12 所示的 4 状态格码,该格码是针对两个发射天线以及 QPSK 调制设计的。状态记为 $S_t = 0, 1, 2, 3$。编码器的输入是比特对(00,01,10,11),这些比特对被映射到相应相位,其编号分别为(0,1,2,3)。索引号 0,1,2,3 与四个相位相对应,称为符号。初始时,编码器处于状态 $S_t = 0$。随后,对于被映射到相应符号的每一对输入比特,编码器生成一对符号,其中第一个符号在第一个天线上发射,第二个符号在第二个天线上同时发射。例如,当编码器处于状态 $S_t = 0$ 且输入比特为 11 时,对应的符号为 3。STTC 输出符号(0,3),与相位 0 和 $3\pi/2$ 相对应。零相位信号在第一个天线上传输,相位为 $3\pi/2$ 的信号在第二个天线上传输。此刻,编码器进入状态 $S_t = 3$。如果随后输入的两个比特为 01,则编码器输出符号(3,1),这些符号在两个天线上传输。随后,编码器进入状态 $S_t = 1$ 并且此过程持续进行。在输入比特块(比如一帧数据)的末尾,零值被插入数据流中,以使编码器返回状态 $S_t = 0$。因此,STTC 是以比特率 2 bps/Hz 传输的。我们注意到,它满足上面给出的两个设计准则,并且获得了 $N_T = 2$ 时的满秩。

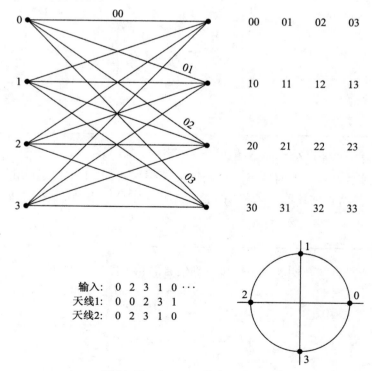

图 11.12　4-PSK,4 状态空时格码

在 STTC 译码中,最大似然序列检测(MLSD)准则提供了最优的性能。采用维特比算法可以高效地实现 MLSD。对于两个发射天线,分支测度可以表示为

$$\mu_b(s_1, s_2) = \sum_{j=1}^{N_R} |y_j - h_{1j}s_1 - h_{2j}s_2|^2 \qquad (11.5.21)$$

其中,$\{y_j, 1 \le j \le N_R\}$ 是 N_R 个接收天线处匹配滤波器的输出,$\{h_{1j}, 1 \le j \le N_R\}$ 和 $\{h_{2j}, 1 \le j \le N_R\}$ 是频率非选择性信道的信道系数,(s_1, s_2) 表示两个天线上发送的符号。在维特比算法中使用这些分支测度,可基于格形构成有效路径的路径测度,所以能够找到使整体测度最小的路径,进而确定与具有最小路径测度的路径相对应的发送符号序列。

解说题

解说题 11.10 [空时格码]

编写 MATLAB 代码以实现图 11.12 所示的 4-PSK,4 状态格码的编码器。

题 解

本题的 MATLAB 脚本如下所示。

m 文件

```
% MATLAB script for Illustrative Problem 11.10

no_bits = 10;                    % Determine the length of input vector
input = randi([0 3],1,no_bits);  % Define the input as a random vector
if mod(no_bits,2) ~= 0
    input = [input 0];
end
L = size(input,2);
st_0 = 0;                        % Initial state
st_c = st_0;                     % Initialization of the current state
ant_1 = [];                      % Output of antenna 1
ant_2 = [];                      % Output of antenna 2
% Update the current state as well as outputs of antennas 1 and 2:
for i = 1:L
    st_p = st_c;
    if input(i) == 0
        st_c = 0;
    elseif input(i) == 1
        st_c = 1;
    elseif input(i) == 2
        st_c = 2;
    else
        st_c = 3;
    end
    ant_1 = [ant_1 st_p];
    ant_2 = [ant_2 st_c];
end
if st_c ~= 0
    st_p = st_c;
    st_c = 0;
    ant_1 = [ant_1 st_p];
    ant_2 = [ant_2 st_c];
end
% Display the input vector and outputs of antennas 1 and 2:
disp(['The input sequence is:                    ', num2str(input)])
disp(['The transmitted sequence by antenna 1 is:  ', num2str(ant_1)])
disp(['The transmitted sequence by antenna 2 is:  ', num2str(ant_2)])
```

11.6 习题

11.1 编写生成 MIMO 系统信道矩阵 $\boldsymbol{H}$ 的 MATLAB 代码。该系统有 N_{T} 个发射天线和 N_{R} 个接收天线,其中信道是频率非选择性慢衰落信道,$\boldsymbol{H}$ 的元素为具有相同方差的零均值复值高斯变量,其方差等于 1。

11.2 重做解说题 11.3 中的仿真,并与图 11.3 和图 11.4 中的曲线相比较,检查你仿真出的差错概率。

11.3 重新计算解说题 11.4 中 2×2 的 MIMO 系统的信道容量,其信道矩阵为

$$\boldsymbol{H} = \begin{bmatrix} 2 & 0.3 \\ 0.5 & 1.5 \end{bmatrix}$$

11.4 计算 3×3 的 MIMO 系统的信道容量,其信道矩阵为

$$\boldsymbol{H} = \begin{bmatrix} 2 & 0.5 & 0.3 \\ 0.5 & 2 & 0.4 \\ 0.3 & 0.4 & 1.2 \end{bmatrix}$$

11.5 计算并画出 SIMO 信道的容量 $\overline{C}_{\mathrm{SIMO}}$,其接收天线个数为 $N_{\mathrm{R}} = 1,3,5,7$。

11.6 计算并画出 MISO 信道的信道容量 $\overline{C}_{\mathrm{MISO}}$,其发射天线个数为 $N_{\mathrm{R}} = 1,3,5,7$。

11.7 计算并画出 MIMO 系统的容量,其中 $(N_{\mathrm{T}}, N_{\mathrm{R}}) = (3,3)$ 和 $(5,5)$。

11.8 使用 Alamouti 编码重做解说题 11.8 中的 Monte Carlo 仿真并画出差错概率性能,从而验证瑞利信道下 MISO 系统的性能。

11.9 具有 $(N_{\mathrm{T}}, N_{\mathrm{R}}) = (4,1)$ 个天线的 MISO 系统的生成矩阵如下所示:

$$\boldsymbol{G} = \begin{bmatrix} s_1 & s_2 & s_3 & 0 \\ -s_2^* & s_1^* & 0 & s_3 \\ s_3^* & 0 & -s_1^* & s_2 \\ 0 & s_3^* & -s_2^* & -s_1 \end{bmatrix}$$

这样,该 STBC 得到的空间码率 $R_s = 3/4$。该系统信道矩阵由元素 h_{11}, h_{12}, h_{13} 和 h_{14} 构成。说明该生成矩阵是正交的,并且在衰落信道中可以带来四阶分集。

11.10 当生成矩阵 $\boldsymbol{G}$ 为习题 11.9 中给出的矩阵时,重做解说题 11.9。

11.11 采用矩阵形式,检测器的输入以及符号的估计可以表示为

$$\begin{bmatrix} y_1 \\ y_2^* \\ y_3^* \\ y_4^* \end{bmatrix} = \begin{bmatrix} h_{11} & h_{12} & h_{13} \\ h_{12}^* & -h_{11}^* & 0 \\ -h_{13}^* & 0 & h_{11}^* \\ 0 & -h_{13}^* & h_{12}^* \end{bmatrix} \begin{bmatrix} s_1 \\ s_2 \\ s_3 \end{bmatrix} + \begin{bmatrix} \eta_1 \\ \eta_2 \\ \eta_3 \\ \eta_4 \end{bmatrix}$$

或

$$\boldsymbol{y} = \boldsymbol{H}_{31} \boldsymbol{s} + \boldsymbol{\eta}$$

说明

$$\hat{\boldsymbol{s}} = \begin{bmatrix} \hat{s}_1 \\ \hat{s}_2 \\ \hat{s}_3 \end{bmatrix} = \boldsymbol{H}_{31}^{\mathrm{H}} \boldsymbol{y} = \boldsymbol{H}_{31}^{\mathrm{H}} \boldsymbol{H}_{31} \boldsymbol{s} + \boldsymbol{H}_{31}^{\mathrm{H}} \boldsymbol{\eta}$$

和

$$\boldsymbol{H}_{31}^{\mathrm{H}}\boldsymbol{H}_{31} = \left[\, \left| h_{11} \right|^2 + \left| h_{12} \right|^2 + \left| h_{13} \right|^2 \,\right]\boldsymbol{I}_3$$

其中，$\boldsymbol{I}_3$ 为单位阵，并且说明因此该 MIMO 系统在衰落信道中获得了三阶分集。

11.12　一个 $(N_{\mathrm{T}}, N_{\mathrm{R}}) = (4,2)$ 的 MIMO 系统的生成矩阵在习题 11.9 中给出。编写生成慢衰落瑞利信道的信道矩阵 $\boldsymbol{H}$ 的 MATLAB 代码。

11.13　对于使用 Alamouti 编码的 $(N_{\mathrm{T}}, N_{\mathrm{R}}) = (2,2)$ MIMO 系统，进行其在瑞利信道下的 Monte Carlo 仿真。调制方式为 QPSK。画出进行 $N = 10000$ 次循环所测得的差错概率曲线。

11.14　说明使用 Alamouti 编码的 $(N_{\mathrm{T}}, N_{\mathrm{R}}) = (2,2)$ MIMO 系统在瑞利信道下获得了四阶分集。

11.15　编写 MATLAB 代码实现图 11.13 所示的 4-PSK，8 状态格码。

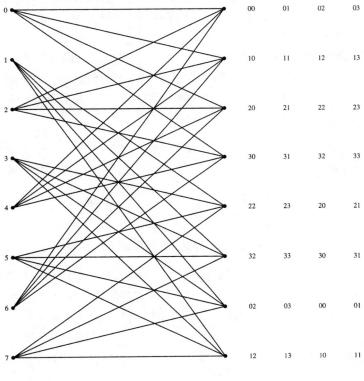

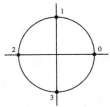

图 11.13　4-PSK，8 状态空时格码

第12章　扩频通信系统

12.1　概述

数字通信中的扩频信号最初是为军事通信的需要而发展和应用起来的,其原因包括:(1)对抗敌方干扰;(2)用于低功率下传输以隐藏信号,使得无意的听众在噪声中不易检测出信号的存在;(3)有可能经由同一信道进行多用户通信。然而,今天扩频信号正在为各种商业应用提供可靠的通信,其中包括车载移动通信和办公室之间的无线通信。

一个扩频数字通信系统的基本组成如图12.1所示。可以看到,信道编码器和译码器、调制器和解调器都是常规数字通信系统的基本环节。除了这些以外,扩频系统中还使用了两个完全一样的伪随机序列生成器,其中一个在发送端与调制器相接,另一个在接收端与解调器相接。这两个生成器产生伪随机或伪噪声(PN)的二值序列,用于在调制器中将传输信号在频率上进行扩频,以及在解调器上将接收信号进行解扩。

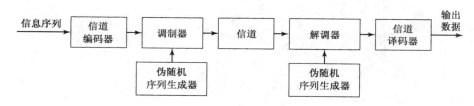

图12.1　扩频数字通信系统模型

为正确地对接收到的扩频信号进行解扩,要求在接收机产生的伪噪声序列与包含在接收信号中的伪噪声序列同步。在实际的系统中,同步在信息传输之前已经建立,这是通过发射一个专门设计的固定伪噪声比特样本实现的,这种设计使得接收机能在干扰存在的情况下以高的概率对它进行检测。在这个伪噪声序列生成器的时间同步建立之后,再开始信息传输。在数据模式中,通常该通信系统跟踪正在到来的接收信号的定时,并将这个伪噪声序列生成器保持在同步状态。

这一章要讨论两种基本的用于数字通信的扩频信号类型,即直接序列(DS)扩频信号和跳频(FH)扩频信号。

我们要考虑与扩频信号相关的两种数字调制型式:PSK 和 FSK。PSK 调制一般在 DS 扩频中应用,并且最适合用在这样的场合:发送信号和接收信号之间的相位相干性可以在横跨几个符号(或比特)区间的一段时间内保持住。另一方面,FSK 调制一般用在 FH 扩频中,并且最适合用在这样的场合:由于通信信道传输特性的时变性不能保持,不能保持载波的相位相干性。

12.2　直接序列扩频系统

现在来考虑一个采用二元 PSK 的二进制信息序列的传输问题。信息速率是 R bps,比特间隔是 $T_b = 1/R$ s。可用的信道带宽是 B_c Hz,$B_c \gg R$。在调制器中,按照 PN 序列生成器,以每

秒 W 次的速率,伪随机地将载波相位移相,将信息信号的带宽扩展到比 $W = B_c$ Hz。这样,所得到的已调信号称为**直接序列(DS)扩频信号**。

用 $v(t)$ 代表承载信息的基带信号,可表示为

$$v(t) = \sum_{n=-\infty}^{\infty} a_n g_T(t - nT_b) \qquad (12.2.1)$$

其中,$\{a_n = \pm 1, -\infty < n < \infty\}$,$g_T(t)$ 是持续期为 T_b 的矩阵脉冲。这个信号乘以从 PN 序列生成器来的信号,其结果可以表示为

$$c(t) = \sum_{n=-\infty}^{\infty} c_n p(t - nT_c) \qquad (12.2.2)$$

其中,$\{c_n\}$ 代表其值为 ± 1 的二进制 PN 码序列,$p(t)$ 是持续期为 T_c 的矩形脉冲,如图 12.2 所示。这个相乘运算用来将承载信息的信号带宽(约为 R Hz)扩展到比 PN 生成器信号 $c(t)$ 所占的更宽的带宽(这个带宽约为 $1/T_c$)上。频谱的扩展如图 12.3 所示,图中用简单的矩形谱给出了两个谱的卷积,较窄的谱对应于承载信息的信号,较宽的谱对应于来自 PN 生成器的信号。

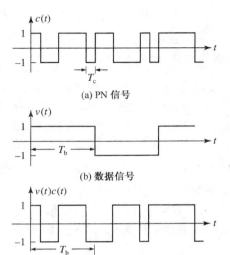

图 12.2　DS 扩频信号的产生

该乘积信号 $v(t)c(t)$(已在图 12.2 中给出)用来对载波 $A_c\cos(2\pi f_c t)$ 进行幅度调制,于是产生了 DSB-SC 信号

$$u(t) = A_c v(t) c(t) \cos(2\pi f_c t) \qquad (12.2.3)$$

因为对任意 t 有 $v(t)c(t) = \pm 1$,所以这个载波调制发射信号也可以表示为

$$u(t) = A_c \cos[2\pi f_c t + \theta(t)] \qquad (12.2.4)$$

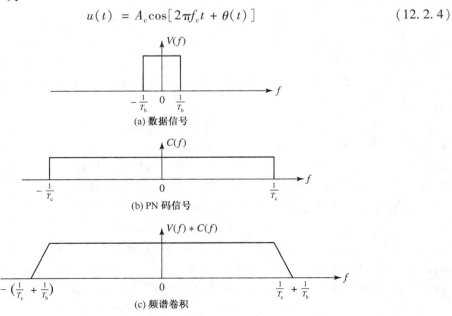

图 12.3　频谱的扩展

其中,当 $v(t)c(t) = 1$ 时,$\theta(t) = 0$;而当 $v(t)c(t) = -1$ 时,$\theta(t) = \pi$。因此,这个传输信号是一个二元 PSK 信号,它的相位以 $1/T_c$ 的速率变化。

矩形脉冲 $p(t)$ 通常称为**码片**(chip),它的持续时间 T_c 称为**码片间隔**(chip interval),其倒数 $1/T_c$ 称为**码片速率**(chip rate),并(近似地)相应于传输信号的带宽 W。在实际的扩频系统中,比特间隔 T_b 与码片间隔 T_c 之比通常都选为某个整数。我们记这个比值为

$$L_c = \frac{T_b}{T_c} \tag{12.2.5}$$

所以 L_c 就是每信息比特中包含的 PN 码序列的码片数。另一种解释是,L_c 代表了在比特间隔 T_b 期间,在发射信号中可能有的 180°相位转移的数目。

12.2.1　信号解调

信号解调按图 12.4 完成。接收信号首先乘以在接收机的 PN 码序列生成器中产生的波形 $c(t)$ 的副本,它是与接收信号中的 PN 码同步的。这一运算称为(频谱)**解扩**,因为在接收端乘以 $c(t)$ 的效果就是将在发送端的扩频运算解开。于是有

$$A_c v(t)c^2(t)\cos(2\pi f_c t) = A_c v(t)\cos(2\pi f_c t) \tag{12.2.6}$$

因为对所有的 t,有 $c^2(t) = 1$,所得信号 $A_c v(t)\cos(2\pi f_c t)$ 占有的带宽为 R Hz(近似),这就是信息承载信号的带宽。因此,对于解扩信号而言,这个解调器就是常规的互相关器或匹配滤波器,这些在第 5 章和第 7 章中都讨论过了。因为该解调器具有与解扩信号相同的带宽,所以在解调器上使信号受到污染的加性噪声仅是那些位于接收信号的信息带宽以内的噪声。

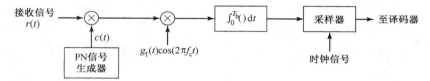

图 12.4　DS 扩频信号的解调

窄带干扰对解扩的影响

研究某一干扰信号对目标信息承载信号的解调的影响,是非常有意义的一件事。设想接收信号为

$$r(t) = A_c v(t)c(t)\cos(2\pi f_c t) + i(t) \tag{12.2.7}$$

其中,$i(t)$ 代表干扰,在接收端的解扩处理产生

$$r(t)c(t) = A_c v(t)\cos(2\pi f_c t) + i(t)c(t) \tag{12.2.8}$$

将干扰 $i(t)$ 与 $c(t)$ 相乘的效果就是将 $i(t)$ 的带宽扩频到 W Hz。

作为一个例子,考虑如下正弦干扰信号:

$$i(t) = A_J\cos(2\pi f_J t) \tag{12.2.9}$$

其中,f_J 是位于发射信号带宽内的某一频率,它与 $c(t)$ 相乘就会产生一个功率谱密度 $J_0 = P_J/W$ 的宽带干扰,其中 $P_J = A_J^2/2$ 是该干扰的平均功率。因为目标信号是用带宽为 R 的匹配滤波器(或相关器)解调的,所以在解调器输出端的干扰的总功率是

$$J_0 R = \frac{P_J R}{W} = \frac{P_J}{W/R} = \frac{P_J}{T_b/T_c} = \frac{P_J}{L_c} \tag{12.2.10}$$

因此,干扰信号中的功率降低倍数就等于带宽扩展因子 W/R。这个因子 $W/R = T_b/T_c = L_c$ 称

为扩频系统的**处理增益**(processing gain)。干扰功率的降低是在有干扰的信道上采用扩频信号传输数字信息的根本原因。

总之,在发送端用 PN 码序列将承载信息的信号扩频到某个较宽的带宽上,然后在信道上进行传输。当这个接收信号乘以一个同步了的 PN 码信号的副本时,目标信号被解扩回到窄带带宽上,而任何干扰信号都被扩频到一个较宽的带宽内。在干扰功率上的净效果就是降低 W/R 倍,这就是扩频系统的处理增益。

假定仅目标接收机对这个 PN 码序列 $\{c_n\}$ 是已知的。任何不具有该 PN 码序列知识的其他接收机不可能解出这个信号。这样,利用一个 PN 码序列就提供了某种程度的保密性(或安全性),而使用常规的调制是不可能达到这个目的的。为了获得安全性和抗干扰性能,所付出的主要代价是信道带宽利用方面的降低,以及通信系统复杂性方面的增加。

12.2.2 差错概率

在加性高斯白噪声信道中,采用二元 PSK 的 DS 扩频系统的差错概率与一般的(未扩频)二元 PSK 的差错概率是相同的,即

$$P_b = Q\left(\sqrt{\frac{2E_b}{N_0}}\right) \tag{12.2.11}$$

另外,如果干扰是如式(12.2.9)给出的正弦信号,其功率为 P_J,那么差错概率(近似)为

$$P_b = Q\left(\sqrt{\frac{2E_b}{P_J/W}}\right) = Q\left(\sqrt{\frac{2E_b}{J_0}}\right) \tag{12.2.12}$$

于是,干扰功率降低因子是扩频信号带宽 W。在这种情况下,没有顾及加性高斯白噪声(假设可以忽略),即 $N_0 \ll P_J/W$。如果考虑信道中的加性高斯白噪声,则差错概率可以表示为

$$P_b = Q\left(\sqrt{\frac{2E_b}{N_0 + P_J/W}}\right)$$

$$= Q\left(\sqrt{\frac{2E_b}{N_0 + J_0}}\right) \tag{12.2.13}$$

干扰裕度(Jamming Margin)

可将 E_b/J_0 表示为

$$\frac{E_b}{J_0} = \frac{P_S T_b}{P_J/W} = \frac{P_S/R}{P_J/W} = \frac{W/R}{P_J/P_S} \tag{12.2.14}$$

现在假定给出某一要求的 E_b/J_0,以实现目标性能,那么利用对数变换可将式(12.2.14)表示为

$$10\log\frac{P_J}{P_S} = 10\log\frac{W}{R} - 10\log\left(\frac{E_b}{J_0}\right)$$

$$\left(\frac{P_J}{P_S}\right)_{dB} = \left(\frac{W}{R}\right)_{dB} - \left(\frac{E_b}{J_0}\right)_{dB} \tag{12.2.15}$$

比值 $(P_J/P_S)_{dB}$ 称为**干扰裕度**。这就是通信系统能有的不被干扰台破坏的相对功率得益。

─── 解说题 ───

解说题 12.1 ［**处理增益和干扰裕度**］

假设需要 $E_b/J_0 = 10$ dB 以实现二元 PSK 的可靠通信,求为提供 20 dB 的干扰裕度所需的处理增益。

解　题

利用式(12.2.15),求出处理增益$(W/R)_{dB}=30\,dB$,这表示在$W/R=L_c=1000$时,接收机中的平均干扰功率可以是目标信号功率P_s的100倍,这时还能维持可靠的通信。

编码扩频信号的性能

正如第10章指出的,当发射信息用二元线性(分组或卷积)码编码时,在软判决译码器输出端的 SNR 随编码增益而提高,编码增益定义为

$$\text{编码增益 CG} = R_c d_{min}^H \tag{12.2.16}$$

其中,R_c是码率,d_{min}^H是该码的最小 Hamming 距离。因此,编码的效果就是通过编码增益而提高了干扰裕度。这样,式(12.2.15)可修正为

$$\left(\frac{P_J}{P_S}\right)_{dB} = \left(\frac{W}{R}\right)_{dB} + (\text{CG})_{dB} - \left(\frac{E_b}{J_0}\right)_{dB} \tag{12.2.17}$$

12.2.3　DS 扩频信号的两个应用

本小节简述 DS 扩频信号在两个方面的应用。首先考虑信号在极低功率传输中的应用,这样的情况可使某一收听者在试图检测出信号的存在时遇到很大困难。第二种应用是在多址无线通信中。

低检测性信号的传输

在这类应用中,相对于背景信道噪声和接收机前端产生的热噪声而言,信息承载的信号是在很低的功率电平下传输的。如果 DS 扩频信号占有的带宽为W,而加性噪声的功率谱密度为N_0 W/Hz,那么在带宽W内的平均噪声功率是$P_N=WN_0$。

在目标接收机中,平均接收信号功率是P_R。若希望将信号对与目标接收机邻近的接收机隐藏,则发射信号的功率应满足$P_R/P_N\ll1$。借助于处理增益和编码增益,这个目标接收机就能够从背景噪声中恢复出这个微弱的信息承载信号。然而,任何其他接收机都没有有关 PN 码的任何信息,因此不可能利用这个处理增益和编码增益,从而使信息承载信号很难被检测到。我们认为这个传输信号有一个**低的被截获的概率**(low probability of being intercepted,LPI),并将它称为 LPI 信号。

在 12.2.2 节中,给出的差错概率也能用在目标接收机的 LPI 信号的解调和译码上。

解说题

解说题 12.2　[DS 扩频系统的设计]

设计一个 DS 扩频信号,使其对一个加性高斯白噪声信道在目标接收机的功率比是$P_R/P_N=0.01$。对于可接受的性能,有一个目标E_b/N_0。为达到$E_b/N_0=10$,求所需处理增益的最小值。

题　解

可以将E_b/N_0写成

$$\frac{E_b}{N_0} = \frac{P_R T_b}{N_0} = \frac{P_R L_c T_c}{N_0} = \left(\frac{P_R}{WN_0}\right)L_c = \left(\frac{P_R}{P_N}\right)L_c \tag{12.2.18}$$

因为$E_b/N_0=10$,$P_R/P_N=0.01$,所以所需处理的增益是$L_c=1000$。

码分多址

从 DS 扩频信号通过处理增益和编码增益所获得的性能上的增强,使同一个信道带宽内拥有多个 DS 扩频信号成为可能,只要每个信号都有它自己的伪随机(特征)序列。因此,就有可能几个用户在同一个信道带宽内同时传输信息。每对发送/接收机用户都有它自己的用于在公共信道带宽上传输的特征码,这种类型的数字通信称为**码分多址**(code division multiple access, CDMA)。

在数字蜂窝通信系统中,一个基站利用 N_u 个正交 PN 序列传送信号到 N_u 个移动接收机,其中每个 PN 序列对应于一个目标接收机。这 N_u 个信号在传输时都是精确同步的,使得它们都以同步状态到达每个移动接收机。这样,由于这 N_u 个 PN 序列的正交性,每个目标接收机都能解调出它自己的信号,而不会受到来自共享同一带宽的其他发射信号的干扰。然而,在从移动发射机到基站传输(上行线路)的信号中,无法保持这种同步。在基站对每个 DS 扩频信号的解调中,从该信道的其他并存用户来的信号就作为加性干扰出现。现在来确定 CDMA 系统中能够容纳的并存信号的数目。假设基站的全部信号都有相同的平均功率。在许多实际系统中,来自每个用户的接收信号的功率在基站都受到监控,利用控制信道在全部并存用户上实施功率控制,并通知用户是否应提高或降低它们的功率电平。有了这样的功率控制之后,如果存在 N_u 个用户,那么在某一接收机,目标信号对噪声干扰的功率比是

$$\frac{P_S}{P_N} = \frac{P_S}{(N_u - 1)P_S} = \frac{1}{N_u - 1} \tag{12.2.19}$$

根据这一关系就可以确定同时容纳的用户数。

在确定信道可以同时存在的最大用户数时,已经隐含着假设各个用户所用的伪随机码序列是正交的,而且来自其他用户的干扰仅功率相加。然而,要实现在 N_u 个用户之间伪随机序列的正交性,一般是很困难的,尤其是当 N_u 很大时更是如此。事实上,设计一批具有很好相关性质的伪随机序列就是一个重要的课题,并在专业技术文献中受到极大的关注。在 12.3 节将对此进行简要讨论。

━━━ 解说题 ━━━

解说题 12.3　[CDMA 中的最大用户数]

在某个 CDMA 系统中,假设某用户的目标性能水平是在 $E_b/J_0 = 10$ 时达到的。若带宽对比特率之比是 100,编码增益是 6 dB,求在该 CDMA 系统中可同时容纳的最大用户数。

━━━ 题　解 ━━━

根据式(12.2.17)中给出的基本关系,有

$$\left(\frac{P_N}{P_S}\right)_{dB} = \left(\frac{W}{R}\right)_{dB} + (CG)_{dB} - \left(\frac{E_b}{J_0}\right)_{dB}$$
$$= 20 + 6 - 10 = 16 \, dB$$

因此,

$$\frac{1}{N_u - 1} = \frac{P_S}{P_N} = \frac{1}{40}$$

所以

$$N_u = 41 \text{ 个用户}$$

解说题

解说题 12.4 [DS 扩频的仿真]

本题的目标就是通过 Monte Carlo 仿真说明 DS 扩频信号在抑制正弦干扰方面的有效性。待仿真的系统的方框图如图 12.5 所示。

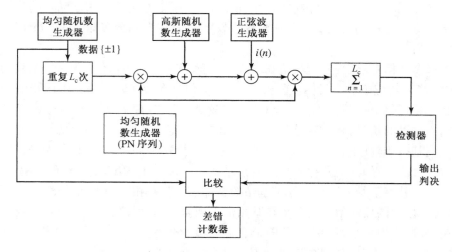

图 12.5　用 Monte Carlo 仿真的 DS 扩频系统的模型

题 解

用均匀随机数生成器(RNG)产生一个二进制信息符号(±1)的序列。每个信息比特重复 L_c 次,L_c 对应于每个信息比特的 PN 码片数。所得到的序列,其中包含每比特的 L_c 次重复,乘以由另一个均匀随机数生成器产生的 PN 序列 $c(n)$。然后,将方差为 $\sigma^2 = N_0/2$ 的高斯白噪声与

$$i(n) = A\sin(\omega_0 n)$$

的正弦干扰加到这个乘积序列上,其中 $0 < \omega_0 < \pi$,正弦的幅度选为 $A < L_c$。解调器完成与 PN 序列的互相关,并对构成每信息比特的 L_c 个信号样本求和(积分)。相加器的输出再馈入检测器,它将这个信号与阈值零进行比较,并判决传输的比特是 +1 还是 −1。差错计数器计算由检测器产生的差错数。对于 $L_c = 20$,在 3 种不同的正弦干扰幅值下所得的 Monte Carlo 仿真结果如图 12.6 所示。图中还给出了没有这个正弦干扰时测得的误码率。在这些仿真过程中,加性噪声的方差都保持不变,而在每次仿真运行中,目标信号的电平都加权到能够实现所需的 SNR。

该仿真程序的 MATLAB 脚本如下所示。

m 文件

```
% MATLAB script for Illustrative Problem 12.4.
echo on
Lc=20;                          % number of chips per bit
A1=3;                           % amplitude of the first sinusoidal interference
A2=7;                           % amplitude of the second sinusoidal interference
A3=12;                          % amplitude of the third sinusoidal interference
A4=0;                           % fourth case: no interference
w0=1;                           % frequency of the sinusoidal interference in radians
SNRindB=0:2:30;
for i=1:length(SNRindB),
    % measured error rates
    smld_err_prb1(i)=ss_Pe94(SNRindB(i),Lc,A1,w0);
```

```
    smld_err_prb2(i)=ss_Pe94(SNRindB(i),Lc,A2,w0);
    smld_err_prb3(i)=ss_Pe94(SNRindB(i),Lc,A3,w0);
    echo off ;
end;
echo on ;
SNRindB4=0:1:8;
for i=1:length(SNRindB4),
    % measured error rate when there is no interference
    smld_err_prb4(i)=ss_Pe94(SNRindB4(i),Lc,A4,w0);
    echo off ;
end;
echo on ;
% Plotting commands follow.
```

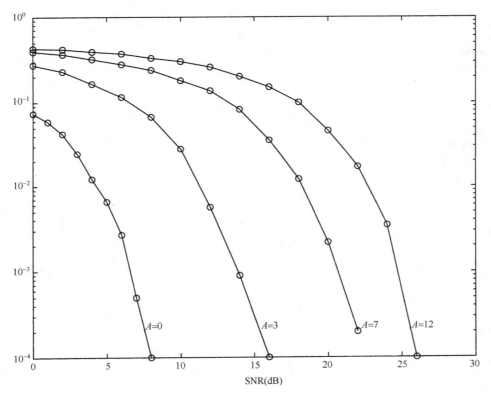

图 12.6　Monte Carlo 仿真得到的系统误码性能

m 文件

```
function [p]=ss_Pe94(snr_in_dB, Lc, A, w0)
% [p]=ss_Pe94(snr_in_dB, Lc, A, w0)
%
%               SS_PE94  finds the measured error rate. The function
%               that returns the measured probability of error for the given value of
%               the snr_in_dB, Lc, A and w0.
snr=10^(snr_in_dB/10);
sgma=1;                            % Noise standard deviation is fixed.
Eb=2*sgma^2*snr;                   % signal level required to achieve the given
                                   % signal-to-noise ratio
E_chip=Eb/Lc;                      % energy per chip
N=10000;                           % number of bits transmitted
% The generation of the data, noise, interference, decoding process and error
```

```
% counting is performed all together in order to decrease the run time of the
% program. This is accomplished by avoiding very large sized vectors.
num_of_err=0;
for i=1:N,
  % Generate the next data bit.
  temp=rand;
  if (temp<0.5),
    data=−1;
  else
    data=1;
  end;
  % Repeat it Lc times, i.e. divide it into chips.
  for j=1:Lc,
    repeated_data(j)=data;
  end;
  % pn sequence for the duration of the bit is generated next
  for j=1:Lc,
    temp=rand;
    if (temp<0.5),
      pn_seq(j)=−1;
    else
      pn_seq(j)=1;
    end;
  end;
  % the transmitted signal is
  trans_sig=sqrt(E_chip)*repeated_data.*pn_seq;
  % AWGN with variance sgma^2
  noise=sgma*randn(1,Lc);
  % interference
  n=(i−1)*Lc+1:i*Lc;
  interference=A*sin(w0*n);
  % received signal
  rec_sig=trans_sig+noise+interference;
  % Determine the decision variable from the received signal.
  temp=rec_sig.*pn_seq;
  decision_variable=sum(temp);
  % making decision
  if (decision_variable<0),
    decision=−1;
  else
    decision=1;
  end;
  % If it is an error, increment the error counter.
  if (decision~=data),
    num_of_err=num_of_err+1;
    end;
end;
% then the measured error probability is
p=num_of_err/N;
```

12.3 PN 序列的产生

PN 序列是一个由 1 和 0 组成的码序列,它的自相关函数具有与白噪声自相关函数相似的性质。这一节将简述 PN 序列的构成及其自相关和互相关性质。

到现在为止,最为大家熟知的二元 PN 码序列是最大长度移位寄存器序列。一个最大长度移位寄存器序列,或简称为 m 序列,其长度为 $L = 2^m - 1$ 比特,并由一个 m 级的带有线性反馈的移位寄存器产生,如图 12.7 所示。这个序列是周期为 L 的周期序列。每个周期内有一个

包含 2^{m-1} 个 1 和 $2^{m-1}-1$ 个 0 的序列。表 12.1 列出了产生最大长度序列的移位寄存器的连接。

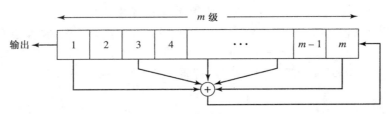

图 12.7　具有线性反馈的一般 m 级移位寄存器

表 12.1　产生最大长度序列的移位寄存器连接法

m	接至模 2 加法器的级	m	接至模 2 加法器的级	m	接至模 2 加法器的级
2	1,2	13	1,10,11,13	24	1,18,23,24
3	1,3	14	1,5,9,14	25	1,23
4	1,4	15	1,15	26	1,21,25,26
5	1,4	16	1,5,14,16	27	1,23,26,27
6	1,6	17	1,15	28	1,26
7	1,7	18	1,12	29	1,28
8	1,5,6,7	19	1,15,18,19	30	1,8,29,30
9	1,6	20	1,18	31	1,29
10	1,8	21	1,20	32	1,11,31,32
11	1,10	22	1,22	33	1,21
12	1,7,9,12	23	1,19	34	1,8,33,34

在 DS 扩频应用中,码元为 $\{0,1\}$ 的二元序列映射为码元为 $\{-1,+1\}$ 的相应二元序列。这个码元为 $\{-1,+1\}$ 的等效序列 $\{c_n\}$ 称为**双极性序列**(bipolar sequence)。

周期 PN 序列的一个重要特性是其自相关函数,通常定义为双极性序列 $\{c_n\}$ 的形式:

$$R_c(m) = \sum_{n=1}^{L} c_n c_{n+m}, \quad 0 \leqslant m \leqslant L-1 \tag{12.3.1}$$

其中,L 是该序列的周期。因为序列 $\{c_n\}$ 是周期的,其周期为 L,所以自相关序列 $\{R_c(m)\}$ 的周期也是 L。

在理想情况下,一个 PN 序列应该有一个其相关特性类似于白噪声的自相关函数。这就是说,对于 $\{c_n\}$ 的理想自相关函数是 $R_c(0)=L$ 和 $R_c(m)=0,1\leqslant m\leqslant L-1$。在 m 序列情况下,自相关序列是

$$R_c(m) = \begin{cases} L, & m=0 \\ -1, & 1 \leqslant m \leqslant L-1 \end{cases} \tag{12.3.2}$$

对于长 m 序列,偏离峰值 $R_c(m)$ 相对于峰值 $R_c(0)$,即 $R_c(m)/R_c(0)=-1/L$,是很小的,从实际的角度来看这无关紧要。因此,当从它们的自相关函数来看时,m 序列非常接近于理想 PN 序列。

解说题

解说题 12.5　[LPI 信号的检测]

通过 10 级的移位寄存器($L=1023$)产生的 m 序列的二元调制来生成一个 LPI 信号,因此

每信息比特的码片数为 1023。移位寄存器的输出映射为双极性序列

$$c_k = \begin{cases} 1, & \text{如果寄存器的输出是 1} \\ -1, & \text{如果寄存器的输出是 0} \end{cases}$$

发射的码片序列被加性高斯白噪声所污染,于是在码片匹配滤波器输出端接收到的信号序列为

$$r_k = sc_k + n_k, \quad k = 1, 2, \cdots, 1023$$

其中,对于整个序列 $0 \leqslant k \leqslant 1023$,二元数据比特要么是 $+1$,要么是 -1。

1. 生成 m 序列 $\{c_k\}$ 并且验证式(12.3.2)得以满足。

2. 当高斯噪声样本的方差 $\sigma^2 = 10$ 时,使用 1 中生成的 m 序列来构造接收信号序列 $\{r_k\}$,并对 $k = 1, 2, \cdots, 1023$ 将其画出。是否可从 $\{r_k\}$ 中分辨中发射信号序列 $x_k = sc_k, 1 \leqslant k \leqslant 1023$?

3. 计算 $\{r_k\}$ 和 $\{c_k\}$ 的互相关函数,并画出结果

$$y_n = \sum_{k=1}^{n} r_k c_k, \quad n = 1, 2, \cdots, 1023$$

评论相关器输出的结果。

题　解

图 12.8 中给出了 $\{r_k\}$ 和 $\{c_k\}$ 相关的结果。尽管信号分量在高电平的噪声中观察不到,但是在相关器的输出端显然可以检测到信号。

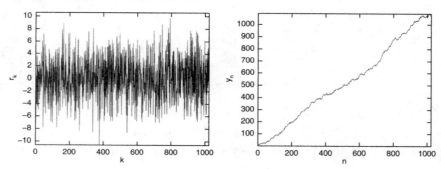

图 12.8　解说题 12.5 中的互相关

本题的 MATLAB 脚本如下所示。

m 文件

```
% MATLAB script foar Illustrative Problem 9.5

N = 1000;              % Number of samples
M = 50;                % Length of the autocorrelation function
p = [0.9 0.99];        % Pole positions
w = 1/sqrt(2)*(randn(1,N) + 1i*randn(1,N)); % AWGN sequence
% Preallocation for speed:
c = zeros(length(p),N);
Rx = zeros(length(p),M+1);
Sx = zeros(length(p),M+1);
for i = 1:length(p)
    for n = 3:N
        c(i,n) = 2*p(i)*c(n-1) - power(p(i),2)*c(n-2) + power((1-p(i)),2)*w(n);
    end
    % Calculation of autocorrelations and power spectra:
    Rx(i,:) = Rx_est(c(i,:),M);
    Sx(i,:)=fftshift(abs(fft(Rx(i,:))));
```

```
end
% Plot the results:
subplot(3,2,1)
plot(real(c(1,:)))
axis([0 N -max(abs(real(c(1,:)))) max(abs(real(c(1,:))))])
title('\it{p} = 0.9')
xlabel('\it{n}')
ylabel('\it{c_{nr}}')
subplot(3,2,2)
plot(real(c(2,:)))
axis([0 N -max(abs(real(c(2,:)))) max(abs(real(c(2,:))))])
title('\it{p} = 0.99')
xlabel('\it{n}')
ylabel('\it{c_{nr}}')
subplot(3,2,3)
plot(imag(c(1,:)))
axis([0 N -max(abs(imag(c(1,:)))) max(abs(imag(c(1,:))))])
title('\it{p} = 0.9')
xlabel('\it{n}')
ylabel('\it{c_{ni}}')
subplot(3,2,4)
plot(imag(c(2,:)))
axis([0 N -max(abs(imag(c(2,:)))) max(abs(imag(c(2,:))))])
title('\it{p} = 0.99')
xlabel('\it{n}')
ylabel('\it{c_{ni}}')
subplot(3,2,5)
plot(abs(c(1,:)))
axis([0 N 0 max(abs(c(1,:)))])
title('\it{p} = 0.9')
xlabel('\it{n}')
ylabel('\it{|c_n |}')
subplot(3,2,6)
plot(abs(c(2,:)))
axis([0 N 0 max(abs(c(2,:)))])
title('\it{p} = 0.99')
xlabel('\it{n}')
ylabel('\it{|c_n |}')

figure
subplot(2,2,1)
plot(abs(Rx(1,:)))
axis([0 M 0 max(abs(Rx(1,:)))])
title('\it{p} = 0.9')
xlabel('\it{n}'); ylabel('\it{|R_{c}(n)|}')
subplot(2,2,2)
plot(abs(Rx(2,:)))
title('\it{p} = 0.99')
xlabel('\it{n}'); ylabel('\it{|R_{c}(n)|}')
axis([0 M 0 max(abs(Rx(2,:)))])
subplot(2,2,3)
plot(Sx(1,:))
title('\it{p} = 0.9')
xlabel('\it{f}'); ylabel('\it{S_{c}(f)}')
axis([0 M 0 max(abs(Sx(1,:)))])
subplot(2,2,4)
plot(Sx(2,:))
title('\it{p} = 0.99')
xlabel('\it{f}'); ylabel('\it{S_{c}(f)}')
axis([0 M 0 max(abs(Sx(2,:)))])
```

　　在一些应用中,PN 序列的互相关特性和自相关特性具有同样的重要性。例如,在 CDMA 中,每个用户都分配了某一特定的 PN 序列。在理想情况下,用户之间的这些 PN 序列应该是互为正交的,以使一个用户受到来自其他用户传输的干扰电平为零。然而,在实际中被不同用户使用的 PN 序列总是呈现某些相关性。

　　现在我们具体考虑这类 m 序列。已经知道,在相同周期的一对 m 序列之间的周期互相关函数可能有相当大的峰值。表 12.2 中列出了当 $3 \leqslant m \leqslant 12$ 时,各对 m 序列之间周期互相关的峰值幅度 R_{max};同时,在该表中还列出了当 $3 \leqslant m \leqslant 12$ 时,长度为 $L = 2^m - 1$ 的 m 序列的数目。可以看到,长为 L 的 m 序列的数目随着 m 急剧增加。同时还可以看到,对于大多数序列来说,互相关函数的峰值幅度 R_{max} 与自相关函数的峰值相比是一个大的百分比。因此,m 序列对 CDMA 通信系统来说是不合适的。虽然有可能挑选出一个 m 序列的小子集,它与 R_{max} 相比具有相对小的互相关峰值,但是这一部分序列的数目还是太少,不足以在 CDMA 中应用。

表 12.2　m 序列和 Gold 序列的峰值互相关

m	$L = 2^m - 1$	m 序列			Gold 序列	
		序列数	R_{max}	$R_{max}/R(0)$	R_{max}	$R_{max}/R(0)$
3	7	2	5	0.71	5	0.71
4	15	2	9	0.60	9	0.60
5	31	6	11	0.35	9	0.29
6	63	6	23	0.36	17	0.27
7	127	18	41	0.32	17	0.13
8	255	16	95	0.37	33	0.13
9	511	48	113	0.22	33	0.06
10	1023	60	383	0.37	65	0.06
11	2047	176	287	0.14	65	0.03
12	4095	144	1407	0.34	129	0.03

　　Gold(1967),Gold(1968)和 Kasami(1966)已经研究出比 m 序列具有更好的周期互相关函数特性的 PN 序列的产生方法。Gold 序列是这样构成的:取一对专门挑选的 m 序列,称为**优选 m 序列**(preferred m-sequences),并将其中一个序列相对于另一个序列做 L 次循环移位,每次移位后按模 2 相加。于是,L 位的 Gold 序列的产生如图 12.9 所示。对于大的 L 和奇数 m,任意一对 Gold 序列之间的互相关函数的最大值 $R_{max} = \sqrt{2L}$;对于偶数 m,$R_{max} = \sqrt{L}$。

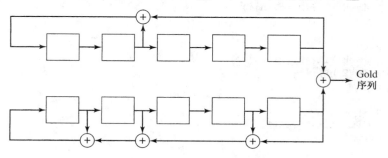

图 12.9　长度为 31 的 Gold 序列的产生

　　Kasami(1966)提出一种通过抽取某一 m 序列构造 PN 序列的方法。在 Kasami 的构造方法中,一个 m 序列中每隔 $(2^{m/2} + 1)$ 个比特被抽取出。这种构造方法产生比 Gold 序列更少的一组 PN 序列,但它们的最大互相关值是 $R_{max} = \sqrt{L}$。

将 Gold 序列和 Kasami 序列的互相关函数的峰值与某一下界进行比较是很有意思的,该下界是针对任意一对长度为 L 的二进制序列之间的最大互相关的(Welch,1974)。已知周期为 L 的 N 组序列,它们的最大互相关的 Welch 下界为

$$R_{\max} \geqslant L \sqrt{\frac{N-1}{NL-1}} \qquad (12.3.3)$$

对于大的 L 和 N 值,该式可以近似为 $R_{amx} \geqslant \sqrt{L}$。因此,Kasami 序列满足这个下界,所以它们是最优的。另外,m 为奇数的 Gold 序列有 $R_{amx} = \sqrt{2L}$,所以它们是次优的。

除了 Gold 序列和 Kasami 序列以外,还有其他一些二进制序列也适合在 CDMA 中应用。有兴趣的读者可参阅文献 Scholtz(1979)和文献 Sarwate and Pursley(1980)。

解说题

解说题 12.6　[Gold 序列的产生]

图 12.9 所示的两个移位寄存器的输出模 2 相加,可产生 $L=31$ 的 Gold 序列。

题　解

完成这个计算的 MATLAB 脚本如下所示。产生的 31 个序列如表 12.3 所示。这些序列互相关的最大值是 $R_{\max}=9$。

表 12.3　解说题 12.6 中的 Gold 序列表

```
0 1 1 1 0 0 0 0 1 0 0 0 0 1 1 0 0 1 0 0 1 0 1 1 1 1 0 0 0 0 0
0 1 0 1 1 0 1 1 1 0 0 0 1 0 0 0 0 1 0 0 1 0 0 0 1 1 0 0 0 0 1
0 0 0 0 1 1 0 1 1 0 0 1 0 1 0 0 1 1 1 1 1 0 1 1 0 0 1 0 0 1 1
1 0 1 0 0 0 0 1 1 0 1 0 1 1 0 1 0 0 0 1 0 1 1 0 1 0 1 1 1
1 1 1 1 1 0 0 1 1 1 0 1 0 1 1 1 0 0 0 1 1 0 0 0 1 0 1 1 1 0
0 1 0 0 1 0 0 1 0 0 1 1 1 0 0 0 1 1 0 0 0 0 1 0 0 1 1 0 0
0 0 1 0 1 0 0 0 1 1 1 1 0 1 0 1 0 0 1 1 0 1 0 1 1 0 1 0 0 0 1
1 1 1 0 1 0 1 1 1 0 1 1 0 1 1 1 0 1 1 0 1 1 1 1 1 0 1 0 0 0 1 1
0 1 1 0 1 1 0 0 0 1 0 1 1 0 0 1 0 0 0 0 1 1 1 1 1 0 1 1 0 1 1 0
0 1 1 0 0 0 1 0 0 0 1 0 1 1 0 1 0 1 0 1 0 1 1 0 1 0 0 1 1 1 0 1
0 1 1 1 1 1 1 1 0 1 1 0 1 0 0 1 1 1 1 1 0 1 0 0 1 1 0 0 1 0 1 1
0 1 0 0 1 1 1 1 0 1 0 1 0 1 1 1 0 1 0 0 0 0 1 1 0 0 1 1 1
0 0 1 1 0 1 0 0 0 0 0 1 0 1 1 1 0 1 1 0 0 1 0 0 1 1 1 1 1 1
1 1 0 1 0 0 0 1 0 1 0 1 1 0 1 0 1 1 1 0 0 0 1 1 1 1
0 0 0 1 0 1 1 1 1 1 0 1 0 1 0 1 0 1 1 0 1 1 1 1 1 1 0
1 0 0 0 0 1 0 0 1 1 1 0 1 1 0 1 0 0 0 0 1 1 1 0 1 1 0 1
1 0 1 0 1 1 1 0 1 1 0 1 0 1 1 0 0 1 0 1 1 1 0 1 0 1 0
1 1 0 1 1 1 0 0 1 1 0 1 1 1 0 1 1 0 1 0 1 0 1 0 0 1 0 0 1 0 0
0 0 0 0 0 1 1 1 1 1 1 0 1 0 1 1 0 0 1 1 0 1 0 1 1 1 0 0 0
1 0 1 1 1 0 1 1 0 1 1 1 1 0 0 0 0 1 0 0 0 1 0 0 0 0 1
1 1 0 0 0 0 0 1 1 0 0 0 0 0 0 1 1 1 1 0 0 0 0 1 0 1 0 0 0
0 0 1 1 1 0 0 1 0 0 1 0 0 0 1 0 0 1 0 1 1 1 0 0 1 0 0 0 0
1 1 0 0 1 1 1 1 0 0 0 0 0 0 1 1 1 0 0 1 1 0 1 1 1 1 0 0 1 0
0 0 1 1 0 0 0 1 0 0 1 0 0 0 0 0 1 0 1 0 0 0 0 0 1 0
1 1 1 1 1 1 0 0 0 1 0 1 0 0 1 0 1 0 1 1 0 1 0 1
0 1 1 0 0 0 0 0 1 0 0 1 1 0 0 0 0 1 1 1 0 0 0 1 0 1
0 0 0 1 1 1 0 1 0 0 1 0 0 0 1 0 1 0 1 1 1 1 0 0 0 0 1 0 1 0
1 0 0 0 1 1 0 0 0 0 0 0 1 0 0 0 0 0 1 1 1 1 0 1 1
1 0 0 0 1 0 0 1 0 1 0 1 0 0 0 0 1 0 0 0 0 0 1 1 0
1 0 1 0 1 0 1 1 1 1 1 1 0 0 0 1 1 1 1 1 1 1 1 1 1 0 0
1 1 1 0 0 1 0 0 0 0 0 0 0 1 0 1 1 1 1 1 0 0 0 0 0 1 0 0 0
```

—— **m 文件** ——

```
% MATLAB script for Illustrative Problem 12.6.
echo on
% First determine the maximal length shift-register sequences.
% Assume the initial shift-register content as "00001".
connections1=[1 0 1 0 0];
connections2=[1 1 1 0 1];
sequence1=ss_mlsrs(connections1);
sequence2=ss_mlsrs(connections2);
% Cyclically shift the second sequence and add it to the first one.
L=2^length(connections1)−1;
for shift_amount=0:L−1,
    temp=[sequence2(shift_amount+1:L) sequence2(1:shift_amount)];
    gold_seq(shift_amount+1,:)=(sequence1+temp) − floor((sequence1+temp)./2).*2;
    echo off ;
end;
echo on ;
% Find the max value of the cross-correlation for these sequences.
max_cross_corr=0;
for i=1:L−1,
    for j=i+1:L,
        % equivalent sequences
        c1=2*gold_seq(i,:)−1;
        c2=2*gold_seq(j,:)−1;
        for m=0:L−1,
            shifted_c2=[c2(m+1:L) c2(1:m)];
            corr=abs(sum(c1.*shifted_c2));
            if (corr>max_cross_corr),
                max_cross_corr=corr
            end;
            echo off ;
        end;
    end;
end;
% Note that max_cross_correlation turns out to be 9 in this example.
```

—— **m 文件** ——

```
function [seq]=ss_mlsrs(connections);
% [seq]=ss_mlsrs(connections)
%               SS_MLSRS  generates the maximal length shift-register sequence when the
%               shift-register connections are given as input to the function. A "zero"
%               means not connected, whereas a "one" represents a connection.
m=length(connections);
L=2^m−1;                              % length of the shift register sequence requested
registers=[zeros(1,m−1) 1];          % initial register contents
seq(1)=registers(m);                 % first element of the sequence
for i=2:L,
    new_reg_cont(1)=connections(1)*seq(i−1);
    for j=2:m,
        new_reg_cont(j)=registers(j−1)+connections(j)*seq(i−1);
    end;
    registers=new_reg_cont;          % current register contents
    seq(i)=registers(m);             % the next element of the sequence
end;
```

12. 4　跳频扩频

在跳频(FH)扩频中,将可利用的信道带宽 W 划分成大量非重叠的频率间隙,在任何信号区间内,传输信号占据一个或多个可用的频率间隙。在每个信号间隔内,频率间隙(一个或多个)的选取是按照某一 PN 生成器的输出伪随机地确定的。

图 12.10 给出了一个跳频扩频系统发射端和接收端的方框图。调制既可采用二元也可采用 M 元 FSK(MFSK)。例如,如果采用二元 FSK,那么调制器就选取两个频率中的一个,比如 f_0 或 f_1,对应于发射一个 0 或 1。然后,再将这个二元 FSK 信号在频率上搬移一个量,这个量由来自某个 PN 生成器的输出序列决定,用这个 PN 生成器选择某一被频率合成器合成的频率 f_c。这个被搬移了频率的信号在信道上传输。例如,通过从 PN 生成器取 m 个比特,就可以给出 $2^m - 1$ 个可能的载波频率。图 12.11 给出了一个跳频信号模板。

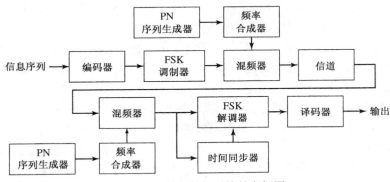

图 12.10　跳频扩频系统的方框图

在接收端有一个完全相同的 PN 序列生成器,它是与接收信号同步的,用来控制频率合成器的输出。通过频率合成器输出与接收信号混频,然后在解调中移除了由发射端引入的伪随机频率搬移。这样即可利用 FSK 解调出最后所得的信号。用于维持 PN 序列生成器与跳频接收信号同步的信号,通常是从接收信号中提取出来的。

虽然一般来说二元 PSK 调制比二元 FSK 有更好的性能,但是要保持用于跳频模式的频率合成中的相位相干很困难。并

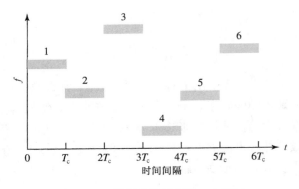

图 12.11　跳频信号模板的一个例子

且,当信号在一个较宽的频带上从一个频率跳到另一个频率时,信号在信道上的传播过程中保持相位相干也很困难。因此,在跳频扩频系统中,一般都采用非相干解调的 FSK 调制。

跳频频率 R_h 可以选为等于符号率、低于符号率或高于符号率。如果 R_h 等于或低于符号率,则称这个跳频系统为**慢跳频**(slow-hopping)系统;如果 R_h 高于符号率,也就是每个符号间隔内有多次跳频,则称这个跳频系统为**快跳频**(fast-hopping)系统。下面仅考虑跳频频率等于符号率的情况。

12.4.1　跳频信号的差错概率

现考虑一个用二元 FSK 传输数字信息的跳频系统,频跳频率是每比特跳一次。解调和检测都是非相干的。在加性高斯白噪声信道上,这样的系统的差错概率是

$$P_b = \frac{1}{2} e^{-E_b/(2N_0)} \tag{12.4.1}$$

如果干扰是一个宽带信号,或者是带宽为 W 的覆盖整个 FH 频带的平坦频谱的干扰,那么上述结果也适用。在这种情况下,N_0 要用 $N_0 + J_0$ 代替,其中 J_0 是干扰的谱密度。

和在 DS 扩频系统中的情况一样,每比特能量 E_b 可以表示为 $E_b = P_S T_b = P_S/R$,其中 P_S 是平均信号功率,R 是比特率。类似地,也有 $J_0 = P_J/W$,其中 P_J 是宽带干扰的平均功率,W 为可用信道带宽。因此,假设 $J_0 \gg N_0$,就能将 SNR 表示为

$$\frac{E_b}{J_0} = \frac{W/R}{P_J/P_S} \tag{12.4.2}$$

其中,W/R 是处理增益,P_J/P_S 是跳频扩频信号的干扰裕度。

慢跳频扩频系统特别容易受到部分频带干扰攻击,这一干扰既可以来自专门的干扰台,也可以来自跳频 CDMA 系统。具体来说,假设这个部分频带干扰用一个零均值的高斯随机过程来建模,这个过程在总带宽 W 的某一部分具有平坦的功率谱密度,而在这个频带以外是零。在功率谱密度为非零的区域,它的值是 $S_J(f) = J_0/\alpha$,其中 $0 < \alpha \leq 1$。换句话说,假设干扰平均功率 P_J 是常数,而 α 是被干扰所占的频带份额。

假设部分频带干扰来自某一干扰台,干扰台挑选 α,以使其对通信系统的效果是最优的。在采用二元 FSK 调制和非相干检测的未编码慢跳频系统中,在频带 W 内选定传输频率为均匀分布。这样,接收信号将以概率 α 被干扰,而以概率 $1 - \alpha$ 不被干扰。当被干扰时,差错概率是 $(1/2)\exp(-\alpha\rho_b/2)$,而当不被干扰时,假定信号检测是无差错的,其中 $\rho_b \equiv E_b/J_0$。因此,平均差错概率是

$$P_2(\alpha) = \frac{\alpha}{2}\exp\left(-\frac{\alpha\rho_b}{2}\right)$$

$$= \frac{\alpha}{2}\exp\left(-\frac{\alpha W/R}{2P_J/P_S}\right) \tag{12.4.3}$$

图 12.12 给出了对于几个 α 值,作为 SNR_{ρ_b} 的函数的误码率。干扰台假设是按使得差错概率最大的优化策略来选取 α 的,通过对 $P_2(\alpha)$ 微分并解出使 $P_2(\alpha)$ 最大的 α 值,就能求得干扰台对 α 的最后取值为

$$\alpha^* = \begin{cases} 2/\rho_b, & \rho_b \geq 2 \\ 1, & \rho_b < 2 \end{cases} \tag{12.4.4}$$

对于最坏情况下的部分频带干扰,相应的差错概率为

$$P_2 = \begin{cases} e^{-1}/\rho_b, & \rho_b \geq 2 \\ \dfrac{1}{2}e^{-\rho_b/2}, & \rho_b < 2 \end{cases} \tag{12.4.5}$$

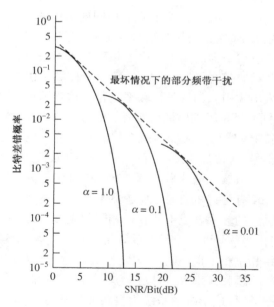

图 12.12 部分频带干扰时的二元 FSK 性能

如图 12.12 所示。在如式(12.4.3)给出的全频带干扰下,其差错概率随 E_b/J_0 的增加而呈指数下降,而在最坏的部分频带干扰情况下仅随 E_b/J_0 成反比减小。

解说题

解说题 12.7 [跳频系统的仿真]

通过 Monte Garlo 仿真,说明一个使用二元 FSK 并受到最坏的部分频带干扰破坏的跳频数字通信系统的性能。待仿真系统的方框图如图 12.13 所示。

题　解

用均匀随机数生成器(RNG)产生某个二进制信息序列,它作为 FSK 调制器的输入,FSK 调制器的输出受到概率为 α 的加性高斯噪声污染,$0 < \alpha \leq 1$。用第二个均匀随机数生成器来决定这个加性高斯噪声何时污染信号以及何时不污染信号。在有噪声时,假定发射的是 0,检测器的输入是

$$r_1 = (\sqrt{E_b}\cos\phi + n_{1c})^2 + (\sqrt{E_b}\sin\phi + n_{1s})^2$$
$$r_2 = n_{2c}^2 + n_{2s}^2$$

其中,ϕ 是信道相移,n_{1c}, n_{1s}, n_{2c} 和 n_{2s} 代表加性噪声分量。在没有噪声时,有

$$r_1 = E_b, \qquad r_2 = 0$$

所以在检测器中没有差错发生。每个噪声分量的方差是 $\sigma^2 = \alpha J_0/2$,其中 α 由式(12.4.4)给出。为简单起见,令 $\phi = 0$ 并将 J_0 归一化到 1。于是 $\rho_b = E_b/J_0 = E_b$。因为 $\sigma^2 = J_0/2\alpha, \alpha = 2/\rho_b$,接着就能得出,在存在部分频带干扰的情况下,$\sigma^2 = E_b/4, \alpha = 2/E_b$,这里把 E_b 限制为 $E_b \geq 2$。图 12.14 给出了由 Monte Garlo 仿真得出的误码率,其中包括由式(12.4.5)给出的差错概率的理论值。

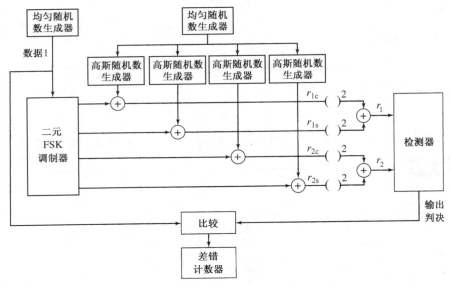

图 12.13　Monte Garlo 仿真:部分频带干扰下的二元 FSK 系统的模型

该仿真程序的 MATLAB 脚本如下所示。

m 文件

```
% MATLAB script for Illustrative Problem 12.7.
echo on
rho_b1=0:5:35;                              % rho in dB for the simulated error rate
rho_b2=0:0.1:35;                           % rho in dB for theoretical error rate computation
for i=1:length(rho_b1),
    smld_err_prb(i)=ss_pe96(rho_b1(i));    % simulated error rate
    echo off ;
end;
echo on ;
for i=1:length(rho_b2),
```

```
        temp=10^(rho_b2(i)/10);
        if (temp>2)
            theo_err_rate(i)=1/(exp(1)*temp);          % theoretical error rate if rho>2
        else
            theo_err_rate(i)=(1/2)*exp(-temp/2);% theoretical error rate if rho<2
        end;
        echo off ;
end;
echo on ;
% Plotting commands follow.
```

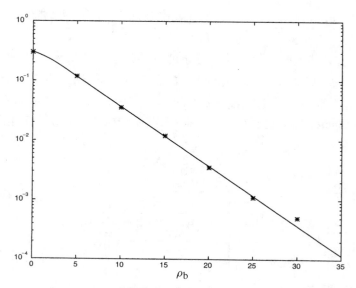

图 12.14　Monte Garlo 仿真:部分频带干扰下的跳频二元 FSK 系统的误码率性能

m 文件

```
function [p]=ss_Pe96(rho_in_dB)
% [p]=ss_Pe96(rho_in_dB)
%               SS_PE96  finds the measured error rate. The value of
%               signal per interference ratio in dB is given as an
%               input to the function.
rho=10^(rho_in_dB/10);
Eb=rho;                            % energy per bit
if (rho>2),
  alpha=2/rho;                     % optimal alpha if rho>2
else
  alpha=1;                         % optimal alpha if rho<2
end;
sgma=sqrt(1/(2*alpha));            % noise standard deviation
N=10000;                           % number of bits transmitted
% generation of the data sequence
for i=1:N,
  temp=rand;
  if (temp<0.5)
    data(i)=1;
  else
    data(i)=0;
  end;
end;
% Find the received signals.
```

```
for  i=1:N,
   % the transmitted signal
   if (data(i)==0),
     r1c(i)=sqrt(Eb);
     r1s(i)=0;
     r2c(i)=0;
     r2s(i)=0;
   else
     r1c(i)=0;
     r1s(i)=0;
     r2c(i)=sqrt(Eb);
     r2s(i)=0;
   end;
   % The received signal is found by adding noise with probability alpha.
   if (rand<alpha),
     r1c(i)=r1c(i)+gngauss(sgma);
     r1s(i)=r1s(i)+gngauss(sgma);
     r2c(i)=r2c(i)+gngauss(sgma);
     r2s(i)=r2s(i)+gngauss(sgma);
   end;
end;
% Make the decisions and count the number of errors made.
num_of_err=0;
for  i=1:N,
   r1=r1c(i)^2+r1s(i)^2;               % first decision variable
   r2=r2c(i)^2+r2s(i)^2;                   % second decision variable
   % Decision is made next.
   if (r1>r2),
     decis=0;
   else
     decis=1;
   end;
   % Increment the counter if this is an error.
   if (decis~=data(i)),
     num_of_err=num_of_err+1;
   end;
end;
% measured bit error rate is then
p=num_of_err/N;
```

12.4.2　利用信号分集来克服部分频带干扰

正如前一节所讨论的,受到部分频带干扰侵扰的跳频系统的性能很差。例如,若系统的差错概率要达到 10^{-6},则当存在最坏的部分频带干扰时,检测器所需的 SNR 约为 60 dB。作为比较,在没有部分频带干扰时,在一个加性高斯白噪声信道中所需的 SNR 约为 10 dB。结果,由于部分频带干扰的存在,在 SNR 上的损失竟有约 50 dB,这实在是太高了。

减小部分频带干扰对跳频扩频系统的影响的方法是通过信号分集;也就是说,将同一信息比特在多次频率跳变上传输,将多次传输的信号加权并在检测器输入端相加。具体来说,假设每个信息比特在两个相继的频率跳变上传输,这个系统称为**双分集系统**(dual diversity system)。在这种情况下,假设发射的是一个 0,或者合并器的两个输入都受到干扰破坏,或者两个发射信号中的一个受到干扰破坏,或者两个发射信号都未受到干扰破坏。

假设合并器知道干扰的电平,由此可以形成合并判决变量:

$$x = w_1 r_{11} + w_2 r_{12}$$
$$y = w_1 r_{21} + w_2 r_{22}$$

(12. 4. 6)

其中，r_{11} 和 r_{21} 是平方检测器对第一个发射信号的两个输出，r_{12} 和 r_{22} 是平方检测器对第二个发射信号的两个输出。加权系数 w_1 和 w_2 设置为 $1/\sigma^2$，其中 σ^2 是加性噪声加干扰的方差，因此当 σ^2 较大时就对应于干扰存在的情况，加在接收信号上的权系数就小。另外，当 σ^2 较小时就对应于没有干扰的情况，加在接收信号上的权系数就大。这样，合并器就将受到干扰破坏的接收信号分量进行了去加重。

从合并器来的两个分量 x 和 y 送给检测器，检测器就选取较大的信号分量做出判决。

现在，具有双分集的跳频信号的性能就由两个发射信号都受到干扰破坏的情况所决定。然而，这个事件的概率是正比于 α^2 的，远远小于 α。结果，对于最坏情况下的部分频带干扰的差错概率，就有如下形式：

$$P_2(2) = \frac{K_2}{\rho_b^2}, \qquad \rho_b > 2 \tag{12.4.7}$$

其中，K_2 是某一常数，而 $\rho_b = E_b/J_0$。在这种情况下，双分集系统的差错概率随 SNR 的平方成反比下降。换句话说，SNR 增大 10 倍（10 dB）就会得到差错概率减小为原值的 $1/100$。这样，在双分集情况下，用大约 30 dB 的 SNR 就能实现 10^{-6} 的差错概率；作为对比，在没有分集时需要 60 dB 的 SNR，相差 1000 倍。

更一般的情况是，若每个信息比特在 D 次频率跳变上传输，D 是分集的阶次，那么差错概率为

$$P_2(D) = \frac{K_D}{\rho_b^D}, \qquad \rho_b > 2 \tag{12.4.8}$$

其中，K_D 是某个常数。

因为以上讨论的信号分集是编码的一种简单形式（重复编码），所以能采用最小 Hamming 距离等于 D 的一种码，并用平方律检测输出的软判决译码来代替每个信息比特重复传输 D 次，这就不足为奇了。

解说题

解说题 12.8　［在跳频系统中的分集］

重做解说题 12.7 中跳频系统的 Monte Garlo 仿真，但是现在采用双分集。

题　解

在没有干扰时，合并器中使用的权系数是置 $w=10$，它对应于 $\sigma^2=0.1$，这可能是加性高斯噪声电平的典型值。另外，当有干扰时，权系数置为 $w=1/\sigma^2=2/E$，其中将 E 限制为 $E \geqslant 4$。每次跳变的 SNR 是 E，而在两次跳变中每比特的总能量是 $E_b=2E$。因此，差错概率是作为 E_b/J_0 的函数画出的。这个 Monte Carlo 仿真的结果如图 12.15 所示。该仿真程序的 MATLAB 脚本如下所示。

m 文件

```
% MATLAB script for Illustrative Problem 12.8.
echo on
rho_b=0:2:24;                         % rho in dB
for i=1:length(rho_b),
    smld_err_prb(i)=ss_Pe97(rho_b(i));          % simulated error rate
    echo off ;
end;
echo on ;
% Plotting commands follow.
```

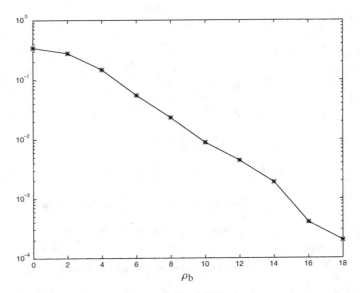

图 12.15　Monte Carlo 仿真:部分频带干扰下,跳频双分集二元 FSK 的误码率性能

m 文件

```
function [p]=ss_Pe97(rho_in_dB)
% [p]=ss_Pe97(rho_in_dB)
%              SS_PE97 finds the measured error rate. The value of
%              signal per interference ratio in dB is given as an input
%              to the function.
rho=10^(rho_in_dB/10);
Eb=rho;                              % energy per information bit
E=Eb/2;                              % energy per symbol transmitted
% the optimal value of alpha
if (rho>2),
   alpha=2/rho;
else
   alpha=1;
end;
% the variance of the additive noise
if (E>1),
   sgma=sqrt(E/2);
else
   sgma=sqrt(1/2);
end;
N=10000;                             % number of bits transmitted
% generation of the data sequence
for i=1:N,
   temp=rand;
   if (temp<0.5)
      data(i)=1;
   else
      data(i)=0;
   end;
end;
% Find the transmitted signals.
for i=1:N,
   if (data(i)==0),
      tr11c(i)=sqrt(E);   tr12c(i)=sqrt(E);
      tr11s(i)=0;         tr12s(i)=0;
```

```
      tr21c(i)=0;     tr22c(i)=0;
      tr21s(i)=0;     tr22s(i)=0;
  else
      tr11c(i)=0;     tr12c(i)=0;
      tr11s(i)=0;     tr12s(i)=0;
      tr21c(i)=sqrt(E);          tr22c(i)=sqrt(E);
      tr21s(i)=0;     tr22s(i)=0;
  end;
end;

% Find the received signals, make the decisions, and count the number of errors made.
num_of_err=0;
for i=1:N,
  % determine if there is jamming
  if (rand<alpha),
      jamming1=1;                      % jamming present on the second transmission
  else
      jamming1=0;                      % jamming not present on the first transmission
  end;
  if (rand<alpha),
      jamming2=1;                      % jamming present on the second transmission
  else
      jamming2=0;                      % jamming not present on the second transmission
  end;
  % The received signals are
  if (jamming1==1)
      r11c=tr11c(i)+gngauss(sgma);    r11s=tr11s(i)+gngauss(sgma);
      r21c=tr21c(i)+gngauss(sgma);    r21s=tr21s(i)+gngauss(sgma);
  else
      r11c=tr11c(i);     r11s=tr11s(i);
      r21c=tr21c(i);     r21s=tr21s(i);
  end;
  if (jamming2==1)
      r12c=tr12c(i)+gngauss(sgma);    r12s=tr12s(i)+gngauss(sgma);
      r22c=tr22c(i)+gngauss(sgma);    r22s=tr22s(i)+gngauss(sgma);
  else
      r12c=tr12c(i);     r12s=tr12s(i);
      r22c=tr22c(i);     r22s=tr22s(i);
  end;
  % Compute the decision variables, first the weights.
  if (jamming1==1),
      w1=1/sgma^2;
  else
      w1=10;
  end;
  if (jamming2==1),
      w2=1/sgma^2;
  else
      w2=10;
  end;
  % The intermediate decision variables are computed as follows.
  r11=r11c^2+r11s^2;
  r12=r12c^2+r12s^2;
  r21=r21c^2+r21s^2;
  r22=r22c^2+r22s^2;
  % Finally, the resulting decision variables x and y are computed.
  x=w1*r11+w2*r12;
  y=w1*r21+w2*r22;
  % Make the decision.
  if (x>y),
      decis=0;
  else
```

```
        decis=1;
    end;
    % Increment the counter if this is an error.
    if (decis~=data(i)),
        num_of_err=num_of_err+1;
    end;
end;
% The measured bit error rate is then
p=num_of_err/N;
```

12.5　习题

12.1　编写一个 MATLAB 程序，完成某 DS 扩频系统的 Monte Carlo 仿真，该系统用二元 PSK 经由加性高斯白噪声信道传输信息。假设处理增益是 10。画出测得的误码率和 SNR 的关系图，从而说明从该扩频信号没有获得任何性能提高。

12.2　编写一个 MATLAB 程序，完成某 DS 扩频系统的 Monte Carlo 仿真，该系统运行在 LPI 模式。处理增益是 20(13 dB)，在信号解扩前，接收端的目标功率信噪比 P_s/P_N 为 -3 dB 或更小。画出测得的作为 SNR 的函数的误码率。

12.3　设处理增益为 10，重做解说题 12.4 的 Monte Carlo 仿真，并画出测得的误码率。

12.4　编写一个 MATLAB 程序，实现 $m=12$ 级的最大长度移位寄存器，并产生 5 个周期的序列。计算并画出由式(12.3.1)给出的等效双极性序列的周期自相关函数。

12.5　编写一个 MATLAB 程序，实现 $m=3$ 级和 $m=4$ 级的最大长度移位寄存器，将它们的输出序列按模 2 相加。所得出的序列是周期的吗？若是，序列的周期是什么？利用式(12.3.1)计算并概略画出所得(双极性)序列的自相关序列。

12.6　编写一个 MATLAB 程序，计算解说题 12.6 中产生的 $L=31$ 的 Gold 序列的自相关函数序列。

12.7　编写一个 MATLAB 程序，实现 4 个时间同步的 CDMA 用户的 Monte Carlo 仿真，其中每个用户都使用长度为 $L=31$ 的不同的 Gold 序列。这 4 个 Gold 序列可以从表 12.3 中挑选。每个用户都采用它们代表的 Gold 序列的二元(± 1)调制。每个用户的接收端将这个组合的 CDMA 接收信号进行相关，而这个组合信号都在它们各自的序列上受到加性高斯白噪声的污染(基于按码片相加)。在 $N=10\,000$ 个信息比特时，用 Monte Carlo 仿真估计并画出作为 SNR 的函数的每个用户的差错概率。

12.8　当 4 个用户非同步传输时重做习题 12.7。例如，可以进行这样的仿真：4 用户 CDMA 信号在时间上相对偏移一个码片；也就是说，用户 2 的 CDMA 信号相对于用户 1 延迟了一个码片，用户 3 的 CDMA 信号相对于用户 2 的信号延迟了一个码片，用户 4 的 CDMA 信号相对于用户 3 的信号延迟了一个码片。试比较用非同步传输和同步传输所得到的差错概率。

12.9　一个跳频二元正交 FSK 系统采用 $m=7$ 级移位寄存器产生一个周期长度为 $L=127$ 的最大长度序列。该移位寄存器的每一级选择在跳频图上的 $N=127$ 个非重叠频带中的一个。编写一个 MATLAB 程序，选取中心频率，并对 $N=127$ 个频带中的每一个分别生成两个频率，进行仿真。给出前 10 个比特区间内的频率选择模板。

12.10　编写一个 Monte Carlo 程序，仿真某一跳频数字通信系统，该系统采用二元 FSK 并用非相干(平方律)检测。该系统遭受功率谱密度为 J_0/α 的部分频带干扰的污染，其中 $\alpha=0.1$。在该干扰频带 $0<\alpha\le 0.1$ 内，功率谱是平坦的。画出该系统测得的误码率与 SNR(E_b/J_0) 的关系图。

12.11　在解说题 12.8 中，当没有干扰时，在合并器上所用的权系数是 $w=50$，而在有干扰时该权系数是 $w=1/\sigma^2=2/E$，其中信号能量是 $E\ge 5$，重做这种情况下的 Monte Carlo 仿真。对于这个双分集系统，画出由 Monte Carlo 仿真测得的误码率，并将其性能与在解说题 12.8 中所得的性能进行比较。

参 考 文 献

ALAMOUTI, S. (1998). "A Simple Transmit Diversity Technique for Wireless Communications," *IEEE Journal on Selected Areas in Communications*, vol. 16, pp. 1451–1458.

BAHL, L. R., COCKE, J., JELINEK, F., AND RAVIV, J. (1974). "Optimal Decoding of Linear Codes for Minimizing Symbol Error Rate," *IEEE Transactions on Information Theory*, vol. 20, pp. 284–287.

BERROU, C. AND GLAVIEUX, A. (1996). "Near Optimum Error-Correcting Coding and Decoding: Turbo Codes," *IEEE Transactions on Communications*, vol. 44, pp. 1261–1271.

BERROU, C., GLAVIEUX, A., AND THITIMAJSHIMA, P. (1993). "Near Shannon Limit Error-Correcting Coding and Decoding: Turbo-Codes," in *Proceedings of IEEE International Conference on Communications (ICC)*, vol. 2, pp. 1064–1070, IEEE, Geneva, Switzerland.

EDELMAN, A. (1989). "Eigenvalues and Condition Numbers of Random Matrices," Ph.D. dissertation, MIT, Cambridge, MA 02093.

FORNEY, G. D., JR. (1972). "Maximum Likelihood Sequence Estimation of Digital Sequences in the Presence of Intersymbol Interference," *IEEE Transactions on Information Theory*, vol. 18, pp. 363–378.

GALLAGER, R. G. (1960). "Low-Density Parity-Check Codes," Ph.D. thesis, M.I.T., Cambridge, MA, USA.

GALLAGER, R. G. (1963). *Low-Density Parity-Check Codes*, The M.I.T. Press, Cambridge, MA, USA.

GOLD, R. (1967). "Optimal Binary Sequences for Spread Spectrum Multiplexing," *IEEE Transactions on Information Theory*, vol. IT-13, pp. 619–621.

GOLD, R. (1968). "Maximal Recursive Sequences with 3-Valued Recursive Cross Correlation Functions," *IEEE Transactions on Information Theory*, vol. 14, pp. 154–156.

JAFARKHANI, H. (2005). *Space-Time Coding: Theory and Practice*, Cambridge University Press.

KASAMI, T. (1966). "Weight Distribution Formula for Some Class of Cyclic Codes," Tech. Rep. R-285, Coordinated Science Laboratory, University of Illinois, Urbana, Ill.

MAX, J. (1960). "Quantization for Minimum Distortion," *IRE Transactions on Information Theory*, vol. 6, pp. 7–12.

NEESER, F. D. AND MASSEY, J. L. (1993). "Proper Complex Random Processes with Applications to Information Theory," *IEEE Transactions on Information Theory*, vol. 39, pp. 1293–1302.

PROAKIS, J. G. AND SALEHI, M. (2002). *Communication Systems Engineering*, Prentice-Hall, Upper Saddle River, N.J., Second Ed.

PROAKIS, J. G. AND SALEHI, M. (2008). *Digital Communications*, McGraw-Hill, 5th Ed.

RYAN, W. E. AND LIN, S. (2009). *Channel Codes, Classical and Modern*, Cambridge University Press.

SARWATE, D. V. AND PURSLEY, M. B. (1980). "Crosscorrelation Properties of Pseudorandom and Related Sequences," *Proceedings of the IEEE*, vol. 68, pp. 593–619.

SCHOLTZ, R. A. (1979). "Optimal CDMA Codes," in *National Telecommunication Conference Records*, pp. 54.2.1–54.2.4, Washington, D.C.

SHANNON, C. E. (1948). "A Mathematical Theory of Communications," *Bell System Technical Journal*, vol. 27, pp. 379–423, 623–656.

TAROKH, V., JAFARKHANI, H., AND CALDERBANK, A. R. (1999). "Space-Time Block Codes from Orthogonal Designs," *IEEE Transactions on Information Theory*, vol. 45, pp. 1456–1467.

TELATAR, E. (1999). "Capacity of Multi-Antenna Gaussian Channels," *European Transactions on Telecommunications*, vol. 10, pp. 585–596.

WANG, H. AND XIA, X.-G. (2003). "Upper Bounds of Rates of Complex Orthogonal Space-Time Block Codes," *IEEE Transactions on Information Theory*, vol. 49, pp. 2788–2796.

WELCH, L. R. (1974). "Lower Bounds on the Maximum Cross Correlation of Signals," *IEEE Transactions on Information Theory*, vol. 20, pp. 397–399.